常用塑料管道标准汇编

（第二版）

中国标准出版社　编

中国标准出版社
北京

图书在版编目(CIP)数据

常用塑料管道标准汇编/中国标准出版社编. —2 版.
—北京:中国标准出版社,2015.4
ISBN 978-7-5066-7821-6

Ⅰ.①常… Ⅱ.①中… Ⅲ.①塑料管材-标准-汇编-
中国 Ⅳ.①TQ320.72-65

中国版本图书馆 CIP 数据核字(2015)第 002950 号

中国标准出版社出版发行
北京市朝阳区和平里西街甲 2 号(100029)
北京市西城区三里河北街 16 号(100045)
网址 www.spc.net.cn
总编室:(010)68533533 发行中心:(010)51780238
读者服务部:(010)68523946
中国标准出版社秦皇岛印刷厂印刷
各地新华书店经销
*
开本 880×1230 1/16 印张 50.75 字数 1 572 千字
2015 年 4 月第二版   2015 年 4 月第二次印刷
*
定价 260.00 元

出 版 说 明

近年来,中国塑料管道行业以极高的速度发展,目前产量仅低于美国排在世界上第二位。塑料管道具有质量轻、韧性好、耐低温、耐老化、耐腐蚀、无毒等一系列优点,塑料管道的应用领域已经推广到建筑、市政、通讯、工业和农业等各个领域。

我国塑料管道的技术从基础理论到产品标准、测试标准,各方面都在不断创新。塑料管道生产的各个环节都应按标准进行生产,并且不断强化标准在生产中的作用。为满足相关生产企业、研究机构等部门缺少标准和标准收集不全的实际困难,特编辑出版《常用塑料管道标准汇编》。

本汇编收集了截止到 2014 年 12 月底前发布的有关塑料管道方面的国家标准。

本汇编可供从事塑料管道行业、建筑、市政、交通、农业等部门的技术人员、管理人员以及标准化人员等使用。

编　者

2015 年 1 月

目　　录

第一部分

聚氯乙烯管道

ICS 83.140.30
G 33

中华人民共和国国家标准

GB/T 4219.1—2008
代替 GB/T 4219—1996

工业用硬聚氯乙烯(PVC-U)管道系统
第1部分:管材

Unplasticized poly(vinyl chloride)(PVC-U)
piping system for industrial applications—Part 1:Pipes

2008-03-24 发布

2008-10-01 实施

中华人民共和国国家质量监督检验检疫总局
中国国家标准化管理委员会　发布

前　言

GB/T 4219《工业用硬聚氯乙烯(PVC-U)管道系统》预计分为以下部分：
——第1部分：管材；
——第2部分：管件；
……

本部分为 GB/T 4219 的第1部分，对应于 ISO 15493:2003《工业用塑料管道系统　丙烯腈-丁二烯-苯乙烯(ABS)、硬聚氯乙烯(PVC-U)、氯化聚氯乙烯(PVC-C)　组件及系统规范　公制系列》中硬聚氯乙烯管材部分。

本部分修改采用 ISO 15493:2003 中 PVC-U 部分，本部分与 ISO 15493 中 PVC-U 部分主要技术内容相同，主要差异有：
——取消对非 PVC-U 生产的部件材料要求；
——取消原料密度要求；
——取消公称外径 12 mm 规格；
——调整了液压试验的环应力；
——落锤冲击试验增加试验温度－5℃级别；
——增加了附录 A(资料性附录) PVC-U 管材材料预测强度，附录 B(资料性附录)管系列 S、标准尺寸比 SDR 与公称压力 PN 对照表。

本部分代替 GB/T 4219—1996《化工用硬聚氯乙烯(PVC-U)管材》。

本部分与 GB/T 4219—1996 主要技术差异有：
——将表1温度与压力关系作为资料性附录；
——管材规格由 20 mm～710 mm 改为 16 mm～400 mm；
——物理力学性能增加二氯甲烷浸渍试验和落锤冲击试验，取消弯曲度、腐蚀度、丙酮浸泡和拉伸试验、扁平试验；
——增加系统的适用性试验；
——增加了附录 A(资料性附录) PVC-U 管材材料预测强度，附录 B(资料性附录)管系列 S、标准尺寸比 SDR 与公称压力 PN 对照表，附录 C(资料性附录)组件材料温度对压力的折减系数。

本部分的附录 A、附录 B、附录 C 为资料性附录。

本部分由中国轻工业联合会提出。

本部分由全国塑料制品标准化技术委员会塑料管材、管件及阀门分技术委员会(TC48/SC3)归口。

本部分起草单位：佑利控股集团有限公司、福建亚通新材料科技股份有限公司、浙江中财管道科技股份有限公司、重庆顾地塑胶电器有限公司、河北宝硕管材有限公司、上海乔治费歇尔管路系统有限公司。

本部分主要起草人：胡旭苍、林华义、魏作友、丁良玉、吴晓芬、高长全、柯锦玲、肖玉刚。

本部分所代替标准的历次版本发布情况为：
——GB/T 4219—1996。

工业用硬聚氯乙烯(PVC-U)管道系统
第1部分:管材

1 范围

GB/T 4219 的本部分规定了以聚氯乙烯(PVC)树脂为主要原料,经挤出成型的工业用硬聚氯乙烯(PVC-U)压力管材(以下简称"管材")的材料、产品分类、要求、试验方法、检验规则和标志、包装、运输、贮存。

本部分适用于工业用硬聚氯乙烯管道系统,也适用于承压给排水输送以及污水处理、水处理、石油、化工、电力电子、冶金、电镀、造纸、食品饮料、医药、中央空调、建筑等领域的粉体、液体的输送。

注1:当用于输送易燃易爆介质时,应符合防火、防爆的有关规定。

注2:设计时应考虑输送介质随温度变化对管材的影响,应考虑管材的低温脆性和高温蠕变,建议使用温度范围为−5℃~45℃。

注3:当用于输送饮用水、食品饮料、医药时,其卫生性能应符合有关规定。

2 规范性引用文件

下列文件中的条款通过 GB/T 4219 的本部分的引用而成为本部分的条款。凡是注日期的引用文件,其随后所有的修改单(不包括勘误的内容)或修订版均不适用于本部分,然而,鼓励根据本部分达成协议的各方研究是否可使用这些文件的最新版本。凡是不注日期的引用文件,其最新版本适用于本部分。

GB/T 1033—1986 塑料密度和相对密度试验方法(eqv ISO/DIS 1183:1984)

GB/T 2828.1—2003 计数抽样检验程序 第1部分:按接收质量限(AQL)检索的逐批检验抽样计划(ISO 2859-1:1999,IDT)

GB/T 2918—1998 塑料试样状态调节和试验的标准环境(idt ISO 291:1997)

GB/T 6111—2003 流体输送用热塑性塑料管材耐内压试验方法(ISO 1167:1996,IDT)

GB/T 6671—2001 热塑性塑料管材 纵向回缩率的测定(eqv ISO 2505:1994)

GB/T 8802—2001 热塑性塑料管材、管件 维卡软化温度的测定(eqv ISO 2507:1995)

GB/T 8806 塑料管材尺寸测量方法(GB/T 8806—1988,eqv ISO 3126:1974)

GB/T 13526 硬聚氯乙烯(PVC-U)管材 二氯甲烷浸渍试验方法(GB/T 13526—2007)

GB/T 14152—2001 热塑性塑料管材耐外冲击性能试验方法 时针旋转法(GB/T 14152—2001,eqv ISO 3127:1994)

GB/T 18252 塑料管道系统 用外推法对热塑性塑料管材长期静液压强度的测定(GB/T 18252—2000,neq ISO/DIS 9080:1997)

GB/T 19278—2003 热塑性塑料管材、管件及阀门通用术语及其定义

QB/T 2568—2002 硬聚氯乙烯(PVC-U)塑料管道系统用溶剂型胶粘剂

ISO 4433-1:1997 热塑性塑料管材 耐化学流体 分类 第1部分:浸渍试验方法

ISO/TR 10358:1993 塑料管材和管件 耐化学性 综合分类表

3 术语和定义、符号

GB/T 19278—2003 中给出的以及下列术语和定义、符号适用于 GB/T 4219 的本部分。

3.1

20℃、50 年置信下限 lower confidence limit at 20℃ and 50 years（σ_{LCL}）

一个用于评价材料性能的应力值，该材料制造管材在 20℃、50 年的内水压下，置信度为 97.5% 时，预测的长期强度的置信下限，单位为 MPa。

3.2

最小要求强度 minimum required strength（MRS）

将 20℃、50 年置信下限 σ_{LCL} 的值按 R10 或 R20 系列向下圆整到最接近的一个优先数得到的应力值，单位为 MPa。当 σ_{LCL} 小于 10 MPa 时，按 R10 系列圆整，当 σ_{LCL} 大于等于 10 MPa 时按 R20 系列圆整。

3.3

总体使用（设计）系数 overall service（design）coefficient（C）

一个大于 1 的数值，它的大小考虑了使用条件和管路其他附件的特性对管系的影响，是在置信下限所包含因素之外考虑的管系的安全裕度。

3.4

设计应力 design stress（σ_s）

规定条件下的允许应力。等于最小要求强度（单位 MPa）除以总体使用（设计）系数。

3.5

公称压力 nominal pressure（PN）

与管道系统部件耐压能力有关的参考数值，为便于使用，通常取 R10 系列的优先数。

4 材料

4.1 制造管材的材料以聚氯乙烯（PVC）树脂为主，其中仅加入为提高其物理、力学性能及加工性能所需的添加剂组成的混配料，添加剂应分散均匀。

4.2 原料制成管材，按 GB/T 18252 规定进行试验，最小要求强度（MRS）不小于 5 MPa，此数据应由混配料供应部门提供，总体使用（设计）系数 C 最小值为 2.0。

4.3 允许少量使用来自本厂的生产同种管材的清洁回用料。

4.4 连接用粘合剂应符合 QB/T 2568—2002，并由生产方推荐使用。粘合剂不应对组件性能产生不利影响，同时不应致使组合件难以符合本标准的相关要求。

5 原料制成的管材耐化学性

5.1 对组件材料的影响

如果输送非水流体，流体对组件材料的影响可向生产方咨询或参考 ISO/TR 10358:1993。

5.2 对流体的影响

如果输送非水流体，对流体的影响可向生产方咨询。

6 产品分类

6.1 管材按尺寸分为：S20、S16、S12.5、S10、S8、S6.3、S5 共七个系列。

6.2 管系列 S、标准尺寸比 SDR 及管材规格尺寸，见表 1。

根据管材所输送的介质及应用条件，从表 1 中选择合理的管系列。附录 B 中列出了管系列与公称压力 PN 的对照表。

表 1 管材规格尺寸、壁厚及其偏差

单位为毫米

公称外径 d_n	壁厚 e 及其偏差													
	管系列 S 和标准尺寸比 SDR													
	S20 SDR41		S16 SDR33		S12.5 SDR26		S10 SDR21		S8 SDR17		S6.3 SDR13.6		S5 SDR11	
	e_{min}	偏差	e_{min}	偏差	e_{min}	偏差	e_{min}	偏差	e_{min}	偏差	e_{min}	偏差	e_{min}	偏差
16	—	—	—	—	—	—	—	—	—	—	—	—	2.0	+0.4
20	—	—	—	—	—	—	—	—	—	—	—	—	2.0	+0.4
25	—	—	—	—	—	—	—	—	—	—	2.0	+0.4	2.3	+0.5
32	—	—	—	—	—	—	—	—	2.0	+0.4	2.4	+0.5	2.9	+0.5
40	—	—	—	—	—	—	2.0	+0.4	2.4	+0.5	3.0	+0.5	3.7	+0.6
50	—	—	—	—	2.0	+0.4	2.4	+0.5	3.0	+0.5	3.7	+0.6	4.6	+0.7
63	—	—	2.0	+0.4	2.5	+0.5	3.0	+0.5	3.8	+0.6	4.7	+0.7	5.8	+0.8
75	—	—	2.3	+0.5	2.9	+0.5	3.6	+0.6	4.5	+0.7	5.6	+0.8	6.8	+0.9
90	—	—	2.8	+0.5	3.5	+0.6	4.3	+0.7	5.4	+0.8	6.7	+0.9	8.2	+1.1
110	—	—	3.4	+0.6	4.2	+0.7	5.3	+0.8	6.6	+0.9	8.1	+1.1	10.0	+1.2
125	—	—	3.9	+0.6	4.8	+0.7	6.0	+0.8	7.4	+1.0	9.2	+1.2	11.4	+1.4
140	—	—	4.3	+0.7	5.4	+0.8	6.7	+0.9	8.3	+1.1	10.3	+1.3	12.7	+1.5
160	4.0	+0.6	4.9	+0.7	6.2	+0.9	7.7	+1.0	9.5	+1.2	11.8	+1.4	14.6	+1.7
180	4.4	+0.7	5.5	+0.8	6.9	+0.9	8.6	+1.1	10.7	+1.3	13.3	+1.6	16.4	+1.9
200	4.9	+0.7	6.2	+0.9	7.7	+1.0	9.6	+1.2	11.9	+1.4	14.7	+1.7	18.2	+2.1
225	5.5	+0.8	6.9	+0.9	8.6	+1.1	10.8	+1.3	13.4	+1.6	16.6	+1.9	—	—
250	6.2	+0.9	7.7	+1.0	9.6	+1.2	11.9	+1.4	14.8	+1.7	18.4	+2.1	—	—
280	6.9	+0.9	8.6	+1.1	10.7	+1.3	13.4	+1.6	16.6	+1.9	20.6	+2.3	—	—
315	7.7	+1.0	9.7	+1.2	12.1	+1.5	15.0	+1.7	18.7	+2.1	23.2	+2.6	—	—
355	8.7	+1.1	10.9	+1.3	13.6	+1.6	16.9	+1.9	21.1	+2.4	26.1	+2.9	—	—
400	9.8	+1.2	12.3	+1.5	15.3	+1.8	19.1	+2.2	23.7	+2.6	29.4	+3.2	—	—

注1：考虑到安全性，最小壁厚应不小于 2.0 mm。

注2：除了有其他规定之外，尺寸应与 GB/T 10798 一致。

7 要求

7.1 颜色

一般为灰色，也可由供需双方协商确定。

7.2 外观

管材的内外表面应光滑平整、清洁，不应有气泡、划伤、凹陷、明显杂质及颜色不均等缺陷。管端应切割平整，并与管轴线垂直。

7.3 管材尺寸

7.3.1 管材长度一般为 4 m、6 m 或 8 m，也可由供需双方协商确定。管材长度（L）、有效长度（L_1）、最小承口深度（L_{min}）见图 1 所示。长度不允许负偏差。

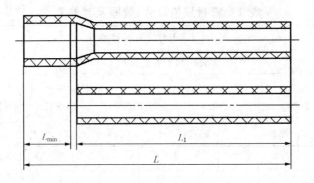

图 1 管材长度示意图

7.3.2 管材的平均外径 d_{em} 及平均外径公差和不圆度的最大值,应符合表 2 的规定。

表 2 平均外径及平均外径偏差和不圆度

单位为毫米

公称外径 d_n	平均外径 $d_{em,min}$	平均外径公差	不圆度 max (S20～S16)	不圆度 max (S12.5～S5)	承口最小深度 L_{min}
16	16.0	+0.2	—	0.5	13.0
20	20.0	+0.2	—	0.5	15.0
25	25.0	+0.2	—	0.5	17.5
32	32.0	+0.2	—	0.5	21.0
40	40.0	+0.2	1.4	0.5	25.0
50	50.0	+0.2	1.4	0.6	30.0
63	63.0	+0.3	1.5	0.8	36.5
75	75.0	+0.3	1.6	0.9	42.5
90	90.0	+0.3	1.8	1.1	50.0
110	110.0	+0.4	2.2	1.4	60.0
125	125.0	+0.4	2.5	1.5	67.5
140	140.0	+0.5	2.8	1.7	75.0
160	160.0	+0.5	3.2	2.0	85.0
180	180.0	+0.6	3.6	2.2	95.0
200	200.0	+0.6	4.0	2.4	105.0
225	225.0	+0.7	4.5	2.7	117.5
250	250.0	+0.8	5.0	3.0	130.0
280	280.0	+0.9	6.8	3.4	145.0
315	315.0	+1.0	7.6	3.8	162.5
355	355.0	+1.1	8.6	4.3	182.5
400	400.0	+1.2	9.6	4.8	205.0

7.3.3 管材的壁厚及壁厚偏差应符合表 1 的规定。

7.4 物理性能

管材物理性能应符合表 3 的规定。

表 3   物理性能

项　目	要　求
密度 $\rho/(kg/m^3)$	1 330～1 460
维卡软化温度（VST）/℃	≥80
纵向回缩率/％	≤5
二氯甲烷浸渍试验	试样表面无破坏

7.5   力学性能

管材力学性能应符合表 4 的规定。

表 4   力学性能

项　目	试验参数			要　求
	温度/℃	环应力/MPa	时间/h	
静液压试验	20	40.0	1	无破裂、无渗漏
	20	34.0	100	
	20	30.0	1 000	
	60	10.0	1 000	
落锤冲击性能	0℃（−5℃）			TIR≤10％

7.6   适用性

管材连接后应通过液压试验，试验条件按表 5 规定。

表 5   系统适用性

项　目	试验参数			要　求
	温度/℃	环应力/MPa	时间/h	
系统液压试验	20	16.8	1 000	无破裂、无渗漏
	60	5.8	1 000	

7.7   卫生要求

当用于输送饮用水、食品饮料、医药时，其卫生性能应按相关标准执行。

8   试验方法

8.1   试验环境

除另有规定外，按照 GB/T 2918—1998 中的规定，在温度为（23±2）℃条件下进行状态调节，状态调节时间不少于 24 h，并在此环境下进行试验。

8.2   颜色与外观

在自然光线下，用肉眼观察。

8.3   尺寸测量

8.3.1   长度

用精度不低于 1 mm 的量具测量。

8.3.2   平均外径 d_{em} 及偏差和不圆度

按 GB/T 8806 规定测量，数值精确至 0.1 mm。不圆度测量应在管材出厂前进行。

8.3.3   壁厚

按 GB/T 8806 规定，对所抽取的试样沿圆周测量壁厚最大值和最小值，数值精确至 0.1 mm。

8.4 密度

按 GB/T 1033—1986 方法 A 进行测试。

8.5 维卡软化温度

按 GB/T 8802—2001 方法 A1 规定测试。

8.6 二氯甲烷浸渍试验

按 GB/T 13526 规定测试,从管材上截取长度为 160 mm 管段试样,切割时应垂直于管材轴线,切割时应尽可能避免产生热量,为便于试验大口径管材,可将管段沿轴向切割成片条作为试样。将试样放于(15±0.5)℃浸渍液内,保持(30±1)min,在通风情况下放置 15 min 后,检查试样。

8.7 纵向回缩率

按 GB/T 6671—2001 规定的方法 B——烘箱试验测定。

8.8 落锤冲击试验

按 GB/T 14152—2001 规定,在温度为 0℃下,管系列 S5～S10 的管材应按中等级别 M 试验,管系列 S12.5～S20 的管材应按高级别 H 试验。

当使用温度在 0℃ 以下时,试验温度为(−5±1)℃,落锤质量和冲击高度与 0℃时相同,这种管材应标记冰晶(＊)符号。

考虑实际应用需要,本试验不适用于 d_n 小于 20 mm 的管材。落锤质量和冲击高度见表 6。

表 6 落锤冲击试验的落锤质量和冲击高度

公称外径 d_n/ mm	中等级别 M 试验		高级别 H 试验	
	落锤质量/kg	冲击高度/m	落锤质量/kg	冲击高度/m
20	0.5	0.4	0.5	0.4
25	0.5	0.5	0.5	0.5
32	0.5	0.6	0.5	0.6
40	0.5	0.8	0.5	0.8
50	0.5	1.0	0.5	1.0
63	0.8	1.0	0.8	1.0
75	0.8	1.0	0.8	1.2
90	0.8	1.2	1.0	2.0
110	1.0	1.6	1.6	2.0
125	1.25	2.0	2.5	2.0
140	1.6	1.8	3.2	1.8
160	1.6	2.0	3.2	2.0
180	2.0	1.8	4.0	1.8
200	2.0	2.0	4.0	2.0
225	2.5	1.8	5.0	1.8
250	2.5	2.0	5.0	2.0
280	3.2	1.8	6.3	1.8
≥315	3.2	2.0	6.3	2.0

8.9 静液压试验

试验方法按 GB/T 6111—2003 规定的方法,选用 a 型封头,试验介质为水。

8.10 适用性

按 GB/T 6111—2003 规定的方法,在管材连接后进行静液压试验,试验介质为水。试验条件按表 5 规定。

8.11 卫生性能试验

卫生性能应按相关标准执行。

9 检验规则

9.1 产品需经生产厂质量检验部门检验合格并附有合格标志,方可出厂。

9.2 组批

同一批原料、配方,同一工艺连续生产的同一规格管材为一批,每批数量不超过 50 t,如果生产 7 d 仍不足 50 t,则以 7 d 产量为一批。

9.3 出厂检验

9.3.1 出厂检验项目为 7.1、7.2、7.3、7.4 中纵向回缩率、7.5 中落锤冲击性能、20℃、1 h 静液压试验。

9.3.2 项目 7.1、7.2、7.3 按 GB/T 2828.1—2003 中的规定(可使用 GB/T 2828.1 的转移规则),采用一般检验水平 I、接收质量限(AQL)为 6.5 的正常检验一次抽样,其抽样方案见表 7。

表 7 抽样及判定

单位为根

批量范围 N	样本量 n	接收数 Ac	拒收数 Re
≤150	8	1	2
151~280	13	2	3
281~500	20	3	4
501~1 200	32	5	6
1 201~3 200	50	7	8
3 201~10 000	80	10	11

9.3.3 在计数抽样合格的产品中,随机抽取足够数量的样品进行纵向回缩率,落锤冲击试验、20℃、1 h静液压试验。

9.4 判定规则

项目 7.1、7.2、7.3 按表 7 进行判定。其他指标有一项达不到规定时,则随机抽取双倍样品进行该项复检(如落锤冲击试验达不到规定,则直接判定为不合格批);如仍不合格,则判定为不合格批。

9.5 型式检验

9.5.1 型式检验项目为第 7 章规定的全部要求。

9.5.2 按本标准要求,抽取足够样品进行检验,一般为每两年进行一次型式检验。

若有下列情况之一时,也应进行型式检验:

a) 结构、材料、工艺有较大变动,可能影响产品性能时;

b) 产品长期停产后恢复生产时;

c) 出厂检验结果与上次型式检验结果有较大差异时;

d) 国家质量监督机构提出进行型式检验要求时。

10 标志、包装、运输、贮存

10.1 标志

每根管至少应有一处完整的永久性标志,每两处标志的间隔不应超过 2 m。

标志至少应包括下列内容：

a) 本部分标准编号和相关卫生标准编号等（适用时）；

b) 生产厂名或商标；

c) 产品名称：工业用PVC-U管材；

d) 规格及尺寸：管系列S 公称外径×公称壁厚，例：S5 50×4.6；

e) 冰晶（＊）符号：0℃以下使用时；

f) 生产日期。

10.2 包装

管材应妥善包装，并标明用途，也可根据用户要求协商确定。

10.3 运输

管材在运输与装卸时，不得抛摔、曝晒、玷污、重压和损伤。

10.4 贮存

管材应合理堆放，不得露天曝晒。堆放时应远离热源，堆放高度不超过2 m。

附 录 A

（资料性附录）

PVC-U 管材材料预测强度

10℃～60℃温度范围内硬聚氯乙烯管材材料 MRS 为 25.0 MPa 最小要求静液压强度的值（见图 A.1 的参照曲线）用式（A.1）计算：

$$\log t = -164.461 - 29\,349.493 \times \frac{\log \sigma}{T} + 60\,126.534 \times \frac{1}{T} + 75.079 \times \log \sigma \quad \cdots\cdots (\text{A.1})$$

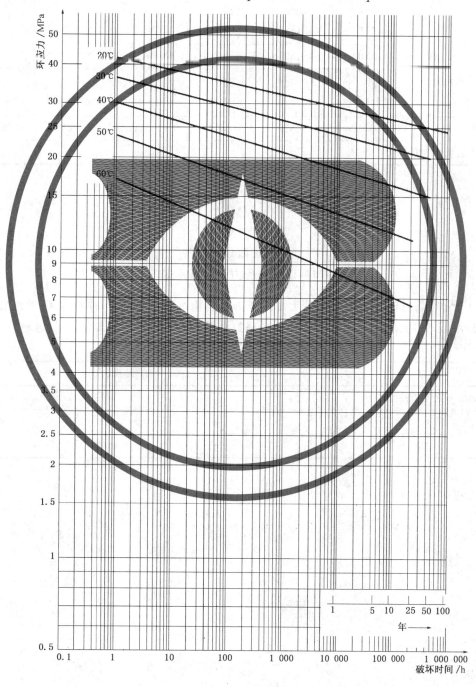

图 A.1　PVC-U 预测静液压强度参照曲线

附　录　B
（资料性附录）
管系列 S、标准尺寸比 SDR 与公称压力 PN 对照

管系列 S、标准尺寸比 SDR 与公称压力 PN 对照见表 B.1。

表 B.1

C 值	管系列 S、标准尺寸比 SDR 与公称压力 PN 对照						
2.0	S20 SDR41	S16 SDR33	S12.5 SDR26	S10 SDR21	S8 SDR17	S6.3 SDR13.6	S5 SDR11
	PN0.63MPa	PN0.8MPa	PN1.0MPa	PN1.25MPa	PN1.6MPa	PN2.0MPa	PN2.5MPa
2.5	S20 SDR41	S16 SDR33	S12.5 SDR26	S10 SDR21	S8 SDR17	S6.3 SDR13.6	S5 SDR11
	PN0.5MPa	PN0.63MPa	PN0.8MPa	PN1.0MPa	PN1.25MPa	PN1.6MPa	PN2.0MPa
注：以上数据基于 MRS 值为 25 MPa。							

附　录　C
（资料性附录）
组件材料温度对压力的折减系数

公称压力（PN）指管材输送 20℃水的最大工作压力。当输水温度不同时，应按表 C.1 给出的不同温度对压力的折减系数（f_t）修正工作压力。用折减系数乘以公称压力得到最大允许工作压力。

表 C.1　组件材料温度对压力的折减系数

温度 t/℃	折减系数 f_t
$0 < t \leqslant 25$	1
$25 < t \leqslant 35$	0.8
$35 < t \leqslant 45$	0.63

参 考 文 献

[1]　GB/T 10798—2001　热塑性塑料管材通用壁厚表

ICS 13.220.10
C 84

中华人民共和国国家标准

GB/T 5135.19—2010

自动喷水灭火系统
第 19 部分：塑料管道及管件

Automatic sprinkler system—Part 19：Plastic pipe and fittings

2010-09-26 发布　　　　　　　　　　　　　2011-02-01 实施

中华人民共和国国家质量监督检验检疫总局
中国国家标准化管理委员会　　发　布

前　言

《自动喷水灭火系统》目前已分为 21 部分：
——第 1 部分：洒水喷头；
——第 2 部分：湿式报警阀、延迟器、水力警铃；
——第 3 部分：水雾喷头；
——第 4 部分：干式报警阀；
——第 5 部分：雨淋报警阀；
——第 6 部分：通用阀门；
——第 7 部分：水流指示器；
——第 8 部分：加速器；
——第 9 部分：早期抑制快速响应（ESFR）喷头；
——第 10 部分：压力开关；
——第 11 部分：沟槽式管接件；
——第 12 部分：扩大覆盖面积洒水喷头；
——第 13 部分：水幕喷头；
——第 14 部分：预作用装置；
——第 15 部分：家用喷头；
——第 16 部分：消防洒水软管；
——第 17 部分：减压阀；
——第 18 部分：消防管道支吊架；
——第 19 部分：塑料管道及管件；
——第 20 部分：涂覆钢管；
——第 21 部分：末端试水装置；
……

本部分为《自动喷水灭火系统》的第 19 部分。

本部分主要参照 FM 1635《自动喷水灭火系统用塑料管道及管件》（2005 年英文版）、UL 1821《消防喷淋系统用 CPVC 管材及管件》（2003 年英文版）制定。

本部分的附录 A 为规范性附录，附录 B 为资料性附录。

本部分由中华人民共和国公安部提出。

本部分由全国消防标准化技术委员会固定灭火系统分技术委员会（SAC/TC 113/SC 2）归口。

本部分负责起草单位：公安部天津消防研究所。

本部分参加起草单位：路博润特种化工（上海）有限公司、中国佑利控股集团有限公司、环琪（太仓）塑胶工业有限公司。

本部分主要起草人：宋波、李毅、杨震铭、张强、罗宗军、杨丙杰、吴璠、林华义、曾相铎。

自动喷水灭火系统
第 19 部分:塑料管道及管件

1 范围

《自动喷水灭火系统》的本部分规定了自动喷水灭火系统用塑料管道及管件的要求、试验方法、检验规则和包装、运输、贮存等。

本部分适用于 GB 50084—2001(2005 年版)规定的火灾危险等级为轻危险级、中危险级 I 级场所设置的湿式系统中,作为配水管及配水支管使用的氯化聚氯乙烯(PVC-C)塑料管道及管件(以下简称管道及管件)。其他塑料管道及管件也可参照使用。

2 规范性引用文件

下列文件中的条款通过本部分的引用而成为本部分的条款。凡是注日期的引用文件,其随后所有的修改单(不包括勘误的内容)或修订版均不适用于本部分,然而,鼓励根据本部分达成协议的各方研究是否可使用这些文件的最新版本。凡是不注日期的引用文件,其最新版本适用于本部分。

GB/T 1033.1—2008 塑料 非泡沫塑料密度的测定 第 1 部分:浸渍法、液体比重瓶法和滴定法(ISO 1183-1:2004,IDT)

GB 5135.1—2003 自动喷水灭火系统 第 1 部分:洒水喷头

GB/T 6671—2001 热塑性塑料管材 纵向回缩率的测定(eqv ISO 2505:1994)

GB/T 7139—2002 塑料 氯乙烯均聚物和共聚物 氯含量的测定(eqv ISO 1158:1998)

GB/T 8802—2001 热塑性塑料管材、管件 维卡软化温度的测定(eqv ISO 2507:1995)

GB/T 8804.1—2003 热塑性塑料管材 拉伸性能测定 第 1 部分:试验方法总则(ISO 6259-1:1997,IDT)

GB/T 8804.2—2003 热塑性塑料管材 拉伸性能测定 第 2 部分:硬聚氯乙烯(PVC-U)、氯化聚氯乙烯(PVC-C)和高抗冲聚氯乙烯(PVC-HI)管材(ISO 6259-2:1997,IDT)

GB/T 8806 塑料管道系统 塑料部件尺寸的测定

GB 50084—2001(2005 年版) 自动喷水灭火系统设计规范

3 术语和定义

下列术语和定义适用于本部分。

3.1

标准尺寸比 standand dimension ratio
SDR
管道的公称外径与公称壁厚的比值。

4 要求

4.1 外观

管道及管件内外表面应光滑平整、无划痕、凹陷、破裂等现象。

4.2 标志

管道上应有清晰耐久性标志,标志内容应至少包括:产品名称、规格及尺寸、生产日期、生产厂名或商标、执行标准等。

管件上应有清晰耐久性标志,标志内容应至少包括:产品名称、规格、生产厂名或商标、执行标准等。

4.3 材料

管道材料的物理性能应符合表1的规定。

表 1 管道材料的物理性能

性 能	参 数	检验方法
密度/(kg/m³)	1 450~1 650	GB/T 1033.1—2008
维卡软化温度/℃	≥108	GB/T 8802—2001
纵向回缩率/%	≤6	GB/T 6671—2001
氯含量(质量百分比)/%	≥60	GB/T 7139—2002

4.4 基本参数

4.4.1 标准尺寸比

管道标准尺寸比(SDR)不应大于13.5。

4.4.2 尺寸偏差

管道平均外径与公称外径的偏差不应大于0.2 mm,管道壁厚的允许偏差应符合表2的规定。

4.4.3 工作压力

管道及管件额定工作压力不应小于1.2 MPa。

4.4.4 工作温度

管道及管件允许的最高工作温度不应低于49 ℃。

表 2 壁厚允许偏差   单位为毫米

公称壁厚 E	允许偏差
2.0≤E≤4.0	+0.51 0
4.0<E≤5.0	+0.53 0
5.0<E≤6.0	+0.66 0
6.0<E≤7.0	+0.79 0
7.0<E≤8.0	+0.91 0
8.0<E≤9.0	+1.02 0

4.5 水压强度

4.5.1 管道及管件水压强度

按5.4.1规定的方法进行水压强度试验,试件应无破裂、损坏。

4.5.2 活接头水压强度

按5.4.2规定的方法进行水压强度试验,试件应无破裂、损坏。

4.6 粘接组合件水压强度

按5.5规定的方法进行粘接组合件水压强度试验,试件应无破裂、损坏。

4.7 抗压强度

按5.6规定的方法进抗压试验,试件不应出现损坏。本项试验后,按5.4.1的规定进行水压强度试验,试件应无破裂、损坏。

4.8 抗挠强度

按5.7规定的方法进行抗挠试验,试件应无破裂、泄漏或其他永久性损坏。

4.9 抗弯曲性能

按5.8规定的方法进行弯曲试验,试件不应出现永久性弯曲。

4.10 抗冲击性能

按5.9规定的方法进行抗冲击试验,试件应无破裂、损坏。本项试验后,按5.4.1的规定进行水压强度试验,试件应无破裂、损坏。

4.11 抗振动性能

按5.10规定的方法进行振动试验,试件应无明显的磨损现象。本项试验后,按5.4.1的规定进行水压强度试验,试件应无破裂、损坏。

4.12 耐低温性能

按5.11规定的方法进行低温试验,试件应无变形损坏。

4.13 压力循环

按5.12规定的方法进行压力循环试验,试件应无破裂、损坏。本项试验后,按5.4的规定进行水压强度试验,试件应无破裂、损坏。

4.14 温度循环

按5.13规定的方法进行温度循环试验,试件应无破裂、损坏。本项试验后,按5.4的规定进行水压强度试验,试件应无破裂、损坏。

4.15 长期静水压

按5.14规定的方法进行长期静水压试验,试件应无泄漏、断裂及管道与管件分离等现象。

4.16 摩阻系数

按5.15规定的方法进行摩阻系数测定试验,管道摩阻系数与产品公布值偏差不超过±10%。

4.17 管件当量长度

按5.16规定的方法进行当量长度试验,管件当量长度与产品公布值偏差不超过+610 mm。

4.18 产品标志耐久性

按5.17规定的方法进行标志耐久性试验,试件表面标志应清晰可见。

4.19 耐火性能

按5.18规定的方法进行耐火试验,试件应无破裂、损坏。

4.20 耐环境性能

4.20.1 耐温水老化性能

按5.19.1规定的方法进行耐温水老化试验,试验后,试件的抗拉强度应不小于试验前的70%。进行水压强度试验,试件应无破裂、损坏。

4.20.2 耐空气老化性能

按5.19.2规定的方法进行耐空气老化试验,试验后,试件的抗拉强度应不小于试验前的70%。进行水压强度试验,试件应无破裂、损坏。

4.20.3 耐光水暴露性能

按5.19.3规定的方法进行光水暴露试验,试验后,试件的抗拉强度应不小于试验前的90%。

4.21 耐氨应力腐蚀性能

按5.20规定的方法进行氨应力腐蚀试验,带有金属元件的管件不应出现裂纹、脱层或损坏。

5 试验方法

5.1 试验要求

试验前,生产商应提供产品设计安装手册。标准中除注明的情况外,公差应符合附录A的规定。

所用的粘接剂要求参照附录 B 的规定。

5.2 外观检查

目测检查管道以及管件外观、标志,判断是否符合 4.1、4.2 的规定。

5.3 尺寸测量

按 GB/T 8806 的规定测量管道的平均外径,沿圆周测量壁厚最大值和最小值,数值精确至 0.01 mm,判断是否符合 4.4 的规定。

5.4 水压强度试验

5.4.1 管道及管件水压强度试验

试件采用长度不小于公称直径 10 倍的各种规格管道及试验所需管件。

按要求将管道与管件粘接组合,在温度为(20±5)℃的环境下达到规定的试验固化时间,对试件以 2.0 MPa/min 的速率升压至额定工作压力的 5 倍,保持 1 min,判断试验结果是否符合 4.5.1 的规定。

5.4.2 活接头水压强度试验

试件采用长度不小于公称直径 10 倍的各种规格管道及活接头各一件。

按要求将管道与活接头粘接组合,在温度为(20±5)℃的环境下达到规定的试验固化时间,对试件 以 2.0 MPa/min 的速率充压至额定工作压力的 3.2 倍,保持 1 min,判断试验结果是否符合 4.5.2 的 规定。

5.5 粘接组合件水压强度试验

试件采用长度约为 300 mm 的最大公称直径管道及试验所需管件。

将最大公称直径的管道及管件和粘接剂分别在 0 ℃(或产品设计安装手册中规定的更低温度)和 49 ℃(或产品设计安装手册中规定的更高温度)的环境中放置 16 h,按要求将管道与管件粘接组合,按 产品设计及安装手册中推荐的最小固化时间进行固化。随后按 5.4.1 的规定进行水压强度试验,试件 的试验压力为产品设计及安装手册规定的压力值,但不低于额定工作压力,保压时间为 2 h,判断试验 结果是否符合 4.6 的规定。

5.6 抗压试验

试件采用长度约为 300 mm 的各种规格管道各一件。

将试件竖直放在试验平台上,以 12.7 mm/min 的推进速度挤压,达到最大压力 890 N 后保持 5 min,判断试验结果是否符合 4.7 的规定。

5.7 抗挠试验

试件采用各种规格管道及试验所需管件。

如图 1 所示,在管道中间粘接直通,在两端设吊架。吊架之间的距离为产品设计安装手册中规定的 最大支架安装间距的 2 倍。按要求将管道与管件粘接组合,并在温度为(20±5)℃的环境下达到规定的 试验固化时间后,对管道内充压至额定工作压力,同时在接头处施加 0.5 倍充水管道重量的载荷 P,保 持 1 min,判断试验结果是否符合 4.8 的规定。

5.8 弯曲试验

试件采用长度约为 1 000 mm 的各种规格管道。

将试件分别在(−18±3)℃、(21±3)℃以及最高工作温度的环境中放置 24 h,取出试件,将其一端 固定,按产品设计安装手册中规定的最小弯曲尺寸从另一端弯曲试件,判断试验结果是否符合 4.9 的 规定。

5.9 抗冲击试验

试件采用长度约为 300 mm 的最大和最小公称直径管道及试验所需管件。

将管道分别在−18 ℃、0 ℃、21 ℃环境中放置 24 h,取出后在 5 min 内分别用 0.9 kg 重锤敲打试 件,使公称直径 DN25 mm 及以下的管道承受 1.4 kg·m 冲击力矩,公称直径 DN25 mm 以上的管道承 受 2.1 kg·m 冲击力矩。按要求将管道与管件粘接组合,在温度为(20±5)℃的环境下按规定的试验固化时间固化后,按5.4.1的规定进行水压强度试验,判断试验结果是否符合4.10的规定。

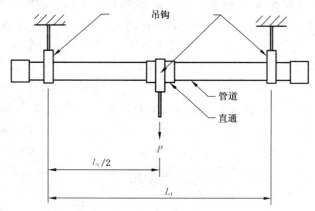

L_t——设计及安装手册中最大支架安装间距的2倍,单位为米(m);

P——所施加的点载荷力,单位为千克(kg)。

图 1　抗挠试验示意图

5.10　振动试验

试件采用长度约为600 mm的管道3根及三通、内螺纹接头、管帽。

按要求将管道与管件粘接组合,在温度为(20±5)℃的环境下按规定的试验固化时间进行固化后,将三通的两个支管固定在振动装置上,另一个支管的末端用产品设计安装手册中规定的管托支撑,并悬挂0.5 kg的重锤,试验布置如图2所示。以30 Hz频率,2 mm振幅水平振动试件120 h后,检查试件的磨损情况。本项试验后按5.4.1的规定进行水压强度试验,判断试验结果是否符合4.11的规定。

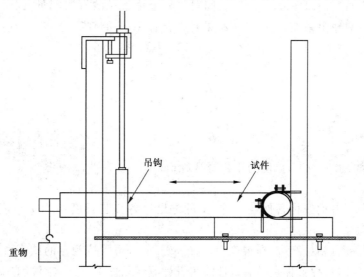

图 2　振动试验布置图

5.11　低温试验

试件采用长度约为900 mm的各种规格管道。

将试件在(−20±2)℃的环境中放置5 h,试验后,使试件沿倾斜水平方向45°的滑道自由滑落至水泥地面各一次,试验时试件底部距地面为1.5 m,判断试验结果是否符合4.12的规定。

5.12　压力循环试验

试件采用长度约为500 mm的各种规格管道及试验所需管件。

按要求将管道与管件粘接组合,在温度为(20±5)℃的环境下按规定的试验固化时间进行固化后,以每分钟不超过10次的频率进行从(0～2)倍的额定工作压力的压力循环试验3 000次,本项试验后,按5.4的规定进行水压强度试验,判断试验结果是否符合4.13的规定。

5.13 温度循环试验

试件采用长度不小于公称直径 10 倍的各种规格管道,按要求将管道与试验所需管件粘接组合,在温度为(20±5)℃的环境下按规定的试验固化时间进行固化。向试件内充水排气并升压至 0.35 MPa。将试件分别放置在 1.7 ℃、允许最高工作温度条件下各 24 h,共进行五次循环。本项试验后按 5.4 的规定进行水压强度试验,判断试验结果是否符合 4.14 的规定。

5.14 长期静水压试验

试件采用最大和最小公称直径的管道及试验所需的管件,管道长度不小于公称直径的 10 倍。

按要求将管道与管件粘接组合,在温度为(20±5)℃的环境下按规定的试验固化时间进行固化。向试件内充水排气并升压至规定的试验压力值,即管道环向应力为 15.93 MPa 时的内部压力值,按公式(1)计算试验压力值,将试件放置在允许最高工作温度下持续 1 000 h,判断试验结果是否符合 4.15 的规定。

$$p = \frac{2St}{(D-t)} \quad\quad\quad\cdots\cdots\cdots\cdots\cdots\cdots\cdots\cdots (1)$$

式中:

p——内部压力,单位为兆帕(MPa);

S——环向应力,单位为兆帕(MPa);

D——管道的平均外径,单位为毫米(mm);

t——管道最小壁厚,单位为毫米(mm)。

5.15 摩阻系数测定

试件采用长度为 6.1 m 的管道。

根据下列公式在流速(3.1～5.5) m/s 之间对每种公称直径的管道测量五种流速下试件进出口的压力降,按公式(2)计算摩阻系数,判断计算结果是否符合 4.16 的规定。

$$C = \frac{12.37Q}{d^{2.63} p^{0.54}} \quad\quad\quad\cdots\cdots\cdots\cdots\cdots\cdots\cdots\cdots (2)$$

式中:

C——摩阻系数;

Q——流量,单位为立方米每秒(m³/s);

d——管道内径,单位为米(m);

p——每米管道的水头损失,单位为千帕每米(kPa/m)。

5.16 当量长度试验

试件采用试验所需各种规格管件各 1 件,试件进出口各安装长度约为 1 m 相同公称直径的水平管道。

按要求将管道与管件粘接组合,在温度为(20±5)℃的环境下按规定的试验固化时间进行固化。在(3.1～5.5)m/s 之间对每种公称直径的试件测量五种流速条件下试件进出口的压降,按公式(3)、公式(4)计算试件的当量长度,判断试验结果是否符合 4.17 的规定。

$$L = L_x - (a+b) \quad\quad\quad\cdots\cdots\cdots\cdots\cdots\cdots\cdots\cdots (3)$$

$$L_x = \frac{p \times c^{1.85} \times (d \times 10^3)^{4.87}}{6.05 \times 10^{10} \times Q^{1.85}} \quad\quad\quad\cdots\cdots\cdots\cdots\cdots\cdots\cdots\cdots (4)$$

式中:

L——样品的等效长度,单位为米(m);

L_x——样品和试验管道的等效长度,单位为米(m);

Q——流量,单位为升每分钟(L/min);

d——管道内径,单位为米(m);

p——压差值,单位为帕(Pa);

c——摩阻系数；

a,b——试件前后管道长度，单位为米(m)。

5.17 产品标志耐久性试验

试件采用某一公称直径的管道共八件，管道表面需有清晰的产品标志。

试件按下列规定进行试验：

a) 两个试件放置在温度为(70 ± 1)℃的热空气中 168 h，取出后冷却至常温；

b) 两个试件放置在温度为(60 ± 1)℃的水中 24 h，取出冷却至常温；

c) 两个试件放置在温度为(60 ± 1)℃的柴油中 24 h，取出后用软布擦净试件上的油渍并冷却至常温。

将上述三组试件以及另外两个不经任何处理的试件，在环境温度(20 ± 5)℃，相对湿度为(50 ± 5)%的环境下，采用宽 12.7 mm 棉质布条摩擦管道表面的产品标识。布条的一端悬挂 0.45 kg 重物，使布条按每分钟 28 次进行往复摩擦，摩擦行程为 159 mm。试验过程中棉质布条应完全覆盖试件上的标记。往复摩擦 50 次，判断试验结果是否符合 4.18 的规定。

两个不经任何处理的试件在完成试验后，用棉质布条的另一面重复进行上述试验，判断试验结果是否符合 4.18 的规定。

5.18 耐火性能试验

5.18.1 试验布置

试验布置按 GB 5135.1—2003 中 7.30.1、7.30.2 的规定进行。

5.18.2 喷头安装

试件采用 DN25 mm、DN50 mm 的管道及试验所需的管件。

将管道与管件按工字型粘接组合，在温度为(20 ± 5)℃的环境下按规定的试验固化时间进行固化。配水主管为 DN50 mm 的管道，配水支管为 DN25 mm 的管道。

喷头采用公称动作温度为 68 ℃，公称口径为 15 mm 的下垂型快速响应等级的洒水喷头。喷头溅水盘与吊顶的距离为(250 ± 50)mm，配水管道中心距吊顶为(50 ± 10)mm。

吊杆及支架的安装间距应参考产品设计及安装手册中的有关要求。

5.18.3 试验程序

在试验开始前调节流量，确保四只洒水喷头启动后总流量为$(230\sim239)$L/min。安装洒水喷头，使管网充满水并排净管网中的空气。燃料供给的开始和点火应在同时进行。火炬点燃时开始计时并启动测温设备，四只洒水喷头应在 15 s 内动作并开始洒水，整个试验过程中应保证管道内充水并保持试验压力要求。

试验进行 30 min 后停止燃料供给，木垛火应在试验停止后 1 min 内全部熄灭。在木垛火熄灭后5 min停止供水。将试件在室温条件下冷却 2 h 以上，然后对管网以 2.0 MPa/min 的速率升压至1.2 MPa 保持 5 min，判断试验结果是否符合 4.19 的规定。

5.19 环境试验

5.19.1 温水老化试验

试件采用约 300 mm 长的某一规格管道二组，每组三根。

将试件放置在(87 ± 2)℃的蒸馏水中分别浸泡 30 d、90 d、180 d，取出后在环境温度(20 ± 5)℃，相对湿度 50%的条件下放置 24 h。

将其中一组试件与管件粘接组合，在温度为(20 ± 5)℃的环境下按规定的试验固化时间进行固化，按5.4 的规定进行水压强度试验，压力为水压强度试验要求的 90%，保持 1 min，判断试验结果是否符合4.20.1 的规定。

将另一组试件按 GB/T 8804.1—2003、GB/T 8804.2—2003 中的规定进行抗拉试验，判断试验结果是否符合 4.20.1 的规定。

5.19.2 空气老化试验

试件采用约 300 mm 长的某一规格管道二组,每组三根。

管道试件分别放置在(100±3)℃的热空气中 30 d、90 d、180 d,取出后在环境温度(23±2)℃,相对湿度 50%的条件下放置 24 h。

将其中一组试件与管件粘接组合,在温度为(20±5)℃的环境下按规定的试验固化时间进行固化,按 5.4 的规定进行水压强度试验,压力为水压强度试验要求的 90%,保持 1 min,判断试验结果是否符合 4.20.2 的规定。

将另一组试件按 GB/T 8804.1—2003、GB/T 8804.2—2003 中的规定进行抗拉试验,判断试验结果是否符合 4.20.2 的规定。

5.19.3 光水暴露试验

试件应符合 GB/T 8804.1—2003、GB/T 8804.2—2003 中有关片状 CPVC 塑料试样尺寸的规定。

试验装置采用每分钟旋转一周的金属筒,金属筒内保持温度为(63±5)℃。金属筒的中心位置垂直放置两根直径为 12.7 mm 的碳棒。形成碳弧的工作电压为交流(120~145)V,工作电流为(15~17)A。金属筒筒壁上方设置一个用于向试件喷射水雾的固定喷嘴,水雾的覆盖范围为金属筒周长的 15%。试件垂直放置在金属筒内侧,且面向碳弧灯。紫外线光照及紫外线下喷水雾试验每 20 min 为一个周期,其中试件暴露在碳弧光中的时间为 17 min,暴露在碳弧光下并喷洒水雾的时间为 3 min,试验周期为 360 h。

本项试验后按 GB/T 8804.1—2003、GB/T 8804.2—2003 中的规定进行抗拉试验,判断试验结果是否符合 4.20.3 的规定。

5.20 氨应力腐蚀试验

将带有金属元件的管件按 GB 5135.1—2003 中 7.19 的规定进行氨应力腐蚀试验,判断试验结果是否符合 4.21 的规定。

6 检验规则

6.1 出厂检验

所有产品出厂前应按表 3 的规定进行出厂检验。

6.2 型式检验

有下述情况之一者,应按表 3 的规定进行型式检验:

a) 正式生产后,产品的结构、材料、工艺中任何一项有较大改变,可能影响产品性能时;

b) 产品停产超过一年恢复生产时;

c) 产品转厂生产或异地搬迁生产时;

d) 国家质量监督机构或管理部门提出进行型式检验要求时。

6.3 组批

同一配方、同一生产工艺、相同材料的产品为一批。

表 3 出厂检验和型式检验项目

检验项目	标准条款号	型式检验项目			出厂检验项目	
		管道		管件	全检	抽检
		主检	不同口径			
外观	4.1	★	★	★	★	
标志	4.2	★	★	★	★	
材料	4.3	★				

表 3（续）

检验项目	标准条款号	型式检验项目			出厂检验项目	
		管道		管件	全检	抽检
		主检	不同口径			
基本参数	4.4	★	★	★	★	
水压强度	4.5	★	★	★		★
粘接组合件水压强度	4.6	★		★		★
抗压强度	4.7	★	★			★
抗挠强度	4.8	★	★	★ª		
抗弯曲性能	4.9	★	★			
抗冲击性能	4.10	★	★ᵇ	★		★
抗振动性能	4.11	★		★ᶜ		
耐低温性能	4.12	★	★			
压力循环	4.13	★	★	★		
温度循环	4.14	★	★	★		
长期静水压	4.15	★ᵈ		★		
摩阻损失	4.16	★	★			
管件当量长度	4.17			★		
产品标志耐久性	4.18	★				★
耐火性能	4.19	★ᵉ				
耐环境性能	4.20	★				
耐氨应力腐蚀性能	4.21			★ᶠ		

ª 直通。

ᵇ 最大、最小公称直径管道。

ᶜ 三通、内螺纹接头、管帽。

ᵈ 最大、最小公称直径管道。

ᵉ DN25 mm、DN50 mm 的管道。

ᶠ 带金属元件的管件。

6.4 抽样

样品的抽取应在同一批中采用随机抽样的方法，抽样基数不宜少于检测样品数量的10倍。

6.5 判定准则

6.5.1 出厂检验

出厂检验的全部项目都合格，则判定该批产品出厂检验合格。若有一项不合格，则判定该批产品不合格。

6.5.2 型式检验

对于所有规格的CPVC塑料管道及管件，4.3～4.6、4.13～4.15、4.19～4.21中任一条不合格，则判该批产品不合格。其余各条不合格时，允许加倍抽样检验，仍有一条不合格，则判该批产品不合格。对在试验过程中使用的粘接剂品牌及型号应予以注释。

7 包装、运输、贮存

7.1 包装

管道、管件及粘接剂应置于牢固可靠的包装箱内。相同规格的管道装入包装袋捆扎、封口,或按用户要求包装。相同品种和规格的管件装入同一包装箱,每个包装箱内的重量不宜超过 25 kg。

7.2 运输

管道及管件在运输中应进行防雨淋、防晒处理,装卸时防止碰撞。不应在搬运过程中随意抛掷、暴晒、重压、沾污管道及管件,或在地面上拖拉管道。粘接剂在运输过程中不应靠近热源、明火。

7.3 贮存

管道如在室外长期储存,应使用非透明材料进行包裹。管件应尽量储存在原有包装内以避免灰尘及其他可能对其产生的损坏。粘接剂应储存在(5 ~33)℃之间,并不应靠近热源、明火,且通风状况良好。

附　录　A

（规范性附录）

公　　差

本部分中使用的物理量未标明公差时，其公差要求按以下规定执行：

a)　角度：±2°；

b)　频率(Hz)：测量值的±5%；

c)　长度：测量值的±2%；

d)　容积：测量值的±5%；

e)　压力：测量值的±3%；

f)　温度：测量值的±5%；

g)　时间：

1)　s：测量值$^{+5}_{0}$；

2)　min：测量值$^{+0.1}_{0}$；

3)　h：测量值$^{+0.1}_{0}$；

4)　d：测量值$^{+0.25}_{0}$。

附 录 B

（资料性附录）

粘接剂要求

塑料管道选用的粘接剂，其基本性能要求见表 B.1。

表 B.1 粘接剂要求

项 目	要 求
沸点/℃	67(基于第一沸腾成分四氢呋喃)
密度/(kg/m³)	945～1 025
蒸发压力/Pa	1.9×10⁴(基于 20 ℃沸腾成分四氢呋喃)
挥发性百分比/%	70～80
蒸发率	>1.0(醋酸丁酯＝1)
储存温度/℃	5～33

ICS 83.140.30
G 33

中华人民共和国国家标准

GB/T 5836.1—2006
代替 GB/T 5836.1—1992

建筑排水用硬聚氯乙烯（PVC-U）管材

Unplasticized poly（vinyl chloride）（PVC-U）pipes for soil and waste discharge inside buildings

［ISO 3633:2002,Plastics piping systems for soil and waste discharge（low and high temperature）inside buildings—Unplasticized poly（vinyl chloride）（PVC-U）,NEQ］

2006-02-21 发布   2006-08-01 实施

中华人民共和国国家质量监督检验检疫总局
中国国家标准化管理委员会   发 布

前　言

GB/T 5836 共分两部分：

——GB/T 5836.1—2006《建筑排水用硬聚氯乙烯(PVC-U)管材》；

——GB/T 5836.2—2006《建筑排水用硬聚氯乙烯(PVC-U)管件》。

本部分为 GB/T 5836 的第 1 部分。

本部分在参考了 ISO 3633：2002《建筑物内排污、废水(高、低温)用塑料管道系统——硬聚氯乙烯(PVC-U)》管材部分的基础上，结合我国硬聚氯乙烯管道在生产和应用实际情况，对原 GB/T 5836.1—1992《建筑排水用硬聚氯乙烯管材》进行修订。

本部分自实施之日起，代替 GB/T 5836.1—1992。

本部分与 GB 5836.1—1992 相比主要区别如下：

——增加"材料"一章；

——产品分类中增加弹性密封圈连接型管材；

——产品规格由 40 mm～160 mm 扩大到 32 mm～315 mm；

——增加管道"不圆度"和"倒角"要求；

——管材弯曲度由"≤1%"调整为"≤0.5%"；

——取消"优等品"和"合格品"分类；

——增加管材承口尺寸要求；

——管材性能要求中取消了断裂伸长率和扁平试验要求，增加密度和二氯甲烷试验要求；

——对于密封圈连接型管材增加系统适用性要求及相应试验方法附录 A 和附录 B。

本部分的附录 A、附录 B 为规范性附录。

本部分由中国轻工业联合会提出。

本部分由全国塑料制品标准化技术委员会塑料管材、管件及阀门分技术委员会(TC48/SC3)归口。

本部分起草单位：福建亚通新材料科技股份有限公司、成都川路塑胶集团、中国公元塑业集团、浙江中财管道科技股份有限公司、河北宝硕管材有限公司、广东联塑科技实业有限公司。

本部分主要起草人：魏作友、贾立蓉、黄剑、丁良玉、代启勇、林少全。

本部分所代替标准的历次版本发布情况为：

——GB/T 5836.1—1992；

——GB/T 5836—1986。

建筑排水用硬聚氯乙烯(PVC-U)管材

1 范围

GB/T 5836 的本部分规定了以聚氯乙烯(PVC)树脂为主要原料,经挤出成型的硬聚氯乙烯(PVC-U)管材(以下简称管材)的材料、产品分类、要求、试验方法、检验规则和标志、运输及贮存。

本部分适用于建筑物内排水用管材。在考虑材料的耐化学性和耐热性的条件下,也可用于工业排水用管材。

本部分规定的管材与 GB/T 5836.2—2006《建筑排水用硬聚氯乙烯(PVC-U)管件》规定的管件配套使用。

2 规范性引用文件

下列文件中的条款通过 GB/T 5836 的本部分的引用而成为本部分的条款。凡是注日期的引用文件,其随后所有的修改单(不包括勘误的内容)或修订版均不适用于本部分,然而,鼓励根据本部分达成协议的各方研究是否可使用这些文件的最新版本。凡是不注日期的引用文件,其最新版本适用于本部分。

GB/T 1033—1986 塑料密度和相对密度试验方法(eqv ISO/DIS 1183:1984)

GB/T 2828.1—2003 计数抽样检验程序 第 1 部分:按接收质量限(AQL)检索的逐批检验抽样计划(ISO 2859-1:1999,IDT)

GB/T 2918—1998 塑料试样状态调节和试验的标准环境(idt ISO 291:1997)

GB/T 5836.2—2006 建筑排水用硬聚氯乙烯(PVC-U)管件

GB/T 6671—2001 热塑性塑料管材 纵向回缩率的测定(eqv ISO 2505:1994)

GB/T 8802—2001 热塑性塑料管材、管件 维卡软化温度的测定(eqv ISO 2507:1995)

GB/T 8804.2—2003 热塑性塑料管材 拉伸性能测定 第 2 部分:硬聚氯乙烯(PVC-U)、氯化聚氯乙烯(PVC-C)和高抗冲聚氯乙烯(PVC-HI)管材(ISO 6259-2:1997,IDT)

GB/T 8805—1988 硬质塑料管材弯曲度测量方法

GB/T 8806 塑料管材尺寸测量方法(GB/T 8806—1988,eqv ISO 3126:1974)

GB/T 13526 硬聚氯乙烯(PVC-U)管材 二氯甲烷浸渍试验方法(GB/T 13526—1992,neq ISO 7676:1990)

GB/T 14152—2001 热塑性塑料管材耐外冲击性能试验方法 时针旋转法(eqv ISO 3127:1994)

HG/T 3091—2000 橡胶密封件 给排水管及污水管道用接口密封圈 材料规范(idt ISO 4633:1996)

3 材料

生产管材的原料为硬聚氯乙烯(PVC-U)混配料。混配料应以聚氯乙烯(PVC)树脂为主,加入为生产符合本部分要求的管材所必需的添加剂,添加剂应分散均匀。

生产管材的原料中聚氯乙烯树脂质量百分含量不宜低于 80%。

允许使用本厂产生的清洁回用料。

4 产品分类

管材按连接形式不同分为胶粘剂连接型管材和弹性密封圈连接型管材。

5 要求

5.1 外观

管材内外壁应光滑,不允许有气泡、裂口和明显的痕纹、凹陷、色泽不均及分解变色线。管材两端面应切割平整并与轴线垂直。

5.2 颜色

管材一般为灰色或白色,其他颜色可由供需双方协商确定。

5.3 规格尺寸

5.3.1 管材平均外径、壁厚

管材平均外径、壁厚应符合表1的规定。

表 1 管材平均外径、壁厚　　　　　　　　　　　　　　　　　　　　单位为毫米

公称外径 d_n	平均外径		壁　　厚	
	最小平均外径 $d_{em,min}$	最大平均外径 $d_{em,max}$	最小壁厚 e_{min}	最大壁厚 e_{max}
32	32.0	32.2	2.0	2.4
40	40.0	40.2	2.0	2.4
50	50.0	50.2	2.0	2.4
75	75.0	75.3	2.3	2.7
90	90.0	90.3	3.0	3.5
110	110.0	110.3	3.2	3.8
125	125.0	125.3	3.2	3.8
160	160.0	160.4	4.0	4.6
200	200.0	200.5	4.9	5.6
250	250.0	250.5	6.2	7.0
315	315.0	315.6	7.8	8.6

5.3.2 管材长度

管材长度 L 一般为4 m或6 m,其他长度由供需双方协商确定,管材长度不允许有负偏差。管材长度 L、有效长度 L_1 见图1。

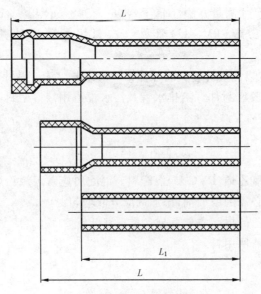

图 1 管材长度示意图

5.3.3 不圆度

管材不圆度应不大于$0.024d_n$。

不圆度的测定应在管材出厂前进行。

5.3.4 弯曲度

管材弯曲度应不大于0.50%。

5.3.5 管材承口尺寸

5.3.5.1 胶粘剂连接型管材承口尺寸

胶粘剂粘接型管材承口尺寸应符合表2规定,示意图见图2。

表2 胶粘剂粘接型管材承口尺寸　　　　　　　　　　　　单位为毫米

公称外径	承口中部平均内径		承口深度
d_n	$d_{sm,min}$	$d_{sm,max}$	$L_{0,min}$
32	32.1	32.4	22
40	40.1	40.4	25
50	50.1	50.4	25
75	75.2	75.5	40
90	90.2	90.5	46
110	110.2	110.6	48
125	125.2	125.7	51
160	160.3	160.8	58
200	200.4	200.9	60
250	250.4	250.9	60
315	315.5	316.0	60

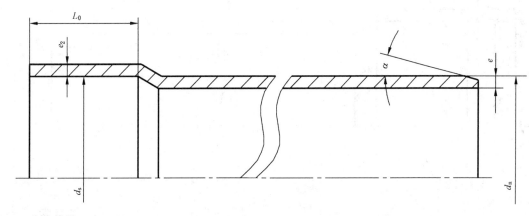

d_n——公称外径;

d_s——承口中部内径;

e——管材壁厚;

e_2——承口壁厚;

L_2——承口深度;

α——倒角。

注1:倒角α,当管材需要进行倒角时,倒角方向与管材轴线夹角α应在15°~45°之间(见图2和图3)。倒角后管端
　　　所保留的壁厚应不小于最小壁厚e_{min}的三分之一。

注2:管材承口壁厚e_2不宜小于同规格管材壁厚的0.75倍。

图2 胶粘剂粘接型管材承口示意图

5.3.5.2 弹性密封圈连接型承口尺寸

弹性密封圈连接型管材承口尺寸应符合表 3 规定,示意图见图 3。

表 3　弹性密封圈连接型管材承口尺寸　　　　　　　　单位为毫米

公称外径 d_n	承口端部平均内径 $d_{sm,min}$	承口配合深度 A_{min}
32	32.3	16
40	40.3	18
50	50.3	20
75	75.4	25
90	90.4	28
110	110.4	32
125	125.4	35
160	160.5	42
200	200.6	50
250	250.8	55
315	316.0	62

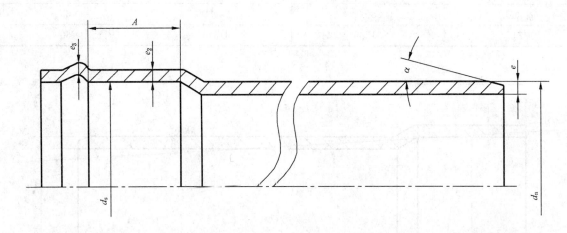

d_n——公称外径;

d_s——承口中部内径;

　e——管材壁厚;

e_2——承口壁厚;

e_3——密封圈槽壁厚;

　A——承口配合深度;

　α——倒角。

注:管材承口壁 e_2 不宜小于同规格管材壁厚的 0.9 倍,密封圈槽壁厚 e_3 不宜小于同规格管材壁厚 0.75 倍。

图 3　弹性密封圈连接型管材承口示意图

5.4　管材物理力学性能

管材的物理力学性能应符合表 4 的规定。

表 4 管材物理力学性能

项 目	要 求	试验方法
密度/(kg/m³)	1 350～1 550	6.4
维卡软化温度(VST)/℃	≥79	6.5
纵向回缩率/(%)	≤5	6.6
二氯甲烷浸渍试验	表面变化不劣于 4 L	6.7
拉伸屈服强度/MPa	≥40	6.8
落锤冲击试验 TIR	TIR≤10%	6.9

5.5 系统适用性

弹性密封圈连接型接头,管材与管材和/或管件连接后应进行水密性、气密性的系统适用性试验,并应符合表5的规定。

表 5 系统适应性

项 目	要 求	试验方法
水密性试验	无渗漏	6.10.1
气密性试验	无渗漏	6.10.2

弹性密封圈连接型管材用弹性密封圈性能应符合 HG/T 3091—2000 的相关要求。

6 试验方法

6.1 状态调节

除有特殊规定外,按 GB/T 2918—1998 规定,在(23±2)℃条件下进行状态调节 24h,并在同样条件下进行试验。

6.2 颜色和外观检查

用肉眼直接观察。

6.3 管材尺寸测量

6.3.1 平均外径

按 GB/T 8806 测量。

6.3.2 壁厚

按 GB/T 8806 测量。

6.3.3 管材有效长度

用精度不低于 1 mm 的卷尺测量。

6.3.4 不圆度

按 GB/T 8806 测量同一断面的最大外径和最小外径,最大外径与最小外径之差为不圆度。

6.3.5 管材承口

承口外径尺寸测量方法见 6.3.1;承口中部平均内径用精度不低于 0.01 mm 的内径量表测量承口中部两相互垂直的内径,计算其算术平均值;承口深度和承口配合深度用精度不低于 0.5 mm 的量具测量。

6.3.6 弯曲度

按 GB/T 8805 测量。

6.4 密度

按 GB/T 1033—1986 中 4.1A 法测定。

6.5 维卡软化温度

按 GB/T 8802—2001 测定。

6.6 纵向回缩率

按 GB/T 6671—2001 测定。

6.7 二氯甲烷浸渍试验

按 GB/T 13526 测定,试验温度为 $(15\pm0.5)℃$,浸渍时间为 $(15\pm1)min$。

6.8 拉伸屈服强度

按 GB/T 8804.2—2003 测定,结果保留 3 位有效数字,小数点后第 1 位有效数字按四舍五入处理。

6.9 落锤冲击试验

按 GB/T 14152—2001 测定。试验温度为 $(0\pm1)℃$。落锤质量和下落高度应符合表 6 规定,锤头类型:管材规格 $d_n<110$ mm 时取 $d25$,管材规格 $d_n\geqslant110$ mm 时取 $d90$。

表 6 落锤质量和落锤高度

公称外径/mm	落锤质量/kg	下落高度/m
32	0.25 ± 0.005	1.0 ± 0.01
40	0.25 ± 0.005	1.0 ± 0.01
50	0.25 ± 0.005	1.0 ± 0.01
75	0.25 ± 0.005	2.0 ± 0.01
90	0.5 ± 0.005	2.0 ± 0.01
110	0.5 ± 0.005	2.0 ± 0.01
125	1.0 ± 0.005	2.0 ± 0.01
160	1.0 ± 0.005	2.0 ± 0.01
200	1.5 ± 0.005	2.0 ± 0.01
250	2.0 ± 0.005	2.0 ± 0.01
315	3.2 ± 0.005	2.0 ± 0.01

6.10 系统适用性

6.10.1 水密性试验

按附录 A 进行试验。

6.10.2 气密性试验

按附录 B 进行试验。

7 检验规则

产品需经生产厂质量检验部门检验合格并附有合格标志,方可出厂。

7.1 组批

同一原料配方、同一工艺和同一规格连续生产的管材作为一批,每批数量不超过 50t,如果生产 7 天尚不足 50 t,则以 7 天产量为一批。

7.2 出厂检验

7.2.1 出厂检验项目为 5.1~5.3 及 5.4 中纵向回缩率和落锤冲击试验。

7.2.2 5.1~5.3 检验按 GB/T 2828.1—2003 采用正常检验一次抽样方案,取一般检验水平 I,接收质量限(AQL)6.5,见表 7。

表 7 接收质量限(AQL)为 6.5 的抽样方案
单位为根

批量 N	样本量 n	接收数 Ac	拒收数 Re
≤150	8	1	2
151~280	13	2	3
281~500	20	3	4
501~1 200	32	5	6
1 201~3 200	50	7	8
3 201~10 000	80	10	11

7.2.3 在计数合格的产品中,随机抽取足够样品进行 5.4 中的纵向回缩率和落锤冲击试验。

7.3 型式检验

型式检验项目为第 5 章要求项中全部内容。并按 7.2.2 规定对 5.1~5.3 进行检验,在检验合格的样品中随机抽取足够的样品,进行 5.4 及 5.5 中的各项检验。一般情况下,每两年至少一次,若有以下情况,应进行型式检验:

a) 新产品或老产品转厂生产的试制定型鉴定;

b) 结构、材料、工艺有较大变动可能影响产品性能时;

c) 产品长期停产后恢复生产时;

d) 出厂检验结果与上次型式检验结果有较大差异时;

e) 质量监督机构提出进行型式检验时。

7.4 判定规则

5.1~5.3 中任意一条不符合表 7 规定时则判为不合格,物理力学性能中有一项达不到指标时,则在该批中随机抽取双倍的样品对该项进行复验,如仍不合格,则判该批不合格。

8 标志、运输及贮存

8.1 标志

管材上应至少有下列永久性标志,且每根管材上应含有至少一处完整标志,标志间距不应大于 2 m:

a) 生产厂名、厂址和商标;

b) 产品名称;

c) 产品规格;

d) 本部分标准编号;

e) 生产日期。

8.2 运输

产品在装卸和运输时,不得受到撞击、曝晒、抛摔和重压。

8.3 贮存

管材存放场地应平整,堆放整齐,堆放高度不宜超过 2 m,远离热源。承口部位宜交错放置,避免挤压变形。当露天存放时,应遮盖,防止曝晒。

附　录　A

（规范性附录）

水密性试验方法

A.1　原理

试样为管材和/或管件连接包含至少一个弹性密封圈连接型接头的系统,试样在一定时间内受给定的内部压力作用,通过检查试样的密封情况来验证其密封性能。

A.2　设备

A.2.1　端部密封装置

尺寸和密封方式应能与组合试样连接配合,装置不应对试样施加轴向力,防止试样组件和装置在受压下发生脱离。装置质量不应影响试样角度偏转（见 A.4.2）。

A.2.2　液压源

与至少一端带封堵的装置端部相连,能按 A.4.3 逐渐均匀升压至所需压力,并在试验时间内能保持恒定在规定压力 $^{+2}_{-1}\%$ 范围内（见第 A.4 章）。

A.2.3　排气阀

当对试样施加静液压时起排气作用。

A.2.4　压力测量装置

用于检查试验压力是否符合规定所需压力（见 A.2.2 和第 A.4 章）。

A.3　试样

A.3.1　试样制备

试样为管材和/或管件连接包含至少一个弹性密封圈连接型接头的系统。试样组装方式见图 A.1。为便于排气,试样安装时可保持一定倾斜角,但不应超过 12°。

试样应按生产厂的说明进行连接,试样应尽可能由最小直径的插口和最大直径的承口（在公差允许范围内）装配而成。

应测量并记录所取的插口和承口直径。

A.3.2　试样数量

试样数量为一组。

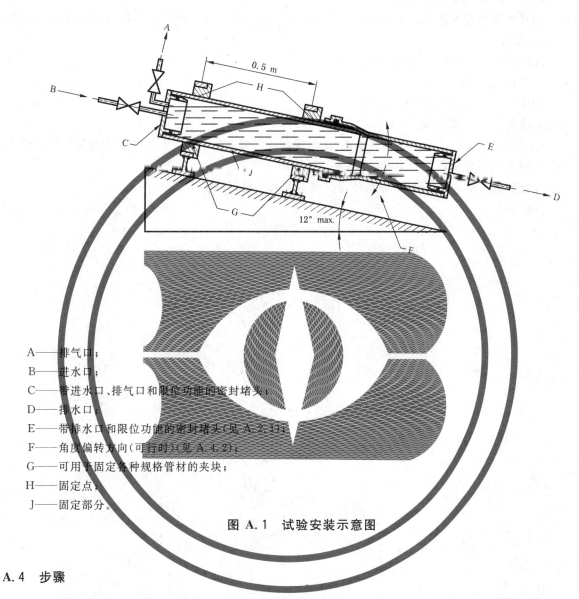

A——排气口；
B——进水口；
C——带进水口、排气口和限位功能的密封堵头；
D——排水口；
E——带排水口和限位功能的密封堵头(见 A.2.1)；
F——角度偏转方向(可行时)(见 A.4.2)；
G——可用于固定各种规格管材的夹块；
H——固定点；
J——固定部分。

图 A.1 试验安装示意图

A.4 步骤

A.4.1 在(23±5)℃的环境温度下,用自来水按下列步骤进行试验,自来水不应在试样表面凝结。

A.4.2 将试样安装到试验装置上,若允许在试样接头处发生一定角度的轴向偏转,调节试样使之处于最大偏转角度状态。接头最大偏转角度按厂家说明。

A.4.3 将水充满试样,同时排出试样内部空气,然后按下列方法施加静液压力：

A.4.3.1 对于二次加工管件：除非相关标准中特别规定,迅速升压至 50 kPa 并保持该压力至少 1 min。

A.4.3.2 对于非二次加工的管材和/或管件连接试样：在 15 min 内逐渐平缓升压至 50 kPa 并保持该压力至少 15 min。

A.4.4 按 A.4.3 进行试验时,应检查并记录试样连接处渗漏情况。

A.4.5 卸压,排出水后拆卸试验装置,检查并记录被测试样外观的任何变化情况。

A.5 试验报告

试验报告应包含下列内容：

a) GB/T 5836 的本部分编号；

b) 试样的各连接组件的标志(如管件、管材和用于连接的密封元件)，以及各自的直径，单位为毫米(mm)；

c) 环境温度(见 A.4.1)，单位为摄氏度(℃)；

d) 试验压力，单位为千帕(kPa)；

e) 加压时间，单位为分钟(min)；

f) 偏转角度(可行时)(见 A.4.2)；

g) 结果表述："接头无渗漏"；如有渗漏，记录渗漏迹象或破坏情况及其发生位置与发生时的压力；

h) 在试验过程中或试验结束时，试样各部分的外观变化；

i) 可能影响结果的各种因素，如意外情况或本附录未规定的操作细节；

j) 试验日期。

附　录　B

（规范性附录）

气密性试验方法

B.1　原理

试样为管材和/或管件连接包含至少一个弹性密封圈连接型接头的系统,试样在一定时间内受给定的内部压力作用,通过检查试样的密封情况来验证其密封性能。

B.2　设备

B.2.1　端部密封装置

尺寸和密封方式应能与组合试样连接配合,装置不应对试样施加轴向力,防止试样组件和装置在受压下发生脱离。装置质量不应影响试样角度偏转(见 B.4.7)。

B.2.2　气压源

通过截流阀与至少一端带封堵的装置端部相连,能保持恒定在规定压力的±10%范围内(见第 B.4 章)。

B.2.3　压力测量装置

用于检查试验压力是否符合规定所需压力(见 B.2.2 和第 B.4 章)。

B.2.4　进水及排水装置

各自通过截流阀与密封装置连接,可使试样内部达到适当水位(见图 B.1)。

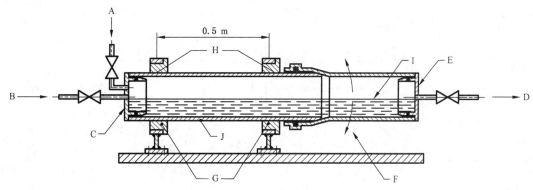

A——进气口;

B——进水口;

C——带进水口、进气口和限位功能的密封堵头;

D——排水口;

E——带排水口和限位功能的密封堵头(见 B.2.1);

F——角度偏转方向(可行时)(见 B.4.8);

G——可用于固定各种规格管材的夹块;

H——固定点;

I——试验水位(管材内径的一半);

J——固定部分。

图 B.1　试验安装示意图

B.3　试样

B.3.1　试样制备

试样为管材和/或管件连接包含至少一个弹性密封圈连接型接头的系统。试样的管材部分或插口管件部分通过两夹板固定(见图 B.1)后,一端用带进水口和进气口的堵头封堵,另一端与带承口的管件或管材连接,带承口管件或管材的另一端用带排水口和截流阀的堵头封堵(见图B.1)。

试样应按生产厂的说明进行连接,试样应尽可能由最小直径的插口和最大直径的承口(在公差允许范围内)装配而成。

应测量并记录所取的插口和承口直径。

B.3.2 试样数量

试样数量为1组。

B.4 步骤

B.4.1 在(23±5)℃的环境温度下,用自来水按下列步骤进行试验。

B.4.2 将试样水平安装到试验装置上(见图B.1)。

B.4.3 在插口和承口端部抹上肥皂水或其他渗漏示踪剂,然后用干布把多余皂液或示踪剂擦干。

B.4.4 打开排水口,同时关闭进气口。

B.4.5 打开进水口,当试样注满一半水时(可通过排水口是否出水确认),关闭进水口和排水口。

B.4.6 打开进气口,在环境温度下升压至 (10±1)kPa(见B.4.1)。

B.4.7 保持该压力5min,然后手动轴向偏转试样未固定部分(见图B.1承口部分)至最大偏转角度,最大偏转角度由生产厂提供。分别在一周的0°、90°、180°和270°(见图B.2)四个位置进行轴向偏转,并保压1min。

B.4.8 按B.4.4~B.4.7进行试验时,应检查并记录试样连接处渗漏情况,渗漏情况可通过肥皂水检测。

B.4.9 卸压,排出水后拆卸试验装置,检查并记录被测试样外观的任何变化情况。

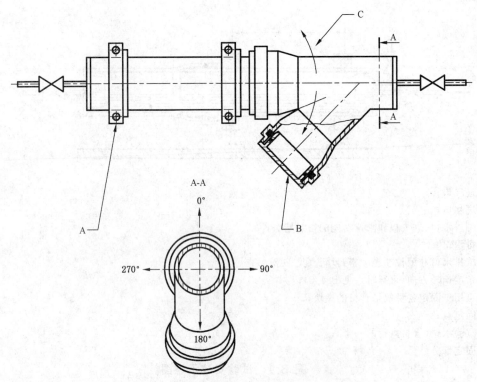

端部正视图(进行角度偏转试验的方位指示)

A——夹块;

B——端部密封;

C——管件偏转方向。

图 B.2 角偏转方向示意图

B.5 试验报告

试验报告应包含下列内容：

a) GB/T 5836 的本部分编号；

b) 试样的各连接组件的标志(如管件、管材和用于连接的密封元件)，以及各自的直径，单位为毫米(mm)；

c) 环境温度(见 B.4.1)，单位为摄氏度(℃)；

d) 试验压力，单位为千帕(kPa)；

e) 加压时间，单位为分钟(min)；

f) 偏转角度(见 B.4.7)；

g) 结果表述："接头无渗漏"；如有渗漏，记录渗漏迹象或破坏情况及其发生位置和发生时的压力；

h) 在试验过程中或试验结束时，试样各部分的外观变化；

i) 可能影响结果的各种因素，如意外情况或本附录未规定的操作细节；

j) 试验日期。

ICS 83.140.30
G 33

中华人民共和国国家标准

GB/T 5836.2—2006
代替 GB/T 5836.2—1992

建筑排水用硬聚氯乙烯（PVC-U）管件

Unplasticized poly（vinyl chloride）（PVC-U）fittings for soil and waste inside
buildings

［ISO 3633:2002,Plastics piping systems for soil and waste discharge
（low and high temperature）inside buildings—Unplasticized poly（vinyl
chloride）（PVC-U）,NEQ］

2006-02-21 发布 　　　　　　　　　　　　　　2006-08-01 实施

中华人民共和国国家质量监督检验检疫总局
中国国家标准化管理委员会　发布

前　　言

GB/T 5836 由两部分组成：

——GB/T 5836.1—2006《建筑排水用硬聚氯乙烯（PVC-U）管材》；

——GB/T 5836.2—2006《建筑排水用硬聚氯乙烯（PVC-U）管件》。

本部分为 GB/T 5836 的第 2 部分。

本部分参考了 ISO 3633：2002《建筑物内排污、废水（高、低温）用塑料管道系统——硬聚氯乙烯（PVC-U）》。结合我国生产和应用的实际情况，对 GB/T 5836.2—1992《建筑排水用硬聚氯乙烯管件》作了修订。

本部分自实施之日起，代替 GB/T 5836.2—1992。

本部分的技术内容与 GB/T 5836.2—1992 相比较，主要变化如下：

——增加了"定义和符号"和"材料"两章；

——增加了对弹性密封圈连接型管件的规定；

——产品规格由 40 mm～160 mm 扩大到 32 mm～315 mm；

——明确规定了管件不同部位的壁厚要求，并对其他尺寸作了部分修改；

——取消优等品和合格品之分；

——增加产品密度要求；

——将维卡软化温度的要求规定为 74℃；

——增加了系统适用性要求；

——增加了附录 A。

本部分的附录 A 为资料性附录。

本部分由中国轻工业联合会提出。

本部分由全国塑料制品标准化技术委员会塑料管材、管件及阀门分技术委员会（TC 48/SC 3）归口。

本部分起草单位：广东联塑科技实业有限公司、南亚塑胶管材（厦门）有限公司、中山环宇实业有限公司、南塑建材塑胶制品（深圳）有限公司、浙江中财管道科技股份有限公司、福建亚通新材料科技股份有限公司。

本部分主要起草人：林少全、许盛光、张慰峰、陈天文、丁良玉、魏作友。

本部分所代替标准的历次版本发布情况为：

——GB/T 5836.2—1992；

——GB/T 5836—1986。

建筑排水用硬聚氯乙烯(PVC-U)管件

1 范围

GB/T 5836 的本部分规定了以聚氯乙烯(PVC)树脂为主要原料,经注塑成型的硬聚氯乙烯(PVC-U)管件(以下简称管件)的定义、材料、产品分类、要求、试验方法、检验规则、标志、包装、运输和贮存。

本部分适用于建筑物内排水用管件。在考虑到材料的耐化学性和耐热性的条件下,也可用于工业排水用管件。

本部分规定的管件与 GB/T 5836.1—2006《建筑排水用硬聚氯乙烯(PVC-U)管材》规定的管材配套使用。

2 规范性引用文件

下列文件中的条款通过 GB/T 5836 的本部分的引用而成为本部分的条款。凡是注日期的引用文件,其随后所有的修改单(不包括勘误的内容)或修订版均不适用于本部分,然而,鼓励根据本标准达成协议的各方研究是否可使用这些文件的最新版本。凡是不注日期的引用文件,其最新版本适用于本部分。

GB/T 1033—1986 塑料密度和相对密度试验方法(eqv ISO/DIS 1183:1984)

GB/T 2828.1—2003 计数抽样检验程序 第1部分:按接收质量限(AQL)检索的逐批检验抽样计划(ISO 2859-1:1999,IDT)

GB/T 2918—1998 塑料试样状态调节和试验的标准环境(idt ISO 291:1997)

GB/T 5836.1—2006 建筑排水用硬聚氯乙烯(PVC-U)管材

GB/T 8801 硬聚氯乙烯(PVC-U)管件坠落试验方法

GB/T 8802—2001 热塑性塑料管材、管件 维卡软化温度的测定(eqv ISO 2507:1995)

GB/T 8803—2001 注射成型硬质聚氯乙烯(PVC-U)、氯化聚氯乙烯(PVC-C)、丙烯腈-丁二烯-苯乙烯三元共聚物(ABS)和丙烯腈-苯乙烯-丙烯酸盐三元共聚物(ASA)管件 热烘箱试验方法

GB/T 8806 塑料管材尺寸测量方法(GB/T 8806—1988,eqv ISO 3126:1974)

GB/T 19278—2003 热塑性塑料管材、管件及阀门通用术语及其定义

HG/T 3091—2000 橡胶密封件 给排水管及污水管道用接口密封圈 材料规范(idt ISO 4633:1996)

QB/T 2568—2002 硬聚氯乙烯(PVC-U)塑料管道系统用溶剂型胶粘剂

3 定义和符号

3.1 定义

GB/T 19278—2003 所确立的以及下列术语及其定义适用于 GB/T 5836 的本部分。

3.1.1

管件主体壁厚 **wall thickness at main body of the fitting**(e_1)

管件连接部分以外的任一点壁厚,单位为毫米(mm)。

3.2 符号

下述符号适用于 GB/T 5836 的本部分,其意义参见有关图示。

A　　　　　　配合长度

d_e　　　　　　任一点外径

d_{em}	平均外径
d_n	公称外径
d_s	承口公称直径
d_{sm}	承口平均内径
e_y	任一点壁厚
e_1	管件主体壁厚
e_2	承口壁厚
e_3	密封环槽处壁厚
L_1	承口深度
L_2	插口长度
R	管件转弯处曲率半径
z	管件安装长度(z-长度)
$α$	管件公称角

4 材料

生产管件的原料为硬聚氯乙烯(PVC-U)混配料。混配料应以聚氯乙烯(PVC)树脂为主,加入为生产符合本部分要求的管件所必需的添加剂,添加剂应分散均匀。

管件混配料中聚氯乙烯(PVC)树脂的质量百分含量宜不低于85%。

允许使用本厂的清洁回用料。

5 产品分类

管件按连接形式不同分为胶粘剂连接型管件和弹性密封圈连接型管件。

6 要求

6.1 颜色

管件一般为灰色和白色,其他颜色可由供需双方商定。

6.2 外观

管件内外壁应光滑,不允许有气泡、裂口和明显的痕纹、凹陷、色泽不均及分解变色线。管件应完整无缺损,浇口及溢边应修除平整。

6.3 规格尺寸

6.3.1 壁厚

管件承口部位以外的主体壁厚 e_1(见图1、图2)不应小于同规格管材的壁厚。

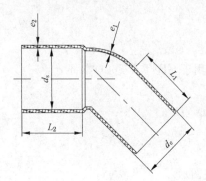

图1 胶粘剂连接型承口和插口

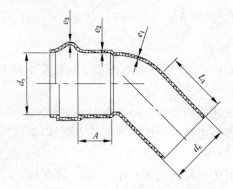

图2 弹性密封圈连接型承口和插口

允许异径管件过渡部分的壁厚从一个尺寸渐变到另一个尺寸,但其余部分的壁厚应符合相应的规定。

型芯偏移的情况下,允许管件最薄处壁厚比相应的规定值减少5%,但同一截面上两个相对壁厚的平均值应不小于相应的规定值。

6.3.1.1 胶粘剂连接型管件

胶粘剂连接型管件的承口壁厚 e_2(见图1)应不小于管件承口部位以外的主体壁厚 e_1 的75%。

6.3.1.2 弹性密封圈连接型管件

弹性密封圈连接型管件的承口壁厚 e_2(见图2)应不小于管件承口部位以外的主体壁厚的90%,密封环槽处的壁厚 e_3 应不小于管件承口部位以外的主体壁厚 e_1 的75%。

6.3.2 管件的承口和插口的直径和长度

6.3.2.1 胶粘剂连接型管件

胶粘剂连接型管件承口和插口的直径和长度(见图1)应符合表1的规定。

表 1 胶粘剂连接型管件承口和插口的直径和长度 单位为毫米

公称外径 d_n	插口的平均外径		承口中部平均内径		承口深度和插口长度 $L_{1,min}$ 和 $L_{2,min}$
	$d_{em,min}$	$d_{em,max}$	$d_{sm,min}$	$d_{sm,max}$	
32	32.0	32.2	32.1	32.4	22
40	40.0	40.2	40.1	40.4	25
50	50.0	50.2	50.1	50.4	25
75	75.0	75.3	75.2	75.5	40
90	90.0	90.3	90.2	90.5	46
110	110.0	110.3	110.2	110.6	48
125	125.0	125.3	125.2	125.7	51
160	160.0	160.4	160.3	160.8	58
200	200.0	200.5	200.4	200.9	60
250	250.0	250.5	250.4	250.9	60
315	315.0	315.6	315.5	316.0	60
注:沿承口深度方向允许有不大于30′脱模所必需的锥度。					

6.3.2.2 弹性密封圈连接型管件

弹性密封圈连接型管件承口和插口的直径和长度(见图2)应符合表2的规定。

表 2 弹性密封圈连接型管件承口和插口的直径和长度 单位为毫米

公称外径 d_n	插口的平均外径		承口端部平均内径	承口配合深度和插口长度	
	$d_{em,min}$	$d_{em,max}$	$d_{sm,min}$	A_{min}	$L_{2,min}$
32	32.0	32.2	32.3	16	42
40	40.0	40.2	40.3	18	44
50	50.0	50.2	50.3	20	46
75	75.0	75.3	75.4	25	51
90	90.0	90.3	90.4	28	56
110	110.0	110.3	110.4	32	60

表 2（续）

单位为毫米

公称外径	插口的平均外径		承口端部平均内径	承口配合深度和插口长度	
d_n	$d_{em,min}$	$d_{em,max}$	$d_{sm,min}$	A_{min}	$L_{2,min}$
125	125.0	125.3	125.4	35	67
160	160.0	160.4	160.5	42	81
200	200.0	200.5	200.6	50	99
250	250.0	250.5	250.8	55	125
315	315.0	315.6	316.0	62	132

6.3.3 管件的基本类型及安装长度（z-长度）见附录 A。

6.4 物理力学性能

管件的物理力学性能应符合表 3 的规定。

表 3 物理力学性能

项 目	要 求	试验方法
密度/(kg/m³)	1 350～1 550	7.4
维卡软化温度/℃	≥74	7.5
烘箱试验	符合 GB/T 8803—2001 的规定	7.6
坠落试验	无破裂	7.7

6.5 系统适用性

连接用胶粘剂应符合 QB/T 2568—2002 的要求，密封圈应符合 HG/T 3091—2000 的要求。

弹性密封圈连接型接头与符合 GB/T 5836.1 规定的管材连接后应做系统适用性试验。

系统适用性应符合表 4 的规定。

表 4 系统适用性试验

项 目	要 求	测试方法
水密性	无渗漏	7.8.1
气密性	无渗漏	7.8.2

7 试验方法

7.1 状态调节

除有特别规定外，应按 GB/T 2918—1998 规定，在（23±2）℃下对试样进行状态调节 24h，并在此条件下进行试验。

7.2 颜色和外观

用肉眼直接观察。

7.3 尺寸测量

7.3.1 壁厚

按 GB/T 8806 的规定测量，必要时可将管件切开测量。

7.3.2 承口中部（端部）平均内径

用精度不低于 0.01 mm 的内径量表测量承口中部（端部）两个相互垂直的内径，以其算术平均值为平均内径。

7.3.3 插口平均外径

按 GB/T 8806 测量。

7.3.4 承口和插口的长度

用精度不低于 0.02 mm 的游标卡尺测量。

7.4 密度

按 GB/T 1033—1986 中的 A 法测定。

7.5 维卡软化温度

按 GB/T 8802—2001 测定。

7.6 烘箱试验

按 GB/T 8803—2001 测定。

7.7 坠落试验

按 GB/T 8801 测定。

7.8 系统适用性

7.8.1 水密性

按 GB/T 5836.1—2006 附录 A 测定。

7.8.2 气密性

按 GB/T 5836.1—2006 附录 B 测定。

8 检验规则

8.1 产品需经生产厂质量检验部门检验合格并附有合格标志方可出厂。

8.2 组批

同一原料、配方和工艺生产的同一规格的管件作为一批。当 d_n ≤75 mm 时,每批数量不超过 10 000件;当 d_n ≥75 mm 时,每批数量不超过 5 000件。如果生产 7 天仍不足一批,以 7 天生产量为一批。一次交付可由一批或多批组成,交付时注明批号,同一个交付批号产品为交付检验批。

8.3 出厂检验

8.3.1 出厂检验项目为 6.1～6.3 和 6.4 中的烘箱试验和坠落试验。

8.3.2 6.1～6.3 按 GB/T 2828.1—2003 规定,采用正常检验一次抽样方案,取一般检验水平Ⅰ,接收质量限(AQL)6.5,抽样方案见表 5。

表 5 抽样方案
单位为件

批量 N	样本量 n	接收数 Ac	拒收数 Re
≤150	8	1	2
151～280	13	2	3
281～500	20	3	4
501～1 200	32	5	6
1 201～3 200	50	7	8
3 201～10 000	80	10	11

8.3.3 在计数抽样合格的产品中,随机抽取足够的样品,进行 6.4 中的烘箱试验和坠落试验。

8.4 型式检验

型式检验的项目为第 6 章的全部技术要求。按 8.3.2 规定对 6.1～6.3 进行检验,在检验合格的样品中,随机抽取足够的样品,进行 6.4 和 6.5 中各项检验。一般情况下每两年至少一次,若有以下情况之一,应进行型式检验。

　　——新产品或老产品转厂生产的试制定型鉴定;

　　——当结构、材料、工艺发生较大变化,可能影响产品性能时;

——长期停产后恢复生产时；

——出厂检验结果与上次型式检验结果有较大差异时；

——国家质量监督机构提出进行型式检验的要求时。

8.5 判定规则

项目 6.1～6.3 中任意一条不符合表 5 规定时，则判定该批为不合格。物理力学性能中有一项达不到指标时，则在该批中随机抽取双倍样品进行该项的复验，如仍不合格，则判该批为不合格批。

9 标志、包装、运输和贮存

9.1 标志

9.1.1 产品至少应有下列永久性标志：

    a) 厂名或商标；

    b) 材料名称：PVC-U；

    c) 产品规格：公称外径；

    d) 本部分标准编号。

9.1.2 产品包装至少应有下列内容：

    a) 生产厂名和厂址；

    b) 产品名称；

    c) 商标；

    d) 管件类型和规格；

    e) 生产日期或生产批号。

9.2 包装

管件按类型和规格分别妥善包装，包装用材料由供需双方商定，一般情况下每个包装质量不超过 25 kg。

9.3 运输

管件在运输时，不应曝晒、玷污、重压、抛摔和损伤。

9.4 贮存

管件应贮存在库房，合理放置，远离热源。

附　录　A

(资料性附录)

管件的基本类型及安装长度(z-长度)

A.1　管件的基本类型

本部分涉及下列管件基本类型(见图 A.1 至图 A.7)。

a)　直通。

b)　异径。

c)　弯头：

公称角可以从 $22.5°$、$45°$ 和 $90°$ 中选择，其他角度应由供需双方商定，并在产品上作相应的标记。

d)　多通和异径多通：

公称角可以从 $45°$ 和 $90°$ 中选择。其他角度应由供需双方商定，并在产品上作相应的标记。

允许其他设计的管件类型，但尺寸要符合有关规定。

A.2　管件的安装长度(z-长度)

管件安装长度(z-长度)仅用于设计模具。

z-长度应由生产商给定，推荐使用表 A.1 至表 A.6 所规定的尺寸。

A.2.1　弯头

弯头的 z-长度见图 A.1 和表 A.1。

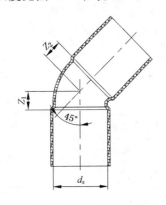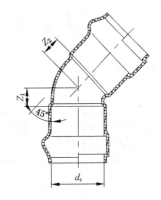

a)　$45°$弯头

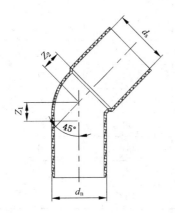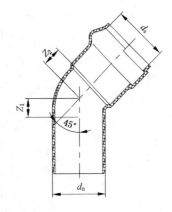

b)　$45°$带插口弯头

图 A.1　弯头

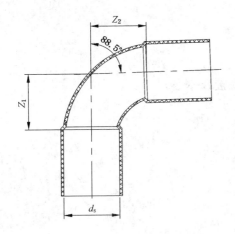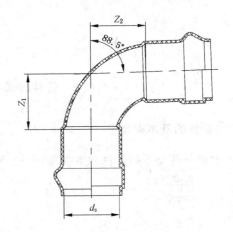

c) 90°弯头

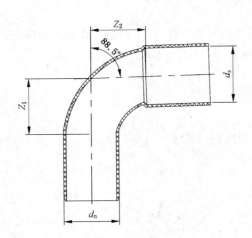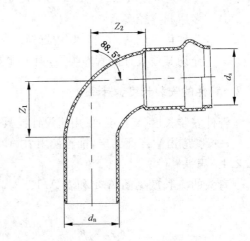

d) 90°带插口弯头

图 A.1(续)

表 A.1 弯头

单位为毫米

公称外径	45°弯头	45°带插口弯头		90°弯头	90°带插口弯头	
d_n	$z_{1,min}$ 和 $z_{2,min}$	$z_{1,min}$	$z_{2,min}$	$z_{1,min}$ 和 $z_{2,min}$	$z_{1,min}$	$z_{2,min}$
32	8	8	12	23	19	23
40	10	10	14	27	23	27
50	12	12	16	40	28	32
75	17	17	22	50	41	45
90	22	22	27	52	50	55
110	25	25	31	70	60	66
125	29	29	35	72	67	73
160	36	36	44	90	86	93
200	45	45	55	116	107	116
250	57	57	68	145	134	145
315	72	72	86	183	168	183

A.2.2 三通

各类三通的 z-长度见图 A.2 至图 A.3 和表 A.2 至表 A.4。

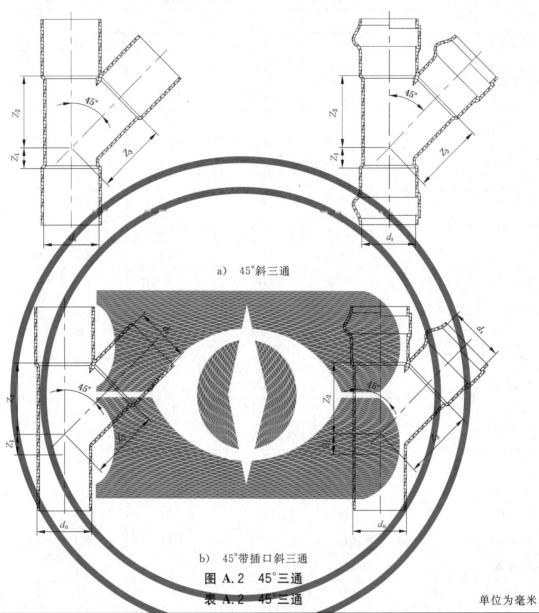

a) 45°斜三通

b) 45°带插口斜三通

图 A.2 45°三通

表 A.2 45°三通

单位为毫米

公称外径	45°斜三通			45°带插口斜三通		
d_n	$z_{1,min}$	$z_{2,min}$	$z_{3,min}$	$z_{1,min}$	$z_{2,min}$	$z_{3,min}$
50×50	13	64	64	12	61	61
75×50	−1	75	80	0	79	74
75×75	18	94	94	17	91	91
90×50	−8	87	95	−6	88	82
90×90	19	115	115	21	109	109
110×50	−16	94	110	−15	102	92
110×75	−1	113	121	2	115	110

表 A.2（续） 单位为毫米

公称外径 d_n	45°斜三通			45°带插口斜三通		
	$z_{1,min}$	$z_{2,min}$	$z_{3,min}$	$z_{1,min}$	$z_{2,min}$	$z_{3,min}$
110×110	25	138	138	25	133	133
125×50	−26	104	120	−23	113	100
125×75	−9	122	132	−6	125	117
125×110	16	147	150	18	144	141
125×125	27	157	157	29	151	151
160×75	−26	140	158	−21	149	135
160×90	−16	151	165	−12	157	145
160×110	−1	165	175	2	167	159
160×125	9	176	183	13	175	169
160×160	34	199	199	36	193	193
200×75	−34	176	156	−39	176	156
200×90	−25	184	166	−30	184	166
200×110	−11	194	179	−16	194	179
200×125	0	202	190	−5	202	190
200×160	24	220	214	18	220	214
200×200	51	241	241	45	241	241
250×75	−55	210	182	−61	210	182
250×90	−46	218	192	−52	218	192
250×110	−32	228	206	−38	228	206
250×125	−21	235	216	−27	235	216
250×160	2	253	240	−4	253	240
250×200	29	274	267	23	274	267
250×250	63	300	300	57	300	300
315×75	−84	253	216	−90	253	216
315×90	−74	261	226	−81	261	226
315×110	−60	272	239	−67	272	239
315×125	−50	279	250	−56	279	250
315×160	−26	297	274	−33	297	274
315×200	1	318	301	−6	318	301
315×250	35	344	334	28	344	334
315×315	78	378	378	72	378	378

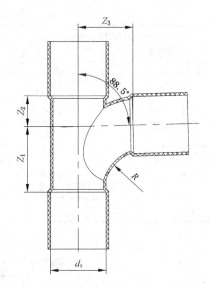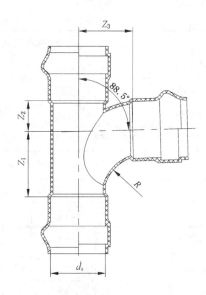

a) 90°顺水三通

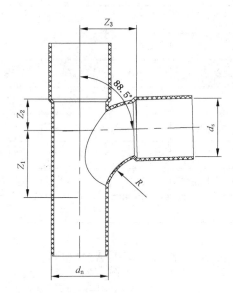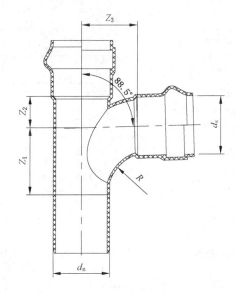

b) 90°带插口顺水三通

图 A.3　90°三通

表 A.3　胶粘剂连接型 90°三通　　　　　单位为毫米

公称外径 d_n	90°顺水三通				90°带插口顺水三通			
	$z_{1,min}$	$z_{2,min}$	$z_{3,min}$	R_{min}	$z_{1,min}$	$z_{2,min}$	$z_{3,min}$	R_{min}
32×32	20	17	23	25	21	17	23	25
40×40	26	21	29	30	26	21	29	30
50×50	30	26	35	31	33	26	35	35
75×75	47	39	54	49	49	39	52	48
90×90	56	47	64	59	58	46	63	56
110×110	68	55	77	63	70	57	76	62
125×125	77	65	88	72	79	64	86	68
160×160	97	83	110	82	99	82	110	81

表 A.3（续）　　　　　　　　　　　　　　　　　　单位为毫米

公称外径	90°顺水三通				90°带插口顺水三通			
d_n	$z_{1,min}$	$z_{2,min}$	$z_{3,min}$	R_{min}	$z_{1,min}$	$z_{2,min}$	$z_{3,min}$	R_{min}
200×200	119	103	138	92	121	103	138	92
250×250	144	129	173	104	147	129	173	104
315×315	177	162	217	118	181	162	217	118

表 A.4　弹性密封圈连接型 90°三通　　　　　　　　　单位为毫米

公称外径	90°顺水三通				90°带插口顺水三通			
d_n	$z_{1,min}$	$z_{2,min}$	$z_{3,min}$	R_{min}	$z_{1,min}$	$z_{2,min}$	$z_{3,min}$	R_{min}
32×32	23	23	17	34	24	23	17	34
40×40	28	29	21	37	29	29	21	37
50×50	34	35	26	40	35	35	26	40
75×75	49	52	39	51	50	52	39	51
90×90	58	63	46	59	59	63	46	59
110×110	70	76	57	68	72	76	57	68
125×125	80	86	64	75	81	86	64	75
160×160	101	110	82	93	103	110	82	93
200×200	126	138	103	114	128	138	103	114
250×250	161	173	129	152	163	173	129	152
315×315	196	217	162	172	200	217	162	172

A.2.3　四通

四通的 z-长度（见图 A.4 至图 A.5）与同类型三通的 z-长度（见表 A.2 至表 A.4）相同。

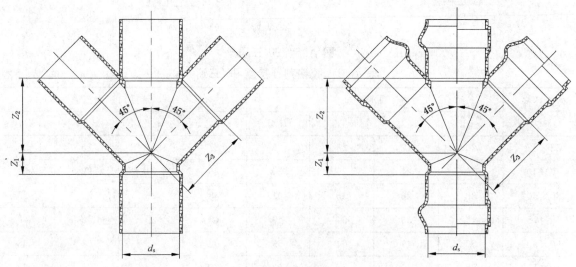

a）　45°斜四通

图 A.4　45°四通

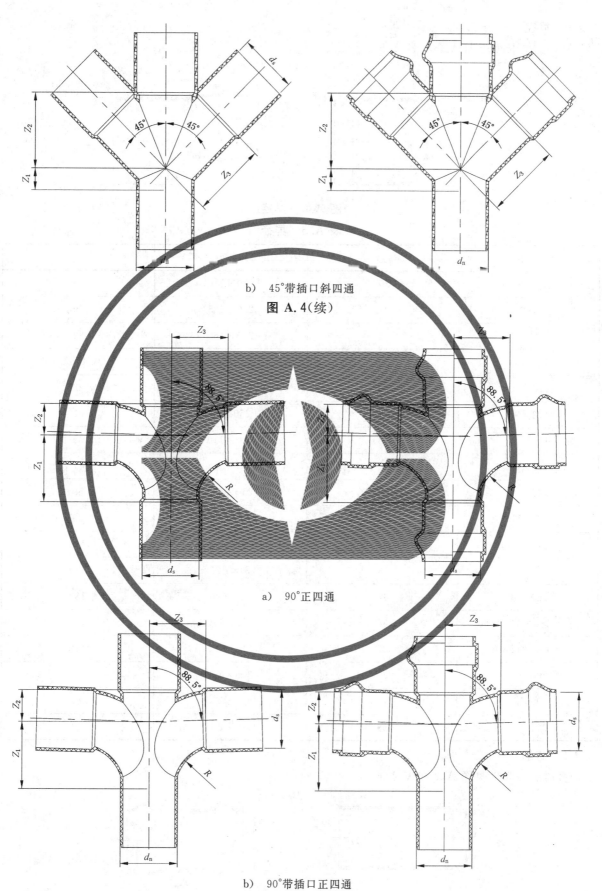

b) 45°带插口斜四通

图 A.4（续）

a) 90°正四通

b) 90°带插口正四通

图 A.5　90°四通

A.2.4 异径

异径的 z-长度见图 A.6 和表 A.5。

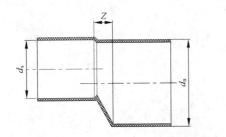 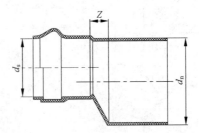

图 A.6 异径

表 A.5 异径　　　　　　　　　　　　　　　　　　　　　　　　　　单位为毫米

公称外径 d_n	z_{min}	公称外径 d_n	z_{min}
75×50	20	200×110	58
90×50	28	200×125	49
90×75	14	200×160	32
110×50	39	250×50	116
110×75	25	250×75	103
110×90	19	250×90	96
125×50	48	250×110	85
125×75	34	250×125	77
125×90	28	250×160	59
125×110	17	250×200	39
160×50	67	315×50	152
160×75	53	315×75	139
160×90	47	315×90	132
160×110	36	315×110	121
160×125	27	315×125	112
200×50	89	315×160	95
200×75	75	315×200	74
200×90	69	315×250	49

A.2.5 直通

直通的 z-长度见图 A.7 和表 A.6。

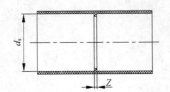 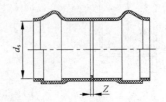

图 A.7 直通

表 A.6 直通 单位为毫米

公称外径 d_n	z_{min}	公称外径 d_n	z_{min}
32	2	125	3
40	2	160	4
50	2	200	5
75	2	250	6
90	3	315	8
110	3		

ICS 83.140.30
G 33

中华人民共和国国家标准

GB/T 10002.1—2006
代替 GB/T 10002.1—1996

给水用硬聚氯乙烯(PVC-U)管材

Unplasticized poly (vinyl chloride)(PVC-U) pipes for water supply

[ISO 4422:1996,Pipes and fittings made of unplasticied poly (vinyl chloride) (PVC-U) for water supply—Specifications,NEQ]

2006-02-21 发布

2006-08-01 实施

中华人民共和国国家质量监督检验检疫总局
中国国家标准化管理委员会　发布

前　言

GB/T 10002 由三部分组成：

——GB/T 10002.1—2006《给水用硬聚氯乙烯(PVC-U)管材》；

——GB/T 10002.2—2003《给水用硬聚氯乙烯(PVC-U)管件》；

——GB/T 10002.3《给水用硬聚氯乙烯(PVC-U)阀门》(准备制定)。

本部分是 GB/T 10002.1。本部分参照 ISO 4422-1:1996《给水用硬聚氯乙烯管材和管件——第 1 部分：总则》和 ISO 4422-2:1996《给水用硬聚氯乙烯管材和管件——第 2 部分：管材》，结合国外先进标准和国内具体情况，对原标准 GB/T 10002.1—1996《给水用硬聚氯乙烯(PVC-U)管材》进行修订。本部分自实施之日代替 GB/T 10002.1—1996。

本部分与 GB/T 10002.1—1996 相比主要技术变化有：

——增加了对树脂 K 值的要求；

——增加了对稳定剂的使用要求；

——增加了 PN0.63、PN2.0 和 PN2.5 三个压力等级，去掉 PN0.6 压力等级；

——增加了管系列(S)和标准尺寸比(SDR)值；

——调整了公称外径 110 mm 以上部分规格的壁厚；

——提高了落锤冲击试验的冲击能量；

——调整了液压试验的环应力；

——增加了系统适用性试验；

——增加了尺寸分组和定型检验。

本部分由中国轻工业联合会提出。

本部分由全国塑料制品标准化技术委员会塑料管材、管件及阀门分技术委员会(TC48/SC3)归口。

本部分起草单位：成都川路塑胶集团、河北宝硕管材有限公司、南塑建材塑胶制品(深圳)有限公司、南亚塑胶管材(厦门)有限公司、中山环宇实业有限公司、中国·公元塑业集团。

本部分主要起草人：贾立蓉、高长全、陈天文、许盛光、张慰峰、黄剑。

本部分所代替标准的历次版本发布情况为：

——GB/T 10002.1—1996；

——GB/T 10002.1—1988。

给水用硬聚氯乙烯(PVC-U)管材

1 范围

GB/T 10002 的本部分规定了以聚氯乙烯树脂为主要原料,经挤出成型的给水用硬聚氯乙烯管材(以下简称管材)的材料、产品分类、技术要求、试验方法、检验规则、标志、包装、运输、贮存。

本部分适用于建筑物内或室外埋地给水用硬聚氯乙烯管材。与 GB/T 10002.2—2003《给水用硬聚氯乙烯(PVC-U)管件》配套使用。

本部分规定的管材适用于压力下输送饮用水和一般用途水,水温不超过 45℃。

2 规范性引用文件

下列文件中的条款通过 GB/T 10002 的本部分的引用而成为本部分的条款。凡是注日期的引用文件,其随后所有的修改单(不包括勘误的内容)或修订版均不适用于本部分,然而,鼓励根据本部分达成协议的各方研究是否可使用这些文件的最新版本。凡是不注日期的引用文件,其最新版本适用于本部分。

GB/T 1033—1986 塑料密度和相对密度试验方法(eqv ISO/DIS 1183:1984)

GB/T 2828.1—2003 计数抽样检验程序 第 1 部分:按接收质量限(AQL)检索的逐批检验抽样计划(ISO 2589-1:1999,IDT)

GB/T 2918—1998 塑料试样状态调节和试验的标准环境(idt ISO 291:1997)

GB/T 4615—1984 聚氯乙烯树脂中残留氯乙烯单体含量测定方法

GB/T 5761—1993 悬浮法通用型聚氯乙烯树脂

GB/T 6111—2003 流体输送用热塑性塑料管材 耐内压试验方法(ISO 1167:1996,IDT)

GB/T 6671—2001 热塑性塑料管材 纵向回缩率的测定(eqv ISO 2505:1994)

GB/T 8802—2001 热塑性塑料管材、管件 维卡软化温度的测定(eqv ISO 2507:1995)

GB/T 8805—1988 硬质塑料管材弯曲度测量方法

GB/T 8806 塑料管材尺寸测量方法(GB/T 8806—1988,eqv ISO 3126:1974)

GB/T 10002.2—2003 给水用硬聚氯乙烯(PVC-U)管件(ISO 4422-3:1996,MOD)

GB/T 13526 硬聚氯乙烯(PVC-U)管材 二氯甲烷浸渍试验方法(GB/T 13526—1992,neq ISO 7676:1990)

GB/T 14152—2001 热塑性塑料管材耐外冲击性能试验方法 时针旋转法(eqv ISO 3127:1994)

GB/T 17219—1998 生活饮用水输配水设备及防护材料的安全性评价标准

GB/T 19278—2003 热塑性塑料管材、管件及阀门通用术语及其定义

GB/T 19471.1—2004 塑料管道系统 硬聚氯乙烯(PVC-U)管材弹性密封圈式承口接头 偏角密封试验方法(ISO 13845:2000,IDT)

GB/T 19471.2—2004 塑料管道系统 硬聚氯乙烯(PVC-U)管材弹性密封圈式承口接头 负压密封试验方法(ISO 13844:2000,IDT)

HG/T 3091—2000 橡胶密封件 给排水管及污水管道用接口密封圈 材料规范(idt ISO 4633:1996)

QB/T 2568—2002 硬聚氯乙烯(PVC-U)塑料管道系统用溶剂型胶粘剂

3 术语和定义

GB/T 19278—2003 确立的以及下列的术语和定义适用于 GB/T 10002 的本部分。

3.1

温度对压力的折减系数

公称压力(PN)指管材输送 20℃水的最大工作压力。当输水温度不同时,应按表 1 给出的不同温度对压力的折减系数(f_t)修正工作压力。用折减系数乘以公称压力得到最大允许工作压力。

表 1 温度对压力的折减系数

温度/℃	折减系数 f_t
$0 < t \leqslant 25$	1
$25 < t \leqslant 35$	0.8
$35 < t \leqslant 45$	0.63

4 材料

4.1 生产管材的材料应为 PVC-U 混配料。混配料应以 PVC 树脂为主,其中加入为生产达到本部分要求的管材所必需的添加剂,所有添加剂应分散均匀。

4.2 PVC 树脂应符合 GB/T 5761—1993,树脂的 K 值应大于 64,氯乙烯单体含量应小于 5 mg/kg。

4.3 任何添加剂的加入不应引起感官不良感觉、损害产品的加工和粘接性能及影响到本部分规定的其他性能。饮水用管材不应使用铅盐稳定剂。

4.4 允许使用本厂生产同类产品的清洁回用料。

5 产品分类

5.1 产品按连接方式不同分为弹性密封圈式和溶剂粘接式。

5.2 公称压力等级和规格尺寸见表 2 和表 3。

表 2 公称压力等级和规格尺寸 单位为毫米

公称外径 d_n	管材 S 系列 SDR 系列和公称压力						
	S16 SDR33 PN0.63	S12.5 SDR26 PN0.8	S10 SDR21 PN1.0	S8 SDR17 PN1.25	S6.3 SDR13.6 PN1.6	S5 SDR11 PN2.0	S4 SDR9 PN2.5
	公称壁厚 e_n						
20	—	—	—	—	—	2.0	2.3
25	—	—	—	—	2.0	2.3	2.8
32	—	—	—	2.0	2.4	2.9	3.6
40	—	—	2.0	2.4	3.0	3.7	4.5
50	—	2.0	2.4	3.0	3.7	4.6	5.6
63	2.0	2.5	3.0	3.8	4.7	5.8	7.1
75	2.3	2.9	3.6	4.5	5.6	6.9	8.4
90	2.8	3.5	4.3	5.4	6.7	8.2	10.1

注:公称壁厚(e_n)根据设计应力(σ_s)10 MPa 确定,最小壁厚不小于 2.0 mm。

表 3　公称压力等级和规格尺寸　　　　　　　　　　　　　　　　单位为毫米

公称外径 d_n	管材 S 系列 SDR 系列和公称压力						
	S20 SDR41 PN0.63	S16 SDR33 PN0.8	S12.5 SDR26 PN1.0	S10 SDR21 PN1.25	S8 SDR17 PN1.6	S6.3 SDR13.6 PN2.0	S5 SDR11 PN2.5
	公称壁厚 e_n						
110	2.7	3.4	4.2	5.3	6.6	8.1	10.0
125	3.1	3.9	4.8	6.0	7.4	9.2	11.4
140	3.5	4.3	5.4	6.7	8.3	10.3	12.7
160	4.0	4.9	6.2	7.7	9.5	11.8	14.6
180	4.4	5.5	6.9	8.6	10.7	13.3	16.4
200	4.9	6.2	7.7	9.6	11.9	14.7	18.2
225	5.5	6.9	8.6	10.8	13.4	16.6	—
250	6.2	7.7	9.6	11.9	14.8	18.4	—
280	6.9	8.6	10.7	13.4	16.6	20.6	—
315	7.7	9.7	12.1	15.0	18.7	23.2	—
355	8.7	10.9	13.6	16.9	21.1	26.1	—
400	9.8	12.3	15.3	19.1	23.7	29.4	—
450	11.0	13.8	17.2	21.5	26.7	33.1	—
500	12.3	15.3	19.1	23.9	29.7	36.8	—
560	13.7	17.2	21.4	26.7	—	—	—
630	15.4	19.3	24.1	30.0	—	—	—
710	17.4	21.8	27.2	—	—	—	—
800	19.6	24.5	30.6	—	—	—	—
900	22.0	27.6	—	—	—	—	—
1 000	24.5	30.6	—	—	—	—	—

注：公称壁厚（e_n）根据设计应力（σ_s）12.5 MPa 确定。

6　技术要求

6.1　外观

管材内外表面应光滑，无明显划痕、凹陷、可见杂质和其他影响达到本部分要求的表面缺陷。管材端面应切割平整并与轴线垂直。

6.2　颜色

管材颜色由供需双方协商确定，色泽应均匀一致。

6.3　不透光性

管材应不透光。

6.4　管材尺寸

6.4.1　长度

管材长度一般为 4 m、6 m，也可由供需双方协商确定。管材长度（L）、有效长度（L_1）见图 1 所示。长度不允许负偏差。

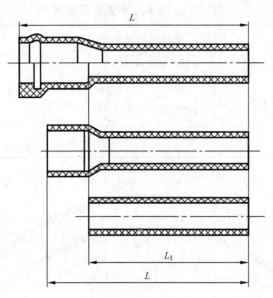

图 1 管材长度示意图

6.4.2 弯曲度

管材弯曲度应符合表4规定。

表 4 管材弯曲度

公称外径 d_n/mm	≤32	40～200	≥225
弯曲度/(%)	不规定	≤1.0	≤0.5

6.4.3 平均外径及偏差和不圆度

平均外径及偏差和不圆度应符合表5规定,PN0.63、PN0.8的管材不要求不圆度。不圆度的测量应在出厂前进行。

表 5 平均外径及偏差和不圆度　　　　　　　　　单位为毫米

平均外径 d_{em}		不圆度	平均外径 d_{em}		不圆度
公称外径 d_n	允许偏差		公称外径 d_n	允许偏差	
20	+0.3 0	1.2	125	+0.4 0	2.5
25	+0.3 0	1.2	140	+0.5 0	2.8
32	+0.3 0	1.3	160	+0.5 0	3.2
40	+0.3 0	1.4	180	+0.6 0	3.6
50	+0.3 0	1.4	200	+0.6 0	4.0
63	+0.3 0	1.5	225	+0.7 0	4.5
75	+0.3 0	1.6	250	+0.8 0	5.0
90	+0.3 0	1.8	280	+0.9 0	6.8
110	+0.4 0	2.2	315	+1.0 0	7.6

表 5（续）

单位为毫米

平均外径 d_{em}		不圆度	平均外径 d_{em}		不圆度
公称外径 d_n	允许偏差		公称外径 d_n	允许偏差	
355	$+1.1$ $\quad 0$	8.6	630	$+1.9$ $\quad 0$	15.2
400	$+1.2$ $\quad 0$	9.6	710	$+2.0$ $\quad 0$	17.1
450	$+1.4$ $\quad 0$	10.8	800	$+2.0$ $\quad 0$	19.2
500	$+1.5$ $\quad 0$	12.0	900	$+2.0$ $\quad 0$	21.6
560	$+1.7$ $\quad 0$	13.5	1 000	$+2.0$ $\quad 0$	24.0

6.4.4 壁厚

6.4.4.1 管材任意点壁厚及偏差应符合表 2、表 3 和表 6 的规定。

表 6 壁厚及偏差

单位为毫米

壁厚 e_y	允许偏差	壁厚 e_y	允许偏差
$e \leqslant 2.0$	$+0.4$ $\quad 0$	$12.0 < e \leqslant 12.6$	$+1.9$ $\quad 0$
$2.0 < e \leqslant 3.0$	$+0.5$ $\quad 0$	$12.6 < e \leqslant 13.3$	$+2.0$ $\quad 0$
$3.0 < e \leqslant 4.0$	$+0.6$ $\quad 0$	$13.3 < e \leqslant 14.0$	$+2.1$ $\quad 0$
$4.0 < e \leqslant 4.6$	$+0.7$ $\quad 0$	$14.0 < e \leqslant 14.6$	$+2.2$ $\quad 0$
$4.6 < e \leqslant 5.3$	$+0.8$ $\quad 0$	$14.6 < e \leqslant 15.3$	$+2.3$ $\quad 0$
$5.3 < e \leqslant 6.0$	$+0.9$ $\quad 0$	$15.3 < e \leqslant 16.0$	$+2.4$ $\quad 0$
$6.0 < e \leqslant 6.6$	$+1.0$ $\quad 0$	$16.0 < e \leqslant 16.6$	$+2.5$ $\quad 0$
$6.6 < e \leqslant 7.3$	$+1.1$ $\quad 0$	$16.6 < e \leqslant 17.3$	$+2.6$ $\quad 0$
$7.3 < e \leqslant 8.0$	$+1.2$ $\quad 0$	$17.3 < e \leqslant 18.0$	$+2.7$ $\quad 0$
$8.0 < e \leqslant 8.6$	$+1.3$ $\quad 0$	$18.0 < e \leqslant 18.6$	$+2.8$ $\quad 0$
$8.6 < e \leqslant 9.3$	$+1.4$ $\quad 0$	$18.6 < e \leqslant 19.3$	$+2.9$ $\quad 0$
$9.3 < e \leqslant 10.0$	$+1.5$ $\quad 0$	$19.3 < e \leqslant 20.0$	$+3.0$ $\quad 0$
$10.0 < e \leqslant 10.6$	$+1.6$ $\quad 0$	$20.0 < e \leqslant 20.6$	$+3.1$ $\quad 0$
$10.6 < e \leqslant 11.3$	$+1.7$ $\quad 0$	$20.6 < e \leqslant 21.3$	$+3.2$ $\quad 0$
$11.3 < e \leqslant 12.0$	$+1.8$ $\quad 0$	$21.3 < e \leqslant 22.0$	$+3.3$ $\quad 0$

表 6（续） 单位为毫米

壁厚 e_y	允许偏差	壁厚 e_y	允许偏差
22.0<e≤22.6	+3.4 / 0	30.6<e≤31.3	+4.7 / 0
22.6<e≤23.3	+3.5 / 0	31.3<e≤32.0	+4.8 / 0
23.3<e≤24.0	+3.6 / 0	32.0<e≤32.6	+4.9 / 0
24.0<e≤24.6	+3.7 / 0	32.6<e≤33.3	+5.0 / 0
24.6<e≤25.3	+3.8 / 0	33.3<e≤34.0	+5.1 / 0
25.3<e≤26.0	+3.9 / 0	34.0<e≤34.6	+5.2 / 0
26.0<e≤26.6	+4.0 / 0	34.6<e≤35.3	+5.3 / 0
26.6<e≤27.3	+4.1 / 0	35.3<e≤36.0	+5.4 / 0
27.3<e≤28.0	+4.2 / 0	36.0<e≤36.6	+5.5 / 0
28.0<e≤28.6	+4.3 / 0	36.6<e≤37.3	+5.6 / 0
28.6<e≤29.3	+4.4 / 0	37.3<e≤38.0	+5.7 / 0
29.3<e≤30.0	+4.5 / 0	38.0<e≤38.6	+5.8 / 0
30.0<e≤30.6	+4.6 / 0	—	—

6.4.4.2 管材平均壁厚及允许偏差应符合表7规定。

表 7 平均壁厚及允许偏差 单位为毫米

平均壁厚 e_m	允许偏差	平均壁厚 e_m	允许偏差
≤2.0	+0.4 / 0	9.0<e≤10.0	+1.2 / 0
2.0<e≤3.0	+0.5 / 0	10.0<e≤11.0	+1.3 / 0
3.0<e≤4.0	+0.6 / 0	11.0<e≤12.0	+1.4 / 0
4.0<e≤5.0	+0.7 / 0	12.0<e≤13.0	+1.5 / 0
5.0<e≤6.0	+0.8 / 0	13.0<e≤14.0	+1.6 / 0
6.0<e≤7.0	+0.9 / 0	14.0<e≤15.0	+1.7 / 0
7.0<e≤8.0	+1.0 / 0	15.0<e≤16.0	+1.8 / 0
8.0<e≤9.0	+1.1 / 0	16.0<e≤17.0	+1.9 / 0

表 7(续) 单位为毫米

平均壁厚 e_m	允许偏差	平均壁厚 e_m	允许偏差
$17.0 < e \leqslant 18.0$	+2.0 / 0	$28.0 < e \leqslant 29.0$	+3.1 / 0
$18.0 < e \leqslant 19.0$	+2.1 / 0	$29.0 < e \leqslant 30.0$	+3.2 / 0
$19.0 < e \leqslant 20.0$	+2.2 / 0	$30.0 < e \leqslant 31.0$	+3.3 / 0
$20.0 < e \leqslant 21.0$	+2.3 / 0	$31.0 < e \leqslant 32.0$	+3.4 / 0
$21.0 < e \leqslant 22.0$	+2.4 / 0	$32.0 < e \leqslant 33.0$	+3.5 / 0
$22.0 < e \leqslant 23.0$	+2.5 / 0	$33.0 < e \leqslant 34.0$	+3.6 / 0
$23.0 < e \leqslant 24.0$	+2.6 / 0	$34.0 < e \leqslant 35.0$	+3.7 / 0
$24.0 < e \leqslant 25.0$	+2.7 / 0	$35.0 < e \leqslant 36.0$	+3.8 / 0
$25.0 < e \leqslant 26.0$	+2.8 / 0	$36.0 < e \leqslant 37.0$	+3.9 / 0
$26.0 < e \leqslant 27.0$	+2.9 / 0	$37.0 < e \leqslant 38.0$	+4.0 / 0
$27.0 < e \leqslant 28.0$	+3.0 / 0	$38.0 < e \leqslant 39.0$	+4.1 / 0

6.4.5 承口

弹性密封圈式承口最小深度应符合表 8 规定,示意图见图 2。

弹性密封圈式承口的密封环槽处的壁厚应不小于相连管材公称壁厚的 0.8 倍。

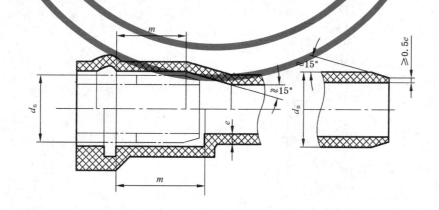

图 2 弹性密封圈式承插口

溶剂粘接式承口的最小深度、承口中部内径尺寸应符合表 8 规定,示意图见图 3。

溶剂粘接式承口壁厚应不小于相连管材公称壁厚的 0.75 倍。

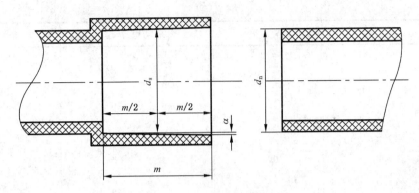

图 3　溶剂粘接式承插口

表 8　承口尺寸　　　　　　　　　　　　　　　　单位为毫米

公称外径 d_n	弹性密封圈承口最小配合深度 m_{min}	溶剂粘接承口最小深度 m_{min}	溶剂粘接承口中部平均内径 d_{sm}	
			$d_{sm,min}$	$d_{sm,max}$
20	—	16.0	20.1	20.3
25	—	18.5	25.1	25.3
32	—	22.0	32.1	32.3
40	—	26.0	40.1	40.3
50	—	31.0	50.1	50.3
63	64	37.5	63.1	63.3
75	67	43.5	75.1	75.3
90	70	51.0	90.1	90.3
110	75	61.0	110.1	110.4
125	78	68.5	125.1	125.4
140	81	76.0	140.2	140.5
160	86	86.0	160.2	160.5
180	90	96.0	180.3	180.6
200	94	106.0	200.3	200.6
225	100	118.5	225.3	225.6
250	105	—	—	—
280	112	—	—	—
315	118	—	—	—
355	124	—	—	—
400	130	—	—	—
450	138	—	—	—
500	145	—	—	—
560	154	—	—	—
630	165	—	—	—
710	177	—	—	—
800	190	—	—	—
1 000	220	—	—	—

注 1：承口中部的平均内径是指在承口深度二分之一处所测定的相互垂直的两直径的算术平均值。承口的最大锥度（α）不超过 $0°30'$。

注 2：当管材长度大于 12 m 时，密封圈式承口深度 m_{min} 需另行设计。

6.4.6　插口

弹性密封圈式管材的插口端应按图 2 加工倒角。

6.5 物理性能

物理性能应符合表 9 规定。

表 9　物理性能

项　　目	技术指标	试验方法
密度/(kg/m³)	1 350～1 460	见 7.5
维卡软化温度/℃	≥80	见 7.6
纵向回缩率/(%)	≤5	见 7.7
二氯甲烷浸渍试验(15℃,15 min)	表面变化不劣于 4 N	见 7.8

6.6 力学性能

力学性能应符合表 10 规定。

表 10　力学性能

项　　目	技术指标	试验方法
落锤冲击试验(0℃)TIR/(%)	≤5	见 7.9
液压试验	无破裂,无渗漏	见 7.10

6.7 系统适用性试验

管材与管材,管材与管件连接后应按表 11 要求做系统适用性试验。

表 11　系统适用性试验

项　　目	要求	试验方法
连接密封试验	无破裂,无渗漏	见 7.11.1
偏角试验[a]	无破裂,无渗漏	见 7.11.2
负压试验[a]	无破裂,无渗漏	见 7.11.3
a　仅适用于弹性密封圈连接方式。		

连接用胶粘剂应符合 QB/T 2568—2002,弹性密封圈应符合 HG/T 3091—2000。

6.8 卫生性能

6.8.1 输送饮用水的管材的卫生性能应符合 GB/T 17219—1998。

6.8.2 输送饮用水的管材的氯乙烯单体含量应不大于 1.0 mg/kg。

7 试验方法

7.1 状态调节

除特殊规定外,按 GB/T 2918—1998,在(23±2)℃条件下进行状态调节 24 h,并在同一条件下进行试验。

7.2 颜色和外观检查

在自然光下用肉眼观察。

7.3 不透光性

取 400 mm 管段,将一端用不透光的材料封严,在管材侧面有自然光的条件下,用手握住光源方向的管壁,从管材开口端用肉眼观察试样的内表面,不见手遮挡光源的影子为合格。

7.4 尺寸测量

7.4.1 管材长度

用精度为 1 mm 的钢卷尺测量。

7.4.2 弯曲度

按 GB/T 8805—1988 测量。

7.4.3 平均外径及偏差和不圆度

按 GB/T 8806 测量平均外径和偏差。

按 GB/T 8806 测量同一截面的最大外径和最小外径,用最大外径减最小外径为不圆度。不圆度测量应在出厂前进行。

7.4.4 壁厚偏差及平均壁厚偏差

按 GB/T 8806,沿圆周测量最大壁厚和最小壁厚,精确到 0.1 mm,计算壁厚偏差。在管材同一截面沿圆周均匀测量八点的壁厚,计算算术平均值,为平均壁厚,精确到 0.1 mm,平均壁厚与公称壁厚的差为平均壁厚偏差。

7.4.5 承口深度和内径

用精度为 0.02 mm 的游标卡尺按图 1 和图 2 所示的部位测量承口深度;用精度为 0.01 mm 内径测量仪测量承口中部两个相互垂直的内径,计算算术平均值,为平均内径。

7.5 密度

按 GB/T 1033—1986 中 A 法测定。

7.6 维卡软化温度

按 GB/T 8802—2001 测定。

7.7 纵向回缩率

按 GB/T 6671—2001 测定。

7.8 二氯甲烷浸渍试验

按 GB/T 13526 测定,试验温度为(15±0.5)℃,浸渍时间为(15±1)min。

7.9 落锤冲击试验

按 GB/T 14152—2001,在 0℃ 条件下试验。落锤冲击试验的冲击锤头半径为 12.5 mm,冲锤质量和冲击高度见表 12。S4 至 S10 的管材应按 M 级试验;S12.5 至 S20 的管材应按 H 级试验。

表 12 冲锤质量和下落高度

公称外径 d_n	M 级		H 级	
	质量/kg	高度/m	质量/kg	高度/m
20	0.5	0.4	0.5	0.4
25	0.5	0.5	0.5	0.5
32	0.5	0.6	0.5	0.6
40	0.5	0.8	0.5	0.8
50	0.5	1.0	0.5	1.0
63	0.8	1.0	0.8	1.0
75	0.8	1.0	0.8	1.2
90	0.8	1.2	1.0	2.0
110	1.0	1.6	1.6	2.0
125	1.25	2.0	2.5	2.0
140	1.6	1.8	3.2	1.8
160	1.6	2.0	3.2	2.0
180	2.0	1.8	4.0	1.8
200	2.0	2.0	4.0	2.0
225	2.5	1.8	5.0	1.8
250	2.5	2.0	5.0	2.0
280	3.2	1.8	6.3	1.8
≥315	3.2	2.0	6.3	2.0

7.10 液压试验

按 GB/T 6111—2003 测定,试验条件见表 13。若试样在距离密封接头小于试样自由长度 0.1 倍处出现破裂,则试验结果无效。

表 13 液压试验

温度/℃	环应力/MPa	试验时间/h	适用管材公称外径 d_n/mm
20	36	1	$d_n < 40$
	38	1	$d_n \geqslant 40$
20	30	100	所有规格
60	10	1 000	所有规格

7.11 系统适用性试验

7.11.1 连接密封试验:连接后的试样按 GB/T 6111—2003 试验,试验温度 20℃,试验压力 2.0×PN,试验时间为 1 h。

7.11.2 弹性密封圈型接头的偏角密封试验按 GB/T 19471.1—2004 测定。

7.11.3 弹性密封圈型接头的负压密封试验按 GB/T 19471.2—2004 测定。

7.12 卫生性能

按 GB/T 4615—1984 测定氯乙烯单体含量,其余指标按 GB/T 17219—1998 测定。

8 检验规则

8.1 产品需经生产厂质量检验部门检验合格并附有合格标志方可出厂。

8.2 用相同原料、配方和工艺生产的同一规格的管材作为一批。当 $d_n \leqslant 63$ mm 时,每批数量不超过 50 t;当 $d_n > 63$ mm 时,每批数量不超过 100 t。如果生产 7 天仍不足批量,以 7 天产量为一批。

8.3 分组

按表 14 规定对管材进行分组。

表 14 管材的尺寸分组

尺寸组	公称外径/mm
1	$d_n \leqslant 90$
2	$d_n > 90$

8.4 定型检验

定型检验的项目为第 6 章的全部技术要求。首次投产或产品结构设计发生变化时,按表 14 的规定选取每一尺寸组中任意规格的管材与相应规格管件组合进行检验。

8.5 出厂检验

8.5.1 出厂检验项目为 6.1~6.4 和 6.5 中纵向回缩率,6.6 中落锤冲击试验和 20℃、1 h 的液压试验。

8.5.2 6.1~6.4 按 GB/T 2828.1—2003,采用正常检验一次抽样方案,取一般检验水平Ⅰ,按接收质量限(AQL)6.5,抽样方案见表 15。

表 15 抽样方案

批量 N	样本量 n	接收数 Ac	拒收数 Re
≤150	8	1	2
151~280	13	2	3
281~500	20	3	4
501~1 200	32	5	6
1 201~3 200	50	7	8
3 201~10 000	80	10	11

8.5.3 在计数抽样合格的产品中,随机抽取足够的样品,进行 6.5 中纵向回缩率,6.6 中落锤冲击试验和 20℃、1 h 的液压试验。

8.6 型式检验

8.6.1 型式检验项目为第 6 章中除 6.7 外的全部技术要求。一般情况下每两年至少一次。若有以下情况之一,应进行型式检验。

  a) 当原料、配方、设备发生较大变化时;

  b) 长期停产后恢复生产时;

  c) 出厂检验结果与上次型式试验结果有较大差异时;

  d) 国家质量监督机构提出进行型式检验时。

8.6.2 按 8.5.2 规定对 6.1、6.2、6.3、6.4 项进行检验,在检验合格的样品中,按表 15 规定在每一尺寸组中选取任意规格的足够样品,进行 6.5、6.6 中各项性能的检验。

8.7 判定规则

  项目 6.1、6.2、6.3、6.4 中任意一条不符合表 15 规定时,则判该批为不合格。物理力学性能中有一项达不到要求,则在该批中随机抽取双倍样进行该项复验。如仍不合格,则判该批为不合格批。卫生指标有一项不合格判为不合格批。

9 标志、包装、运输、贮存

9.1 产品标志

  每根管材至少有一处完整标志,每两处标志的间距不应超过 2 m,标志至少应包括以下内容:

  a) 厂名或厂名简称、商标;

  b) 产品名称:PVC-U 饮水管或 PVC-U 非饮水管;

  c) 规格尺寸:公称压力、公称外径和公称壁厚;

  d) GB/T 10002 的本部分编号;

  e) 生产日期。

9.2 包装标志

  包装应有下列标志:

  a) 生产厂名、厂址;

  b) 产品名称:应注明 PVC-U 饮水管或 PVC-U 非饮水管;

  c) 商标。

9.3 运输

  管材在运输时,不得曝晒、玷污、重压、抛摔和损伤。

9.4 贮存

  管材堆放应整齐,承口部位应交错放置,避免挤压变形。管材不得曝晒,距热源不少于 1 m,堆放高度不超过 2 m。

ICS 83.140.30
G 33

中华人民共和国国家标准

GB/T 10002.2—2003
代替 GB/T 10002.2—1988

给水用硬聚氯乙烯（PVC-U）管件

Fittings made of unplasticized poly(vinyl chloride) (PVC-U) for water supply

〔ISO 4422-3:1996，Pipes and fittings made of unplasticized poly
(vinyl chloride) (PVC-U) for water supply—Specifications
—Part 3:Fittings and joints,MOD〕

2003-10-20 发布   2004-06-01 实施

中 华 人 民 共 和 国
国家质量监督检验检疫总局   发 布

前　言

GB/T 10002 是由两部分组成：

——GB/T 10002.1《给水用硬聚氯乙烯（PVC-U）管材》；

——GB/T 10002.2《给水用硬聚氯乙烯（PVC-U）管件》。

本部分是 GB/T 10002.2。本部分修改采用 ISO 4422-3：1996《给水用硬聚氯乙烯管材和管件——第 3 部分：管件和连接件》。

在采用 ISO 4422-3：1996 时，本部分作了一些修改。有关编辑性和技术性的差异在附录 C 和附录 D 中给出了一览表，以供参考。

本部分代替 GB/T 10002.2—1988《给水用硬聚氯乙烯管件》。

本部分的主要修定内容有：

——参照 ISO 4422-3：1996，增加了"材料"一章，见第 3 章；

——参照 ISO 4422-3：1996，修改了弹性密封圈承口管件配合尺寸；

——参照 ISO 4422-3：1996，扩大粘接式管件和弹性密封圈式管件的管径范围；

——参照 ISO 4422-3：1996，将维卡软化温度要求由 72℃提高到 74℃，并取消了密度及吸水性的试验要求；

——参照 ISO 4422-3：1996，增加了 1 000 h 液压试验；

——修改了卫生性能要求；

——等同采用 ISO 4422-5：1996，增加了系统适用性要求。

本部分的附录 B 为规范性附录，附录 A、附录 C、附录 D 为资料性附录。

本部分由中国轻工业联合会提出。

本部分由全国塑料制品标准化技术委员会（TC48）归口。

本部分起草单位：中国建筑标准设计研究所、轻工业塑料加工应用研究所、成都川路塑胶集团、南亚塑胶管件（厦门）有限公司。

本部分主要起草人：贾立蓉、贾苇、刘秋凝、潘必纯、许盛光。

本部分所代替标准的历次发布情况为：GB/T 10002.2—1988。

给 水 用 硬 聚 氯 乙 烯 (PVC-U) 管 件

1 范围

GB/T 10002 的本部分规定了以聚氯乙烯树脂为主要原料,经注塑成型和用管材弯制成型的给水用硬聚氯乙烯管件的产品分类、技术要求、试验方法、检验规则、标志、包装、运输、贮存。

本部分适用于建筑物内或埋地给水用硬聚氯乙烯管件。与 GB/T 10002.1《给水用硬聚氯乙烯(PVC-U 管材》配套使用。

本部分规定的管件适用于压力下输送饮用水和一般用途水,水温不超过 45℃。

本部分不适用于热气焊和热板焊接管件。

2 规范性引用文件

下列文件中的条款通过 GB/T 10002 的本部分的引用而成为本部分的条款。凡是注日期的引用文件,其随后所有的修改单(不包括勘误的内容)或修订版均不适用于本部分,然而,鼓励根据本部分达成协议的各方研究是否可使用这些文件的最新版本。凡是不注日期的引用文件,其最新版本适用于本部分。

GB/T 2828—1987 逐批检查计数抽样程序及抽样表(适用于连续批的检查)

GB/T 2918—1998 塑料试样状态调节和试验的标准环境(idt ISO 291:1997)

GB/T 4615—1984 聚氯乙烯树脂中残留氯乙烯单体含量测定方法

GB/T 6111—2003 流体输送用热塑性塑料管材 耐内压试验方法

GB/T 7306.1—2000 55℃密封螺纹尺寸 第 1 部分:圆柱内螺纹和圆锥外螺纹

GB/T 8801 硬聚氯乙烯管件坠落试验方法

GB/T 8802—2001 热塑性塑料管材、管件 维卡软化温度的测定(eqv ISO 2507:1995)

GB/T 8803—2001 注塑成型硬质聚氯乙烯(PVC-U)、氯化聚氯乙烯(PVC-C)、丙烯腈-丁二烯-苯乙烯三元共聚物(ABS)和丙烯腈-苯乙烯-丙烯酸盐三元共聚物(ASA)管件 热烘箱试验方法

GB/T 8806 塑料管材尺寸测量方法(eqv ISO 3126:1974)

GB/T 9113.1—2000 整体钢制管法兰

GB/T 10002.1 给水用硬聚氯乙烯(PVC-U)管材

GB/T 10798—2001 热塑性塑料管材通用壁厚表 (idt ISO 4065:1996)

GB/T 17219—1998 生活饮用水输配水设备及防护材料的安全性评价标准

HG/T 3091—2000 橡胶密封件 给排水管及污水管道接口密封圈 材料规范

QB/T 2568—2000 硬聚氯乙烯(PVC-U)管道系统用溶剂型胶粘剂

3 材料

3.1 生产管件的材料为 PVC-U 混合料。混合料应以 PVC 树脂为主,加入为生产符合本部分要求的管件所需的添加剂。

3.2 树脂必须是卫生级,加入的添加剂不得使输送介质产生毒性、引起感官不良感觉或助于微生物生长。同时不得影响产品的粘接性能以及影响本部分中规定的其他性能。

3.3 允许使用满足本部分性能要求的本厂的回用料,不允许使用外部得到的再加工料。

4 产品分类

4.1 管件按连接方式不同分为粘接式承口管件、弹性密封圈式承口管件、螺纹接头管件和法兰连接

管件。

4.2 管件按加工方式不同分为注塑成型管件和管材弯制成型管件。

4.3 管件的公称压力及温度的折减系数：公称压力(PN)指管件输送 20℃水的最大工作压力。当输水温度不同时,应按表 1 给出的不同温度的折减系数(f_t)修正工作压力。用折减系数乘以公称压力得到最大允许工作压力。

表 1 折减系数

温度/℃	折减系数 f_t
0＜t≤25	1
25＜t≤35	0.8
35＜t≤45	0.63

5 技术要求

5.1 外观

管件内外表面应光滑,不允许有脱层、明显气泡、痕纹、冷斑以及色泽不匀等缺陷。

5.2 注塑成型管件尺寸

5.2.1 管件承插部位以外的主体壁厚不得小于同规格同压力等级管材壁厚。

5.2.2 管件插口平均外径应符合 GB/T 10002.1 对管材平均外径及偏差的规定。

5.2.3 粘接式承口管件

5.2.3.1 承口配合深度和承口中部平均内径应符合表 2 的规定,示意图见图 1。

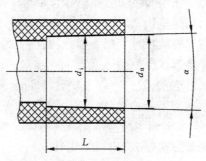

图 1 粘接式承口

表 2 粘接式承口配合尺寸   单位为毫米

公称外径	最小深度	承口中部平均内径 d_i	
d_n	L	min	max
20	16.0	20.1	20.3
25	18.5	25.1	25.3
32	22.0	32.1	32.3
40	26.0	40.1	40.3
50	31.0	50.1	50.3
63	37.5	63.1	63.3
75	43.5	75.1	75.3
90	51.0	90.1	90.3
110	61.0	110.1	110.4

表 2(续)　　　　　　　　　　　　　　　　　单位为毫米

公称外径 d_n	最小深度 L	承口中部平均内径 d_i	
		min	max
125	68.5	125.1	125.4
140	76.0	140.2	140.5
160	86.0	160.2	160.5
180	96.0	180.2	180.6
200	106.0	200.2	200.6
225	118.5	225.3	225.7
250	131.0	250.3	250.8
280	146.0	280.3	280.9
315	163.5	315.4	316.0
355	183.5	355.5	356.2
400	206.0	400.5	401.5

注：管件中部承口平均内径定义为承口中部(承口全部深度的一半处)互相垂直的两直径测量值的算术平均值。

5.2.3.2　承口部分的最大锥度见表3。

表 3　承口锥度

公称外径/mm	最大承口锥度 α
$d_n \leqslant 63$	$0°40'$
$75 \leqslant d_n \leqslant 315$	$0°30'$
$355 \leqslant d_n \leqslant 400$	$0°15'$

5.2.3.3　粘接式承口的壁厚应不小于主体壁厚要求的75%。

5.2.3.4　安装尺寸见附录A中A.1.1～A.1.3。

5.2.4　弹性密封圈式承口管件

5.2.4.1　单承口深度应符合GB/T 10002.1对承口尺寸的规定。

5.2.4.2　双承口深度应符合表4的规定,示意图见图2。

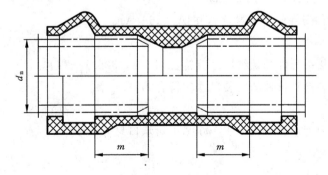

图 2　弹性密封圈式承口

83

表 4 弹性密封圈式承口深度 单位为毫米

公称外径 d_n	最小深度 m
63	40
75	42
90	44
110	47
125	49
140	51
160	54
180	57
200	60
225	64
250	68
280	72
315	78
355	84
400	90
450	98
500	105
560	114
630	125

5.2.4.3 弹性密封圈承口的密封环槽以外任一点的壁厚应不小于主体壁厚,密封环槽处的壁厚应不小于主体壁厚要求的 80%。

5.2.4.4 安装尺寸见附录 A 中 A.2.1~A.2.5。

5.2.5 法兰连接管件

法兰连接尺寸应符合 GB/T 9113.1—2000。

法兰连接变接头管件安装尺寸见附录 A 中 A.2.6~A.2.7。

5.2.6 螺纹接头管件

5.2.6.1 PVC-U 螺纹接头管件的螺纹尺寸应符合 GB/T 7306.1—2000。

5.2.6.2 PVC-U 与金属接头管件的安装尺寸应符合第 A.3 章。

5.3 管材弯制成型管件

弯制成型管件承口尺寸应符合 GB/T 10002.1 对承口尺寸的要求。

5.4 物理力学性能

物理力学性能应符合表 5 的规定。

表 5 物理力学性能

项目	要求					试验方法
维卡软化温度	≥74℃					见 6.4
烘箱试验	符合 GB/T 8803—2001					见 6.5
坠落试验	无破裂					见 6.6
液压试验	公称外径 d_n	试验温度/℃	试验压力/MPa	试验时间/h	试验要求	见 6.7
	$d_n \leqslant 90$	20	4.2×PN	1	无破裂 无渗漏	
			3.2×PN	1 000		
	$d_n > 90$	20	3.36×PN	1		
			2.56×PN	1 000		

注 1：d_n 指与管件相连的管材的公称外径。

注 2：用管材弯制成型管件只做 1 h 试验。

注 3：弯制管件所用的管材应符合 GB/T 10002.1 对物理、力学性能的要求。

5.5 卫生性能

5.5.1 输送生活饮用水的管件的卫生性能应符合 GB/T 17219—1998 的规定。

5.5.2 输送生活饮用水的管件的氯乙烯单体含量应不大于 1.0 mg/kg。

5.6 系统适用性

管件与符合 GB/T 10002.1 的管材连接后应做系统适用性试验。

连接用胶粘剂应符合 QB/T 2568—2000，弹性密封圈应符合 HG/T 3091—2000。

5.6.1 弹性密封圈式接头的负压密封性短期试验应符合表 6 和图 3 的规定。

表 6 负压密封性短期试验

试验温度/℃	试验压力/MPa	试验时间	试验要求	试验方法
$T \pm 2$ （T 是 17℃至 23℃之间的任一选定温度）	见图 3	见图 3	在图 3 所示的每个 15 min 试验时间内，负压的变化不超过 0.005 MPa	见第 B.1 章

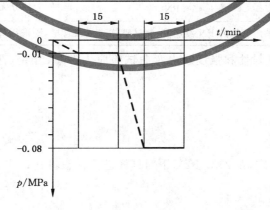

图 3 负压试验

5.6.2 弹性密封圈式接头的内压和角向挠度密封性短期试验应符合表 7 的规定。

表 7　内压和角向挠度密封性短期试验

试验温度/℃	试验压力/MPa	试验时间	试验要求	试验方法
$T\pm2$ (T 是 17℃至 23℃之间的任一选定温度)	根据图 4 和公式(1)计算	见图 4	在整个试验周期内连接部位无渗漏	见第 B.2 章

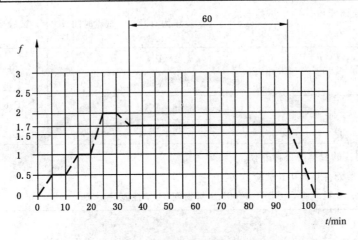

图 4　内压和角向挠度试验

$$p_T = f \times PN \quad\cdots\cdots\cdots\cdots\cdots\cdots\cdots\cdots\cdots\cdots\cdots\cdots\cdots\cdots\quad(1)$$

式中：

p_T——试验压力；

PN——公称压力；

f——系数。

5.6.3　端部承载和端部非承载接头的密封性长期压力试验应符合表 8 的规定。

表 8　密封性长期压力试验

试样	试验温度/℃	试验压力/MPa	试验时间/h	试验要求	试验方法
承口管材或管件	20	1.7×PN	1 000	试验周期内连接部分无渗漏	见第 B.3 章
	40	1.45×PN	1 000		

注：测试承口管件在计算中采用管件的 PN 额定值；测试整体式承口管材，则采用管材的 PN 额定值。

5.6.4　末端承载连接件的密封性和强度压力弯曲试验应无渗漏、开裂，管件受力部位的变形应小于 30％。试验方法见第 B.4 章。

6　试验方法

6.1　试样调节

按 GB/T 2918—1998 规定，在 23℃±2℃下对试样进行状态调节 24 h 以上。

6.2　外观检查

用肉眼直接观察。

6.3　尺寸测量

按 GB/T 8806 规定测定壁厚和插口平均外径，用精度不低于 0.02 mm 的量具测量其他尺寸。

6.4　维卡软化温度

按 GB/T 8802—2001 测试。

6.5 烘箱试验

按 GB/T 8803—2001 测试。

6.6 坠落试验

按 GB/T 8801 测试。

6.7 液压试验

6.7.1 试样

试样由管段和管件组成。管件试样数量一个。

试样组装可采用粘接形式或机械连接形式,所有与管件连接的管材应倒角。若采用粘接连接应有 10 天的干燥时间。

6.7.2 试验装置

装置应能将试样与施压设备连接,并保证在试压时间内不阻碍管件承口以外部分的自由变形。

6.7.3 试验方法

按 GB/T 6111 规定测试。如果出现管段破裂或粘接处渗漏则试验应重做。

6.8 卫生性能试验

6.8.1 按 GB/T 17219—1998 测定。

6.8.2 按 GB/T 4615—1984 测定氯乙烯单体含量。

6.9 系统适用性

6.9.1 弯制管件所用的管材按第 B.1～B.2 章规定测试。

6.9.2 注塑成型管件按第 B.2～B.4 章规定测试。

7 检验规则

7.1 产品出厂检验

产品需经生产厂质量检验部门检验合格并附有合格证方可出厂。

7.2 组批

用相同原料、配方和工艺生产的同一规格的管件作为一批。当 $d_n \leqslant 32$ mm 时,每批数量不超过 20 000(2 万)个;当 $d_n > 32$ mm 时,每批数量不超过 5 000 个。如果生产 7 天仍不足批量,以 7 天产量为 一批。一次交付可由一批或多批组成,交付时注明批号,同一交付批号产品为一个交付检验批。

7.3 分组

按表 9 规定对管件进行分组。

表 9 管件的尺寸分组

尺寸组	公称外径/mm
1	$d_n \leqslant 90$
2	$d_n > 90$

7.4 定型检验

定型检验的项目为第 5 章的全部技术要求。首次投产或产品结构设计发生变化时,按表 9 的规定 选取每一尺寸组中任意规格的管件与相应规格管材组合进行检验。

7.5 出厂检验

7.5.1 出厂检验项目为 5.1、5.2、5.3 及 5.4 中的烘箱和坠落试验。

7.5.2 5.1、5.2、5.3 按 GB/T 2828—1987,采用正常检验一次抽样方案,取一般检验水平 Ⅰ,合格质量 水平 6.5,抽样方案见表 10。

表 10 抽样方案

批量范围 N	样本大小 n	合格判定数 A_c	不合格判定数 R_c
≤150	8	1	2
151~280	13	2	3
281~500	20	3	4
501~1 200	32	5	6
1 201~3 200	50	7	8
3 201~10 000	80	10	11
10 001~35 000	125	14	15

7.5.3 在计数抽样合格的产品中,随机抽取足够的样品,进行5.4中的烘箱和坠落试验。

7.6 型式检验

7.6.1 型式检验项目为第5章中除5.6的全部技术要求。一般情况下每两年至少一次。若有以下情况之一,应进行型式检验。

    a) 当原料、配方、设备发生较大变化时;

    b) 长期停产后恢复生产时;

    c) 出厂检验结果与上次型式试验结果有较大差异时;

    d) 国家质量监督机构提出进行型式检验时。

7.6.2 按7.5.2规定对5.1、5.2、5.3项进行检验,在检验合格的样品中,按表9规定在每一尺寸组中选取任意规格的足够样品,进行5.4、5.5中各项性能的检验。

7.7 判定规则

    项目5.1、5.2、5.3中任一条不符合表10规定时,则判定该批为不合格。物理力学性能中有一项达不到指标时,则在该批中随机抽取双倍样品进行该项的复验,如仍不合格,则判该批为不合格批。卫生指标有一项不合格判为不合格批。

8 标志、包装、运输、贮存

8.1 标志

8.1.1 产品应有下列永久标志。

    a) 商标;

    b) 材料名称:应注明为PVC-U;

    c) 产品规格:应注明公称外径、公称压力;

    d) 本部分编号。

8.1.2 产品包装应有下列标志。

    a) 生产厂名,厂址;

    b) 产品名称:应注明PVC-U饮水用;

    c) 商标;

    d) 管件类型和规格;

    e) 生产日期或生产批号。

8.2 包装

    管件按类型和规格分别包装,一般情况下每个包装质量不超过25 kg。

8.3 运输

    管件在运输时,不得曝晒、玷污、重压、抛摔和损伤。

8.4 贮存

    管件应贮存在库房内,合理放置,远离热源。

附 录 A

（资料性附录）

管件安装尺寸

A.1 粘接式承口管件的安装尺寸

A.1.1 弯头、三通和接头

安装尺寸见图 A.1 和表 A.1。

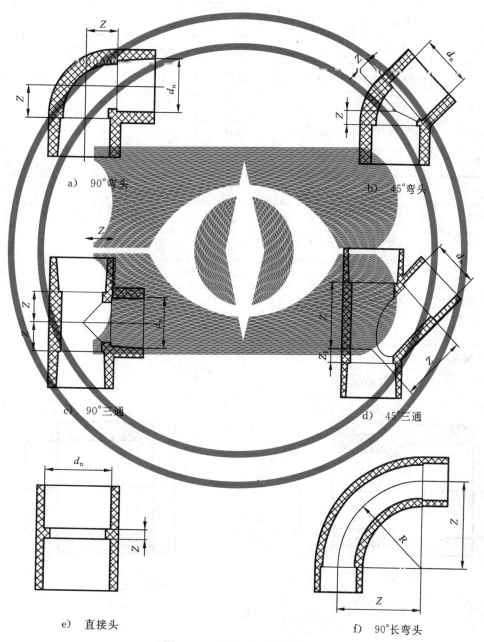

a) 90°弯头

b) 45°弯头

c) 90°三通

d) 45°三通

e) 直接头

f) 90°长弯头

图 A.1 弯头、三通和接头

表 A.1　安装尺寸　　　　　　　　　　　　　　　　　　单位为毫米

公称外径	管件类型						
	90°弯头	45°弯头	90°三通	45°三通		直接头	90°长弯头
				Z	Z_1		
	安装长度 Z						
20	11^{+1}_{-1}	5^{+1}_{-1}	11^{+1}_{-1}	27^{+3}_{-3}	6^{+2}_{-1}	3^{+1}_{-1}	40^{+1}_{-1}
25	$13.5^{+1.2}_{-1}$	$6^{+1.2}_{-1}$	$13.5^{+1.2}_{-1}$	33^{+3}_{-3}	7^{+2}_{-1}	$3^{+1.2}_{-1}$	$50^{+1.2}_{-1}$
32	$17^{+1.6}_{-1}$	$7.5^{+1.6}_{-1}$	$17^{+1.6}_{-1}$	42^{+4}_{-3}	8^{+2}_{-1}	$3^{+1.6}_{-1}$	$64^{+1.6}_{-1}$
40	21^{+2}_{-1}	9.5^{+2}_{-1}	21^{+2}_{-1}	51^{+5}_{-3}	10^{+2}_{-1}	3^{+2}_{-1}	80^{+2}_{-1}
50	$26^{+2.5}_{-1}$	$11.5^{+2.5}_{-1}$	$26^{+2.5}_{-1}$	63^{+6}_{-3}	12^{+2}_{-1}	3^{+2}_{-1}	$100^{+2.5}_{-1}$
63	$32.5^{+3.2}_{-1}$	$14^{+3.2}_{-1}$	$32.5^{+3.2}_{-1}$	79^{+7}_{-3}	14^{+2}_{-1}	3^{+2}_{-1}	$126^{+3.2}_{-1}$
75	38.5^{+4}_{-1}	16.5^{+4}_{-1}	38.5^{+4}_{-1}	94^{+9}_{-3}	17^{+2}_{-1}	4^{+2}_{-1}	150^{+4}_{-1}
90	46^{+5}_{-1}	19.5^{+5}_{-1}	46^{+5}_{-1}	112^{+11}_{-3}	20^{+3}_{-1}	5^{+2}_{-1}	180^{+5}_{-1}
110	56^{+6}_{-1}	23.5^{+6}_{-1}	56^{+6}_{-1}	137^{+13}_{-4}	24^{+3}_{-1}	6^{+3}_{-1}	220^{+6}_{-1}
125	63.5^{+6}_{-1}	27^{+6}_{-1}	63.5^{+6}_{-1}	157^{+15}_{-4}	27^{+3}_{-1}	6^{+3}_{-1}	250^{+5}_{-1}
140	71^{+7}_{-1}	30^{+7}_{-1}	71^{+7}_{-1}	175^{+17}_{-5}	30^{+4}_{-1}	8^{+3}_{-1}	280^{+7}_{-1}
160	81^{+8}_{-1}	34^{+8}_{-1}	81^{+8}_{-1}	200^{+20}_{-6}	35^{+4}_{-1}	8^{+4}_{-1}	320^{+8}_{-1}
200	101^{+9}_{-1}	43^{+9}_{-1}	101^{+9}_{-1}	—	—	8^{+5}_{-1}	—
225	114^{+10}_{-1}	48^{+10}_{-1}	114^{+10}_{-1}	—	—	10^{+5}_{-1}	—

A.1.2　变径接头—长型

安装尺寸见图 A.2a)和表 A.2。

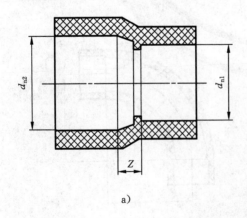
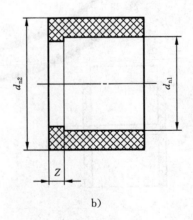

a)　　　　　　　　　　　　　　　　　　b)

图 A.2　变径接头

表 A.2 长型变径接头安装尺寸 单位为毫米

公称外径 d_{n_1}	d_{n_2}										
	25	32	40	50	63	75	90	110	125	140	160
	安装长度 Z										
	±1				±1.5			±2			
20	6.5	8	10	13							
25		8	10	12	16.5						
32			10	13	16.5	18.5					
40				13	16.5	18.5	23				
50					16.5	18.5	23	27			
63						18.5	23	27	31.5		
75							23	27	31.5	35	
90								27	31.5	35	40
110									31.5	35	40
125										35	40
140											40

A.1.3 变径接头—短型

安装尺寸见图 A.2b)和表 A.3。

表 A.3 短型变径接头安装尺寸 单位为毫米

公称外径 d_{n_1}	d_{n_2}											
	20	25	32	40	50	63	75	90	110	125	140	160
	安装长度 $Z\pm1$											
20		2.5	6	10	15							
25			3.5	7.5	12.5	19						
32				4	9	15.5	21.5					
40					5	11.5	17.5	25				
50						6.5	12.5	20	30			
63							6	13.5	23.5	31		
75								7.5	17.5	25	32.5	
90									10	17.5	25	35
110										7.5	15	25
125											7.5	17.5
140												10

A.2 弹性密封圈式承口管件安装尺寸

A.2.1 双承口管件

安装尺寸见图 A.3 及表 A.4。

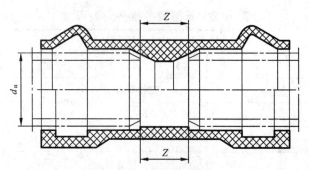

图 A.3 双承口管件

表 A.4 双承口管件安装尺寸   单位为毫米

公称外径 d_n	63	75	90	110	125	140	160	200	225
Z_{min}	2	3	3	4	4	5	5	6	7

A.2.2 三承口管件

安装尺寸见图 A.4 和表 A.5。

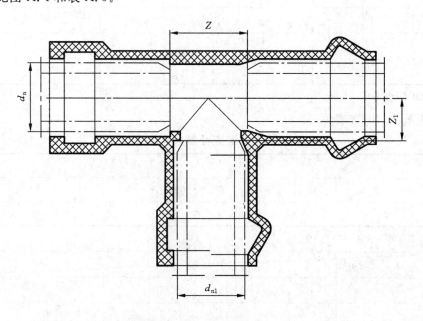

图 A.4 三承口管件

表 A.5 三承口管件安装尺寸   单位为毫米

公称外径		Z_{min}^a	$Z_{1,min}^b$
d_n	d_{n_1}		
63	63	63	32
75	75	75	38
	63	63	38
90	63	63	45
	75	75	45
	90	90	45

表 A.5（续） 单位为毫米

公称外径		Z_{min}^{a}	$Z_{1,min}^{b}$
d_n	d_{n_1}		
110	63	63	55
	75	75	55
	90	90	55
	110	110	55
(125)	63	63	63
	75	75	63
	90	90	63
	110	110	63
	125	125	63
140	63	63	70
	75	75	70
	90	90	70
	110	110	70
	(125)	125	70
	140	140	70
160	(63)	63	80
	(75)	75	80
	90	90	80
	110	110	80
	(125)	125	80
	140	140	80
	160	160	80
(200)	90	90	100
	110	110	100
	125	125	100
	140	140	100
	160	160	100
	200	200	100
225	(63)	63	113
	(75)	75	113
	90	90	113
	110	110	113
	(125)	125	113
	140	140	113

表 A.5（续） 单位为毫米

公称外径		Z_{min} [a]	$Z_{1,min}$ [b]
d_n	d_{n_1}		
225	160	160	113
	200	200	113
	225	225	113

[a] $Z_{min} = d_{n_1}$，异径三承管件的安装 Z 与正三承管件的安装尺寸 Z 确定方式相同。

[b] $Z_{1,min} = 0.5 d_n$，并圆整进位。

A.2.3 异径接头

异径接头安装尺寸见图 A.5 和表 A.6。

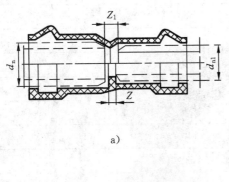

a)

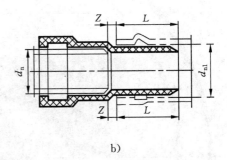

b)

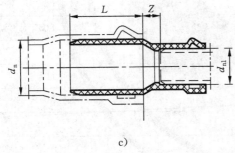

c)

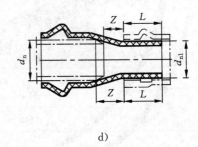

d)

图 A.5 异径接头

表 A.6 异径接头安装尺寸 单位为毫米

公称外径		Z_{min}			
d_n	d_{n_1}	a	b	c	d
75	63	3	6	6	34
90	63	4	14	14	62
	75	4	8	8	41
110	75	5	18	18	79
	90	5	10	10	53
(125)	90	5	18	18	81
	110	5	8	8	47

表 A.6（续）　　　　　　　　　　　　　　　单位为毫米

公称外径		Z_{min}			
d_n	d_{n_1}	a	b	c	d
140	90	7	25	25	109
	110	7	15	15	76
	125	7	8	8	50
160	110	7	25	25	113
	125	7	18	18	88
	140	7	10	10	62
(200)	140	10	30	30	137
	160	10	20	20	103
225	160	10	33	33	150
	200	10	13	13	81

注1：L 值应符合 A.2.6 要求。

注2：图 A.5a)、图 A.5b)和图 A.5c)为注塑异径接头,图 A.5d)为管材加工而成的异径接头。

A.2.4　法兰支管双承口接头三通

安装尺寸见图 A.6 及表 A.7。

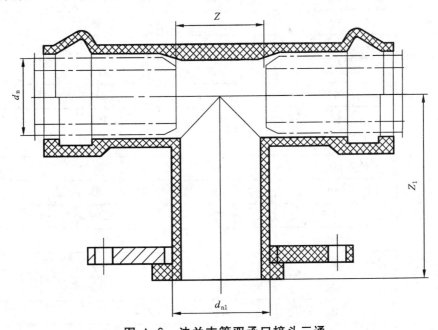

图 A.6　法兰支管双承口接头三通

表 A.7　法兰支管双承口接头三通安装尺寸　　　　　　　　　单位为毫米

公称外径		Z_{min}	$Z_{1,min}$ [a]	$Z_{1,max}$ [b]
d_n	d_{n_1}			
63	63	63	130	170
75	75	75	140	180
	63	63	140	180

表 A.7（续）

单位为毫米

公称外径		Z_{min}	$Z_{1,min}$ [a]	$Z_{1,max}$ [b]
d_n	d_{n_1}			
90	63	63	150	190
	75	75	150	190
	90	90	150	190
110	63	63	160	200
	75	75	160	200
	90	90	170	210
	110	110	180	220
(125)	63	63	170	210
	75	75	170	210
	90	90	180	220
	110	110	190	230
	125	125	190	230
140	63	63	180	220
	75	75	180	220
	90	90	190	230
	110	110	200	240
	(125)	125	200	240
	140	140	200	240
160	63	63	190	230
	75	75	190	230
	90	90	200	240
	110	110	210	250
	125	125	210	250
	140	140	210	250
	160	160	230	270
(200)	90	90	225	265
	110	110	235	275
	125	125	235	275
	140	140	235	275
	160	160	255	295
	200	200	265	305

表 A.7（续） 单位为毫米

公称外径		Z_{min}	$Z_{1,min}$ [a]	$Z_{1,max}$ [b]
d_n	d_{n_1}			
225	(63)	(63)	230	270
	(75)	(75)	230	270
	90	90	240	280
	110	110	250	290
	125	125	250	290
	140	140	250	290
	160	160	270	310
	200	200	280	320
	225	225	280	320

注1：法兰尺寸应符合 GB/T 9113.1—2000。

[a] $Z_{1,min} = d_{n_1}$；异径三通的安装尺寸 Z 与正三通的安装尺寸 Z 确定方式相同。

[b] $Z_{1,max} = Z_{1,min} + 40$ mm。

A.2.5 法兰和承口接头

安装尺寸见图 A.7 和表 A.8。

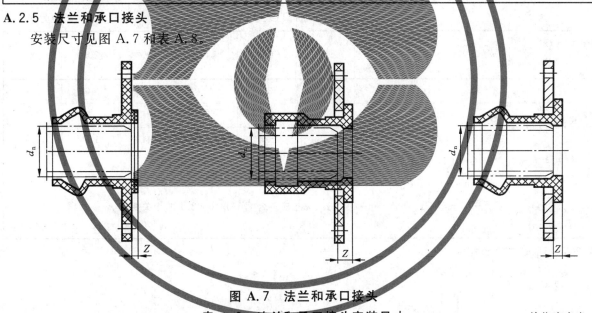

图 A.7 法兰和承口接头

表 A.8 法兰和承口接头安装尺寸 单位为毫米

公称外径 d_n	63	75	90	110	(125)	140	160	(200)	225
Z_{min}	3	3	5	5	5	5	5	6	6

注：法兰尺寸应符合 GB/T 9113.1—2000。

A.2.6 法兰和插口接头

安装尺寸见图 A.8 和表 A.9。

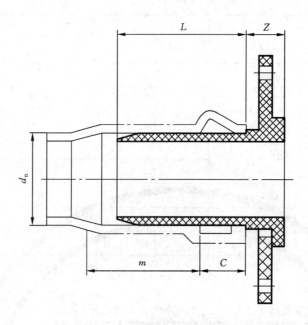

图 A.8 法兰和插口接头

表 A.9 法兰和插口接头安装尺寸 单位为毫米

公称外径[a] d_n	63	75	90	110	(125)	140	160	(200)	225
Z_{min}[b]	33	34	35	37	39	40	42	46	49
L_{min}[c]	76	82	89	98	104	111	121	139	151
L_{max}[d]	96	102	109	118	124	131	141	159	171

[a] 法兰尺寸应符合 GB/T 9113.1—2000。

[b] $Z_{min} = 0.1\,d_n + 26$ mm

[c] $L_{min} = m_{min} + C_{max} - 40$ mm，$C_{max} = 35$ mm $+ 0.25\,d_n$，m_{min} 应符合 GB/T 10002.1 的相关要求。

[d] $L_{max} = L_{min} + 20$ mm

A.2.7 活套法兰变接头

安装尺寸见图 A.9 及表 A.10。

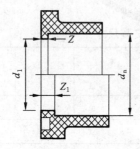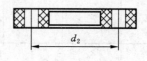

图 A.9 活套法兰变接头

表 A.10 活套法兰变接头安装尺寸　　　　　　　单位为毫米

公称外径 d_n	d_1	Z_{min}	$Z_{1,min}$
20	16	3	6
25	21	3	6
32	28	3	6
40	36	3	8
50	45	3	8
63	57	3	8
75	69	3	8
90	82	5	10
110	102	5	11
125	117	5	11
140	132	5	11
160	152	5	11
200	188	6	12
225	217	6	12

注：d_2 见 GB/T 9113.1—2000，其他尺寸根据材质而定。

A.3 螺纹接头管件的安装尺寸

A.3.1 活接头

安装尺寸见图 A.10 及表 A.11。

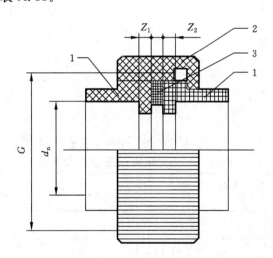

1——承口端；

2——PVC 螺帽；

3——平密封垫圈。

图 A.10 活接头

表 A.11　活接头安装尺寸　　　　　　　　　　　　单位为毫米

公称外径 d_n	Z_1	Z_2	接头螺帽/ in
20	8 ± 1	3 ± 1	1
25	$8^{+1.2}_{-1}$	3 ± 1	$1\frac{1}{4}$
32	$8^{+1.6}_{-1}$	3 ± 1	$1\frac{1}{2}$
40	10^{+2}_{-1}	3 ± 1	2
50	12^{+2}_{-1}	3 ± 1	$2\frac{1}{4}$
63	15^{+2}_{-1}	3 ± 1	$2\frac{3}{4}$

注：螺纹尺寸符合 GB/T 7306.1—2000。

A.3.2　90°弯头

安装尺寸见图 A.11a)及表 A.12。

A.3.3　90°三通

安装尺寸见图 A.11b)及表 A.12。

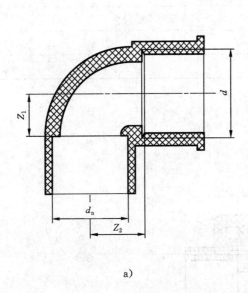
a)

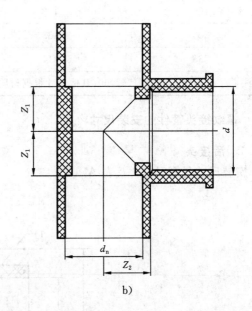
b)

图 A.11　90°弯头及三通

表 A.12　90°弯头及三通安装尺寸　　　　　　　　　　　　单位为毫米

公称外径 d_n	螺纹尺寸 d in	Z_1	Z_2
20	RC $\frac{1}{2}$	11 ± 1	14 ± 1
25	RC $\frac{3}{4}$	$13.5^{+1.2}_{-1}$	$17^{+1.2}_{-1}$
32	RC1	$17^{+1.6}_{-1}$	$22^{+1.6}_{-1}$
40	RC1 $\frac{1}{4}$	21^{+2}_{-1}	28^{+2}_{-1}
50	RC1 $\frac{1}{2}$	$26^{+2.5}_{-1}$	$38^{+2.5}_{-1}$
63	RC2	$32.5^{+3.2}_{-1}$	$47^{+3.2}_{-1}$

注 1：螺纹尺寸符合 GB/T 7306.1—2000。
注 2：在有内螺纹的接头端,应适当加强。

A.3.4 粘结和内螺纹变接头

安装尺寸见图 A.12 和表 A.13。

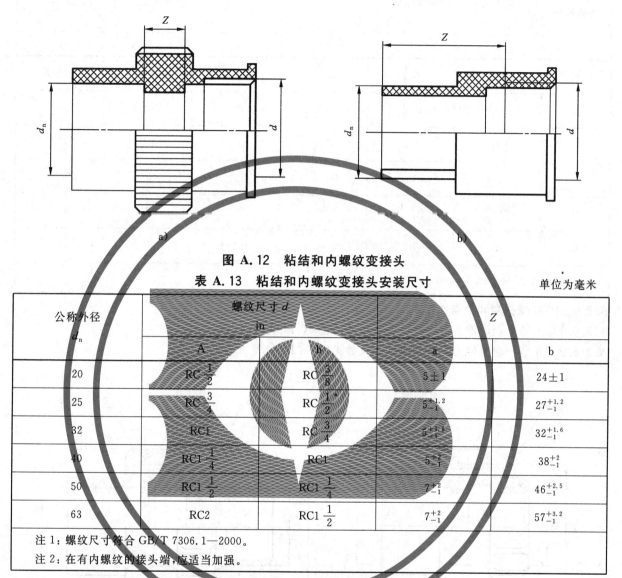

a)   b)

图 A.12 粘结和内螺纹变接头

表 A.13 粘结和内螺纹变接头安装尺寸

单位为毫米

公称外径 d_n	螺纹尺寸 d in		Z	
	A	b	a	b
20	$RC\frac{1}{2}$	$RC\frac{3}{8}$	5 ± 1	24 ± 1
25	$RC\frac{3}{4}$	$RC\frac{1}{2}$	$5^{+1.2}_{-1}$	$27^{+1.2}_{-1}$
32	$RC1$	$RC\frac{3}{4}$	$5^{+1.6}_{-1}$	$32^{+1.6}_{-1}$
40	$RC1\frac{1}{4}$	$RC1$	5^{+2}_{-1}	38^{+2}_{-1}
50	$RC1\frac{1}{2}$	$RC1\frac{1}{4}$	7^{+2}_{-1}	$46^{+2.5}_{-1}$
63	$RC2$	$RC1\frac{1}{2}$	7^{+2}_{-1}	$57^{+3.2}_{-1}$

注1：螺纹尺寸符合 GB/T 7306.1—2000。

注2：在有内螺纹的接头端，应适当加强。

A.3.5 粘结和外螺纹变接头

安装尺寸见图 A.13 和表 A.14。

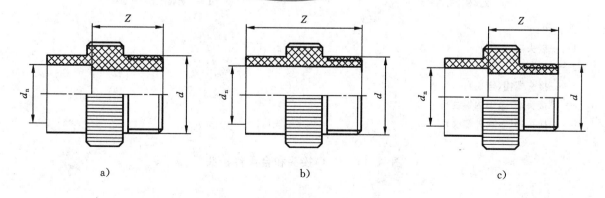

a)   b)   c)

图 A.13 粘接和外螺纹变接头

表 A.14 粘接和外螺纹变接头安装尺寸 单位为毫米

公称外径 d_n	螺纹尺寸 d in			Z		
	a	b	c	a	b	c
20	R$\frac{1}{2}$	R$\frac{1}{2}$	R$\frac{3}{4}$	23 ± 1	42 ± 1	22 ± 1
25	R$\frac{3}{4}$	R$\frac{3}{4}$	R1	$25^{+1.2}_{-1}$	$47^{+1.2}_{-1}$	$27^{+1.2}_{-1}$
32	R1	R1	R1$\frac{1}{4}$	$28^{+1.6}_{-1}$	$54^{+1.6}_{-1}$	$29^{+1.6}_{-1}$
40	R1$\frac{1}{4}$	R1$\frac{1}{4}$	R1$\frac{1}{2}$	31^{+2}_{-1}	60^{+2}_{-1}	29^{+2}_{-1}
50	R1$\frac{1}{2}$	R1$\frac{1}{2}$	R2	$32^{+2.5}_{-1}$	$66^{+2.5}_{-1}$	$34^{+2.5}_{-1}$
63	R2	R2	—	$38^{+3.2}_{-1}$	$78^{+3.2}_{-1}$	—

注：螺纹尺寸符合 GB/T 7306.1—2000。

A.3.6 PVC接头端和金属件接头

A.3.6.1 Ⅰ型 金属件上有内螺纹安装尺寸见图 A.14 和表 A.15。

A.3.6.2 Ⅱ型 金属件上有外螺纹安装尺寸见图 A.14 和表 A.15。

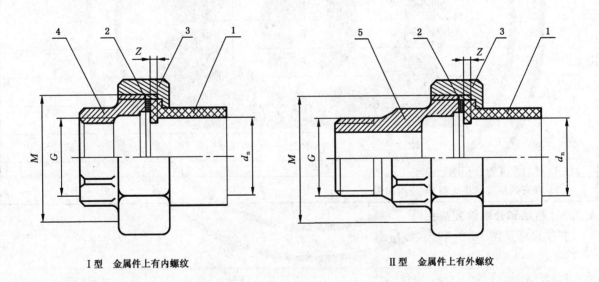

Ⅰ型 金属件上有内螺纹   Ⅱ型 金属件上有外螺纹

1——接头端(PVC)；

2——垫圈；

3——接头螺帽(金属)；

4——接头端(金属内螺纹)；

5——接头端(金属外螺纹)。

图 A.14 PVC接头和金属件接头

表 A.15 PVC 和金属接头安装尺寸 单位为毫米

接头端(PVC)		接头螺帽	内或外螺纹接头端(金属)G
公称外径 d_n	Z	M	in
20	3±1	39×2	$\frac{1}{2}$
25	3±1	42×2	$\frac{3}{4}$
32	3±1	52×2	1
40	3±1	62×2	$1\frac{1}{4}$
50	3±1	72×2	$1\frac{1}{2}$
63	3±1	82×2	3

A.3.7 PVC 接头端和活动金属螺帽

A.3.7.1 短型见图 A.15a)和表 A.16。

A.3.7.2 长型见图 A.15b)和表 A.17。

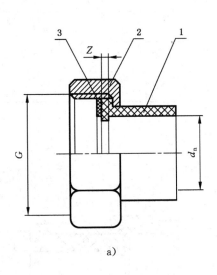
a)

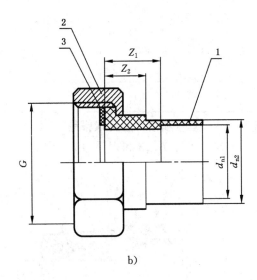
b)

1——接头端(PVC);

2——金属螺帽;

3——平密封垫圈。

图 A.15 PVC 接头和活动金属螺帽

表 A.16 短型安装尺寸 单位为毫米

接头端(承口)		金属螺帽 G in
d_n	Z	
20	3 ± 1	1
25	3 ± 1	$1\frac{1}{4}$
32	3 ± 1	$1\frac{1}{2}$
40	3 ± 1	2
50	3 ± 1	$2\frac{1}{4}$
63	3 ± 1	$2\frac{3}{4}$

表 A.17 长型安装尺寸 单位为毫米

接头端(承口)		接头端(插口)		金属螺帽 G in
d_{n_2}	Z_2	d_{n_1}	Z_1	
20	22^{+2}_{-1}	—	—	$\frac{3}{4}$
25	23^{+2}_{-1}	20	26^{+3}_{-1}	1
32	26^{+3}_{-1}	25	29^{+3}_{-1}	$1\frac{1}{4}$
40	28^{+3}_{-1}	32	32^{+4}_{-1}	$1\frac{1}{2}$
50	31^{+3}	40	36^{+4}_{-1}	2

A.3.8 PVC 套管和活动金属螺帽盖

安装尺寸见图 A.16 和表 A.18。

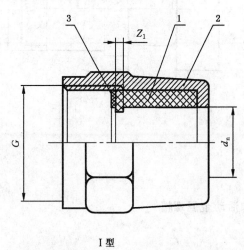

I 型

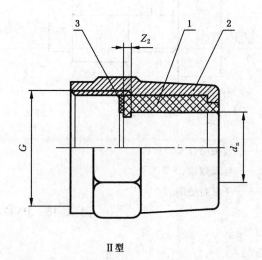

II 型

1——PVC 套管;

2——金属螺帽(特殊结构);

3——平密封垫圈。

图 A.16 PVC 套管和活动金属螺帽盖

表 A.18 PVC 套管和活动金属螺帽盖安装尺寸　　　　　　　单位为毫米

PVC 管（承口）		PVC 管（承口）		金属螺帽 G in
d_{n_1}	Z_1	d_{n_2}	Z_2	
20	3 ± 1	—	—	$\frac{3}{4}$
25	3 ± 1	20	6 ± 1	1
32	3 ± 1	25	7 ± 1	$1\frac{1}{4}$
40	3 ± 1	32	7 ± 1	$1\frac{1}{2}$
50	3 ± 1	40	8 ± 1	2
63	3 ± 1	50	10 ± 1	$2\frac{1}{2}$

附 录 B

（规范性附录）

系统适应性试验方法

B.1 塑料管道系统——硬聚氯乙烯（PVC-U）管道用弹性密封圈式承口接头—负压密封试验方法

B.1.1 原理

在规定的温度范围内，将 PVC-U 插口管段插进承口管段中组成试样，并使两管段轴线成一变形角度，在规定的两个负压条件下保持规定时间，试验过程中检查试样是否有渗漏。

B.1.2 设备

B.1.2.1 工作架至少包括两个端部固定装置，其中一个可以移动以使试样连接部位产生偏角，并可对试样施加负压（相对真空）。典型装置如图 B.1。

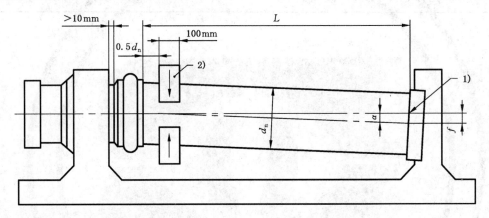

L——承口端面和插口管段密封封头之间的自由长度；

d_n——管段的公称外径；

1)——测量的起始点和调整的偏转角度 $\alpha(\alpha=2°)$；

2)——管系列 S16 或更大的管材，用一对卡具使管材变形（见 B.1.4.2）。

注：偏转量 f 和偏转角度 α 关系为：$f=L\sin\alpha$。当 $\alpha=2°$，$f=0.035L$。

图 B.1 典型的装置图

B.1.2.2 真空表，精度为测量值的 $+1\%$。

B.1.2.3 卡具，能在承口规定距离处对插口管段施加变形力。

B.1.2.4 真空泵，能保持要求的负压（见 B.1.4.6）。

B.1.2.5 隔离阀，位于试样和真空泵之间。

B.1.3 试样

试样应由符合 GB/T 10002.1 插口管段插入 PVC-U 承口管段组成。试验中应采用同一公称压力（PN）或管系列 S 的插口管段和承口管段。

在可采用的尺寸范围内，插口管段平均外径应取偏差范围内的最小值，承口管段的承口尺寸（平均内径和密封槽直径）应取偏差范围内的最大值。

插口管段的自由长度 L，即承口端面和插口管段密封封头之间的距离，应为管材公称外径的 5 倍，且在 500 mm～1 500 mm 之间。

B.1.4 步骤

B.1.4.1 在工作架的固定装置上固定承口不能有任何变形，且保持承口轴线水平，并调整插口管段轴线与承口管段轴线重合。

B.1.4.2 对于管系列 S 大于等于 16(即薄壁)的管材,在距离承口端面 $0.5\ d_n$ 处装上一对 100 mm 宽的卡具,此卡具能使插口管段在垂直面上变形 5%。在靠近承口端的卡具侧表面上测量变形。

B.1.4.3 对于管系列 S 小于 16(即厚壁)的管材,执行 B.1.4.4 至 B.1.4.6 给出的步骤,不施加变形力。

B.1.4.4 在不受外力情况下使插口管段偏转角度 α。

如果 $\alpha=2°$,固定管段并继续试验;

如果 $\alpha<2°$,继续偏转管材,直至达到 $\alpha=2°$,而后继续试验。

B.1.4.5 下述条件下进行 B.1.4.6:

    a) 保持插口管段在垂直面的偏转角度并在试验过程中检查和记录渗漏现象;

    b) 环境温度恒定在 15℃～25℃ 之间,偏差为 ±2℃。

B.1.4.6 对试样施加负压,直到达到 (0.01 ± 0.002) MPa(见图 B.2)。

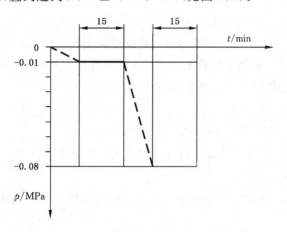

图 B.2 负压试验图

将试样与真空泵断开,监测压力 15 min 并记录压力的任何变化。如果负压的变化超过 0.005 MPa,停止试验。

当负压的变化不超过 0.005 MPa 时,继续试验,增加负压到 $-(0.08\pm0.002)$ MPa。

再次将试样与真空泵断开,监测压力 15 min 并记录负压的任何变化。

注 1:第一个负压的绝对压力接近 0.09 MPa,第二个负压的绝对压力接近 0.02 MPa。

注 2:负压的变化不必是线性变化。

B.2 塑料管道系统—硬聚氯乙烯(PVC-U)管道用弹性密封圈式承口接头—内压和角向挠度密封试验方法

B.2.1 原理

在规定温度范围内,将 PVC-U 插口管段插进承口管段中组成试样,并使两管段轴线成一角度,在规定内压条件下保持规定时间,试验过程中检查试样是否有渗漏。

B.2.2 试验装置

B.2.2.1 工作架至少包括两个端部固定装置,其中一个可以移动以使试样连接部位产生偏角。典型装置如图 B.3。

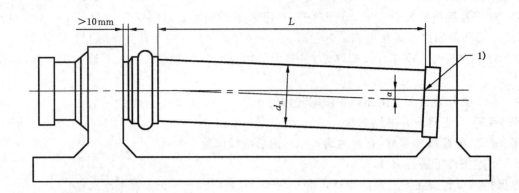

d_n——管段的公称外径；

L——管段的自由长度；

1)——供测量和调节偏转角度 α 的参考点（$\alpha=2°$）

图 B.3　典型装置图

B.2.2.2　施压装置，能对试样施加和保持至少 2 倍试样公称压力的可调内静液压力。

B.2.2.3　压力测量装置：能够测量规定的静液压值。

B.2.3　试样

试验所用插口管段应与承口管段的公称压力一致。

插口管段的自由长度 L，即承口端面和插口管段密封封头之间的距离，应为 5 倍管段公称外径 d_n，且最小 500 mm，最大不超过 1 500 mm。

> 注：管段的平均外径 d_{nm} 应取符合规定的最小值，承口尺寸（平均内径 d_{im}，弹性密封槽直径）应取生产商说明的最大值，以获得极限配合尺寸。

B.2.4　步骤

B.2.4.1　将承口管段固定在工作架上，不允许有任何变形，使插口管段与承口管段轴线重合。

B.2.4.2　通过试验装置使插口管段偏转角度 α，接头部位不允许施加外力。

如果 $\alpha=2°$，固定管段并继续试验。

如果 $\alpha<2°$，继续偏转管材，直至达到 $\alpha=2°$，而后继续试验。

用（20±5）℃的水充满试样，排尽空气。试样状态调节至少 20 min，以使温度均衡。

按 B.2.4.3 进行试验时：

a)　保持温度在 15℃～25℃内任一温度，偏差为 ±5℃；

b)　在试验过程中检查和记录渗漏现象。

B.2.4.3　除非另有规定，否则按图 B.4 的静液压压力试验图将规定的静压力保持在 $^{+5}_{0}$％的允许偏差内。

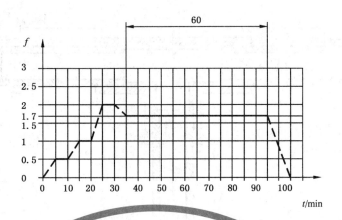

f——试验中采用的 PN 系数。

注：压力的变化无须呈线性变化。

图 B.4　静液压压力图

B.3　塑料管道系统——热塑性塑料压力管道端部承载和非端部承载组装和接头——内水压长期密封试验方法

B.3.1　原理

本试验模拟了材料连接区域由于蠕变引起的变形。它与 50 年的允许工作环境有关，并以组装件的性能为基础。

连接密封试验以下列任一形式组装：

a)　至少一个管件与管段连接；

b)　一个配件或一个阀门与管段连接；

c)　管段与管段连接。

试验在室温或管道系统允许使用的最高工作温度下至少进行 1 000 h。

试样和它的连接件在规定的温度和内部静液压下按本方法作规定时间（1 000 h 或更长）的试验，试验中不能对连接部位加固。

B.3.2　设备

B.3.2.1　室温

在室温下试验时，采用试验室或水浴槽，其温度应保持在规定温度的 ±2℃ 以内。

B.3.2.2　高温

在高温条件下试验时，采用空调室或水浴槽，其温度应保持在规定温度的 (+3～-1)℃。

B.3.2.3　压力控制装置

与试验组装件连接的压力控制装置，能提供波动范围为 $^{+2}_{-1}$% 的恒定水压。

B.3.2.4　支撑

承受端部负荷的组装件和连接件的支撑应使组装件和连接件在试验期间内受到轴向力，并且不能有任何轴向的限制。粘接试验组合如图 B.5 所示。

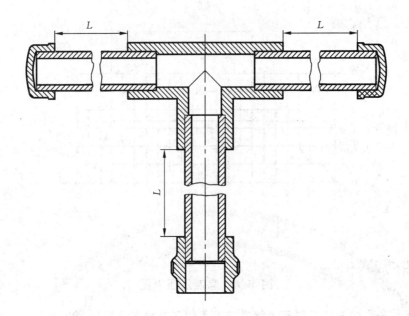

图 B.5 粘接试验组合图

B.3.2.5 补偿装置

不承受端部负荷的组装件和连接件的补偿装置,应能维持由内水压产生的轴向力,同时保持连接组装件的轴线成一直线。密封装置之间的连接棒或外框架使组装件保持在适当的位置而不分离。试验装配组合如图 B.6 和图 B.7。注意保持连接组装件的轴线对齐,特别是从试验浴槽中移动试验装置时。

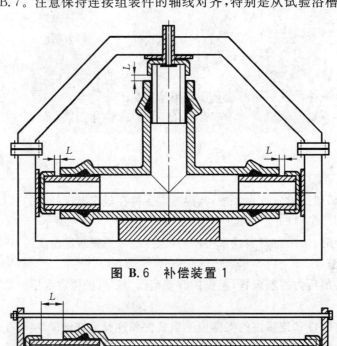

图 B.6 补偿装置 1

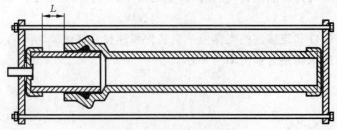

图 B.7 补偿装置 2

B.3.2.6 试样准备

试样应是组装件,包括至少一根管段与管件承口或管材承口或组装好的成品(如阀门、管接头)的连接,也可以根据试验需要加入其他的配件。组装部件应为同一公称压力等级 PN 或同一管材系列 S。

测量并记录组装连接件的相关尺寸,如插口或管材连接区域的平均外径和不圆度,承口的平均内径和不圆度,以及中间部分的相关尺寸(见注)。

所有组装部件应符合相关产品标准,密封圈应符合生产厂规范。试样组装应按生产厂说明进行。

注 1：如果自由长度未在相关标准中规定,其值应不小于管材的公称外径,最小为 150 mm。

注 2：该试验中应尽量选择具有极限公差的组件,这样能提供尽可能多的试验状况,如弹性密封圈连接,其承口和密封环槽的直径应为或接近最大值,管材或管件插口应为或接近最小值,密封圈应为或接近制造商给定的最小截面。

B.3.3　试验过程

B.3.3.1　准备

将试样装满水,在无变形的情况下以适当的形式装配在试验装置上,并适当调节使管段与承口的轴线成一直线。

B.3.3.2　状态调节

将试样在试验室或温控箱内状态调节,当试验温度大于25℃时,至少调节 3 h;试验温度小于等于25 ℃时,至少 20 min。如果试验温度规定为"室温",就在 15℃～25℃之间的任一温度下进行状态调节。在接下来 B.3.3.3～B.3.3.5 的试验中,将试验温度保持在 15℃～25℃之间任一温度的±2℃以内。

B.3.3.3　压力控制

将试样与施压装置连接,排尽试样内的空气,然后在 30 s～1 min 内将试验压力调到规定值。

记录压力达到规定值的时间,作为试验过程的起始点。观察是否有渗漏并记录结果。

B.3.3.4　试验装置的检查

按以下所述观察试样。

　　a)　如果试验在空气中进行,擦干试样的整个外表面并检查是否有渗漏;

　　b)　如果试验在水中进行,将试样从水浴槽中移出,擦干表面,观察是否有渗漏,如果没有,就应尽快将试样放回到水浴中。

B.3.3.5　试验中期和末期检查

在试验中期和末期重复检查试样组件是否有渗漏(见 B.3.3.4),试验时间至少应为 1 000 h,除非相关标准中给出了更长的最短试验时间或试样先发生了 B.3.3.6 中描述的破坏形式。

B.3.3.6　破坏

如果破坏发生在连接件间的管材部分或不作为试样的末端密封件,则不计该试验,并更换破坏的部件。更换后继续试验。如果以上部件的破坏损伤了试验连接件或组装件,则报废该试样并重复试验过程。

B.4　塑料管道系统—有端部负荷的 PVC-U 双承口连接件—弯曲和内压下密封、强度试验

B.4.1　原理

试样由 PVC-U 管材插入 PVC-U 双承口管件组成,在规定的温度和时间内承受循环内压和侧向弯曲力。

B.4.2　设备

B.4.2.1　压力控制装置,能与试样连接,并提供至少 2.5 倍 PVC-U 管材及连接件公称压力的可变静液压。

B.4.2.2　真空泵,能提供至少－0.08MPa 的负压。

B.4.2.3　负荷夹具,能够在试样受到内部静液压时提供水平弯曲力。夹具包括垂直支撑和水平支撑,垂直支撑均匀分布在水平力轴线两侧 5 倍 d_n 处。用以限制试样,以便水平力使试样产生弯曲,试样下

的水平支撑,可使试样组件的轴线成一水平直线。支撑表面的摩擦阻力应尽量小,以最小程度地限制轴向弯曲。典型的试验装置见图 B.8。管段的长度和试样的总长度应符合图 B.8 的规定。

B.4.2.4 测量装置,测量内静液压和施加的弯曲力,精确度为测量值的±1%。

B.4.3 试样

试样包括两段 PVC-U 管材,并插入有端部负荷的 PVC-U 双承口管件,其组装应按照生产商的规定进行。管材与双承口管件公称压力应相同。

> 注:管材的平均外径应符合规定的最小值,承口尺寸(平均内径和密封环槽的直径)应符合生产商提供的最大允许值,以获取极限值。

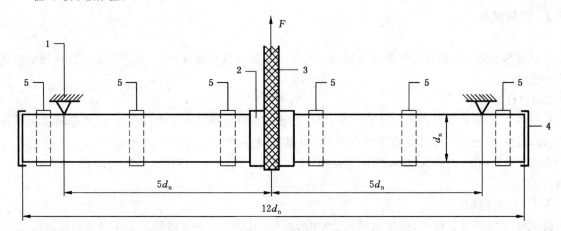

1——支撑;

2——末端承载双承口;

3——施力的柔性带;

4——管帽;

5——支撑试样重量的支撑。

图 B.8 典型的组装和长度规定

B.4.4 试验过程

B.4.4.1 用式(B.1)计算弯曲力。

$$F = 0.1\left(\frac{d_n - e_n}{d_e}\right)^2 \times (\pi \sigma e_n d_{n,m} - F_e) \quad\cdots\cdots\cdots\cdots\cdots\cdots\cdots\cdots \text{(B.1)}$$

式中:

d_n——PVC-U 管材的公称外径,单位为毫米(mm);

e_n——PVC-U 管材的公称壁厚,单位为毫米(mm);

σ——弯曲和内压引起的应力,为 20 MPa(N/mm²);

$d_{n,m} = d_n - e_n$;

F_e——轴向作用于管帽上的力,单位为牛顿(N),按式(B.2)计算。

$$F_e = p_i\left(\frac{\pi \cdot d_i^2}{4}\right) \quad\cdots\cdots\cdots\cdots\cdots\cdots\cdots\cdots\cdots\cdots\cdots\cdots \text{(B.2)}$$

式中:

p_i——内水压,为 0.1 PN,PN 单位为 MPa;

d_i——PVC-U 管材的计算内径,$d_n - 2e$。

PVC-U 管材的部分 F 计算值见表 B.1。

表 B.1 弯曲力的计算值

单位为牛顿

PN	双承口连接件的弯曲力 F					
	0.6 MPa	0.63 MPa	0.8 MPa	1.0 MPa	1.25 MPa	1.6 MPa
d_n	S20.8	S20[a]	S16	S12.5	S10	S8
110	1 179	1 217	1 510	1 833	2 280	2 748
125	1 555	1 594	1 975	2 385	2 930	3 489
160	2 511	2 640	3 155	3 955	4 816	5 738
200	3 867	4 013	5 012	6 127	7 500	8 989
250	6 078	6 376	7 763	9 540	11 592	13 956
315	9 588	9 923	12 321	14 817	18 413	22 235
355	12 300	12 647	15 587	18 707	23 377	28 284
400	15 468	16 050	19 830	23 654	29 797	35 765
500	24 311	25 220	30 778	37 893	46 622	56 064
630	38 353	39 690	48 939	59 602	73 651	

[a] S 为符合 GB/T 10798 的管材系列。

B.4.4.2 将试样放在低摩擦的支撑上,并确定管材和连接件的轴线在一条线上(见图 B.8)。

B.4.4.3 将试样装满(20±5)℃的水,排尽空气,在此温度下预处理 60 min。

B.4.4.4 在 B.4.4.5 中规定的 15℃至 20℃范围内任一温度下进行试验,保持±2℃。在整个试验过程中观察连接件是否有泄漏。

B.4.4.5 按图 B.9 示意进行试验,不要求力呈严格线性变化,液压压力和弯曲力的变动应控制在 $^{+5}_{0}\%$ 以内。

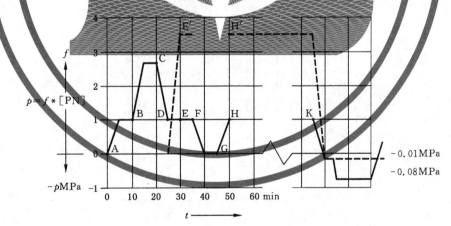

图 B.9 有弯曲力的静液压实验图表

注:实线代表水压力变化的时间极限(包括恒定值),点线代表弯曲力 F(不代表具体值),压力或力的变化不要求是严格的线性关系。

A 点:在 5 min 内将水压升至 1 PN,并保持 5 min。

B 点:在 5 min 内将水压升至 2.5 PN,并保持 5 min。

C 点:在 5 min 内将水压降至 1 PN。

D 点:保持水压为 1 PN,在 5 min 内施加水平弯曲力 F。

E 点:在弯曲力 F 的作用下,再将 1 PN 的水压保持 5 min。

F 点：将水压泄至大气压，并确保随后 5 min 内管材的变形保持不变。

G 点：在 5 min 内将水压升至 1 PN。

H 点：调整弯曲力 F 到原来的值（变形的角度将比原来略大）。

将 E～H 的试验再重复 9 次。

K 点：在 10 次循环之后，解除弯曲力，将试样中的水排尽，对试样施加负压达到（－0.01±0.002）MPa，之后使真空泵与试样脱离，观察负压 15 min，然后再施加负压到（－0.08±0.002）MPa，使试样与真空泵脱离，再观察压力 15 min。

B.4.4.6 试验完毕后拆开所有的组装件并检查所有试样，记录破裂或变形的情况。

附　录　C
（资料性附录）
本部分章条编号与 ISO 4422-3：1996 章条对照

表 C.1 给出了本部分章条编号与 ISO 4422-3：1996 章条编号对照一览表。

表 C.1　本部分章条编号与 ISO 4422-3：1996 章条对照

本部分章条编号	对应的国际标准章条编号
1	1
2	2
—	3
3.1～3.2	4.1 第一句内容
—	4.2 和 4.3
4.1	—
4.2	—
4.3	5.2
5.1	5.1
5.2.1～5.2.2	—
5.2.3	6.1
5.2.4	6.2
5.2.5	6.3
5.2.6	6.4
5.3	6.5
5.4	7 和 8 部分内容
5.5.1	4.1 第一句部分内容
5.5.2	—
5.6	ISO 4422-5：1997 全部
6.1～6.3	—
6.4	8.1
6.5	8.2
6.7	7.1 和 7.2
—	7.3
6.8	—
6.9	ISO 4422-5：1997 对应试验方法
7	—
8.1.1	9
8.1.2	—
8.2～8.4	—

附　录　D

（资料性附录）

本部分与 ISO 4422-3：1996 技术性差异及其原因

表 D.1 给出了本部分与 ISO 4422-3：1996 的技术性差异及其原因一览表。

表 D.1　本部分与 ISO 4422-3：1996 技术性差异及其原因

本部分的章条编号	技术性差异	原　因
1	增加了第一段内容。	该项内容叙述更符合国标的编写方式。
2	引用了采用国际标准的我国标准，而非国际标准。	以适合我国国情。
	增加引用了 GB/T 2918：1998、GB/T 2828：1987。	以适合我国国情。
	删除 ISO/TR 9080：1992、ISO 9853：1991、ISO 12162：1995。	该三项标准内容不适合目前国内发展水平。
3	删除 ISO 4422-3：1996 第 3 章术语和定义。	术语和定义已广为人知，在本部分中不再重复。
	删除 ISO 4422-3：1996 中 4.2～4.3 的要求。	该项内容不适合目前国内发展水平。
	将原国际标准本部分的 4.1 及 ISO 4422-1：1996 第 4 章部分内容安排在 3.1～3.3。	符合国标编写习惯。
4	增加了该章 4.1、4.2 内容，并将 ISO 4422-3：1996 中的 5.2 的内容安排在本部分 4.3。	符合国标 GB/T 1.1 编写规则。
5.2.1	增加了对管件壁厚的最低要求。	以适合我国国情。
5.2.2～5.2.6	将 ISO 4422-3：1996 中 6.1～6.4 及 ISO 4422-2 的 7.3 内容安排在此。	符合国标编写习惯。
5.3	将 ISO 4422-3：1996 中 6.5 的内容安排在此。	以适合我国国情。
5.4	删除 ISO 4422-3：1996 中 7.3 的要求。将 7.1、7.2、7.4、8.1 和 8.2 的技术内容安排在此。增加坠落试验要求	以适合我国国情。
5.5.1	将 ISO 4422-3：1996 中 4.1 内容安排在此。	符合国标编写习惯。
5.5.2	增加对氯乙烯单体要求。	以适合我国国情。
5.6	将 ISO 4422-5：1997 全部内容安排在此。	此条按照国际标准要求编写
6.1～6.3	增加试样状态调节、外观检查和尺寸测量的要求。	符合国标 GB/T 1.1 编写规则。
6.4	将 ISO 4422-3：1996 中 8.1 的测试方法移至本条。	符合国标 GB/T 1.1 编写规则。

表 D.1(续)

本部分的章条编号	技术性差异	原　因
6.5	将 ISO 4422-3:1996 中 8.2 的测试方法移至本条。	符合国标 GB/T 1.1 编写规则。
6.6	增加坠落试验方法。	以对应 5.4 的要求。
6.7	将 ISO 4422-3:1996 中 7.1、7.2 和 7.4 的试验方法安排在本条。	符合国标 GB/T 1.1 编写规则。
6.8	对应 5.5.1 增加对卫生性能的试验方法。	符合国标 GB/T 1.1 编写规则。
6.9	对应 5.6 增加系统试验方法。	符合国标 GB/T 1.1 编写规则。
7	增加检验规则。	符合国标 GB/T 1.1 编写规则。
8.1.1	将 ISO 4422-3:1996 中第 9 章的内容安排在本条。	符合国标 GB/T 1.1 编写规则。
8.1.2	增加对产品包装标志的要求。	符合国标 GB/T 1.1 编写规则。
8.2～8.4	增加对产品包装、运输和贮存的要求。	符合国标 GB/T 1.1 编写规则。

ICS 83.140.30
G 33

中华人民共和国国家标准

GB/T 10002.3—2011

给水用硬聚氯乙烯(PVC-U)阀门

Valves made of unplasticized poly(vinyl chloride)(PVC-U)for water supply

[ISO 4422-4:1997,Pipes and fittings made of unplasticized poly
(vinyl chloride) (PVC-U) for water supply—Specifications—
Part 4:Valves and ancillary equipment,MOD]

2011-12-30 发布　　　　　　　　　　　　2012-07-01 实施

中华人民共和国国家质量监督检验检疫总局
中国国家标准化管理委员会　发布

前　言

GB/T 10002 由以下三部分构成：

——GB/T 10002.1　给水用硬聚氯乙烯(PVC-U)管材；

——GB/T 10002.2　给水用硬聚氯乙烯(PVC-U)管件；

——GB/T 10002.3　给水用硬聚氯乙烯(PVC-U)阀门。

本部分为 GB/T 10002 的第 3 部分。

本部分使用重新起草法修改采用 ISO 4422-4:1997《给水用硬聚氯乙烯(PVC-U)管材和管件　规范　第 4 部分:阀门及其配件》。

在采用 ISO 4422-4:1997 时,本部分做了一些修改,有关编辑性及技术性差异在附录 A 中给出了一览表,以供参考。

本部分与 ISO 4422-4:1997 相比主要差异如下：

——增加了对卫生性能的要求；

——增加了对弹性密封件和胶粘剂的要求；

——删除了有关鞍型配件的要求；

——删除了破裂试验的要求；

——修改了阀体耐内压试验的试验参数和分组；

——修改了扭矩试验试验的扭矩参数,减小为二分之一,提高了要求；

——增加了检验规则；

——增加了包装、运输和贮存的要求；

——增加了附录 A"本部分与 ISO 4422-4:1997 技术性差异对照表"；

——增加了附录 B"热塑性塑料阀门　连接参数"；

——增加了附录 C"常用阀门基本尺寸"。

请注意本部分的某些内容有可能涉及专利。本部分的发布机构不应承担识别这些专利的责任。

本部分由中国轻工业联合会提出。

本部分由全国塑料制品标准化技术委员会塑料管材、管件及阀门分技术委员会(SAC/TC 48/SC 3)归口。

本部分起草单位:浙江中财管道科技股份有限公司、公元塑业集团有限公司、广东联塑科技实业有限公司、佑利控股集团有限公司、福建亚通新材料科技股份有限公司。

本部分主要起草人:丁良玉、黄剑、林少全、肖玉刚、魏作友。

给水用硬聚氯乙烯(PVC-U)阀门

1 范围

GB/T 10002 的本部分规定了以聚氯乙烯(PVC)树脂为主要原料,经加工成型后的给水用硬聚氯乙烯(PVC-U)阀门(以下简称"阀门")的材料、产品分类、技术要求、试验方法、检验规则、标志、包装、运输和贮存。

本部分适用于建筑物内或埋地给水用硬聚氯乙烯管道系统中的阀门。本部分规定的阀门与符合 GB/T 10002.1 要求的管材和符合 GB/T 10002.2 要求的管件配套使用。

本部分规定的阀门适用于输送饮用水和一般用途水的压力管道系统,水温不超过 45 ℃。

2 规范性引用文件

下列文件对于本文件的应用是必不可少的。凡是注日期的引用文件,仅注日期的版本适用于本文件。凡是不注日期的引用文件,其最新版本(包括所有的修改单)适用于本文件。

GB/T 2828.1—2003 计数抽样检验程序 第 1 部分:按接收质量限(AQL)检索的逐批检验抽样计划(ISO 2859-1:1999,IDT)

GB/T 2918—1998 塑料试样状态和试验的标准环境(idt ISO 291:1997)

GB/T 7306.1—2000 55°密封管螺纹 第 1 部分:圆柱内螺纹与圆锥外螺纹(eqv ISO 7-1:1994)

GB/T 7306.2—2000 55°密封管螺纹 第 2 部分:圆锥内螺纹与圆锥外螺纹(eqv ISO 7-1:1994)

GB/T 8802—2001 热塑性塑料管材、管件维卡软化温度的测定(eqv ISO 2507-2:1995)

GB/T 8803—2001 注塑成型硬聚氯乙烯(PVC-U)、氯化聚氯乙烯(PVC-C)、ABS 和 ASA 管件的热烘箱试验方法(eqv ISO 580:1990)

GB/T 8806 塑料管材尺寸测量方法(eqv ISO 3126:1974)

GB/T 9115.1~9115.4—2000 平面、突面板式对焊钢制管法兰

GB/T 10002.1—2006 给水用硬聚氯乙烯(PVC-U)管材(ISO 4422:1996,NEQ)

GB/T 10002.2—2003 给水用硬聚氯乙烯(PVC-U)管件(ISO 4422-3:1996,MOD)

GB/T 17219—1998 生活饮用水输配水设备及防护材料的安全性评价标准

GB/T 27726—2011 热塑性塑料阀门压力试验方法及要求

HG/T 3091—2000 橡胶密封件 给排水管及污水管道接口密封圈 材料规范(idt ISO 4633:1996)

QB/T 2568—2002 硬聚氯乙烯(PVC-U)管系统用溶剂型胶粘剂

ISO 8233:1988 热塑性塑料阀门 扭矩测试方法

ISO 8659:1999 热塑性塑料阀门 疲劳强度的测试方法

3 术语和定义

GB/T 10002.1 和 GB/T 10002.2 界定的以及下列术语和定义适用于本文件。

3.1

公称通径 nominal size

是仅与制造尺寸有关且引用方便的一个圆整值,不适用于计算,它是管道系统中除了用外径或螺纹

尺寸代号标记的元件以外的所有其他元件通用的一种规格标记。通常用 D_N 表示。

4 材料

4.1 混配料

生产阀门的材料为 PVC-U 混配料。混配料应以 PVC 树脂为主,其中仅加入为生产达到本标准的产品性能所必须的添加剂。所有添加剂应分散均匀。

用于饮用水时,树脂必须是卫生级,加入的添加剂不得使输送介质产生毒性、引起感官不适或助于微生物生长,同时不得影响产品的粘接性能及本部分中的其他性能。不应使用铅盐稳定剂。

不允许使用回用料。

4.2 密封圈

所用的橡胶密封圈应符合 HG/T 3091—2000 的要求。

4.3 胶粘剂

阀门连接用胶粘剂应符合 QB/T 2568—2002 的要求。

5 产品分类

阀门按结构类型分为闸阀、球阀、隔膜阀、旋塞阀、蝶阀等。

阀门按连接方式分为溶剂粘接式阀门、弹性密封圈连接式阀门和机械连接式阀门,其中机械连接式阀门又分为法兰连接、螺纹连接和活接连接等。

6 一般要求

6.1 公称压力及温度折减系数

公称压力是指阀门输送 20 ℃水时的最大工作压力。

当输水温度不同时,应按照表 1 给出的不同温度的折减系数(f_t)修正工作压力。用折减系数乘以公称压力得到最大允许工作压力。

表 1 折减系数

温度 ℃	折减系数 f_t
$0 < t \leqslant 25$	1
$25 < t \leqslant 35$	0.8
$35 < t \leqslant 45$	0.63

6.2 阀门连接

塑料阀门在不同管路系统中的连接参数可参考附录 B。

6.3 安装长度

推荐安装长度由生产商在技术手册中给出,可参考附录 C。

7 技术要求

7.1 颜色

由供需双方协商决定。

7.2 外观

阀门内外表面应光滑、清洁,不允许有明显的气泡、划痕、凹陷和其他影响达到本标准要求的表面缺陷。连接端面应与轴线垂直。

7.3 几何尺寸

7.3.1 公称直径

阀门的公称直径 d_n 应对应与其相配套的管材的公称直径。

7.3.2 连接尺寸

7.3.2.1 溶剂粘接式阀门承插尺寸

阀门的承口和插口尺寸应与 GB/T 10002.2 要求的管件的尺寸相适应。

7.3.2.2 密封件连接式阀门的承插尺寸

阀门的承口和插口尺寸应与 GB/T 10002.2 中管件的要求的尺寸相适应。

7.3.2.3 法兰连接式阀门的配套尺寸

法兰连接式阀门的配套法兰尺寸应符合 GB/T 9115.1~9115.4—2000 的规定。

7.3.2.4 螺纹连接式阀门的尺寸

螺纹连接式阀门的螺纹端尺寸应符合 GB/T 7306.1—2000 或 GB/T 7306.2—2000 的要求。

7.4 物理力学性能

阀门的物理力学性能应满足表2的要求。

表 2 物理力学性能

项目	技术指标	试验方法
维卡软化温度	≥74 ℃	见 8.4
烘箱试验	阀体应符合 GB/T 8803 的规定	见 8.5
壳体耐内压试验	无破裂,无渗漏	见 8.6
扭矩试验	操作扭矩符合表4要求	见 8.7
疲劳强度	循环 2 500 次,组件无泄漏	见 8.8
密封性试验	试验过程中无渗漏	见 8.9

7.5 卫生性能

输送生活饮用水阀门的卫生性能应符合 GB/T 17219—1998 的要求。

8 试验方法

8.1 试样状态调节和试验标准环境

除非另有规定,应在阀门生产至少 24 h 以后,按 GB/T 2918—1998 规定,在(23±2)℃下对试样进行状态调节 24 h,并在同一条件下进行试验。

8.2 颜色和外观

用肉眼直接观察。

8.3 尺寸测量

按 GB/T 8806 规定进行测量。

8.4 维卡软化温度

按 GB/T 8802—2001 规定进行试验,取样部位为阀体。

8.5 烘箱试验

按 GB/T 8803—2001 规定进行试验。

8.6 壳体耐内压试验

依据 GB/T 27726—2011 进行试验,试验参数如表 3 所示。

表 3 壳体耐内压试验条件

温度 ℃	公称外径[a] d_n	试验压力[b] p_{test} MPa	试验时间 h	试验介质	
				内部	外部
20±2	$d_n \leqslant 90$	4.2×(P_N)	1	水	水或空气[c]
		3.2×(P_N)	1 000		
	$d_n > 90$	3.36×(P_N)	1		
		2.56×(P_N)	1 000		
[a] d_n 指与阀门相连的管材的公称外径;					
[b] 试验压力由如下公式计算得到:$p_{test}=(\sigma_t/\sigma_s)×P_N$,其中 σ_t 是试验应力,1 h 时为 42 MPa,1 000 h 时为 32 MPa;σ_s 是设计应力(MPa);					
[c] 仲裁试验,应采用水。					

8.7 扭矩试验

在进行疲劳强度之前和之后都应进行扭矩试验,试验按 ISO 8233 进行,开启和关闭扭矩不应超过表 4 的要求。

表 4　扭矩试验要求

操作手柄长度 mm	50	63	80	100	125	160	200	250	315	400	500	630	800	1000
最大操作扭矩 N·m	3.0	4.5	6.5	9.0	12.5	19.0	27.0	37.5	55.0	80.0	100.0	225.0	290.0	360.0

8.8　疲劳强度试验

按 ISO 8659 进行试验,测试时试样内部充水,外部为空气。内部压力维持在公称压力 PN,以(1 ± 0.2)m/s 的流速在室温下测试。

8.9　密封性试验

阀门组装后按照 GB/T 27726—2011 的要求进行,具体试验参数见表5。

表 5　密封性试验条件

试验		最少试验时间 s	试验压力 MPa	温度 ℃	试验介质	
					内部	外部
阀座试验(阀门关闭)		60	0.05		空气	水
	$D_N\leqslant200$	15	$1.1\times PN$[a]	20 ± 2	水[b]	空气
	$D_N>200$	30				
密封件试验(阀门半开)	$D_N\leqslant50$	15	$1.5\times PN$[a]		水[b]	空气
	$D_N>50$	30				

[a] 最大试验压力为$(P_N+0.5)$MPa。
[b] 或者采用内部为空气,外部为水,试验压力为(0.6 ± 0.1)MPa,如有争议,应采用内部为水,外部为空气。

8.10　卫生性能

卫生性能按 GB/T 17219—1998 规定进行测定。

9　检验规则

9.1　产品需经生产厂质量检测部门检验合格并附有合格证后方可出厂。

9.2　组批

同一批原料,同一配方和工艺情况下生产的同一规格阀门为一批。当 $d_n\leqslant32$ mm 时,每批数量不超过 7 000 个;当 $d_n>32$ mm 时,每批数量不超过 3 000 个。如果生产 7 d 仍不足批量,以 7 d 产量为一批。

9.3　分组

分组形式如表6所示。

表 6　阀门的尺寸分组

尺　寸　组	公称外径 mm
1	$d_n \leqslant 90$
2	$d_n > 90$

9.4　检验分类

检验分为出厂检验和型式检验。

9.5　出厂检验

9.5.1　出厂检验项目为 7.1～7.3 和 7.4 中的烘箱试验和密封性试验。

7.1～7.3 检验按照 GB/T 2828.1—2003 规定采用正常检验一次抽样方案,取一般检验水平Ⅰ,接收质量限(AQL)6.5,见表 7。

表 7　抽样方案　　　　　　　　　　　单位为件

批量 N	样本量 n	接收数 Ac	拒收数 Re
≤150	8	1	2
151～280	13	2	3
281～500	20	3	4
501～1 200	32	5	6
1 201～3 200	50	7	8
3 201～10 000	80	10	11

9.5.2　在计数抽样合格的产品中,随机抽取足够的样品进行 7.4 中的烘箱试验和密封性试验。

9.6　型式检验

9.6.1　型式检验项目为第 7 章全部技术要求项目。一般情况下,每隔两年进行一次型式检验。若有以下情况之一,应进行型式检验。

a)　新产品或老产品转厂生产的试定型试验;

b)　结构、材料、工艺有较大变动可能影响产品性能时;

c)　产品长期停产后恢复生产时;

d)　出厂检验结果与上次型式检验结果有较大差异时;

e)　国家质量监督机构提出型式检验的要求时。

9.6.2　按 9.5.1 规定对 7.1～7.3 进行试验,在检验合格的产品中,按表 6 规定在每一个尺寸组中选取任意规格足够样品,进行 7.4 和 7.5(对输送饮用水)各项性能的检验。

9.7　判定规则

按照本部分规定的试验方法进行检验,依据试验结果和技术要求对产品作出质量判定。7.1～7.3中任一项不符合表 7 规定时,则判定该批为不合格。物理力学性能中有一项不合格,则在该批中随机抽取双倍的试样进行复验,如仍不合格,则判该批不合格。卫生指标有一项不合格判为不合格。

10　标志

10.1　产品应至少包括以下永久标志:

a) 材料:PVC-U;

b) 产品规格:应注明公称直径、公称压力;

c) 本部分标准编号;

d) 商标。

10.2 产品外包装应至少有下列标志:

a) 生产厂家、厂址;

b) 产品名称:应注明 PVC-U 给水用;

c) 商标;

d) 产品型号或标记;

e) 生产日期。

11 包装、运输和贮存

11.1 包装

阀门应单个包装以防止污染或损坏。

11.2 运输

阀门运输时,不得受到剧烈的撞击、划伤、抛摔、曝晒、雨淋和污染。

11.3 贮存

阀门应合理堆放、远离热源、防止雨淋和污染。

附　录　A

（资料性附录）

本部分与 ISO 4422-4:1997 技术性差异对照表

表 A.1　本部分与 ISO 4422-4:1997 技术性差异对照表

本部分的章条编号	技术性差异	原　因
1	增加了第一段内容	更符合国家标准的编写形式
2	——引用了与国际标准相对应的国家标准，而非直接采用国际标准； ——增加引用了 GB/T 2918—1998、GB/T 2828.1—2003	适合我国标准编写规则
3	增加了与阀门尺寸、分类相关的术语	因目前国内尚无塑料类阀门术语的标准，增加术语便于理解
4.2	增加了对密封圈的要求	使标准内容更加严密
4.3	增加了对胶粘剂的要求	使标准内容更加严密
7.1	增加了对颜色的要求	使标准内容更加严密
—	删除了鞍型配件的要求	鞍型配件不属于阀门系列
7.4	——删除了破裂试验的要求； ——修订了阀体耐内压试验的试验参数和分组	——因为破裂试验主要适用于无法进行液压试验的鞍型配件类产品，本部分中已经删除鞍型配件，故也删除此项要求； ——根据我国行业情况，参照管件标准的液压试验参数和分组
7.5	增加了卫生性能的要求	符合我国对涉及饮用水的产品规定
8	凡有与国际标准相对应的国家标准的，采用国家标准，而非直接采用国际标准	适合我国标准编写规则
9	增加了检验规则	适合我国标准编写规则
10	增加包装、运输和贮存	适合我国标准编写规则

附　录　B

（资料性附录）

热塑性塑料阀门　连接参数

B.1　范围

本附录以对照表的方式规定了塑料阀门在不同管路系统中的连接形式。

B.2　符号

d_n——热塑性塑料管材的公称外径；

D_1——溶剂连接、承口熔接时承口的公称内径或插口的公称外径；

D_2——管材螺纹的尺寸；

D_3——承口的公称内径或弹性密封圈连接插口的公称外径；

D_N——法兰连接系统的公称尺寸。

B.3　连接系统对照（见表 B.1）

表 B.1

热熔对接	溶剂连接或承口熔接	螺纹连接	法兰连接	弹性密封圈连接
管材公称外径 d_n mm	承口公称内径或插口公称外径 D_1 mm	管螺纹的设计尺寸 D_2	法兰公称尺寸 D_N	承口公称内径或插口的公称外径 D_3 mm
12	12	1/4	8	12
16	16	3/8	10	16
20	20	1/2	15	20
25	25	3/4	20	25
32	32	1	25	32
40	40	1 1/4	32	40
50	50	1 1/2	40	50
63	63	2	50	63
75	75	2 1/2	65	75
90	90	3	80	90
110	110	4	100	110
125	125	—	100/125	125
140	140	5	125	140
160	160	6	150	160
180	180	—	175	180
200	200	—	175/200	200
225	225	—	200	225
250	250	—	225/250	250
280	280	—	250	280
315	315	—	300	315

附 录 C
（资料性附录）
常用阀门基本尺寸

C.1 平插口式阀门（见图 C.1 和表 C.1）

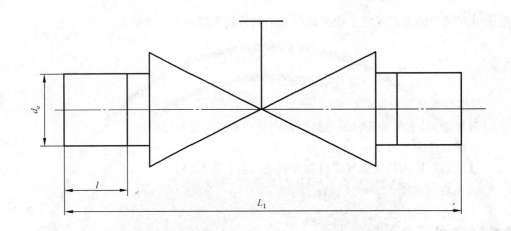

图 C.1

表 C.1

单位为毫米

插口直径（等于管材公称外径）d_e	插口长度（最小）l	总体尺寸[a]				
		系列 1		系列 2		
		L_1	公差	L_1	公差	
16	14	114		80		
20	16	124		90		
25	18.5	144		102		
32	22	154	±2	116		
40	26	174		136		
50	31	194		154		
63	37.5	224		182	±2	
75	43.5	284				
90	51	300				
110	61	340	±3			
125	68.5	390				
140	76	390				
160	86	470				
[a] 总体尺寸适用于平插口端不带其他附件的阀门。						

C.2 平承口式阀门(见图C.2和表C.2)

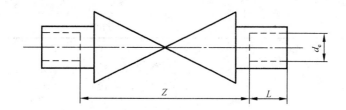

图 C.2

表 C.2

单位为毫米

承口内径 (等于管材公称外径) d_n	承口长度 (最小) L	安装长度					
		系列1		系列2		系列3	
		Z	公差	Z	公差	Z	公差
16	14	85		65		45	
20	16	88		70		48	
25	18.5	92		75		53	
32	22	100		82		58	
40	26	110	±5	92	±5	66	±5
50	31	120		100		75	
63	37.5	140		120		95	
75	43.5	165		145		120	
90	51	180		165		142	

C.3 闸阀(见图C.3和表C.3)

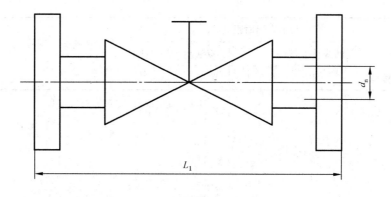

图 C.3

表 C.3   单位为毫米

管材公称尺寸 d_n	公称通径 D_N	端面间的距离 L_1	
		短型	长型
50	40	165	240
63	50	178	250
75	65	190	270
90	80	203	280
110	100	229	300
140	125	254	325
160	150	267	350
225	200	292	400
280	250	300	450
315	300	356	500

C.4 蝶阀（见图 C.4 和表 C.4）

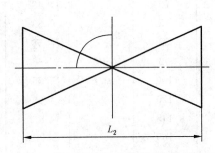

a) 无凸缘法兰接头结构

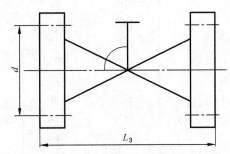

b) 双法兰接头结构

图 C.4

表 C.4   单位为毫米

管材公称外径 d_n	PN1.0 和 PN1.6 端面距离				偏差	螺栓分布圆直径 d	法兰公称尺寸 D_N
	无凸缘法兰接头			双法兰			
	短型 L_2	中型 L_2	长型 L_2	短型 L_3			
50	33	33	33	106		110	40
63	43	43	43	108		125	50
75	46	46	46	112		145	65
90	46	49	64	114		160	80
110	52	56	64	127	±2	180	100
140	56	64	70	140		210	125
160	56	70	76	140		240	150
225	60	71	89	152		295	200
280	68	76	114	165		350	250
315	78	83	114	178	±3	400	300

C.5 旋塞阀、球阀和隔膜阀(见图 C.5 和表 C.5)

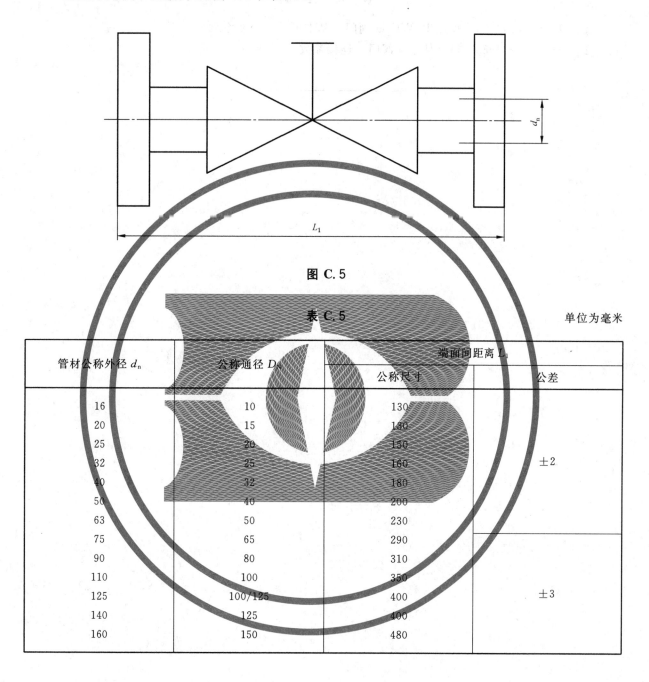

图 C.5

表 C.5

单位为毫米

管材公称外径 d_n	公称通径 D_N	端面间距离 L_1	
		公称尺寸	公差
16	10	130	
20	15	130	
25	20	150	
32	25	160	± 2
40	32	180	
50	40	200	
63	50	230	
75	65	290	
90	80	310	
110	100	350	
125	100/125	400	± 3
140	125	400	
160	150	480	

参 考 文 献

[1]　ISO 7508:1985　承压用PVC-U阀门　基本尺寸　公制系列
[2]　ISO 7349:1983　热塑性塑料阀门　连接参数

ICS 83.140.40;11.040.30
G 33

中华人民共和国国家标准

GB 10010—2009
代替 GB 10010—1988

医用软聚氯乙烯管材

Plasticized polyvinyl chloride(PVC) tubing for medical uses

2009-09-30 发布

2010-06-01 实施

中华人民共和国国家质量监督检验检疫总局
中国国家标准化管理委员会　发布

前　言

本标准的 3.4、3.5 为强制性,其余为推荐性。

本标准代替 GB 10010—1988《医用软聚氯乙烯管材》。

本标准与 GB 10010—1988 的主要差异如下:

——删除了抗蒸汽性、抗干热性、低温性能、密度、吸水率、水压试验、永久变形;

——删除了化学性质中的醚溶性提取物、锌含量。

本标准中化学性能的项目参考了医药行业标准 YY 1048—2007《人工心肺机体外循环管道》。

本标准由中国轻工业联合会提出。

本标准由全国塑料制品标准化技术委员会归口。

本标准负责起草单位:天津市塑料研究所。

本标准参加起草单位:扬州凯尔化工有限公司、广东盛恒昌化学工业有限公司、江苏凯寿医用器材有限公司。

本标准主要起草人:曹常在、马力、强萱、夏袖民、罗崇远、衡建华。

本标准所代替标准的历次版本发布情况为:

——GB 10010—1988。

医用软聚氯乙烯管材

1 范围

本标准规定了医用软聚氯乙烯管材的要求、试验方法、检验规则、标志、包装、运输和贮存。

本标准适用于以聚氯乙烯树脂为主要原料,在医疗相关领域内,用于输送流动介质——气体、液体(如血液、药液、营养液、排泄物液体等),邵氏(A)硬度在40~90范围内的聚氯乙烯管材(以下简称管材)。

2 规范性引用文件

下列文件中的条款通过本标准的引用而成为本标准的条款。凡是注日期的引用文件,其随后所有的修改单(不包括勘误的内容)或修订版均不适用于本标准,然而,鼓励根据本标准达成协议的各方研究是否可使用这些文件的最新版本。凡是不注日期的引用文件,其最新版本适用于本标准。

GB/T 191 包装储运图示标志(GB/T 191—2008,ISO 780:1997,MOD)

GB/T 1040.2—2006 塑料 拉伸性能的测定 第2部分:模塑和挤塑塑料的试验条件(ISO 527-2:1993,IDT)

GB/T 2411 塑料和硬橡胶 使用硬度计测定压痕硬度(邵氏硬度)(GB/T 2411—2008,ISO 868:2003,IDT)

GB/T 2828.1—2003 计数抽样检验程序 第1部分:按接收质量限(AQL)检索的逐批检验抽样计划(ISO 2859-1:1999,IDT)

GB/T 4615—2008 聚氯乙烯树脂 残留氯乙烯单体含量的测定 气相色谱法(ISO 6401:1985,NEQ)

GB/T 14233.1—1998 医用输液、输血、注射器具检验方法 第1部分:化学分析方法

GB/T 16886.1 医疗器械生物学评价 第1部分:评价与试验(GB/T 16886.1—2001,idt ISO 10993-1:1997)

3 要求

3.1 规格尺寸

管材的规格尺寸由供需双方商定,极限偏差应符合表1的规定。

表 1 管材的极限偏差

项　目	极限偏差
外　径	±15%
内　径	
壁　厚	
长　度	±5%
注:有特殊要求的,由供需双方商定。	

3.2 感官

管材应塑化良好,无异嗅,无气泡,不扭结,不变形,内外管壁应光滑洁净,无污染。

3.3 物理力学性能

管材的物理力学性能应符合表2规定。

表 2 物理力学性能

项　　目	指　　标
拉伸强度/MPa	≥12.4
断裂拉伸应变/%	≥300
压缩永久变形/%	≤40
邵氏(A)硬度	$N\pm3$

注：不同管材所要求的邵氏硬度不同，N 为管材标称的邵氏(A)硬度。

3.4 化学性能

3.4.1 还原物质

20 mL 检验液与同批空白对照液所消耗的高锰酸钾溶液[$c(KMnO_4)=0.002$ mol/L]的体积之差不超过 1.5 mL。

3.4.2 重金属

检验液中重金属的总含量应不超过 1.0 μg/mL，镉、锡不应检出。

3.4.3 酸碱度

检验液与空白液对比，pH 值之差不得超过 1.0。

3.4.4 蒸发残渣

50 mL 检验液蒸发残渣的总量应不超过 2.0 mg。

3.4.5 氯乙烯单体

氯乙烯单体的含量应不大于 1.0 μg/g。

3.5 生物性能

管材的生物性能应符合国家相应生物学的评价要求。

4 试验方法

4.1 管材规格尺寸与极限偏差

管材的外径、内径、壁厚采用投影仪或精度不小于 0.01 mm 的仪器测量，长度用分度值为 1 mm 的量具测量。

4.2 感官

在室内自然光线下检查。

4.3 物理力学性能

4.3.1 状态调节与试验环境

试样应在(23±2)℃，相对湿度 45%～55% 环境中至少放置 4 h，并在此条件下进行试验。

4.3.2 拉伸强度、断裂拉伸应变

内径小于或等于 8 mm 的管材，取管材直接测试，试样总长度为 120 mm，有效长度为 50 mm；内径大于 8 mm 的管材，采用 GB/T 1040.2—2006 图 A.2 中 5A 型试样；试验速度 100 mm/min，其余按 GB/T 1040.2—2006 规定进行。

4.3.3 压缩永久变形

4.3.3.1 器具

夹板、垫块、精度不低于 0.02 mm 的游标卡尺。

4.3.3.2 试样

每组三段试样，每段 50 mm。

4.3.3.3 试验步骤

测量试样外径，将试样夹在垫有厚度为外径二分之一的垫块的夹板中，在 23 ℃±2 ℃ 环境中放置

24 h,取出试样,放置 1 h,测量受压方向外径尺寸,按式(1)计算压缩永久变形,结果取三个试样中的最大值,精确至 0.1%。

$$q = \frac{D_0 - D_1}{D_0} \times 100 \qquad \cdots\cdots\cdots\cdots\cdots\cdots\cdots\cdots\cdots\cdots\cdots\cdots (1)$$

式中:

q——压缩永久变形,%;

D_0——受压前试样外径,单位为毫米(mm);

D_1——受压后试样受压方向外径,单位为毫米(mm)。

4.3.4 邵氏硬度

4.3.4.1 试样制备

将管材粉碎料或原料混合后在温度为(165±5)℃的开炼机上炼塑 5 min～10 min,再在温度为(165+5)℃的液压机中按不加压预热、加热加压、加压冷却的顺序压制 15 min～20 min 出模。

试片应平整,厚度不小于 5 mm。

4.3.4.2 试验步骤

按 GB/T 2411 的规定进行检验。

4.4 化学性能

4.4.1 检验液制备

取样品切成 1 cm 长的段,加入玻璃容器中,按样品内外总表面积(cm²)与水(mL)的比为 2:1 的比例加水,加盖后,在 37 ℃±1 ℃下放置 24 h,将样品与液体分离,冷却至室温,作为检验液。

取同体积水于玻璃容器中,同法制备空白液。

4.4.2 还原物质

按 GB/T 14233.1—1998 中 5.2.2 的规定进行检验。

4.4.3 重金属

重金属的总含量按 GB/T 14233.1—1998 中 5.6.1 的规定进行检验。

镉、锡的含量检验按 GB/T 14233.1—1998 中 5.9.1 的规定进行检验。

4.4.4 酸碱度

按 GB/T 14233.1—1998 中 5.4.1 的规定进行检验。

4.4.5 蒸发残渣

按 GB/T 14233.1—1998 中 5.5 的规定进行检验。

4.4.6 氯乙烯单体

按 GB/T 4615—2008 的规定进行检验。

4.5 生物性能

按 GB/T 16886.1 的规定进行生物学性能的评价。

5 检验规则

5.1 检验分类

5.1.1 出厂检验

出厂检验项目为感官、规格尺寸、拉伸强度、断裂拉伸应变、邵氏(A)硬度、化学性能中的还原物质、重金属的总含量、酸碱度。

5.1.2 型式检验

型式检验项目为3.1～3.4,一般情况下每年进行一次检验。

有下列情况之一时应进行型式检验:

a) 新产品或老产品转厂生产时;

b) 正式生产后,如原材料、工艺有较大改变,可能影响产品性能时;

c) 产品停产半年以上,恢复生产时;

d) 出厂检验结果与上次型式检验结果有较大差异时;

e) 国家质量监督机构提出进行型式检验的要求时。

5.1.3 生物学性能检验

生物学性能的检验一般情况下每四年进行一次检验。

有下列情况之一时应进行生物学性能的检验:

a) 新产品或老产品转厂生产时;

b) 正式生产后,如原材料、工艺有较大改变,可能影响产品性能时。

5.2 组批与抽样

5.2.1 组批

用同一原料、配方和工艺生产的同一规格、同一批号的管材作为一批,每批数量不超过 20 000 m,当不足 20 000 m 时,以连续 7 d 生产的管材为一批。

5.2.2 抽样

感官、规格尺寸检验按 GB/T 2828.1—2003 规定,采用正常检查一次抽样方案,取一般检查水平 Ⅱ,接收质量限(AQL)4.0,抽样方案见表3。管材的物理力学性能、化学性能和生物性能的检验,应从外观、规格尺寸检验合格的样本中随机抽取足够数量的样品。

表 3 抽样方案   单位为米

批量范围 N	样本大小 n	接收数 Ac	拒收数 Re
3～15	3	0	1
16～25	5	0	1
26～50	8	1	2
51～90	13	1	2
91～150	20	2	3
151～280	32	3	4
281～500	50	5	6
501～1 200	80	7	8
1 201～3 200	125	10	11
3 201～10 000	200	14	15
10 001～35 000	315	21	22

5.3 判定规则

感官、规格尺寸按表3判定。

管材物理力学性能和化学性能的测试结果中,若有不合格项时,应从原批中随机抽取双倍样品,对该项目进行复验,复验结果全部合格,则判该批管材合格。管材的生物性能如有不合格项时,则判该批管材不合格。

6 标志、包装、运输和贮存

6.1 标志

每个包装袋内应有检验合格证、检验日期和检验员代号。

产品的内包装袋上应有产品规格、数量、标称硬度、出厂批号、生产厂名称、商标等标志。

产品的外包装上应有下列标志：

a) 产品名称、型号、数量；

b) 产品出厂批号；

c) 生产厂名称、地址；

d) 毛重；

e) 体积；

f) "小心轻放"、"怕湿"、"怕热"等图示标志应符合 GB/T 191 的规定。

6.2 包装

6.2.1 内包装

产品宜用聚乙烯薄膜进行双层密封包装。

6.2.2 外包装

外包装宜用纸箱，每箱质量不宜超过 16 kg。

6.3 运输

产品在装卸时需轻拿轻放，运输过程中应防晒、防雨淋、防重压，并保持包装完整。

6.4 贮存

应放置在阴凉、干燥、通风良好、无腐蚀性气体的仓库内贮存，距离墙壁和地面至少 200 mm，贮存期为一年。

ICS 83.140.30
G 33

中华人民共和国国家标准

GB/T 13664—2006
代替 GB/T 13664—1992

低压输水灌溉用硬聚氯乙烯（PVC-U）管材

Unplasticized poly(vinyl chloride)(PVC-U)pipes for low-pressure
conveyance in irrigation

2006-03-10 发布

2006-10-01 实施

中华人民共和国国家质量监督检验检疫总局
中国国家标准化管理委员会 发布

前　言

本标准代替 GB/T 13664—1992《低压输水灌溉用薄壁硬聚氯乙烯(PVC-U)管材》。

本标准与 GB/T 13664—1992 相比主要修改如下：

——增加 0.4 MPa 的公称压力等级(见 4.3)；

——管材公称外径增加至 315 mm(见 4.3)；

——增加了最小壁厚的要求(见 4.3)；

——修改了对密度的要求(见 4.5)。

本标准由中华人民共和国水利部、中国轻工业联合会提出。

本标准由全国塑料制品标准化技术委员会管材、管件和阀门分技术委员会(TC48/SC3)归口。

本标准起草单位：中国水利水电科学研究院水利所、河北宝硕管材有限公司。

本标准主要起草人：高长全、代启勇、李艳英、余玲、高本虎。

本标准所代替标准的历次版本发布情况为：GB/T 13664—1992。

低压输水灌溉用硬聚氯乙烯(PVC-U)管材

1 范围

本标准规定了以聚氯乙烯树脂为主要原料,经挤出成型的低压输水灌溉用硬聚氯乙烯管材(以下简称管材)的产品分类、技术要求、试验方法及检验规则、标志、包装、运输、贮存。

本标准适用于公称压力 0.4 MPa 及以下的低压输水灌溉用管材。

2 规范性引用文件

下列文件中的条款通过本标准的引用而成为本标准的条款。凡是注日期的引用文件,其随后所有的修改单(不包括勘误的内容)或修订版均不适用于本标准,然而,鼓励根据本标准达成协议的各方研究是否可使用这些文件的最新版本。凡是不注日期的引用文件,其最新版本适用于本标准。

GB/T 1033—1986 塑料密度和相对密度试验方法(eqv ISO/DIS 1183:1984)

GB/T 2828.1—2003 计数抽样检验程序 第1部分:按接收质量限(AQL)检索的逐批检验抽样计划(ISO 2859-1:1999,IDT)

GB/T 6111—2003 流体输送用热塑性塑料管材 耐内压试验方法(ISO 1167:1996,IDT)

GB/T 6671—2001 热塑性塑料管材 纵向回缩率的测定(eqv ISO 2505:1994)

GB/T 8804.1—2003 热塑性塑料管材 拉伸性能测定 第1部分:试验方法 总则(ISO 6259-1:1997,IDT)

GB/T 8804.2—2003 热塑性塑料管材 拉伸性能测定 第2部分:硬聚氯乙烯(PVC-U)、氯化聚氯乙烯(PVC-C)和高抗冲聚氯乙烯(PVC-HI)管材(ISO 6259-2:1997,IDT)

GB/T 8806 塑料管材尺寸测量方法(GB/T 8806—1988,eqv ISO 3126:1974)

GB/T 9647—2003 热塑性塑料管材环刚度的测定(ISO 9969:1994,IDT)

GB/T 14152—2001 热塑性塑料管材耐外冲击性能试验方法 时针旋转法(eqv ISO 3127:1994)

3 产品分类

管材规格用 d_n(公称外径)×e_n(公称壁厚)表示。管材的公称外径、公称壁厚、公称压力见表1。

4 技术要求

4.1 颜色

一般为灰色,其他颜色可由供需双方协商确定。

4.2 外观

管材内外壁应光滑,不允许有气泡、裂纹、分解变色线及明显的痕纹、杂质、颜色不均等。管材的两端应切割平整并应与轴线垂直。

4.3 规格尺寸及偏差

4.3.1 长度

管材长度一般为 4 m、6 m,也可由供需双方商定。长度不应有负偏差。

4.3.2 平均外径

平均外径及极限偏差应符合表1的规定。

4.3.3 壁厚

管材壁厚应符合表1的规定。管材同一截面的壁厚极限偏差不得超过 14%。

表 1 管材外径和壁厚 单位为毫米

公称外径 d_n	平均外径极限偏差	壁厚 e							
		公称压力 0.2 MPa		公称压力 0.25 MPa		公称压力 0.32 MPa		公称压力 0.4 MPa	
		公称壁厚	极限偏差	公称壁厚	极限偏差	公称壁厚	极限偏差	公称壁厚	极限偏差
75	+0.3 / 0	—	—	—	—	1.6	+0.4 / 0	1.9	+0.4 / 0
90	+0.3 / 0	—	—	—	—	1.8	+0.4 / 0	2.2	+0.5 / 0
110	+0.4 / 0	—	—	1.8	+0.4 / 0	2.2	+0.4 / 0	2.7	+0.5 / 0
125	+0.4 / 0	—	—	2.0	+0.4 / 0	2.5	+0.4 / 0	3.1	+0.6 / 0
140	+0.5 / 0	2.0	+0.4 / 0	2.2	+0.4 / 0	2.8	+0.5 / 0	3.5	+0.6 / 0
160	+0.5 / 0	2.0	+0.4 / 0	2.5	+0.4 / 0	3.2	+0.5 / 0	4.0	+0.6 / 0
180	+0.6 / 0	2.3	+0.5 / 0	2.8	+0.5 / 0	3.6	+0.5 / 0	4.4	+0.7 / 0
200	+0.6 / 0	2.5	+0.5 / 0	3.2	+0.6 / 0	3.9	+0.5 / 0	4.9	+0.8 / 0
225	+0.7 / 0	2.8	+0.5 / 0	3.5	+0.6 / 0	4.4	+0.7 / 0	5.5	+0.9 / 0
250	+0.8 / 0	3.1	+0.6 / 0	3.9	+0.6 / 0	4.9	+0.8 / 0	6.2	+1.0 / 0
280	+0.9 / 0	3.5	+0.6 / 0	4.4	+0.7 / 0	5.5	+0.9 / 0	6.9	+1.1 / 0
315	+1.0 / 0	4.0	+0.6 / 0	4.9	+0.8 / 0	6.2	+1.0 / 0	7.7	+1.2 / 0

注：公称壁厚(e_n)根据设计应力(σ_s)8 MPa 确定。

4.4 弯曲度

管材同方向弯曲度应不大于 1.0%，不应呈 S 型弯曲。

4.5 物理力学性能

管材的物理力学性能应符合表 2 的规定。

表 2 管材的物理力学性能

项　　目	指　　标	试　验　方　法
密度/(kg/ m³)	1 350～1 550	见 5.5
纵向回缩率/(%)	≤5	见 5.6
拉伸屈服应力/MPa	≥40	见 5.7
静液压试验 (20℃,4 倍公称压力,1 h)	不破裂 不渗漏	见 5.8
落锤冲击(0℃)	9/10 为通过	见 5.9
环刚度/(kN/m²) 公称压力 0.2 MPa 管材 公称压力 0.25 MPa 管材 公称压力 0.32 MPa 管材 公称压力 0.4 MPa 管材	≥0.5 ≥1.0 ≥2.0 ≥4.0	见 5.10
扁平试验 (压至 50%)	不破裂	见 5.11

5 试验方法

5.1 状态调节和试验的标准环境

状态调节温度为 23℃±2℃,时间为 24 h,并在同样条件下进行试验。

试验方法标准中有规定的按照试验方法标准规定进行状态调节和试验。

5.2 颜色和外观

用肉眼观察。

5.3 尺寸测量

5.3.1 长度

用精度为 1 mm 的量具测量。

5.3.2 平均外径

按 GB/T 8806 的规定测量。

5.3.3 壁厚

按 GB/T 8806 的规定测量。

5.3.4 同一截面壁厚偏差

管材同一截面壁厚偏差 e' 按式(1)计算:

$$e' = \frac{e_1 - e_2}{e_1} \times 100 \quad\quad\quad (1)$$

式中:

e_1——管材同一截面的最大壁厚,单位为毫米(mm);

e_2——管材同一截面的最小壁厚,单位为毫米(mm)。

5.4 弯曲度

5.4.1 试样及其制备

生产后的管材在常温下至少放置 24 h。试样两端截面应与轴线垂直。

5.4.2 量具

用精度不小于 0.5 mm 的量具测量,测量线为长度大于试样长度的细线。

5.4.3 测量步骤

5.4.3.1 将试样置于一平面上,使其滚动,当试样与平面呈最大间隙时,标记试样两端与平面接触点。然后将试样滚动 90°,使凹面面向操作者,用卷尺从试样一端贴外壁拉向另一端,测量其长度。

5.4.3.2 在试样两端标记点将测量线沿长度方向水平拉紧,测量线至管壁的最大垂直距离,即弦到弧的最大高度,如图 1 所示。

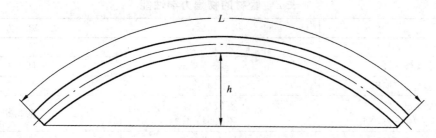

L——管材长度；

h——弦到弧的最大高度。

图 1 弯曲度测量示意图

5.4.4 测量结果计算

管材弯曲度 *R*，数值以％表示，按式（2）计算：

$$R = \frac{h}{L} \times 100 \qquad\qquad\qquad\cdots\cdots\cdots\cdots\cdots\cdots\cdots（2）$$

式中：

h——弦到弧的最大高度，单位为毫米（mm）；

L——管材长度，单位为毫米（mm）。

试验结果取小数点后一位数字。

5.5 密度

按 GB/T 1033—1986 中 4.1A 浸渍法测定。

5.6 纵向回缩率

按 GB/T 6671—2001 中方法 B 的规定测定。

5.7 拉伸屈服强度

按 GB/T 8804.1—2003 和 GB/T 8804.2—2003 的规定测定。

5.8 静液压试验

按 GB/T 6111—2003 的规定测定。试验温度为 20℃，试验压力为 4 倍公称压力，保压时间 1 h。

5.9 落锤冲击试验

按 GB/T 14152—2001 的规定测定，选取 10 个试样，每个试样冲击 1 次，使用 d90 型落锤，落锤质量1 kg，冲击高度为 1 m。

5.10 环刚度试验

按 GB/T 9647—2003 的规定测定。

5.11 扁平试验

按 GB/T 9647—2003 的规定，将试样压至原内径的 50％，观察试样是否破裂。

6 检验规则

6.1 产品需经生产厂质量检验部门检验合格并附有合格证，方可出厂。

6.2 组批

同一原料、配方和工艺情况下生产的同一规格管件为一批，每批数量不超过 30 t，如生产数量少，生产期 7 天尚不足 30 t，则以 7 天产量为一批。

6.3 出厂检验

6.3.1 出厂检验项目为 4.1～4.4 及 4.5 中的静液压试验、环刚度和扁平试验。

6.3.2 4.1～4.4 检验按 GB/T 2828.1—2003 采用正常检验一次抽样方案，取一般检验水平Ⅰ，接收质量限（AQL）6.5，见表 3。

表 3 抽样方案
单位为根

批量范围 N	样本大小 n	合格判定数 Ac	不合格判定数 Re
≤150	8	1	2
151～280	13	2	3
281～500	20	3	4
501～1 200	32	5	6
1 201～3 200	50	7	8
3 201～5 000	80	10	11

6.3.3 在计数抽样合格的产品中,随机抽取足够的样品,进行 4.5 中的静液压试验、环刚度和扁平试验。

6.4 型式检验

型式检验项目为全部技术要求项目。

按本标准技术要求,并按6.3.2规定对4.1～4.4进行检验,在检验合格的样品中随机抽取足够的样品,进行 4.5 中的各项检验。一般情况下每两年至少一次。若有下列情况之一,应进行型式检验:

   a) 新产品或老产品转厂生产的试制定型鉴定;

   b) 结构、材料、工艺有较大改变,可能影响产品性能时;

   c) 产品长期停产后,恢复生产时;

   d) 出厂检验结果与上次型式检验结果有较大出入时;

   e) 国家质量监督机构提出进行型式检验的要求时。

6.5 判定规则

项目4.1～4.4按表3规定进行判定。物理力学性能中有一项达不到规定指标时,可在计数抽样合格的产品中再随机抽取双倍样品进行该项的复验。复验样品均合格,则判该批为合格。

7 标志、包装、运输、贮存

7.1 标志

产品出厂时应有永久性标志,且间距不超过 2 m。

标志至少应包括下列内容:

——生产厂名称和地址;

——公称外径;

——公称壁厚;

——公称压力;

——生产日期;

——本标准编号。

7.2 包装

由供需双方协商确定。

7.3 运输

产品在装卸运输时,不得受撞击、抛摔和重压。

7.4 贮存

管材存放场地应平整,堆放应整齐,距热源不少于 1 m,堆放高度不应超过 2 m。不得露天曝晒。

ICS 83.140.30
G 33

中华人民共和国国家标准

GB/T 16800—2008
代替 GB/T 16800—1997

排水用芯层发泡硬聚氯乙烯(PVC-U)管材

Unplasticized polyvinyl chloride(PVC-U) pipes with a cellular core for drainage

2008-08-19 发布

2009-05-01 实施

中华人民共和国国家质量监督检验检疫总局
中国国家标准化管理委员会 发布

前　言

本标准参考了欧洲标准 EN 1453-1:2000《建筑内排污、废水(高、低温)用热塑性塑料结构壁管道系统　硬聚氯乙烯(PVC-U)　第1部分:管材和系统的规范》。

本标准代替 GB/T 16800—1997《排水用芯层发泡硬聚氯乙烯(PVC-U)管材》。

本标准与 GB/T 16800—1997 相比主要区别如下:

——材料规定中对 PVC 树脂含量描述参照 EN 1453-1 进行适当调整;

——材料规定中增加弹性密封圈和胶黏剂要求;

——增加管材不圆度要求;

——增加管材承口处壁厚的规定;

——管材内外表层最小壁厚按 EN 1453-1:2000 作相应调整;

——落锤冲击试验要求,仅保留"真实冲击率法",删除"通过法";

——管材纵向回缩率由5%调整为9%;

——取消原标准关于落锤冲击试验冲头规格说明的附录 A;

——增加关于管材系统适用性规定。

本标准由中国轻工业联合会提出。

本标准由全国塑料制品标准化技术委员会管材、管件及阀门分技术委员会(TC 48/SC 3)归口。

本标准起草单位:福建亚通新材料科技股份有限公司、成都川路塑胶集团有限公司、四川川科塑胶有限公司、重庆顾地塑胶电气有限公司、中国公元塑业集团。

本标准主要起草人:陈鹊、魏作友、贾立蓉、杨慧丽、吴晓芬、黄剑。

本标准代替标准的历次版本发布情况为:

——GB/T 16800—1997。

排水用芯层发泡硬聚氯乙烯(PVC-U)管材

1 范围

本标准规定了以聚氯乙烯树脂为主要原料加入必要的添加剂,经复合共挤成型的芯层发泡复合管材(以下简称管材)的材料、产品分类、要求、试验方法、检验规则及标志、运输、贮存。

本标准适用于建筑物内外或埋地无压排水用管材,在考虑材料许可的耐化学性和耐温性后,也可用于工业排污用管材。

2 规范性引用文件

下列文件中的条款通过本标准的引用而成为本标准的条款。凡是注日期的引用文件,其随后所有的修改单(不包括勘误的内容)或修订版均不适用于本标准,然而,鼓励根据本标准达成协议的各方研究是否可使用这些文件的最新版本。凡是不注日期的引用文件,其最新版本适用于本标准。

GB/T 1033—1986 塑料密度和相对密度试验方法(eqv ISO/DIS 1183:1984)

GB/T 2828.1—2003 计数抽样检验程序 第1部分:按接收质量限(AQL)检索的逐批检验抽样计划(ISO 2859-1:1999,IDT)

GB/T 2918—1998 塑料试样状态调节和试验的标准环境(idt ISO 291:1997)

GB/T 5836.1—2006 建筑排水用硬聚氯乙烯(PVC-U)管材

GB/T 6111—2003 流体输送用热塑性塑料管材 耐内压试验方法(ISO 1167:1996,IDT)

GB/T 6671—2001 热塑性塑料管材 纵向回缩率的测定(eqv ISO 2505:1994)

GB/T 8802—2001 热塑性塑料管材、管件 维卡软化温度的测定(eqv ISO 2507:1995)

GB/T 8804.2—2003 热塑性塑料管材 拉伸性能的测定 第2部分:硬聚氯乙烯(PVC-U)、氯化聚氯乙烯(PVC-C)和高抗冲聚氯乙烯(PVC-HI)管材(ISO 6259-2:1997,IDT)

GB/T 8805—1988 硬质塑料管材弯曲度测量方法

GB/T 8806—2008 塑料管道系统 塑料部件尺寸的测定(ISO 3126:2005,IDT)

GB/T 9647—2003 热塑性塑料管材环刚度的测定(ISO 9969:1994,IDT)

GB/T 13526—2007 硬聚氯乙烯(PVC-U)管材 二氯甲烷浸渍试验方法

GB/T 14152—2001 热塑性塑料管材耐外冲击性能试验方法 时针旋转法(eqv ISO 3127:1994)

HG/T 3091—2000 橡胶密封件 给、排水管及污水管道用接口密封圈 材料规范(idt ISO 4633:1996)

QB/T 2568—2002 硬聚氯乙烯(PVC-U)塑料管道系统用溶剂型胶粘剂(ASTM D 2564—1996a,MOD)

3 材料

3.1 材料基本要求

生产管材所用材料应以聚氯乙烯树脂为主,加入为生产符合本标准要求的管材所必需的添加剂,添加剂应分散均匀。

生产管材的材料中聚氯乙烯树脂质量分数不宜低于80%。

生产管材表层用的材料性能应符合表1规定。

表 1 材料性能

性　　能	技术要求	试验方法
维卡软化温度/℃	≥79	GB/T 8802—2001
拉伸屈服强度/MPa	≥43	GB/T 8804.2—2003
断裂伸长率/%	≥80	GB/T 8804.2—2003

3.2 回收料的使用

在保证最终产品满足本标准技术要求的条件下,允许在芯层中使用本厂清洁回收料。

3.3 胶黏剂

胶黏剂应符合 QB/T 2568—2002 的要求。

3.4 弹性密封圈

弹性密封圈性能应符合 HG/T 3091—2000 的相关要求。

4 产品分类

4.1 管材按连接型式分为直管、弹性密封圈连接型管材、胶黏剂黏接型管材。

4.2 管材按环刚度分级,见表2。

表 2 管材环刚度分级

级　　别	S_2	S_4	S_8
环刚度/(kN/m^2)	2	4	8

注:S_2 管材供建筑物排水选用。

S_4、S_8 管材供埋地排水选用,也可用于建筑物排水。

4.3 管材截面结构见图1。

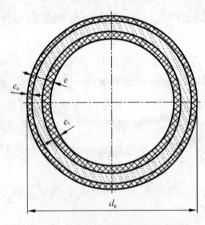

图 1 管材截面结构示意图

5 要求

5.1 颜色

管材内外表层一般为白色或灰色,也可由供需双方商定。

5.2 外观

管材内外壁应光滑平整,不允许有气泡、砂眼、裂口和明显的痕纹、杂质、色泽不均及分解变色线;管材端口应平整且与轴线垂直;管材芯层与内外表层应紧密熔接,无分脱现象。

5.3 规格尺寸

5.3.1 管材平均外径、壁厚

管材平均外径、壁厚应符合表3的规定。

管材内表层与外表层最小壁厚不得小于0.2 mm。

表3 管材平均外径、壁厚　　　　　　　　单位为毫米

公称外径 d_n	平均外径及偏差	壁厚 e 及偏差		
		S_2	S_4	S_8
40	$40.0^{+0.3}_{0}$	$2.0^{+0.4}_{0}$	—	—
50	$50.0^{+0.3}_{0}$	$2.0^{+0.4}_{0}$	—	—
75	$75.0^{+0.3}_{0}$	$2.5^{+0.4}_{0}$	$3.0^{+0.5}_{0}$	—
90	$90.0^{+0.3}_{0}$	$3.0^{+0.5}_{0}$	$3.0^{+0.5}_{0}$	
110	$110.0^{+0.4}_{0}$	$3.0^{+0.5}_{0}$	$3.2^{+0.5}_{0}$	—
125	$125.0^{+0.4}_{0}$	$3.2^{+0.5}_{0}$	$3.2^{+0.5}_{0}$	$3.9^{+1.0}_{0}$
160	$160.0^{+0.5}_{0}$	$3.2^{+0.5}_{0}$	$4.0^{+0.6}_{0}$	$5.0^{+1.3}_{0}$
200	$200.0^{+0.6}_{0}$	$3.9^{+0.6}_{0}$	$4.9^{+0.7}_{0}$	$6.3^{+1.6}_{0}$
250	$250.0^{+0.8}_{0}$	$4.9^{+0.7}_{0}$	$6.2^{+0.9}_{0}$	$7.8^{+1.8}_{0}$
315	$315.0^{+1.0}_{0}$	$6.2^{+0.9}_{0}$	$7.7^{+1.0}_{0}$	$9.8^{+2.4}_{0}$
400	$400.0^{+1.2}_{0}$	—	$9.8^{+1.5}_{0}$	$12.3^{+3.2}_{0}$
500	$500.0^{+1.5}_{0}$	—	—	$15.0^{+4.2}_{0}$

5.3.2 管材长度

管材长度 L 一般为4 m或6 m,其他长度由供需双方协商确定,管材长度不允许有负偏差,管材长度 L,有效长度 L_1 见图2。

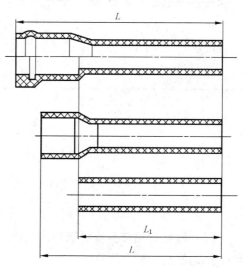

图2 管材长度示意图

5.3.3 不圆度

管材不圆度应不大于 $0.024d_n$。

5.3.4 弯曲度

管材的弯曲度应不大于1.0%。

5.3.5 管材承口尺寸

5.3.5.1 胶黏剂连接型管材承口尺寸

胶黏剂连接型管材承口尺寸应符合表4规定,见图3。

当管材需要进行倒角时,倒角方向与管材轴线夹角 α 应在 $15°\sim45°$ 之间。倒角后管端所保留的壁厚应不小于最小壁厚 e_{min} 的三分之一。

管材承口壁厚 e_1 不应小于同规格管材壁厚的0.75倍。

表4 胶黏剂连接型管材的承口尺寸   单位为毫米

公称外径 d_n	承口中部平均内径		承口深度 $L_{0,min}$
	$d_{sm,min}$	$d_{sm,max}$	
40	40.1	40.4	26
50	50.1	50.4	30
75	75.2	75.5	40
90	90.2	90.5	46
110	110.2	110.6	48
125	125.2	125.7	51
160	160.3	160.7	58
200	200.4	200.9	66
250	250.4	250.9	66
315	315.5	316.0	66

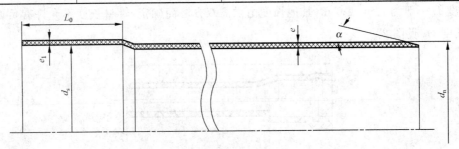

d_n——公称外径;

d_s——承口中部内径;

e——管材壁厚;

e_1——承口壁厚;

L_2——承口深度;

α——倒角。

图3 胶黏剂黏接型管材承口示意图

5.3.5.2 弹性密封圈连接型管材承口尺寸

弹性密封圈连接型管材承口尺寸应符合表5规定,见图4。

当管材需要进行倒角时,倒角方向与管材轴线夹角 α 应在 $15°\sim45°$ 之间。倒角后管端所保留的壁厚应不小于最小壁厚 e_{min} 的三分之一。

管材承口壁厚 e_2 不宜小于同规格管材壁厚的0.9倍,密封圈槽壁厚 e_3 不宜小于同规格管材壁厚0.75倍。

表 5 弹性密封圈连接型管材的承口尺寸及偏差
单位为毫米

公称外径 d_n	承口端部最小平均内径 $d_{sm,min}$	承口配合深度 A_{min}
75	75.4	20
90	90.4	22
110	110.4	26
125	125.4	26
160	160.5	32
200	200.6	40
250	250.8	70
315	316.0	70
400	401.2	70
500	501.5	80

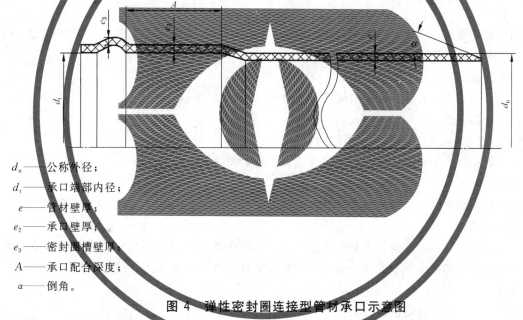

d_n——公称外径；

d_t——承口端部内径；

e——管材壁厚；

e_2——承口壁厚；

e_3——密封圈槽壁厚；

A——承口配合深度；

α——倒角。

图 4 弹性密封圈连接型管材承口示意图

5.4 管材的物理力学性能

管材物理力学性能应符合表 6 的规定。

表 6 管材物理力学性能

项 目	要 求			试验方法
	S_2	S_4	S_8	
环刚度/(kN/m²)	≥2	≥4	≥8	6.4
表观密度/(g/cm³)	0.90～1.20			6.5
扁平试验	不破裂、不分脱			6.6
落锤冲击试验 TIR	≤10%			6.7
纵向回缩率/%	≤9%,且不分脱、不破裂			6.8
二氯甲烷浸渍	内外表面不劣于 4 L			6.9

5.5 系统适用性

弹性密封圈连接型接头,管材与管材和/或管件连接后应进行水密性、气密性的系统适用性试验,并应符合表7的规定。

表7 系统适用性

项　　目	要　　求	试 验 方 法
水密性试验	无渗漏	6.10.1
气密性试验	无渗漏	6.10.2

6 试验方法

6.1 试样预处理

除有特殊规定外,按 GB/T 2918—1998 规定,在(23±2)℃条件下对试样状态调节 24 h 并在同样条件下进行试验。

6.2 颜色和外观检查

用肉眼直接观察,内壁可用光源照看。

6.3 尺寸测量

6.3.1 平均外径和壁厚

按 GB/T 8806 的规定测量。

6.3.2 内外表层壁厚

用精度不低于 0.01 mm 的读数显微镜测量管材内、外表层壁厚。

6.3.3 长度和承口深度

用精度不低于 1 mm 的卷尺按图 2 所示测量管材长度。

用精度不低于 0.02 mm 的游标卡尺按图 3 或图 4 所示测量管材承口深度。

6.3.4 不圆度

按 GB/T 8806 测量同一断面的最大外径和最小外径,最大外径与最小外径之差为不圆度。

6.3.5 承口平均内径

用精度不低于 0.02 mm 的内径千分尺按图 3 或图 4 所示测量管材承口同一截面相互垂直的两内径,取两内径的算术平均值为测量结果。也可采用精度不低于 0.02 mm 的内径量表测量。

6.3.6 弯曲度

按 GB/T 8805—1988 规定测量。

6.4 环刚度

6.4.1 试样

从 3 根管子上各取 300 mm 试样一段,两端应与轴线垂直切平。

6.4.2 试验步骤

按 GB/T 9647—2003 进行。上压板下降速度按表8规定,当试样在垂直方向的内径变形量为原内径的 3%时,记录此时试样所受的负荷。

表8 环刚度试验速度

公称外径/mm	≤200	>200
速度/(mm/min)	5±1	10±2

6.4.3 试验结果

试验结果按式(1)计算。

$$S = \left(0.018\ 6 + 0.025 \times \frac{\Delta Y}{d_i}\right) \times \frac{F}{\Delta Y \times L} \quad\cdots\cdots\cdots\cdots\cdots\cdots(1)$$

式中：

S——试样的环刚度，单位为千牛每平方米（kN/m²）；

ΔY——试样内径垂直方向3%变形量，单位为米（m）；

F——试样内径垂直方向3%变形时所受的负荷，单位为千牛（kN）；

d_i——试样内径，单位为米（m）；

L——试样长度，单位为米（m）。

试样取3个试验结果的算术平均值，保留两位有效数字。

6.5 表观密度

按 GB/T 1033—1986 A 法规定测量。所取试样的厚度应是管材的整体壁厚（即包含管材内外表层及发泡层）。

6.6 扁平试验

从3根管材上各取一段长度为（50±1.0）mm 管段为试样，两端垂直切平。试验按 GB/T 9647—2003 规定进行，试验速度按表8的规定，当试样在垂直方向外径变形量为原外径的50%时，立即卸荷。观察试验过程中试样是否破裂或分脱。

6.7 落锤冲击试验

按 GB/T 14152—2001 规定测试，试验温度为（0±1）℃，落锤质量、冲击高度应符合表9规定。

表9 落锤质量、冲击高度和冲头型号

公称直径 d_n/mm	落锤质量/kg	冲击高度/m
40	0.25	0.5
50	0.25	0.5
75	0.25	1.5
90	0.25	2
110	0.50	2
125	0.75	2
160	1.0	2
200	1.60	2
250	2.50	2
≥315	3.2	2

6.8 纵向回缩率

按 GB/T 6671—2001 的规定测量。

6.9 二氯甲烷浸渍试验

按 GB/T 13526—2006 测定，试验温度为（15±0.5）℃，浸渍时间为 15 min。浸渍后，试样内、外表层表面变化不劣于 4 L 为合格。

6.10 系统适用性

6.10.1 水密性试验

按 GB/T 5836.1—2006 附录 A 进行试验。

6.10.2 气密性试验

按 GB/T 5836.1—2006 附录 B 进行试验。

7 检验规则

7.1 产品须经生产厂质量检验部门检验合格并附有合格标识,方可出厂。

7.2 组批

同一原料配方、同一工艺和同一规格连续生产的管材作为一批,每批数量不超过 50 t。如果生产 7 d 尚不足 50 t,则以 7 d 产量为一批。

7.3 出厂检验

7.3.1 出厂检验项目为 5.1～5.3 及 5.4 中的纵向回缩率、落锤冲击试验、扁平试验。

7.3.2 5.1～5.3 检验按 GB/T 2828.1—2003 采用一般检验水平 I、接收质量限(AQL)为 6.5 的正常检验一次抽样方案,其批量、样本量、判定数组见表 10。

表 10 接收质量限(AQL)为 6.5 的抽样方案　　　　　单位为根

批量 N	样本量 n	接收数 Ac	拒收数 Re
≤150	8	1	2
150～280	13	2	3
281～500	20	3	4
501～1 200	32	5	6
1 201～3 200	50	7	8
3 201～10 000	80	10	11

7.3.3 在计数抽样合格的产品中,随机抽取足够样品进行 5.4 中的纵向回缩率、落锤冲击试验和扁平试验。

7.4 型式检验

型式检验项目为第 5 章要求项中全部内容。并按 7.3.2 规定对 5.1～5.3 进行检验,在检验合格的样品中随机抽取足够的样品,进行 5.4 及 5.5 中的各项检验,一般情况下,两年至少一次。若有以下情况,应进行型式检验:

a) 新产品或老产品转厂生产的试制定型鉴定;

b) 结构、材料、工艺有较大变动可能影响产品性能时;

c) 产品长期停产后恢复生产时;

d) 出厂检验结果与上次型式检验结果有较大差异时;

e) 国家质量监督机构提出进行型式检验时。

7.5 判定规则

5.1～5.3 中任意一条不符合表 10 规定时则判为不合格,物理力学性能中有一项达不到指标时,可随机在该批中抽取双倍样品进行该项的复验。如果仍不合格,则判该批为不合格。

8 标志、运输及贮存

8.1 标志

管材上应至少有下列永久性标志,且每根管材上至少应含有一处完整标志,标志间距不应大于 2 m:

a) 生产厂名(或厂名简称);

b) 商标(可选);

c) 产品名称(或简称);

d)　产品规格(外径×壁厚,环刚度);

e)　本标准号;

f)　生产日期。

8.2　运输

产品在装卸和运输时,不得受到撞击、曝晒、抛摔和重压。

8.3　贮存

管材存放场地应平整,堆放整齐,堆放高度不得超过 2 m,远离热源。承口部位宜交错放置,避免挤压变形。当露天存放时,应遮盖,防止曝晒。

ICS 83.140.30
G 33

中华人民共和国国家标准

GB/T 18477.1—2007
代替 GB/T 18477—2001

埋地排水用
硬聚氯乙烯(PVC-U)结构壁管道系统
第1部分：双壁波纹管材

Unplasticized polyvinyl chloride(PVC-U)structure wall pipline system
for underground soil waste and drainage—
Part 1：Double wall corrugated pipes

2007-12-05 发布
2008-09-01 实施

中华人民共和国国家质量监督检验检疫总局
中国国家标准化管理委员会 发布

前　言

GB/T 18477《埋地排水用硬聚氯乙烯(PVC-U)结构壁管道系统》分为三个部分：

——第1部分：双壁波纹管材；

——第2部分：加筋管材(准备制定)；

——第3部分：双层轴向中空壁管材(准备制定)。

本部分为 GB/T 18477 的第1部分。

本部分代替 GB/T 18477—2001《埋地排水用硬聚氯乙烯(PVC-U)双壁波纹管材》。本标准修订时参考了国际标准 ISO/DIS 21138-1:2006《无压埋地排水排污用热塑性塑料管道系统　硬聚氯乙烯(PVC-U)、聚丙烯(PP)和聚乙烯(PE)结构壁管系统　第1部分：管材、管件和系统材料规定和性能要求》以及 ISO/DIS 21138-3:2006《无压埋地排水排污用热塑性塑料管道系统　硬聚氯乙烯(PVC-U)、聚丙烯(PP)和聚乙烯(PE)结构壁管系统　第3部分：外壁不光滑的 B 型管材和管件》中关于硬聚氯乙烯结构壁管材部分的要求。

本部分与 GB/T 18477—2001 相比主要变化有：

——增加了"定义、符号"一章(见第3章)；

——增加了内径系列尺寸(见7.3)；

——增加了层压壁厚、内层壁厚的要求(见7.3)；

——增加了密度要求(见7.4)；

——增加了系统适用性试验(7.5)；

——增加了附录 A 和附录 B。

请注意本部分的某些内容可能涉及专利。本部分的发布机构不应承担识别这些专利的责任。

本部分的附录 A 为资料性附录，附录 B 为规范性附录。

本部分由中国轻工业联合会提出。

本部分由全国塑料制品标准化技术委员会(SAC/TC48)归口。

本部分起草单位：公元塑业集团、浙江中财管道科技股份有限公司、广东联塑科技实业有限公司、福建亚通新材料科技股份有限公司、安徽国通高新管业股份有限公司、重庆顾地塑胶电器有限公司、杭州波达塑业有限公司、江苏省产品质量监督检验中心所。

本部分主要起草人：黄剑、丁良玉、林少全、魏作友、张文丽、吴晓芬、周波、朱宇宏。

埋地排水用
硬聚氯乙烯(PVC-U)结构壁管道系统
第1部分:双壁波纹管材

1 范围

GB/T 18477的本部分规定了以聚氯乙烯树脂为主要原料,经挤出成型的埋地排水用硬聚氯乙烯双壁波纹管材(以下简称"管材")的材料、分类、管材结构与连接、技术要求、试验方法、检验规则和标志、运输、贮存。

本部分适用于无压市政埋地排水、建筑物外排水、农田排水用管材,也可用于通讯电缆穿线用套管。考虑到材料的耐化学性和耐温性后亦可用于无压埋地工业排污管道。

2 规范性引用文件

下列文件中的条款通过GB/T 18477的本部分的引用而成为本部分的条款。凡是注日期的引用文件,其随后所有的修改单(不包括勘误的内容)或修订版均不适用于本部分,然而,鼓励根据本部分达成协议的各方研究是否可使用这些文件的最新版本。凡是不注日期的引用文件,其最新版本适用于本部分。

GB/T 1033—1986 塑料密度和相对密度试验方法

GB/T 2828.1—2003 计数抽样检验程序 第1部分:按接收质量限(AQL)检索的逐批检验抽样计划(ISO 2859-1:1999,IDT)

GB/T 2918—1998 塑料试样状态调节和试验的标准环境(idt ISO 291:1997)

GB/T 6111—2003 流体输送用热塑性塑料管材耐内压试验方法(ISO 1167:1996,IDT)

GB/T 8806 塑料管材尺寸测量方法(GB/T 8806—1988,eqv ISO 3126:1974)

GB/T 9647—2003 热塑性塑料管材 环刚度的测定(ISO 9969:1994,IDT)

GB/T 14152—2001 热塑性塑料管材耐外冲击性能试验方法 时针旋转法(eqv ISO 3127:1994)

GB/T 18042—2000 热塑性塑料管材蠕变比率的试验方法(eqv ISO 9967:1994)

GB/T 19278—2003 热塑性塑料管材、管件及阀门通用术语及其定义

ISO 13968:1997 塑料管道及输送系统 热塑性塑料管材环柔性的测定

3 定义、符号

GB/T 19278—2003确定的以及下列定义和符号适用于本部分。

3.1 定义

3.1.1

公称尺寸 DN

表示管材尺寸规格的数值,以毫米(mm)为单位的近似尺寸。

3.1.2

公称尺寸 DN/OD

与外径相关的公称尺寸,单位为毫米(mm)。

3.1.3

公称尺寸 DN/ID

与内径相关的公称尺寸,单位为毫米(mm)。

3.1.4

承口最小平均内径($D_{im,min}$)

承口任一截面平均内径的最小允许值,单位为毫米(mm)。

3.1.5

层压壁厚(e)

管材的波纹之间管壁任一处的厚度(见图1),单位为毫米(mm)。

3.1.6

内层壁厚(e_1)

管材内壁任一处的壁厚(见图1),单位为毫米(mm)。

3.1.7

波峰高度(e_2)

管材内表面到波峰顶端之间的径向距离(见图1),单位为毫米(mm)。

3.1.8

承口最小接合长度(A_{min})

连接密封处与承口内壁圆柱端接合长度的最小允许值(见图2),单位为毫米(mm)。

3.2 符号

DN	公称尺寸
DN/OD	以外径表示的公称尺寸
DN/ID	以内径表示的公称尺寸
A	接合长度
$D_{im,min}$	承口最小平均内径
e	层压壁厚
e_1	内层壁厚
e_2	波峰高度
L	管材长度
L_1	管材有效长度

4 材料

生产管材所用的材料应以聚氯乙烯(PVC)树脂为主,其中可加入为提高管材加工性能和物理力学性能的添加剂。允许使用来自本厂的同种产品的清洁回用料。不允许使用外购非本厂回用料。

注:原料要求参见附录A。

5 分类

5.1 分类原则

管材按环刚度分级,见表1。

表 1 公称环刚度等级

级 别	SN2[a]	SN4	SN8	(SN12.5)[b]	SN16
环刚度/(kN/m²)	2	4	8	(12.5)	16

[a] 仅在 $d_e \geqslant 500$ mm 的管材中允许有 SN2 级。

[b] 括号内为非首选环刚度等级。

5.2 标记

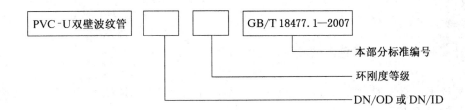

本部分标准编号

环刚度等级

DN/OD 或 DN/ID

5.3 标记示例

公称尺寸 DN/ID 为 400 mm，环刚度等级为 SN8 的 PVC-U 双壁波纹管材：

PVC-U 双壁波纹管　　　DN/ID400　　　SN8　　　GB/T 18477.1—2007

6 管材结构与连接

6.1 结构

典型的结构如图 1 所示。

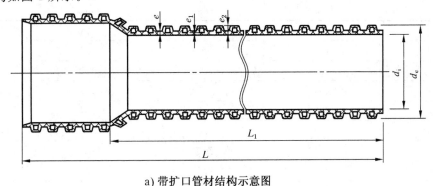

a) 带扩口管材结构示意图

b) 不带扩口管材结构示意图

图 1　管材结构示意图

6.2 连接

管材可使用弹性密封圈连接方式，也可使用其他连接方式，典型的弹性密封圈连接方式如图 2 所示。

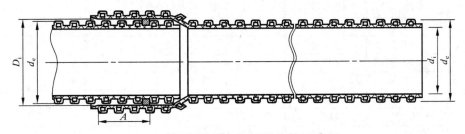

图 2　典型的弹性密封圈连接示意图

7 技术要求

7.1 颜色

管材内外层应色泽均匀,颜色由供需双方协商确定。

7.2 外观

管材内外壁不应有气泡、裂口、分解变色线及明显的杂质和不规则波纹。管材内壁应光滑,管材端面应平整并与轴线垂直。

管材波谷区内外壁应紧密熔接,不应出现脱开现象。

7.3 规格尺寸

管材长度一般为 6 m,也可由供需双方协商确定。管材长度(L)、有效长度(L_1)见图 1 所示,长度不允许有负偏差。

管材规格用公称尺寸 DN/ID 或公称尺寸 DN/OD 表示(见表 2、表 3)。

表 2　内径系列管材的尺寸　　　　　　　　　　　　　　　　单位为毫米

公称尺寸 DN/ID	最小平均内径 $d_{im,min}$	最小层压壁厚 e_{min}	最小内层壁厚 $e_{1,min}$	最小承口接合长度 A_{min}
100	95	1.0	—	32
125	120	1.2	1.0	38
150	145	1.3	1.0	43
200	195	1.5	1.1	54
225	220	1.7	1.4	55
250	245	1.8	1.5	59
300	294	2.0	1.7	64
400	392	2.5	2.3	74
500	490	3.0	3.0	85
600	588	3.5	3.5	96
800	785	4.5	4.5	118
1 000	985	5.0	5.0	140

表 3　外径系列管材的尺寸　　　　　　　　　　　　　　　　单位为毫米

公称尺寸 DN/OD	最小平均外径 $d_{em,min}$	最大平均外径 $d_{em,max}$	最小平均内径 $d_{im,min}$	最小层压壁厚 e_{min}	最小内层壁厚 $e_{1,min}$	最小承口接合长度 A_{min}
(100)	99.4	100.4	93	0.8	—	32
110	109.4	110.4	97	1.0	—	32
125	124.3	125.4	107	1.1	1.0	35
160	159.1	160.5	135	1.2	1.0	42
200	198.8	200.6	172	1.4	1.1	50
250	248.5	250.8	216	1.7	1.4	55
280	278.3	280.9	243	1.8	1.5	58
315	313.2	316.0	270	1.9	1.6	62
400	397.6	401.2	340	2.3	2.0	70
450	447.3	451.4	383	2.5	2.4	75
500	497.0	501.5	432	2.8	2.8	80
630	626.3	631.9	540	3.3	3.3	93
710	705.7	712.2	614	3.8	3.8	101
800	795.2	802.4	680	4.1	4.1	110
1 000	994.0	1 003.0	854	5.0	5.0	130

内径系列管材的尺寸应符合表 2 的要求,且承口最小平均内径 $D_{im,min}$ 应不小于管材的最大平均外径。表 2 中管材外径的最大值和最小值应符合下列公式计算的数值:

$$d_{e,min} \geqslant 0.994 \times d_e \qquad \cdots\cdots\cdots\cdots\cdots(1)$$

$$d_{e,max} \leqslant 1.003 \times d_e \qquad \cdots\cdots\cdots\cdots\cdots(2)$$

基中 d_e 为管材生产商规定的外径,计算结果保留一位小数。

外径系列管材的尺寸应符合表 3 的要求,且承口最小平均内径($D_{im,min}$)应不小于管材的最大平均外径。

7.4 物理力学性能

管材的物理力学性能应符合表 4 的规定。

表 4 管材的物理力学性能

项　　目		要　　求
密度/(kg/m³)		≤1 550
环刚度/(kN/m²)	SN2	≥2
	SN4	≥4
	SN8	≥8
	(SN12.5)	≥12.5
	SN16	≥16
冲击性能		TIR≤10%
环柔性	试样圆滑,无破裂,两壁无脱开	DN≤400 内外壁均无反向弯曲
		DN>400 波峰处不得出现超过波峰高度10%的反向弯曲
烘箱试验		无分层,无开裂
蠕变比率		≤2.5

7.5 系统的适用性(弹性密封圈连接的密封性)

管材连接后应通过密封性试验,见表 5。

表 5 系统的适用性要求

项目	试验参数	要　　求	
弹性密封圈连接的密封性	条件 B:径向变形 管材插口变形10% 承口变形5% 温度:(20±2)℃	较低的内部静液压(15 min)0.005 MPa	无泄漏
		较高的内部静液压(15 min)0.05 MPa	无泄漏
		内部气压(15 min)−0.03 MPa	≤−0.027 MPa
	条件 C:角度偏转 d_e≤315:2° 315<d_e≤630:1.5° d_e>630:1° 温度:(20±2)℃	较低的内部静液压(15 min)0.005 MPa	无泄漏
		较高的内部静液压(15 min)0.05 MPa	无泄漏
		内部气压(15 min)−0.03 MPa	≤−0.027 MPa

8 试验方法

8.1 状态调节和试验环境

除另有规定外,试样应按 GB/T 2918—1998 规定,在(23±3)℃环境中进行状态调节和试验,状态调节时间不应少于 24 h;平均外径大于 630 mm 的管材,状态调节时间不应少于 48 h。

8.2 颜色及外观

用肉眼观察。

8.3 尺寸

8.3.1 长度

按图 1 所示位置,用精度不低于 0.5 cm 的量具测量管材长度 L。

8.3.2 平均外径

按 GB/T 8806 的规定,用精度不低于被测值 0.1% 的量具测量(测量位置见图 1)。以同一截面相互垂直的两外径的算术平均值作为管材的平均外径。

8.3.3 平均内径

用精度不低于被测值 0.1% 的量具测量,以同一截面相互垂直的两内径的算术平均值作为管材的平均内径。

8.3.4 壁厚

将管材沿圆周进行不少于四等分的切割,按 GB/T 8806 的规定测量壁厚,读取最小值。

8.3.5 承口平均内径

按图 2 所示,用精度不低于被测值 0.1% 的量具测量承口相互垂直的两内径,以两内径的算术平均值作为测量结果。

8.3.6 承口接合长度

按图 2 所示,用精度不低于 0.5 mm 的量具测量承口接合长度。

8.4 密度

按 GB/T 1033—1986 方法 A 规定进行。

8.5 环刚度

按 GB/T 9647—2003 的规定进行。压缩速度按管材的外径确定。

8.6 冲击性能

8.6.1 试验

试样按 GB/T 14152—2001 的规定。落锤的锤头为 d90 型,试验温度为 $(0\pm1)℃$,试样长度为 $200\ mm_{-10}^{+20}\ mm$。落锤质量和冲击高度见表 6。

表 6 落锤质量和冲击高度

公称尺寸 DN/ mm	落锤质量/ kg	冲击高度/mm
$d_e \leqslant 110$	1.0	800
$110 < d_e \leqslant 125$	1.0	1 600
$125 < d_e \leqslant 160$	1.0	2 000
$160 < d_e \leqslant 200$	1.6	2 000
$200 < d_e \leqslant 250$	2.0	2 000
$250 < d_e \leqslant 315$	2.5	2 000
$d_e > 315$	3.2	2 000

8.6.2 观察冲击后的试样,试样经冲击内外壁无破裂为合格。

8.7 环柔性

按 GB/T 9647—2003 规定进行。试验速度按管材的外径确定,压缩使试样产生至少 30% 的径向变形后,观察试样是否保持圆滑,有无反向弯曲,是否破裂,两壁是否脱开。

8.8 烘箱试验

8.8.1 试样

取 300 mm±20 mm 长的管材 3 段,公称尺寸 DN≤400 mm 的管材,沿轴向切成两个大小相同的试样;公称尺寸 DN>400 mm 的管材,沿轴向切成四个大小相同的试样。

8.8.2 试验步骤

将烘箱温度设定为 150℃±2℃,温度达到后,将试样置于烘箱内,并使试样不相互接触且不与烘箱壁接触。在 150℃±2℃下放置 30 min 后取出试样,取出时不应使试样损坏或变形,试样冷却至室温后观察有无分层或开裂。

8.9 蠕变比率

按 GB/T 18042—2000 规定进行。

8.10 系统的适用性(弹性密封圈连接的密封性)

按附录 B 进行。

9 检验规则

9.1 产品需经生产厂质量检验部门检验合格并附有合格标识方可出厂。

9.2 组批

同一原料、配方和工艺连续生产的同一规格管材为一批,每批数量不超过 60 t,如生产 7 d 尚不足 60 t,则以 7 d 产量为一个交付检验批。

9.3 出厂检验

9.3.1 出厂检验项目为 7.1、7.2、7.3 和 7.4 中表 4 规定的环刚度、冲击性能、环柔性和烘箱试验。

9.3.2 7.1、7.2 和 7.3 检验按 GB/T 2828.1—2003 采用正常检验一次抽样方案,取一般检验水平 I,接受质量限(AQL)6.5,见表 7。

表 7 抽样方案
单位为根

批量 N	样本量 n	接收数 Ac	拒收数 Re
≤150	8	1	2
151~280	13	2	3
281~500	20	3	4
501~1 200	32	5	6
1 201~3 200	50	7	8
3 201~5 000	80	10	11

9.3.3 在按 9.3.2 抽样检验合格的样品中,随机抽取样品,进行 7.4 中的环刚度、冲击性能、环柔性和烘箱试验。

9.4 型式检验

9.4.1 型式检验为第 7 章规定的全部技术要求项目。

9.4.2 一般情况下,每隔两年进行一次型式检验。若有下列情况之一,也应进行型式检验:

　　a) 正式生产后,若材料、工艺有较大变化,可能影响产品性能时;

　　b) 因任何原因停产半年以上恢复生产时;

　　c) 出厂检验结果与上次型式检验有较大差异时;

　　d) 国家质量监督机构提出进行型式检验要求时。

9.5 判定规则

7.1、7.2 和 7.3 中任一条款不符合表 7 规定时,判该批为不合格。7.4、7.5 中任一项达不到指标时,再按 9.3.2 抽取的合格样品中抽取双倍样品进行该项复检,试验样品均合格,则判定该批为合格批。

9.6 其他

9.6.1 如有需要,需方可对收到的产品按本部分的规定进行复验。复验结果与本部分及订货合同的规定不符时,应以书面形式向供方提出,由供需双方协商解决。属于外观及尺寸的异议,应在收到产品之日起一个月内提出,属于其他性能的异议,应在收到产品之日起三个月内提出。如需仲裁,仲裁取样应由供需双方共同进行。

9.6.2 使用后的产品不适用于本部分。

10 标志、运输、贮存

10.1 标志

管材上应有永久性标志,间隔不超过 2 m。标志不得对管材造成任何形式的损伤。

标志至少应包括下列内容:

a) 按 5.2 规定的标记;

b) 生产厂名和/或商标;

c) 生产日期。

10.2 运输

产品在装卸运输时,不得抛掷、重压和撞击。

10.3 贮存

管材存放场地应平整,管材承口应交错放置,堆放高度不得超过 2 m,远离热源,不得曝晒。

附　录　A

（资料性附录）

原　料　要　求

A.1　原材料含量要求

生产管材所用的材料应以聚氯乙烯（PVC）树脂为主，其中可含有利于管材性能的添加剂。聚氯乙烯（PVC）树脂含量应符合 A.1.1 或 A.1.2 的规定。

A.1.1　聚氯乙烯（PVC）树脂含量应在 80% 以上。

A.1.2　在使用符合下列条件的碳酸钙时，PVC 含量应在 75% 以上。

　　a)　碳酸钙含量在 95% 以上，碳酸镁在 2% 以下，碳酸钙与碳酸镁总量在 96% 以上；

　　b)　碳酸钙颗粒：平均颗粒尺寸　　　$\leqslant 3\ \mu m$

　　　　　　　　　　最大颗粒尺寸　　　$\leqslant 45\ \mu m$

　　　　　　　　　　小于 10 μm 的含量　$\geqslant 90\%$

　　　　　　　　　　小于 20 μm 的含量　$\geqslant 98\%$

A.2　管材材料性能

符合本部分的管材材料一般具有以下性能，见表 A.1。

表 A.1　管材材料性能

性　　能	单　　位	要　　求
维卡软化温度	℃	$\geqslant 79$
弹性模量（短期）	MPa	3 100～3 500
线性膨胀系数	K^{-1}	8×10^{-5}
导热系数	W/(m·K)	0.16

附　录　B

（规范性附录）

弹性密封圈接头的密封试验方法

B.1　概述

本试验方法参考了欧洲标准 EN 1277:1996《塑料管道系统　无压埋地用热塑性塑料管道系统　弹性密封圈型接头的密封试验方法》规定了三种基本试验方法。在所选择的试验条件下,评定埋地用热塑性塑料管道系统中弹性密封圈型接头的密封性能。

B.2　试验方法

方法 1:用较低的内部静液压评定密封性能;

方法 2:用较高的内部静液压评定密封性能;

方法 3:内部负气压(局部真空)。

B.2.1　内部静液压试验

B.2.1.1　原理

将管材和(或)管件组装起来的试样,加上规定的一个内部静液压 p_1(方法 1)来评定其密封性能。如果可以,接着再加上规定的一个较高的内部静液压 p_2(方法 2)来评定其密封性能(见 B.2.1.4.4)。每次加压要维持一个规定的时间,在此时间应检查接头是否泄漏(见 B.2.1.4.5)。

B.2.1.2　设备

B.2.1.2.1　端密封装置:有适当的尺寸和使用适当的密封方法把组装试样的非连接端密封。该装置的固定方式不可以在接头上产生轴向力。

B.2.1.2.2　静液压源:连接到一头的密封装置上,并能够施加和维持规定的压力(见 B.2.1.4.5)。

B.2.1.2.3　排气阀能够排放组装试样中的气体。

B.2.1.2.4　压力测量装置能够检查试验压力是否符合规定的要求(见 B.2.1.4)。

注:为减少所用水的总量,可在试样内放置一根密封管或芯棒。

B.2.1.3　试样

试样由一节或几节管材和(或)一个或几个管件组装成,至少含一个弹性密封圈接头。

被试验的接头必需按照制造厂家的要求进行装配。

B.2.1.4　步骤

B.2.1.4.1　下列步骤在室温下,用(20±2)℃的水进行。

B.2.1.4.2　将试样安装在试验设备上。

B.2.1.4.3　根据 B.2.1.4.4 和 B.2.1.4.5 进行试验时,观察试样是否泄漏。并在试验过程中和结束时记下任何泄漏或不泄漏的情况。

B.2.1.4.4　按以下方法选择适用的试验压力:

——方法 1:较低内部静液压试验压力 p_1 为 0.005 MPa(1±10%);

——方法 2:较高内部静液压试验压力 p_2 为 0.05 MPa (1^{+10}_{0}%)。

B.2.1.4.5　在组装试样中装满水,并排放掉空气。为保证温度的一致性,直径 d_e 小于 400 mm 的管应将其放置至少 5 min,更粗的管放置至少 15 min。在不小于 5 min 的期间逐渐将静液压力增加到规定试验压力 p_1 或 p_2,并保持该压力至少 15 min,或者到因泄漏而提前中止。

B.2.1.4.6 在完成了所要求的受压时间后,减压并排放掉试样中的水。

B.2.2 内部负气压试验(局部真空)

B.2.2.1 原理

使几段管材和(或)几个管件组装成的试样承受规定的内部负气压(局部真空)经过一段规定的时间,在此时间内通过检测压力的变化来评定接头的密封性能。

B.2.2.2 设备

设备(见图 B.1)需至少符合 B.2.1.2.1 和 B.2.1.2.4 中规定的设备要求,并包含一个负气压源和可以对规定的内部负气压测定的压力测量装置(见 B.2.2.4.3 和 B.2.2.4.6)。

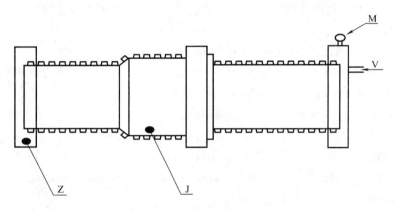

M——压力表;

V——负气压;

J——试验状态下的接头;

Z——终端密封。

图 B.1 内部负气压试验的典型示例

B.2.2.3 试样

试样由一节或几节管材和(或)一个或几个管件组装成,至少含一个弹性密封圈接头。

被试验的接头应按照制造厂家的要求进行装配。

B.2.2.4 步骤

B.2.2.4.1 下列步骤在环境温度为(23±5)℃的范围内进行,在按照 B.2.2.4.5 试验时温度的变化不可超过 2℃。

B.2.2.4.2 将试样安装在试验设备上。

B.2.2.4.3 方法 3 选择适用的试验压力如下:

——方法 3:内部负气压(局部真空)试验压力 p_3 为 -0.03 MPa(1±5%)。

B.2.2.4.4 按照 B.2.2.4.3 的规定使试样承受一个初始的内部负气压 p_3。

B.2.2.4.5 将负气压源与试样隔离。测量内部负压,15 min 后确定并记下局部真空的损失。

B.2.2.4.6 记录局部真空的损失是否超出 p_3 的规定要求。

B.3 试验条件

   a) 没有任何的附加变形或角度偏差;

   b) 存在径向变形;

   c) 存在角度偏差。

B.3.1 条件 A:没有任何附加的变形或角度偏差

由一节或几节管材和(或)一个或几个管件组装成的试样在试验时,不存在由于变形或偏差分别作用到接头上的任何应力。

B.3.2 条件 B:径向变形

B.3.2.1 原理

在进行所要求的压力试验前,管材和(或)管件组装成的试样已受到规定的径向变形。

B.3.2.2 设备

设备应该能够同时在管材上和另外在连接密封处产生一个恒定的径向变形,并增加内部静液压见图 B.2)。它应符合 B.2.1.2 和 B.2.2.2 的要求。

a) 机械式或液压式装置,作用于沿垂直于管材轴线的垂直面自由移动的压块,能够使管材产生必需的径向变形(见 B.3.2.3),对于直径等于或大于 400 mm 管材,每一对压块应该是椭圆形的,以适合管材变形到所要求的值时预期的形状,或者配备能够适合变形管材形状的柔性带或橡胶垫。

压块宽度 b_1,根据管材的公称直径 d_e,规定如下:

$d_e \leqslant 710$ mm 时,$b_1 = 100$ mm;

710 mm $< d_e \leqslant 1\ 000$ mm 时,$b_1 = 150$ mm;

$d_e > 1\ 000$ mm 时,$b_1 = 200$ mm。

承口端与压块之间的距离 L 应为 $0.5d_e$ 或者 100 mm,取其中的较大值。

对于有外部肋的结构壁管材,压块应至少覆盖两条肋。

b) 机械式或液压式装置,作用于沿垂直于管材轴线的垂直面自由移动的压块。能够使连接密封处产生必须的径向变形(见 B.3.2.3)。

压块宽度 b_2,应该根据管材的公称直径 d_e,规定如下:

$d_e \leqslant 110$ mm 时,$b_2 = 30$ mm;

110 mm $< d_e \leqslant 315$ mm 时,$b_2 = 40$ mm;

$d_e > 315$ mm 时,$b_2 = 60$ mm。

c) 试验设备不可支撑接头抵抗内部试验压力产生的端部推力。

图 B.2 所示为允许有角度偏差(B.3.3)的典型装置。

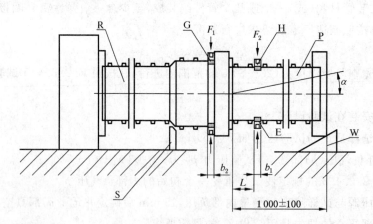

G——承口变形的测量点;

H——管材变形的测量点;

E——柔性带或椭圆形压块;

W——可调支撑;

P——管材;

R——管材或管件;

S——承口支撑;

α——总的角度偏差。

图 B.2 产生径向变形和角度偏差的典型示例

对于密封圈(一个或几个)放置在管材插口上的接头,使连接密封处径向变形的装置应该放置得使压块轴线与密封圈(一个或几个)的中线对齐,除非密封圈的定位使装置的边缘与承口的端部近到不足25 mm,如图 B.3 所示。在这种情况下,压块的边缘应该放置到使 L_1 至少为 25 mm,如果可能(例如,承口长于 80 mm), L_2 至少也为 25 mm(见图 B.3)。

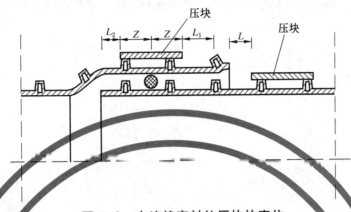

图 B.3　在连接密封处压块的定位

B.3.2.3　步骤

使用机械式或液压式装置,对管材和连接密封处施加必需的压缩力, F_1 和 F_2(见图 B.2),从而形成管材变形(10±1)%、承口变形(5±0.5)%,造成最小相差是管材公称外径的 5% 的变形。

B.3.3　条件 C:角度偏差

B.3.3.1　原理

在进行所要求的压力试验前,由管材和(或)管件组装成的试样已受到规定的角度的偏差。

B.3.3.2　设备

设备应符合 B.2.1.2 和 B.2.2.2 的要求。另外它还必须能够使组装成的管材接头达到规定的角度偏差(B.3.3.3),图 B.2 所示为典型示例。

B.3.3.3　步骤

角度偏差 α 如下:

$d_e \leqslant 315$ mm 时, $\alpha = 2°$;

315 mm $< d_e \leqslant 630$ mm 时, $\alpha = 1.5°$;

$d_e > 630$ mm 时, $\alpha = 1°$。

如果设计连接允许有角度偏差 β,则试验角度偏差是设计允许偏差 β 和角度偏差 α 的总和。

B.4　试验报告

试验报告应包含下列内容。

a)　GB/T 18477.1—2007 本附录及参照的标准。

b)　选择的试验方法及试验条件。

c)　管件、管材、密封圈包括接头的名称。

d)　以摄氏度标注的室温 T。

e)　在试验条件 B 下:

　　——管材和承口的径向变形;

　　——从承口端部到压块的端面之间的距离 L,以毫米标注。

f)　在测试条件 C 下:

　　——受压的时间,以分标注;

——设计连接允许有角度偏差 β 和角度 α，以度标注。

g) 试验压力，以兆帕标注。

h) 受压的时间，以分标注。

i) 如果有泄漏，报告泄漏的情况以及泄漏发生时的压力值；或者是接头没有出现泄漏的报告。

j) 可能会影响测试结果的任何因素，比如本附录试验方法中未规定的意外或任意操作细节。

k) 试验日期。

ICS 83.140.30
G 33

中华人民共和国国家标准

GB/T 18477.2—2011

埋地排水用
硬聚氯乙烯(PVC-U)结构壁管道系统
第2部分:加筋管材

Unplasticized polyvinyl chloride(PVC-U) structure wall pipeline system for
underground soil waste and draindge—
Part 2:Ultra-Rib pipes

2011-12-30 发布   2012-07-01 实施

中华人民共和国国家质量监督检验检疫总局
中国国家标准化管理委员会   发 布

前　言

GB/T 18477《埋地排水用硬聚氯乙烯(PVC-U)结构壁管道系统》分为三个部分：

——第1部分:双壁波纹管材；

——第2部分:加筋管材；

——第3部分:双层轴向中空壁管材。

本部分为 GB/T 18477 的第2部分。

本标准按照 GB/T 1.1—2009 给出的规则起草。

本部分参考了 ISO 21138-1:2007《无压埋地排水排污用热塑性塑料管道系统　硬聚氯乙烯(PVC-U)、聚丙烯(PP)和聚乙烯(PE)结构壁管道系统　第1部分:管材、管件和系统材料的规范和性能要求》以及 ISO 21138-3:2007《无压埋地排水排污用热塑性塑料管道系统　聚氯乙烯(PVC-U)、聚丙烯(PP)和聚乙烯(PE)结构壁管道系统　第3部分:外壁不光滑的 B 型管材和管件》中关于硬聚氯乙烯结构壁管材部分的要求。

请注意本部分的某些内容可能涉及专利。本部分的发布机构不应承担识别这些专利的责任。

本部分由中国轻工业联合会提出。

本部分由全国塑料制品标准化技术委员会塑料管材、管件及阀门分技术委员会(SAC/TC 48/SC 3)归口。

本部分起草单位:公元塑业集团有限公司、天津军星管材制造有限公司、佛山高明顾地塑胶有限公司、安徽国通高新管业科技有限公司。

本部分主要起草人:黄剑、夏成文、宋波、刘泳。

埋地排水用
硬聚氯乙烯(PVC-U)结构壁管道系统
第2部分:加筋管材

1 范围

GB/T 18477的本部分规定了以聚氯乙烯树脂(PVC)为主要原料,经挤出成型的适用于市政工程、公共建筑室外、住宅小区的埋地排污、排水、排气、通讯线缆穿线用的埋地用硬聚氯乙烯(PVC-U)加筋管材(以下简称管材)的定义、符号、材料、产品分类与标记、管材结构与连接方式、要求、试验方法、检验规则和标志、运输、贮存。

本部分适用于系统工作压力不大于0.2 MPa、公称尺寸不大于300 mm的低压输水和排污管材。

在考虑到材料的耐化学性和耐温性以后,也适用于工业排水排污工程用管材。

2 规范性引用文件

下列文件对于本文件的应用是必不可少的。凡是注日期的引用文件,仅注日期的版本适用于本文件。凡是不注日期的引用文件,其最新版本(包括所有的修改单)适用于本文件。

GB/T 1033.1—2008 塑料 非泡沫塑料密度的测定 第1部分:浸渍法、液体比重瓶法和滴定法

GB/T 2828.1—2003 计数抽样检验程序 第1部分:按接受质量限(AQL)检索的逐批检验抽样计划

GB/T 2918—1998 塑料试样状态调节和试验的标准环境

GB/T 6111—2003 流体输送用热塑性塑料管材 耐内压试验方法

GB/T 8802—2001 热塑性塑料管材、管件 维卡软化温度的测定

GB/T 8806—2008 塑料管道系统 塑料部件 尺寸的测定

GB/T 9647—2003 热塑性塑料管材环刚度的测定

GB/T 14152—2001 热塑性塑料管材耐外冲击性能试验方法 时针旋转法

GB/T 18042—2000 热塑性塑料管材蠕变比率的试验方法

GB/T 19278—2003 热塑性塑料管材、管件及阀门通用术语及其定义

HG/T 3091—2000 橡胶密封件 给排水及污水管道用接口密封圈 材料规范

ISO 13968:2008 塑料管道系统 热塑性塑料管材环柔性的测定(Plastics piping and ducting systems—Thermoplastics pipes—Determination of ring flexibility)

3 术语、定义和符号

GB/T 19278—2003界定的以及下列术语、定义和符号适用于本部分。

3.1 术语和定义

3.1.1

公称尺寸 nominal size, DN/ID

与内径相关的公称尺寸,单位为毫米(mm)。

3.1.2

平均内径　mean inside diameter

管材(不包括承口)同一横截面相互垂直的两内径算术平均值,单位为毫米(mm)。

3.1.3

最小平均内径　minimum mean inside diameter

平均内径允许的最小值,单位为毫米(mm)。

3.1.4

外径　outside diameter

管材上(不包括承口)筋形结构最大横截面的外径数值,单位为毫米(mm)。

3.1.5

平均外径　mean outside diameter

管材上(不包括承口)筋形结构最大横截面上相互垂直的两外径算术平均值,单位为毫米(mm)。

3.1.6

壁厚　wall thickness

管材沟槽处任一点厚度的测量值,单位为毫米(mm)。

3.1.7

最小壁厚　minimum wall thickness at any point

壁厚允许的最小值,单位为毫米(mm)。

3.1.8

承口平均内径　mean inside diameter of socket

管材承口部位同一横截面相互垂直的两内径平均值,单位为毫米(mm)。

3.1.9

最小承口平均内径　minimum mean inside diameter of socket

平均承口内径允许的最小值,单位为毫米(mm)。

3.1.10

承口深度　penetration length

承口端面至内壁圆柱端长度,单位为毫米(mm)。

3.1.11

最小承口深度　minimum penetration length

承口深度允许的最小值,单位为毫米(mm)。

3.1.12

有效长度　effective length

管材总长度与其承口插入深度的差,单位为米(m)。

3.2　符号

A	承口深度
A_{min}	最小承口深度
d_{im}	平均内径
$d_{im,min}$	最小平均内径
d_e	外径
d_{em}	平均外径
e	壁厚

$e_{\min}$ 最小壁厚

d_s 承口平均内径

$d_{s,\min}$ 最小承口平均内径

L 有效长度

4 材料

生产管材所用的材料应以聚氯乙烯(PVC)树脂为主,其中可加入为提高管材加工性能和物理力学性能所必需的添加剂。允许使用本厂的清洁回用料。

5 产品分类与标记

5.1 分类

管材按环刚度等级分类,见表1。

表 1 公称环刚度等级   单位为千牛每平方米

级别	SN4	(SN6.3)	SN8	(SN12.5)	SN16
环刚度	≥4.0	≥6.3	≥8.0	≥12.5	≥16.0
注:括号内为非首选环刚度等级。					

5.2 标记

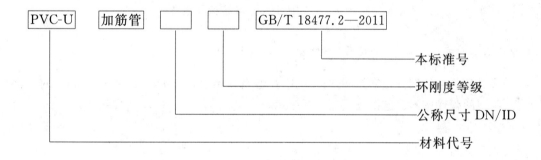

5.3 标记示例

公称内径为400 mm,环刚度等级为SN8的PVC-U管材:
PVC-U 加筋管 DN/ID400 SN8 GB/T 18477.2—2011

6 管材结构与连接方式

6.1 管材结构

管材结构如图1所示。

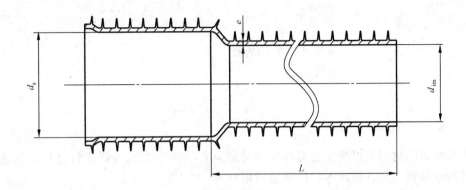

a) 带承口管材结构示意图

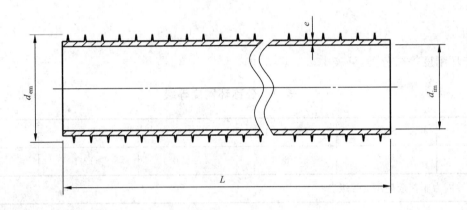

b) 不带承口管材结构示意图

图 1　管材结构示意图

6.2　连接方式

管材的连接使用弹性密封圈连接方式,弹性密封圈应符合 HG/T 3091—2000 的要求。
典型的弹性密封圈连接方式如图 2 所示。

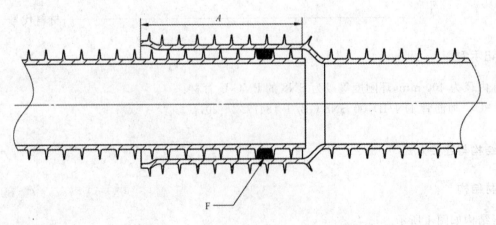

A——承口深度;
F——弹性密封圈。

图 2　典型的弹性密封圈连接示意图

7 要求

7.1 外观

管材内外表面颜色应均匀一致。管材内外表面不应有气泡、可见杂质、分解变色线和其他影响产品性能的表面缺陷。管材内壁应光滑,端面应切割平整,并与轴线垂直。

7.2 规格尺寸

7.2.1 有效长度

管材的有效长度一般为 3 m 或 6 m,其他长度也可由供需双方商定,管材有效长度不允许有负偏差。

7.2.2 平均内径

管材的最小平均内径应符合表2规定。

7.2.3 壁厚

管材的最小壁厚应符合表2的规定。

7.2.4 承口深度

管材的承口深度应符合表2的规定。

表 2 管材的尺寸

单位为毫米

公称尺寸 DN/ID	最小平均内径 $d_{im,min}$	最小壁厚 e_{min}	最小承口深度 A_{min}
150	145.0	1.3	85.0
225	220.0	1.7	115.0
300	294.0	2.0	145.0
400	392.0	2.5	175.0
500	490.0	3.0	185.0
600	588.0	3.5	220.0
800	785.0	4.5	290.0
1 000	985.0	5.0	330.0

7.3 物理力学性能

管材的物理力学性能应符合表3的规定。

表 3 管材物理力学性能

项　　目		要　　求
密度/(g/cm³)		1.35～1.55
环刚度/(kN/m²)	SN4	≥4.0
	(SN6.3)ᵃ	≥6.3
	SN8	≥8.0
	(SN12.5)ᵃ	≥12.5
	SN16	≥16.0
维卡软化温度/℃		≥79
落锤冲击		TIR≤10%
静液压试验ᵇ		试验压力为 0.8MPa,无破裂,无渗漏
环柔性		试样圆滑,无反向弯曲,无破裂
烘箱试验		无分层、开裂、起泡
蠕变比率		≤2.5

ᵃ 括号内为非首选环刚度。

ᵇ 当管材用于低压输水灌溉时应进行此项试验。

7.4 系统适用性

系统适用性试验应符合表 4 的规定。

表 4 系统适用性

项目	试 验 参 数	要　　求	
连接密封性能		用于低压灌溉时(1 h)　0.3 MPa	无破裂,无泄漏
		其他用途(15 min)　0.05 MPa	无破裂,无泄漏
弹性密封圈连接的密封性	条件 B:径向变形 管材变形 10% 承口变形 5% 温度:(23±2)℃	较低的内部静液压(15 min)　0.005 MPa	无泄漏
		较高的内部静液压(15 min)　0.05 MPa	无泄漏
		内部气压(15 min)　−0.03 MPa	≤−0.027 MPa
	条件 C:角度偏转 DN/ID≤300:2° 400≤DN/ID≤600:1.5° DN/ID>600:1° 温度:(23±2)℃	较低的内部静液压(15 min)　0.005 MPa	无泄漏
		较高的内部静液压(15 min)　0.05 MPa	无泄漏
		内部气压(15 min)　−0.03 MPa	≤−0.027 MPa

8 试验方法

8.1 状态调节和试验环境

除另有规定外，所有试样应按 GB/T 2918—1998 规定，在(23±2)℃下进行状态调节和试验，状态调节时间不少于 24 h。

8.2 外观

在自然光线下，目测观察检查。

8.3 长度

长度用精度为 1 mm 的钢卷尺测量，测量时要与管轴线平行。

8.3.1 平均内径

按 GB/T 8806—2008 的规定，用精度不低于 0.2 mm 的量具测量，以同一截面相互垂直的两内径的算术平均值作为管材的平均内径。测量位置见图 1。

8.3.2 壁厚

按 GB/T 8806—2008 的规定测量壁厚，读取最小值。测量位置见图 1。

8.3.3 承口深度

用精度不低于 1 mm 的量具测量承口深度。测量位置见图 2。

8.4 物理力学性能

8.4.1 密度

按 GB/T 1033.1—2008 方法 A 规定进行。

8.4.2 环刚度

按 GB/T 9647—2003 的规定。压缩速度按管材的实测外径确定。

8.4.3 维卡软化温度

按 GB/T 8802—2001 规定，试样取自管壁沟槽处。

8.4.4 冲击性能

按 GB/T 14152—2001 的规定。落锤的锤头为 d90 型，冲击高度为 2 000 mm±10 mm，试验温度为(0±1)℃，其他试验参数见表 5。观察冲击后的试样，检查内壁有无破坏。

表 5　落锤冲击测试参数

公称尺寸　DN/ID	试样应画线数	落锤质量/kg
150	8	1.0
225	14	2.0
300	20	2.5
400	20	3.2
500	20	3.2
600	20	3.2
800	20	3.2
1 000	20	3.2

8.4.5　静液压试验

按 GB/T 6111—2003 规定。试验温度为(20±2)℃,取 3 个试样,用水作介质,试验压力为 0.8 MPa,保持此压力 1 h,观察试样有无破裂,渗漏。

8.4.6　环柔性

按 ISO 13968:2008 规定进行试验,试验速度按管材的实测外径确定。

8.4.7　烘箱试验

8.4.7.1　试样

取 300 mm±20 mm 长的管材 3 段,DN/ID≤400 mm 的管材,沿轴向切成 2 个大小相同的试样;DN/ID<600 mm 的管材,沿轴向切成 4 个大小相同的试样;DN/ID≥600 mm 的管材,沿轴向切成 8 个大小相同的试样。

8.4.7.2　试验步骤

将烘箱升温达到(150±2)℃,将试样放置于烘箱内,试样不得与其他试样及烘箱壁接触。待烘箱温度回升至设定温度时开始计时,30 min 后取出试样。取出时不应使试样损坏或变形,试样冷却至室温后观察有无分层、起泡或开裂。

8.4.8　蠕变比率

按 GB/T 18042—2000 规定进行。

8.5　系统适用性

8.5.1　连接密封试验

试样至少含有一个弹性密封圈接头。试验温度为(23±2)℃,用水作介质。

当用于低压输水排污时,试验压力 0.3 MPa,试验时间为 1 h,观察试样有无破裂,渗漏。当用于其他用途时,试验压力 0.05 MPa,试验时间为 15 min,观察试样有无破裂,渗漏。

8.5.2 弹性密封圈连接的密封性

按附录 A 进行。

9 检验规则

9.1 检验出厂

产品须经生产厂质量检验部门检验合格并附有合格标识方可出厂。

9.2 组批

同一批原料,同一配方和工艺生产的同一规格的管材为一批,每批数量不超过 50 t。七天不足 100 t 的以七天产量为一批。

9.3 出厂检验

9.3.1 出厂检验项目为 7.1、7.2 以及 7.3 中的环刚度、落锤冲击、环柔性和烘箱试验,如管材用于低压输水排污时,还需要进行静液压试验。

9.3.2 外观、尺寸按 GB/T 2828.1—2003 采用正常检验一次抽样方案,取一般检验水平Ⅰ,接收质量限(AQL)6.5,抽样方案见表6。

单位为根

表 6 抽样方案

批量 N	样本量 n	接收数 Ac	拒收数 Re
≤150	8	1	2
151~280	13	2	3
281~500	20	3	4
501~1 200	32	5	6
1 201~3 200	50	7	8
3 201~10 000	80	10	11

9.3.3 在按9.3.2抽样检验合格的批量中,随机抽取足够样品,进行7.3中表3规定的环刚度、环柔性、烘箱试验和静液压试验(用于低压输水排污时)。

9.4 型式检验

9.4.1 型式检验项目为第7章规定的全部项目。

9.4.2 一般情况下,每两年进行一次型式检验。若有以下情况之一者,应进行型式检验:
   a) 新产品或老产品转厂生产的试制定型鉴定;
   b) 正常生产时,如配方、原料、工艺改变可能影响产品性能时;
   c) 产品停产半年以上恢复生产时;
   d) 出厂检验结果与上次型式检验结果有较大差异时;
   e) 国家质量监督机构提出进行型式检验时。

9.5 判定规则

外观、尺寸按表6进行判定。物理力学性能及系统适用性中有一项达不到指标的,则随机抽取双倍样品进行该项复验,如仍不合格,则判该批为不合格批。

9.6 其他

9.6.1 如有需要,需方可对收到的产品按本部分的规定进行复验。复验结果与本部分及订货合同的规定不符时,应以书面形式向供方提出,由供需双方协商解决。属于外观及尺寸的异议,应在收到产品之日起一个月内提出;属于其他性能的异议,应在收到产品之日起三个月内提出,如需仲裁,仲裁取样应由供需双方共同进行。

9.6.2 使用后的产品不适用于本部分。

10 标志、运输、贮存

10.1 标志

10.1.1 产品上应有永久性标志,间隔不应超过 2 m。标志不应造成管材任何形式的损伤。

标志至少应包括下列内容:

a) 5.2 规定的标记;

b) 生产厂名和商标;

c) 生产日期。

10.1.2 当管材用于低压输水排污时应有"DS××"标志。

"××"为低压输水排污最大允许工作压力,用阿拉伯数字表示,单位为 MPa。

10.2 运输

管材在运输时,不得抛掷、沾污、重压和损伤。

10.3 贮存

管材存放场地应平整,堆放应整齐,承口应交错堆放,堆放高度不宜超过 2 m,远离热源,不得露天曝晒。

附　录　A

（规范性附录）

弹性密封圈接头的密封试验方法

A.1　概述

本试验方法参考了欧洲标准 EN 1277—2003《塑料管道系统　无压埋地用热塑性塑料管道系统弹性密封圈型接头的密封试验方法》,规定了三种基本试验方法,用以评定在所选择的试验条件下,埋地用热塑性塑料管道系统中弹性密封圈型接头的密封性能。

A.2　试验方法

方法 1:用较低的内部静液压评定密封性能;

方法 2:用较高的内部静液压评定密封性能;

方法 3:内部负气压(部分真空)。

A.2.1　内部静液压试验

A.2.1.1　原理

将管材和(或)管件组装起来的试样,加上一个规定的内部静液压 P_1(方法 1)来评定其密封性能。如果可以,接着再加上一个规定的较高的内部静液压 P_2(方法 2)来评定其密封性能(见 A.2.1.4.4)。

每次加压要维持一个规定的时间,在此时间应检查接头是否泄漏(见 A.2.1.4.5)。

A.2.1.2　设备

A.2.1.2.1　端密封装置:有适当的尺寸,能以适当的方法把组装试样的非连接端密封。该装置的固定方式不可以在接头上产生轴向力。

A.2.1.2.2　静液压源:连接到一头的密封装置上,并能够施加和维持规定的压力(见 A.2.1.4.5)。

A.2.1.2.3　排气阀能够排放组装试样中的气体。

A.2.1.2.4　压力测量装置能够检查试验压力是否符合规定的要求(见 A.2.1.4)。

注:为减少所用水的总量,可在试样内放置一根密封管或芯棒。

A.2.1.3　试样

试样由一节或几节管材和(或)一个或几个管件组装成,至少含一个弹性密封圈接头。

被试验的接头必需按照制造厂家的要求进行装配。

A.2.1.4　步骤

A.2.1.4.1　下列步骤在室温下,用(23±2)℃的水进行。

A.2.1.4.2　将试样安装在试验设备上。

A.2.1.4.3　根据 A.2.1.4.4 和 A.2.1.4.5 进行试验时,观察试样是否泄漏。并在试验过程中和结束时记下任何泄漏或不泄漏的情况。

A.2.1.4.4　按以下方法选择适用的试验压力:

——方法 1：较低内部静液压试验压力 P_1 为 0.005 MPa（1±10%）；

——方法 2：较高内部静液压试验压力 P_2 为 0.05 MPa（1^{+10}_{0}%）。

A.2.1.4.5 在组装试样中装满水，并排放掉空气。为保证温度的一致性，直径 d_e 小于 400 mm 的管应将其放置至少 5 min，更粗的管放置至少 15 min。在不小于 5 min 的期间逐渐将静液压力增加到规定试验压力 P_1 或 P_2，并保持该压力至少 15 min，或者到因泄漏而提前中止。

A.2.1.4.6 在完成了所要求的受压时间后，减压并排放掉试样中的水。

A.2.2　内部负气压试验（部分真空）

A.2.2.1　原理

使几段管材和（或）几个管件组装成的试样承受规定的内部负气压（局部真空）经过一段规定的时间，在此时间内通过检测压力的变化来评定接头的密封性能。

A.2.2.2　设备

设备（见图 A.1）必需至少符合 A.2.1.2.1 和 A.2.1.2.4 中规定的设备要求，并包含一个负气压源和可以对规定的内部负气压测定的压力测量装置（见 A.2.2.4.3 和 A.2.2.4.6）。

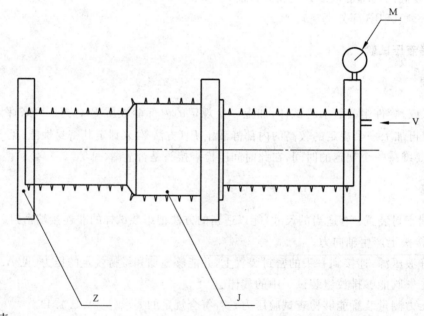

M——压力表；

V——负气压；

J——试验状态下的接头；

Z——终端密封。

图 A.1　内部负气压试验的典型示例

A.2.2.3　试样

试样由一节或几节管材和（或）一个或几个管件组装成，至少含一个弹性密封圈接头。

被试验的接头应按照制造厂家的要求进行装配。

A.2.2.4　步骤

A.2.2.4.1 下列步骤在环境温度为（23±5）℃的范围内进行，在按照 A.2.2.4.5 试验时温度的变化不可超过 2 ℃。

A.2.2.4.2 将试样安装在试验设备上。

A.2.2.4.3 方法 3 选择适用的试验压力如下：

——方法 3：内部负气压(部分真空)试验压力 P_3 为 -0.03 MPa($1\pm5\%$)。

A.2.2.4.4 按照 A.2.2.4.3 的规定使试样承受一个初始的内部负气压 P_3。

A.2.2.4.5 将负气压源与试样隔离。测量内部负压，15 min 后记录试样内部负压值。

A.2.2.4.6 记录并判定真空度是否符合 P_3 的规定。

A.3 试验条件

A.3.1 条件 A：没有任何附加的变形或角度偏差

由一节或几节管材和(或)一个或几个管件组装成的试样在试验时，不存在由于变形或偏角分别作用到接头上的任何应力。

A.3.2 条件 B：径向变形

A.3.2.1 原理

在进行所要求的压力试验前，管材和(或)管件组装成的试样已受到规定的径向变形。

A.3.2.2 设备

设备应该能够同时在管材上和另外在连接密封处产生一个恒定的径向变形，并施加内部静液压(见图 A.2)。它应符合 A.2.1.2 和 A.2.2.2.2。

    a) 机械式或液压式装置，作用于沿垂直于管材轴线的垂直面自由移动的压块，能够使管材产生必需的径向变形(见 A.3.2.3)，对于直径等于或大于 400 mm 管材，每一对压块应该是椭圆形的，以适合管材变形到所要求的值时预期的形状，或者配备能够适合变形管材形状的柔性衬或橡胶垫。

      压块宽度 b_1，根据管材的公称直径 d_e，规定如下：

      $d_e \leqslant 710$ mm 时，$b_1 = 100$ mm

      710 mm $< d_e \leqslant 1\,000$ mm 时，$b_1 = 150$ mm

      $d_e > 1\,000$ mm 时，$b_1 = 200$ mm

      承口端与压块之间的距离 L 为 $0.5d_e$ 或者 100 mm，取其中的较大值。

      对于有外部有筋的结构壁管材，压块应至少覆盖两条筋。

    b) 机械式或液压式装置，作用于沿垂直于管材轴线的垂直面自由移动的压块。能够使连接密封处产生必须的径向变形(见 A.3.2.3)。

      压块宽度 b_2，根据管材的公称直径 d_e，规定如下：

      $d_e \leqslant 110$ mm 时，$b_2 = 30$ mm

      110 mm $< d_e \leqslant 315$ mm 时，$b_2 = 40$ mm

      $d_e > 315$ mm 时，$b_2 = 60$ mm

    c) 不得以试验设备为支撑或承担试样在内压作用下形成的轴向力。

图 A.2 所示为允许有角度偏差(A.3.3)的典型装置。

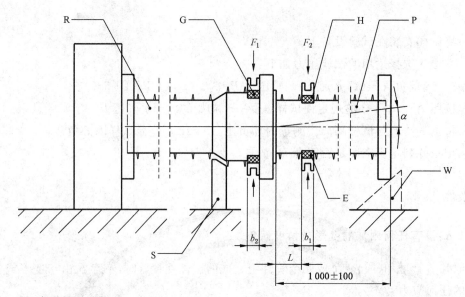

注：G——承口变形的测量点；

　　H——管材变形的测量点；

　　E——柔性带或椭圆形压块；

　　W——可调支撑；

　　P——管材；

　　R——管材或管件；

　　S——承口支撑；

　　α——总的偏转角度；

b_1，b_2——压块宽度；

F_1，F_2——压缩力。

图 A.2　产生径向变形和角度偏差的典型示例

　　对于密封圈（一个或几个）放置在管材插口上的接头，使连接密封处径向变形的装置应该放置得使压块轴线与密封圈（一个或几个）的中线对齐，除非密封圈的定位使装置的边缘与承口的端部近到不足 25 mm，如图 A.3 所示。在这种情况下，压块的边缘应该放置到使 L_1 至少为 25 mm，如果可能（例如，承口长于 80 mm），L_2 至少也为 25 mm（见图 A.3）。

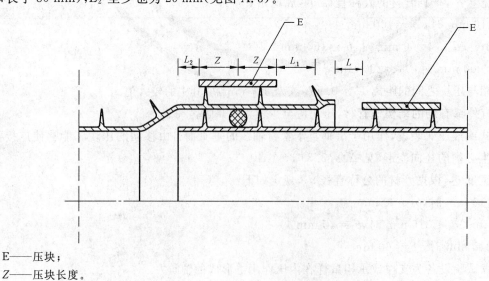

E——压块；

Z——压块长度。

图 A.3　在连接密封处压块的定位

A.3.2.3 步骤

使用机械式或液压式装置,对管材和连接密封处施加必需的压缩力,F_1 和 F_2(见图 A.2),从而形成管材变形(10±1)%、承口变形(5±0.5)%,造成最小相差是管材公称外径的5%的变形。

A.3.3 条件 C:角度偏差

A.3.3.1 原理

在进行所要求的压力试验前,由管材和(或)管件组装成的试样已受到规定的偏角变形。

A.3.3.2 设备

设备应符合 A.2.1.2 和 A.2.2.2 的要求。另外它还应能够使组装成的管材接头达到规定的角度偏差(见 A.3.3.3),图 A.2 所示为典型示例。

A.3.3.3 步骤

试验偏角 α 如下:

$d_e \leqslant 315$ mm 时,$\alpha = 2°$

315 mm $< d_e \leqslant 630$ mm 时,$\alpha = 1.5°$

$d_e > 630$ mm 时,$\alpha = 1°$

如果设计连接允许有角度偏差 β,则试验总偏转角度是设计允许偏差 β 和要求试验偏角 α 的总和。

A.4 试验报告

试验报告应包含下列内容。

a) GB/T 18477.2—2011 的附录及参照的标准。

b) 选择的试验方法及试验条件。

c) 管件、管材、密封圈以及接头的名称。

d) 以摄氏度标注的室温 T。

e) 在试验条件 B 下:
——管材和承口的径向变形;
——从承口端部到压块的端面之间的距离 L,以 mm 标注。

f) 在测试条件 C 下:
——受压的时间,以 min 标注;
——设计允许角度偏差 β 和试验总偏转角 α,以度标注。

g) 试验压力,以 MPa 标注。

h) 受压的时间,以 min 标注。

i) 如果有泄漏,报告泄漏的情况以及泄漏发生时的压力值;或者是接头没有出现泄漏的报告。

j) 可能会影响测试结果的任何因素,比如本附录试验方法中未规定的意外或任意操作细节。

k) 试验日期。

ICS 83.140.30
G 33

GB/T 18477.3—2009

中华人民共和国国家标准

埋地排水用硬聚氯乙烯(PVC-U)结构壁管道系统 第3部分：双层轴向中空壁管材

Unplasticized polyvinyl chloride (PVC-U) structure wall pipeline system
for underground soil waste and drainage—
Part 3:Bilayer and hollow-wall construction with axial hollow pipes

2009-10-15 发布

2010-03-01 实施

中华人民共和国国家质量监督检验检疫总局
中国国家标准化管理委员会　发布

前　言

GB/T 18477《埋地排水用硬聚氯乙烯(PVC-U)结构壁管道系统》由以下三个部分组成：

——第 1 部分：双壁波纹管材；

——第 2 部分：加筋管材；

——第 3 部分：双层轴向中空壁管材。

本部分为 GB/T 18477 的第 3 部分。

请注意本部分的某些内容可能涉及专利,本部分的发布机构不承担识别这些专利的责任。

本部分由中国轻工业联合会提出。

本部分由全国塑料制品标准化技术委员会塑料管材、管件及阀门分技术委员会(SAC/TC 48/SC 3)归口。

本部分起草单位：上海汤臣塑胶实业有限公司、常州市河马塑胶有限公司、公元塑业集团、重庆顾地塑胶电器有限公司、江苏省产品质量监督检验研究院。

本部分主要起草人：唐克能、周佰兴、黄剑、吴晓芬、朱宇宏。

埋地排水用硬聚氯乙烯(PVC-U)
结构壁管道系统
第3部分:双层轴向中空壁管材

1 范围

GB/T 18477 的本部分规定了以聚氯乙烯树脂(PVC)为主要原料,经挤出成型的埋地排水用硬聚氯乙烯(PVC-U)双层轴向中空壁管材(以下简称管材)的术语和定义、符号、材料、分类与标记、结构型式与连接方式、技术要求、试验方法、检验规则及标志、运输、贮存。

本部分适用于市政工程、公共建筑室外、住宅小区的埋地排污、排水、埋地无压农田排水用管材。

本部分亦可用于工业排污、排水管材,此时应考虑材料的耐化学性和耐温性。

2 规范性引用文件

下列文件中的条款通过 GB/T 18477 的本部分的引用而成为本部分的条款。凡是注日期的引用文件,其随后所有的修改单(不包括勘误的内容)或修订版均不适用于本部分,然而,鼓励根据本部分达成协议的各方研究是否可使用这些文件的最新版本。凡是不注日期的引用文件,其最新版本适用于本部分。

GB/T 1033.1—2008 塑料 非泡沫塑料密度的测定 第1部分:浸渍法、液体比重瓶法和滴定法(ISO 1183-1:2004,IDT)

GB/T 2828.1—2003 计数抽样检验程序 第1部分:按接收质量限(AQL)检索的逐批检验抽样计划(ISO 2859-1:1999,IDT)

GB/T 2918—1998 塑料试样状态调节和试验的标准环境(ISO 291:1997,IDT)

GB/T 6671—2001 热塑性塑料管材 纵向回缩率的测定(eqv ISO 2505:1994)

GB/T 8806—2008 塑料管道系统 塑料部件 尺寸的测定(ISO 3126:2005,IDT)

GB/T 9647—2003 热塑性塑料管材 环刚度的测定(ISO 9969:1994,IDT)

GB/T 13526—2007 硬聚氯乙烯(PVC-U)管材二氯甲烷浸渍试验方法

GB/T 14152—2001 热塑性塑料管材耐外冲击性能试验方法 时针旋转法(eqv ISO 3127:1994)

GB/T 18042—2000 热塑性塑料管材蠕变比率的试验方法(eqv ISO 9967:1994)

GB/T 19278—2003 热塑性塑料管材、管件及阀门通用术语及其定义

GB/T 20221—2006 无压埋地排污、排水用硬聚氯乙烯(PVC-U)管材(ISO 4435:2003,NEQ)

HG/T 3091—2000 橡胶密封件 给排水及污水管道用接口密封圈 材料规范

3 术语和定义、符号

3.1 术语和定义

GB/T 19278—2003 确立的以及下列术语和定义适用于 GB/T 18477 的本部分。

3.1.1

公称尺寸 nominal size

表示部件尺寸的名义数值,单位为毫米(mm)。

3.1.2

公称外径 nominal outside diameter

管材外径的规定数值,单位为毫米(mm)。

3.1.3

任一点外径 outside diameter（at any point）

通过管材任一点横断面测量的外径，单位为毫米（mm）。

3.1.4

平均外径 mean outside diameter

管材任一横断面的外圆周长除以 3.142（圆周率）并向大圆整到 0.1 mm 得到的值。

3.1.5

任一点内径 inside diameter（at any point）

通过管材任一点横断面测量的内径，单位为毫米（mm）。

3.1.6

平均内径 mean inside diameter

相互垂直的两个或多个内径测量值的算术平均值，单位为毫米（mm）。

3.1.7

承口平均内径 mean inside diameter of socket

承口规定部位的平均内径，单位为毫米（mm）。

3.1.8

管材中空部分的内、外层壁厚 wall thickness of the inside and outside layer

构成管材中空区的内、外层壁厚，单位为毫米（mm）。

3.2 符号

下列符号适用于 GB/T 18477 的本部分。

A	承口配合深度
C	承口密封区长度
d_e	管材任一点外径
d_{em}	平均外径
$d_{im,min}$	最小平均内径
d_n	公称外径
d_s	承口内径
$d_{sm,min}$	承口最小平均内径
e_c	管材总壁厚
e_1	密封环槽处的壁厚
e_2	管材空腔部分内、外层壁厚
$e_{2,min}$	管材空腔部分最小内、外层壁厚
L	管材的有效长度
$L_{1,min}$	最小承插深度
SN	公称环刚度

4 材料

4.1 生产管材所用的材料应以聚氯乙烯（PVC）树脂为主，其中可含有利于管材性能的添加剂。材料的维卡软化温度应大于等于 79 ℃。

4.2 只允许使用来自本厂的同种产品的清洁回用料。

5 分类与标记

5.1 管材按环刚度等级分类

管材的环刚度分为 5 个等级，见表 1。

表 1 公称环刚度等级

等级	SN 4	SN (6.3)	SN 8	SN (12.5)	SN 16
环刚度/(kN/m²)	4.0	(6.3)	8.0	(12.5)	16.0
注：括号内数值为非首选等级。					

5.2 标记

埋地排水用硬聚氯乙烯(PVC-U)管道系统用双层轴向中空壁管材的产品标记由以下部分组成：

材料代号 名称 标准代号 顺序号 公称尺寸 环刚度等级代号

示例：公称尺寸 DN 为 200 mm、环刚度等级为 SN 8 的双层轴向中空壁管材,其产品标记为：

PVC-U 双层轴向中空壁管 GB/T 18477.3 DN 200 SN 8

6 结构型式与连接方式

6.1 结构型式

典型的结构型式见图 1。

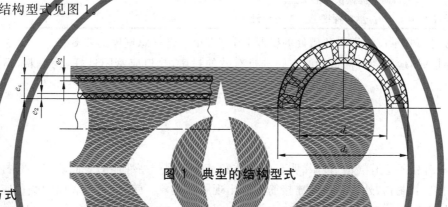

图 1 典型的结构型式

6.2 连接方式

6.2.1 管材应使用弹性密封圈连接方式,弹性密封圈应符合 HG/T 3091—2000 的要求。

弹性密封圈式承口和最小配合深度应符合表 2 的规定,示意图见图 2。

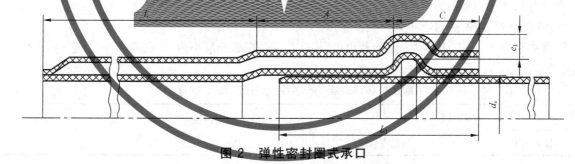

图 2 弹性密封圈式承口

表 2 弹性密封圈式承口和配合深度基本尺寸

单位为毫米

公称外径 d_n	管材承口最小平均内径 $d_{sm,min}$	弹性密封圈承口最小配合深度 A_{min}	最大密封区长度 C_{max}	最小承插深度 $L_{1,min}$
110	110.4	32	26	60
125	125.4	35	26	67
160	160.6	42	32	81
200	200.6	50	40	99
250	250.8	55	70	125

表 2（续）

单位为毫米

公称外径 d_n	管材承口最小 平均内径 $d_{sm,min}$	弹性密封圈承口 最小配合深度 A_{min}	最大密封区长度 C_{max}	最小承插深度 $L_{1,min}$
315	316.0	62	70	132
400	401.2	70	80	150
500	501.5	80	80[a]	160
630	631.9	93	95[a]	188
800	802.4	110	110[a]	220
1 000	1 003.0	130	140[a]	270
1 200	1 203.6	150	—	—

[a] 允许高于 C 值，生产商应提供实际的 $L_{1,min}$，并使 $L_{1,min} = A_{min} + C$。

当管材长度大于 6 m 时，承口深度 A_{min} 需另行设计。

6.2.2 弹性密封圈式承口的密封环槽处的壁厚 e_1，应不小于管材总壁厚的 0.8 倍。

6.2.3 管材连接时，应对管材插口端的空腔进行有效的封堵，封口应密闭良好，无毛刺，不渗水。若需坡口，其斜角应为 $15° \sim 45°$。若无需坡口，管材端面应切割平整并与轴线垂直。

7 技术要求

7.1 外观

管材内壁和外壁不应有气泡、砂眼、明显的杂质和其他影响产品性能的表面缺陷。管材的两端应平整并与轴线垂直。管材内、外壁与中间连接筋不应出现脱开现象。管材内、外表面的颜色应均匀一致。

7.2 规格尺寸

7.2.1 有效长度

管材有效长度一般为 6 m，或由供需双方确定。有效长度 L 见图 2。长度不应有负偏差。

7.2.2 平均外径及偏差、最小平均内径及壁厚

管材的平均外径 d_{em} 及偏差，最小平均内径 $d_{im,min}$，空腔部分最小内、外层壁厚 $e_{2,min}$ 应符合表 3 的规定。

表 3　平均外径、最小平均内径、最小壁厚

单位为毫米

平均外径 d_{em}		最小平均内径 $d_{im,min}$	最小内、外层壁厚 $e_{2,min}$
公称外径 d_n	允许偏差		
110	$^{+0.3}_{0}$	97	0.6
125	$^{+0.3}_{0}$	107	0.6
160	$^{+0.4}_{0}$	135	0.8
200	$^{+0.5}_{0}$	172	1.0
250	$^{+0.5}_{0}$	216	1.1
315	$^{+0.6}_{0}$	270	1.2
400	$^{+0.7}_{0}$	340	1.5
500	$^{+0.9}_{0}$	432	2.1
630	$^{+1.1}_{0}$	540	2.6

表 3（续）

单位为毫米

平均外径 d_{em}		最小平均内径	最小内、外层壁厚
公称外径 d_n	允许偏差	$d_{im,min}$	$e_{2,min}$
800	$^{+1.3}_{0}$	680	3.0
1 000	$^{+1.6}_{0}$	864	3.5
1 200	$^{+2.0}_{0}$	1 037	4.7

7.3 物理力学性能

物理力学性能应符合表 4 的规定。

表 4 物理力学性能

项　目		指　标
密度/(kg/m³)		≤1 350
纵向回缩率/%		≤5
环刚度/(kN/m²)	SN 4	≥4.0
	（SN 6.3）	≥6.3
	SN 8	≥8.0
	（SN 12.5）	≥12.5
	SN 16	≥16.0
环柔性		试样圆滑，无反向弯曲，无破裂，两壁无脱开
烘箱试验		无分层，无开裂
蠕变比率		≤2.5
冲击性能(TIR)/%		≤10
二氯甲烷浸渍试验		表面无变化

7.4 系统的适用性

管材应进行弹性密封圈连接的密封性试验，要求见表 5。

表 5 系统的适用性要求

试验参数	要　求	
条件 B：试验温度：(23±2)℃ 径向变形：插口变形　10% 　　　　　承口变形　5%	较低的内部静液压　0.005 MPa(15 min) 较高的内部静液压　0.05 MPa(15 min) 内部气压　−0.03 MPa(15 min)	无泄漏 无泄漏 $\Delta p \leqslant -0.027$ MPa
条件 C：试验温度：(23±2)℃ 角度偏转： 　$d_n \leqslant 315$ mm：2° 　315 mm$<d_n \leqslant 630$ mm：1.5° 　$d_n > 630$ mm：1°	较低的内部静液压　0.005 MPa(15 min) 较高的内部静液压　0.05 MPa(15 min) 内部气压　−0.03 MPa(15 min)	无泄漏 无泄漏 $\Delta p \leqslant -0.027$ MPa

8 试验方法

8.1 状态调节和试验的环境

除另有规定外，试样应按 GB/T 2918—1998 的规定，在(23±2)℃环境下进行状态调节和试验，状态调节时间应不少于 24 h。

8.2 外观

在自然光线下,目测观察检查。

8.3 规格尺寸

8.3.1 有效长度

按图 2 所示位置,按 GB/T 8806—2008 的规定进行。

8.3.2 平均外径

按 GB/T 8806—2008 的规定进行。

8.3.3 平均内径

按 GB/T 8806—2008 的规定进行。

8.3.4 壁厚

按 GB/T 8806—2008 的规定进行。

8.3.5 承口深度

用精度不低于 1 mm 的量具,按图 2 规定的部位测量。

8.4 物理力学性能

8.4.1 密度

按 GB/T 1033.1—2008 中的 A 法测试。

8.4.2 纵向回缩率

8.4.2.1 试样

取 (200 ± 20) mm 长的管材 3 段,d_n 小于等于 400 mm 的管材,沿轴向切成 2 个大小相同的试样;d_n 大于 400 mm 并小于 600 mm 时,沿轴向切成 4 个大小相同的试样;d_n 大于等于 600 mm 的管材,沿轴向切成 8 个大小相同的试样。

8.4.2.2 试验步骤

按 GB/T 6671—2001 中方法 B 进行试验,试验参数如下:

试验温度:(150 ± 2)℃;

试验时间:30 min。

8.4.3 环刚度

按 GB/T 9647—2003 的规定进行。

8.4.4 环柔性

按 GB/T 9647—2003 规定进行。试验速度按管材的外径确定,压缩使试样产生 30% 的径向变形后,观察试样是否保持圆滑,有无反向弯曲,是否破裂,两壁是否脱开。

8.4.5 烘箱试验

8.4.5.1 试样

取 (300 ± 20) mm 长的管材 3 段,d_n 小于等于 400 mm 的管材,沿轴向切成 2 个大小相同的试样;d_n 大于 400 mm 并小于 600 mm 时,沿轴向切成 4 个大小相同的试样;d_n 大于等于 600 mm 的管材,沿轴向切成 8 个大小相同的试样。

8.4.5.2 试验步骤

在 (150 ± 2)℃ 下加热 30 min,冷却至室温后,观察试样有无分层与开裂。

8.4.6 蠕变比率

按 GB/T 18042—2000 规定进行。

8.4.7 冲击性能

按 GB/T 14152—2001 规定进行,冲头球面曲率半径为 (90.0 ± 0.5) mm,试验温度为 (0 ± 1)℃,其他试验参数见表 6。

观察冲击后的试样内壁有无破裂。

表 6　落锤冲击质量和冲击高度

公称外径 d_n/mm	落锤质量/kg	冲击高度/mm
110	1.0	800
160	1.0	1 600
200	1.6	2 000
250	2.0	2 000
315	2.5	2 000
>315	3.2	2 000

8.4.8　二氯甲烷浸渍试验

按 GB/T 13526—2007 规定进行试验,试验温度为(15±0.5)℃,浸泡时间为 30 min。

8.4.9　系统的适用性

按 GB/T 20221—2006 附录 A 的规定测试。

9　检验规则

9.1　产品需经检验合格并附有合格证方可出厂。

9.2　组批

同一批原料、同一配方和工艺连续生产的同一规格管材为一批,每批数量不超过 30 t。如生产数量少,生产期 7 d 尚不足 30 t,则以 7 d 产量为一批。

9.3　出厂检验

9.3.1　出厂检验项目为 7.1~7.2 规定和 7.3 表 4 中规定的环刚度、环柔性、纵向回缩率、烘箱试验、冲击性能和二氯甲烷浸渍试验。

9.3.2　7.1~7.2 的出厂检验执行 GB/T 2828.1—2003 的抽样检验程序。采用检验水平为一般检验水平 I、接收质量限(AQL)为 6.5 的正常检验的一次抽样,其批量、样本量、判定数组见表 7。

表 7　抽样方案

单位为根

批量 N	样本量 n	接收数 Ac	拒收数 Re
≤150	8	1	2
151~280	13	2	3
281~500	20	3	4
501~1 200	32	5	6
1 201~3 200	50	7	8
3 201~10 000	80	10	11

9.3.3　在按 9.3.2 抽样检查合格的样品中,随机抽取足够的样品,进行 7.3 表 4 中的环刚度、环柔性、纵向回缩率、烘箱试验、冲击性能和二氯甲烷浸渍试验。

9.4　型式检验

型式检验项目为第 7 章规定的全部技术要求项目。一般情况下每两年至少一次,若有以下情况之一,亦应进行型式检验:

　　a)　新产品或老产品转厂生产的试制定型鉴定;

　　b)　设备、原料、工艺、配方有较大变动可能影响产品性能时;

　　c)　产品停产半年后恢复生产时;

d) 出厂检验结果与上次型式检验结果有较大的差异时；

e) 国家质量监督机构提出进行型式检验要求时。

9.5 判定规则

项目 7.1~7.2 中任一条不符合表 7 规定时，判该批为不合格。物理力学性能中有一项达不到指标时，按 9.3.2 抽取的合格样品中再随机抽取双倍样品进行该项的复验。若仍不合格，即判该批为不合格批。

10 标志、运输、贮存

10.1 标志

10.1.1 每根管材至少有一永久性标记，管材标记间距不应大于 2 m。

10.1.2 标志的大小应适当，并应在贮存、搬运和安装后仍清晰易读。

10.1.3 产品应有下列明显标志：

a) 生产厂名称或商标；

b) 按 5.2 规定的标记；

c) GB/T 18477 的本部分编号；

d) 生产日期。

10.2 运输

产品在装卸运输时，不应受剧烈撞击、抛摔和重压，不应露天曝晒。

10.3 贮存

管材存放场地应平整，堆放应整齐，承口部位应交错放置，避免挤压变形。管材不应曝晒，远离热源，堆放高度不超过 2 m。

ICS 83.140.30
G 33

中华人民共和国国家标准

GB/T 18993.1—2003

冷热水用氯化聚氯乙烯(PVC-C)管道系统
第 1 部分：总则

Chlorinated poly(vinyl chloride)piping system for hot and
cold water installations—Part 1：General

2003-03-05 发布　　　　　　　　　　　　　　2003-08-01 实施

中 华 人 民 共 和 国
国家质量监督检验检疫总局　发 布

前　言

GB/T 18993 由以下三个部分组成:

冷热水用氯化聚氯乙烯(PVC-C)管道系统　第 1 部分:总则

冷热水用氯化聚氯乙烯(PVC-C)管道系统　第 2 部分:管材

冷热水用氯化聚氯乙烯(PVC-C)管道系统　第 3 部分:管件

本标准是紧密跟踪国际标准化组织(ISO/TC 138)"流体输送用塑料管材、管件和阀门技术委员会"正在制定的 ISO/DIS 15877:1999《冷热水用塑料管道系统　氯化聚氯乙烯》系列标准动态基础上,结合我国氯化聚氯乙烯管材、管件生产使用实际制定的。

本部分主要技术内容与 ISO/DIS 15877-1.2:1999 基本相同,主要差异为:

——氯化聚氯乙烯管道系统卫生要求按 GB/T 17219—1998 规定。

——将预测 PVC-C 管材、管件静液压强度参照曲线由标准第 2、第 3 部分移至本部分,作为附录 A。

本部分附录 A 为规范性附录。

本部分由中国轻工业联合会提出。

本部分由全国塑料制品标准化技术委员会(TC48)归口。

本部分起草单位:中山环宇实业有限公司、中国佑利管道有限公司、福建亚通新材料科技股份有限公司。

本部分主要起草人:何安华、张慰峰、胡旭苍、祝升锋、魏作友。

冷热水用氯化聚氯乙烯(PVC-C)管道系统
第1部分：总则

1 范围

GB/T 18993 的本部分规定了冷热水用氯化聚氯乙烯管道系统所用的定义、符号和缩略语。
本部分还规定了冷热水用氯化聚氯乙烯管道系统的使用条件级别、材料和卫生性能要求。
本部分与第 2、3 部分一起适用于工业及民用的冷热水管道系统。

2 规范性引用文件

下列文件中的条款通过 GB/T 18993 的本部分的引用而成为本部分的条款。凡是注日期的引用文件，其随后所有的修改单(不包括勘误的内容)或修订版均不适用于本部分，然而，鼓励根据本部分达成协议的各方研究是否可使用这些文件的最新版本。凡是不注日期的引用文件，其最新版本适用于本部分。

GB/T 1844.1—1995 塑料及树脂缩写代号 第一部分：基础聚合物及其特征性能(neq ISO 1043-1:1987)

GB/T 2035—1996 塑料术语及其定义 (eqv ISO 472:1988)

GB/T 6111—2003 流体输送用热塑性塑料管材耐内压试验方法 (idt ISO 1167:1996)

GB/T 7139—1986 氯乙烯均聚物和共聚物中氯的测定(eqv ISO 1158:1984)

GB/T 17219—1998 生活饮用水输配水设备及防护材料的安全性评价标准

GB/T 18252—2000 塑料管道系统 用外推法对热塑性塑料管材长期静液压强度的测定

GB/T 18991—2003 冷热水系统用热塑性塑料管材和管件(idt ISO 10508:1995)

GB/T 18993.2—2003 冷热水用氯化聚氯乙烯(PVC-C)管道系统 第2部分：管材

GB/T 18993.3—2003 冷热水用氯化聚氯乙烯(PVC-C)管道系统 第3部分：管件

3 定义、符号及缩略语

本标准采用下列定义、符号和缩略语。

3.1 定义

本标准除采用下列定义外，还使用 GB/T 2035—1996 和 GB/T 1844.1—1995 中给出的定义。

3.1.1 与几何尺寸有关的定义

3.1.1.1 公称外径(d_n)：规定的外径，单位为 mm。

3.1.1.2 任一点外径(d_e)：在管材或管件插口端任一点通过横截面外径测量值，精确到 0.1 mm，小数点后第二位非零数字进位，单位为 mm。

3.1.1.3 平均外径(d_{em})：管材或管件插口端的任一横截面外圆周长的测量值除以 $\pi(\approx 3.142)$ 所得的值，精确到 0.1 mm，小数点后第二位非零数字进位，单位为 mm。

3.1.1.4 最小平均外径($d_{em,min}$)：平均外径的最小值，它等于公称外径，单位为 mm。

3.1.1.5 最大平均外径($d_{em,max}$)：平均外径的最大值，单位为 mm。

3.1.1.6 承口的平均内径(d_{sm})：承口长度中点，互相垂直的两个内径测量值的算术平均值，单位为 mm。

3.1.1.7 不圆度:管材或管件插口端同一横截面测量最大外径和最小外径的差值,或承口端同一横截面测量最大内径与最小内径的差值,单位为 mm。

3.1.1.8 公称壁厚(e_n):管材或管件壁厚的规定值,单位为 mm。

3.1.1.9 任一点壁厚(e):管材或管件圆周上任一点壁厚的测量值,精确到 0.1 mm,小数点后第二位非零数字进位,单位为 mm。

3.1.1.10 最小壁厚(e_{min}):管材或管件圆周上任一点壁厚的最小值,它等于公称壁厚,单位为 mm。

3.1.1.11 最大壁厚(e_{max}):管材或管件圆周上任一点壁厚的最大值,单位为 mm。

3.1.1.12 管系列(S):用以表示管材规格的无量纲数值系列。可按公式(1)计算。

$$S = \frac{d_n - e_n}{2e_n} \quad\cdots\cdots\cdots\cdots\cdots\cdots\cdots\cdots\cdots\cdots (1)$$

式中:

d_n——公称外径,单位为毫米(mm);

e_n——公称壁厚,单位为毫米(mm)。

3.1.2 与使用条件有关的定义

3.1.2.1 设计压力(P_D):管道系统压力的最大设计值,单位为 MPa。

3.1.2.2 静液压应力(σ):以水为介质,管道受内压时管壁内的环向应力,单位为 MPa,用公式(2)近似计算。

$$\sigma = P \cdot \frac{d_{em} - e_{min}}{2e_{min}} \quad\cdots\cdots\cdots\cdots\cdots\cdots\cdots\cdots\cdots (2)$$

式中:

P——管道所受内压,单位为兆帕(MPa);

d_{em}——管的平均外径,单位为毫米(mm);

e_{min}——管的最小壁厚,单位为毫米(mm)。

3.1.2.3 设计温度(T_D):系统设计的输送水的温度或温度组合。

3.1.2.4 最高设计温度(T_{max}):仅在短时间内出现的设计温度 T_D 的最高值。

3.1.2.5 故障温度(T_{mal}):系统超出控制极限时出现的最高温度。

3.1.2.6 冷水温度(T_{cold}):输送冷水的温度,最高接近 25℃,设计时用 20℃。

3.1.3 与材料性能有关的定义

3.1.3.1 预期的长期静液压强度的置信下限(σ_{LPL}):一个与应力相同的量纲的量,单位为 MPa。它表示在温度 T 和时间 t 预测的静液压强度的 97.5% 置信下限。

3.1.3.2 设计应力(σ_D):对于给定的使用条件所允许的应力,单位为 MPa。对管材材料为 σ_{DP},对塑料管件材料为 σ_{DF}。

3.1.3.3 总体使用系数(C):一个大于 1 的总体系数,考虑了未在置信下限 LPL 体现出的管道系统的性能和使用条件。

3.2 符号

C:	总体使用系数
d_e:	外径(任一点)
d_{em}:	平均外径
$d_{em,max}$:	最大平均外径
$d_{em,min}$:	最小平均外径
d_n:	公称外径
d_{sm}:	承口的平均内径

e:	任一点的壁厚
e_{max}:	任一点的最大壁厚
e_{min}:	任一点的最小壁厚
e_n:	公称壁厚
P:	内静液压压力
P_D:	设计压力
t:	时间
T:	温度
T_{cold}:	冷水温度
T_D:	设计温度
T_{mal}:	故障温度
T_{max}:	最高设计温度
σ:	静液压应力
σ_{cold}:	20℃的设计应力
σ_D:	设计应力
σ_{DF}:	塑料管件材料的设计应力
σ_{DP}:	塑料管材材料的设计应力
σ_F:	塑料管件材料的静液压应力
σ_P:	塑料管材材料的静液压应力
σ_{LPL}:	预期的长期静液压强度的置信下限

3.3 缩略语

LPL:	置信下限
PVC-C:	氯化聚氯乙烯
S:	管系列
TIR:	真实冲击率

4 使用条件级别

氯化聚氯乙烯管道系统采用 GB/T 18991—2003 的规定,按使用条件选用其中的二个应用等级,见表1。每个级别均对应于一个特定的应用范围及50年的使用寿命,在实际应用时,还应考虑 0.6 MPa、0.8 MPa、1.0 MPa 不同的使用压力。

表 1 使用条件级别

应用等级	T_D/℃	在 T_D 下的时间/年	T_{max}/℃	在 T_{max} 下的时间/年	T_{mal}/℃	在 T_{mal} 下的时间/h	典型的应用范围
级别 1	60	49	80	1	95	100	供给热水(60℃)
级别 2	70	49	80	1	95	100	供给热水(70℃)

表1所列各使用条件级别的管道系统应同时满足在 20℃、1.0 MPa 条件下输送冷水50年的使用寿命的要求。

5 材料

5.1 制造管材和管件的材料由氯化聚氯乙烯(PVC-C)树脂,以及为提高其加工性能所必须的添加剂组成。

5.2 材料的氯含量

氯化聚氯乙烯(PVC-C)树脂的氯含量(质量分数)应≥67%,制造管材和管件的氯化聚氯乙烯(PVC-C)混配料(已加添加剂的成品料)的氯含量(质量分数)应≥60%。按 GB/T 7139—1986 测定。

5.3 允许使用符合本标准的本厂回用料。

5.4 管材和管件用的材料,按 GB/T 6111—2003 试验方法和 GB/T 18252—2000 要求在至少四个不同温度下做长期静液压试验。

试验数据按 GB/T 18252—2000 方法计算得到不同温度、不同时间的 σ_{LPL} 值,并作出材料蠕变破坏曲线,将材料的蠕变破坏曲线与本标准附录 A 中给出的预测强度参照曲线相比较,试验结果的 σ_{LPL} 值在全部时间及温度范围内均应大于或等于参照曲线上的对应值。

6 卫生要求

用于输送饮用水的氯化聚氯乙烯管道系统应符合 GB/T 17219—1998 的要求。

附　录　A

（规范性附录）

预测强度参照曲线

氯化聚氯乙烯管材材料的预测强度参照曲线见图 A.1,管件材料预测强度参照曲线见图 A.2。

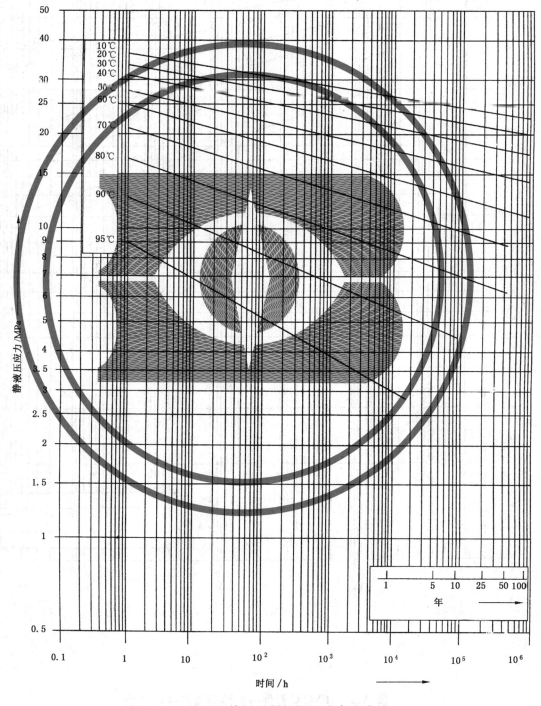

图 A.1　PVC-C 管材材料预测强度参照曲线

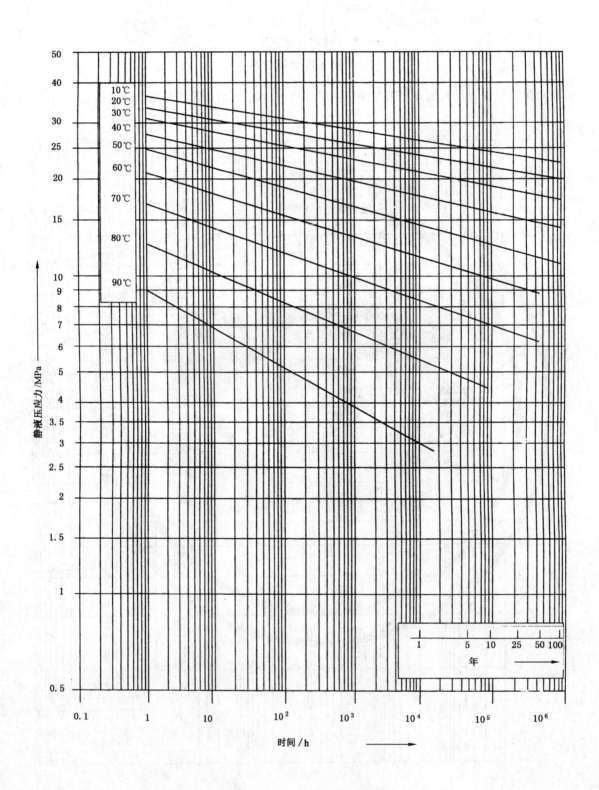

图 A.2 PVC-C 管件材料预测强度参照曲线

图 A.1、图 A.2 中 10℃ 至 90℃ 范围内的参照线来自下列方程：

PVC-C 管材：

$$\lg t = -109.95 - (21\,897.4 \times \lg\sigma)/T + 43\,702.87/T + 50.742\,02 \times \lg\sigma \quad\cdots\cdots\cdots\cdots（A.1）$$

PVC-C 管件：

$$\lg t = -121.699 - (25\,985 \times \lg\sigma)/T + 47\,143.18/T + 63.035\,11 \times \lg\sigma \quad\cdots\cdots\cdots（A.2）$$

式(A.1)～式(A.2)中：

t——破坏时间，单位为小时(h)；

T——温度，单位为开尔文(K)；

σ——静液压应力，单位为兆帕(MPa)；

$\lg$——以 10 为底的对数。

ICS 83.140.30
G 33

中华人民共和国国家标准

GB/T 18993.2—2003

冷热水用氯化聚氯乙烯(PVC-C)管道系统
第2部分：管材

Chlorinated poly(vinyl chloride)piping systems for hot and
cold water installations—Part 2:Pipes

2003-03-05 发布

2003-08-01 实施

中华人民共和国
国家质量监督检验检疫总局 发布

前　言

GB/T 18993—2003 由以下三个部分组成：

冷热水用氯化聚氯乙烯(PVC-C)管道系统　第 1 部分:总则

冷热水用氯化聚氯乙烯(PVC-C)管道系统　第 2 部分:管材

冷热水用氯化聚氯乙烯(PVC-C)管道系统　第 3 部分:管件

本标准是紧密跟踪国际标准化组织(ISO/TC 138)"流体输送用塑料管材、管件和阀门技术委员会"正在制定的 ISO/DIS 15877:1999《冷热水用塑料管道系统　氯化聚氯乙烯》系列标准动态基础上,结合我国氯化聚氯乙烯管材、管件生产使用实际制定的。

本部分主要技术内容与 ISO/DIS 15877-2.2:1999 基本相同,主要差异为:

——将 ISO/DIS 15877:1999 第 5 部分和第 7 部分的相关内容如管道系统适应性试验及热循环试验要求移至本部分。

——对于同一管系列 S,不同使用条件所对应的不同试验条件取最高的试验条件。

——增加了定型检验。

本部分附录 A 为规范性附录。

本部分由中国轻工业联合会提出。

本部分由全国塑料制品标准化技术委员会(TC48)归口。

本部分起草单位:中山环宇实业有限公司、中国佑利管道有限公司、福建亚通新材料科技股份有限公司。

本部分主要起草人:何安华、张慰峰、胡旭苍、祝升锋、魏作友。

冷热水用氯化聚氯乙烯(PVC-C)管道系统
第2部分:管材

1 范围

GB/T 18993—2003 的本部分规定了以氯化聚氯乙烯树脂(PVC-C)为主要原料,经挤出成型的冷热水用氯化聚氯乙烯管材(以下简称管材)的材料、产品分类、技术要求、试验方法、检验规则和标志、包装、运输、贮存。

本部分与第1、3部分一起适用于工业及民用的冷热水管道系统。

2 规范性引用文件

下列文件中的条款通过 GB/T 18993 的本部分的引用而成为本部分的条款。凡是注日期的引用文件,其随后所有的修改单(不包括勘误的内容)或修订版均不适用于本部分,然而,鼓励根据本部分达成协议的各方研究是否可使用这些文件的最新版本。凡是不注日期的引用文件,其最新版本适用于本部分。

GB/T 1033—1986 塑料密度和相对密度试验方法

GB/T 2828—1987 逐批检查计数抽样程序及抽样表(适用于连续批的检查)

GB/T 2918—1998 塑料试样状态调节和试验的标准环境(idt ISO 291:1997)

GB/T 6111—2003 流体输送用热塑性塑料管材耐内压试验方法 (idt ISO 1167:1996)

GB/T 6671—2001 热塑性塑料管材 纵向回缩率的测定(eqv ISO 2505—1994)

GB/T 8802—2001 热塑性塑料管材、管件 维卡软化温度的测定(eqv ISO 2507:1995)

GB/T 8804.2—2003 热塑性塑料管材 拉伸性能测定 第2部分:硬聚氯乙烯(PVC-U)、氯化聚氯乙烯(PVC-C)和高抗冲聚氯乙烯(PVC-HI)管材(idt ISO 6295-2:1997)

GB/T 8806—1988 塑料管材尺寸测量方法(eqv ISO 3126:1974)

GB/T 14152—2001 热塑性塑料管材耐外冲击性能试验方法 时针旋转法(eqv ISO 3127:1994)

GB/T 17219—1998 生活饮用水输配水设备及防护材料的安全性评价标准

GB/T 18993.1—2003 冷热水用氯化聚氯乙烯(PVC-C)管道系统 第1部分:总则

GB/T 18993.3—2003 冷热水用氯化聚氯乙烯(PVC-C)管道系统 第3部分:管件

3 定义、符号和缩略语

本部分采用 GB/T 18993.1—2003 给出的定义、符号和缩略语。

4 材料

4.1 生产管材所用的原材料应符合 GB/T 18993.1—2003 规定。

4.2 允许使用符合本部分技术要求的本厂回用料。

5 产品分类

管材按尺寸分为 S6.3、S5、S4 三个管系列。

管材规格用管系列 S、公称外径(d_n)公称壁厚(e_n)表示。例,管系列 S5,公称外径为 32 mm,公称壁厚为2.9 mm,表示为S5 32×2.9。

6 管系列S值的选择

管材按不同的材料及使用条件级别(见GB/T 18993.1)和设计压力选择对应的S值,见表1。

表 1 PVC-C管材管系列S的选择

设计压力 P_D/MPa	管 系 列 S	
	级别1 σ_D=4.38 MPa	级别2 σ_D=4.16 MPa
0.6	6.3	6.3
0.8	5	5
1.0	4	4

7 技术要求

7.1 颜色

由供需双方协商确定。

7.2 外观

管材的内外表面应光滑、平整、色泽均匀、无凹陷、气泡及其他影响性能的表面缺陷,管材不应含有明显的杂质。

管材端面应切割平整并与管材的轴线垂直。

7.3 不透光性

管材应不透光。

7.4 规格及尺寸

7.4.1 管材的平均外径以及与管系列S对应的公称壁厚 e_n 见表2。

表 2 管材系列和规格尺寸

单位为毫米

公称外径 d_n	平均外径		管系列		
			S6.3	S5	S4
	$d_{em,min}$	$d_{em,max}$	公称壁厚 e_n		
20	20.0	20.2	2.0 * (1.5)	2.0 * (1.9)	2.3
25	25.0	25.2	2.0 * (1.9)	2.3	2.8
32	32.0	32.2	2.4	2.9	3.6
40	40.0	40.2	3.0	3.7	4.5
50	50.0	50.2	3.7	4.6	5.6
63	63.0	63.3	4.7	5.8	7.1
75	75.0	75.3	5.6	6.8	8.4
90	90.0	90.3	6.7	8.2	10.1
110	110.0	110.4	8.1	10.0	12.3
125	125.0	125.4	9.2	11.4	14.0
140	140.0	140.5	10.3	12.7	15.7
160	160.0	160.5	11.8	14.6	17.9

注:考虑到刚度要求,带"*"的最小壁厚为2.0 mm,计算液压试验压力时使用括号中的壁厚。

7.4.2 管材的长度一般为 4 m,也可根据用户的要求由供需双方协商决定,允许偏差为长度的 $^{+0.4}_{0}$%。

7.4.3 管材不圆度的最大值应符合表3规定。

表 3 不圆度的最大值

单位为毫米

公称外径 d_n	不圆度的最大值	公称外径 d_n	不圆度的最大值
20	1.2	75	1.6
25	1.2	90	1.8
32	1.3	110	2.2
40	1.4	125	2.5
50	1.4	140	2.8
63	1.5	160	3.2

7.4.4 管材的壁厚偏差应符合表4的规定,同一截面的壁厚偏差应≤14%。

表 4 壁厚的偏差

单位为毫米

公称壁厚 e_n	允许偏差	公称壁厚 e_n	允许偏差
$1.0 < e_n \leq 2.0$	$^{+0.4}_{0}$	$10.0 < e_n \leq 11.0$	$^{+1.3}_{0}$
$2.0 < e_n \leq 3.0$	$^{+0.5}_{0}$	$11.0 < e_n \leq 12.0$	$^{+1.4}_{0}$
$3.0 < e_n \leq 4.0$	$^{+0.6}_{0}$	$12.0 < e_n \leq 13.0$	$^{+1.5}_{0}$
$4.0 < e_n \leq 5.0$	$^{+0.7}_{0}$	$13.0 < e_n \leq 14.0$	$^{+1.6}_{0}$
$5.0 < e_n \leq 6.0$	$^{+0.8}_{0}$	$14.0 < e_n \leq 15.0$	$^{+1.7}_{0}$
$6.0 < e_n \leq 7.0$	$^{+0.9}_{0}$	$15.0 < e_n \leq 16.0$	$^{+1.8}_{0}$
$7.0 < e_n \leq 8.0$	$^{+1.0}_{0}$	$16.0 < e_n \leq 17.0$	$^{+1.9}_{0}$
$8.0 < e_n \leq 9.0$	$^{+1.1}_{0}$	$17.0 < e_n \leq 18.0$	$^{+2.0}_{0}$
$9.0 < e_n \leq 10.0$	$^{+1.2}_{0}$		

7.5 物理性能应符合表5的规定

表 5 物理性能

项 目	要 求
密度 /(kg/m³)	1 450～1 650
维卡软化温度/℃	≥110
纵向回缩率 / %	≤5

7.6 力学性能应符合表6的规定

表6 力学性能

项 目	试验参数			要 求
	试验温度/℃	试验时间/h	静液压应力/MPa	
静液压试验	20	1	43.0	无破裂 无泄漏
	95	165	5.6	
	95	1 000	4.6	
静液压状态下的热稳定性试验	95	8 760	3.6	无破裂 无泄漏
落锤冲击试验（0℃），TIR				≤10%
拉伸屈服强度/MPa				≥50

7.7 用于输送饮用水的管材的卫生性能应符合 GB/T 17219—1998 的规定

7.8 系统适应性

管材与符合 GB/T 18993.3—2003 规定的管件连接后应通过内压和热循环二项组合试验。

7.8.1 内压试验应符合表7的要求。

表7 内压试验

管系列 S	试验温度/℃	试验压力/MPa	试验时间/h	要求
S6.3	80	1.2	3 000	无破裂 无渗漏
S5	80	1.59	3 000	
S4	80	1.99	3 000	

7.8.2 热循环试验应符合表8的规定。

表8 热循环试验

最高试验温度/℃	最低试验温度/℃	试验压力/MPa	循环次数	要求
90	20	P_D	5 000	无破裂、无渗漏

注1：一次循环的时间为 30^{+2}_{0} min，包括 15^{+1}_{0} min 最高试验温度和 15^{+1}_{0} min 最低试验温度。

注2：P_D 值的按表1规定。

8 试验方法

8.1 试样状态调节和试验的标准环境

按 GB/T 2918—1998 规定，温度为 23℃ ±2℃状态调节时间不少于 24 h，并在此条件下进行试验。

8.2 颜色及外观检查

用肉眼观察。

8.3 不透光性

取 400 mm 管段，将一端用不透光材料封严，在管子侧面有自然光的条件下，用手握住有光源方向的管壁，从管子开口端用肉眼观察试样的内表面，不见手遮挡光源的影子为合格。

8.4 尺寸测量

8.4.1 长度

用精度为 1 mm 的钢卷尺测量。

8.4.2 平均外径及不圆度

按 GB/T 8806—1988 测量平均外径。按 GB/T 8806—1988 测量同一断面的最大外径和最小外径,用最大外径减最小外径为不圆度。

8.4.3 壁厚及同一截面壁厚偏差

按 GB/T 8806—1988,对所抽的试样沿圆周测量壁厚的最大值和最小值,精确到 0.1 mm。小数点后第二位非零数进位。

8.5 密度

按 GB/T 1033—1986 方法 A 测定。

8.6 维卡软化温度

按 GB/T 8802—2001 测定。

8.7 纵向回缩率

按 GB/T 6671—2001 方法 B 测定,烘箱温度 150℃ ±2℃,试样恒温时间见表 9。

表 9 试样恒温时间

壁厚范围/mm	恒温时间/min
$e \leqslant 4$	30 ± 1
$4 < e \leqslant 16$	60 ± 1
$e > 16$	120 ± 1

8.8 液压试验

8.8.1 试验条件中的温度、时间及静液压应力,按表 6 的规定,试验用介质为水,试样取 3 个。

8.8.2 试验方法按 GB/T 6111—2003 测定(a 型封头)。

8.9 落锤冲击试验

按 GB/T 14152—2001 规定,0℃ 条件下试验,落锤冲击试验的冲击锤头半径为 25 mm,锤质量和冲击高度见表 10。

表 10 落锤冲击试验的落锤高度和落锤质量

公称外径 d_n/mm	落锤质量/kg $^{+0.01}_{0}$	落锤高度/m ±0.01
20	0.5	0.4
25	0.5	0.5
32	0.5	0.6
40	0.5	0.8
50	0.5	1.0
63	0.8	1.0
75	0.8	1.0
90	0.8	1.2
110	1.0	1.6
125	1.25	2.0
140	1.6	1.8
160	1.6	2.0

8.10 拉伸屈服强度

按 GB/T 8804.2—2003 测定。

8.11 静液压状态下的热稳定性试验

8.11.1 试验设备

循环控温烘箱或恒温水浴。

8.11.2 试验条件

按表 6 规定,循环控温烘箱平均温度为 95^{+3}_{-1} ℃,试验介质内部为水,外部为空气或水,有争议时,采用恒温水浴作试验。

8.11.3 试验方法

试样取 1 个,试样经状态调节后,安装在循环控温烘箱或恒温水浴内,按 GB/T 6111—2003 进行试验(a 型封头)。

8.12 用于输送饮用水的管材的卫生性能测定按 GB/T 17219—1998 进行

8.13 系统适应性试验

8.13.1 内压试验

内压试验由管材和管件组合而成,其中至少应包括二种以上管件,试验方法按 GB/T 6111—2003 规定(a 型封头)。试验介质:管内外均为水。

8.13.2 热循环试验

按附录 A 进行试验。

9 检验规则

9.1 产品须经生产厂质量检验部门检验合格后并附有合格标志方可出厂

9.2 组批

同一原料、配方和工艺连续生产的同一规格管材为一批,每批数量不超过 50 t。如生产数量少,生产 7 天仍不足 50 t,则以 7 天产量或以实际生产天数产量为一批。一次交付可由一批或多批组成,交付时应注明批号,同一交付批号产品为一个交付检验批。

9.3 定型检验

9.3.1 分组

按表 11 规定对管材进行尺寸分组。

表 11 管材的尺寸组和公称外径范围

尺寸组	公称外径范围/mm
1	$20 \leqslant d_n \leqslant 63$
2	$75 \leqslant d_n \leqslant 160$

9.3.2 定型检验

定型检验的项目为第 7 章规定的全部技术要求。首次投产或原材料配方和工艺发生重大变化时,按表 11 规定选择每一尺寸组中任一个规格的管材进行定型检验。

9.4 出厂检验

9.4.1 出厂检验的项目为外观、尺寸和 7.5 中规定的纵向回缩率试验、7.6 中的落锤冲击试验以及静液压试验中的 20℃/1 h 或 95℃/165 h 的试验。

9.4.2 外观和尺寸按 GB/T 2828—1987 采用正常检验一次抽样方案,取一般检验水平 I,合格质量水平 6.5 检验,抽样方案见表 12。

表 12　抽样方案

批量范围 N	样本大小 n	合格判定数 A_c	不合格判定数 R_e
≤150	8	1	2
151～280	13	2	3
281～500	20	3	4
501～1 200	32	5	6
1 201～3 200	50	7	8
3 201～10 000	80	10	11

9.4.3　在计数抽样合格的产品中,随机抽取足够的样品,进行纵向回缩率、落锤冲击试验和 20℃/1 h 或 95℃/165 h 的液压试验。

9.5　型式检验

9.5.1　型式检验的项目为除 7.6 中的静液压状态下的热稳定性试验和 7.8 以外的全部技术要求。

9.5.2　按本标准技术要求,并按 9.4.2 对外观和尺寸进行检验,在检验合格的样品中随机抽取足够的样品进行 9.5.1 的试验。一般情况下每隔二年进行一次型式检验,若有下列情况之一,应进行型式检验:

　　a)　正式生产后,若结构、材料、工艺有较大变动,可能影响产品性能时;

　　b)　产品长期停产后恢复生产时。

　　c)　出厂检验结果与上次型式检验结果有较大差异时。

　　d)　国家质量监督机构提出进行型式检验要求时。

9.6　判定规则

外观和尺寸按表 12 进行判定,其他物理力学性能中有一项达不到指标时,可随机抽取双倍样品进行该项复检,如仍不合格则判该批为不合格。用于输送饮用水的管材卫生指标有一项不合格判为不合格。

10　标志、包装、运输、贮存

10.1　标志

管材应有永久性标志,每根管材至少有两处完整的永久性标识。

标志至少应包括下列内容:

　　a)　生产厂名厂址和商标;

　　b)　产品名称:应注明(PVC-C)饮水或(PVC-C)非饮水;

　　c)　规格及尺寸:管系列 S,公称外径(d_n)和公称壁厚(e_n);

　　d)　本标准号;

　　e)　生产日期。

10.2　包装

管材应按相同规格装入包装袋捆扎、封口,或按用户要求包装。

10.3　运输

管材在运输时,不得曝晒、沾污、重压和损伤。

10.4　贮存

管材应合理堆放,远离热源,不得露天存放,堆放高度不得超过 1.5 m。

附　录　A

（规范性附录）

热循环试验方法

A.1　原理

管材和管件按规定要求组装并承受一定的内压,在规定次数的温度交变后,检查管材和管件连接处的渗漏情况。

A.2　设备

试验设备包括冷热水交替循环装置,水流调节装置,水压调节装置,水温测量装置以及管道预应力和固定支撑等设施,必须符合下列要求：

　　a)　提供的冷水水温能达到本标准所规定的最低温度的±5℃范围；

　　b)　提供的热水水温能达到本标准所规定的最高温度的±2℃范围；

　　c)　冷热水的交替能在 1 min 内完成；

　　d)　试验组合系统中的水温变化能控制在规定的范围内,水压能保持在本标准规定值的±0.05 MPa范围内(冷热水转换时可能出现的水锤除外)。

A.3　试验组合系统安装

试验组合系统按图 A.1 所示并根据制造厂商推荐的方法进行装配和固定。如所用管材不能弯曲成图 A.1 中 C 部分所示的形状,则 C 部分按图 A.2 所示进行装配和固定。

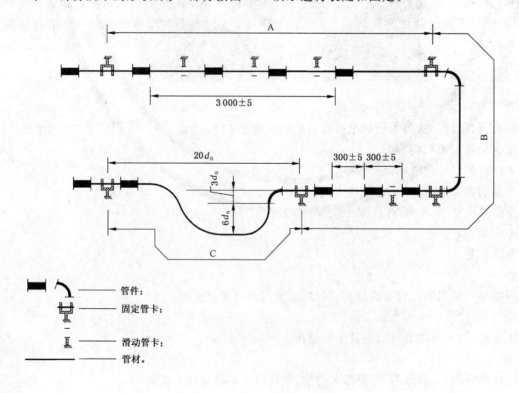

图 A.1　试验安装

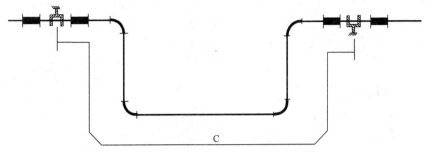

图 A.2　C 部分可替换试验安装图

A.4　试验组合系统预处理

A.4.1　将安装好的试验组合系统在 23℃±2℃的室温条件下放置至少 1 h。

A.4.2　按相关标准的规定对图 A.1 所示 A 部分施加张力后锁紧二端的固定支架,使其产生一个恒定的收缩应力(即预应力,为管道温度变化 20℃时产生的扩张或收缩的力),本标准要求的预应力为 4.8 MPa。预应力的计算方法如下:

$$\sigma_t = \alpha \times \Delta T \times E$$

式中:

σ_t——预应力,单位为兆帕(MPa);

α——热膨胀系数,1/K;

ΔT——温差,单位为开尔文(K);

E——弹性模量,单位为兆帕(MPa)。

本标准中:$\alpha = 0.7 \times 10^{-4}$ k^{-1},

$\Delta T = 20$ K,

$E = 3\ 400$ MPa。

注:预应力值等于温度下降 20℃时管道所产生的收缩应力。

A.4.3　将试验组合系统充满冷水驱走空气。

A.5　试验步骤

A.5.1　将组合系统与试验设备相连接。

A.5.2　启动试验设备并将水温和水压控制在本标准规定范围内。

A.5.3　打开连接阀门开始试验循环,先冷水后热水依次进行。

A.5.4　在前 5 个循环期间,应:

　　a)　调节平衡阀控制循环水的流速,使每个试验循环入口与出口的水温差不大于 5℃;

　　b)　拧紧和调整连接处,防止任何渗漏。

A.5.5　按本标准完成规定次数的循环,检查所有连接处,看是否有渗漏。如发生渗漏,记录发生时间、类型及位置。

A.5.6　试验报告

　　a)　注明采用本标准的附录;

　　b)　试验样品的名称、规格尺寸、等级和来源等;

　　c)　试验条件(包括预应力、试验水温、试验水压一个完整循环及循环的每一部分的时间等);

　　d)　试验结果,如有渗漏,记录发生的时间、类型及位置;

　　e)　任何可能影响结果的因素。

ICS 83.140.30
G 33

中华人民共和国国家标准

GB/T 18993.3—2003

冷热水用氯化聚氯乙烯(PVC-C)管道系统
第3部分：管件

Chlorinated poly(vinyl chloride) piping systems for hot and
cold water installations—Part 3:Fittings

2003-03-05 发布   2003-08-01 实施

中 华 人 民 共 和 国
国家质量监督检验检疫总局 发布

前　言

GB/T 18993—2003 标准主要由以下三个部分组成:

冷热水用氯化聚氯乙烯(PVC-C)管道系统　第1部分:总则

冷热水用氯化聚氯乙烯(PVC-C)管道系统　第2部分:管材

冷热水用氯化聚氯乙烯(PVC-C)管道系统　第3部分:管件

本标准是紧密跟踪国际标准化组织(ISO/TC 138)"流体输送用塑料管材、管件和阀门技术委员会"正在制定的 ISO/DIS 15877:1999《冷热水用塑料管道系统　氯化聚氯乙烯》系列标准动态基础上,结合我国氯化聚氯乙烯管材、管件生产使用实际制定的。

本部分主要技术内容与 ISO/DIS 15877-3.2:1999 基本相同,主要差异为:

——将 ISO/DIS 15877:1999 第五部分和第七部分的相关内容如系统适应性试验及热循环试验要求移至本部分。

——对于同一管系列 S,不同使用条件所对应的不同试验条件取最高的试验条件。

——增加了定型检验。

本部分附录 A 为规范性附录。

本部分由中国轻工业联合会提出。

本部分由全国塑料制品标准化技术委员会(TC48)归口。

本部分起草单位:中山环宇实业有限公司、中国佑利管道有限公司、福建亚通新材料科技股份有限公司。

本部分主要起草人:何安华、张慰峰、胡旭苍、祝升锋、魏作友。

冷热水用氯化聚氯乙烯(PVC-C)管道系统
第3部分:管件

1 范围

GB/T 18993—2003 的本部分规定了以氯化聚氯乙烯树脂(PVC-C)为主要原料,经注塑成型的冷热水用氯化聚氯乙烯管件(以下简称管件)的材料、产品分类、技术要求、试验方法、检验规则和标志、包装、运输、贮存。

本部分与第1、2部分一起适用于工业冷热水用管道系统。

2 规范性引用文件

下列文件中的条款通过 GB/T 18993 的本部分的引用而成为本部分的条款。凡是注日期的引用文件,其随后所有的修改单(不包括勘误的内容)或修订版均不适用于本部分,然而,鼓励根据本标准达成协议的各方研究是否可使用这些文件的最新版本。凡是不注日期的引用文件,其最新版本适用于本部分。

GB/T 1033—1986 塑料密度和相对密度试验方法

GB/T 9112—1988 钢制管法兰类型

GB/T 2828—1987 逐批检查计数抽样程序及抽样表(适用于连续批的检查)

GB/T 2918—1998 塑料试样状态调节和试验的标准环境(idt ISO 291:1997)

GB/T 6111—2003 流体输送用热塑性塑料管材耐内压试验方法 (idt ISO 1167:1996)

GB/T 7306—1987 用螺纹密封的管螺纹(eqv ISO 7-1:1982)

GB/T 8802—2001 热塑性塑料管材、管件 维卡软化温度的测定(eqv ISO 2507:1995)

GB/T 8803—2001 注塑成型硬质聚氯乙烯(PVC-U)、氯化聚氯乙烯(PVC-C)、丙烯腈-丁二烯-苯乙烯三元共聚物(ABS)和丙烯腈-苯乙烯-丙烯酸盐三元共聚物(ASA)管件 热烘箱试验方法

GB/T 8806—1988 塑料管材尺寸测量方法(eqv ISO 3126:1974)

GB/T 17219—1998 生活饮用水输配水设备及防护材料的安全性评价标准

GB/T 18993.1—2003 冷热水用氯化聚氯乙烯(PVC-C)管道系统 第1部分:总则

GB/T 18993.2—2003 冷热水用氯化聚氯乙烯(PVC-C)管道系统 第2部分:管材

3 定义、符号和缩略语

本标准采用 GB/T 18993.1—2003 给出的定义、符号和缩略语。

4 材料

4.1 生产管件所用的原材料应符合 GB/T 18993.1—2003 规定。

4.2 允许使用符合本部分技术要求的本厂回用料。

5 产品分类

5.1 管件按对应的管系列 S 分为三类:S6.3、S5、S4。

5.2 管件按连接形式分为溶剂粘接形管件、法兰连接形管件及螺纹连接形管件。

6 技术要求

6.1 颜色
由供需双方协商确定。

6.2 外观
管件表面应光滑、平整,不允许有裂纹、气泡、脱皮和明显的杂质以及严重的冷斑、色泽不匀、分解变色等缺陷。

6.3 不透光性
管件应不透光。

6.4 规格及尺寸

6.4.1 公称直径
溶剂粘接型管件承口的内径与管材的公称外径 d_n 相一致。

6.4.2 壁厚
不同管系列的管件体的最小壁厚 e_{min},应符合表1规定。

表 1 管件体的壁厚 单位为毫米

公称外径 d_n	S6.3	S5	S4
	管件体最小壁厚 e_{min}		
20	2.1	2.6	3.2
25	2.6	3.2	3.8
32	3.3	4.0	4.9
40	4.1	5.0	6.1
50	5.0	6.3	7.6
63	6.4	7.9	9.6
75	7.6	9.2	11.4
90	9.1	11.1	13.7
110	11.0	13.5	16.7
125	12.5	15.4	18.9
140	14.0	17.2	21.2
160	16.0	19.8	24.2

6.4.3 溶剂粘接圆柱形承口尺寸见图1,尺寸应符合表2的要求。

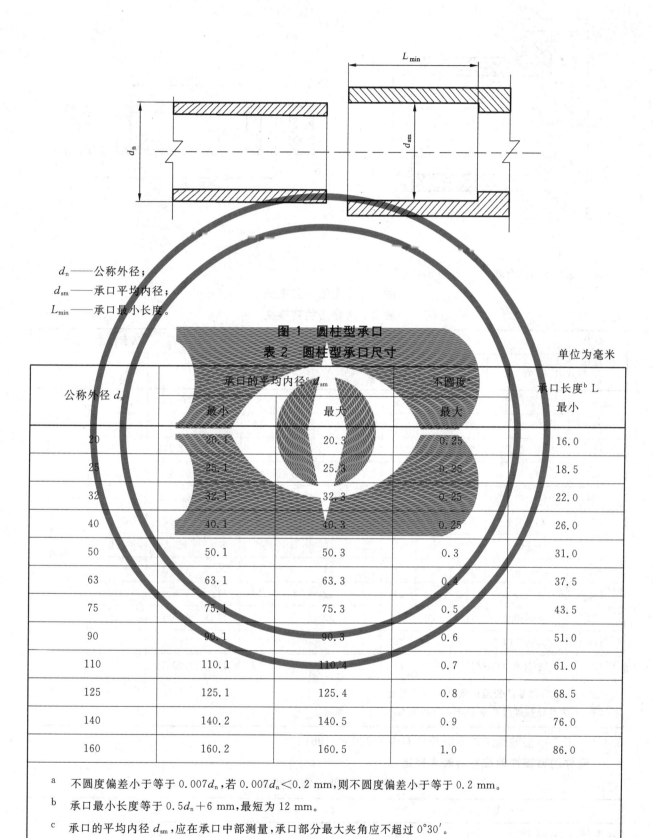

d_n——公称外径；

d_{sm}——承口平均内径；

L_{min}——承口最小长度。

图 1　圆柱型承口

表 2　圆柱型承口尺寸

单位为毫米

公称外径 d_n	承口的平均内径[c] d_{sm}		不圆度[a]	承口长度[b] L
	最小	最大	最大	最小
20	20.1	20.3	0.25	16.0
25	25.1	25.3	0.25	18.5
32	32.1	32.3	0.25	22.0
40	40.1	40.3	0.25	26.0
50	50.1	50.3	0.3	31.0
63	63.1	63.3	0.4	37.5
75	75.1	75.3	0.5	43.5
90	90.1	90.3	0.6	51.0
110	110.1	110.4	0.7	61.0
125	125.1	125.4	0.8	68.5
140	140.2	140.5	0.9	76.0
160	160.2	160.5	1.0	86.0

> [a]　不圆度偏差小于等于 $0.007d_n$，若 $0.007d_n < 0.2$ mm，则不圆度偏差小于等于 0.2 mm。
>
> [b]　承口最小长度等于 $0.5d_n + 6$ mm，最短为 12 mm。
>
> [c]　承口的平均内径 d_{sm}，应在承口中部测量，承口部分最大夹角应不超过 $0°30'$。

6.4.4　法兰尺寸应符合图 2、表 3 的要求。

233

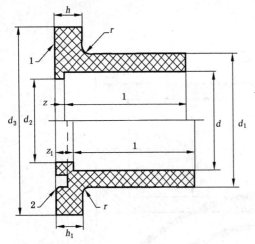
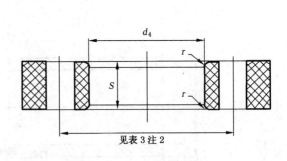

1——平面垫圈接合面；

2——密封圈槽接合面。

图 2　活套法兰变接头

表 3　活套法兰变接头　　　　　　　　　　　　　单位为毫米

承口公称直径 d	法兰变接头									活套法兰		
	d_1	d_2	d_3	l	r 最大	h	z	h_1	z_1	d_4	r 最小	S
20	27 ± 0.15	16	34	16	1	6	3	9	6	$28_{-0.5}^{0}$	1	
25	33 ± 0.15	21	41	19	1.5	7	3	10	6	$34_{-0.5}^{0}$	1.5	
32	41 ± 0.2	28	50	22	1.5	7	3	10	6	$42_{-0.5}^{0}$	1.5	
40	50 ± 0.2	36	61	26	2	8	3	13	8	$51_{-0.5}^{0}$	2	
50	61 ± 0.2	45	73	31	2	8	3	13	8	$62_{-0.5}^{0}$	2	
63	76 ± 0.3	57	90	38	2.5	9	3	14	8	78_{-1}^{0}	2.5	根据材质而定
75	90 ± 0.3	69	106	44	2.5	10	3	15	8	92_{-1}^{0}	2.5	
90	108 ± 0.3	82	125	51	3	11	5	16	10	110_{-1}^{0}	3	
110	131 ± 0.3	102	150	61	3	12	5	18	11	133_{-1}^{0}	3	
125	148 ± 0.4	117	170	69	3	13	5	19	11	150_{-1}^{0}	3	
140	165 ± 0.4	132	188	76	4	14	5	20	11	167_{-1}^{0}	4	
160	188 ± 0.4	152	213	86	4	16	5	22	11	190_{-1}^{0}	4	

注 1：承口尺寸及公差按照图 1、表 2 规定。

注 2：法兰外径螺栓孔直径及孔数按照 GB/T 9112 规定。

6.4.5　用于连接的螺纹部分应符合 GB/T 7306—1987。

6.5　管件的物理性能应符合表 4 规定

表 4　管件的物理性能

项　　　目	要　　　求
密度/(kg/m³)	1 450～1 650
维卡软化温度/℃	≥103
烘箱试验	无严重的起泡、分层或熔接线裂开

6.6 管件的力学性能应符合表 5 规定

表 5 管件的力学性能

项目	试验温度/℃	管系列	试验压力/MPa	试验时间/h	要求
静液压试验	20	S6.3	6.56	1	无破裂、无渗漏
		S5	8.76		
		S4	10.94		
	60	S6.3	4.10	1	无破裂、无渗漏
		S5	5.47		
		S4	6.84		
	80	S6.3	1.20	3 000	无破裂、无渗漏
		S5	1.59		
		S4	1.99		

6.7 静液压状态下热稳定性应符合表 6 的规定

表 6 静液压状态下热稳定性

项目	试验参数			要求
	试验温度/℃	试验时间/h	静液压应力/MPa	
静液压状态下热稳定性试验	90	17 520	2.85	无破裂 无渗漏

注：制成相同管系列的管材形状后进行试验，按相同的管系列计算试验压力。

6.8 卫生性能

用于输送饮用水的管件的卫生性能应符合 GB/T 17219—1998 的规定。

6.9 系统适用性

管件与符合 GB/T 18993.2—2003 规定的管材连接后应通过内压和热循环二项组合试验。

6.9.1 内压试验应符合表 7 规定。

表 7 内压试验

管系列	试验温度/℃	试验压力/MPa	试验时间/h	要求
S6.3	80	1.20	3 000	无破裂、无渗漏
S5	80	1.59	3 000	
S4	80	1.99	3 000	

6.9.2 热循环试验应符合表 8 的规定。

表 8 热循环试验

最高试验温度/℃	最低试验温度/℃	试验压力/MPa	循环次数	指标
90	20	P_D	5 000	无破裂、无渗漏

注 1：一次循环的时间为 30^{+2}_{0} min，包括 15^{+1}_{0} min 最高试验温度和 15^{+1}_{0} min 最低试验温度。

注 2：P_D 值按 GB/T 18993.2 表 1 规定。

7 试验方法

7.1 试验状态调节和试验的标准环境

按 GB/T 2918—1998 规定,温度为 23℃ ±2℃,状态调节时间不少于 24 h,并在此条件下进行试验。

7.2 外观

用肉眼观察。

7.3 不透光性

将生产管件的材料挤出成管材后,按 GB/T 18993.2—2003 中 8.3 条进行。

7.4 尺寸测量

管件厚度按 GB/T 8806—1988 规定,其他尺寸用精度不低于 0.02 mm 的量具测量。

7.5 密度

按 GB/T 1033—1986 的 4.1A 法:浸渍法测定。

7.6 维卡软化温度

按 GB/T 8802—2001 测定。

7.7 烘箱试验

按 GB/T 8803—2001 测定。

7.8 静液压试验

7.8.1 试样

试样可由单个管件或由管段和管件组合而成,如果是组合件应取适宜的管材与管件连接作为试样,试样数量三个。试样的组装采取溶剂连接或机械连接形式。采用溶剂粘接的管材和管件组件至少要在常温下静置 20 天,然后在 80℃条件下静置 4 天,除非胶粘剂生产厂家对静置时间另有规定。

在管件的非进水口用管堵或机械方式如卡具封堵。

在自身方向有变化的管件(如三通、弯头)从管件承口口部到管堵(或卡具)间的管材长度应不超过承口公称外径 d_n 的长度。

在自身方向无变化的管件(如异径接头、直接)从管件承口口部到管堵(或卡具)间的管材自由长度按表 12 规定。

表 9 管材的自由长度

单位为毫米

管材的公称外径 d_n	管材的自由长度 L
≤50	150
63~75	200
≥90	300

7.8.2 试验设备

7.8.2.1 能保证试验条件的具有恒温水浴的液压试验机。

7.8.2.2 如用机械方式封堵,则卡具应符合下列要求。

能保证试样在承受规定的内静压时,不产生纵向应力。

7.8.3 试验条件中的温度、时间及试验压力按表 5 的规定,试验用介质为水。

7.8.4 试验方法

按 GB/T 6111—2003 测定。

7.8.5 试验结果

在试验过程中,试样任何部位不出现渗漏为合格,如果出现管段破裂或连接处渗漏则试验应重做。

7.9 静液压状态下的热稳定性试验

7.9.1 试验设备

循环控温烘箱或恒温水浴。

7.9.2 试验条件

按表 6 规定,循环控温烘箱的平均温度为 90^{+3}_{-1} ℃,试验介质内部为水,外部为空气。有争议时,采用恒温水浴做试验。

7.9.3 试验方法

试样按 7.8.1 条处理后取 1 个,经状态调节后,安装在循环控温烘箱或恒温水浴内,接入试验介质,按 GB/T 6111—2003 规定测试。

7.10 卫生性能试验

按 GB/T 17219—1998 的规定进行。

7.11 系统适用性试验

7.11.1 试样数量为 3 个。

7.11.2 内压试验。

内压试验试样由管材和管件组合而成,其中至少应包括一种以上的管件,组件的预处理按 7.8.1 条试验方法按 GB/T 6111—2003 规定。试验介质:管内外均为水。

7.11.3 热循环试验。

按附录 A 进行试验。

8 检验规则

8.1 产品须经生产厂质量检验部门检验合格并附有合格标志,方可出厂。

8.2 组批:同一原料、配方和工艺生产的同一规格的管件作为一批。规格尺寸 $d_n \leqslant 32$ mm 的每批不超过 10 000 件,规格尺寸 $d_n > 32$ mm 的每批不超过 5 000 件。如果生产七天仍不足上述数量,则以七天的产量或实际生产天数的产量为一批。一次交付可由一批或多批组成,交付时注明批号,同一交付批号产品为一个交付检验批。

8.3 定型检验

8.3.1 分组

按表 10 规定对管件进行尺寸分组。

表 10 管件的尺寸组及公称外径范围

尺寸组	公称外径范围
1	$20 \leqslant d_n \leqslant 63$
2	$75 \leqslant d_n \leqslant 160$

8.3.2 定型检验

定型检验的项目为第 6 章规定的全部技术要求,首次投产或原材料配方、工艺发生重大变化时,按表 10 规定选择每一尺寸组中任一规格的管件进行该项检验。

8.4 出厂检验

8.4.1 出厂检验项目为外观、尺寸和 6.5 条规定的烘箱试验,6.6 条中的 20℃,1 h(或 60℃,1 h)的静液压试验。

8.4.2 外观和尺寸按 GB/T 2828—1987 采用正常检验一次抽样方案,取一般检验水平 I,合格质量水平 6.5,抽样方案见表 11。

8.4.3 在计数抽样合格的产品中,随机抽取足够样品进行烘箱试验和 20℃,1 h 的静液压试验(对试验结果有争议时,做 60℃,1 h 的静液压试验)。

8.5 型式检验

8.5.1 型式检验项目为除 6.7 条和 6.9 条以外的全部技术要求。

表 11　抽样方案

批量范围 N	样本大小 n	合格判定数 A_c	不合格判定数 R_e
≤150	8	1	2
151～280	13	2	3
281～500	20	3	4
501～1 200	32	4	6
1 201～3 200	50	7	8
3 201～10 000	80	10	11
10 001～35 000	125	14	15

8.5.2　按本标准技术要求,并按8.4.2规定对外观和尺寸进行检验,在检验合格的样本中随机抽取足够的样品进行8.5.1条规定的试验,一般情况下每隔二年进行一次型式检验。若有下列情况之一,应进行型式试验:

　　a)　正式生产后,若结构、材料、工艺有较大改变,可能影响产品性能;

　　b)　产品长期停产后恢复生产时;

　　c)　出厂检验结果与上次型式检验结果有较大差异时;

　　d)　国家质量监督检验部门提出进行型式检验的要求时。

8.6　判定规则

外观和尺寸按表11进行判定,物理力学性能中有一项达不到指标时,则随机抽取双倍样品进行该项复检,如仍不合格,则判该批为不合格。用于输送饮用水的管件卫生指标有一项不合格判为不合格批。

9　标志、包装、运输、贮存

9.1　标志

9.1.1　管件应有下列永久性标记

　　a)　商标;

　　b)　产品名称:应注明原料名称,例:PVC-C;用于饮用水的管件,应有明确标识。

　　c)　产品规格:应注明公称直径、管系列 S,例:

等径管件标记为:d_n20　S5;

异径管件标记为:$d_n40×20$　S4;

9.1.2　产品包装应有下列标志

　　a)　生产厂名、厂址、商标;

　　b)　本标准号;

　　c)　产品名称、规格;

　　d)　生产日期或生产批号。

9.2　包装

一般情况下每个包装箱内应装相同品种和规格的管件,每个包装箱重量不宜超过25 kg。

9.3　运输

管件在运输时,不得曝晒、沾污、重压、抛摔和损伤。

9.4　贮存

管件应贮存在室内,远离热源,合理放置。

附 录 A
（规范性附录）
热循环试验方法

A.1 原理

管材和管件按规定要求组装并承受一定的内压,在规定次数的温度交变后,检查管材和管件连接处的渗漏情况。

A.2 设备

试验设备包括冷热水交替循环装置,水流调节装置,水压调节装置,水温测量装置以及管道预应力和固定支撑等设施,必须符合下列要求:

    a) 提供的冷水水温能达到本标准所规定的最低温度的±5℃范围;

    b) 提供的热水水温能达到本标准所规定的最高温度的±2℃范围;

    c) 冷热水的交替能在1 min内完成;

    d) 试验组合系统中的水温变化能控制在规定的范围内,水压能保持在本标准规定值的±0.05 MPa范围内(冷热水转换时可能出现的水锤除外)。

A.3 试验组合系统安装

试验组合系统按图A.1所示并根据制造厂商推荐的方法进行装配和固定。如所用管材不能弯曲成图A.1中C部分所示的形状,则C部分按图A.2所示进行装配和固定。

A.4 试验组合系统预处理

A.4.1 将安装好的试验组合系统在23℃±2℃的室温条件下放置至少1 h。

A.4.2 按相关标准的规定对图A.1所示A部分施加张力后锁紧二端的固定支架,使其产生一个恒定的收缩应力(即预应力,为管道温度变化20℃时产生的扩张或收缩的力),本标准要求的预应力为4.8 MPa。

预应力的推算方法如下:

$$\sigma_t = \alpha \times \Delta T \times E \quad\quad\quad\quad\quad\quad (A.1)$$

式中:

σ_t——预应力,单位为兆帕(MPa);

α——热膨胀系数,1/K;

ΔT——温差,单位为开尔文(K);

E——弹性模量,单位为兆帕(MPa)。

本标准中: $\alpha = 0.7 \times 10^{-4}$ K^{-1}

        $\Delta T = 20$ K

        $E = 3\,400$ MPa

注:预应力值等于温度下降20℃时管道所产生的收缩应力。

A.4.3 将试验组合系统充满冷水驱走空气。

A.5 试验步骤

A.5.1 将组合系统与试验设备相连接。

A.5.2 起动试验设备并将水温和水压控制在本标准规定范围内。

A.5.3 打开连接阀门开始试验循环,先冷水后热水依次进行。

A.5.4 在前 5 个循环

    a) 调节平衡阀控制循环水的流速,使每个试验循环入口与出口的水温差不大于 5℃;

    b) 拧紧和调整连接处,防止任何渗漏。

A.5.5 按本标准完成规定次数的循环,检查所有连接处,看是否有渗漏。如发生渗漏,记录发生时间、类型及位置。

A.6 试验报告

    a) 注明采用本标准的附录;

    b) 试验样品的名称、规格尺寸、等级和来源等;

    c) 试验条件(包括预应力、试验水温、试验水压一个完整循环及循环的每一部分的时间等);

    d) 试验结果,如有渗漏,记录发生的时间、类型及位置;

    e) 任何可能影响结果的因素。

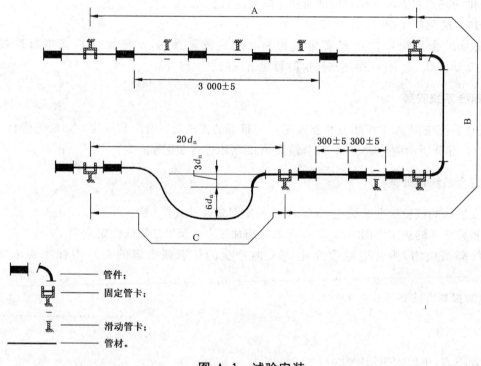

图 A.1 试验安装

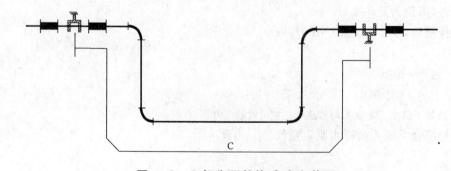

图 A.2 C部分可替换试验安装图

ICS 83.140.30
G 33

中华人民共和国国家标准

GB/T 18998.1—2003

工业用氯化聚氯乙烯（PVC-C）管道系统
第 1 部分：总则

Chlorinated poly（vinyl chloride）（PVC-C）piping systems
for industrial applications—Part 1:General

2003-03-07 发布

2003-10-01 实施

中 华 人 民 共 和 国
国家质量监督检验检疫总局 发布

前　言

GB/T 18998《工业用氯化聚氯乙烯(PVC-C)管道系统》分为三个部分：

——第 1 部分：总则；

——第 2 部分：管材；

——第 3 部分：管件。

本部分为 GB/T 18998 的第 1 部分。

本部分是在紧密跟踪国际标准化组织(ISO/TC 138)"流体输送用塑料管材、管件和阀门技术委员会"正在制定中的 ISO/DIS 15493-1《工业用塑料管道系统——ABS、PVC-U、PVC-C》系列标准最新动态与吸收其最新技术基础上，综合我国氯化聚氯乙烯管材生产、使用的实际情况而制定的。

本部分与 ISO/DIS 15493-1 标准中 PVC-C 工业用塑料管道系统中范围、术语和定义及附录 C 的技术内容基本相同，主要差异有：

——增加了氯化聚氯乙烯树脂的氯含量≥67%(质量百分比)。

——增加了耐化学性。

本部分的附录 A 为资料性附录。

本部分由中国轻工业联合会提出。

本部分由全国塑料制品标准化技术委员会(TC 48)归口。

本部分起草单位：中国·佑利管道有限公司、北京化工大学、中山环宇实业有限公司、福建亚通塑胶有限公司。

本部分主要起草人：胡旭苍、祝升锋、高金平、张慰峰、魏作友。

工业用氯化聚氯乙烯(PVC-C)管道系统
第1部分:总则

1 范围

GB/T 18998 的本部分规定了工业用氯化聚氯乙烯管道系统标准所用的定义、符号和缩略语,以及对工业用氯化聚氯乙烯管道系统材料的要求。

本部分与 GB/T 18998.2 和 GB/T 18998.3 一起,根据材料的耐化学性,可用于在压力下输送适宜的工业用固体、液体和气体等化学物质的管道系统。

本部分适用于石油、化工、污水处理与水处理、电力电子、冶金、采矿、电镀、造纸、食品饮料、医药等工业领域。

注:当用于输送易燃介质时,应符合防火、防爆的有关规定。

2 规范性引用文件

下列文件中的条款通过 GB/T 18998 的本部分的引用而成为本部分的条款。凡是注日期的引用文件,其随后所有的修改单(不包括勘误的内容)或修订版均不适用于本部分,然而,鼓励根据本部分达成协议的各方研究是否可使用这些文件的最新版本。凡是不注日期的引用文件,其最新版本适用于本部分。

GB/T 1844.1—1995 塑料及树脂缩写代号 第1部分:基础聚合物及其特征性能(neq ISO 1043-1:1987)

GB/T 2035—1996 塑料术语及其定义(eqv ISO 472:1988)

GB/T 18252—2000 塑料管道系统 用外推法对热塑性塑料管材长期静液压强度的测定(neq ISO/DIS 9080:1997)

GB/T 18998.2 工业用氯化聚氯乙烯(PVC-C)管道系统 第2部分:管材

GB/T 18998.3 工业用氯化聚氯乙烯(PVC-C)管道系统 第3部分:管件

ISO 1167:1996 流体输送用热塑性塑料管材耐内压试验方法

ISO 4433.1:1997 热塑性塑料管材——耐液体化学物质——分类

ISO 4433.3:1997 热塑性塑料管材——耐液体化学物质——分类(PVC-U、PVC-HI、PVC-C)

ISO/TR 10358:1993 塑料管材和管件——耐化学药品分类表

3 定义、符号和缩略语

下列定义、符号和缩略语适用于 GB/T 18998 的本部分。

3.1 定义

GB/T 18998 的本部分采用 GB/T 1844.1—1995、GB/T 2035—1996 中给出的定义以及下述定义。

3.1.1 几何定义

3.1.1.1

公称外径(d_n)

规定的外径,单位为毫米。

3.1.1.2

任一点外径(d_e)

在管材或管件插口端任一点通过横截面的外径测量值,精确到 0.1 mm,小数点后第二位非零数字进位,单位为毫米。

3.1.1.3

平均外径(d_{em})

管材或管件插口端的任一横截面外圆周长的测量值除以 π(≈3.142)所得的值,精确到 0.1 mm,小数点后第二位非零数字进位,单位为毫米。

3.1.1.4

最小平均外径($d_{em,min}$)

平均外径的最小值,它等于公称外径,单位为毫米。

3.1.1.5

最大平均外径($d_{em,max}$)

平均外径的最大值,单位为毫米。

3.1.1.6

承口的平均内径(d_{sm})

承口长度中点,互相垂直的两个内径测量值的算术平均值,单位为毫米。

3.1.1.7

不圆度

管材或管件插口端同一横截面测量最大外径与最小外径的差值,或者承口端同一横截面测量最大内径与最小内径的差值。

3.1.1.8

公称壁厚(e_n)

管材或管件壁厚的规定值,单位为毫米。

3.1.1.9

任一点壁厚(e)

管材或管件圆周上任一点壁厚的测量值,精确到 0.1 mm,小数点后第二位非零数字进位。

3.1.1.10

最小壁厚(e_{min})

管材或管件圆周上任一点壁厚的最小值,它等于公称壁厚,单位为毫米。

3.1.1.11

最大壁厚(e_{max})

管材或管件圆周上任一点壁厚的最大值,单位为毫米。

3.1.1.12

标准尺寸比(SDR)

管材的公称外径与公称壁厚的比值,用式(1)计算。

$$SDR = d_n/e_n \qquad \cdots\cdots\cdots\cdots\cdots\cdots\cdots\cdots(1)$$

式中:

d_n——公称外径,单位为毫米(mm);

e_n——公称壁厚,单位为毫米(mm)。

3.1.1.13

管系列(S)

一个与公称外径和公称壁厚有关的无量纲数值,S 值用式(2)计算。

$$S = \frac{d_n - e_n}{2e_n} \quad\quad\quad \cdots\cdots\cdots\cdots\cdots\cdots (2)$$

式中：

d_n——公称外径,单位为毫米(mm)；

e_n——公称壁厚,单位为毫米(mm)。

3.1.2 与使用条件有关的定义

3.1.2.1

设计压力(p_D)

管道系统压力的最大设计值,单位为兆帕。

3.1.2.2

静液压应力(σ)

以水为介质,管道受内压时管壁内的环向应力,用式(3)计算,单位为兆帕。

$$\sigma = p \times \frac{d_{em} - e_{min}}{2e_{min}} \quad\quad\quad \cdots\cdots\cdots\cdots\cdots\cdots (3)$$

式中：

p——管材所受内压,单位为兆帕(MPa)；

d_{em}——管材的平均外径,单位为毫米(mm)；

e_{min}——管材的最小壁厚,单位为毫米(mm)。

3.1.3 与材料性能有关的定义

3.1.3.1

预期的长期静液压强度的置信下限(σ_{LPL})

在温度 T、时间 t 和 97.5%置信下限情况下,预测的静液压强度,单位为兆帕。

3.1.3.2

设计应力(σ_D)

在规定的使用条件下所允许的应力,单位为兆帕,对管材材料为 σ_{DP},对塑料管件材料为 σ_{DF}。

3.1.3.3

总体使用(设计)系数(C)

一个大于1的系数,考虑了未在置信下限 LPL 体现出的管道系统的性能和使用条件。

3.1.3.4

最小要求强度(MRS)

水温 20℃,使用 50 年置信下限 σ_{LPL} 的值,按 R10 或 R20 系列向下圆整,单位为兆帕。

3.1.3.5

自有回用料

制造厂在生产和检验过程中,产生的废品及边角料。其材料组成与性能应符合本部分要求。

3.2 符号及量纲

GB/T 18998 的本部分中所使用的符号按英文字母的顺序排列如下：

C:总体使用(设计)系数；

d_e:外径(任一点),单位为毫米(mm)；

d_{em}:平均外径,单位为毫米(mm)；

$d_{em,min}$:最小平均外径,单位为毫米(mm)；

$d_{em,max}$:最大平均外径,单位为毫米(mm)；

d_n:公称外径,单位为毫米(mm)；

d_{sm}:承口的平均内径,单位为毫米(mm)；

e：任一点的壁厚，单位为毫米（mm）；

e_{max}：任一点的最大壁厚，单位为毫米（mm）；

e_{min}：任一点的最小壁厚，单位为毫米（mm）；

e_n：公称壁厚，单位为毫米（mm）；

p：内部静液压压力，单位为兆帕（MPa）；

p_D：设计压力，单位为兆帕（MPa）；

T：温度，单位为开尔文（K）或摄氏度（℃）；

t：时间，单位为小时（h）；

σ：静液压应力，单位为兆帕（MPa）；

σ_D：设计应力，单位为兆帕（MPa）；

σ_{DF}：塑料管件材料的设计应力，单位为兆帕（MPa）；

σ_{DP}：塑料管材材料的设计应力，单位为兆帕（MPa）；

σ_F：塑料管件材料的静液压应力，单位为兆帕（MPa）；

σ_P：塑料管材材料的静液压应力，单位为兆帕（MPa）；

σ_{LPL}：预期的长期静液压强度的置信下限，单位为兆帕（MPa）。

3.3 缩略语

LPL：置信下限；

MRS：最小要求强度；

PVC-C：氯化聚氯乙烯；

S：管系列；

SDR：标准尺寸比；

TIR：真实冲击率。

4 材料

4.1 制造管材与管件的材料为氯化聚氯乙烯（PVC-C）树脂，以及为提高其性能及加工性能所加入的添加剂组成，添加剂应分散均匀。

4.2 氯化聚氯乙烯树脂的氯含量≥67％（质量百分比）；制造管材、管件用氯化聚氯乙烯混配料的氯含量≥60％（质量百分比）。

4.3 耐化学性按 ISO/TR 10358：1993 中选择"耐化学性 S 级"可使用的化学介质，对 ISO/TR 10358 中未给出的化学介质，按 ISO 4433.1 和 ISO 4433.3 进行试验确定其适用性。

4.4 管材、管件用管材料应制成管材，按 ISO 1167：1996 试验方法和 GB/T 18252 的要求在至少四个不同温度下作长期静液压试验。

试验数据按 GB/T 18252 方法计算得到不同温度、不同时间的 σ_{LPL} 值，并作出材料蠕变破坏曲线，将材料的蠕变破坏曲线与本部分附录 A 中给出的预测强度参照曲线相比较，试验结果的 σ_{LPL} 值在全部时间及温度范围内均应高于参照曲线上的对应值。

管材材料的最小要求强度 MRS 值应不小于 25 MPa。

管件材料的最小要求强度 MRS 值应不小于 20 MPa。

4.5 允许使用符合本部分的本厂回用料。

附 录 A

（资料性附录）

预测强度曲线

氯化聚氯乙烯管材材料的预测强度参照曲线参见图 A.1，氯化聚氯乙烯管件材料预测强度参照曲线参见图 A.2。

图 A.1、图 A.2 中 10℃～95℃范围内的参照曲线分别由式（A.1）和式（A.2）计算得出：

PVC-C 管材材料：

$$\lg t = -109.95 - 21\,897.4 \times \frac{\lg \sigma}{T} + 43\,702.87 \times \frac{1}{T} + 50.742\,02 \times \lg \sigma \quad \cdots\cdots\cdots (\text{A.1})$$

PVC-C 管件材料：

$$\lg t = -121.699 - 25\,985 \times \frac{\lg \sigma}{T} + 47\,143.18 \times \frac{1}{T} + 63.035\,11 \times \lg \sigma \quad \cdots\cdots\cdots (\text{A.2})$$

式中：

T——绝对温度，单位为开尔文（K）；

t——破坏时间，单位为小时（h）；

σ——静液压应力。

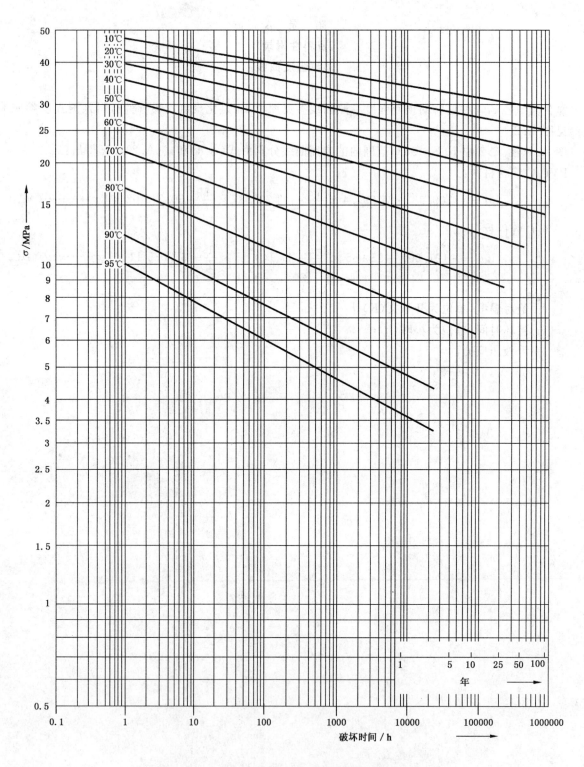

图 A.1 PVC-C管材材料预测强度参照曲线

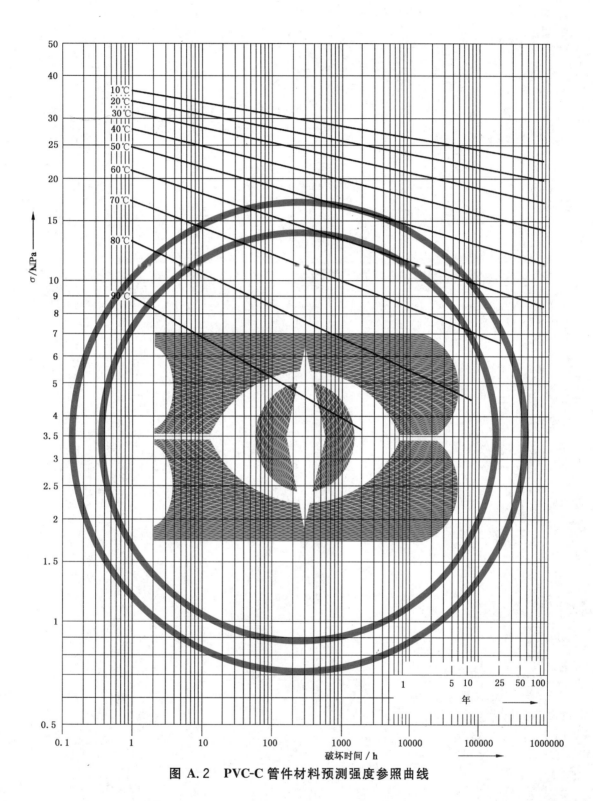

图 A.2　PVC-C 管件材料预测强度参照曲线

ICS 83.140.30
G 33

中华人民共和国国家标准

GB/T 18998.2—2003

工业用氯化聚氯乙烯(PVC-C)管道系统
第2部分：管材

Chlorinated poly（vinyl chloride）（PVC-C）piping systems
for industrial applications—Part 2：Pipes

2003-03-07 发布

2003-10-01 实施

中 华 人 民 共 和 国
国家质量监督检验检疫总局 发布

前　言

GB/T 18998《工业用氯化聚氯乙烯(PVC-C)管道系统》分为三个部分：

——第 1 部分：总则；

——第 2 部分：管材；

——第 3 部分：管件。

本部分为 GB/T 18998 的第 2 部分。

本部分是在紧密跟踪国际标准化组织(ISO/TC 138)"流体输送用塑料管材、管件和阀门技术委员会"正在制定中的 ISO/DIS 15493-1《工业用塑料管道系统——ABS、PVC-U、PVC-C》系列标准最新动态与吸收其最新技术基础上，综合我国氯化聚氯乙烯管材生产、使用的实际情况而制定的。

本部分与 ISO/DIS 15493-1 标准中 PVC-C 工业用塑料管道系统中管材的主要技术内容相同，主要差异有：

——增加了定型检验一节；

——增加了附录 A。

本部分的附录 A 为规范性附录。

本部分由中国轻工业联合会提出。

本部分由全国塑料制品标准化技术委员会(TC 48)归口。

本部分起草单位：中国·佑利管道有限公司、北京化工大学、中山环宇实业有限公司、福建亚通塑胶有限公司。

本部分主要起草人：胡旭苍、祝升锋、贾梦秋、张慰峰、魏作友。

工业用氯化聚氯乙烯(PVC-C)管道系统
第2部分：管材

1 范围

GB/T 18998 的本部分规定了以氯化聚氯乙烯(PVC-C)树脂为主要原料，经挤出成型的工业用管材(以下简称管材)的材料、产品分类、技术要求、试验方法、检验规则和标志、包装、运输、贮存。

本部分与 GB/T 18998.1 和 GB/T 18998.3 一起，根据材料的耐化学性，可用于在压力下输送适宜的工业用固体、液体和气体等化学物质的管道系统。

本部分适用于石油、化工、污水处理与水处理、电力电子、冶金、采矿、电镀、造纸、食品饮料、医药等工业领域。

注：当用于输送易燃易爆介质时，应符合防火、防爆的有关规定。

2 规范性引用文件

下列文件中的条款通过 GB/T 18998 的本部分的引用而成为本部分的条款。凡是注日期的引用文件，其随后所有的修改单(不包括勘误的内容)或修订版均不适用于本部分，然而，鼓励根据本部分达成协议的各方研究是否可使用这些文件的最新版本。凡是不注日期的引用文件，其最新版本适用于本部分。

GB/T 1033—1986 塑料密度和相对密度试验方法(eqv ISO/DIS 1183:1984)

GB/T 2828 逐批检查计数抽样程序及抽样表(适用连续批的检查)

GB/T 2918 塑料试样状态调节和试验的标准环境(GB/T 2918—1988,idt ISO 291:1997)

GB/T 6671—2001 热塑性塑料管材 纵向回缩率的测定(eqv ISO 2505:1994)

GB/T 7139 氯乙烯均聚物和共聚物中氯的测定(GB/T 7139—1986,eqv ISO 1158:1984)

GB/T 8802 热塑性塑料管材、管件 维卡软化温度的测定(GB/T 8802—2001,eqv ISO 2507:1995)

GB/T 8806 塑料管材尺寸测量方法(GB/T 8806—1988,eqv ISO 3126:1974)

GB/T 14152 热塑性塑料管材耐外冲击性能试验方法 时针旋转法(GB/T 14152—2001,eqv ISO 3127:1994)

GB/T 18998.1—2003 工业用氯化聚氯乙烯(PVC-C)管道系统 第1部分:总则

GB/T 18998.3 工业用氯化聚氯乙烯(PVC-C)管道系统 第3部分:管件

ISO 1167:1996 流体输送用热塑性塑料管材耐内压试验方法

ISO 4433.1:1997 热塑性塑料管材——耐液体化学物质——分类

ISO 4433.3:1997 热塑性塑料管材——耐液体化学物质——分类(PVC-U、PVC-HI、PVC-C)

3 定义、符号和缩略语

本部分采用 GB/T 18998.1—2003 给出的定义、符号和缩略语。

4 材料

制造管材所用原材料应符合 GB/T 18998.1 的规定。

5 产品分类

5.1 管材按尺寸分为：S10、S6.3、S5、S4 四个管系列。

管材规格用 S×× 公称外径 d_n × 公称壁厚 e_n 表示，例：S5 $d_n50 \times e_n$ 5.6。

5.2 管系列 S，标准尺寸比 SDR 及管材规格尺寸，见表 1。

依据 ISO 4433-1:1997 和 ISO 4433-3:1997 的试验方法将耐化学性分为"耐化学性 S 级"、"耐化学性 L 级"、"耐化学性 NS 级"，耐化学腐蚀分类见附录 A。根据管材所输送的化学介质及应用条件，从表 1 中合理的选择管系列。

表 1 管材规格尺寸　　　　　　　　　　　　　　单位为毫米

公称外径 d_n	公称壁厚 e_n			
	管系列 S			
	S10	S6.3	S5	S4
	标准尺寸比 SDR			
	SDR21	SDR13.6	SDR11	SDR9
20	2.0(0.96)*	2.0(1.5)*	2.0(1.9)*	2.3
25	2.0(1.2)*	2.0(1.9)*	2.3	2.8
32	2.0(1.6)*	2.4	2.9	3.6
40	2.0(1.9)*	3.0	3.7	4.5
50	2.4	3.7	4.6	5.6
63	3.0	4.7	5.8	7.1
75	3.6	5.6	6.8	8.4
90	4.3	6.7	8.2	10.1
110	5.3	8.1	10.0	12.3
125	6.0	9.2	11.4	14.0
140	6.7	10.3	12.7	15.7
160	7.7	11.8	14.6	17.9
180	8.6	13.3	—	—
200	9.6	14.7	—	—
225	10.8	16.6		—

注：考虑到刚度的要求，带"*"号规格的管材壁厚增加到 2.0 mm，进行液压试验时用括号内的壁厚计算试验压力。

6 技术要求

6.1 颜色

一般为灰色，也可根据用户要求，由供需双方协商确定。

6.2 外观

管材的内外表面应光滑平整、清洁，不允许有气泡、划伤、凹陷、明显杂质及颜色不均的缺陷。管端应切割平整,并与管轴线垂直。

6.3 不透光性

管材应不透光。

6.4 管材尺寸

6.4.1 管材的长度一般为 4 m 或 6 m,也可根据用户要求,由供需双方协商确定。长度允许偏差值为长度的 $^{+0.4}_{0}$％。

6.4.2 管材的平均外径 d_{em} 及偏差和不圆度的最大值应符合表 2 的规定。

表 2 平均外径及偏差和不圆度的最大值

单位为毫米

平均外径 d_{em}		不圆度的最大值	平均外径 d_{em}		不圆度的最大值
公称外径 d_n	允许偏差		公称外径 d_n	允许偏差	
20	$^{+0.2}_{0}$	0.5	110	$^{+0.4}_{0}$	1.4
25	$^{+0.2}_{0}$	0.5	125	$^{+0.4}_{0}$	1.5
32	$^{+0.2}_{0}$	0.5	140	$^{+0.5}_{0}$	1.7
40	$^{+0.2}_{0}$	0.5	160	$^{+0.5}_{0}$	2.0
50	$^{+0.2}_{0}$	0.6	180	$^{+0.6}_{0}$	2.2
63	$^{+0.3}_{0}$	0.8	200	$^{+0.6}_{0}$	2.4
75	$^{+0.3}_{0}$	0.9	225	$^{+0.7}_{0}$	2.7
90	$^{+0.3}_{0}$	1.1	—	—	—

6.4.3 管材的壁厚应符合表 1 的规定,管材任一点的壁厚偏差应符合表 3 的规定。

表 3 壁厚偏差

单位为毫米

公称壁厚 e_n	允许偏差
2.0	$^{+0.4}_{0}$
$2.0 < e_n \leqslant 3.0$	$^{+0.5}_{0}$
$3.0 < e_n \leqslant 4.0$	$^{+0.6}_{0}$
$4.0 < e_n \leqslant 5.0$	$^{+0.7}_{0}$
$5.0 < e_n \leqslant 6.0$	$^{+0.8}_{0}$
$6.0 < e_n \leqslant 7.0$	$^{+0.9}_{0}$
$7.0 < e_n \leqslant 8.0$	$^{+1.0}_{0}$

表 3(续)　　　　　　　　　　　　　单位为毫米

公称壁厚 e_n	允许偏差
$8.0 < e_n \leqslant 9.0$	$+1.1$ $\quad0$
$9.0 < e_n \leqslant 10.0$	$+1.2$ $\quad0$
$10.0 < e_n \leqslant 11.0$	$+1.3$ $\quad0$
$11.0 < e_n \leqslant 12.0$	$+1.4$ $\quad0$
$12.0 < e_n \leqslant 13.0$	$+1.5$ $\quad0$
$13.0 < e_n \leqslant 14.0$	$+1.6$ $\quad0$
$14.0 < e_n \leqslant 15.0$	$+1.7$ $\quad0$
$15.0 < e_n \leqslant 16.0$	$+1.8$ $\quad0$
$16.0 < e_n \leqslant 17.0$	$+1.9$ $\quad0$
$17.0 < e_n \leqslant 18.0$	$+2.0$ $\quad0$

6.5　物理性能

管材物理性能应符合表 4 的规定。

表 4　物理性能

项　目	要　求
密度/(kg/m³)	1 450～1 650
维卡软化温度/℃	≥110
纵向回缩率/(%)	≤5
氯含量(质量百分比)/(%)	≥60

6.6　力学性能

管材力学性能应符合表 5 的规定。

表 5　力学性能

项　目	试验参数			要　求
	温度/℃	静液压应力/MPa	时间/h	
静液压试验	20	43	≥1	无破裂,无渗漏
	95	5.6	≥165	
	95	4.6	≥1 000	
静液压状态下热稳定性试验	95	3.6	≥8 760	
落锤冲击试验	试验温度(0±1)℃ 落锤质量与高度见表 8			TIR≤10%

6.7　系统适用性

管材与符合 GB/T 18998.3 规定的管件连接后应通过液压试验,试验条件按表 6 规定。

表 6　液压试验

项　目	试验参数			要　求
	温度/℃	静液压应力/MPa	时间/h	
液压试验	20	17	≥1 000	无破裂,无渗漏
	80	4.8	≥1 000	

7　试验方法

7.1　试验条件

按照 GB/T 2918 规定,在温度为(23±2)℃状态条件下进行状态调节,并在此条件下进行试验。

7.2　颜色与外观

用肉眼观察。

7.3　不透光性

取 400 mm 管段,将一端用不透光材料封严,在管子侧面有自然光条件下,用手握住有光源方向的管壁,从管子开口端用肉眼观察试样的内表面,以不见手遮挡光源的影子为合格。

7.4　尺寸测量

7.4.1　长度:用精度为 1 mm 的钢卷尺测量。

7.4.2　平均外径 d_{em} 及偏差和不圆度,按 GB/T 8806 规定测量,数值精确至 0.1 mm。

7.4.3　壁厚:按 GB/T 8806 规定,对所抽取的试样沿圆周测量壁厚最大值和最小值,数值精确至0.1 mm,小数点后第二位非零数进位。

7.5　密度

按 GB/T 1033—1986 方法 A 进行测试。

7.6　氯含量

按 GB/T 7139 进行测试。

7.7　维卡软化温度

按 GB/T 8802 进行测试。

7.8　纵向回缩率

按 GB/T 6671—2001 方法 B——烘箱试验测定,烘箱温度(150±2)℃,试样恒温时间见表7。

表 7　试样恒温时间

公称壁厚 e_n/mm	恒温时间/min
$e_n \leqslant 4$	30±1
$4 < e_n \leqslant 16$	60±1
$e_n > 16$	120±1

7.9　落锤冲击试验

按 GB/T 14152 规定,0℃条件下,冲击锤头半径为 25 mm,落锤质量和冲击高度见表8。

表 8　落锤冲击试验的落锤质量和冲击高度

公称外径 d_n/mm	落锤质量/kg	冲击高度/m
20	0.5	0.4
25	0.5	0.5
32	0.5	0.6
40	0.5	0.8

表 8（续）

公称外径 d_n/mm	落锤质量/kg	冲击高度/m
50	0.5	1.0
63	0.8	1.0
75	0.8	1.0
90	0.8	1.2
110	1.0	1.6
125	1.25	2.0
140	1.6	1.8
160	1.6	2.0
180	2.0	1.8
200	2.0	2.0
225	2.5	1.8

7.10 静液压试验

7.10.1 试验条件按表5的规定,试验用介质为水,试样取三个。

7.10.2 试验方法按 ISO 1167:1996 规定选用 a 型封头。

7.11 静液压状态下的热稳定性试验

7.11.1 试验设备:循环控温烘箱。

7.11.2 试验条件按表5规定。循环控温烘箱的温度偏差为 $\pm^4_2℃$。试验介质:内部为水,外部为空气。

7.11.3 试验方法:取三个试样经状态调节后,安装在循环控温烘箱内,按 ISO 1167 进行试验,用 a 型封头。

7.12 系统适用性

管材与管件连接后,按 ISO 1167 规定进行内压试验,试验介质为水。试验条件按表6规定。

8 检验、判定规则

产品应经生产厂质量检验部门检验合格并附有合格标志,方可出厂。

8.1 组批

同一批原料,同一工艺生产的同一规格管材为一批,每批数量不超过 50 t,如果生产七天仍不足 50 t,则以七天产量为一批。

8.2 定型检验

项目为技术要求的全部项目。首次投产或原料、工艺、配方发生重大改变时应进行定型试验。

8.3 出厂检验

8.3.1 出厂检验项目为 6.1、6.2、6.3、6.4、6.5 的纵向回缩率,6.6 的落锤冲击试验及 20℃、1 h 静液压试验及 95℃、165 h 静液压试验。

8.3.2 项目 6.1、6.2、6.3、6.4 按 GB/T 2828 规定,采用正常检验一次抽样方案,取一般检验水平Ⅰ,合格质量水平为 6.5,抽样方案见表9。

表 9 抽样及判定

批量范围 N	样本大小 n	合格判定数 A_c	不合格判定数 R_e
≤150	8	1	2
151~280	13	2	3

表 9(续)

批量范围 N	样本大小 n	合格判定数 A_c	不合格判定数 R_e
281～500	20	3	4
501～1 200	32	5	6
1 201～3 200	50	7	8
3 201～10 000	80	10	11

8.3.3 在计数抽样合格的产品中,随机抽取足够数量的样品进行纵向回缩率和落锤冲击试验,20℃、1 h 静液压试验和 95℃、165 h 静液压试验。

8.4 型式检验

8.4.1 型式检验项目为除 6.6 的静液压状态下热稳定性试验和 6.7 系统适用性试验之外规定的全部技术要求。

8.4.2 按本部分技术要求,并按 8.3.2 规定对外观及尺寸进行检验,在检验合格的产品中抽取足够样品进行 8.4.1 所规定的项目检验,一般为每两年进行一次型式检验。若有下列情况之一时,也应进行型式检验:

    a) 结构、材料、工艺有较大变动,可能影响产品性能时;

    b) 产品长期停产后恢复生产时;

    c) 出厂检验结果与上次型式检验结果有较大差异时;

    d) 国家质量监督机构提出进行型式检验要求时。

8.5 判定规则

项目 6.1、6.2、6.3、6.4 按表 9 进行判定。其他指标有一项达不到规定时,则随机抽取双倍样品进行该项复检;如仍不合格,则判定为不合格批。

9 标志、包装、运输、贮存

9.1 标志

9.1.1 每根管应至少有两处完整的永久性标志。

9.1.2 标志至少应包括下列内容:

    a) 生产厂名、厂址;

    b) 产品名称,应注明"PVC-C 工业用";

    c) 商标;

    d) 规格及尺寸;

    e) GB/T 18998 的本部分编号;

    f) 生产日期。

9.2 包装

管材应妥善包装,也可根据用户要求协商确定。

9.3 运输

管材在运输与装卸时,不得抛摔、曝晒、沾污、重压和损伤。

9.4 贮存

管材应合理堆放,不得露天曝晒。堆放时应远离热源,堆放高度不超过 1.5 m。

附 录 A
（规范性附录）
耐化学腐蚀分类（经112天化学介质浸泡后）

A.1 经112天化学介质浸泡后，根据质量百分比平均值判断管材的耐腐蚀性种类，见表A.1。

表A.1 根据浸入112天后质量变化百分比平均值 Δm 判断管材的耐腐蚀性种类

管 材	Δm 的允许范围（%）		
	耐腐蚀 S	有限的耐腐蚀 L	不耐腐蚀 NS
PVC-C	$-0.8 \leqslant \overline{\Delta m} \leqslant 3.6$	$3.6 < \overline{\Delta m} \leqslant 10$ $-0.8 > \overline{\Delta m} \geqslant -2$	$\overline{\Delta m} > 10$ $\overline{\Delta m} < -2$

A.2 经112天化学介质浸泡后，根据断裂伸长率变化百分比平均值判断管材的耐腐蚀性种类，见表A.2。

表A.2 根据浸入112天的断裂伸长率变化百分比平均值 $Q_{\varepsilon b}$ 判断管材的耐腐蚀性种类

管 材	$Q_{\varepsilon b}$ 的允许范围（%）		
	耐腐蚀 S	有限的耐腐蚀 L	不耐腐蚀 NS
PVC-C	$50 \leqslant Q_{\varepsilon b} \leqslant 125$	$50 > Q_{\varepsilon b} \geqslant 30$ $125 < Q_{\varepsilon b} \leqslant 150$	$Q_{\varepsilon b} < 30$ $Q_{\varepsilon b} > 150$

ICS 83.140.30
G 33

中华人民共和国国家标准

GB/T 18998.3—2003

工业用氯化聚氯乙烯(PVC-C)管道系统
第3部分：管件

Chlorinated poly（vinyl chloride）（PVC-C）piping systems
for industrial applications—Part 3:Fittings

2003-03-07 发布

2003-10-01 实施

中 华 人 民 共 和 国
国家质量监督检验检疫总局 发布

前　言

GB/T 18998《工业用氯化聚氯乙烯(PVC-C)管道系统》分为以下三个部分:

——第1部分:总则;

——第2部分:管材;

——第3部分:管件。

本部分为 GB/T 18998 的第3部分。

本部分是在紧密跟踪国际标准化组织(ISO/TC 138)"流体输送用塑料管材、管件和阀门技术委员会"正在制定中的 ISO/DIS 15493-1《工业用塑料管道系统——ABS、PVC-U、PVC-C》系列标准最新动态与吸收其最新技术基础上,综合我国氯化聚氯乙烯管材生产、使用的实际情况而制定的。

本部分与 ISO/DIS 15493-1 标准中 PVC-C 工业用塑料管道系统中管件的主要技术内容相同,主要差异为增加了定型检验一节。

本部分由中国轻工业联合会提出。

本部分由全国塑料制品标准化技术委员会(TC 48)归口。

本部分起草单位:中国·佑利管道有限公司、北京化工大学、中山环宇实业有限公司、福建亚通塑胶有限公司。

本部分主要起草人:胡旭苍、祝升锋、丁玉梅、张慰峰、魏作友。

工业用氯化聚氯乙烯(PVC-C)管道系统
第3部分:管件

1 范围

GB/T 18998 的本部分规定了以氯化聚氯乙烯(PVC-C)树脂为主要原料制造的适合于工业应用的氯化聚氯乙烯管件(以下简称管件)的材料、产品分类、技术要求、试验方法、检验规则、标志、包装、运输和贮存。

本部分与 GB/T 18998.1 和 GB/T 18998.2 一起,根据材料的耐化学性,可用于在压力下输送适宜的工业用固体、液体和气体等化学物质的管道系统。

本部分适用于石油、化工、污水处理与水处理、电力电子、冶金、采矿、电镀、造纸、食品饮料、医药等工业领域。

注:当用于输送易燃易爆介质时,应符合防火、防爆的有关规定。

2 规范性引用文件

下列文件中的条款通过 GB/T 18998 的本部分的引用而成为本部分的条款。凡是注日期的引用文件,其随后所有的修改单(不包括勘误的内容)或修订版均不适用于本部分,然而,鼓励根据本部分达成协议的各方研究是否可使用这些文件的最新版本。凡是不注日期的引用文件,其最新版本适用于本部分。

GB/T 1033—1986 塑料密度和相对密度试验方法(eqv ISO/DIS 1183:1984)

GB/T 2828 逐批检查计数抽样程序及抽样表(适用于连续批的检查)

GB/T 2918—1998 塑料试样状态调节和试验的标准环境(idt ISO 291:1997)

GB/T 7139 氯乙烯均聚物和共聚物中氯的测定(GB/T 7139—1986,eqv ISO 1158:1984)

GB/T 8802 热塑性塑料管材、管件 维卡软化温度的测定(GB/T 8802—2001,eqv ISO 2507:1995)

GB/T 8803 注射成型硬质聚氯乙烯(PVC-U)、氯化聚氯乙烯(PVC-C)、丙烯腈-丁二烯-苯乙烯三元共聚物(ABS)和丙烯腈-苯乙烯-丙烯酸盐三元共聚物(ASA)管件 热烘箱试验方法

GB/T 8806 塑料管材尺寸测量方法(GB/T 8806—1988,eqv ISO 3126:1974)

GB/T 18998.1—2003 工业用氯化聚氯乙烯(PVC-C)管道系统 第1部分:总则

GB/T 18998.2—2003 工业用氯化聚氯乙烯(PVC-C)管道系统 第2部分:管材

ISO 1167 流体输送用热塑性塑料管材耐内压试验方法

ISO 4433-1:1997 热塑性塑料管材——耐液体化学物质——分类

3 定义、符号和缩略语

本部分采用 GB/T 18998.1—2003 给出的定义、符号和缩略语。

4 材料

生产管件用材料应符合 GB/T 18998.1 的规定。

5 产品分类

5.1 管件按对应的管系列 S 分为四类:S10、S6.3、S5、S4。

5.2 管件按连接型式分为两类:溶剂粘接型管件和法兰连接型管件。

5.2.1 溶剂粘接型管件分圆柱形和圆锥形承口(见图1、图2),尺寸见表1、表2。

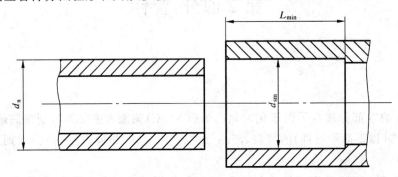

图 1 圆柱形承口
表 1 圆柱形承口尺寸

单位为毫米

公称外径 d_n	承口的平均内径 d_{sm}		不圆度[a]	承口长度[b] L
	min	max	max	min
20	20.1	20.3	0.25	16.0
25	25.1	25.3	0.25	18.5
32	32.1	32.3	0.25	22.0
40	40.1	40.3	0.25	26.0
50	50.1	50.3	0.3	31.0
63	63.1	63.3	0.4	37.5
75	75.1	75.3	0.5	43.5
90	90.1	90.3	0.6	51.0
110	110.1	110.4	0.7	61.0
125	125.1	125.4	0.8	68.5
140	140.2	140.5	0.9	76.0
160	160.2	160.5	1.0	86.0
180	180.2	180.6	1.1	96.0
200	200.3	200.6	1.2	106.0
225	225.3	225.7	1.4	118.5
注:承口的平均内径 d_{sm} 应在承口中部测量,承口部分最大夹角应不超过 $0°30'$。				
[a] 不圆度偏差小于等于 $0.007d_n$。若 $0.007\ d_n < 0.2$ mm,则不圆度偏差小于等于 0.2 mm。				
[b] 承口最小长度等于 $0.5d_n + 6$ mm,最短为 12 mm。				

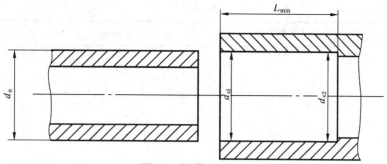

图 2 圆锥形承口

表 2 圆锥形承口尺寸

单位为毫米

公称外径 d_n	接头内径				不圆度[a] max	承口长度 L min
	承口口部 d_{s1}		承口底部 d_{s2}			
	min	max	min	max		
20	20.25	20.45	19.9	20.1	0.25	20.0
25	25.25	25.45	24.9	25.1	0.25	25.0
32	32.25	32.45	31.9	32.1	0.25	30.0
40	40.25	40.25	39.8	40.1	0.25	35.0
50	50.25	50.45	49.8	50.1	0.3	41.0
63	63.25	63.45	62.8	63.1	0.4	50.0
75	75.3	75.6	74.75	75.1	0.5	60.0
90	90.3	90.6	89.75	90.1	0.6	72.0
110	110.3	110.6	109.75	110.1	0.7	88.0

[a] 不圆度偏差小于等于 $0.007d_1$，或当 $0.007 d_2 < 0.2$ mm 时，偏差小于等于 0.2 mm。

5.2.2 法兰连接型管件见图 3～图 5，尺寸见表 3～表 5。

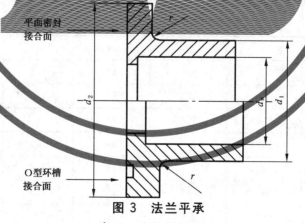

平面密封
接合面

O型环槽
接合面

图 3 法兰平承

表 3 法兰平承尺寸

单位为毫米

对应管材的公称外径 d_n	承口底部的外径 d_1	法兰接头的外径 d_2	承口底部的倒角 r
20	27	34	1
25	33	41	1.5
32	41	50	1.5
40	50	61	2
50	61	73	2
63	76	90	2.5
75	90	106	1.5

表 3（续） 单位为毫米

对应管材的公称外径 d_n	承口底部的外径 d_1	法兰接头的外径 d_2	承口底部的倒角 r
90	108	125	3
110	131	150	3
125	148	170	3
140	165	188	4
160	188	213	4
180	201	247	4
200	224	250	4
225	248	274	4

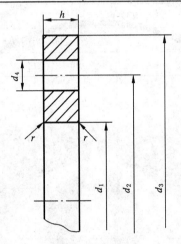

图 4 法兰盘

表 4 法兰盘尺寸 单位为毫米

对应管材的公称外径 d_n	法兰盘内径 d_1	螺栓孔节圆直径 d_2	法兰盘外径 d_3 min	螺栓孔直径 d_4	倒角 r	螺栓孔数 n	法兰盘最小厚度 h
20	28	65	95	14	1	4	13
25	34	75	105	14	1.5	4	17
32	42	85	115	14	1.5	4	18
40	51	100	140	18	2	4	20
50	62	110	150	18	2	4	20
63	78	125	165	18	2.5	4	25
75	92	145	185	18	2.5	4	25
90	110	160	200	18	3	8	26
110	133	180	220	18	3	8	26
125	150	210	250	18	3	8	28
140	167	210	250	18	4	8	28
160	190	240	285	22	4	8	30
180	203	270	315	22	4	8	30
200	226	295	340	22	4	8	32
225	250	295	340	22	4	8	32

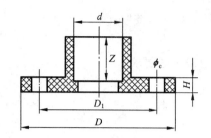

图 5 呆法兰

表 5 呆法兰尺寸   单位为毫米

公称外径 d_n	外形尺寸					
	D	d	Z_{min}	D_1	ϕ_e	n
20	95	20	16.0	65	14	4
25	105	25	18.5	75	14	4
32	115	32	22.0	85	14	4
40	140	40	26.0	100	18	4
50	150	50	31.0	110	18	4
63	165	63	37.5	125	18	4
75	185	75	43.5	145	18	4
90	200	90	51.0	160	18	8
110	220	110	61.0	180	18	8
125	250	125	68.5	210	18	8
140	250	140	76.0	210	18	8
160	285	160	86.0	240	22	8
180	315	180	96.0	270	22	8
200	340	200	106.0	295	22	8
225	340	225	118.5	295	22	8

5.3 依据 ISO 4433-1:1997 的试验方法将耐化学性分为"耐化学性 S 级"、"耐化学性 L 级"、"耐化学性 NS 级",根据所输送的介质及应用条件合理的选用管件。

6 技术要求

6.1 颜色

一般为灰色,也可根据用户要求,由供需双方协商确定。

6.2 外观

管件的内外表面应光滑平整,不允许有气泡、划伤、凹陷、明显杂质及颜色不均等缺陷。

6.3 不透光性

管件应不透光。

6.4 管件尺寸

6.4.1 承口直径

溶剂粘接型管件的承口的平均内径与管材的公称外径相对应。

6.4.2 壁厚

管件最小壁厚不得小于同等规格的管材壁厚。

6.4.3 溶剂粘接圆柱形承口尺寸

圆柱形承口见图1,尺寸应符合表1的要求。

6.4.4 溶剂粘接锥形承口尺寸

锥形承口见图2,尺寸符合表2的要求。

6.4.5 法兰尺寸

法兰见图4,尺寸应符合表4的要求。

6.4.6 呆法兰

呆法兰见图5,尺寸应符合表5的要求。

法兰盘最小厚度应符合表4的要求。

6.5 物理性能

管件物理性能应符合表6的要求。

表6 物理性能

项 目	要 求
密度/(kg/m³)	1 450～1 650
维卡软化温度/℃	≥103
烘箱试验	无任何破裂、分层、起泡或熔接痕裂开的现象
氯含量(质量百分比)/(%)	≥60

6.6 力学性能

6.6.1 管件的力学性能应符合表7的要求。

表7 力学性能

项 目	试验参数			要 求
	温度/℃	静液压应力/MPa	时间/h	
静液压试验	20	28.5	≥1 000	无破裂,无渗漏
	60	21.1	≥1	
	80	6.9	≥1 000	

6.6.2 静液压状态下热稳定性应符合表8的要求。

表8 静液压状态下热稳定性

项 目	试验参数			要 求
	温度/℃	静液压应力/MPa	时间/h	
静液压状态下热稳定性试验	90	2.85	≥17 520	无破裂,无渗漏

6.7 系统适用性

管件与符合GB/T 18998.2规定的管材连接后通过液压试验,试验条件按表9规定。

表9 液压试验

液压应力/MPa	17	4.8	要 求
试验温度/℃	20	80	无破裂,无渗漏
试验时间/h	≥1 000	≥1 000	

7 试验方法

7.1 试验条件

按照 GB/T 2918 规定,在温度为(23±2)℃状态条件下进行状态调节,并在此条件下进行试验。

7.2 颜色与外观

在自然光下,用肉眼进行检查。

7.3 不透光性

管材与管件相连,按 GB/T 18998.2—2003 中 7.3 进行试验,用相同原料生产的管材已做过不透光性试验则管件可不做。

7.4 尺寸测量

7.4.1 承口中部平均内径

用精度不低于 0.01 mm 的内径量表测量承口中部相互垂直的两个直径,计算其算术平均值。

7.4.2 承口深度

用精度不低于 0.02 mm 的游标卡尺测量。

7.4.3 管件壁厚

按 GB/T 8806 规定测量,必要时可将管件切开测量。

7.5 密度

按 GB/T 1033—1986 方法 A 规定测试。

7.6 氯含量

按 GB/T 7139 规定测试。

7.7 维卡软化温度

按 GB/T 8802 规定测试。

7.8 烘箱试验

按 GB/T 8803 规定测试。

7.9 静液压试验

7.9.1 试验条件按表 7 的规定,试验介质为水,试样取三个。

7.9.2 试样应符合 ISO 1167 的试验要求。

7.9.3 试验设备及试验方法应符合 ISO 1167 的规定要求。

7.9.4 试验结果:在试验过程中,试样任何部位不出现渗漏为合格,如果出现管段破裂或连接处渗漏则试验无效。

7.10 静液压状态下的热稳定性试验

7.10.1 试验设备:循环控温箱,温度允许偏差为$^{+4}_{-2}$℃。

7.10.2 试验条件按表 8 规定。试验介质:内部为水,外部为空气。

7.10.3 试验方法:取三个试样经状态调节后,安装在循环控温烘箱内,按 ISO 1167 规定进行试验。

7.11 系统适用性

同系列管材与管件连接后,按 ISO 1167 规定进行内压试验,试验介质为水。试验条件按表 9 规定进行测试。

8 检验、判定规则

产品须经生产厂质量检验部门检验合格后并附有合格标志,方可出厂。

8.1 组批

用同一原料、配方和工艺生产的同一规格管件作为一批。规格小于等于 32 mm 的每批管件数量不超过 10 000 件,规格大于 32 mm 的每批不超过 5 000 件。如果生产七天仍不足一批,则七天为一批。

一次交付可由一批或多批组成。交付时注明批号,同一交付批号产品为一个交付检验批。

8.2 定型检验

定型检验的项目为6.6.2静液压状态下热稳定性试验和6.7,当首次生产或原料配方发生变动时,在两年内任选一个规格的管件进行上述两项试验的试验。

8.3 出厂检验

8.3.1 出厂检验项目为6.1～6.4和6.5中的烘箱试验,6.6.1中的60℃、1 h的静液压试验。

8.3.2 项目6.1、6.2、6.3、6.4按GB/T 2828规定,采用正常检验一次抽样方案,取一般检验水平Ⅰ,合格质量水平为6.5,抽样方案见表10。

表 10 抽样方案

批量范围 N	样本大小 n	合格判定数 A_c	不合格判定数 R_e
≤150	8	1	2
151～280	13	2	3
281～500	20	3	4
501～1 200	32	5	6
1 201～3 200	50	7	8
3 201～10 000	80	10	11

8.4 型式检验

8.4.1 型式检验项目为除6.6.2静液压状态下热稳定性试验和6.7系统适用性试验之外规定的全部技术要求。一般情况每两年至少一次。若有以下情况之一,应进行型式检验。

    a) 正式生产后,原材料、工艺有较大改变,可能影响产品性能;

    b) 产品长期停产后,恢复生产时;

    c) 出厂检验结果与上次型式检验结果有较大差异时;

    d) 国家质量监督机构提出进行型式检验要求时。

8.4.2 6.1～6.3按表10的抽样方案检查,超过合格判定数时,判为不合格。

8.4.3 在计数抽样合格的产品中,随机抽取足够的样品,按8.4.1条规定对其他各项技术要求进行检验。

8.5 判定规则

项目6.1～6.4任一条不符合规定的,则判该批为不合格;物理、力学、系统适用性中有一项达不到指标时,可随机抽取双倍进行该项复检,如仍不合格,则判该批为不合格。

9 标志、包装、运输和贮存

9.1 标志

9.1.1 每个管件上应有以下永久标志:

"PVC-C工业用"、商标、公称直径、管系列S。

9.1.2 产品包装有下列标志:

    a) 厂名和地址;

    b) 产品名称、规格;

    c) 生产日期或生产批号;

    d) GB/T 18998的本部分编号。

9.2 包装

管件生产厂应合理选用包装材料,管件按不同品种和规格分别装箱,每箱质量应不超过 25 kg。

9.3 运输

管件在运输过程中,不得受到重压、撞击、抛摔和日晒。

9.4 贮存

管件应存放在库房内,远离热源,堆放高度不超过 2 m。

ICS 83.140.30
G 33

中华人民共和国国家标准

GB/T 20221—2006
代替 GB/T 10002.3—1996

无压埋地排污、排水用硬聚氯乙烯（PVC-U）管材

Unplasticized poly(vinyl chloride)(PVC-U) pipes for non-pressure buried
drainage and sewerage systems

2006-03-10 发布　　　　　　　　　　　　　　2006-10-01 实施

中华人民共和国国家质量监督检验检疫总局
中国国家标准化管理委员会　发布

前　言

　　本标准是参考了国际标准 ISO 4435：2003《埋地排水排污用非承压塑料管道系统——硬聚氯乙烯 (PVC-U)》关于管材部分，并结合我国生产使用实际制定的。

　　本标准代替并废止 GB/T 10002.3—1996《埋地排污、废水用硬聚氯乙烯(PVC-U)管材》。

　　本标准与 GB/T 10002.3—1996 相比主要变化如下：

　　——产品规格尺寸由外径 110 mm～630 mm 修改为 110 mm～1 000 mm(见 5.3)；

　　——取消溶剂粘接式连接承口 X 系列和 Y 系列的分类，统一承口内径偏差(见 5.3.6.2)；

　　——对管材的技术要求增加了不圆度、倒角等项目(见 5.3.3、5.3.4)；

　　——修改连接密封性试验方法(见 5.5)；

　　——增加了规范性附录"弹性密封圈连接密封性试验方法"(见附录 A)。

　　本标准的附录 A 为规范性附录。

　　本标准由中国轻工业联合会提出。

　　本标准由全国塑料制品标准化技术委员会管材、管件和阀门分技术委员会(TC48/SC 3)归口。

　　本标准起草单位：河北宝硕管材有限公司、福建亚通新材料科技股份有限公司、成都川路塑胶集团。

　　本标准主要起草人：高长全、代启勇、李艳英、魏作友、林静宇。

　　本标准所代替标准的历次版本发布情况为：GB/T 10002.3—1996。

无压埋地排污、排水用硬聚氯乙烯
(PVC-U)管材

1 范围

本标准规定了以聚氯乙烯树脂为主要原料,经挤出成型的无压埋地排污、排水用硬聚氯乙烯(PVC-U)管材(以下简称"管材")的材料、产品分类、技术要求、试验方法、检验规则、标志、运输、贮存。

本标准适用于外径从(110~1 000)mm的弹性密封圈连接和外径从(110~200)mm的粘接式连接的无压埋地排污、排水用管材。在考虑了材料的耐化学性和耐热性条件下,也可用于工业用无压埋地排污管材。

本标准不适用于建筑内埋地的排污、排水PVC-U管道系统。

2 规范性引用文件

下列文件中的条款通过本标准的引用而成为本标准的条款。凡是注日期的引用文件,其随后所有的修改单(不包括勘误的内容)或修订版均不适用于本标准,然而,鼓励根据本标准达成协议的各方研究是否可使用这些文件的最新版本。凡是不注日期的引用文件,其最新版本适用于本标准。

GB/T 1033—1986 塑料密度和相对密度试验方法(eqv ISO/DIS 1183:1984)

GB/T 2828.1—2003 计数抽样检验程序 第1部分:按接收质量限(AQL)检索的逐批检验抽样计划(ISO 2859-1:1999,IDT)

GB/T 2918—1998 塑料试样状态调节和试验的标准环境(idt ISO 291:1997)

GB/T 6111—2003 流体输送用热塑性塑料管材 耐内压试验方法(ISO 1167:1996,IDT)

GB/T 6671—2001 热塑性塑料管材 纵向回缩率的测定(eqv ISO 2505:1994)

GB/T 8802—2001 热塑性塑料管材、管件 维卡软化温度的测定(eqv ISO 2507:1995)

GB/T 8806 塑料管材尺寸测量方法(GB/T 8806—1988,eqv ISO 3126:1974)

GB/T 9647—2003 热塑性塑料管材环刚度的测定(ISO 9969:1994,IDT)

GB/T 13526—1992 硬聚氯乙烯(PVC-U)管材 二氯甲烷浸渍试验方法(neq ISO 7676:1990)

GB/T 14152—2001 热塑性塑料管材耐外冲击性能试验方法 时针旋转法(eqv ISO 3127:1994)

QB/T 2568—2002 硬聚氯乙烯(PVC-U)塑料管道系统用溶剂型胶粘剂

HG/T 3091—2000 橡胶密封件 给排水管及污水管道用接口密封圈 材料规范

3 材料

3.1 生产管材所用材料以聚氯乙烯树脂为主,加入为生产符合本标准的管材所必要的添加剂,其中的聚氯乙烯树脂含量(质量含量)应不少于80%。可以使用本厂生产的满足本标准要求的清洁回用料。

3.2 用生产管材的材料加工成管材,按GB/T 6111—2003方法进行试验,管材材料应符合表1的要求。

表 1 材料性能试验

性 能	要 求	试验参数		试验方法
耐内压	无破裂,无渗漏	堵头	A 型	GB/T 6111—2003
		试验温度	60℃	
		试样数量	3	
		环应力	10.0 MPa	
		调节时间	1 h	
		试验类型	水-水	
		试验时间	1 000 h	

3.3 胶粘剂

管材用胶粘剂应符合 QB/T 2568—2002 的要求。

3.4 弹性密封圈

管材用弹性密封圈应符合 HG/T 3091—2000 的要求。

4 产品分类

4.1 管材按连接形式分为弹性密封圈连接管材和胶粘剂粘接连接管材。

4.2 管材按公称环刚度分为 3 级:SN2、SN4 和 SN8。

5 技术要求

5.1 颜色

管材颜色应均匀一致。颜色由供需双方协商确定。

5.2 外观

管材内外壁应光滑,不允许有气泡、裂纹、凹陷及分解变色线。管材端部应切割平整并应与轴线垂直。

5.3 规格尺寸

5.3.1 长度

管材长度一般为 4 m、6 m,或由供需双方协商确定,长度不允许有负偏差。

带承口的管材长度以有效长度表示(见图 1)。

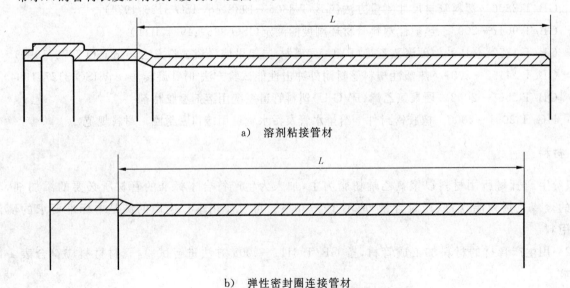

a) 溶剂粘接管材

b) 弹性密封圈连接管材

图 1 管材有效长度

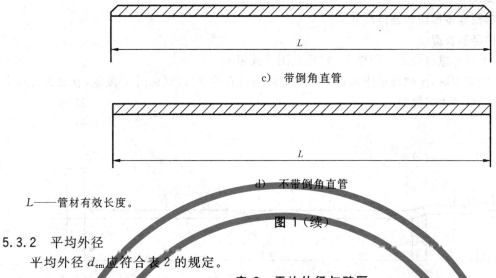

c) 带倒角直管

d) 不带倒角直管

L——管材有效长度。

图 1（续）

5.3.2 平均外径

平均外径 d_{em} 应符合表 2 的规定。

表 2 平均外径与壁厚　　　　　　　　　　　单位为毫米

公称外径[a] d_n	平均外径 d_{em}		壁厚					
			SN2 SDR51		SN4 SDR41		SN8 SDR34	
	min.	max.	e min.	e_m max.	e min.	e_m max.	e min.	e_m max.
110	110.0	110.3	—	—	3.2	3.8	3.2	3.8
125	125.0	125.3	—	—	3.2	3.8	3.7	4.3
160	160.0	160.4	3.2	3.8	4.0	4.6	4.7	5.4
200	200.0	200.5	3.9	4.5	4.9	5.6	5.9	6.7
250	250.0	250.5	4.9	5.6	6.2	7.1	7.3	8.3
315	315.0	315.6	6.2	7.1	7.7	8.7	9.2	10.4
(355)	355.0	355.7	7.0	7.9	8.7	9.8	10.4	11.7
400	400.0	400.7	7.9	8.9	9.8	11.0	11.7	13.1
(450)	450.0	450.8	8.8	9.9	11.0	12.3	13.2	14.8
500	500.0	500.9	9.8	11.0	12.3	13.8	14.6	16.3
630	630.0	631.1	12.3	13.8	15.4	17.2	18.4	20.5
(710)	710.0	711.2	13.9	15.5	17.4	19.4	—	—
800	800.0	801.3	15.7	17.5	19.6	21.8	—	—
(900)	900.0	901.5	17.6	19.6	22.0	24.4	—	—
1 000	1 000.0	1001.6	19.6	21.8	24.5	27.2	—	—

[a] 括号内为非优选尺寸。

5.3.3 不圆度

不圆度在生产后立即测量，应不大于 $0.024d_n$。

5.3.4 倒角

若有倒角，倒角应与管材轴线呈 15°～45°之间的夹角（见图 2、表 3 或图 5、表 5）。

管材端部剩余壁厚应至少为 e_{min} 的三分之一。

5.3.5 壁厚

壁厚 e 应符合表 2 的规定，任意点最大壁厚允许达到 $1.2e_{min}$，但应使平均壁厚 e_m 小于或等于 $e_{m,max}$ 的规定。

5.3.6 承口和插口尺寸

5.3.6.1 弹性密封圈连接承口和插口尺寸

5.3.6.1.1 承口内径和长度

弹性密封圈基本尺寸应符合表3的规定(见图2、图3或图4)。

当密封圈被紧密固定时,A 的最小值和 C 的最大值应通过有效密封点(见图3)测量,有效密封点由生产商规定以确保足够的密封区域。

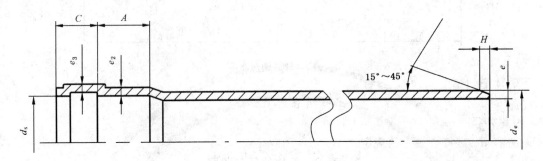

d_s——管材承口内径;

d_e——管材外径;

e——管材壁厚;

e_2——承口处壁厚;

e_3——密封槽处壁厚;

A——承插长度;

C——密封区长度;

H——倒角宽度。

图 2 弹性密封圈连接承口和插口示意图

表 3 弹性密封圈连接承口和插口的基本尺寸   单位为毫米

公称外径[a]	承口			插口
d_n	d_{sm} min.	A min.	C max.	H^b
110	110.4	32	26	6
125	125.4	35	26	6
160	160.5	42	32	7
200	200.6	50	40	9
250	250.8	55	70	9
315	316.0	62	70	12
(355)	356.1	66	70	13
400	401.2	70	80	15
(450)	451.4	75	80	17
500	501.5	80	80[c]	18
630	631.9	93	95[c]	23
(710)	712.1	101	109[c]	28
800	802.4	110	110[c]	32
(900)	902.7	120	125[c]	36
1 000	1003.0	130	140[c]	41

[a] 括号内为非优选尺寸。

[b] 倒角角度约为 15°。

[c] 允许高于 C 值,生产商应提供实际的 $L_{1,min}$,并使 $L_{1,min}=A_{min}+C$。

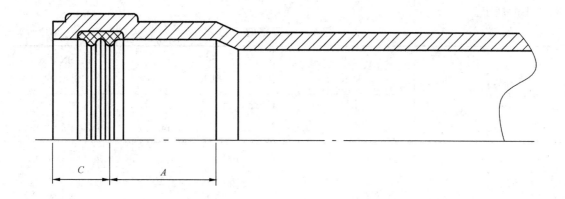

A——承插长度；
C——密封区长度。

图 3　有效密封点测量示意图

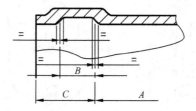

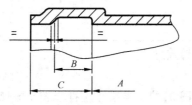

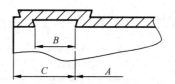

A——承插长度；
B——密封槽宽度；
C——密封区长度。

图 4　弹性密封圈承口密封槽设计类型示意图

5.3.6.1.2　承口壁厚

承口壁厚 e_2 和 e_3（见图2，不包括承口口部）应符合表4的规定。

由于型芯偏移，允许壁厚 e_2 和 e_3 减少 5%。在这种情况下，垂直相对两点壁厚的平均值应等于或大于表 4 中的规定。

表 4　承口壁厚　　　　　　　　　　　　　　　　　　　单位为毫米

公称外径[a] d_n	SN 2 SDR 51		SN 4 SDR 41		SN 8 SDR 34	
	e_2 min.	e_3 min.	e_2 min.	e_3 min.	e_2 min.	e_3 min.
110	—	—	2.9	2.4	2.9	2.4
125	—	—	2.9	2.4	3.4	2.8
160	2.9	2.4	3.6	3.0	4.3	3.6
200	3.6	3.0	4.4	3.7	5.4	4.5
250	4.5	3.7	5.5	4.7	6.6	5.5
315	5.6	4.7	6.9	5.8	8.3	6.9
(355)	6.3	5.3	7.8	6.6	9.4	7.8
400	7.1	6.0	8.8	7.4	10.6	8.8
(450)	8.0	6.6	9.9	8.3	11.9	9.9
500	8.9	7.4	11.1	9.3	13.2	11.0
630	11.1	9.3	13.9	11.6	16.6	13.8
(710)	12.6	10.5	15.7	13.1	—	—
800	14.1	11.8	17.7	14.7	—	—
(900)	16.0	13.2	19.8	16.5	—	—
1000	17.8	14.7	22.0	18.4	—	—

[a] 括号内为非优选尺寸。

5.3.6.2　胶粘剂粘接型承口和插口尺寸

5.3.6.2.1　承口内径和长度

胶粘剂粘接型承口和插口（见图 5）的基本尺寸应符合表 5 的规定。

表 5　胶粘剂粘接型承口和插口的基本尺寸　　　　　　　　单位为毫米

公称外径 d_n	承口[a]			插口
	d_{sm}		L_2	H[b]
	min.	max.	min.	
110	110.2	110.6	48	6
125	125.2	125.7	51	6
160	160.3	160.8	58	7
200	200.4	200.9	66	9

[a] 承口长度测量到承口根部。

[b] 倒角角度约为 15°。

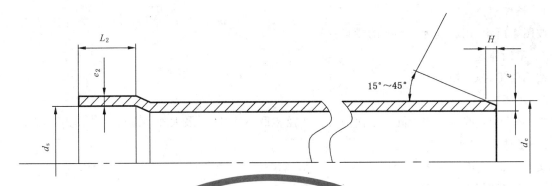

d_s——管材承口内径;

d_e——管材外径;

e——管材壁厚;

e_2——承口处壁厚;

L_2——胶粘剂粘接型承口长度;

H——倒角宽度。

图 5 胶粘剂粘接型承口和插口的基本尺寸

制造商应声明承口是锥形的还是平行的。若为平行或近似平行的,承口平均内径 d_{sm} 应适用于承口全长。若承口为锥形的,d_{sm} 的值应为承口中径处测量,相对于管材轴线的最大锥角应为 $20'$。

5.3.6.2.2 壁厚

承口壁厚 e_2(见图 5)应符合表 4 的规定。

5.4 物理力学性能

管材的物理力学性能应符合表 6 的规定。

表 6 管材的物理力学性能要求

项 目		单 位	技术指标
密度		g/cm³	≤1.55
环刚度	SN2	kN/m²	≥2
	SN4		≥4
	SN8		≥8
落锤冲击(TIR)		%	≤10
维卡软化温度		℃	≥79
纵向回缩率		%	≤5,管材表面应无气泡和裂纹
二氯甲烷浸渍			表面无变化

5.5 弹性密封圈连接密封性

弹性密封圈连接管材应进行连接密封性试验,试验方法见 6.10 及附录 A,试验后试样应不破裂,不渗漏。

6 试验方法

6.1 试样状态调节及试验环境

除有特别规定外,应按 GB/T 2918—1998 规定,在(23±2)℃条件下对试样进行状态调节 24 h,并在同样条件下进行试验。

6.2 外观和颜色

用肉眼观察。

6.3 尺寸

6.3.1 长度

按图 1 所示,用精度为 1 mm 的量具测量。

6.3.2 平均外径

按 GB/T 8806 规定测量。

6.3.3 不圆度

按 GB/T 8806 规定测量同一截面的最大外径和最小外径,用最大外径减最小外径为不圆度。

6.3.4 壁厚

按 GB/T 8806 规定测量。

6.3.5 承口和插口基本尺寸

用精度为 0.01 mm 的内径量表测量承口内径,用精度为 0.02 mm 的游标卡尺测量承口深度。

6.4 密度

按照 GB/T 1033—1986 中的 4.1A 浸渍法测定。

6.5 环刚度试验

按照 GB/T 9647—2003 规定进行。

6.6 落锤冲击

按 GB/T 14152—2001 的规定测试,预处理和试验温度为 $0\,℃\pm1\,℃$,状态调节介质为水或空气,使用 $d90$ 型重锤,重锤质量和冲击高度见表 7。

表 7　落锤冲击试验条件

公称外径 d_n/mm	重锤质量/kg	冲击高度/mm
110	1.0	1 600
125	1.25	2 000
160	1.6	2 000
200	2.0	2 000
250	2.5	2 000
≥315	3.2	2 000

6.7 维卡软化温度

按 GB/T 8802—2001 规定测试。

6.8 纵向回缩率

按 GB/T 6671—2001 的方法 B 的规定测试,试验温度为 $150\,℃\pm2\,℃$,试验时间见表 8。

表 8　纵向回缩率试验条件

壁厚 e/mm	烘箱处理时间/min
$e\leqslant4$	30
$4<e\leqslant16$	60
$e>16$	120

6.9 二氯甲烷浸渍

按 GB/T 13526—1992 规定进行测试,试验温度为 $15\,℃\pm0.5\,℃$,浸泡时间为 30 min。

6.10 弹性密封圈连接密封性

弹性密封圈式连接管材应进行连接密封性能试验,按附录 A 规定及表 9 的试验条件进行测试。

表 9 连接密封性能试验条件

试验参数		要　求	试验方法
试验温度 插口形变 承口形变 偏差	(23±5)℃ ≥10% ≥5% ≥5%		附录 A 中方法 4、条件 B
水压	0.005 MPa	无渗漏	
水压	0.05 MPa	无渗漏	
气压	−0.03 MPa	$\Delta p \leqslant -0.027$ MPa	
试验温度 形变角度： $d_n \leqslant 315$ mm 315 mm$<d_n \leqslant$630 mm $d_n >$630 mm	(23±5)℃ 2° 1.5° 1°		附录 A 中方法 4、条件 C
水压	0.005 MPa	无渗漏	
水压	0.05 MPa	无渗漏	
气压	−0.03 MPa	$\Delta p \leqslant -0.027$ MPa	

7 检验规则

7.1 产品需经生产厂质量检验部门检验合格并附有合格证,方可出厂。

7.2 组批

同一原料、同一配方和工艺情况下生产的同一规格管材为一批,每批数量不超过 100 t,如生产数量少,生产期 7 天尚不足 100 t,则以 7 天产量为一批。

7.3 出厂检验

7.3.1 出厂检验项目为 5.1～5.3 规定项目和 5.4 中规定的落锤冲击试验、纵向回缩率和二氯甲烷浸渍试验。

7.3.2 5.1～5.3 检验按 GB/T 2828.1—2003 采用正常检验一次抽样方案,取一般检验水平Ⅰ,接收质量限(AQL)6.5,见表 10。

表 10 抽样方案
单位为根

批量范围 N	样本大小 n	合格判定数 Ac	不合格判定数 Re
≤150	8	1	2
151～280	13	2	3
281～500	20	3	4
501～1 200	32	5	6
1 201～3 200	50	7	8
3 201～10 000	80	10	11

7.3.3 在计数抽样合格的产品中,随机抽取足够的样品,进行 5.4 中规定的落锤冲击试验、纵向回缩率和二氯甲烷浸渍试验。

7.4 型式检验

型式检验项目为全部技术要求。

按本标准技术要求对 5.1～5.3 规定项目进行检验,在检验合格的样品中随机抽取足够的样品,进行 5.4 和 5.5 中的各项检验。一般情况下每年至少一次。若有下列情况之一,应进行型式检验:

a) 新产品或老产品转厂生产的试制定型鉴定;

b) 结构、材料、工艺有较大改变,可能影响产品性能时;

c) 产品长期停产后,恢复生产时;

d) 出厂检验结果与上次型式检验结果有较大出入时;

e) 国家质量监督机构提出进行型式检验的要求时。

7.5 判定规则

5.1～5.3 按表 10 规定进行判定。5.4 和 5.5 中有一项达不到规定指标时,在计数抽样合格的产品中任意抽取双倍样品进行该项的复验。复检样品均合格,则判该批为合格。

8 标志、运输和贮存

8.1 标志

管材应最少具有表 11 规定的标志。每根管材上的标志间隔最大为 2 m。

表 11 管材最少要求标志

内　　容	标志或符号
本标准编号[a] 厂家名称和厂址 公称外径 最小壁厚或 SDR 公称环刚度 原材料 生产商的信息[b]	例如:GB/T 20221—2006 ××× 例如:d_n200 例如:4.9 或 SDR41 例如:SN4 PVC-U
[a]　本标准编号或相关标准编号。 [b]　为确保可追溯性,应具备如下信息: 　　——生产日期(年和月),以数字或代码表示; 　　——若生产商在不同的地方生产,应以数字或代码表示生产地点。	

8.2 运输

产品在装卸运输时,不得受撞击、抛摔和重压。

8.3 贮存

管材应合理堆放,远离热源。堆放高度不超过 1.5m。扩口部位交错放置,避免挤压变形。当露天存放时,应遮盖以防止曝晒。

附　录　A
（规范性附录）
弹性密封圈连接密封性试验方法

A.1　概述

本试验方法规定了三种基本试验方法在所选择的试验条件下,评定埋地用热塑性塑料管道系统中弹性密封圈型接头的密封性能。

A.2　试验方法

方法 1:用较低的内部静液压评定密封性能;

方法 2:用较高的内部静液压评定密封性能;

方法 3:内部负气压(局部真空)。

方法 4:方法 1、方法 2 和方法 3 的组合试验。

A.2.1　内部静液压试验

A.2.1.1　原理

将管材和(或)管件组装起来的试样,加上规定的一个内部静液压 p_1(方法 1)来评定其密封性能。如果可以,接着再加上规定的一个较高的内部静液压 p_2(方法 2)来评定其密封性能(见 A.2.1.4.4)。

每次加压要维持一个规定的时间,在此时间应检查接头是否泄露(见 A.2.1.4.5)。

A.2.1.2　设备

A.2.1.2.1　端密封装置

有适当的尺寸和使用适当的密封方法把组装试样的非连接端密封。该装置的固定方式不可以在接头上产生轴向力。

A.2.1.2.2　静液压源

连接到一头的密封装置上,并能够施加和维持规定的压力(见 A.2.1.4.5)。

A.2.1.2.3　排气阀

能够排放组装试样中的气体。

A.2.1.2.4　压力测量装置

能够检查试验压力是否符合规定的要求(见 A.2.1.4)。

注:为减少所用水的总量,可在试样内放置一根密封管或芯棒。

A.2.1.3　试样

试样由一节或几节管材和(或)一个或几个管件组装成,至少含一个弹性密封圈接头。

被试验的接头必须按照制造厂家的要求进行装配。

A.2.1.4　步骤

A.2.1.4.1 下列步骤在室温下,用(23±2)℃的水进行。

A.2.1.4.2 将试样安装在试验设备上。

A.2.1.4.3 根据 A.2.1.4.4 和 A.2.1.4.5 进行试验时,观察试样是否泄露。并在试验过程中和结束时记下任何泄露或不泄露的情况。

A.2.1.4.4 按以下方法选择适用的试验压力:

——方法 1:较低内部静液压试验压力 p_1 为 0.05 MPa±10%。

——方法 2:较高内部静液压试验压力 p_2 为 0.05 MPa+10%。

A.2.1.4.5 在组装试样中装满水,并排放掉空气。为保证温度的一致性,公称外径 d_n 小于 400 mm 的管应将其放置至少 5 min,公称外径 d_n 大于等于 400 mm 的管放置至少 15 min。在不小于 5 min 的期间逐渐将静液压力增加到规定试验压力 p_1 或 p_2，并保持压力至少 15 min，或者到因泄露而提前终止。

A.2.1.4.6 在完成了所要求的保压时间后，减压并排放掉试样中的水。

A.2.2 内部负气压试验（局部真空）

A.2.2.1 原理

使几根管材和（或）几个管件组装成的试样承受规定的内部负气压（局部真空），经过一段规定的时间，在此时间内通过检测压力的变化来评定接头的密封性能。

A.2.2.2 设备

设备（见图 A.1）应至少符合 A.2.1.2.1 和 A.2.1.2.4 中规定的设备要求，并包含一个负气压源和可以对规定的内部负气压测定的装置（见 A.2.2.4.3 和 A.2.2.4.5）。

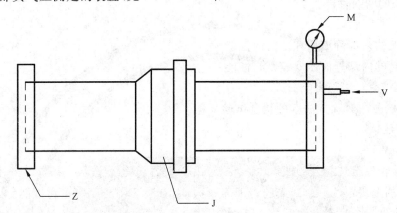

Z——端部密封装置；

J——试验连接处；

M——压力表；

V——气压调节装置。

图 A.1 内部负气压试验的典型示例

A.2.2.3 试样

试样由一节或几节管材和（或）一个或几个管件组装成，至少含一个弹性密封圈接头。

被试验的接头应按照制造厂家的要求进行装配。

A.2.2.4 步骤

A.2.2.4.1 下列步骤在环境温度为(23±5)℃的范围内进行，在按照 A.2.2.4.5 试验时温度的变化不可超过 2℃。

A.2.2.4.2 将试样安装在试验设备上。

A.2.2.4.3 方法 3 选择适用的试验压力如下：

——方法 3：内部负气压（局部真空）试验压力 p_3 为 −0.03 MPa(1±5%)。

A.2.2.4.4 按照 A.2.2.4.3 的规定使试样承受一个初始的内部负气压 p_3。

A.2.2.4.5 将负气压源与试样隔离。测量内部负气压，15 min 后确定并记下局部真空的损失。

A.2.2.4.6 记录局部真空的损失是否超出 p_3 的规定要求。

A.3 试验条件

　　a) 没有任何的附加变形或角度偏差；

　　b) 存在径向变形；

　　c) 存在角度偏差。

A.3.1 条件 A——没有任何附加的变形或角度偏差

由一节或几节管材和（或）一个或几个管件组装成的试样在试验时，不存在由于变形或偏差分别作用到接头上的任何应力。

A.3.2 条件 B——径向变形

A.3.2.1 原理

在进行所要求的压力试验前,管材和(或)管件组装成的试样已受到规定的径向变形。

A.3.2.2 设备

设备应该能够同时在管材上和另外在连接密封处产生一个恒定的径向变形,并增加内部静液压(见图 A.2)。它应该符合 A.2.1.2 和 A.2.2.2。

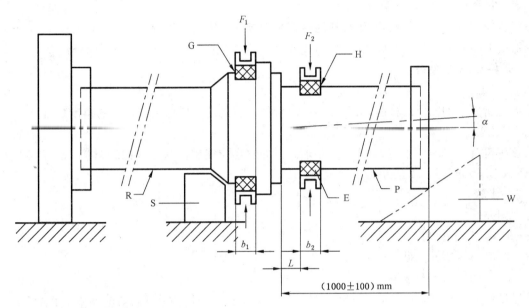

G——承口变形的测量点;

H——管材变形的测量点;

E——柔性带或椭圆形压块;

W——可调支撑;

P——管材;

R——管材或管件;

S——承口支撑;

α——总的角度偏差;

F_1、F_2——径向变形力;

b_1、b_2——压块宽度;

L——承口与压块之间的距离。

图 A.2 产生径向变形和角度偏差的典型示例

a) 机械式或液压式装置,作用于沿垂直于管材轴线的垂直面自由移动的压块,能够使管材产生必需的径向变形(见 A.3.2.3),对于公称直径等于或大于 400 mm 的管材,每一对压块应该是椭圆形的,以适合管材变形到所要求的值时预期的形状,或者配备能够适合变形管材形状的柔性带或橡胶垫。

宽度 b_1,根据管材的公称直径 d_n,规定如下:

——$d_n \leqslant 710$ mm 时,$b_1 = 100$ mm;

——710 mm$< d_n \leqslant 1\,000$ mm 时,$b_1 = 150$ mm;

——$d_n > 1\,000$ mm 时,$b_1 = 200$ mm。

承口与压块之间的距离 L 应为 $0.5d_n$ 或者 100 mm,取其中的较大值。

b) 机械式或液压式装置,作用于沿垂直于管材轴线的垂直而自由移动的压块。能够使连接密封处产生所需的径向变形(见 A.3.2.3)。

压块宽度 b_2，根据管材的公称直径 d_n，规定如下：

——$d_n \leqslant 110$ mm 时，$b_2 = 30$ mm；

——110 mm $< d_n \leqslant 315$ mm 时，$b_2 = 40$ mm；

——$d_n > 315$ mm 时，$b_2 = 60$ mm。

c) 备不可支撑接头抵抗内部试验压力产生的端部推力。

图 A.2 所示为允许有角度偏差（A.3.3）的典型装置。

A.3.2.3 步骤

使用机械式或液压式装置，对管材和连接密封处施加必需的压缩力 F_1 和 F_2（见图 A.2），从而形成管材变形（10 ± 1）%、承口变形（5 ± 0.5）%，造成最小相差是管材公称外径的 5% 的变形。

A.3.3 条件 C：角度偏差

A.3.3.1 原理

在进行所要求的压力试验前，由管材和（或）管件组装成的试样已受到规定的角度的偏差。

A.3.3.2 设备

设备应符合 A.2.1.2 和 A.2.2.2 的要求。另外它还应能够使组装成的管材接头达到规定的角度偏差（见 A.3.3.3），图 A.2 所示为典型示例。

A.3.3.3 步骤

角度偏差 α 如下：

——$d_n \leqslant 315$ mm 时，$\alpha = 2°$；

——315 mm $< d_n \leqslant 630$ mm 时，$\alpha = 1.5°$；

——$d_n > 630$ mm 时，$\alpha = 1°$。

如果设计连接允许有角度偏差 β，则试验角度偏差是设计允许偏差 β 和角度偏差 α 的总和。

A.4 试验报告

试验报告应包含下列内容：

a) 本试验方法及参照的标准；

b) 选择的试验方法及试验条件；

c) 管件、管材、密封圈包括接头的名称；

d) 以摄氏度标注的室温 T；

e) 在试验条件 B 下：

——管材和承口的径向变形；

——从承口嘴部到压块的端面之间的距离 L，以毫米标注；

f) 在测试条件 C 下：

——受压的时间，以分标注；

——设计连接允许有角度偏差 β 和角度 α，以度标注；

g) 试验压力，以兆帕标注；

h) 受压的时间，以分标注；

i) 如果有渗漏，报告渗漏的情况以及渗漏发生的压力值；或者是接头没有出现渗漏的报告；

j) 可能会影响测试结果的任何因素，比如本试验方法中未规定的意外或任意操作细节；

k) 试验日期。

ICS 83.140.30
G 33

中华人民共和国国家标准

GB/T 23241—2009

灌溉用塑料管材和管件
基本参数及技术条件

Plastics pipes and fittings used for irrigation basic
parameters and technical requirements

2009-02-13 发布　　　　　　　　　　　　　　2009-05-01 实施

中华人民共和国国家质量监督检验检疫总局
中国国家标准化管理委员会　发布

前　言

　　本标准参照了我国低压输水灌溉、给水用等塑料管的行业标准和国家标准,并结合我国灌溉用塑料管及管件的生产和实际使用情况而制定。

　　本标准由中华人民共和国水利部提出并归口。

　　本标准起草单位:中国灌溉排水发展中心、中国水利水电科学研究院、中冠新型管材设备开发有限公司、山东胜邦管道系统有限公司。

　　本标准主要起草人:姚彬、刘恩武、陆光炯、代启勇、李艳英、余玲、赵启辉。

灌溉用塑料管材和管件
基本参数及技术条件

1 范围

本标准规定了以聚氯乙烯树脂、聚乙烯树脂为主要原料,经挤出成型的灌溉用管材(以下简称管材)和配套管件的基本参数及技术条件。

本标准适用于低压管道输水灌溉、喷灌、微喷灌和滴灌等工程的输配水管网。

2 规范性引用文件

下列文件中的条款通过本标准的引用而成为本标准的条款。凡是注日期的引用文件,其随后所有的修改单(不包括勘误的内容)或修订版均不适用于本标准,然而,鼓励根据本标准达成协议的各方研究是否可使用这些文件的最新版本。凡是不注日期的引用文件,其最新版本适用于本标准。

GB/T 1033—1986 塑料密度和相对密度试验方法(eqv ISO/DIS 1183:1984)

GB/T 1844.1 塑料 符号和缩略语 第1部分:基础聚合物及其特征性能

GB/T 2035 塑料术语及其定义(GB/T 2035—1996,eqv ISO 472:1988)

GB/T 6111—2003 流体输送用热塑性塑料管材 耐内压试验方法(ISO 1167:1996,IDT)

GB/T 6671—2001 热塑性塑料管材 纵向回缩率的测定(eqv ISO 2505:1994)

GB/T 7306.1—2000 55°密封管螺纹 第1部分:圆柱内螺纹与圆锥外螺纹(eqv ISO 7-1:1994)

GB/T 8801—2007 硬聚氯乙烯(PVC-U)管件坠落试验方法

GB/T 8802—2001 热塑性塑料管材、管件 维卡软化温度的测定(eqv ISO 2507:1995)

GB/T 8803—2001 注射成型硬质聚氯乙烯(PVC-U)、氯化聚氯乙烯(PVC-C)、丙烯腈-丁二烯-苯乙烯三元共聚物(ABS)和丙烯腈-苯乙烯-丙烯酸盐三元共聚物(ASA)管件 热烘箱试验方法

GB/T 8804.2—2003 热塑性塑料管材 拉伸性能测定 第2部分:硬聚氯乙烯(PVC-U)、氯化聚氯乙烯(PVC-C)、和高抗冲聚氯乙烯(PVC-HI)管材(ISO 6259-2:1997,IDT)

GB/T 9113.1—2000 平面、突面整体钢制管法兰

GB/T 9647—2003 热塑性塑料管材环刚度的测定(ISO 9969:1994,IDT)

GB/T 10002.1—2006 给水用硬聚氯乙烯(PVC-U)管材 [ISO 4422:1996,Pipes and fittings made of unplasticized poly (vinyl chloride) (PVC-U) for water supply—Specifications,NEQ]

GB/T 10002.2—2003 给水用硬聚氯乙烯(PVC-U)管件 [ISO 4422-3:1996,Pipes and fittings made of unplasticized poly (vinyl chloride) (PVC-U) for water supply—Specifications—Part 3:Fittings and joints,MOD]

GB/T 13663—2000 给水用聚乙烯(PE)管材(neq ISO 4427:1996)

GB/T 14152—2001 热塑性塑料管材耐外冲击性能试验方法 时针旋转法(eqv ISO 3127:1994)

GB/T 15560—1995 流体输送用塑料管材液压瞬时爆破和耐压试验方法

GB/T 15819—2006 灌溉用聚乙烯(PE)管材 由插入式管件引起环境应力开裂敏感性的试验方法和技术要求(ISO 8796:2004,MOD)

GB/T 17391—1998 聚乙烯管材和管件热稳定性试验方法

QB/T 1916—2004 硬聚氯乙烯(PVC-U)双壁波纹管材

QB/T 2782—2006 埋地用硬聚氯乙烯(PVC-U)加筋管材

3 术语和定义

GB/T 1844.1、GB/T 2035 确立的以及下列术语和定义适用于本标准。

3.1 与适用范围有关的术语

3.1.1

低压管道输水灌溉 irrigation with low pressure pipe conveyance

以管道低压输水进行地面灌溉的灌水方法。其管道工作压力一般不超过 0.4 MPa。

3.1.2

喷灌 sprinkler irrigation

利用专门设备,将有压水流通过喷头以均匀喷洒方式进行灌溉的方法。

3.1.3

微喷灌 microspray irrigation

利用专门灌溉设备将有压水送到灌溉地段,并以微小水量喷洒灌溉的方法。

3.1.4

滴灌 drip irrigation;trickle irrigation

利用专门灌溉设备,以水滴浸润土壤表面和作物根区的灌水方法。

3.2 与几何尺寸有关的术语

3.2.1

公称尺寸 nominal size

DN

表示部件尺寸的名义数值。

3.2.2

公称外径 nominal outside diameter

d_n

管材或管件插口外径的规定数值,单位为 mm。

3.2.3

平均外径 mean outside diameter

d_{em}

管材或管件插口端任一横截面的外圆周长除以 3.142(圆周率)并向大圆整到 0.1 mm 得到的值。

3.2.4

最大平均外径 maximum mean outside diameter

$d_{em,max}$

平均外径的最大允许值。

3.2.5

最小平均外径 minimum mean outside diameter

$d_{em,min}$

平均外径的最小允许值。

3.2.6

最小平均内径 minimum mean inside diameter

$d_{im,min}$

平均内径的最小允许值。

3.2.7

公称壁厚 nominal wall thickness

e_n

管或管件壁厚的规定值,单位为 mm。

3.2.8

最小层压壁厚 minimum wall thickness of the inside layer

$e_{n,min}$

双壁波纹管材的波纹之间管壁任一处厚度的最小值,单位为 mm。

3.2.9

最小壁厚 minimum wall thickness

e_{min}

壁厚允许的最小值,单位 mm。

3.3 与塑料管材、管件类型有关的术语

3.3.1

实壁管 solid-wall pipe

任意横截面为实心圆环结构的管材。

3.3.2

结构壁管 structured-wall pipe

对管材的断面结构进行优化设计,以达到节省材料,满足管材使用要求的管材品种。

3.3.3

双壁波纹管 double wall corrugated pipe

内壁光滑,外壁呈波纹状的结构壁管材。

3.3.4

加筋聚乙烯管 reinforced polyethylene pipe

以聚乙烯树脂为主要原料,挤出成型过程中,在管壁内按均匀连续螺旋形设置受力线材,复合制成的管材。

3.4 与原材料有关的术语

3.4.1

回用料 recyclable material

生产过程中的流道、浇口、飞边或拒收但未使用过的清洁产品,经处理后得到的可回用材料。

3.4.2

环境应力开裂 environment stress cracking

由于环境条件的影响而加速应力开裂的现象。

3.4.3

氧化诱导时间 oxidation induction time

OIT

塑料在高温氧气条件下开始发生自动催化氧化反应的时间。

3.5 与产品性能有关的术语

3.5.1

公称压力 nominal pressure

PN

与管道系统部件耐压能力有关的参数值。

3.5.2

设计应力 design stress

σ_s

规定条件下的允许应力。

3.5.3

环刚度 ring stiffness

S_R

具有环形截面的管材在外部载荷下抗挠曲(径向变形)能力的物理参数。

3.5.4

公称环刚度 nominal ring stiffness

SN

管材或管件环刚度(S_R)的公称值,通常是一个便于使用的圆整数。

4 材料

4.1 灌溉用塑料管材、管件用材料为下列类型树脂:

——聚氯乙烯(PVC)树脂;

——聚乙烯(PE)树脂。

4.2 制造管的材料除树脂外,应含有必需的添加剂,添加剂应分散均匀。

4.3 生产厂可使用在自己生产过程中产生的符合本标准要求的回用料,不应使用其他来源的回用料。

5 管材分类及技术条件

5.1 管材分类

5.1.1 硬聚氯乙烯(PVC-U)管材按结构形式分为实壁管、双壁波纹管、加筋管三种。

5.1.1.1 实壁管按公称压力分为低压(≤0.4 MPa)和中高压两类。其规格尺寸见表1、表2。

表 1 低压实壁管公称压力和规格尺寸

公称外径 (d_n)	公称压力(PN)/MPa			
	0.2	0.25	0.32	0.4
	公称壁厚(e_n)/mm			
90	—	—	1.8	2.2
110	—	1.8	2.2	2.7
125	—	2.0	2.5	3.1
140	2.0	2.2	2.8	3.5
160	2.0	2.5	3.2	4.0
180	2.3	2.8	3.6	4.4
200	2.5	3.2	3.9	4.9
225	2.8	3.5	4.4	5.5
250	3.1	3.9	4.9	6.2
280	3.5	4.4	5.5	6.9
315	4.0	4.9	6.2	7.7

注1:公称壁厚(e_n)根据设计应力(σ_s)8.0 MPa确定。

注2:本表规格尺寸适用于低压输水灌溉工程用管。

表 2 中高压实壁管公称压力和规格尺寸

公称外径 (d_n)	公称压力(PN)/MPa				
	0.63	0.8	1.0	1.25	1.6
	公称壁厚(e_n)/mm				
32	—	—	—	1.6	1.9
40	—	—	1.6	2.0	2.4
50	—	1.6	2.0	2.4	3.0
63	1.6	2.0	2.5	3.0	3.8
75	1.9	2.3	2.9	3.6	4.5
90	2.2	2.8	3.5	4.3	5.4
110	2.7	3.4	4.2	5.3	6.6
125	3.1	3.9	4.8	6.0	7.4
140	3.5	4.3	5.4	6.7	8.3
160	4.0	4.9	6.2	7.7	9.5
180	4.4	5.5	6.9	8.6	10.7
200	4.9	6.2	7.7	9.6	11.9
225	5.5	6.9	8.6	10.8	13.4
250	6.2	7.7	9.6	11.9	14.8
280	6.9	8.6	10.7	13.4	16.6
315	7.7	9.7	12.1	15.0	18.7
355	8.7	10.9	13.6	16.9	21.1
400	9.8	12.3	15.3	19.1	23.7
450	11.0	13.8	17.2	21.5	26.7
500	12.3	15.3	19.1	23.9	29.7
560	13.7	17.2	21.4	26.7	—
630	15.4	19.3	24.1	30.0	—

注1：公称壁厚(e_n)根据设计应力(σ_s)12.5 MPa确定。

注2：本表规格尺寸适用于中、高压输水灌溉用管。

5.1.1.2 双壁波纹管规格尺寸见表3。双壁波纹管适用于工作压力≤0.2 MPa的输水工程，其结构及连接方式按 QB/T 1916—2004 要求。

表 3 硬聚氯乙烯(PVC-U)双壁波纹管规格尺寸　　　　　　　　　　单位为毫米

公称尺寸 DN/OD	最小平均外径 (d_{em,min})	最大平均外径 (d_{em,max})	最小平均内径 (d_{im,min})	最小层压壁厚 (e_{n,min})
63	62.6	63.3	54	0.5
75	74.5	75.3	65	0.6
90	89.4	90.3	77	0.8
110	109.4	110.4	97	1.0
125	124.3	125.4	107	1.1
160	159.1	160.5	135	1.2

295

5.1.1.3 加筋管规格尺寸见表4,加筋管适用于工作压力≤0.2 MPa的输水工程,其结构及连接方式按 QB/T 2782—2006 要求。

表 4　硬聚氯乙烯(PVC-U)加筋管规格尺寸　　　　　　　　单位为毫米

公称尺寸 DN/ID	最小平均内径 ($d_{im,min}$)	最小壁厚 (e_{min})	最小承口深度 (A_{min})
150	145.0	1.3	85.0
225	220.0	1.7	115.0
300	294.0	2.0	145.0

5.1.1.4 温度对压力的折减系数按 GB/T 10002.1—2006 要求确定。

5.1.2 聚乙烯(PE)管按树脂级别分为低密度聚乙烯和 PE63 级、PE80 级三类。

5.1.2.1 低密度聚乙烯管的公称压力和规格尺寸见表5。

表 5　低密度聚乙烯管公称压力和规格尺寸

公称外径 (d_n)	公称压力(PN)/ MPa		
	0.25	0.40	0.63
	公称壁厚(e_n)/mm		
16	0.8	1.2	1.8
20	1.0	1.5	2.2
25	1.2	1.9	2.7
32	1.6	2.4	3.5
40	1.9	3.0	4.3
50	2.4	3.7	5.4
63	3.0	4.7	6.8
75	3.6	5.6	8.1
90	4.3	6.7	9.7
110	5.3	8.1	11.8

注:公称壁厚(e_n)根据设计应力(σ_s)2.5 MPa确定。

5.1.2.2 PE63 级管公称压力和规格尺寸见表6。

表 6　PE63 级管公称压力和规格尺寸

公称外径 (d_n)	公称压力(PN)/MPa				
	0.32	0.4	0.6	0.8	1.0
	公称壁厚(e_n)/mm				
16	—	—	—	—	2.3
20	—	—	—	2.3	2.3
25	—	—	2.3	2.3	2.3
32	—	—	2.3	2.4	2.9
40	—	2.3	2.3	3.0	3.7
50	—	2.3	2.9	3.7	4.6

表 6（续）

公称外径	公称压力（PN）/MPa				
(d_n)	0.32	0.4	0.6	0.8	1.0
	公称壁厚(e_n)/mm				
63	2.3	2.5	3.6	4.7	5.8
75	2.3	2.9	4.3	5.6	6.8
90	2.8	3.5	5.1	6.7	8.2
110	3.4	4.2	6.3	8.1	10.0
125	3.9	4.8	7.1	9.2	11.4
140	4.3	5.4	8.0	10.3	12.7
160	4.9	6.2	9.1	11.8	14.6
180	5.5	6.9	10.2	13.3	16.4
200	6.2	7.7	11.4	14.7	18.2
225	6.9	8.6	12.8	16.6	20.5
250	7.7	9.6	14.2	18.4	22.7
280	8.6	10.7	15.9	20.6	25.4
315	9.7	12.1	17.9	23.2	28.6

注：公称壁厚(e_n)根据设计应力(σ_s)5.0 MPa确定。

5.1.2.3 PE80级管公称压力和规格尺寸见表7。

表 7 PE80 级管公称压力和规格尺寸

公称外径	公称压力（PN）/MPa				
(d_n)	0.4	0.6	0.8	1.0	1.25
	公称壁厚(e_n)/mm				
25	—	—	—	—	2.3
32	—	—	—	—	3.0
40	—	—	—	—	3.7
50	—	—	—	—	4.6
63	—	—	—	4.7	5.8
75	—	—	4.5	5.6	6.8
90	—	4.3	5.4	6.7	8.2
110	—	5.3	6.6	8.1	10.0
125	—	6.0	7.4	9.2	11.4
140	4.3	6.7	8.3	10.3	12.7
160	4.9	7.7	9.5	11.8	14.6
180	5.5	8.6	10.7	13.3	16.4
200	6.2	9.6	11.9	14.7	18.2
225	6.9	10.8	13.4	16.6	20.5

表 7（续）

公称外径 (d_n)	公称压力（PN）/MPa				
	0.4	0.6	0.8	1.0	1.25
	公称壁厚（e_n）/mm				
250	7.7	11.9	14.8	18.4	22.7
280	8.6	13.4	16.6	20.6	25.4
315	9.7	15.0	18.7	23.2	28.6

注：公称壁厚（e_n）根据设计应力（σ_s）6.3 MPa确定。

5.1.2.4 温度对压力的折减系数按GB/T 13663—2000要求确定。

5.1.3 加筋聚乙烯（PE）管

加筋聚乙烯管应用PE63级及以上树脂,受力线材为碳素弹簧钢丝。

5.1.3.1 加筋聚乙烯管按承压等级分为轻型输水管和重型输水管两类。

轻型输水管适应工作压力为:0.4 MPa、0.6 MPa、0.8 MPa、1.0 MPa。

重型输水管适应工作压力为：0.6 MPa、0.8 MPa、1.0 MPa、1.6 MPa、2.0 MPa、2.5MPa、3.2 MPa。

5.1.3.2 加筋聚乙烯管规格尺寸见表8。

表 8　加筋聚乙烯管规格尺寸　　　　　　　　　单位为毫米

公称直径 (d_n)	轻型输水管			重型输水管		
	最小壁厚	钢丝		最小壁厚	钢丝	
		最小直径	最大间距		最小直径	最大间距
50	—	—	—	2.0	0.3	8.3
63	—	—	—	2.2	0.3	6.0
75	2.5	0.3	9.5	2.6	0.3	5.0
90	2.8	0.3	8.0	3.0	0.4	7.0
110	3.0	0.3	5.8	3.6	0.4	5.6
125	3.2	0.4	8.0	4.0	0.4	5.0
160	4.2	0.4	6.8	4.8	0.5	6.0
200	4.8	0.5	7.5	5.8	0.6	6.2
250	5.7	0.5	5.8	7.0	0.6	5.0
315	6.9	0.6	6.2	8.5	0.7	5.3

5.2 管材技术条件

5.2.1 颜色

管颜色由供需双方协商确定,色泽应均匀一致。

5.2.2 外观

管内外壁应光滑,不应有气泡、裂纹、分解变色线及明显的痕纹、杂质、颜色不均等,管材应不透光。管的两端应切割平整并应与轴线垂直。

5.2.3 尺寸

5.2.3.1 长度

硬聚氯乙烯（PVC-U）管长度一般为4 m、6 m,也可由供需双方协商确定,长度不允许许负偏差。聚乙烯管长度一般为 6 m、9 m、12 m,也可由供需双方商定,长度的极限偏差为长度的＋0.4％,—0.2％。盘管盘架直径不应小于管材外径的 18 倍。盘管展开长度由供需双方商定。

5.2.3.2 外径和壁厚

硬聚氯乙烯(PVC-U)管外径和壁厚应符合表 1、表 2、表 3、表 4 的规定。平均外径及偏差,任意点壁厚及偏差应符合 GB/T 10002.1—2006 的要求。

聚乙烯(PE)管外径和壁厚应符合表 5、表 6、表 7、表 8 的规定。平均外径、任一点的壁厚公差应符合 GB/T 13663—2000 的要求。

5.2.3.3 硬聚氯乙烯(PVC-U)管弯曲度的规定应符合 GB/T 10002.1—2006 的要求。

5.2.4 物理力学性能

5.2.4.1 硬聚氯乙烯(PVC-U)管的物理力学性能应符合表 9、表 10、表 11 的规定。

表 9 硬聚氯乙烯(PVC-U)实壁管的物理力学性能

项　　目	技 术 指 标	试 验 方 法
密度/(kg/m³)	1 350～1 550	按 GB/T 1033—1986 测定
维卡软化温度/℃	≥80	按 GB/T 8802—2001 测定
落锤冲击[a](0 ℃)	9/10 为通过	按 GB/T 14152—2001 测定
静液压试验[b] (20 ℃,1 h)	不破裂 不渗漏	按 GB/T 6111—2003 测定
环刚度/(kN/m²) 公称压力 0.2 MPa 管材 公称压力 0.25 MPa 管材 公称压力 0.32 MPa 管材 公称压力≥0.4 MPa 管材	≥0.5 ≥1.0 ≥2.0 ≥4.0	按 GB/T 9647—2003 测定

[a] 落锤质量和冲击高度见 GB/T 10002.1—2006。

[b] 公称压力为低压(≤0.4 MPa)时,试验压力为 4 倍公称压力。

公称压力为中高压(>0.4 MPa)时,试验条件为环应力 38 MPa。

表 10 硬聚氯乙烯(PVC-U)双壁波纹管的物理力学性能

项　　目		技 术 指 标	试 验 方 法
环刚度/(kN/m²)	SN8	≥8	按 GB/T 9647—2003 测定
	SN16	≥16	
落锤冲击(0 ℃)[a]		9/10 为通过	按 GB/T 14152—2001 测定
环柔性		不破裂两壁不脱开	按 GB/T 9647—2003 测定
静液压试验[b] (20 ℃,4 倍工作压力,1 h)		不破裂 不渗漏	按 GB/T 6111—2003 测定

[a] 落锤质量和冲击高度见 QB/T 1916—2004。

[b] 工作压力由使用本标准的相关方共同确定。

表 11 硬聚氯乙烯(PVC-U)加筋管物理力学性能

项 目		技 术 指 标	试 验 方 法
维卡软化温度/℃		≥80	按 GB/T 8802—2001 测定
环刚度/(kN/m²)	SN4	≥4	按 GB/T 9647—2003 测定
	SN8	≥8	
	SN16	≥16	
落锤冲击(0 ℃)[a]		9/10 为通过	按 GB/T 14152—2001 测定
环柔性		试样圆滑,无反向弯曲,无破裂	按 GB/T 9647—2003 测定
静液压试验[b] (20 ℃,4 倍工作压力,1 h)		无破裂,无渗漏	按 GB/T 6111—2003 测定

[a] 落锤质量和冲击高度见 QB/T 2782—2006。

[b] 工作压力由使用本标准的相关方共同确定。

5.2.4.2 聚乙烯管的物理力学性能应符合表 12、表 13 的规定。

表 12 聚乙烯管的物理力学性能

项 目	技 术 要 求	试 验 方 法
断裂伸长率/%	≥350	按 GB/T 8804.2—2003 测定
纵向回缩率(110 ℃)/%	≤3	按 GB/T 6671—2001 测定
耐环境应力开裂[a]	折弯处不合格数不超过 10%	按 GB/T 15819—2006 测定
氧化诱导时间 (200 ℃)/min	≥20	按 GB/T 17391—1998 测定
静液压试验[b] (20 ℃)	不破裂 不渗漏	按 GB/T 6111—2003 测定

[a] d_n≤32 mm 的灌溉用管应符合此项要求。

[b] 低密度聚乙烯管试验条件为环向应力 6.9 MPa(1 h),PE63 级环向应力为 8.0 MPa(100 h)及 PE80 级管环向应力为 9.0 MPa(100 h)。

表 13 加筋聚乙烯管力学性能

项 目	技 术 要 求	试 验 方 法
受压开裂稳定性 (压至管外径的 50%)	无裂纹 筋材与塑料不脱开	按 GB/T 9647—2003 测定
环刚度/ (kN/m²)	≥2	按 GB/T 9647—2003 测定
静液压试验 (20 ℃,1.5 倍公称压力,1 h)	不破裂 不渗漏	按 GB/T 6111—2003 测定
爆破压力试验(20 ℃)	≥2.5 倍公称压力	按 GB/T 15560—1995 测定

6 管件分类及技术条件

6.1 管件分类

管件按连接方式主要分为粘接式承口管件、法兰连接管件、螺纹接头管件和组合式管件四类。

输水温度对管件公称压力的折减系数按 GB/T 10002.2—2003 要求确定。

6.2 技术条件

6.2.1 外观

管件内外表面应光滑,不应有脱层、明显气泡、痕纹、冷斑以及色泽不匀等缺陷。

6.2.2 管件尺寸

6.2.2.1 粘接式承口管件最小承口深度应符合 GB/T 10002.2—2003 的要求。粘接式承口的壁厚不应小于主体壁厚的 75%。管件安装尺寸见 GB/T 10002.2—2003 附录 A 中 A.1.1～A.1.3。

6.2.2.2 法兰连接管件尺寸应符合 GB/T 9113.1—2000 的要求。法兰连接变接头管件安装尺寸见 GB/T 10002.2—2003 附录 A 中 A.2.6～A.2.7。

6.2.2.3 PVC-U 螺纹接头管件的螺纹尺寸应符合 GB/T 7306.1—2000 的要求。

6.2.2.4 组合式管件

组合式直接头的最小安装长度(Z_{min})见图 1、表 14。

组合式三通的最小安装长度(Z_{min})见图 2、表 15。

组合式管件的最小承口深度(S_{min})见图 3、表 10。

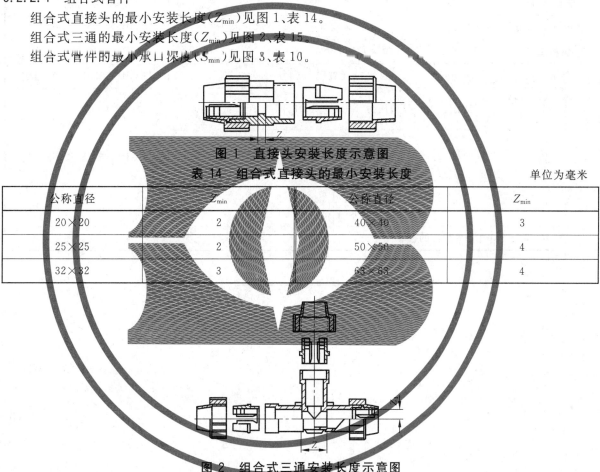

图 1 直接头安装长度示意图

表 14 组合式直接头的最小安装长度

单位为毫米

公称直径	Z_{min}	公称直径	Z_{min}
20×20	2	40×40	3
25×25	2	50×50	4
32×32	3	63×63	4

图 2 组合式三通安装长度示意图

表 15 组合式三通的最小安装长度

单位为毫米

公称直径	Z_{min}	$Z_{1,min}$	公称直径	Z_{min}	$Z_{1,min}$
20×20×20	20	10	40×40×40	40	20
25×25×25	25	12.5	50×50×50	50	25
32×32×32	32	16	63×63×63	63	31.5

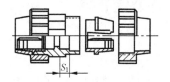

图 3 组合式接头承口深度示意图

表 16 组合式管件的最小承口深度　　　　　　　　　单位为毫米

公称直径	Z_{min}	公称直径	Z_{min}
20×20	2	40×40	3
25×25	2	50×50	4
32×32	3	63×63	4

6.2.3 物理力学性能

管件的物理力学性能要求见表 17。

表 17 管件的物理力学性能

项　目		要　　　求				试验方法
维卡软化温度		≥74 ℃				按 GB/T 8802—2001 测定
烘箱试验		符合 GB/T 8803—2001				按 GB/T 8803—2001 测定
坠落试验		无破裂				按 GB/T 8801—2007 测定
液压试验	公称外径 d_n	试验温度/℃	试验压力/MPa	试验时间/h	试验要求	按 GB/T 6111—2003 测定
	$d_n \leqslant 90$	20	4.2×PN	1	无破裂 无渗漏	
			3.2×PN	1 000		
	$d_n > 90$	20	3.36×PN	1		
			2.56×PN	1 000		
注：d_n 指与管件相连的管材的公称外径。						

ICS 83.140.30
G 33

中华人民共和国国家标准

GB/T 24452—2009

建筑物内排污、废水（高、低温）用氯化聚氯乙烯（PVC-C） 管材和管件

Plastics piping systems for soil and waste discharge（low and high temperature）
inside buildings—Chlorinated poly（vinyl chloride）（PVC-C）

（ISO 7675:2003,NEQ）

2009-10-15 发布

2010-03-01 实施

中华人民共和国国家质量监督检验检疫总局
中国国家标准化管理委员会 发布

前　言

本标准与 ISO 7675:2003《建筑物内排污、废水（高、低温）用塑料管道系统　氯化聚氯乙烯（PVC-C）》（英文版）的一致性程度为非等效。

本标准的附录 A、附录 B、附录 C 为规范性附录。

本标准由中国轻工业联合会提出。

本标准由全国塑料制品标准化技术委员会塑料管材、管件及阀门分技术委员会（SAC/TC 48/SC 3）归口。

本标准起草单位：上海汤臣塑胶实业有限公司、南塑建材塑胶制品（深圳）有限公司、中国佑利控股集团有限公司、佛山高明顾地塑胶有限公司、江苏常盛管业有限公司。

本标准主要起草人：唐克能、陈天文、肖玉刚、郑志强、武新国。

建筑物内排污、废水（高、低温）
用氯化聚氯乙烯（PVC-C） 管材和管件

1 范围

本标准规定了以氯化聚氯乙烯（PVC-C）树脂为主要原料，加入必需的添加剂，经挤出成型的氯化聚氯乙烯管材（以下简称管材）及经注塑成型的氯化聚氯乙烯管件（以下简称管件）的术语和定义、符号、材料、分类、要求、试验方法、检验规则及标志、包装、运输、贮存。

本标准适用于建筑物内排污、废水（高、低温）用氯化聚氯乙烯（PVC-C）管材、管件。

本标准不适用于埋地管网。

2 规范性引用文件

下列文件中的条款通过本标准的引用而成为本标准的条款。凡是注日期的引用文件，其随后所有的修改单（不包括勘误的内容）或修订版均不适用于本标准，然而，鼓励根据本标准达成协议的各方研究是否可使用这些文件的最新版本。凡是不注日期的引用文件，其最新版本适用于本标准。

GB/T 2828.1—2003　计数抽样检验程序　第 1 部分：按接收质量限（AQL）检索的逐批检验抽样计划（ISO 2859-1:1999,IDT）

GB/T 2918—1998　塑料试样状态调节和试验的标准环境（idt ISO 291:1997）

GB/T 5836.1—2006　建筑排水用硬聚氯乙烯（PVC-U）　管材

GB/T 5836.2—2006　建筑排水用硬聚氯乙烯（PVC-U）　管件

GB/T 6671—2001　热塑性塑料管材　纵向回缩率的测定（eqv ISO 2505:1994）

GB/T 8801—2007　硬聚氯乙烯（PVC-U）管件坠落试验方法

GB/T 8802—2001　热塑性塑料管材、管件　维卡软化温度的测定（eqv ISO 2507:1995）

GB/T 8803—2001　注射成型硬质聚氯乙烯（PVC-U）、氯化聚氯乙烯（PVC-C）、丙烯腈-丁二烯-苯乙烯三元共聚物（ABS）和丙烯腈-苯乙烯-丙烯酸盐三元共聚物（ASA）管件　热烘箱试验方法

GB/T 8806—2008　塑料管道系统　塑料部件　尺寸的测定（ISO 3126:2005,IDT）

GB/T 14152—2001　热塑性塑料管材耐外冲击性能试验方法　时针旋转法（eqv ISO 3127:1994）

GB/T 19278—2003　热塑性塑料管材、管件及阀门通用术语及其定义

HG/T 3091—2000　橡胶密封件　给排水管及污水管道用接口密封圈　材料规范

QB/T 2803—2006　硬质塑料管材弯曲度测量方法

3 术语和定义、符号

3.1 术语和定义

GB/T 19278—2003 确立的以及下列术语和定义适用于本标准。

3.1.1

管件主体壁厚　wall thickness at main body of the fitting

管件连接部分以外的任一点壁厚，单位为毫米（mm）。

3.2 符号

下列符号适用于本标准。

A——承口配合长度

d_e——任一点外径

d_{em}——平均外径

d_n——公称外径

d_s——承口中部内径

d_{sm}——承口中部平均内径

e——管材壁厚

e_2——承口壁厚

e_3——密封环槽壁厚

L_0——承口深度

L——管材长度

L_1——管材有效长度

α——倒角

4 材料

4.1 在制造管材、管件的 PVC-C 混配料中，为满足本标准要求，可添加不超过 50％的硬聚氯乙烯（PVC-U）及有利于管材、管件加工性能的添加剂。

4.2 只允许使用来自本厂的同种产品的清洁回用料。

4.3 弹性密封圈连接型管材、管件用弹性密封圈性能应符合 HG/T 3091—2000 的相关要求。

4.4 应使用生产商提供的 PVC-C 专用溶剂型胶粘剂，不应使用 PVC-U 溶剂型胶粘剂。

5 分类

管材、管件按连接形式分为溶剂型胶粘剂粘接型和弹性密封圈连接型。

6 要求

6.1 外观

管材与管件内、外壁应光滑，不应有气泡、裂口和明显的痕纹、凹陷、色泽不均及分解变色线。管材两端面应切割平整并与轴线垂直；管件应完整无缺损，浇口及溢边应修除平整。

6.2 颜色

管材、管件一般为米黄色或灰色，其他颜色可由供需双方协商确定。

6.3 规格尺寸

6.3.1 管材尺寸

6.3.1.1 管材的平均外径、壁厚

管材的平均外径、壁厚应符合表 1 的规定。

表 1 管材的平均外径、壁厚   单位为毫米

公称外径 d_n	平均外径		壁厚	
	最小平均外径 $d_{em,min}$	最大平均外径 $d_{em,max}$	最小壁厚 e_{min}	最大壁厚 e_{max}
32	32.0	32.2	1.8	2.2
40	40.0	40.2	1.8	2.2
50	50.0	50.2	1.8	2.2
75	75.0	75.3	1.8	2.2

表 1（续）

单位为毫米

公称外径 d_n	平均外径		壁厚	
	最小平均外径 $d_{em,min}$	最大平均外径 $d_{em,max}$	最小壁厚 e_{min}	最大壁厚 e_{max}
90	90.0	90.3	1.8	2.2
110	110.0	110.3	2.2	2.7
125	125.0	125.3	2.5	3.0
160	160.0	160.4	3.2	3.8

6.3.1.2 管材的长度

管材长度 L 一般为 4 m 或 6 m，或由供需双方协商确定，管材不应有负偏差。管材的有效长度 L_1 见图 1。

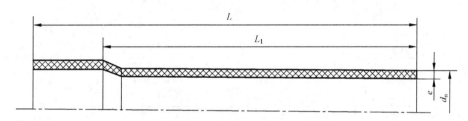

a）溶剂型胶粘剂粘接型承口管材

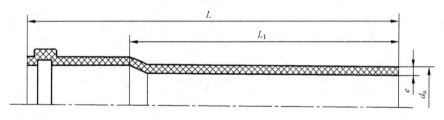

b）弹性密封圈连接型承口管材

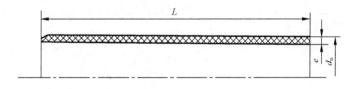

c）带倒角的平直管

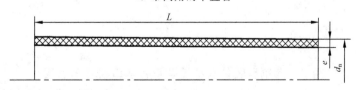

d）不带倒角的平直管

L——管材长度；

L_1——管材有效长度；

e——管材壁厚；

d_n——公称外径。

图 1 管材的长度和有效长度示意图

6.3.1.3 不圆度

管材不圆度应不大于 $0.024d_n$。

不圆度的测定应在管材出厂前进行。

6.3.1.4 弯曲度

管材弯曲度应不大于 0.50%。

6.3.1.5 管材承口尺寸

6.3.1.5.1 溶剂型胶粘剂粘接型管材承口尺寸

溶剂型胶粘剂粘接型管材承口尺寸应符合表 2 规定,示意图见图 2。

表 2 溶剂型胶粘剂粘接型管材承口尺寸 单位为毫米

公称外径	承口中部平均内径		最小承口深度
d_n	$d_{sm,min}$	$d_{sm,max}$	$L_{0,min}$
32	32.1	32.5	17
40	40.1	40.5	18
50	50.1	50.5	20
75	75.1	75.5	25
90	90.1	90.5	28
110	110.2	110.7	30
125	125.2	125.8	35
160	160.2	160.9	42

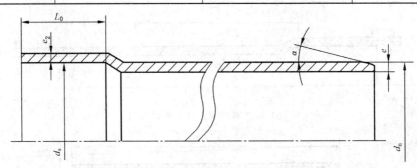

d_n——公称外径;

d_s——承口中部内径;

e——管材壁厚;

e_2——承口壁厚;

L_0——承口深度;

α——倒角。

图 2 溶剂型胶粘剂粘接型管材承口尺寸示意图

当管材需要倒角时,倒角方向与管材轴线夹角 α 应在 $15°\sim45°$ 之间(见图 2 和图 3)。倒角后管端所保留的壁厚应不小于最小壁厚的三分之一。

管材承口壁厚不宜小于同规格管材壁厚的 0.75 倍。

6.3.1.5.2 弹性密封圈连接型承口尺寸

弹性密封圈连接型承口配合深度的设计分为 N 型(普通)与 L 型(长)。

N 型与 L 型的选用,应按管材的不同长度进行选择:

a) N 型——用于管材长度不超过 3 m 的管材的连接;

b) L 型——用于管材长度为 3 m～6 m 的管材的连接。

具体尺寸见表3,示意图见图3。

表 3　N 型与 L 型弹性密封圈承口尺寸
单位为毫米

公称外径 d_n	承口中部最小平均内径 $d_{sm,min}$	承口最小配合深度(N 型) A_{min}	承口最小配合深度(L 型) A_{min}
32	32.3	24	
40	40.3	26	
50	50.3	28	
75	75.4	33	
90	90.4	36	65
110	110.4	36	
125	125.4	38	
160	160.5	41	

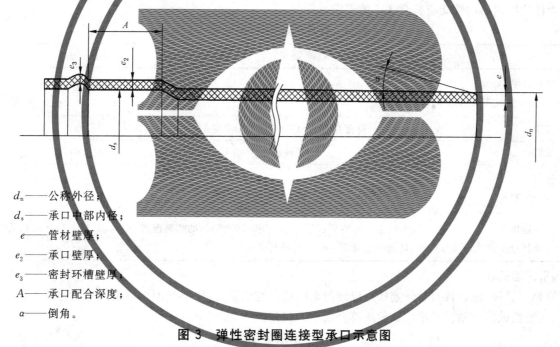

d_n——公称外径;

d_s——承口中部内径;

e——管材壁厚;

e_2——承口壁厚;

e_3——密封环槽壁厚;

A——承口配合深度;

α——倒角。

图 3　弹性密封圈连接型承口示意图

管材承口壁厚 e_2 不宜小于同规格管材壁厚的 0.9 倍,密封环槽壁厚 e_3 不宜小于同规格管材壁厚的 0.75 倍。

6.3.2　管件尺寸

6.3.2.1　壁厚

6.3.2.1.1　管件承口部位以外的主体壁厚不应小于同规格管材的壁厚。

6.3.2.1.2　允许异径管件过渡部分的壁厚从一个尺寸渐变到另一个尺寸。

6.3.2.2　管件的安装长度

管件的安装长度(Z-长度)见 GB/T 5836.2—2006 中的附录 A。

6.4　物理力学性能

6.4.1　管材的物理力学性能

管材的物理力学性能应符合表 4 的规定。

表 4 管材的物理力学性能

项目		要求	试验方法
维卡软化温度/℃	经(90±2)℃空气浴处理后[a]	≥90	7.1.4
	经(90±2)℃水浴中放置 16 h	≥80	
纵向回缩率/%		≤5	7.1.5
吸水性/%(90±2)℃ 24 h		≤3	7.1.6
落锤冲击试验(0±1)℃		TIR≤10%	7.1.7
阶梯法冲击试验(0±1)℃[b]		H_{50}≥1 m; 低于 0.5 m, 最多破裂一个	7.1.7.2

> [a] 在温度为(90±2)℃的空气中放置 2 h,然后在(23±2)℃和(50±5)%的相对湿度下,冷却(15±1)min,在低于预计维卡软化温度 50 ℃的环境中放置 5 min,然后进行试验。
>
> [b] 当管材在低于−10 ℃区域使用时,增加阶梯法冲击试验,按附录 A 进行。

6.4.2 管件的物理力学性能

管件的物理力学性能应符合表 5 的规定。

表 5 管件的物理力学性能

项目	要求	试验方法
维卡软化温度/℃ 经(90±2)℃空气浴处理后[a]	≥90	7.2.4
烘箱试验	符合 GB/T 8803—2001 的规定	7.2.5
坠落试验	无破裂	7.2.6
吸水性/% (90±2)℃,24 h	≤3	7.2.7

> [a] 在温度为(90±2)℃的空气中放置 2 h,然后在(23±2)℃和(50±5)%的相对湿度下,冷却(15±1)min,在低于预计维卡软化温度 50 ℃的环境中放置 5 min,然后进行试验。

6.5 系统适应性

管材与管件,或管件与管件连接后应进行系统适用性试验,其中溶剂型胶粘剂粘接型连接不进行水密性、气密性试验。系统适用性试验应符合表 6 的规定。

表 6 系统适应性

项目	要求	试验方法
水密性试验	无渗漏	7.3.1
气密性试验	无渗漏	7.3.2
冷热水循环试验	无渗漏,d_n≤50,下垂≤3 mm	7.3.3
	无渗漏,d_n>50,下垂≤0.05d_n	

7 试验方法

7.1 管材的试验方法

7.1.1 状态调节

除有特殊规定外,按 GB/T 2918—1998 规定,在(23±2)℃条件下状态调节 24 h,并在同样条件下进行试验。

7.1.2 颜色和外观

在自然光下直接观察。

7.1.3 尺寸测量

7.1.3.1 平均外径

按 GB/T 8806—2008 测量,精确至 0.1 mm。

7.1.3.2 壁厚

按 GB/T 8806—2008 测量,精确至 0.1 mm。

7.1.3.3 管材有效长度

用精度为 1 mm 的钢卷尺测量。

7.1.3.4 不圆度

按 GB/T 8806—2008 测量同一端面的最大外径和最小外径,最大外径与最小外径之差为不圆度。

7.1.3.5 弯曲度

按 QB/T 2803—2006 测量。

7.1.3.6 管材承口

承口尺寸按 GB/T 8806—2008 测量,精确至 0.1 mm。

7.1.4 维卡软化温度

按 GB/T 8802—2001 测定。

7.1.5 纵向回缩率

按 GB/T 6671—2001 测定。

7.1.6 吸水性

吸水性的测定见附录 B。

7.1.7 落锤冲击试验

7.1.7.1 按 GB/T 14152—2001 规定,试验温度为 (0 ± 1)℃,锤头类型:管材规格 d_n 小于 110 mm 时,锤头直径 d 取 25 mm;管材规格 d_n 大于等于 110 mm 时,锤头直径 d 取 90 mm。落锤质量和下落高度见表 7。

表 7 落锤质量和落锤高度

公称外径 d_n/mm	质量/kg	允许偏差	高度/mm	允许偏差
32	0.5		600	
40	0.5		800	
50	0.5		1 000	
75	0.8	$^{+0.01}_{0}$	1 000	$^{+20}_{0}$
90	0.8		1 200	
110	0.8		2 000	
125	1.25		2 000	
160	1.6		2 000	

7.1.7.2 当管材在低于 −10 ℃ 区域使用时,增加阶梯法冲击试验,方法见附录 A,试验温度为 (0 ± 1)℃,锤头直径 d 取 90 mm。落锤质量见表 8。

311

表 8 阶梯法冲击试验落锤质量

公称外径 d_n/mm	质量/kg
32	1.25
40	
50	2
75	2.5
90	3.2
110	4
125	5
160	8

7.2 管件的试验方法

7.2.1 状态调节

除有特殊规定外,按 GB/T 2918—1998 规定,在(23±2)℃条件下进行状态调节 24 h,并在同样条件下进行试验。

7.2.2 颜色和外观

在自然光下直接观察。

7.2.3 尺寸测量

7.2.3.1 壁厚

按 GB/T 8806—2008 的规定测量,必要时可将管件切开测量。

7.2.3.2 承口中部平均内径

按 GB/T 8806—2008 规定测量。

7.2.4 维卡软化温度

按 GB/T 8802—2001 测定。

7.2.5 烘箱试验

按 GB/T 8803—2001 进行试验。

7.2.6 坠落试验

按 GB/T 8801—2007 进行试验。

7.2.7 吸水性

吸水性的测定见附录 B。

7.3 系统适用性

7.3.1 水密性试验

按 GB/T 5836.1—2006 中的附录 A 进行试验。

7.3.2 气密性试验

按 GB/T 5836.1—2006 中的附录 B 进行试验。

7.3.3 冷热水循环试验

冷热水循环试验见附录 C。

8 检验规则

8.1 一般规则

产品需经生产厂质量检验部门检验合格并附有合格标志,方可出厂。

8.2 组批

同一原料、同一配方、同一工艺和同一规格连续生产的管材或管件为一批。每批数量按以下方法进行计算:管材不应超过 50 t,如生产 7 d 不足 50 t,则以 7 d 产量为一批;管件当 d_n 小于 75 mm 时,每批数量不超过 10 000 件;当 d_n 大于等于 75 mm 时,每批数量不超过 5 000 件;如生产 7 d 不足一批,则以 7 d 产量为一批。

8.3 出厂检验

8.3.1 出厂检验项目管材为 6.1、6.2、6.3.1、6.4.1 中的纵向回缩率和落锤冲击试验;管件为 6.1、6.2、6.3.2、6.4.2 中的烘箱试验与坠落试验。

8.3.2 管材 6.1、6.2、6.3.1,管件 6.1、6.2、6.3.2 的出厂检验执行 GB/T 2828.1—2003 计数抽样检验程序。采用一般检验水平 Ⅰ,接收质量限(AQL)为 6.5 的正常检验一次抽样,其批量、样本量、判定数组见表 9。

表 9 抽样方案

批量 N	样本量 n/(根或个)	接收数 Ac	拒收数 Re
≤150	8	1	2
150～280	13	2	3
281～500	20	3	4
501～1 200	32	5	6
1 201～3 200	50	7	8
3 201～10 000	80	10	11

8.3.3 在计数抽样合格的产品中,随机抽取足够样品进行管材 6.4.1 中的纵向回缩率和落锤冲击试验;管件 6.4.2 中的烘箱试验与坠落试验。

8.4 型式检验

型式检验项目为第 6 章中的全部内容,一般情况下,每两年至少一次。若有以下情况,应进行型式检验:

a) 新产品或老产品转厂生产的试制定型鉴定;

b) 设备、原料、工艺、配方有较大变动可能影响产品性能时;

c) 产品停产半年后恢复生产时;

d) 出厂检验结果与上次型式检验结果有较大差异时;

e) 国家质量监督机构提出进行型式检验时。

8.5 判定规则

管材 6.1、6.2、6.3.1,管件 6.1、6.2、6.3.2 中有任意一条不符合表 9 规定时则判为不合格;物理力学性能中有一项达不到指标时,则在该批中随机抽取双倍的样品对该项进行复检;如仍不合格,则判该批不合格。

9 标志、包装、运输、贮存

9.1 标志

9.1.1 管材

管材每 2 m 之间应至少含有一处完整的永久性标记。

管材上应有下列永久性标记:

a) 厂名和商标;

b) 产品名称;

c) 产品规格;

d) 本标准编号;

  e) 生产日期；

  f) 低于-10 ℃区域使用的管材，应标记冰晶(＊)符号。

9.1.2 管件

9.1.2.1 管件应有下列永久性标志：

  a) 厂名或商标；

  b) 原料名称：PVC-C；

  c) 产品规格。

9.1.2.2 产品包装至少应有下列内容：

  a) 厂名和地址；

  b) 产品名称；

  c) 商标；

  d) 管件类型和规格；

  e) 生产日期或批号；

  f) 本标准编号；

  g) 数量。

9.2 包装

产品应按类型和规格妥善包装，包装用的材料可由供需双方商定。一般情况下管件每个包装质量不超过 25 kg。

9.3 运输

在运输时，不应撞击、曝晒、沾污、重压和抛摔。

9.4 贮存

管材存放场地应平整，堆放整齐，堆放高度不应超过 2 m，远离热源。承口部分宜交错放置，当露天堆放时，应有遮盖，防止曝晒。

管件应贮存在库房内，合理放置，远离热源。

附　录　A
（规范性附录）
热塑性塑料管抗外冲击应力能力的测定方法
阶梯法

A.1　范围

本附录规定了用阶梯法测定热塑性塑料管材抵抗外部冲击的方法。本方法不适用于有孔的管材。本方法的检测温度为 0 ℃。必要情况下，也可以适用于－20 ℃或＋23 ℃。

A.2　术语和定义

下列术语和定义适用于本附录。

A.2.1

H_{50}值

用一定质量的冲锤，对同一生产批中抽取的试样进行冲击，导致 50％试样不合格时冲锤落下的高度。

在试验中，试样是从同一生产批中随机抽取的。其结果也只能表明这一生产批的 H_{50}值。

A.3　原理

按规定长度切取管材，用一定质量和锤头形状的冲锤以不同的高度对管材进行一次性冲击；或者沿管材的圆周随机进行冲击，或者在管材指定的划线上进行冲击。

如果冲击试验不合格［见 A.7.1 中的 d)］，则降低预先设置的冲击高度。如果冲击试验合格，随后试样的冲击高度将相应提高。如果具有足够数量的试样，一批或一个生产周期的产品的 H_{50}值就可以被计算出来。

首先进行初始试验（A.7.2），获得一个粗略的 H_{50}值，应用此初始试验的结果，进行下一步的主体试验（A.7.3）。

通过改变冲锤的质量或试验温度，对试验进行校正，以适应试验不同的需要。

以下试验参数的设定参照本附录：

a)　锤头的形状和质量［见 A.4.1 中的 b)和 A.7.1 中的 a)］；

b)　试验温度和条件（见 A.4.2 和第 A.6 章）；

c)　取样方法（见 A.5.1）；

d)　适当数量的试样（见 A.5.2 和第 A.7 章）；

e)　试验中试样被定点或随机冲击的位置，或遵照其他附加条件［见 A.7.1 中的 b)、c)、d)］；

f)　初始试验应用的冲击高度，见初始试验［见 A.7.1 中的 e)］；

g)　管材所要求的 H_{50}值［见 A.7.2.1 中的 a)］。

A.4　装置

A.4.1　落锤冲击试验装置
落锤冲击试验装置包括以下几个部分（见图 A.1）：

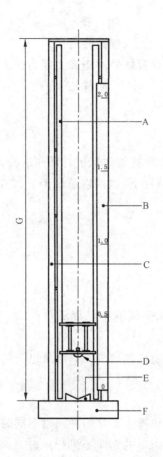

A——导轨;

B——高度标尺;

C——框架;

D——锤头;

E——V 型槽(120°);

F——基座;

G——落锤高度(不低于 2 m)。

图 A.1　典型的冲击试验装置

a)　主支架:有一个固定在垂直位置的导轨或导管,以适应冲锤[见 b)]自由落下,使冲锤冲击管材的速度不少于 95%的理论速度。

b)　锤头:与至少 10 mm 高的圆柱相结合的半球形球面,其尺寸根据冲锤的质量,具体数据见表 A.1 和图 A.2。冲锤的质量(包括整个锤体的质量)根据表 A.2 进行选择。在圆柱下面的锤头球面应用钢制造,其最小壁厚为 5 mm。锤头表面应无缺陷,否则可能影响到测试结果。

表 A.1　锤头球面的尺寸(见图 A.2)　　　　　　　　　　　　　　　单位为毫米

类型	R_s	d	d_s
$d25$	50	25±1	无规定
$d90$	50	90±1	无规定

单位为毫米

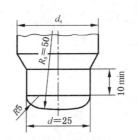

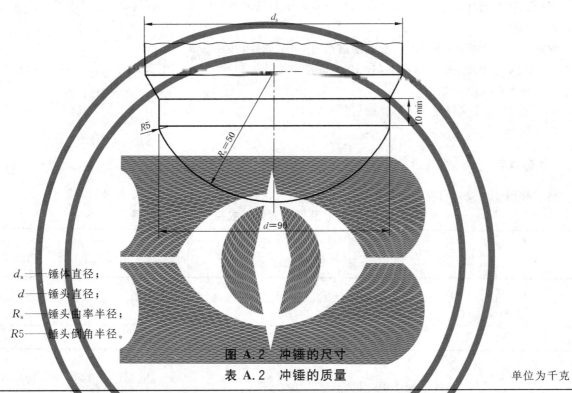

d_s——锤体直径；

d——锤头直径；

R_s——锤头曲率半径；

$R5$——锤头倒角半径。

图 A.2　冲锤的尺寸

表 A.2　冲锤的质量

单位为千克

类型						
$d25$			$d90$			
落锤的质量			允许偏差	落锤的质量			允许偏差
0.25	1.0	2.0		4.0	8.0	15.0	
0.5	1.25	2.5	0.005	5.0	10.0	—	0.005
0.8	1.6	3.2		6.3	12.5	—	

c) 坚固的放置试样的支架具有下列形式之一：

　　1) 有一个120°的V形钢槽，至少长200 mm，使下落锤头球面的轴线和V形钢槽的轴线相交，偏差小于2.5 mm，(见图 A.1)；

　　2) 支架上有一个与水平钢板相连的平坦底部，能保证锤头下落时冲击点的位置位于标准的指定点，偏差应小于2.5 mm。支架应该足够坚固，能承受冲锤下落时的冲击；

d) 冲锤高度调节装置：使冲锤下落的高度可在2 m内调节。从试样的顶面到锤头，其高度偏差为10 mm。下落高度为100 mm的倍数。

A.4.2　液体浴或空气浴

液体浴或空气浴应能保持下列温度条件之一，以满足标准要求的试验温度：

a) 0 ℃试验,试验温度为(0±1)℃;

b) −20 ℃试验,试验温度为(−20±2)℃;

c) 23 ℃试验,试验温度为(23±2)℃。

A.5 试样

A.5.1 试样制备

试样应在直管上随机切取。

如果管材上有纵向的拼缝线,应在切取前用不同于管材的颜色标注。

每根试样的长度应为(200±10)mm,切口端面应与管材的轴线垂直。管材要清洁无损伤。

A.5.2 数量

除非标准中有特别的规定,一般最多需准备 50 个试样,并注意以下两点:

a) 在选定冲锤质量的情况下,有 10 个试样用于进行初始试验,测定首次冲击试验不合格时的冲锤下落高度;

b) 至少 20 个试样用于主体试验(见 A.7.3)。

一个试样只能冲击一次。

A.6 状态调节

将试样置于所规定温度的液体浴或空气浴中进行状态调节,具体时间见表 A.3。

表 A.3 试样的壁厚及置于液体浴或空气浴中的时间

壁厚 e_t/ mm	液体浴/ min	空气浴/ min
$e_t \leqslant 8.6$	15	60
$8.6 < e_t \leqslant 14.1$	30	120
$14.1 < e_t$	60	240

A.7 试验步骤

A.7.1 总述

试验方法见 A.7.2 和 A.7.3,并根据下列情况进行判断:

a) 冲锤质量的选择见表 A.2,或参照标准中具体规定。如果没有规定,其 H_{50} 值应在 0.5 m 和 2.0 m 之间。

b) 每个试样只应被冲击一次。或沿管材的圆周随机进行冲击,或参照标准指定点进行冲击。试样从按规定的液体浴或空气浴中取出后,冲击应在 10 s 内完成(除非周围环境温度与试验温度一致)。如果超过 10 s,试样应重新在按规定的液体浴或空气浴中放置至少 5 min。如果少于 5 min,试样应被丢弃或者重新进行处理。

c) 除非标准另有规定,放置在 V 形钢槽上的试样,在圆周方向应该是随意的。

d) 除非标准另有规定,冲击不合格的试样应包括在受到冲击后不通过放大即能被看出的碎片、破裂或裂纹。

使用灯光装置协助检查试样。如果是试样本身的缺陷或是表面的皱痕不应被看作是冲击不合格。

e) 在常规试验中,其 H_{50} 值至少高于所要求的最低水平的 50%,初始试验(见 A.7.2)才可以省略。在主体试验过程中的首次冲击高度,应与同一生产周期的产品批所获得的 H_{50} 值相同,随后的下一轮冲击,冲锤下落高度降低 0.1 m。

典型的阶梯法冲击的试验步骤和试验结果，见图 A.3。

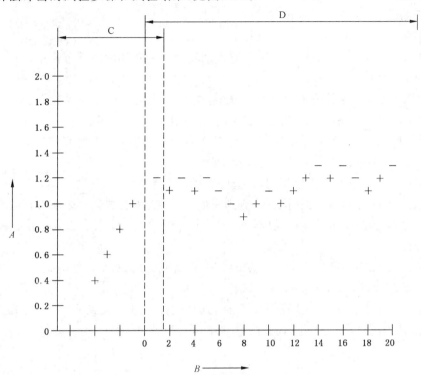

A——冲击高度，m；

B——冲击次数；

C——初始试验过程；

D——主体试验过程；

+——试验合格；

-——试验不合格。

图 A.3 典型的阶梯法冲击试验数据记录示例（H_{50}值为 1.14 m）

A.7.2 初始试验过程

初始试验的目的是为了获得一个大体的 H_{50} 值，其结果将被应用于主体试验中（见 A.7.3）。

A.7.2.1 根据下列的准则之一，为冲锤设置一个下落的高度（见第 A.4 章）：

a) 已知试样 H_{50} 值的 50%；

b) 0.5 m。

A.7.2.2 从规定温度的液体浴或空气浴中取出试样，在 10 s 内把它固定在合适的支架上进行冲击。

测量和记录试样冲击是否合格[见 A.7.1 中的 d)]。如果合格，根据 A.7.2.5 继续进行。记录其不合格的类型，并根据 A.7.2.3 或 A.7.2.4 继续进行。

A.7.2.3 如果试验根据 A.7.2.1 中的 a)进行，首次试验结果不合格，继续用另一个试样和相同的下落高度重复 A.7.2.2 的试验。如果第二次试验合格了，按 A.7.2.5 继续进行试验。如果第二次试验不合格，则做好与原定值不同的 H_{50} 值的记录。

A.7.2.4 如果按照 A.7.2.1 中的 b)进行的第一次试验的结果为不合格，则将冲锤下落高度设为 0.30 m，用其他试样，重复 A.7.2.2 的试验。如果第二次试验成功，再按 A.7.2.5 继续进行试验。

如果第二次不合格，可根据表 A.2 选择一个较轻的冲锤，按 A.7.2.1 重新开始试验。如果已经用了一个 0.25 kg 的冲锤，则做好试验结果的记录。

A.7.2.5 根据 A.7.2.2 将冲锤下落高度提高 0.2 m，进行另一个试样的试验。不断重复试验，直到试验出现不合格。记录第一个不合格试样的冲锤下落高度，应用于主体试验（见 A.7.3）。

如果冲锤下落高度达到了 2 m,试样还没有出现不合格,根据表 A.2 选择一个较重的锤头。再根据 A.7.2.1 重新开始试验[见 A.5.2 中的 a)]。

A.7.3 主体试验

A.7.3.1 根据 A.7.1 中的 e)和 A.7.2,记录首次试验结果得到的冲锤下落高度。将冲锤下落高度的设置低于所记录值 0.1 m。

A.7.3.2 将试样从规定的液体浴或空气浴中取出,在 10 s 内把它固定在支架上进行冲击试验。测定和记录试验是否和如何不合格[见 A.7.1 中的 d)],并按 A.7.3.3 继续进行。

A.7.3.3 如果根据 A.7.3.2 所获得的结果是不合格的,重新将锤头的高度降低 0.1 m,否则提高 0.1 m,根据 A.7.3.2 再进行另一个试样的试验。

A.7.3.4 根据 A.7.3.3 不断进行重复试验,直到满足以下条件之一:

a) 根据 A.7.1 中的 e)继续进行试验,直到完成 10 个试样的试验。如果发现有 6 个或更多的试样不合格,则进行另外的 10 个试样的试验,接着按 c)继续进行。否则停止试验并按第 A.8 章进行计算。

b) 如果遵照按 A.7.2 进行的初始试验继续进行,直到完成 20 个试样的试验,包括按 A.7.2.5 的首次试验不合格,则按 c)继续进行试验。

c) 如果少于 8 个不合格或是少于 8 个合格,则将试样数量扩大到 40 个。按 7.3.2 进行下一步 20 个试样的试验,否则停止试验,按第 A.8 章进行计算。

A.8 计算

计算在主体试验过程中记录的冲锤高度的算术平均值,精确到 0.01 m。

如果在使用最大冲锤质量和设定最大冲锤下落高度时,有三个以上的试样都合格,则 H_{50} 值要高于所计算的平均值。

A.9 试验报告

试验报告应包含下列内容:

a) 对本标准附录 A 的引用;

b) 对本标准相关文献和参照的标准的引用;

c) 被检测管材的名称、规格、来源等;

d) 抽样方法;

e) 分别用于初始试验和主体试验的试样数;

f) 恒温介质和温度(℃);

g) 冲锤的类型和质量(kg);

h) 其他不合格的依据(如果需要);

i) 如果试验停止,按 A.7.2.3 和 A.7.2.4 主体试验中得出的或应用的最大和最小落锤高度;

j) H_{50} 值;

k) 可能会影响试验结果的任何因素,如本试验方法中未规定的意外或任意操作细节;

l) 试验日期。

附 录 B

（规范性附录）

热塑性塑料管材、管件

吸水性试验方法

B.1 范围

本附录规定了热塑性塑料管材和管件吸水性的一般试验方法。

B.2 原理

B.2.1 首先对试件进行状态调节,测定其质量和总表面积(试件内、外表面积加上切割面的面积)。

B.2.2 将试样完全浸入规定温度的蒸馏水中 24 h。

B.2.3 测定每个试样的质量,计算试样单位面积质量的变化。

B.3 浸泡液体

B.3.1 蒸馏水:温度为(23±2)℃。

B.3.2 蒸馏水:温度为(90±2)℃。

B.3.3 乙酸,浓度为98%(质量分数)和100%(质量分数)之间,温度为(23±2)℃。

B.4 试验仪器

B.4.1 天平秤:精度为0.1 mg。

B.4.2 干燥器:装有硅胶。

B.4.3 恒温槽:能保持蒸馏水(B.3.1 和 B.3.2)的温度处于规定的范围。

B.4.4 烘箱:可以控制规定温度的电热鼓风烘箱。

B.4.5 容器:其容积可依据试样的大小而定。

B.5 试样

B.5.1 取样

试样要求参看相关的产品标准。

B.5.2 管材

B.5.2.1 外径大于 32 mm 的管材

切取一段长约为 50 mm 的管材,沿长度方向切割,使所得试样外表面的弧长为 50 mm。

B.5.2.2 外径小于等于 32 mm 的管材

切取一段管材,使其内、外表面积不小于50×10^{-4} m²。

B.5.3 管件

从管件的中空截面切取一段管件,取环状体或部分环状体,使其内、外表面积不小于50×10^{-4} m²。

B.5.4 抛光

将试件的切割表面抛光,使其光滑。

B.5.5 数量

用三个试样进行试验。

B.6 试验方法

B.6.1 测量每个试样的内径和外径或内、外弧的长度,精确到 0.5 mm,其他尺寸精确到 0.1 mm,计算

总的表面积 A（试样的内、外表面积加上切割面的面积）。

B.6.2 将被测的试样浸入浓度为98%（质量分数）和100%（质量分数）之间，温度为(23 ± 2)℃的乙酸溶液中1 min，然后取出试样，浸入温度为(23 ± 2)℃的蒸馏水中1 h。

B.6.3 从蒸馏水中取出试样并用滤纸擦干，将试样放入温度为(23 ± 2)℃的干燥器内至少2 h。

B.6.4 测定每个试样的质量 m_0，精确到0.1 mg。

B.6.5 将处理好的试样浸入盛有(90 ± 2)℃蒸馏水的恒温槽中浸泡24 h。

B.6.6 取出试样，将试样置入(23 ± 2)℃的恒温槽中冷却(15 ± 1)min。

B.6.7 从恒温槽中取出试样，用滤纸擦干。

B.6.8 将试样放置温度为(23 ± 2)℃的干燥器内至少2 h。

B.6.9 测定每个试样的质量 m_1，精确到0.1 mg。

B.7 计算结果

B.7.1 按式（B.1）计算试样的吸水性。

$$B = \frac{m_1 - m_0}{A} \quad\quad\quad\quad\quad\quad\quad\quad\quad (\text{B.1})$$

式中：

B——吸水性，单位为克每平方米（g/m^2）；

m_1——试样浸泡前的质量，单位为克（g）（见B.6.4）；

m_0——试样浸泡后的质量，单位为克（g）（见B.6.9）；

A——试样的总表面积，单位为平方米（m^2）（见B.6.1）。

B.7.2 计算试样根据试验结果所得出的吸水性的算术平均值。

B.8 试验报告

试验报告应包括以下信息：

a) 对本标准附录B的引用；

b) 试样的名称、规格尺寸、来源等；

c) B.7.1所描述每件试样吸水性的计算；

d) 说明测试中和测试后试样所出现变化的情况；

e) 如B.7.2所述的计算出吸水性的算术平均值；

f) 说明本标准的附录B中没有说明的任何操作，同时详细说明任何可能影响结果的因素；

g) 试验日期。

附　录　C

（规范性附录）

塑料管道系统　建筑物内排污、废水用

热塑性管路冷热水循环试验方法

C.1　原理

通过对由管材和管件组成的组件轮流进行热水和冷水的循环通水试验,循环次数按标准要求。在试验期间,检验组件连接处的密封性和管材向下弯曲是否超过规定值。

C.2　装置

C.2.1　温度计或其他的温度测定装置,能够测量进入管道内水的温度是否符合设定的温度。测温装置能够记录和控制循环水的温度和循环周期。

C.2.2　冷水源,能够每 4 min 向管道内通入一定量的水温为(15±5)℃的冷水,水量参考如下:

　　a)　A 阶段,(30±0.5)L/(60±2)s;

　　b)　B 阶段,(15±0.5)L/(60±2)s。

C.2.3　热水源,能够每 4 min 向管道内通入一定量的水温为(93±2)℃的热水,水量参考如下:

　　a)　A 阶段,(30±0.5)L/(60±2)s;

　　b)　B 阶段,(15±0.5)L/(60±2)s。

C.2.4　堵头,用于临时封堵出水口。

C.2.5　测试管材向下弯曲量的装置(如图 C.1,图 C.2,图 C.3 所示),准确率达到 0.1 mm。

C.2.6　支撑夹,包括用于固定管道组件的固定支撑夹和用于固定管道组件,并阻止管道横向移动的导向支撑夹(见图 C.1,图 C.2,图 C.3)。

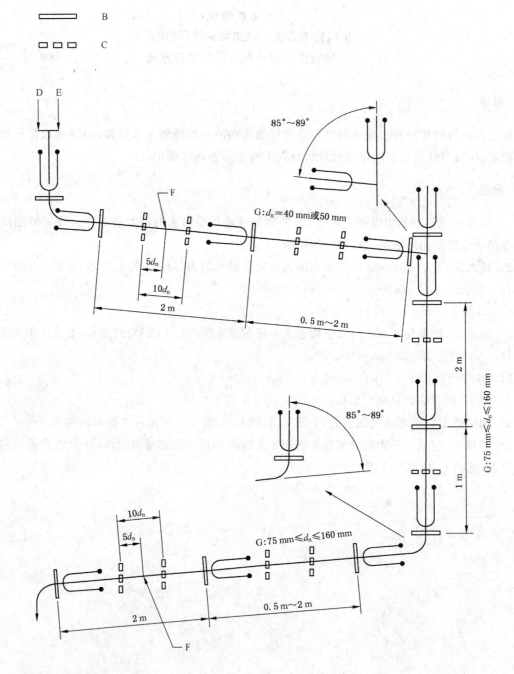

A——弹性密封圈连接型承口；

B——固定支撑夹；

C——导向支撑夹；

D——冷水；

E——热水；

F——管材向下弯曲量测量点；

G——管材。

注：试验中的弹性密封圈连接型管件如图所示，其他合适的形式也可以使用。

图 C.1　典型的应用于建筑物内的管路耐高温水循环（1 500 次）试验

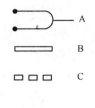

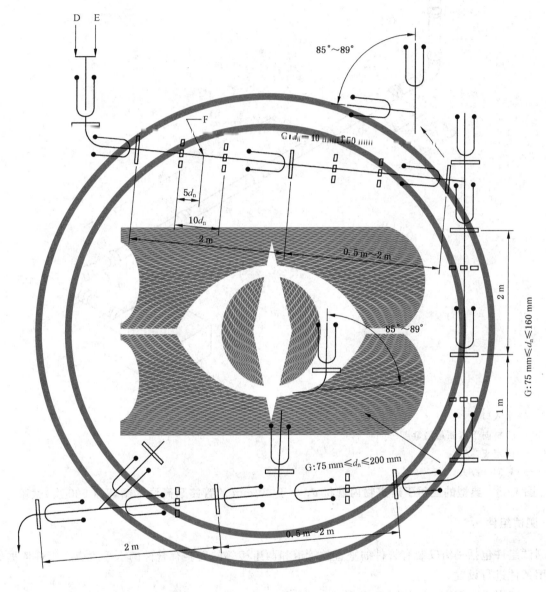

A——弹性密封圈连接型承口；

B——固定支撑夹；

C——导向支撑夹；

D——冷水；

E——热水；

F——管材向下弯曲量测量点；

G——管材。

注：试验中的弹性密封圈连接型管件如图所示,其他合适的形式也可以使用。

图 C.2　典型的应用于建筑物内埋地管路耐高温水循环(1 500 次)试验

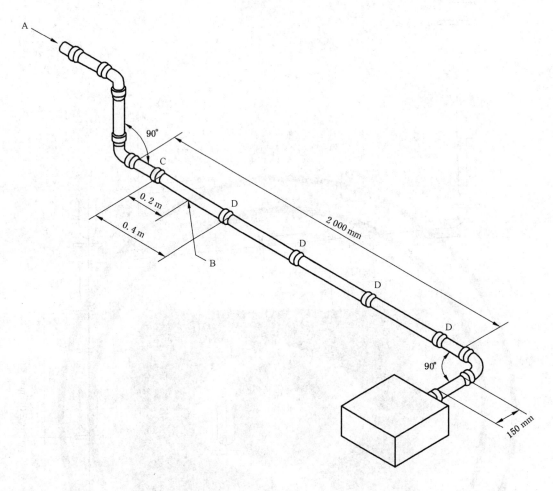

A——水入口；

B——管材向下弯曲量测量点；

C——固定支撑夹；

D——导向支撑夹。

图 C.3　典型的应用于建筑物内管材 d_n 小于 40 mm 的管路耐高温水循环（1 500 次）试验

C.3　测试组件

测试组件包括一组安装有管件的垂直的管道和两组相邻的安装有管件的水平管道。组件依据如下的使用条件进行设置。

a)　应用于建筑物内的见图 C.1，其中 d_n 小于 40 mm 的管材见图 C.3；

b)　应用于建筑物内埋地管路系统参考图 C.2；

c)　应避免试验装置承受不必要的外来压力；

d)　试验装置应当安装在坚固的墙上或框架上，用固定支撑夹和导向支撑夹固定，不需要其他支撑物。支撑夹应当直接安装在每根管材连接处的上面、下面或侧面。以下部分除外：

　　1)　入口处接近纵向的第一根管材，这里是应当测量管材可能向下弯曲量的地方（见图 C.1，图 C.2，图 C.3）。

　　2)　d_n 小于 40 mm 的管材，固定支撑夹之间的距离为 0.4 m。

用于固定水平管材的导向支撑夹之间的间隔距离应不小于 $10d_n$。

热水应直接注入装置中，其中不应有吸热截止介质。

C.4 试验步骤

C.4.1 向试验装置中注入温度不超过 20 ℃的水,水位应超过位于上部横管中心线最高点之上 0.5 m 水头,等待 15 min 后检查并记录管道渗漏情况。

C.4.2 如发现渗漏,应检查并矫正连接装置,重复 C.4.1 的水密性试验。如果再发生渗漏,应停止试验。依据 C.4.6 记录观察情况。如果没有发现渗漏,按 C.4.3~C.4.5 继续试验。

C.4.3 按 A 阶段和 B 阶段向试验装置注入热水和冷水循环 1 500 次。如有阻断,应保持环境温度为 (20±5)℃

A 阶段——流速为 30 L/min,使用 d_n 不大于 40 mm 的管材:

a) (30±0.5)L,(93±2)℃的水,在入口点测量,时间不少于(60±2)s;

b) 停止并排水,持续(60±2)s;

c) (30±0.5)L,(15±5)℃的水,在入口点测量,时间不少于(60±2)s;

d) 停止并排水,持续(60±2)s;

e) 回到 a)。

B 阶段——流速为 15 L/min,使用 d_n 小于 40 mm 的管材:

a) (15±0.5)L,(93±2)℃的水,在入口点测量,时间不少于(60±2)s;

b) 停止并排水,持续(60±2)s;

c) (15±0.5)L,(15±5)℃的水,在入口点测量,时间不少于(60±2)s;

d) 停止并排水,持续(60±2)s;

e) 回到 a)。

C.4.4 循环 1 500 次以后,在试验装置中注入水,水温不超过 20 ℃,水位应超过位于上部横管中心线最高点之上 0.5 m 水头,等待 15 min 后检查并记录管道渗漏情况。

C.4.5 在间距为 $10d_n$ 的导向支撑夹的中间点检查管材是否有向下弯曲,如图 C.1 和图 C.2 所示。

间距为 0.4 m 的支撑夹如图 C.3 所示。记录向下弯曲量大于 $0.1d_n$ 的情况,单位用毫米(mm)表示。

C.4.6 检验试验装置的表面变化,包括可视的连接处开裂并记录下来。

C.5 试验报告

试验报告应包含以下内容:

a) 对本标准附录 C 的引用;

b) 试样的各连接组件的标志(如管材、管件及用于连接的密封元件);

c) 试验温度℃;

d) 在循环试验前渗漏现象的观察(见 C.4.2);

e) 在循环试验过程中的现象观察,如渗漏和形变现象(见 C.4.3);

f) 循环试验后的水密封试验的结果(见 C.4.4);

g) 循环试验后发现管材向下弯曲的情况(见 C.4.5);

h) 在试验过程中观察到的组件任何表面变化情况,并立即观察包括连接处任何可见的裂开现象 (见 C.4.3 和 C.4.6);

i) 其他任何影响试验结果的因素,如附录 C 中没有提到的偶发事件或操作细节;

j) 试验日期。

第

二

部

分

聚乙烯管道

前　　言

本标准非等效采用国际标准 ISO 4427:1996《供水用聚乙烯管材规范》。

本标准与 ISO 4427:1996 的主要差异为:

1. 本标准仅包含 PE 63、PE 80、PE 100 材料制造的管材,不包含 PE 32、PE 40 材料制造的管材;

2. 本标准增加了定义一章;

3. 对管材的性能要求,增加了"断裂伸长率"项目;

4. 增加了"检验规则"一章;

本标准与 GB/T 13663—1992 的差异为:

GB/T 13663—1992《给水用高密度聚乙烯(HDPE)管材》未采用国际标准制定。

自本标准实施之日起,同时代替 GB/T 13663—1992。

本标准的附录 A 为提示的附录。

本标准由国家轻工业局提出。

本标准由全国塑料制品标准化技术委员会归口。

本标准起草单位:山东胜利股份有限公司塑胶事业部;参加起草单位:齐鲁石油化工股份有限公司树脂研究所、北京雪花电器集团公司北京市塑料制品厂、北京市市政工程设计研究总院。

本标准主要起草人:孙逊、谢建玲、冯新书、李养利、刘雨生。

中华人民共和国国家标准

给水用聚乙烯(PE)管材

GB/T 13663—2000
neq ISO 4427:1996

代替 GB/T 13663—1992

Polyethylene pipes for water supply

1 范围

本标准规定了用聚乙烯树脂为主要原料的材料,经挤出成型的给水用聚乙烯管材(以下简称"管材")的产品规格、技术要求、试验方法、检验规则、标志、包装、运输、贮存。本标准还规定了原料的基本性能要求,包括分类体系。

本标准适用于用 PE 63、PE 80 和 PE 100 材料(见 4.1)制造的给水用管材。管材公称压力为 0.32 MPa～1.6 MPa,公称外径为 16 mm～1 000 mm。

本标准规定的管材适用于温度不超过 40℃,一般用途的压力输水,以及饮用水的输送。

2 引用标准

下列标准所包含的条文,通过在本标准中引用而构成为本标准的条文。本标准出版时,所示版本均为有效。所有标准都会被修订,使用本标准的各方应探讨使用下列标准最新版本的可能性。

GB/T 2918—1998 塑料试样状态调节和试验的标准环境(idt ISO 291:1997)

GB/T 3681—1983 塑料自然气候曝露试验方法

GB/T 3682—1983 热塑性塑料熔体流动速率试验方法

GB/T 6111—1985 长期恒定内压下热塑性塑料管材耐破坏时间的测定方法(eqv ISO/DP 1167:1978)

GB/T 6671.2—1986 聚乙烯(PE)管材纵向回缩率的测定(idt ISO 2506:1981)

GB/T 8804.2—1988 热塑性塑料管材拉伸性能试验方法 聚乙烯管材(eqv ISO/DIS 3504-2)

GB/T 8806—1988 塑料管材尺寸测量方法(eqv ISO 3126:1974)

GB/T 13021—1991 聚乙烯管材和管件炭黑含量的测定 热失重法(neq ISO 6964:1986)

GB/T 17219—1998 生活饮用水输配水设备及防护材料的安全性评价标准

GB/T 17391—1998 聚乙烯管材与管件热稳定性试验方法(eqv ISO/TR 10837:1991)

GB/T 18251—2000 聚烯烃管材、管件和混配料中颜料及炭黑分散的测定方法

GB/T 18252—2000 塑料管道系统 用外推法对热塑性塑料管材长期静液压强度的测定

3 定义、符号和缩略语

本标准采用下列定义、符号和缩略语。

3.1 定义

3.1.1 几何定义

3.1.1.1 公称外径 d_n:规定的外径,单位为毫米。

3.1.1.2 平均外径 d_{em}:管材外圆周长的测量值除以 3.142(圆周率)所得的值,精确到 0.1 mm,小数点后第二位非零数字进位。

3.1.1.3　最小平均外径 $d_{em,min}$：本标准规定的平均外径的最小值，它等于公称外径 d_n，单位为毫米。

3.1.1.4　最大平均外径 $d_{em,max}$：本标准规定的平均外径的最大值。

3.1.1.5　任一点外径 d_{ey}：通过管材任一点横断面测量的外径，精确到 0.1 mm，小数点后第二位非零数字进位。

3.1.1.6　不圆度：在管材同一横断面处测量的最大外径和最小外径的差值。

3.1.1.7　公称壁厚 e_n：管材壁厚的规定值，单位为毫米，相当于任一点的最小壁厚 $e_{y,min}$。

3.1.1.8　任一点的壁厚 e_y：任一点上管材壁厚的测量值，精确到 0.1 mm，小数点后第二位非零数字进位。

3.1.1.9　最小壁厚 $e_{y,min}$：本标准规定的管材圆周上任一点壁厚的最小值。

3.1.1.10　最大壁厚 $e_{y,max}$：根据最小壁厚（$e_{y,min}$）的公差确定的管材圆周上任一点壁厚的最大值。

3.1.1.11　标准尺寸比（SDR）：管材的公称外径与公称壁厚的比值。$SDR = d_n/e_n$。

3.1.2　与材料有关的定义

3.1.2.1　混配料：以聚乙烯基础树脂加入必要的抗氧剂、紫外线稳定剂和颜料制造而成的粒料。

3.1.2.2　$\sigma_{LPL}^{1)}$：与 20℃、50 年、概率预测 97.5% 相应的静液压强度，单位为兆帕。

3.1.2.3　最小要求强度（MRS）：σ_{LPL} 圆整到优先数 R10 或 R20 系列中的下一个较小的值。

3.1.2.4　设计应力 σ_s：在规定应用条件下的允许应力，MRS 除以系数 C，圆整到优先数 R20 系列中下一个较小的值，即：

$$\sigma_S = [MRS]/C \qquad\qquad\cdots\cdots\cdots\cdots\cdots\cdots\cdots\cdots\cdots\cdots\cdots（1）$$

3.1.2.5　总使用（设计）系数 C：一个数值大于 1 的总系数，它考虑了未在预测下限中体现出的使用条件和管道系统中配件等组成部分的性质。

3.1.3　与使用条件有关的定义

3.1.3.1　公称压力（PN）：本标准中公称压力 PN 相当于管材在 20℃ 时的最大工作压力，单位为兆帕。

3.1.3.2　最大工作压力（MOP）：管道系统中允许连续使用的流体的最大有效压力，单位为兆帕。

3.2　符号

C：总使用（设计）系数；

d_{em}：平均外径；

$d_{em,max}$：最大平均外径；

$d_{em,min}$：最小平均外径；

d_n：公称外径；

e_y：任一点壁厚；

$e_{y,min}$：最小壁厚；

$e_{y,max}$：最大壁厚；

f_t：温度对压力的折减系数；

t_y：管材任一点的壁厚公差；

σ_{LPL}：与 20℃、50 年、概率预测 97.5% 相应的静液压强度；

σ_S：设计应力。

3.3　缩略语

MFR：熔体流动速率；

MOP：最大工作压力；

MRS：最小要求强度；

1）有时称为 20℃、50 年的置信下限 σ_{LCL}。

PE:聚乙烯；

PN:公称压力；

SDR:标准尺寸比。

4 材料

4.1 命名

本标准中的聚乙烯管材料按如下步骤进行命名：

4.1.1 按照 GB/T 18252 确定材料的与 20℃、50 年、预测概率 97.5% 相应的静液压强度 σ_{LPL}。

4.1.2 按照表 1，依据 σ_{LPL} 换算出最小要求强度(MRS)，将 MRS 乘以 10 得到材料的分级数。

4.1.3 按照表 1，根据材料类型(PE)和分级数对材料进行命名。

表 1 材料的命名

σ_{LPL},MPa	MRS,MPa	材料分级数	材料的命名
6.30~7.99	6.3	63	PE 63
8.00~9.99	8.0	80	PE 80
10.00~11.19	10.0	100	PE 100

4.2 使用混配料生产聚乙烯管材，混配料为蓝色或黑色，基本性能应符合表 2 要求。蓝色管用材料应能保证使用该材料制造的管材的耐候性符合表 12 的要求。对于 PE 63 级材料，也可采用管材级基础树脂加母料的方法生产聚乙烯管材，对材料性能的要求自管材上取样进行测试。

按本标准生产管材时产生的洁净回用料，只要能生产出符合本标准的管材时，可掺入新料中回用。

表 2 材料的基本性能要求

序 号	项 目	要 求
1	炭黑含量[1),(质量)%	2.5±0.5
2	炭黑分散[1)	≤等级 3
3	颜料分散[2)	≤等级 3
4	氧化诱导时间(200℃),min	≥20
5	熔体流动速率[3)(5 kg,190℃),g/10 min	与产品标称值的偏差不应超过±25%

注
1 仅适用于黑色管材料；
2 仅适用于蓝色管材料；
3 仅适用于混配料。

5 产品规格

5.1 本标准的管材按照期望使用寿命 50 年设计。

5.2 输送 20℃ 的水，C 最小可采用 C_{min}=1.25。由式(1)得到的不同等级材料的设计应力的最大允许值，见表 3。

表 3 不同等级材料设计应力的最大允许值

材料的等级	设计应力的最大允许值 σ_S,MPa
PE 63	5
PE 80	6.3
PE 100	8

5.3 管材的公称压力(PN)与设计应力 σ_S、标准尺寸比(SDR)之间的关系为：

$$PN = 2\sigma_s/(SDR - 1) \qquad \cdots\cdots\cdots\cdots\cdots\cdots \quad (2)$$

式中：PN 与 σ_s 的单位均为兆帕。

5.4 使用 PE 63、PE 80 和 PE 100 等级材料制造的管材，按照选定的公称压力，采用表 3 中的设计应力而确定的公称外径和壁厚应分别符合表 4、表 5 和表 6 的规定。

管道系统的设计和使用方可以采用较大的总使用（设计）系数 C，此时可选用较高公称压力等级的管材。

表 4 PE 63 级聚乙烯管材公称压力和规格尺寸

公称外径 d_n, mm	公称壁厚 e_n, mm				
	标准尺寸比				
	SDR33	SDR26	SDR17.6	SDR13.6	SDR11
	公称压力, MPa				
	0.32	0.4	0.6	0.8	1.0
16	—	—	—	—	2.3
20	—	—	—	2.3	2.3
25	—	—	2.3	2.3	2.3
32	—	—	2.3	2.4	2.9
40	—	2.3	2.3	3.0	3.7
50	—	2.3	2.9	3.7	4.6
63	2.3	2.5	3.6	4.7	5.8
75	2.3	2.9	4.3	5.6	6.8
90	2.8	3.5	5.1	6.7	8.2
110	3.4	4.2	6.3	8.1	10.0
125	3.9	4.8	7.1	9.2	11.4
140	4.3	5.4	8.0	10.3	12.7
160	4.9	6.2	9.1	11.8	14.6
180	5.5	6.9	10.2	13.3	16.4
200	6.2	7.7	11.4	14.7	18.2
225	6.9	8.6	12.8	16.6	20.5
250	7.7	9.6	14.2	18.4	22.7
280	8.6	10.7	15.9	20.6	25.4
315	9.7	12.1	17.9	23.2	28.6
355	10.9	13.6	20.1	26.1	32.2
400	12.3	15.3	22.7	29.4	36.3
450	13.8	17.2	25.5	33.1	40.9
500	15.3	19.1	28.3	36.8	45.4
560	17.2	21.4	31.7	41.2	50.8
630	19.3	24.1	35.7	46.3	57.2
710	21.8	27.2	40.2	52.2	
800	24.5	30.6	45.3	58.8	
900	27.6	34.4	51.0		
1 000	30.6	38.2	56.6		

表5 PE 80级聚乙烯管材公称压力和规格尺寸

公称外径 d_n,mm	公称壁厚 e_n,mm				
	标准尺寸比				
	SDR33	SDR21	SDR17	SDR13.6	SDR11
	公称压力,MPa				
	0.4	0.6	0.8	1.0	1.25
16	—	—	—	—	—
20	—	—	—	—	—
25	—	—	—	—	2.3
32	—	—	—	—	3.0
40	—	—	—	—	3.7
50	—	—	—	—	4.6
63	—	—	—	4.7	5.8
75	—	—	4.5	5.6	6.8
90	—	4.3	5.4	6.7	8.2
110	—	5.3	6.6	8.1	10.0
125	—	6.0	7.4	9.2	11.4
140	4.3	6.7	8.3	10.3	12.7
160	4.9	7.7	9.5	11.8	14.6
180	5.5	8.6	10.7	13.3	16.4
200	6.2	9.6	11.9	14.7	18.2
225	6.9	10.8	13.4	16.6	20.5
250	7.7	11.9	14.8	18.4	22.7
280	8.6	13.4	16.6	20.6	25.4
315	9.7	15.0	18.7	23.2	28.6
355	10.9	16.9	21.1	26.1	32.2
400	12.3	19.1	23.7	29.4	36.3
450	13.8	21.5	26.7	33.1	40.9
500	15.3	23.9	29.7	36.8	45.4
560	17.2	26.7	33.2	41.2	50.8
630	19.3	30.0	37.4	46.3	57.2
710	21.8	33.9	42.1	52.2	
800	24.5	38.1	47.4	58.8	
900	27.6	42.9	53.3		
1 000	30.6	47.7	59.3		

表6 PE 100级聚乙烯管材公称压力和规格尺寸

公称外径 d_n,mm	公称壁厚 e_n,mm				
	标准尺寸比				
	SDR26	SDR21	SDR17	SDR13.6	SDR11
	公称压力,MPa				
	0.6	0.8	1.0	1.25	1.6
32	—	—	—	—	3.0
40	—	—	—	—	3.7
50	—	—	—	—	4.6
63	—	—	—	4.7	5.8

表 6(完)

公称外径 d_n,mm	公称壁厚 e_n,mm				
	标准尺寸比				
	SDR26	SDR21	SDR17	SDR13.6	SDR11
	公称压力,MPa				
	0.6	0.8	1.0	1.25	1.6
75	—	—	4.5	5.6	6.8
90	—	4.3	5.4	6.7	8.2
110	4.2	5.3	6.6	8.1	10.0
125	4.8	6.0	7.4	9.2	11.4
140	5.4	6.7	8.3	10.3	12.7
160	6.2	7.7	9.5	11.0	14.6
180	6.9	8.6	10.7	13.3	16.4
200	7.7	9.6	11.9	14.7	18.2
225	8.6	10.8	13.4	16.6	20.5
250	9.6	11.9	14.8	18.4	22.7
280	10.7	13.4	16.6	20.6	25.4
315	12.1	15.0	18.7	23.2	28.6
355	13.6	16.9	21.1	26.1	32.2
400	15.3	19.1	23.7	29.4	36.3
450	17.2	21.5	26.7	33.1	40.9
500	19.1	23.9	29.7	36.8	45.4
560	21.4	26.7	33.2	41.2	50.8
630	24.1	30.0	37.4	46.3	57.2
710	27.2	33.9	42.1	52.2	
800	30.6	38.1	47.4	58.8	
900	34.4	42.9	53.3		
1 000	38.2	47.7	59.3		

5.5 聚乙烯管道系统对温度的压力折减

当聚乙烯管道系统在 20℃以上温度连续使用时,最大工作压力(MOP)应按式(3)计算:

$$MOP = PN \times f_1 \qquad\cdots\cdots\cdots\cdots\cdots\cdots(3)$$

式中:f_1——折减系数,在表 7 中查取。

对某一材料,只要依据 GB/T 18252 的分析,认为较小的折减是可行的,则可以使用比表 7 中数值高的折减系数。

表 7　50 年寿命要求,40℃以下温度的压力折减系数

温度,℃	20	30	40
压力折减系数 f_1	1.0	0.87	0.74

6 技术要求

6.1 颜色

市政饮用水管材的颜色为蓝色或黑色,黑色管上应有共挤出蓝色色条。色条沿管材纵向至少有三条。

其他用途水管可以为蓝色或黑色。

暴露在阳光下的敷设管道(如地上管道)必须是黑色。

6.2 外观

管材的内外表面应清洁、光滑,不允许有气泡、明显的划伤、凹陷、杂质、颜色不均等缺陷。管端头应切割平整,并与管轴线垂直。

6.3 管材尺寸

6.3.1 管材长度

6.3.1.1 直管长度一般为 6 m、9 m、12 m,也可由供需双方商定。长度的极限偏差为长度的 $+0.4\%$,-0.2%。

6.3.1.2 盘管盘架直径应不小于管材外径的 18 倍。盘管展开长度由供需双方商定。

6.3.2 平均外径

管材的平均外径,应符合表 8 规定。对于精公差的管材采用等级 B,标准公差管材采用等级 A。采用等级 B 或等级 A 由供需双方商定。无明确要求时,应视为采用等级 A。

表 8 平均外径   mm

公称外径 d_n	最小平均外径 $d_{em,min}$	最大平均外径 $d_{em,max}$	
		等级 A	等级 B
16	16.0	16.3	16.3
20	20.0	20.3	20.3
25	25.0	25.3	25.3
32	32.0	32.3	32.3
40	40.0	40.4	40.3
50	50.0	50.5	50.3
63	63.0	63.6	63.4
75	75.0	75.7	75.5
90	90.0	90.9	90.6
110	110.0	111.0	110.7
125	125.0	126.2	125.8
140	140.0	141.3	140.9
160	160.0	161.5	161.0
180	180.0	181.7	181.1
200	200.0	201.8	201.2
225	225.0	227.1	226.4
250	250.0	252.3	251.5
280	280.0	282.6	281.7
315	315.0	317.9	316.9
355	355.0	358.2	357.2
400	400.0	403.6	402.4
450	450.0	454.1	452.7
500	500.0	504.5	503.0
560	560.0	565.0	563.4
630	630.0	635.7	633.8
710	710.0	716.4	714.0
800	800.0	807.2	804.2
900	900.0	908.1	904.0
1 000	1 000.0	1 009.0	1 004.0

6.3.3 壁厚及偏差

管材的最小壁厚 $e_{y,min}$ 等于公称壁厚 e_n。管材任一点的壁厚公差应符合表 9 的规定。

表9 任一点的壁厚公差   mm

最小壁厚 e_y min		公差 t_y	最小壁厚 e_y min		公差 t_y	最小壁厚 e_y min		公差 t_y
>	≤		>	≤		>	≤	
			25.0	25.5	5.0	45.0	45.5	9.0
			25.5	26.0	5.1	45.5	46.0	9.1
2.0	3.0	0.5	26.0	26.5	5.2	46.0	46.5	9.2
3.0	4.0	0.6	26.5	27.0	5.3	46.5	47.0	9.3
4.0	4.6	0.7	27.0	27.5	5.4	47.0	47.5	9.4
4.6	5.3	0.8	27.5	28.0	5.5	47.5	48.0	9.5
5.3	6.0	0.9	28.0	28.5	5.6	48.0	48.5	9.6
6.0	6.6	1.0	28.5	29.0	5.7	48.5	49.0	9.7
6.6	7.3	1.1	29.0	29.5	5.8	49.0	49.5	9.8
7.3	8.0	1.2	29.5	30.0	5.9	49.5	50.0	9.9
8.0	8.6	1.3	30.0	30.5	6.0	50.0	50.5	10.0
8.6	9.3	1.4	30.5	31.0	6.1	50.5	51.0	10.1
9.3	10.0	1.5	31.0	31.5	6.2	51.0	51.5	10.2
10.0	10.6	1.6	31.5	32.0	6.3	51.5	52.0	10.3
10.6	11.3	1.7	32.0	32.5	6.4	52.0	52.5	10.4
11.3	12.0	1.8	32.5	33.0	6.5	52.5	53.0	10.5
12.0	12.6	1.9	33.0	33.5	6.6	53.0	53.5	10.6
12.6	13.3	2.0	33.5	34.0	6.7	53.5	54.0	10.7
13.3	14.0	2.1	34.0	34.5	6.8	54.0	54.5	10.8
14.0	14.6	2.2	34.5	35.0	6.9	54.5	55.0	10.9
14.6	15.3	2.3	35.0	35.5	7.0	55.0	55.5	11.0
15.3	16.0	2.4	35.5	36.0	7.1	55.5	56.0	11.1
16.0	16.5	3.2	36.0	36.5	7.2	56.0	56.5	11.2
16.5	17.0	3.3	36.5	37.0	7.3	56.5	57.0	11.3
17.0	17.5	3.4	37.0	37.5	7.4	57.0	57.5	11.4
17.5	18.0	3.5	37.5	38.0	7.5	57.5	58.0	11.5
18.0	18.5	3.6	38.0	38.5	7.6	58.0	58.5	11.6
18.5	19.0	3.7	38.5	39.0	7.7	58.5	59.0	11.7
19.0	19.5	3.8	39.0	39.5	7.8	59.0	59.5	11.8
19.5	20.0	3.9	39.5	40.0	7.9	59.5	60.0	11.9
20.0	20.5	4.0	40.0	40.5	8.0	60.0	60.5	12.0
20.5	21.0	4.1	40.5	41.0	8.1	60.5	61.0	12.1
21.0	21.5	4.2	41.0	41.5	8.2	61.0	61.5	12.2
21.5	22.0	4.3	41.5	42.0	8.3			
22.0	22.5	4.4	42.0	42.5	8.4			
22.5	23.0	4.5	42.5	43.0	8.5			
23.0	23.5	4.6	43.0	43.5	8.6			
23.5	24.0	4.7	43.5	44.0	8.7			
24.0	24.5	4.8	44.0	44.5	8.8			
24.5	25.0	4.9	44.5	45.0	8.9			

6.4 静液压强度

管材的静液压强度应符合表10要求。

表10 管材的静液压强度

序 号	项 目	环向应力,MPa			要 求
		PE 63	PE 80	PE 100	
1	20℃静液压强度(100 h)	8.0	9.0	12.4	不破裂,不渗漏
2	80℃静液压强度(165 h)	3.5	4.6	5.5	不破裂,不渗漏
3	80℃静液压强度(1 000 h)	3.2	4.0	5.0	不破裂,不渗漏

80℃静液压强度(165 h)试验只考虑脆性破坏。如果在要求的时间(165 h)内发生韧性破坏,则按表11选择较低的破坏应力和相应的最小破坏时间重新试验。

表11 80℃时静液压强度(165 h) 再实验要求

PE 63		PE 80		PE 100	
应力 MPa	最小破坏时间 h	应力 MPa	最小破坏时间 h	应力 MPa	最小破坏时间 h
3.4	285	4.5	219	5.4	233
3.3	538	4.4	283	5.3	332
3.2	1 000	4.3	394	5.2	476
		4.2	533	5.1	688
		4.1	727	5.0	1 000
		4.0	1 000		

6.5 物理性能

管材的物理性能应符合表12要求。当在混配料中加入回用料挤管时,对管材测定的熔体流动速率(MFR)(5 kg,190℃)与对混配料测定值之差,不应超过25%。

表12 管材物理性能要求

序 号	项 目		要 求
1	断裂伸长率,%		≥350
2	纵向回缩率(110℃),%		≤3
3	氧化诱导时间(200℃),min		≥20
4	耐候性[1] (管材累计接受≥3.5 GJ/m² 老化能量后)	80℃静液压强度(165 h),试验条件同表10	不破裂,不渗漏
		断裂伸长率,%	≥350
		氧化诱导时间(200℃),min	≥10

1) 仅适用于蓝色管材。

6.6 卫生性能

用于饮用水输配的管材卫生性能应符合GB/T 17219的规定。

7 试验方法

7.1 试样的状态调节和试验的标准环境

按GB/T 2918规定,温度为23℃±2℃,状态调节时间为24 h。试验方法标准中有规定的按照试验方法标准。

7.2 颜色和外观

用肉眼观察。

7.3 尺寸测量

7.3.1 长度

用精度为 1 mm 的钢卷尺测量直管。

7.3.2 平均外径

按 GB/T 8806 规定测量平均外径。

7.3.3 壁厚及偏差

按 GB/T 8806 规定测量管材的壁厚及偏差。

7.4 炭黑含量

按 GB/T 13021 规定进行。

7.5 颜料及炭黑分散

按 GB/T 18251 规定进行。采用压片制样方法。

7.6 氧化诱导时间

按 GB/T 17391 规定进行。试样应取自管材的内表面。老化后试样应取自被曝晒管材试样的老化表面刮削 0.4 mm 后的表面。

7.7 熔体流动速率

按 GB/T 3682 规定进行。

7.8 静液压强度

按 GB/T 6111 规定进行。管内外介质均为水。可采用 a 类型接头或 b 类型接头,仲裁时,采用 a 类型接头。

7.9 断裂伸长率

按 GB/T 8804.2 规定进行。断裂伸长率试验适用于管材壁厚不大于 12 mm 时。老化后试样应取自管材被曝晒一侧。

7.10 纵向回缩率

按 GB/T 6671.2 规定进行。外径大于 200 mm 的管材,可以使用纵向切取的管材样条试验。试验温度为 110℃±2℃。

7.11 耐候性

应采用公称外径 32 mm,SDR11 的管材。当生产厂的管材规格大于公称外径 32 mm 时,应采用所生产的公称外径最小,SDR 最大的管材。按 GB/T 3681 规定进行曝晒。然后按 7.8 进行静液压强度试验,按 7.9 进行断裂伸长率测定,按 7.6 进行氧化诱导时间测定。

7.12 卫生性能

应采用生产厂公称外径最小的管材。按 GB/T 17219 规定进行。

8 检验规则

检验分出厂检验和型式检验。

8.1 出厂检验

出厂检验项目为 6.1,6.2,6.3,以及 6.4 中的 80℃静液压强度(165 h)试验,6.5 中的断裂伸长率、氧化诱导时间检验。

8.1.1 组批

同一原料、配方和工艺连续生产的同一规格管材作为一批,每批数量不超过 100 t。生产期 7 天尚不足 100 t,则以 7 天产量为一批。

8.1.2 抽样

6.1,6.2,6.3 检验按表 13 规定,采用正常检验一次抽样方案,取一般检验水平Ⅰ,合格质量水平 6.5 检验。

表 13　抽样方案　　　　　　　　　　　　　　　基本单位：根

批量范围 N	样本大小 n	合格判定数 A_c	不合格判定数 R_e
≤150	8	1	2
151～280	13	2	3
281～500	20	3	4
501～1 200	32	5	6
1 201～3 200	50	7	8
3 201～10 000	80	10	11

在计数抽样合格的产品中,进行 6.4 中的 80℃静液压强度(165 h)试验,6.5 中的断裂伸长率、氧化诱导时间。静液压强度和氧化诱导时间试验试样数均为一个。

管材须经生产厂质量检验部门检验合格,并附有合格证,方可出厂。

8.2　型式检验

型式检验项目为本标准中第 6 章除 80℃静液压强度(165 h)外的全部技术要求。

8.2.1　分组及抽样

根据管材公称外径,按照表 14,对管材进行尺寸分组。

表 14　管材的尺寸分组

尺寸组	1	2	3	4
公称外径 d_n,mm	≤63	63＜d_n≤225	225＜d_n≤630	630＜d_n≤1 000

根据本标准技术要求,选取每一组中生产厂所生产的 SDR 最小的最大直径管材和最小直径管材,并按 8.1.2 规定对 6.1,6.2,6.3 进行检验。在检验合格的样品中抽取样品,进行 6.4 中 20℃静液压强度(100 h)试验、80℃静液压强度(1 000 h)试验,6.5 及 6.6 性能的检验。

8.2.2　若有以下情况之一,应进行型式检验。

a) 新产品或老产品转厂生产的试制定型鉴定;

b) 结构、材料、工艺有较大变动可能影响产品性能时;

c) 产品长期停产后恢复生产时;

d) 出厂检验结果与上次型式检验结果有较大差异时;

e) 国家质量监督机构提出进行型式检验的要求时。

8.3　判定规则

6.1,6.2,6.3 按表 13 进行判定,其他指标有一项达不到规定时,则随机抽取双倍样品进行复验。如仍不合格,则判该批产品不合格。

9　标志、包装、运输、贮存

9.1　标志

管材出厂时应有永久性标志,且间距不超过 2 m。

标志至少应包括下列内容:

——生产厂名和/或商标;

——公称外径;

——"标准尺寸比"或"SDR";

——材料等级(PE 100,PE 80 或 PE 63);

——公称压力(或 PN);

——生产日期;

——采用标准号;

——"水"或"water"字样(仅适用于饮水管)。

9.2　包装

按供需双方商定要求进行。

9.3　运输

管材运输时,不得受到划伤、抛摔、剧烈的撞击、油污和化学品污染。

9.4　贮存

管材贮存在远离热源及油污和化学品污染地,地面平整、通风良好的库房内;如室外堆放,应有遮盖物。

管材应水平整齐堆放,堆放高度不得超过 1.5 m。

附 录 A
（提示的附录）
管材的不圆度

按 GB/T 8806 规定测量同一断面的最大外径和最小外径，最大外径减去最小外径为不圆度。管材的不圆度在挤出时测量。

对公称直径小于等于 630 mm 的直管的不圆度的推荐要求见表 B1。盘管及公称外径大于 630 mm 管材的不圆度可由供需双方商定。

表 A1 管材不圆度   mm

公称外径 d_n	最大不圆度
16	1.2
20	1.2
25	1.2
32	1.3
40	1.4
50	1.4
63	1.5
75	1.6
90	1.8
110	2.2
125	2.5
140	2.8
160	3.2
180	3.6
200	4.0
225	4.5
250	5.0
280	9.8
315	11.1
355	12.5
400	14.0
450	15.6
500	17.5
560	19.6
630	22.1
710	
800	
900	
1 000	

ICS 83.140.30
G 33

GB/T 13663.2—2005

中华人民共和国国家标准

给水用聚乙烯(PE)管道系统
第 2 部分：管件

Polyethylene(PE)pipings systems for water supply—
Part 2：Fittings

2005-03-23 发布   2005-10-01 实施

中华人民共和国国家质量监督检验检疫总局
中国国家标准化管理委员会   发布

前　言

GB/T 13663《给水用聚乙烯管道系统》现分为两个部分:

——第 1 部分:管材;

(现行标准为 GB/T 13663—2000《给水用聚乙烯(PE)管材》)

——第 2 部分:管件(本部分)。

本部分为 GB/T 13663 的第 2 部分。

本部分参考欧洲标准化组织 CEN TC155"塑料管道系统和输送系统"技术委员会正在制定的《给水用塑料管道系统——聚乙烯(PE)》系列标准制定。

本部分主要技术内容与 prEN 12201-3:2002《给水用塑料管道系统——聚乙烯(PE)——第 3 部分:管件》基本相同,主要差异为:

——本部分仅包含由 PE63、PE80、PE100 材料制造的管件,不包括由 PE32、PE40 材料制造的管件,材料要求见本部分第 4 章;

——增加了电熔管件承口不圆度的要求以及聚乙烯法兰接头的尺寸要求;

——将 prEN 12201:2002 第 5 部分:系统适用性中机械接头相关要求作为本部分表 12 中的内容;

——增加了"试验方法"、"检验规则"两章;

——增加了运输、贮存的内容;

——将 prEN 12201-3 附录 A 的内容放到正文中表述,prEN 12201-3 的附录 B 作为本部分的附录 A;

——增加了附录 B、附录 C、附录 D。

本部分的附录 B、附录 C 和附录 D 为规范性附录,附录 A 为资料性附录。

请注意本部分的某些内容有可能涉及专利。本部分的发布机构不应承担识别这些专利的责任。

本部分由中国轻工业联合会提出。

本部分由全国塑料制品标准化技术委员会塑料管材、管件及阀门分技术委员会(TC 48/SC3)归口。

本部分起草单位:亚大塑料制品有限公司、河北宝硕管材有限公司、四川森普管材股份有限公司、北京工商大学轻工业塑料加工应用研究所。

本部分主要起草人:马洲、王志伟、高长全、李文泉、赵启辉。

本部分为第一次制定。

给水用聚乙烯(PE)管道系统
第2部分:管件

1 范围

GB/T 13663 的本部分规定了给水用聚乙烯(PE)管件(以下简称管件)的定义、材料、产品分类、要求、试验方法、检验规则、标志、包装、运输和贮存。

本部分适用于由 PE 63、PE 80 和 PE 100 材料(见 4.1)制造的管件以及本部分规定的聚乙烯给水系统中的机械连接管件。

本部分规定的管件适用于水温不超过 40℃,一般用途的压力输水以及饮用水的输送。

本部分规定的管件与 GB/T 13663—2000 规定的管材配套使用。

2 规范性引用文件

下列文件中的条款通过 GB/T 13663 的本部分的引用而成为本部分的条款。凡是注日期的引用文件,其随后所有的修改单(不包括勘误的内容)或修订版均不适用于本部分,然而,鼓励根据本部分达成协议的各方研究是否可使用这些文件的最新版本。凡是不注日期的引用文件,其最新版本适用于本部分。

GB/T 1033—1986　塑料密度和相对密度试验方法(eqv ISO/DIS 1183:1984)

GB/T 1845.1—1999　聚乙烯(PE)模塑和挤出材料　第 1 部分:命名系统和分类基础(eqv ISO 1872-1:1993)

GB/T 2828.1—2003　计数抽样检验程序　第 1 部分:按接收质量限(AQL)检索的逐批检验抽样计划(ISO 2859-1:1999,IDT)

GB/T 3681—2000　塑料大气暴露试验方法(neq ISO 877:1994)

GB/T 3682—2000　热塑性塑料熔体质量流动速率和熔体体积流动速率的测定(idt ISO 1133:1997)

GB/T 6111—2003　流体输送用热塑性塑料管材耐内压试验方法 (ISO 1167:1996,IDT)

GB/T 8804.3—2003　热塑性塑料管材　拉伸性能测定　第 3 部分:聚烯烃管材(ISO 6259-3:1997,IDT)

GB/T 8806　塑料管材尺寸测量方法 (GB/T 8806—1988,eqv ISO 3126:1974)

GB/T 13021—1991　聚乙烯管材和管件炭黑含量的测定　热失重法(neq ISO 6964:1986)

GB/T 13663—2000　给水用聚乙烯(PE)管材 (neq ISO 4427:1996)

GB/T 15820—1995　聚乙烯压力管材与管件连接的耐拉拔试验 (eqv ISO 3501:1976)

GB/T 17219　生活饮用水输配水设备及防护材料的安全性评价标准

GB/T 17391—1998　聚乙烯管材与管件热稳定性试验方法 (eqv ISO/TR 10837:1991)

GB/T 18251—2000　聚烯烃管材、管件和混配料中颜料或炭黑分散的测定方法(neq ISO/DIS 18553:1999)

GB/T 18252—2000　塑料管道系统　用外推法对热塑性塑料管材长期静液压强度的测定

GB/T 18475—2001　热塑性塑料压力管材和管件用材料分级和命名　总体使用(设计)系数(eqv ISO 12162:1995)

GB/T 18476—2001　流体输送用聚烯烃管材　耐裂纹扩展的测定　切口管材裂纹慢速增长的试

验方法(切口试验)(eqv ISO 13479:1997)

GB/T 19278—2003 热塑性塑料管材、管件及阀门通用术语及其定义

GB/T 19280—2003 流体输送用热塑性塑料管材 耐快速裂纹扩展(RCP)的测定 小尺寸稳态试验(S4 试验)(ISO 13477:1997,IDT)

GB/T 19712 塑料管材和管件 聚乙烯(PE)鞍形旁通 抗冲击试验方法(GB/T 19712—2005, ISO 13957:1997,IDT)

GB/T 19806 塑料管材和管件 聚乙烯电熔组件的挤压剥离试验(GB/T 19806—2005,ISO 13955:1997,IDT)

GB/T 19808 塑料管材和管件 公称外径大于或等于 90 mm 的聚乙烯电熔组件的拉伸剥离试验 (GB/T 19808—2005,ISO 13954:1997,IDT)

GB/T 19810 聚乙烯(PE)管材和管件 热熔对接接头拉伸强度和破坏形式的测定(GB/T 19810— 2005,ISO 13953:2001,IDT)

HG/T 3091—2000 橡胶密封件 给、排水管及污水管道用接口密封圈 材料规范(idt ISO 4633:1996)

ISO 9080:2003 塑料管道系统——用外推法以管材形式对热塑性塑料材料长期静液压强度的测定

ISO 11357-6:2002 塑料——差示扫描量热法(DSC)——第 6 部分:氧化诱导时间的测定

ISO 13478:1997 流体输送用热塑性塑料管材——耐快速裂纹扩展(RCP)的测定——全尺寸试验 (FST)

ASTM D 4019:1994a 通过五氧化二磷的库仑再生测定塑料中水分的试验方法

3 定义、符号和缩略语

GB/T 13663—2000 及 GB/T 19278—2003 确定的以及下列定义、符号和缩略语适用于 GB/T 13663 的本部分。

3.1

电熔承口管件 electrofusion socket fitting

具有一个或多个组合加热元件,能够将电能转换成热能从而与管材或管件插口端熔接的聚乙烯 (PE)管件。

3.2

电熔鞍形管件 electrofusion saddle fitting

具有鞍形几何特征及一个或多个组合加热元件,能够将电能转换成热能从而在管材外侧壁上实现熔接的聚乙烯(PE)管件。

3.2.1

鞍形旁通 tapping tee

具有辅助开孔分支端及一个可以切透主管材壁的组合切刀的电熔鞍形管件。在安装后切刀仍留在鞍形体内。常用于带压作业。

3.2.2

鞍形直通 branch saddle

不具备辅助开孔分支端,通常需要辅助切削工具在连接的主管材上钻孔的电熔鞍形管件。

3.3

插口管件 spigot end fitting

插口端的连接外径等于相应配套使用管材的公称外径 d_n 的聚乙烯(PE)管件。

3.4

机械连接管件 mechanical fitting

通过机械作用将聚乙烯(PE)管材与另一段聚乙烯(PE)管材或管道附件连接的管件。一般可在施工现场装配或由制造商在工厂预装。

通常通过压缩部件以提供压力的完整性、密封性和抗端部载荷的能力。并通过插到管材内部的支撑衬套为聚乙烯(PE)管材提供永久的支撑,以阻止管材壁在径向压力作用下的蠕变。

注1:可以通过螺纹、压缩接头、焊接或法兰(包括 PE 法兰)与金属部件连接装配。

3.5

电熔承口的最大不圆度 maximum out-of-roundness of electrofusion socket

从承口口部平面到距承口口部距离为 L_1(设计插入段长度)的平面之间,承口不圆度的最大值。

3.6

电压调节 voltage regulation

在电熔管件的熔接过程中,通过电压参数控制能量供给的方式。

3.7

电流调节 intensity regulation

在电熔管件的熔接过程中,通过电流参数控制能量供给的方式。

4 材料

4.1 聚乙烯混配料

4.1.1 分级和命名

管件应使用符合要求的聚乙烯混配料生产。聚乙烯混配料应按照 GB/T 18252—2000(或 ISO 9080:2003)确定材料与 20℃、50 年、预测概率 97.5% 相应的静液压强度 σ_{LPL}。依据 σ_{LPL} 换算出最小要求强度(MRS),将 MRS 乘以 10 得到材料的分级数,按照 GB/T 18475—2001 进行分级。根据材料类型(PE)和分级数对材料进行命名,见表 1。混配料制造商应提供相应的级别证明。

表 1 聚乙烯混配料的分级和命名

σ_{LPL}(20℃,50 年,97.5%)/MPa	MRS/MPa	材料分级数	命名
6.30~7.99	6.3	63	PE 63
8.00~9.99	8.0	80	PE 80
10.00~11.19	10.0	100	PE 100

4.1.2 性能要求

混配料应为黑色或蓝色,性能要求应符合表 2 的规定。

表 2 聚乙烯混配料的性能

序号	性能	要求[a]	试验参数	
以颗粒为试验样品测定				
1	密度	≥930 kg/m³(基础树脂)	试验温度	23℃
2	熔体质量流动速率 MFR	(0.2~1.4)g/10 min,且最大偏差不应超过混配料标称值的±20%	试验温度 负载	190℃ 5 kg
3	氧化诱导时间	≥20 min	试验温度	200℃
4	挥发分含量	≤350 mg/kg	—	
5	水分含量[b]	≤300 mg/kg	—	
6	炭黑含量(黑色混配料)	2.0%~2.5%(质量分数)	—	
7.1	炭黑分散(黑色混配料)	≤3 级	—	
7.2	颜料分散(蓝色混配料)	≤3 级	—	

表 2（续）

序号	性能	要求[a]	试验参数	
		以管材为试验样品测定		
8	热熔对接拉伸强度 d_n　110 mm SDR 11	试验到破坏为止： 韧性：通过 脆性：未通过	试验温度	23℃
9	耐慢速裂纹增长 d_n　110 mm 或 125 mm SDR 11	在试验过程中不破坏	试验温度 试验压力： PE 63 PE 80 PE 100 试验时间 试验类型	80℃ 0.64 MPa 0.80 MPa 0.92 MPa 165 h 水-水
10	耐候性 （仅用于蓝色混配料）	管材累计接受≥3.5 GJ/m² 老化能量后： 氧化诱导时间符合本表要求 断裂伸长率≥350% 80℃（165 h）静液压强度符合表9要求	—	—
11	耐快速裂纹扩展 （RCP）（S4 试验）[c, d] d_n　250 mm SDR 11	裂纹终止	试验温度 试验介质 试验压力： PE 100 PE 80	0℃ 空气 1.0 MPa 0.80 MPa
	或者			
	耐快速裂纹扩展 （RCP）（全尺寸试验）[c, d] d_n　250 mm SDR 11	裂纹终止	试验温度 试验介质 试验压力： PE 100 PE 80	0℃ 空气 2.4 MPa 2.0 MPa
12	对水质的影响	应符合 GB/T 17219 或现行相应的卫生规范性能要求		

[a] 混配料生产商应证明与这些要求的符合性。

[b] 当测量的挥发分含量不符合要求时才测量水分含量。仲裁时，应以水分含量的测量结果作为判定依据。

[c] 仅对壁厚不小于 32 mm 的管道系统有此项要求。

[d] 如果测试的 PE 材料不满足要求，可根据 ISO 13478:1997 确定临界压力 p_c，并由此确定此材料相应于直径的 MOP。（允许工作压力≤p_c。或者允许工作压力≤$3.6 \times p_{c,S4}+2.6$，此处 $p_{c,S4}$ 根据 GB/T 19280—2003 测定），可使用温度不大于 3℃ 的空气或气水混合体（空气含量≥5%）。

4.2 非聚乙烯部件材料

管件非聚乙烯部件材料不应对所输送水质及聚乙烯材料性能产生不良影响或引发应力开裂，并且应满足管道系统中的总体要求。

4.2.1 金属材料

管件所使用的金属部分，易腐蚀的应充分防护。

当使用不同的金属材料并且可能与水分接触时，应采取措施防止电化学腐蚀。

4.2.2 弹性密封件

制造橡胶密封件的材料应符合 HG/T 3091—2000 的性能要求。

5 产品分类

管件按连接方式分为三类：熔接连接管件、机械连接管件、法兰连接管件。

其中熔接连接管件分为三类：电熔管件、插口管件、热熔承插连接管件。

注：管件适用的参考温度为 20℃。40℃以下温度的压力折减系数参见 GB/T 13663—2000 的 5.5。

6 要求

6.1 颜色

管件聚乙烯部分的颜色为黑色或蓝色，蓝色聚乙烯管件应避免紫外光线直接照射。

6.2 外观

管件内外表面应清洁、光滑，不允许有缩孔（坑）、明显的划伤、杂质、颜色不均和其他表面缺陷。

6.3 电熔管件的电阻偏差

电熔管件的电阻值应在下列范围内：

最大值：标称值×（1+10%）+0.1Ω；

最小值：标称值×（1-10%）。

注：电熔管件典型接线端的示例见附录 A。电熔管件宜根据工作时的电压和电流及电流特性设置相应的电气保护
措施。对于电压大于 25 V 的情况，在按照管件和设备制造商的说明进行装配熔接时，宜确保人无法直接接触
到带电部分。

6.4 规格尺寸

6.4.1 电熔管件承口端的尺寸

6.4.1.1 电熔管件承口端的直径和长度

电熔承口端的示意图见图 1，其直径和长度应符合表 3 的规定。

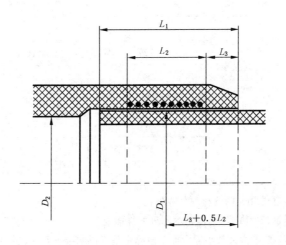

L_1——管材或插口管件的插入深度。在有限位挡块的情况下，它为端口到限位挡块的距离，在没有限位挡块的情况
下，它不大于管件总长的一半；

L_2——承口内部的熔区长度，即熔融区的标称长度；

L_3——管件口部与熔接区域开始处之间的距离，即管件承口口部非加热长度。其中 $L_3 \geqslant 5$ mm；

D_1——距口部端面 $L_3+0.5L_2$ 处测量的熔融区的平均内径；

D_2——管件的最小通径。

图 1 电熔管件承口示意图

表 3 电熔承口尺寸

单位为毫米

管件公称直径 d_n	插入深度			熔区长度 $L_{2_{min}}$
	$L_{1_{min}}$		$L_{1_{max}}$	
	电流调节	电压调节		
20	20	25	41	10
25	20	25	41	10
32	20	25	44	10
40	20	25	49	10
50	20	28	55	10
63	23	31	63	11
75	25	35	70	12
90	28	40	79	13
110	32	53	82	15
125	35	58	87	16
140	38	62	92	18
160	42	68	98	20
180	46	74	105	21
200	50	80	112	23
225	55	88	120	26
250	73	95	129	33
280	81	104	139	35
315	89	115	150	39
355	99	127	164	42
400	110	140	179	47
450	122	155	195	51
500	135	170	212	56
560	147	188	235	61
630	161	209	255	67

注 1：表中公称直径 d_n 指与管件相连的管材的公称外径。

注 2：管件公称压力越大,熔区长度越长,以满足本部分的性能要求。

注 3：制造商应说明 D_1 和 L_1 的最大及最小实际值以便确定是否影响装夹及连接装配。

在管件焊接区域中部的平均内径 $D_1 \geqslant d_n$。

管件通径 D_2 不应小于公称直径 d_n 与 $2e_{min}$ 的差值,e_{min} 为 GB/T 13663—2000 规定的相应管材的最小壁厚。

如果一个管件具有不同尺寸的承口,则每一个规格尺寸均应符合相应的公称直径的要求。

6.4.1.2 电熔管件的壁厚

当管件和管材由相同等级的聚乙烯制造时,从距管件端口 $\frac{2L_1}{3}$ 处开始,管件主体任一点的壁厚 E 应

GB/T 13663.2—2005

大于或等于相应管材的最小壁厚 e_{min}。如果制造管件用聚乙烯的 MRS 等级与管材的不同,那么管件主体壁厚 E 与管材壁厚 e_{min} 的关系应符合表4。

表4 管件壁厚与管材壁厚之间的关系

材 料		管件主体壁厚 E 与管材壁厚 e_{min} 之间的关系
管材	管件	
PE 80	PE 100	$E \geqslant 0.8 e_{min}$
PE 100	PE 80	$E \geqslant 1.25 e_{min}$

为了避免应力集中,管件主体壁厚的变化应是渐变的。

6.4.1.3 电熔管件承口端的不圆度

电熔管件承口端的最大不圆度应不超过 $0.015 d_n$。

6.4.2 插口管件插口端的尺寸

管件插口端的示意图见图2,其尺寸应符合表5的规定。

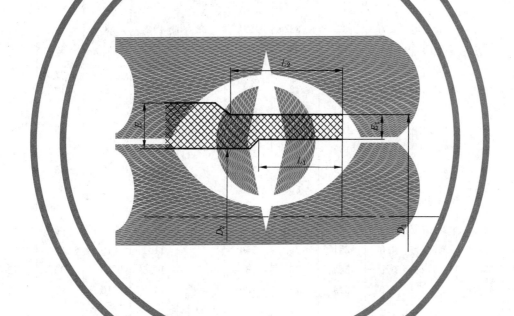

D_1——熔接段的平均外径,在距离端口不大于 L_2、平行于该端口平面的任一截面处测量;

D_2——管件的最小通径,测量时不包括焊接形成的卷边;

E——任一点测量的管件主体壁厚,E 应大于或等于管件同一端 E_1;

E_1——距离插入端口不超过 L_1 处任一点测量的壁厚,并且应与对接管材的壁厚相同,公差应符合 GB/T 13663—2000 表9中相应管材的公差;

L_1——熔接段的回切长度,即热熔对接或重新熔接所必须的初始深度。此段长度允许通过熔接一段壁厚等于 E_1 的管段来实现;

L_2——熔接段的管状长度,即熔接端的初始长度。此管状长度应满足以下任意连接方式的要求:

a) 对接熔接时使用夹具的要求;

b) 与电熔管件装配长度的要求;

c) 与热熔承插管件装配长度的要求。

图2 管件插口端的示意图

353

表5 管件插口端尺寸

单位为毫米

插口公称外径	熔接端的平均外径			电熔熔接和对接熔接				承插熔接	仅对于对接熔接			
		等级A	等级B	不圆度	最小通径	回切长度	管状长度[a]	管状长度	不圆度	回切长度	常规管状长度[b]	特别管状长度[c]
d_n	D_{1min}	D_{1max}	D_{1max}	max	D_2	L_{1min}	L_{2min}	L_{2min}	max	L_{1min}	L_{2min}	L_{2min}
20	20.0	—	20.3	0.3	13	25	41	11	—	—	—	—
25	25.0	—	25.3	0.4	18	25	41	12.5	—	—	—	—
32	32.0	—	32.3	0.5	25	25	44	14.6	—	—	—	—
40	40.0	—	40.4	0.6	31	25	49	17	—	—	—	—
50	50.0	—	50.4	0.8	39	25	55	20	—	—	—	—
63	63.0	—	63.4	0.9	49	25	63	24	1.5	5	16	5
75	75.0	—	75.5	1.2	59	25	70	25	1.6	6	19	6
90	90.0	—	90.6	1.4	71	28	79	28	1.8	6	22	6
110	110.0	—	110.7	1.7	87	32	82	32	2.2	8	28	8
125	125.0	—	125.8	1.9	99	35	87	35	2.5	8	32	8
140	140.0	—	140.9	2.1	111	38	92	—	2.8	8	35	8
160	160.0	—	161.0	2.4	127	42	98	—	3.2	8	40	8
180	180.0	—	181.1	2.7	143	46	105	—	3.6	8	45	8
200	200.0	—	201.2	3.0	159	50	112	—	4.0	8	50	8
225	225.0	—	226.4	3.4	179	55	120	—	4.5	10	55	10
250	250.0	—	251.5	3.8	199	60	130	—	5.0	10	60	10
280	280.0	282.6	281.7	4.2	223	75	139	—	9.8	10	70	10
315	315.0	317.9	316.9	4.8	251	75	150	—	11.1	10	80	10
355	355.0	358.2	357.2	5.4	283	75	165	—	12.5	10	90	12
400	400.0	403.6	402.4	6.0	319	75	180	—	14.0	10	95	12
450	450.0	454.1	452.7	6.8	359	100	195	—	15.6	15	60	15
500	500.0	504.5	503.0	7.5	399	100	215	—	17.5	20	60	15
560	560.0	565.0	563.4	8.4	447	100	235	—	19.6	20	60	15
630	630.0	635.7	633.8	9.5	503	100	255	—	22.1	20	60	20

[a] L_2（电熔管件）的值基于下列公式：

对于 $d_n \leqslant 90$，$L_2 = 0.6d_n + 25$ mm；

对于 $d_n \geqslant 110$，$L_2 = \dfrac{d_n}{3} + 45$ mm。

[b] 优先采用。

[c] 用于工厂内预制管件。

6.4.3 热熔承插连接管件的尺寸

热熔承口的示意图见图3，其尺寸应符合表6与表7的规定。承口根部直径不应大于口部直径，管件壁厚应符合6.4.1.2的要求。

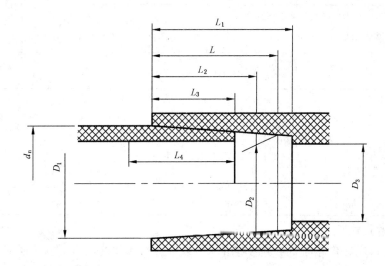

D_1——承口口部的平均内径。即等于承口内表面与其端面相交圆的平均直径；

D_2——承口根部的平均内径。即距承口距离为 L 的、平行于端口平面的圆环截面的平均直径，其中 L 为承口参考长度；

D_3——最小通径；

L——承口参考长度。即用于计算目的的最小理论承口长度；

L_1——从承口端面到其根部台肩处的承口的实际长度；

L_2——管件的加热长度。即加热工具插入的长度；

L_3——插入深度。即经加热的管子端部插入承口的长度；

L_4——管子插口端的加热长度。即管子插口端部进入加热工具的长度；

d_n——承口的公称内径，即热熔承插连接管件的公称尺寸。

图 3　热熔承插连接示意图

表 6　公称尺寸从 16 ～ 63 的管件承口尺寸　　单位为毫米

公称尺寸	承口公称内径	承口平均内径				最大不圆度	最小通径	承口参考长度	承口加热长度[a]		管材插入深度[b]	
		口部		根部								
DN/OD	d_n	D_{1min}	D_{1max}	D_{2min}	D_{2max}	max	D_3	L_{min}	L_{2min}	L_{2max}	L_{3min}	L_{3max}
16	16	15.2	15.5	15.1	15.4	0.4	9	13.3	10.8	13.3	9.8	12.3
20	20	19.2	19.5	19.0	19.3	0.4	13	14.5	12.0	14.5	11.0	13.5
25	25	24.1	24.5	23.9	24.3	0.4	18	16.0	13.5	16.0	12.5	15.0
32	32	31.1	31.5	30.9	31.3	0.5	25	18.1	15.6	18.1	14.6	17.1
40	40	39.0	39.4	38.8	39.2	0.5	31	20.5	18.0	20.5	17.0	19.5
50	50	48.9	49.4	48.7	49.2	0.6	39	23.5	21.0	23.5	20.0	22.5
63	63	62.0[c]	62.4[c]	61.6	62.1	0.6	49	27.4	24.9	27.4	23.9	26.4

[a]　$L_{2min} = (L_{min} - 2.5)$ mm；$L_{2max} = L_{min}$ mm。

[b]　$L_{3min} = (L_{min} - 3.5)$ mm；$L_{3max} = (L_{min} - 1)$ mm。

[c]　此处如果使用复原夹具，允许将最大直径 62.4 mm 增加 0.1 mm 变为 62.5 mm。相反的，如果使用去皮管材，则允许将最小直径 62.0 mm 减小 0.1 mm 变为 61.9 mm。

表 7　公称尺寸从 75～125 管件承口尺寸　　　　　　单位为毫米

公称尺寸	管材平均外径		承口公称内径	承口平均内径				最大不圆度	最小通径	承口参考长度	承口加热长度[a]		管材插入深度[b]	
DN/OD	$d_{em_{min}}$	$d_{em_{max}}$	d_n	口部		根部		max	D_3	L_{min}	L_{2min}	L_{2max}	L_{3min}	L_{3max}
				D_{1min}	D_{1max}	D_{2min}	D_{2max}							
75	75.0	75.5	75	74.3	74.8	73.0	73.5	0.7	59	30	26	30	25	29
90	90.0	90.6	90	89.3	89.9	87.9	88.5	1.0	71	33	29	33	28	32
110	110.0	110.6	110	109.4	110.0	107.7	108.3	1.0	87	37	33	37	32	36
125	125.0	125.6	125	124.4	125.0	122.6	123.2	1.0	99	40	36	40	35	39

> a　$L_{2min} = (L_{min} - 4)$ mm；$L_{2max} = L_{min}$ mm。
>
> b　$L_{3min} = (L_{min} - 5)$ mm；$L_{3max} = (L_{min} - 1)$ mm。

6.4.4　鞍形旁通的尺寸

鞍形旁通的出口应具有符合 6.4.1 的电熔承口或符合 6.4.2 的插口。制造商应在技术文件中给出管件的总体尺寸。这些尺寸应包括鞍形的最大高度和鞍形旁通的出口管至主管顶部的高度,见图4。

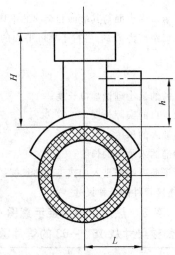

H——鞍形的高度,即主体管材顶部到鞍形旁通顶部的距离;

h——出口管材的高度,即主体管材顶部到出口管轴线的距离;

L——鞍形旁通的宽度,即管材轴线到出口管端口的距离。

图 4　鞍形旁通示意图

6.4.5　机械连接管件的尺寸

主要由聚乙烯制成、部分与聚乙烯管材熔接、部分与其他管道连接的机械连接管件,例如转换接头,至少应有一个接头符合聚乙烯连接系统的几何特性。

主要由非聚乙烯原料制成的机械管件应符合相关标准的要求。

6.4.6　聚乙烯法兰接头的尺寸

聚乙烯法兰接头的尺寸应符合表8的规定,示意图见图5。

注:PE法兰接头压紧面的厚度取决于所选用的材料及公称压力等级。

表 8　热熔对接聚乙烯法兰接头的尺寸　　　　　　单位为毫米

管材和插口的公称外径	D_1	D_2
d_n	min	
20	45	27
25	58	33
32	68	40

表 8（续）

单位为毫米

管材和插口的公称外径 d_n	D_1 min	D_2
40	78	50
50	88	61
63	102	75
75	122	89
90	138	105
110	158	125
125	158	132
140	188	155
160	212	175
180	212	180
200	268	232
225	268	235
250	320	285
280	320	291
315	370	335
355	430	373
400	482	427
450	585	514
500	585	530
560	685	615
630	685	642
710	800	737
800	905	840
900	1 005	944
1 000	1 110	1 047

注1：插口的外径应符合相关的产品标准。

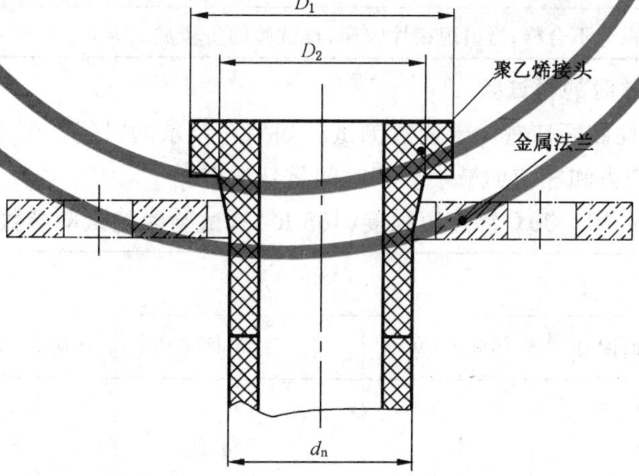

D_1——PE法兰接头头部的公称外径；

D_2——PE法兰接头柄（颈）部的公称外径；

d_n——相连管材的公称尺寸（外径）或承口的公称尺寸（内径）。

图 5　聚乙烯法兰接头

6.5 力学性能

6.5.1 总则

管件应与管材装配后作为组件进行测试,该组件有一个以上的管件熔接在管材上,组合件中熔接的管材应符合 GB/T 13663—2000 的要求。

构成组件的部件(管材和管件)应能承受相同压力等级。

6.5.2 要求

管件的力学性能应符合表 9 的要求。

表 9 力学性能

序号	项目	要求	试样数量/个	试验参数	
1	20℃静液压强度	无破裂,无渗漏	3	试验温度 试验时间 环应力: PE 63 PE 80 PE 100	20℃ 100 h 8.0 MPa 10.0 MPa 12.4 MPa
2	80℃静液压强度	无破裂,无渗漏	3	试验温度 试验时间 环应力: PE 63 PE 80 PE 100	80℃ 165 hª 3.5 MPa 4.5 MPa 5.4 MPa
3	80℃静液压强度	无破裂,无渗漏	3	试验温度 试验时间 环应力: PE 63 PE 80 PE 100	80℃ 1 000 h 3.2 MPa 4.0 MPa 5.0 MPa

ª 如果出现脆性破坏,视为不合格;当出现韧性破坏,再试验的步骤见 6.5.3。

6.5.3 在 80℃下试验失效时的再试验

在 165 h 内发生的脆性破坏应视为未通过测试。如果在要求的时间(165 h)内发生韧性破坏,则按表 10 选择任一较低的环应力和相应的最小破坏时间重新试验。

表 10 80℃静液压强度(165 h)再试验时的试验参数

PE63		PE80		PE100	
环应力/MPa	最小破坏时间/h	环应力/MPa	最小破坏时间/h	环应力/MPa	最小破坏时间/h
3.5	165	4.5	165	5.4	165
3.4	295	4.4	233	5.3	256
3.3	538	4.3	331	5.2	399
3.2	1 000	4.2	474	5.1	629
—	—	4.1	685	5.0	1 000
—	—	4.0	1 000	—	—

6.6 物理机械性能

管件的物理机械性能应符合表 11 的要求。机械连接接头的力学性能应符合表 12 的要求。

表 11　物理机械性能

序号	项目	要求	试验参数	
1	熔体质量流动速率(MFR)对 PE63,PE80 和 PE100	MFR 的变化小于材料 MFR 值的±20%[a]	试验温度	190℃
			载荷	5 kg
2	氧化诱导时间(热稳定性)	≥20 min	试验温度	200℃
			试样数	3
3	电熔管件的熔接强度	脆性破坏所占百分比≤33.3%	试验温度	23℃
4	插口管件—对接熔接管件的熔接强度	试验到破坏为止:韧性:通过脆性:未通过	试验温度	23℃
5	鞍形旁通的冲击强度	无破坏,无渗漏	试验温度	(0±2)℃
			重锤质量	(2 500±20) g
			下落高度	(2 000±10) mm

[a] 管件上取样测量的值与所用混配料测量的值对比。

表 12　机械连接接头的力学性能[a]

序号	项目	要求	试样数	试验参数	
1	内压密封性试验	无渗漏	1	试验时间	1 h
				试验压力	1.5×管材[PN]
2	外压密封性试验	无渗漏	1	试验压力	Δp=0.01 MPa
				试验时间	1 h
				试验压力	Δp=0.08 MPa
				试验时间	1 h
3	耐弯曲密封性试验	无渗漏	1	试验时间	1 h
				试验压力	1.5×管材[PN]
4	耐拉拔试验	管材不从管件上拔脱或分离	—	试验温度	23℃
				试验时间	1 h

[a] 相连管材的公称外径不大于 63 mm 的机械连接接头。

6.7　卫生性能

用于饮用水输配的管件卫生性能应符合 GB/T 17219 或现行相应的卫生规范性能要求。

7　试验方法

7.1　有关混配料的试验方法

7.1.1　密度

按 GB/T 1033—1986 测定,仲裁时,采用 GB/T 1033—1986 的 D 法,试样按 GB/T 1845.1—1999 中 3.3.1 规定制备。

7.1.2　熔体质量流动速率

按 GB/T 3682—2000 中的 A 法测定,试验条件 T(190℃,5 kg)。

7.1.3　氧化诱导时间(热稳定性)

混配料按 ISO 11357-6:2002 测定。

7.1.4　挥发分含量

7.1.4.1　试验设备

a)　带有恒温器的干燥箱;

b) 直径 35 mm 的称量瓶；

c) 干燥器；

d) 精度为±0.1 mg 的分析天平。

7.1.4.2 试验步骤

将干净的称量瓶及盖子放入(105±2)℃的干燥箱1 h 后取出，置于干燥器中冷却至室温，用分析天平称量称量瓶及盖子的质量为 m_0(准确至 0.1 mg)。将试样约 25 g 均匀铺在称量瓶底部，盖上盖子，称其质量为 m_1(准确到 0.1 mg)。将盛有试样的称量瓶放入(105±2)℃的不通风的干燥箱中，取下盖子并留在干燥箱内。关上干燥箱门烘 1 h 后取出，放在干燥器中冷却至室温，准确称量其质量 m_2(精确到 0.1 mg)。在转移和称量的过程中应始终盖上盖子。

7.1.4.3 结果计算

挥发分物质的含量(105℃时)c 按式(1)计算，单位为毫克每千克。

$$c = \left\{ \frac{m_1 - m_2}{m_1 - m_0} \right\} \times 10^6 \qquad \cdots\cdots\cdots\cdots\cdots\cdots\cdots\cdots (1)$$

式中：

m_0——空称量瓶及盖子的质量，单位为克(g)；

m_1——称量瓶及盖子和样品的质量，单位为克(g)；

m_2——105℃条件下干燥 1 h 后称量瓶及盖子和样品的质量，单位为克(g)。

7.1.4.4 试样数量

试样数量为一个。

7.1.5 水分含量

按 ASTM D 4019a:1994 测定。试样数量为一个。

7.1.6 炭黑含量

按 GB/T 13021 测定。

7.1.7 炭黑分散与颜料分散

按 GB/T 18251 测定。有争议时，应使用模压法制取试样。

7.1.8 热熔对接拉伸强度

按照 GB/T 19810 测定。

7.1.9 耐慢速裂纹增长

按 GB/T 18476—2001 测定。

7.1.10 耐候性

采用公称外径 32 mm，SDR11 的管状试验样品，按 GB/T 3681—2000 规定进行曝晒。试样取自曝晒后的样品。管材的静液压试验按 GB/T 6111—2003 试验，断裂伸长率按 GB/T 8804.3 试验，氧化诱导时间按 7.2.7 试验，老化后试样应在曝晒管材的外表面去除 0.2 mm 厚的材料处取样。

7.1.11 耐快速裂纹扩展

按 GB/T 19280—2003 或 ISO 13478:1997 试验。

7.1.12 卫生性能

按 GB/T 17219 的规定或相关的卫生规范测定。

7.2 有关管件的试验方法

7.2.1 试样状态调节

除非另有规定，应在管件生产至少 24 h 后取样，在温度为(23±2)℃下状态调节至少 4 h 后进行试验。

7.2.2 颜色及外观检查

用肉眼观察。

7.2.3 电阻

使用电阻仪对管件电阻进行测量,电阻仪工作特性满足表13的要求。有争议的情况下,在(23±2)℃环境温度下测量。

表 13 电阻仪工作特性

范围/Ω	分辨率/mΩ	精度
0～1	1	读数的 2.5%
0～10	10	读数的 2.5%
0～100	100	读数的 2.5%

7.2.4 尺寸测量

7.2.4.1 厚度按 GB/T 8806 的规定测量。

7.2.4.2 承口内径和管件通径用精度为 0.01 mm 的内径表测量,在图 1、图 2 和图 3 规定部位测量两个相互垂直的内径,计算它们的平均值,为平均内径。

7.2.4.3 插口外径用精度为 0.02 mm 的游标卡尺或 π 尺进行测量。

7.2.4.4 不圆度用精度为 0.02 mm 的量具进行测量,试样同一截面的最大内(外)径和最小内(外)径之差即为不圆度。

7.2.4.5 各部位长度用精度为 0.02 mm 的游标卡尺进行测量。

7.2.5 静液压强度

7.2.5.1 试样为单个管件或由管材和管件组合而成,焊接完成后,在室温下放置至少 24 h,管材的自由长度 L_0 及试样根据情况如下规定:

——两根一定长度的管材通过对接熔接组合,密封接头之间的 L_0 为 d_n 的 3 倍,且最小为 250 mm;

——在单个管件的情况下,密封接头到每个承(插)口的自由长度 L_0 为 d_n 的 2 倍;

——几个管件通过一个组合件进行试验的情况下,管件之间管材的自由长度 L_0 为 d_n 的 3 倍。

在所有的情况下,自由长度 L_0 的最大值为 1 000 mm。

注:除非另有规定,应使用和试验管件相兼容的最大壁厚系列的管材,但鞍形组件的试样包含管材为与鞍形管件相兼容的最小壁厚的管材。

7.2.5.2 按 GB/T 6111—2003 试验,试验条件按表9规定。试验压力按表9中的规定环应力和管材的公称壁厚计算。

7.2.5.3 试样内外的介质均为水,接头类型为 a 型;b 型接头可用于直径大于或等于 500 mm 的出厂检验。

7.2.6 熔体质量流动速率

按 GB/T 3682—2000 中的 A 法试验,试验条件 T(190℃,5 kg),试样从管材样品上切取。

7.2.7 氧化诱导时间(热稳定性)

按 GB/T 17391—1998 测定。

试验温度为 200℃。如果与 200℃试验结果有明确对应关系时,试验可在 210℃下进行。仲裁时,试验温度应为 200℃。

7.2.8 电熔承口管件的熔接强度

按照 GB/T 19808 或 GB/T 19806 规定进行。

当有争议时,对于公称直径在 90 mm～225 mm 范围内的电熔承口管件,采用 GB/T 19808 规定的方法试验来进行判定。

7.2.9 插口管件—对接熔接管件拉伸强度

按照 GB/T 19810 试验。

7.2.10 电熔鞍形旁通的冲击强度

按照 GB/T 19712 试验。

7.2.11 内压密封性试验

按照附录 B 试验。

7.2.12 外压密封性试验

按照附录 C 试验。

7.2.13 耐弯曲密封性试验

按照附录 D 试验。

7.2.14 耐拉拔试验

按 GB/T 15820—1995 试验。

7.2.15 卫生性能

按 GB/T 17219 的规定或相关的卫生规范测定。

8 检验规则

8.1 检验分类

检验分为出厂检验和型式检验。产品需经生产厂质量检验部门检验合格并附有合格标志方可出厂。

8.2 组批

同一混配料、设备和工艺连续生产的同一规格管件作为一批,每批数量不超过 5000 件。同时成产周期不超过 7 d。

8.3 出厂检验

8.3.1 出厂检验项目为 6.1、6.2、6.3、6.4 规定的项目、氧化诱导时间以及(80℃,165 h)静液压试验。

8.3.2 6.1、6.2、6.4 检验按 GB/T 2828.1—2003 规定采用正常检验一次抽样方案,取一般检验水平 I,接收质量限(AQL)6.5,见表 14。

表 14 抽样方案 单位为件

批量 N	样本量 n	接收数 Ac	拒收数 Re
≤150	8	1	2
151~280	13	2	3
281~500	20	3	4
501~1 200	32	5	6
1 201~3 200	·50	7	8
3 201~10 000	80	10	11

8.3.3 对于 6.3 电熔管件,电阻应逐个检验。

8.3.4 在外观尺寸抽样合格及电阻检验合格的产品中,随机抽取样品进行氧化诱导时间性能试验以及静液压试验(80℃,165 h),静液压试验的试样数量为一个。

8.4 型式检验

8.4.1 型式检验的项目为第 6 章的全部技术要求。

8.4.2 已经定型生产的管件,按下述要求进行型式检验。

8.4.2.1 使用相同混配料、具有相同结构的管件,按表 15 规定对管件进行尺寸分组。

表 15 管件的尺寸分组和公称外径范围 单位为毫米

尺寸组	1	2	3	4
公称外径 d_n 范围	$d_n < 75$	$75 \leqslant d_n < 250$	$250 \leqslant d_n \leqslant 630$	$d_n > 630$

8.4.2.2 根据本部分的技术要求,每个尺寸组合理选取任一规格进行试验,在外观尺寸合格的产品中,进行第6章中的性能检验。每次检验的规格在每个尺寸组内轮换。

8.4.3 一般情况下,每隔两年进行一次型式检验。

若有以下情况之一,应进行型式试验:

a) 新产品或老产品转厂生产的试制定型鉴定;

b) 结构、材料、工艺有较大变动可能影响产品性能时;

c) 产品长期停产后恢复生产时;

d) 出厂检验结果与上次型式检验结果有较大差异时;

e) 国家质量监督机构提出型式检验的要求时。

8.5 判定规则和复验规则

按照本部分规定的试验方法进行检验,依据试验结果和技术要求对产品做出质量判定。外观、尺寸按表14进行判定,卫生指标有一项不合格判为不合格批。其他性能有一项达不到规定时,则随机抽取双倍样品对该项进行复验。如仍不合格,则判该批产品不合格。

9 标志和标签

9.1 总则

9.1.1 管件应有永久、清晰的标志,并且标志不能引发开裂或影响管件性能。

9.1.2 如果使用打印,打印内容的颜色应与管件的本色不同。

9.1.3 标志和标签内容应目视清晰。

注:除非有协议或由制造商规定,否则对由于安装过程中在组件上使用诸如涂漆、刮擦,覆盖组件或使用清洁剂等造成的标志不清晰制造商不负责任。

9.1.4 插口管件上的标志内容不应位于管件的最小插口长度范围内。

9.2 管件上的标志内容

熔接管件标志的内容至少应符合表16,其他类型管件的标志内容可印在所附的标签上。

表 16 熔接管件标志内容

项 目	标 志 内 容
标准号[a]	GB/T 13663.2—2005
制造商名称或商标[b]	名字或代码
材料和级别	例如 PE 80
公称外径	例如:d_n 110
使用的管材系列	SDR(例如:SDR11 和/或 SDR 17.6)或 SDR 熔接范围
生产时间[b](日期,代码)[a]	例如:用数字或代码表示的年和月
输送介质[a]	"Water"或"水"

[a] 此内容可以打印在管件相关的标签上或包装单独管件的袋子上。

[b] 提供可追溯性。

9.3 标签上的标志内容

管件可附有标签,在标签上可具有表17给出的附加信息。标签应在交付安装时保持完整清晰。

表 17 标签上的标志内容

项 目	标志或符号
压力等级/MPa	例如:1.25 MPa
$d_n \geqslant 280$ mm 管件的公差等级(仅适用于插口管件)	例如:等级 A

9.4 熔接系统识别

电熔管件应具备熔接参数可识别性,如数字识别、机电识别或自调节系统识别,在熔接过程中用于识别熔接参数。

使用条形码识别时,条形码标签应粘贴在管件上并应被适当保护以免污损。

10 包装、运输、贮存

10.1 包装

管件应包装,可多个管件一同包装或单个包装以防止损坏和污染。一般情况下,每个包装箱内应装相同品种和规格的管件,包装箱应有内衬袋。

外包装上应标明制造商的名称、管件的类型和规格、管件数量、任何特殊的贮存要求。

10.2 运输

管件运输时,不得受到剧烈的撞击、划伤、抛摔、曝晒、雨淋和污染。

10.3 贮存

管件应贮存在地面平整、通风良好、干燥、清洁并保持良好消防的的库房内,合理放置。贮存时应远离热源,并防止阳光直接照射。

附 录 A

（资料性附录）

电熔管件典型接线端示例

A.1 图 A.1 和图 A.2 举例说明了适用于电压不大于 48 V 的典型接线端（类型 A 和 B）

单位为毫米

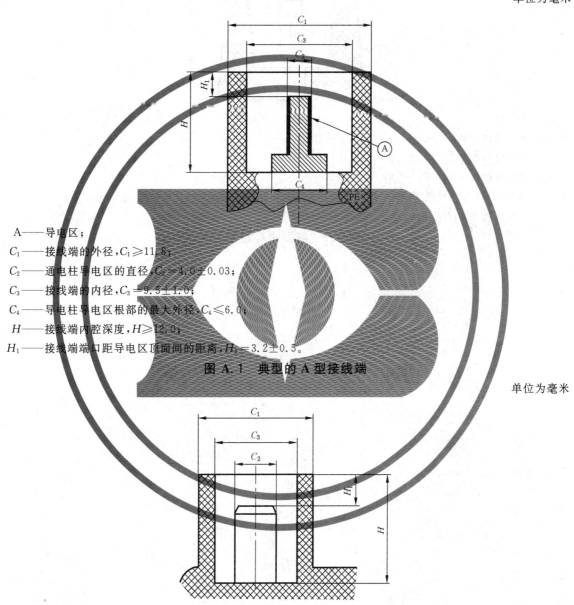

A——导电区；

C_1——接线端的外径，$C_1 \geqslant 11.8$；

C_2——通电柱导电区的直径，$C_2 = 4.0 \pm 0.03$；

C_3——接线端的内径，$C_3 = 9.5 \pm 1.0$；

C_4——导电柱导电区根部的最大外径，$C_4 \leqslant 6.0$；

H——接线端内腔深度，$H \geqslant 12.0$；

H_1——接线端端口距导电区顶面间的距离，$H_1 = 3.2 \pm 0.5$。

图 A.1 典型的 A 型接线端

单位为毫米

C_1——接线端的外径，$C_1 = 13.0 \pm 0.05$；

C_2——接线柱导电区的直径，$C_2 = 4.7 \pm 0.03$；

C_3——接线端的内径，$C_3 = 10.0 \pm 0.50$；

H——接线端的内腔深度，$H \geqslant 15.5$；

H_1——接线端端口与导电区顶面间的距离，$H_1 = 4.5 \pm 0.5$。

图 A.2 典型的 B 型接头

A.2 图 A.3 举例说明了适用于电压不大于 250 V 的典型接线端（类型 C）

365

单位为毫米

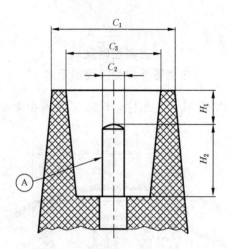

A——导电区;

C_1——接线端的外径,$C_1 \geqslant C_3 + 2.0$;

C_2——导电柱导电区的直径,$C_2 \geqslant 2.0$;

C_3——接线端的内径,$C_3 \geqslant C_2 + 4.0$;

H_1——接线端端口至导电区顶面间的距离,H_1:防护等级符合 IEC 60529:2001 中 IP2×的要求;

H_2——导电区的高度,$H_2 \geqslant 7.0$。

图 A.3 典型的 C 型接头

附　录　B
（规范性附录）
内压密封性试验方法

B.1　原理

当机械管件与聚乙烯（PE）管材（熔接接头除外）的组合件承受的内部压力大于管材的公称压力时，检查其密封性能。试验不考虑与聚乙烯管材相接的管件的设计和材料。本方法适用于包含公称外径不大于 63 mm 管材的机械管件。

B.2　装置

装置示意图如图 B.1 所示。

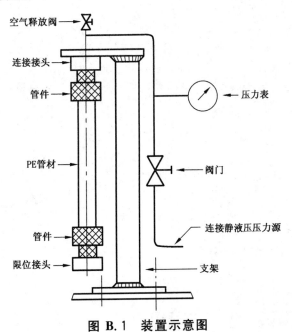

图 B.1　装置示意图

B.2.1　适宜的压力源

与试样相连，能够维持所用管材公称压力 1.5 倍的水压至少 1 h，精度为±2%。

B.2.2　压力表

安装在装置上，测量试验压力。

B.3　试样

试样应包括至少由一个管件和一根或多根聚乙烯管材组装成的接头。

每根管段的长度应至少为 300 mm。

试样的一端应与压力源相连，另一端应以这样的方式密封：当加压后，作用在管材内壁的纵向应力通过作用在管件端部的水压施加。

接头的装配应按照有关的国家操作规程或标准的要求进行。

B.4　步骤

在（20±2）℃的温度下将试样加满水，确保试样与装置连接牢固。在同等温度下放置 1 h。

当试样的外表面完全干燥后,在30 s内以稳定的速率加压至要求的试验压力。

维持规定的压力至少1 h时,保持压力表有一个稳定的读数。试验中不时检查试样是否有任何渗漏现象发生。如果管材在1 h内破坏,重做试验。

注:在施加试验压力之前,应确保试样中的空气已完全排除。

B.5 试验报告

试验报告应包括 GB/T 13663.2—2005 的本附录号和观察到的任何渗漏的现象以及发生渗漏时的压力。

如果在试验过程中连接处没有发生渗漏,则认为该组合件是合格的。

附　录　C
（规范性附录）
外压密封性试验方法

C.1　原理

在外部水压大于内部大气压的条件下，检查机械管件与 PE 管材组合接头（熔接接头除外）的密封性能。本方法适用于包含公称外径小于等于 63 mm 管材的机械连接管件，不考虑管件设计形式与制造材料。

试验应在内外部压差分别为 0.01 MPa 和 0.08 MPa 的两个压力水平下进行。接头应在每个试验压力下至少 1 h 内保持不渗漏。

C.2　设备

装置示意图如图 C.1 所示。

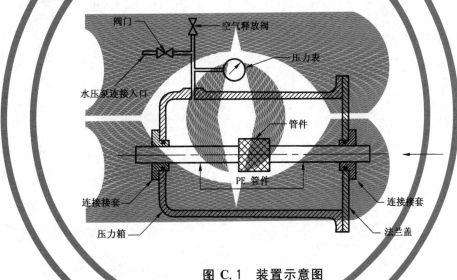

图 C.1　装置示意图

C.2.1　压力箱

能够提供试样所需要的试验压力。试样的两端应通过箱壁，由此管材内部与大气相通。组合件的安装应便于观察试样中的渗漏情况。

C.2.2　装置

与水箱相连，能够提供和维持水压为：

a)　$0.01^{+0.005}_{0}$ MPa；

b)　（0.08±0.005）MPa。

C.2.3　压力表

安装在压力箱上，测量试验压力。

C.3　试样

C.3.1　试样应包括至少由一个管件和一根或多根聚乙烯管材组装成的接头。

C.3.2　每根管段的长度应至少为 300 mm。

C.3.3　接头的装配应按照有关的国家操作规程或标准执行。

C.4 步骤

C.4.1 安全连接试样在压力箱内,在(20±2)℃的温度下将压力箱加满水,放置 20 min 达到温度平衡。

C.4.2 擦干试样内部的冷凝水,等待 10 min 确保试样的内表面完全干燥。

C.4.3 施加表压为 0.01 MPa 的压力维持至少 1 h,然后增加试验压力至 0.08 MPa 再维持至少 1 h。

C.4.4 试验中不时的检查试样,观察是否有任何渗漏现象。

C.5 试验报告

C.5.1 试验报告应包括 GB/T 13663.2—2005 的本附录号和观察到的任何渗漏迹象以及发生渗漏时的压力。

C.5.2 如果在两种试验压力水平下,任何一种过程中没有发生渗漏,则认为该组合件是合格的。

附 录 D

（规范性附录）

耐弯曲密封性试验方法

D.1 原理

在弯曲条件下检测机械管件与聚乙烯（PE）压力管材（熔接接头除外）组合件承受内压时的密封性能。本方法适用包含公称外径不大于 63 mm 管材的机械管件。

D.2 装置

装置示意图如图 D.1 所示。

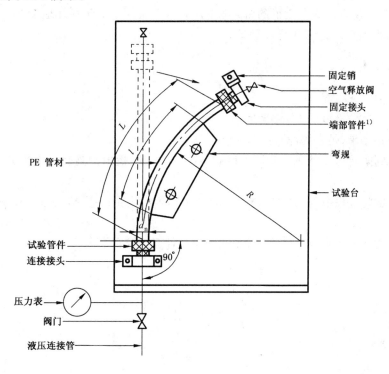

1) 端部管件仅用来封闭试样。

图 D.1 装置示意图

D.2.1 弯曲规

D.2.1.1 弯曲规的定位长度(l)等于管件间自由长度 L 的四分之三，即等于管材公称外径的 7.5 倍（见 D.5 和图 D.1）。

D.2.1.2 弯曲规的定位长度段(l)具有如下的弯曲半径：

——公称压力小于或等于 1 MPa，弯曲半径为 15 倍管材公称外径；

——公称压力大于 1 MPa，弯曲半径为 20 倍管材公称外径。

D.2.2 压力系统

符合本部分中附录 B 的规定。

D.3 试样

D.3.1 试样由一段管材及其端部的两个管件连接而成，受弯曲的部分为自由长度段(L)。

D.3.2 试样中的聚乙烯管材的型号和尺寸应与待试验的管件一致。装配后管件间管材的自由长度 L 应为管材公称外径的 10 倍。

D.3.3 接头的装配应按照有关的国家操作规程或标准要求的一种方式。

D.4 步骤

D.4.1 试验应在 20℃±2℃的温度下进行,其平均弯曲半径由管材的平均外径和公称压力决定如下:

——公称压力小于或等于 1 MPa,弯曲半径为 15 倍管材的公称外径;

——公称压力大于 1 MPa,弯曲半径为 20 倍管材的公称外径。

D.4.2 装配后管件间管材的自由长度 L 应为管材公称外径的 10 倍。

D.4.3 在弯曲规上安装试样,应同时达到如下要求:

——弯曲应力应由管件承受;

——管材应覆盖弯曲规的全长,超出弯曲规的部分应两端对称,约为自由长度的八分之一。

D.4.4 按照附录 B 的规定检查内压下的密封性能,试样应在内压等于所用管材的 1.5 倍的公称压力下至少 1 h 内不出现渗漏,然后增压直至爆破。

D.5 试验报告

试验报告应包括以下内容:

a) GB/T 13663.2—2005 的本附录号;

b) 试验的观察结果(是否渗漏)、试验条件:

组件是否能达到附录 B 要求的 1 h 压力试验,若未能达到,指出是连接处渗漏还是管材爆破,记录当时的压力;

c) 详细说明试验过程中与 GB/T 13663.2—2005 的本附录的差异,及可能影响试验结果的外界条件。

如果在试验过程中没观察到任何失败,则认为组合件是合格的。

参 考 文 献

[1] ISO 11922-1:1997 Thermoplastics pipes for the conveyance of fluids—Dimensions and tolerances—Part 1: Metric series

[2] IEC 60529 Degrees of protection provided by enclosures (IP code)(IEC 60529:1989)

[3] prEN 12201-1:2002 Plastics piping systems for water supply—Polyethylene(PE)—Part 1:General

[4] prEN 12201-5:2002 Plastics piping systems for water supply—Polyethylene(PE)—Part 5: Fitness for purpose of the system

[5] ISO 9624:1997 Thermoplastics pipes for fluids under pressure—Mating dimensions of flange adapters and loose backing flanges

[7] ISO 3458:1978 Assembled jionts between fittings and polyethylene(PE) pressure pipes—Test of leakproofness under internal pressure

[8] ISO 3459:1978 Polyethylene(PE) pressure pipes—Joints assembled with mechanical fittings—Internal under-pressure test method and requirement

[9] ISO 3503:1976 Assembled jionts between fittings and polyethylene(PE) pressure pipes—Test of leakproofness under internal pressure when subjected to bending

ICS 83.140.30
G 33

中华人民共和国国家标准

GB 15558.1—2003
代替 GB 15558.1—1995

燃气用埋地聚乙烯(PE)管道系统
第1部分：管材

Buried polyethylene（PE）piping systems for the supply of gaseous fuels—
Part 1:Pipes

（ISO 4437:1997,Buried polyethylene（PE）pipes for supply of gaseous
fuels—Metric series—Specifications,MOD)

2003-10-09 发布   2004-06-01 实施

中 华 人 民 共 和 国
国家质量监督检验检疫总局 发布

前　言

GB 15558 的本部分 4.2、4.6、4.7、第 7 章中表 6 的序号 1、2、5 的项目、第 8 章为强制性条款，其余为推荐性条款。

GB 15558《燃气用埋地聚乙烯(PE)管道系统》分为三个部分：

——第 1 部分：管材；

——第 2 部分：管件；

——第 3 部分：阀门。

本部分为 GB 15558 的第 1 部分。

本部分修改采用 ISO 4437：1997《燃气用埋地聚乙烯管材　公制系列　规范》(英文版)，包括其修正案。

本部分根据 ISO 4437：1997 重新起草。在附录 A 中列出了本部分章条编号与 ISO 4437：1997 章条编号的对照一览表。

考虑到我国国情，在采用 ISO 4437：1997 时，本部分做了一些修改。有关技术性差异已编入正文中并在它们所涉及的条款的页边空白处用垂直单线标识。在附录 B 中给出了这些技术性差异及其原因的一览表以供参考。

GB 15558 的本部分自实施之日起，代替 GB 15558.1—1995《燃气用埋地聚乙烯管材》。

GB 15558 的本部分与 GB 15558.1—1995 相比主要变化如下：

——增加了定义(见第 3 章)；

——增加了对制造色条的混配料要求(见 4.3)；

——原料的基本性能中增加了熔体质量流动速率、炭黑分散、颜料分散、耐快速裂纹扩展、耐慢速裂纹增长的要求(见 4.5)；

——原料的基本性能中取消了耐环境应力开裂和长期静液压强度的要求(1995 年版的 3.3)；

——增加了混配料的分级(见 4.6)；

——增加了总体使用(设计)系数和设计应力(见 4.7)；

——管材的性能中增加了耐快速裂纹扩展(S4)、耐慢速裂纹增长和熔体质量流动速率的要求(见第 7 章中表 6 及第 8 章中表 8)；

——管材的性能中取消了长期静液压强度要求(1995 年版的 4.4)；

——检验规则中增加了定型检验(见 9.6)；

——取消了附录"长期静液压强度试验方法"(1995 年版的附录 A)；

——增加了资料性附录"本部分章条编号与 ISO 4437：1997 章条编号对照"(见附录 A)；

——增加了资料性附录"本部分与 ISO 4437：1997 技术性差异及其原因"(见附录 B)；

——增加了规范性附录"挥发分含量"(见附录 C)；

——增加了规范性附录"耐气体组分"(见附录 D)；

——增加了规范性附录"耐候性"(见附录 E)；

——增加了资料性附录"压缩复原"(见附录 F)。

本部分的附录 C、附录 D、附录 E 为规范性附录，附录 A、附录 B、附录 F 为资料性附录。

本部分由中国轻工业联合会提出。

本部分由全国塑料制品标准化技术委员会归口。

本部分起草单位：亚大塑料制品有限公司、建设部科技发展促进中心、上海燃气设计院、中国石化齐

GB 15558.1—2003

鲁股份有限公司树脂研究所、胜邦塑胶管道系统集团有限公司。

本部分主要起草人：高立新、孙逊、王华、郑克敏、谢建玲、陆光炯。

本部分首次发布于 1995 年。

燃气用埋地聚乙烯(PE)管道系统
第1部分:管材

1 范围

GB 15558的本部分规定了以聚乙烯混配料为主要原料,经挤出成型的燃气用埋地聚乙烯管材(以下简称"管材")的定义、材料、外观、几何尺寸、力学性能、物理性能、标志、检验规则和包装、运输、贮存。本部分还规定了混配料的基本性能要求,包括分级。

本部分适用于PE 80和PE 100材料制造的燃气用埋地聚乙烯管材。管材的公称外径为16 mm~630 mm。

在输送人工煤气和液化石油气时,应考虑燃气中存在的其他组分(如:芳香烃、冷凝液)在一定浓度下对管材性能的不利影响。

2 规范性引用文件

下列文件中的条款通过GB 15558的本部分的引用而成为本部分的条款。凡是注日期的引用文件,其随后所有的修改单(不包括勘误的内容)或修订版均不适用于本部分,然而,鼓励根据本部分达成协议的各方研究是否可使用这些文件的最新版本。凡是不注日期的引用文件,其最新版本适用于本部分。

GB/T 321—1980 优先数和优先数系

GB/T 1033—1986 塑料密度和相对密度试验方法(eqv ISO/DIS 1183:1984)

GB/T 1845.1—1999 聚乙烯(PE)模塑和挤出材料 第1部分:命名系统和分类基础(eqv ISO 1872-1:1993)

GB/T 2828—1987 逐批检查计数抽样程序及抽样表(适用于连续批检查)

GB/T 2918—1998 塑料试样状态调节和试验的标准环境(idt ISO 291:1997)

GB/T 3682—2000 热塑性塑料熔体质量流动速率和熔体体积流动速率的测定(idt ISO 1133:1997)

GB/T 4217—2001 流体输送用热塑性塑料管材 公称外径和公称压力(idt ISO 161-1:1996)

GB/T 6111—2003 流体输送用热塑性塑料管材 耐内压试验方法(idt ISO 1167:1996)

GB/T 6671—2001 热塑性塑料管材 纵向回缩率的测定(eqv ISO 2505:1994)

GB/T 8804.3—2003 热塑性塑料管材 拉伸性能测定 第3部分:聚烯烃管材(idt ISO 6259-3:1997)

GB/T 8806—1988 塑料管材尺寸测量方法(eqv ISO 3126:1974)

GB/T 10798—2001 热塑性塑料管材通用壁厚表(idt ISO 4065:1996)

GB/T 13021—1991 聚乙烯管材和管件炭黑含量的测定(热失重法)(neq ISO 6964:1986)

GB/T 17391—1998 聚乙烯管材与管件热稳定性试验方法(eqv ISO/TR 10837:1991)

GB/T 18251—2000 聚烯烃管材、管件和混配料中颜料及炭黑分散的测定方法(neq ISO/DIS 18553:1999)

GB/T 18475—2001 热塑性塑料压力管材和管件用材料 分级和命名 总体使用(设计)系数(eqv ISO 12162:1995)

GB/T 18476—2001 流体输送用聚烯烃管材 耐裂纹扩展的测定 切口管材裂纹慢速增长的试

验方法（切口试验）（eqv ISO 13479:1997）

GB/T 19280—2003　流体输送用热塑性塑料管材　耐快速裂纹扩展的测定（RCP）小尺寸稳态试验（S4 试验）（idt ISO 13477:1997）

ISO 11922-1:1997　流体输送用热塑性塑料管材——尺寸和公差——第 1 部分:公制系列

ISO 13478:1997　流体输送用热塑性塑料管材　耐快速开裂扩展的测定（RCP）全尺寸试验（FST）

ASTM D 4019:1994a　通过五氧化二磷的库仑再生测定塑料中水分的试验方法

3　术语和定义

下列术语和定义适用于本标准。

3.1　与几何尺寸有关的术语

3.1.1

公称外径　nominal outside diameter

d_n

标识尺寸的数字,适用于热塑性塑料管道系统中除法兰和由螺纹尺寸标明的部件以外的所有部件。为方便使用采用整数,单位为毫米。

注:对于符合 GB/T 4217—2001 的公制系列管材,以毫米为单位的公称外径就是最小平均外径 $d_{em,min}$。

3.1.2

平均外径　mean outside diameter

d_{em}

管材外圆周长的测量值除以 3.142（圆周率）所得的值,精确到 0.1 mm,小数点后第二位非零数字进位,单位为毫米。

3.1.3

最小平均外径　minimum mean outside diameter

$d_{em,min}$

本部分规定的平均外径的最小允许值,它等于公称外径 d_n,单位为毫米。

3.1.4

最大平均外径　maximum mean outside diameter

$d_{em,max}$

本部分规定的平均外径的最大值,单位为毫米。

3.1.5

任一点外径　outside diameter（at any point）

d_{ey}

通过管材任一点横截面测量的外径,精确到 0.1 mm,小数点后第二位非零数字进位,单位为毫米。

3.1.6

不圆度　out-of-roundness

管材同一横截面处测量的最大外径与最小外径的差值,单位为毫米。

3.1.7

公称壁厚　nominal wall thickness

e_n

管材壁厚的规定值,相当于任一点的最小壁厚 $e_{y,min}$,单位为毫米。

3.1.8

平均壁厚　mean wall thickness

e_m

沿管材的同一横断面至少四等分测得壁厚的算术平均值,应包括测得的最大值和最小值,精确到 0.1 mm,小数点后第二位非零数字进位,单位为毫米。

3.1.9

任一点壁厚 wall thickness at any point

e_y

管材圆周上任一点壁厚的测量值,精确到 0.1 mm,小数点后第二位非零数字进位,单位为毫米。

3.1.10

最小壁厚 minimum wall thickness

$e_{y,min}$

本部分规定的管材圆周上任一点壁厚的最小允许值,单位为毫米。

3.1.11

最大壁厚 maximum wall thickness

$e_{y,max}$

根据最小壁厚($e_{y,min}$)的公差确定的管材圆周上任一点壁厚的最大允许值,单位为毫米。

3.1.12

标准尺寸比 standard dimension ratio(SDR)

管材的公称外径 d_n 与公称壁厚 e_n 的比(经圆整),见式(1)。

$$SDR = d_n/e_n \quad\quad\quad\quad\quad\quad\cdots\cdots\cdots\cdots\cdots(1)$$

3.2 与材料有关的术语

3.2.1

置信下限 lower confidence limit

σ_{LCL}

应力大小的量值,单位为兆帕,可以认为是材料的一个性能,它表示在内部水压下、20℃、50 年的预测的长期静液压强度的 97.5% 置信下限。

3.2.2

总体使用(设计)系数 overall service(design)coefficient(C)

一个大于 1 的系数,它考虑了未在置信下限 σ_{LCL} 体现出的使用条件和管道系统中组件的性能。

3.2.3

最小要求强度 minimum required strength(MRS)

按 GB/T 321—1980 的 R10 或 R20 系列向小圆整的置信下限 σ_{LCL} 的值。当 σ_{LCL} 小于 10 MPa 时,按 R10 圆整,当 σ_{LCL} 大于等于 10 MPa 时按 R20 圆整。MRS 是单位为兆帕的环应力值。

3.2.4

设计应力 design stress

σ_s

规定条件下的允许应力,按公式(2)计算,并按 GB/T 321—1980 的 R20 向小圆整后得到的,单位为兆帕。

$$\sigma_s = MRS/C \quad\quad\quad\quad\quad\quad\cdots\cdots\cdots\cdots\cdots(2)$$

式中:

MRS——最小要求强度,单位为兆帕(MPa);

C——总体使用(设计)系数。

3.3 与使用条件有关的术语

3.3.1

燃气 gaseous fuel

在+15℃和0.1 MPa条件下为气态的任何燃料。

3.3.2

最大工作压力　maximum operating pressure（MOP）

管道系统中允许连续使用的流体的最大压力,单位为兆帕。其中考虑了管道系统中组件的物理和机械性能。由公式(3)计算得出。

$$MOP = \frac{2 \times MRS}{C \times (SDR - 1)} \qquad \cdots\cdots\cdots\cdots\cdots\cdots (3)$$

公式(3)是以20℃为参考工作温度得出的。

4 材料

4.1 技术数据

管材生产商应能够向买方提供与材料相关的技术数据。

4.2 混配料

生产管材应使用聚乙烯混配料。混配料中仅加入生产和应用必要的添加剂,所有添加剂应均匀分散。

4.3 制造色条的混配料

制造色条的混配料的基础树脂应与生产管材的混配料的基础树脂相同。

4.4 回用料

按本部分生产管材时所产生的本厂洁净回用料,可少量掺入同种新料中使用,所生产的管材应符合本部分的要求。

4.5 聚乙烯混配料的性能

生产管材用的混配料的性能应符合表1要求。

表 1　聚乙烯混配料的性能[a]

序号	性能	单位	要求	试验参数	试验方法
1	密度	kg/m³	≥930(基础树脂)	23℃	GB/T 1033—1986 中方法 D,试样制备按 GB/T 1845.1—1999 中 3.3.1 规定
2	熔体质量流动速率 MFR	g/10 min	0.2～1.4,且最大偏差不应超过混配料标称值的±20%	190℃,5 kg	GB/T 3682—2000
3	热稳定性(氧化诱导时间)	min	>20	200℃	GB/T 17391—1998
4	挥发分含量	mg/kg	≤350		附录 C
5	水分含量[b]	mg/kg	≤300		ASTM D 4019:1994a
6	炭黑含量[c](质量分数)	%	2.0～2.5		GB/T 13021—1991
7	炭黑分散[c]	级	≤3		GB/T 18251—2000
8	颜料分散[d]	级	≤3		GB/T 18251—2000
9	耐气体组分	h	≥20	80℃,2 MPa(环应力)	附录 D

表 1(续)

序号	性能	单位	要求	试验参数	试验方法
			耐快速裂纹扩展(RCP)		
10	全尺寸（FS）试验：$d_n \geqslant 250$ mm 或 S4 试验：管材试样壁厚 $\geqslant 15$ mm	MPa	全尺寸试验的临界压力 $p_{c.FS} \geqslant 1.5 \times MOP$	0℃	ISO 13478:1997
		MPa	S4 试验的临界压力 $p_{c.s4} \geqslant MOP/2.4 - 0.072^e$	0℃	GB/T 19280—2003
11	耐慢速裂纹增长 $(e_n > 5$ mm)	h	165	80℃,0.8 MPa（试验压力）[f] 80℃,0.92 MPa（试验压力）[g]	GB/T 18476—2001

[a] 非黑色混配料应符合表 6 中的耐候性要求。

[b] 当测量的挥发分含量不符合要求时才测量水分含量。仲裁时,应以水分含量的测量结果作为判定依据。

[c] 仅适用于黑色混配料。

[d] 仅适用于非黑色混配料。

[e] 如果 S4 试验结果不符合要求,可以按照全尺寸试验重新进行测试,以全尺寸试验的结果作为最终依据。

[f] PE80,SDR 11 试验参数。

[g] PE100,SDR 11 试验参数。

4.6 分级

聚乙烯混配料应按照 GB/T 18475—2001 进行分级,见表 2。混配料制造商应提供相应的级别证明。

表 2 聚乙烯混配料的分级

命名	σ_{LCL}(20℃,50 年,97.5%)/MPa	MRS/MPa
PE 80	$8.00 \leqslant \sigma_{LCL} \leqslant 9.99$	8.0
PE 100	$10.00 \leqslant \sigma_{LCL} \leqslant 11.19$	10.0

4.7 总体使用（设计）系数 C 和设计应力 σ_s

燃气用埋地聚乙烯管道系统的总体使用（设计）系数 $C \geqslant 2$。

设计应力 σ_s 的最大值:PE 80 为 4.0 MPa;PE 100 为 5.0 MPa。

5 外观

管材应为黑色或黄色。黑色管上应共挤出至少三条黄色条,色条应沿管材圆周方向均匀分布。

目测时管材的内外表面应清洁、平滑,不允许有气泡、明显的划伤、凹陷、杂质、颜色不均等缺陷。管材两端应切割平整,并与管材轴线垂直。

6 几何尺寸

6.1 总则

管材在挤出后至少应放置 24 h,并状态调节至少 4 h 后,按照 GB/T 8806—1988 测量管材尺寸。

盘管应在距端口 $1.0d_n \sim 1.5d_n$ 范围内进行平均外径和壁厚测量。

管材长度一般为 6 m、9 m、12 m,也可由供需双方商定。

6.2 平均外径、不圆度及其公差

管材的平均外径 d_{em}、不圆度及其公差应符合表3规定。对于标准管材采用等级 A,精公差采用等级 B。采用等级 A 或等级 B 由供需双方商定。无明确要求时,应视为采用等级 A。这些公差等级符合 ISO 11922-1:1997。

允许管材端口处的平均外径小于表 3 中的规定,但不应小于距管材末端大于 $1.5d_n$ 或 300 mm(取两者之中较小者)处测量值的 98.5%。

表 3 平均外径和不圆度 单位为毫米

公称外径 d_n	最小平均外径 $d_{em,min}$	最大平均外径 $d_{em,max}$		最大不圆度[a]	
		等级 A	等级 B	等级 K[b]	等级 N
16	16.0	—	16.3	1.2	1.2
20	20.0	—	20.3	1.2	1.2
25	25.0	—	25.3	1.5	1.2
32	32.0	—	32.3	2.0	1.3
40	40.0	—	40.4	2.4	1.4
50	50.0	—	50.4	3.0	1.4
63	63.0	—	63.4	3.8	1.5
75	75.0	—	75.5	—	1.6
90	90.0	—	90.6	—	1.8
110	110.0	—	110.7	—	2.2
125	125.0	—	125.8	—	2.5
140	140.0	—	140.9	—	2.8
160	160.0	—	161.0	—	3.2
180	180.0	—	181.1	—	3.6
200	200.0	—	201.2	—	4.0
225	225.0	—	226.4	—	4.5
250	250.0	—	251.5	—	5.0
280	280.0	282.6	281.7	—	9.8
315	315.0	317.9	316.9	—	11.1
355	355.0	358.2	357.2	—	12.5
400	400.0	403.6	402.4	—	14.0
450	450.0	454.1	452.7	—	15.6
500	500.0	504.5	503.0	—	17.5
560	560.0	565.0	563.4	—	19.6
630	630.0	635.7	633.8	—	22.1
[a] 应按 GB/T 8806—1988 在生产地点测量不圆度。					
[b] 对于盘卷管,$d_n \leqslant 63$ 时适用等级 K,$d_n \geqslant 75$ 时最大不圆度应由供需双方协商确定。					

6.3 壁厚和公差

6.3.1 最小壁厚

常用管材系列 SDR17.6 和 SDR11 的最小壁厚应符合表 4 的规定。

允许使用根据 GB/T 10798—2001 和 GB/T 4217—2001 中规定的管系列推算出的其他标准尺寸比。

直径<40 mm,SDR17.6 和直径<32 mm,SDR11 的管材以壁厚表征。

直径≥40 mm,SDR17.6 和直径≥32 mm,SDR11 的管材以 SDR 表征。

表 4 常用 SDR17.6 和 SDR11 管材最小壁厚　　　　　　单位为毫米

公称外径 d_n	最小壁厚 $e_{y,min}$	
	SDR17.6	SDR11
16	2.3	3.0
20	2.3	3.0
25	2.3	3.0
32	2.3	3.0
40	2.3	3.7
50	2.9	4.6
63	3.6	5.8
75	4.3	6.8
90	5.2	8.2
110	6.3	10.0
125	7.1	11.4
140	8.0	12.7
160	9.1	14.6
180	10.3	16.4
200	11.4	18.2
225	12.8	20.5
250	14.2	22.7
280	15.9	25.4
315	17.9	28.6
355	20.2	32.3
400	22.8	36.4
450	25.6	40.9
500	28.4	45.5
560	31.9	50.9
630	35.8	57.3

6.3.2 任一点壁厚公差

任一点壁厚 e_y 和最小壁厚 $e_{y,min}$ 之间的最大允许偏差应符合 ISO 11922-1:1997 中的等级 V,具体见表 5。

表 5 任一点壁厚公差   单位为毫米

最小壁厚 $e_{y,min}$		允许正偏差	最小壁厚 $e_{y,min}$		允许正偏差
>	≤		>	≤	
2.0	3.0	0.4	30.0	31.0	3.2
3.0	4.0	0.5	31.0	32.0	3.3
4.0	5.0	0.6	32.0	33.0	3.4
5.0	6.0	0.7	33.0	34.0	3.5
6.0	7.0	0.8	34.0	35.0	3.6
7.0	8.0	0.9	35.0	36.0	3.7
8.0	9.0	1.0	36.0	37.0	3.8
9.0	10.0	1.1	37.0	38.0	3.9
10.0	11.0	1.2	38.0	39.0	4.0
11.0	12.0	1.3	39.0	40.0	4.1
12.0	13.0	1.4	40.0	41.0	4.2
13.0	14.0	1.5	41.0	42.0	4.3
14.0	15.0	1.6	42.0	43.0	4.4
15.0	16.0	1.7	43.0	44.0	4.5
16.0	17.0	1.8	44.0	45.0	4.6
17.0	18.0	1.9	45.0	46.0	4.7
18.0	19.0	2.0	46.0	47.0	4.8
19.0	20.0	2.1	47.0	48.0	4.9
20.0	21.0	2.2	48.0	49.0	5.0
21.0	22.0	2.3	49.0	50.0	5.1
22.0	23.0	2.4	50.0	51.0	5.2
23.0	24.0	2.5	51.0	52.0	5.3
24.0	25.0	2.6	52.0	53.0	5.4
25.0	26.0	2.7	53.0	54.0	5.5
26.0	27.0	2.8	54.0	55.0	5.6
27.0	28.0	2.9	55.0	56.0	5.7
28.0	29.0	3.0	56.0	57.0	5.8
29.0	30.0	3.1	57.0	58.0	5.9

7 力学性能

管材的力学性能应符合表 6 的要求。

表 6 管材的力学性能

序号	性能	单位	要求	试验参数	试验方法
1	静液压强度 (HS)	h	破坏时间≥100	20℃（环应力） PE80　　PE100 9.0 MPa　　12.4 MPa	GB/T 6111—2003
			破坏时间≥165	80℃（环应力） PE80　　PE100 4.5 MPa[a]　　5.4 MPa[a]	
			破坏时间≥1 000	80℃（环应力） PE80　　PE100 4.0 MPa　　5.0 MPa	
2	断裂伸长率	%	≥350		GB/T 8804.3—2003
3	耐候性 （仅适用于非黑色管材）		气候老化后，以下性能应满足要求： 热稳定性（表 8）[b] HS（165 h，80℃）（本表） 断裂伸长率（本表）	$E≥3.5 \text{ GJ/m}^2$	附录 E GB/T 17391—1998 GB/T 6111—2003 GB/T 8804.3—2003
4	耐快速裂纹扩展（RCP）[c] 全尺寸（FS）试验： $d_n≥250$ mm 或 S4 试验： 适用于所有直径	MPa MPa	全尺寸试验的临界压力 $p_{c,\text{fs}}≥1.5×\text{MOP}$ S4 试验的临界压力 $p_{c,\text{s4}}≥\text{MOP}/2.4-0.072$[d]	0℃ 0℃	ISO 13478：1997 GB/T 19280—2003
5	耐慢速裂纹增长 e_n >5 mm	h	165	80℃，0.8 MPa（试验压力）[e] 80℃，0.92 MPa（试验压力）[f]	GB/T 18476—2001

[a] 仅考虑脆性破坏。如果在 165 h 前发生韧性破坏，则按表 7 选择较低的应力和相应的最小破坏时间重新试验。

[b] 热稳定性试验，试验前应去除外表面 0.2 mm 厚的材料。

[c] RCP 试验适合于在以下条件下使用的 PE 管材：

——最大工作压力 MOP>0.01 MPa，$d_n≥250$ mm 的输配系统；

——最大工作压力 MOP>0.4 MPa，$d_n≥90$ mm 的输配系统。

对于恶劣的工作条件（如温度在 0℃ 以下），也建议做 RCP 试验。

[d] 如果 S4 试验结果不符合要求，可以按照全尺寸试验重新进行测试，以全尺寸试验的结果作为最终依据。

[e] PE 80，SDR 11 试验参数。

[f] PE 100，SDR 11 试验参数。

表 7　静液压强度（80℃）——应力/最小破坏时间关系

PE 80		PE 100	
环应力/MPa	最小破坏时间/h	环应力/MPa	最小破坏时间/h
4.5	165	5.4	165
4.4	233	5.3	256
4.3	331	5.2	399
4.2	474	5.1	629
4.1	685	5.0	1 000
4.0	1 000	—	—

当使用压缩复原技术对聚乙烯管道系统进行维护和修复作业时,可参见附录 F 的要求。

8　物理性能

管材的物理性能应符合表 8 要求。

表 8　管材的物理性能

序号	项目	单位	性能要求	试验参数	试验方法
1	热稳定性 （氧化诱导时间）	min	＞20	200℃	GB/T 17391—1998
2	熔体质量流动速率 （MFR）	g/10 min	加工前后 MFR 变化＜20%	190℃,5 kg	GB/T 3682—2000
3	纵向回缩率	%	≤3	110℃	GB/T 6671—2001

9　检验规则

9.1　检验分类

检验分为出厂检验、型式检验和定型检验。

9.2　检验项目

出厂检验项目为第 5 章、第 6 章,表 6 中的静液压强度（80℃,165 h）和断裂伸长率,表 8 中的热稳定性（氧化诱导时间）和熔体质量流动速率。

型式检验项目为第 5 章、第 6 章、第 7 章（耐快速裂纹扩展和耐候性除外）、第 8 章中规定的技术内容。

定型检验项目为第 5 章、第 6 章、第 7 章、第 8 章中规定的全部技术内容。

检验应在管材下线 24 h 后进行。除非在试验方法中另有规定外,试样应按 GB/T 2918—1998 规定在 23℃±2℃环境下进行状态调节。

9.3　组批

同一混配料、设备和工艺连续生产的同一规格管材作为一批,每批数量不超过 200 t。生产期 10 天尚不足 200 t,则以 10 天产量为一批。

9.4　出厂检验

管材须经生产厂质量检验部门检验合格,并附有合格证,方可出厂。

第 5 章、第 6 章检验按 GB/T 2828—1987 采用正常检验一次抽样方案,取一般检验水平Ⅰ,合格质量水平 2.5,见表 9。

表 9　抽样方案　　　　　　　　　　　　　　　　基本单位为根

批量范围 N	样本大小 n	合格判定数 A_c	不合格判定数 R_e
≤150	8	0	1
151～280	13	1	2
281～500	20	1	2
501～1 200	32	2	3
1 201～3 200	50	3	4
3 201～10 000	80	5	6

在计数抽样合格的产品中,进行静液压强度(80℃,165 h)、断裂伸长率、热稳定性(氧化诱导时间)和熔体质量流动速率试验。其中静液压强度(80℃,165 h)试样数量为一个。

9.5　型式检验

9.5.1　分组:按照表 10 对管材尺寸进行分组。

表 10　管材的尺寸分组

尺寸组	1	2	3
公称外径 d_n	$d_n<75$	$75≤d_n<250$	$250≤d_n≤630$

根据本部分的技术要求,每个尺寸组选取任一规格进行试验,并按 9.4 规定对第 5 章、第 6 章进行检验。在检验合格的样品中抽取样品,进行第 7 章中(除耐快速裂纹扩展和耐候性以外)和第 8 章中性能的检验。

9.5.2　一般每两年进行一次。若有以下情况之一,应进行型式试验。

    a)　新产品或老产品转厂生产的试制定型鉴定;

    b)　结构、材料、工艺有较大变动可能影响产品性能时;

    c)　产品长期停产后恢复生产时;

    d)　出厂检验结果与上次型式检验结果有较大差异时;

    e)　国家质量监督机构提出型式检验的要求时。

9.6　定型检验

同一设备制造厂的同类型设备首次投产或原材料发生变动时,按表 10 规定选取每一尺寸组中任一规格的管材进行定型检验。对于耐快速裂纹扩展,仅对生产厂的最大公称外径和最大壁厚的管材进行试验。

9.7　判定规则

第 5 章、第 6 章按表 9 进行判定,其他指标有一项达不到要求时,则随机抽取双倍样品对该项进行复验。如仍有一个样品不合格,则判该批产品不合格。

10　标志

10.1　标志内容应打印或直接成型在管材上,标志不应引发管材破裂或其他形式的失效;并且在正常的贮存、气候老化、加工及允许的安装、使用后,在管材的整个寿命周期内,标记字迹应保持清晰可辨。

10.2　如果采用打印,标志的颜色应区别于管材的颜色。

10.3　标志目视应清晰可辨。

10.4　标志应至少包括表 11 所列内容,并清楚、持久。

表 11 最少的标志内容

内容	标志或符号
制造商和商标	名称和符号
内部流体	"燃气"或"GAS"字样
尺寸	$d_n \times e_n$
SDR($d_n \geqslant 40$ mm)	SDR(见表 4)
材料和命名	如 PE80
混配料牌号	
生产时间(日期,代码)	
本部分标准编号	GB 15558.1

10.5 标志不应削弱管材的强度。

10.6 盘卷管的长度可在卷上标明。

10.7 打印间距应不超过 1 m。

11 包装、运输、贮存

11.1 包装

按供需双方商定要求进行,在外包装、标签或标志上应写明厂名、厂址。

11.2 运输

管材运输时,不得受到划伤、抛摔、剧烈的撞击、曝晒、雨淋、油污和化学品的污染。

11.3 贮存

管材应贮存在远离热源及化学品污染地,地面平整,通风良好的库房内。如室外堆放应有遮盖物。管材应水平整齐堆放。

附　录　A

（资料性附录）

本部分章条编号与 ISO 4437:1997 章条编号对照

表 A.1 给出了本部分章条编号与 ISO 4437:1997 章条编号对照一览表。

表 A.1　本部分章条编号与 ISO 4437:1997 章条编号对照

本部分章条编号	对应的国际标准章条编号
第 1 章	第 1 章
3.2.4	—
	3.2.4
4.7	—
第 5 章第二段	第 5 章
6.1 第一段	6.1
6.2 第一段	6.2 第一段、第二段
第 7 章最后一段	—
第 9 章	—
第 10 章	第 9 章
第 11 章	—
附录 A	—
附录 B	—
附录 C	附录 A
附录 D	附录 B
附录 E	附录 C
—	附录 D
附录 F	附录 E
注：表中的章条以外的本部分其他章条编号与 ISO 4437:1997 其他章条编号均相同且内容基本对应。	

附 录 B

（资料性附录）

本部分与 ISO 4437：1997 技术性差异及其原因

表 B.1 给出了本部分与 ISO 4437：1997 的技术性差异及其原因的一览表。

表 B.1 本部分与 ISO 4437：1997 的技术性差异及其原因

本部分的章条编号	技术性差异	原因
第 1 章	增加了材料为 PE 80 和 PE 100 及管材的公称外径的规定。 增加了输送人工煤气和液化石油气的规定。	考虑到我国产品标准的编排要求，使说明更明确。 以适合我国国情。
第 2 章	引用了采用国际标准的我国标准； 增加了 GB/T 2828—1987 及 GB/T 2918—1998。	以适合我国国情。 强调与 GB/T 1.1 的一致性。
3.2	删除了"质量流动速率"的定义。 增加了"设计应力"的定义。	MFR 定义已广为人知，引用标准中已有； 在此"设计应力"需要解释说明。
4.5 表中的序号 1	增加了"GB/T 1033—1986D 法及试样制备要求"。	规定明确，增加可操作性。
4.5 表中的序号 2	增加了"0.2~1.4"。	参考 prEN 1555—2001，要求更明确。
4.5 表中的序号 10 表 6 的序号 4	公式改为"$p_{c,s4} \geqslant MOP/2.4-0.072$"。	此为 ISO 4437 技术勘误内容，故用双竖线表示。
4.4	改为"可少量掺入同种新料中回用，所生产的管材应符合本部分的要求"。	以适合我国国情。
4.7	增加总体使用系数和设计应力的要求。	参考 prEN 1555—2001，要求更明确。
第 5 章	增加颜色及色条要求。	以适合我国国情。
6.1	增加第二、三段要求。	以适合我国国情。
6.2	增加第二段要求。	参考 ASDM D 2513—96a，以适合我国国情。
第 7 章	增加最后一段。 修改了表 6 中（80℃，165 h）的环应力数值，同时修改了表 7 中的相应数据。	按我国标准编写，附录要引出。 参照欧洲标准 EN 1555-2 的规定，此为欧洲标准化组织研究改进后的数据，更符合外推曲线，更科学。
表 8	去掉密度要求。	测管材密度意义不大，参考 EN 1555 删去此项要求。
表 8 序号 2	去掉"要求"中 2）的表述。	"管材标称值"的要求不明确，参考 EN 1555 删去此项要求。
表 8 序号 3	去掉"外观没有影响"。	难以操作。

表 B.1(续)

本部分的章条编号	技术性差异	原因
表 11 中	改为:"制造商和商标"。 标志增加"混配料牌号"。	以适合我国国情。
第 9 章	增加"检验规则"。	以符合我国产品标准的编写规定。
第 11 章	增加"包装、运输、贮存"一章。	以适合我国国情。
—	删除了附录 D。	部分内容已在第 10 章中体现,有关质量保证体系本部分不予规定。
附录 G	按照欧洲标准 EN 12106 编写。	更具有操作性。

附 录 C

（规范性附录）

挥发分含量

C.1 试验原理

将试样放入干燥烘箱中，根据质量损失测定挥发分含量。

C.2 试验设备

——带有恒温器的不通风的干燥烘箱；

——直径 35 mm 的称量瓶；

——干燥器；

——精度为 ±0.1 mg 的分析天平。

C.3 试验过程

将称量瓶及其盖子放入干燥器中至少 30 min，再称称量瓶及其盖子的质量。

将大约 25 g 试样（精确到 0.1 mg）放入称量瓶中。

将称量瓶放入 105℃±2℃ 的不通风的干燥烘箱中。

1 h 后从干燥烘箱中取出称量瓶，并放入干燥器中 1 h。

盖上盖子称量，精确到 0.1 mg。

C.4 结果计算

用公式(C.1)计算挥发物质的含量。

$$c = \left(\frac{m_1 - m_2}{m_1 - m_0} \right) \times 10^6 \qquad \cdots\cdots\cdots\cdots\cdots\cdots\cdots\cdots\cdots\cdots (C.1)$$

式中：

c——105℃时的挥发分含量，单位为毫克每千克(mg/kg)；

m_0——空称量瓶的质量，单位为克(g)；

m_1——称量瓶和样品的质量，单位为克(g)；

m_2——105℃条件下 1 h 后称量瓶和样品的质量，单位为克(g)。

附　录　D
（规范性附录）
耐气体组分

该试验用 32 mm×3 mm 的管材进行。

如果与 32 mm×3 mm 管材试验结果有明确的关系,可以用其他尺寸的管材做该项试验。

准备合成冷凝液,它由 50%(质量分数)的正癸烷(99%)和 50%(质量分数)的 1,3,5-三甲基苯的混合物组成。

将管材充满冷凝液,放置 1 500 h 进行状态调整。按 GB/T 6111—2003 进行试验,管内为合成冷凝液,温度为 80℃。

附 录 E

（规范性附录）

耐候性

E.1 曝露的方位和场地

曝露架和试样的夹具应使用不影响试验结果的惰性材料制造。已知合适的材料有木材、不生锈的铝合金、不锈钢或陶瓷。黄铜、钢或紫铜不应在靠近试样的地方使用。试验场地应装有记录接受的太阳能和环境温度的仪器。

曝露架支撑管材试样后，管材试样的曝露面倾斜成纬度角。一般来说，曝露场地应开阔，远离树木和建筑物。对于在北半球、面向南的曝晒，包括支架本身在内，障碍物在东、南或西方向上的仰角应不大于 20°，在北方向上的仰角应不大于 45°；对于在南半球面向北的曝晒，应采用相应的规定。

E.2 试样

试样直径不限，长约 1 m，在选定的直径范围中选择壁厚最薄的规格进行试验。

E.3 步骤

标识管材样品曝露面，记录按照本部分所做的短期试验结果的所有数据。接受总能量至少为 3.5 GJ/m² 的曝晒后，取下管材并进行试验。

附　录　F

（资料性附录）

压缩复原

F.1　总则

如果使用压缩复原技术对聚乙烯管道系统进行维护和修复作业，管材制造商应保证压缩复原后的管材仍满足静液压强度的要求。

F.2　试验方法

F.2.1　试样

F.2.1.1　试样长度

试样自由长度应不小于管材公称外径的 6 倍，最小不得小于 250 mm。

F.2.1.2　试样数

试样数为 3 个。

F.2.2　试验步骤

F.2.2.1　计算保证压扁需要的间距

按公式(F.1)计算压扁需要的间距 L。

$$L = 2 \times k \times e_{y,min} \quad\quad\cdots\cdots\cdots\cdots\cdots\cdots\cdots\cdots（\text{F.1}）$$

式中：

k——压扁系数，对于 $d_n \leqslant 250$ mm，取 $k = 0.8$；对于 250 mm $< d_n \leqslant 630$ mm，取 $k = 0.9$；

$e_{y,min}$——最小壁厚。

F.2.2.2　试样调节

将试样放置在$(-5\sim0)$℃的环境中，调节时间按 GB/T 6111—2003 中规定的相应壁厚所对应的时间。

F.2.2.3　压扁试样

将试样从$(-5\sim0)$℃环境中取出，在表 F.1 规定的时间 t 内用专用压管设备以 25 mm/min 至 50 mm/min 的速率将试样压至间距 L。

表 F.1　最大转换时间 t

d_n/mm	t/s
$d_n \leqslant 110$	30
$110 < d_n \leqslant 200$	90
$d_n > 200$	180

F.2.2.4　保持时间

在压扁状态下保持(15 ± 1)min。

F.2.2.5　试验

保持时间完成后，在 1 min 内完全释放管材，然后按 GB/T 6111—2003 进行试验。试验条件为：

——密封接头类型：a 型；

——试验介质：水-水；

——试验温度：80℃；

——环向应力：PE 80，4.5 MPa；PE 100，5.4 MPa；

——试验时间：165 h。

ICS 83.140.30
G 33

中华人民共和国国家标准

GB 15558.2—2005
废止 GB 15558.2—1995

燃气用埋地聚乙烯(PE)管道系统
第2部分：管件

Buried polyethylene（PE）piping systems for the supply of gaseous fuels—
Part 2：Fittings

（ISO 8085-2：2001，Polyethylene fittings for use with polyethylene pipes for the supply of gaseous fuels — Metric series — Specifications—Part 2：Spigot fittings for butt fusion，for socket fusion using heated tools and for use with electrofusion fittings；ISO 8085-3：2001，Polyethylene fittings for use with polyethylene pipes for the supply of gaseous fuels — Metric series — Specifications— Part 3：Electrofusion fittings，MOD）

2005-05-17 发布　　　　　　　　　　　　　　2005-12-01 实施

中华人民共和国国家质量监督检验检疫总局
中国国家标准化管理委员会　　发布

前　言

GB 15558《燃气用埋地聚乙烯(PE)管道系统》分为三个部分：

—— GB 15558.1—2003《燃气用埋地聚乙烯(PE)管道系统　第 1 部分：管材》；

—— GB 15558.2—2005《燃气用埋地聚乙烯(PE)管道系统　第 2 部分：管件》；

—— GB 15558.3《燃气用埋地聚乙烯(PE)管道系统　第 3 部分：阀门》(该部分正在制定中)。

本部分为 GB 15558 的第 2 部分。

本部分 5.2、5.5、8.2 和第 9 章为强制性的，其余为推荐性的。

本部分修改采用 ISO 8085-2:2001《与燃气用聚乙烯管材配套使用的聚乙烯管件——公制系列——规范——第 2 部分：用于热熔对接、使用加热工具承插熔接及电熔管件连接的插口管件》(英文版)，包括其修正案(ISO 8085-2-Amd 1:2001)；以及 ISO 8085-3:2001《与燃气用聚乙烯管材配套使用的聚乙烯管件——公制系列——规范——第 3 部分：电熔管件》(英文版)。

本部分根据 ISO 8085-2:2001 和 ISO 8085-3:2001 重新起草。在附录 A 中列出了本部分章条编号与 ISO 8085-2:2001 和 ISO 8085-3:2001 两部分章条编号的对照一览表。

考虑到我国国情，在采用 ISO 8085-2:2001 和 ISO 8085-3:2001 时，本部分做了一些编辑性修改。有关技术性差异已编入正文中并在它们所涉及的条款的页边空白处用垂直单线标识，在附录 B 中给出了这些技术性差异及其原因的一览表以供参考。

GB 15558 的本部分自实施之日起，原 GB 15558.2—1995《燃气用埋地聚乙烯管件》同时废止。

GB 15558 的本部分与 GB 15558.2—1995 相比，从结构和管件尺寸范围以及技术要求都有了很大变化，主要变化如下：

—— 增加了定义一章(见第 3 章)；

—— 增加了符号一章(见第 4 章)；

—— 材料的要求按照 GB 15558.1—2003 的规定(见第 5 章)；

—— 增加了对管件的一般要求(见第 6 章)；

—— 对产品的分类与 GB 15558.2—1995 不同(见第 1 章)；删除了热熔承插连接方式及有关内容(见 1995 年版的 6.6)；

—— 管件规格尺寸从 250 mm 扩大到了 630 mm；管件的尺寸要求按照国际标准的规定(见 7.2)；

—— 增加了对电熔管件壁厚的要求(见 7.3)；

—— 管件的力学性能中增加了插口管件对接熔接拉伸强度，电熔承口管件的熔接强度，电熔鞍形管件的冲击性能和压力降的测试(见第 8 章)；

—— 删除了管件性能要求中的加热伸缩的要求(1995 年版的 5.4 表 2)；

—— 管件的物理性能中增加了熔体质量流动速率的性能要求(见第 9 章)；

—— 增加了技术文件一章(见第 12 章)；

—— 增加了标志一章，对标志内容及熔接系统识别做了规定(见第 13 章)；

—— 删除了附录"组合件试验系统示意图"(1995 年版的附录 A)；

—— 删除了附录"燃气用埋地聚乙烯管件的形状和尺寸"(1995 年版的附录 B)；

—— 增加了资料性附录"本部分章条编号与 ISO 8085-2:2001 和 ISO 8085-3:2001 章条编号对照"(见附录 A)；

—— 增加了资料性附录"本部分与 ISO 8085-2:2001 和 ISO 8085-3:2001 技术性差异及其原因"(见附录 B)；

—— 增加了资料性附录"电熔管件典型接线端示例"(见附录 C);

—— 增加了规范性附录"气体流量-压力降关系的测定"(见附录 D)。

本部分的附录 D 为规范性附录,附录 A、附录 B、附录 C 为资料性附录。

请注意本部分的某些内容有可能涉及专利。本部分的发布机构不应承担识别这些专利的责任。

本部分由中国轻工业联合会提出。

本部分由全国塑料制品标准化技术委员会塑料管材、管件及阀门分技术委员会(TC48/SC3)归口。

本部分由亚大塑料制品有限公司负责起草,港华辉信工程塑料(中山)有限公司、宁波宇华电器有限公司、浙江中财管道科技股份有限公司参加起草。

本部分主要起草人:马洲、王志伟、何健文、孙兆儿、丁良玉。

本部分所代替标准的历次版本发布情况为:

—— GB 15558.2—1995。

燃气用埋地聚乙烯(PE)管道系统
第2部分:管件

1 范围

GB 15558的本部分规定了燃气用埋地聚乙烯管件(以下简称"管件")的定义、符号、材料、一般要求、几何尺寸、力学性能、物理性能、试验方法、检验规则、技术文件、标志和标签,以及包装、运输、贮存。

本部分适用于PE 80和PE 100材料制造的燃气用埋地聚乙烯管件。

本部分规定的管件与GB 15558.1—2003《燃气用埋地聚乙烯(PE)管道系统　第1部分:管材》规定的管材配套使用。

本部分适用于下列连接方式的管件:

——热熔对接及电熔连接的插口管件;

—— 电熔管件:

    a) 电熔承口管件;

    b) 电熔鞍形管件。

注:管件可以是套筒、等径或变径三通、变径、弯头或端帽等。

本部分不适用于利用加热工具的热熔承插连接的管件。

在输送人工煤气和液化石油气时,应考虑燃气中存在的其他组分(如芳香烃、冷凝液等)在一定浓度下对管件性能产生的不利影响。

2 规范性引用文件

下列文件中的条款通过GB 15558的本部分的引用而成为本部分的条款。凡是注日期的引用文件,其随后所有的修改单(不包括勘误的内容)或修订版均不适用于本部分,然而,鼓励根据本部分达成协议的各方研究是否可使用这些文件的最新版本。凡是不注日期的引用文件,其最新版本适用于本部分。

GB/T 2828.1—2003　计数抽样检验程序　第1部分:按接收质量限(AQL)检索的逐批检验抽样计划(ISO 2859-1:1999,IDT)

GB/T 2918—1998　塑料试样状态调节和试验的标准环境(idt ISO 291:1997)

GB/T 3682—2000　热塑性塑料熔体质量流动速率和熔体体积流动速率的测定(idt ISO 1133:1997)

GB/T 6111—2003　流体输送用热塑性塑料管材　耐内压试验方法(ISO 1167:1996,IDT)

GB/T 8806　塑料管材尺寸测量方法(GB/T 8806—1988,eqv ISO 3126:1974)

GB 15558.1—2003　燃气用埋地聚乙烯(PE)管道系统　第1部分:管材(ISO 4437:1997,MOD)

GB/T 17391—1998　聚乙烯管材与管件热稳定性试验方法(eqv ISO/TR 10837:1991)

GB/T 18252—2000　塑料管道系统　用外推法对热塑性塑料管材长期静液压强度的测定

GB/T 18475—2001　热塑性塑料压力管材和管件用材料分级和命名　总体使用(设计)系数(eqv ISO 12162:1995)

GB/T 19278—2003　热塑性塑料管材、管件及阀门　通用术语及其定义

GB/T 19810　聚乙烯(PE)管材和管件　热熔对接接头拉伸强度和破坏形式的测定(GB/T 19810—2005,ISO 13953:2001,IDT)

GB/T 19808　塑料管材和管件　公称外径大于或等于90 mm的聚乙烯电熔组件的拉伸剥离试验(GB/T 19808—2005,ISO 13954:1997,IDT)

GB/T 19809　塑料管材和管件　聚乙烯（PE）管材/管材或管材/管件热熔对接组件的制备（GB/T 19809—2005,ISO 11414:1996,IDT）

GB/T 19806　塑料管材和管件　聚乙烯电熔组件的挤压剥离试验（GB/T 19806—2005,ISO 13955:1997,IDT）

GB/T 19712—2005　塑料管材和管件　聚乙烯（PE）鞍形旁通　抗冲击试验方法（ISO 13957:1997,IDT）

HG/T 3092—1997　燃气输送管及配件用密封圈橡胶材料(idt ISO 6447:1983)

3　定义

GB 15558.1—2003 及 GB/T 19278—2003 与下面的定义、符号和缩略语适用于 GB 15558 的本部分。

3.1　几何定义

3.1.1

管件的公称直径(d_n)　nominal diameter of a fitting

与管件配套使用的管材系列的公称外径。

3.1.2

管件的公称壁厚(e_n)　nominal wall thickness of a fitting

与管件配套使用的管材系列的公称壁厚。

3.1.3

平均内径　mean inside diameter

在同一径向截面上以相互垂直的角度测量的至少两个内径的算术平均值。

3.1.4

承口的不圆度　out-of-roundness of a socket

在平行于承口口部平面的同一平面内,测得的承口最大内径减去承口最小内径得到的值。

3.1.5

承口最大不圆度　maximum out-of-roundness of a socket

在从承口口部平面到距承口口部距离为 L_1（设计插入段长度）的平面之间,承口不圆度的最大值。

3.1.6

管件的标准尺寸比(SDR)　standard dimension ratio of a fitting

管件公称直径(d_n)与公称壁厚(e_n)的比。

$$\text{SDR} = \frac{d_n}{e_n} \quad\quad\quad\quad\quad\quad\quad\quad (1)$$

3.1.7

管件的壁厚(E)　wall thickness of a fitting

承受由管道系统中燃气压力引起的全应力的管件主体的任一点壁厚。

3.2　插口管件有关定义

3.2.1

插口管件　spigot end fitting

插口端的连接外径等于相应配用管材的公称外径 d_n 的聚乙烯（PE）管件。

3.2.2

管件管状部分的平均外径　mean outside diameter of tubular part of a fitting

管件管状部分任一横截面外周长测量值除以 π 并向上圆整到最近的 0.1 mm。

3.2.3

管件管状部分的不圆度　out-of-roundness of the tubular part of a fitting

在平行于插口端面并且距离该端面距离不超过 L_2（管状部分长度）的同一平面内,所测最大外径与最小外径的差值。

3.3 电熔管件设计的特殊定义

3.3.1

电熔承口管件　electrofusion socket fitting

具有一个或多个组合加热元件,能够将电能转换为热能从而与管材或管件插口端熔接的聚乙烯(PE)管件。

3.3.2

电熔鞍形管件　electrofusion saddle fitting

具有鞍形几何特征及一个或多个组合加热元件,能够将电能转换为热能从而在管材外侧壁上实现熔接的聚乙烯(PE)管件。

3.3.2.1

鞍形旁通　tapping tee

具有辅助开孔分支端及一个可以切透主管材壁的组合切刀的电熔鞍形管件,在安装后切刀仍留在鞍形体内。常用于带压作业。

3.3.2.2

鞍形直通　branch saddle

不具备辅助开孔分支端,通常需要辅助切削工具在连接的主管材上钻孔的电熔鞍形管件。

3.3.3

U-调节(电压调节)　U-regulation

在电熔管件熔接过程中,通过电压参数控制能量供给的方式。

3.3.4

I-调节(电流调节)　I-regulation

在电熔管件熔接过程中,通过电流参数控制能量供给的方式。

4 符号

4.1 插口管件的尺寸和符号

本部分管件插口端的尺寸和符号见图1:

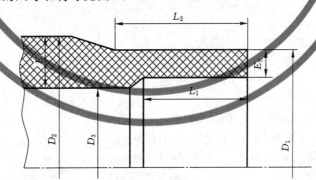

图中:

D_1——熔接段的平均外径,在距离插口端面不大于 L_2、平行于该端口平面的任一截面处测量;

D_2——管件主体的平均外径;

D_3——最小通径,即管件主体最小通流内径,不包括熔接形成的卷边;

E——任一点测量的管件主体壁厚;

E_S——熔接段的壁厚,在距口部端面距离不超过 L_1(回切长度)的任一断面测量;

L_1——熔接段的回切长度,即用于热熔对接或电熔连接所必需的初始深度;

L_2——熔接段管状部分的长度。

图 1　管件插口端示意图

4.2 电熔管件的尺寸和符号

4.2.1 电熔承口管件的符号

本部分电熔管件承口端的尺寸和主要符号见图 2：

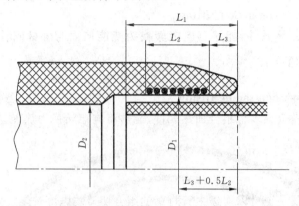

图中：

D_1——距离口部端面 $L_3+0.5L_2$ 处测量的熔融区的平均内径；

D_2——最小通径，即管件主体最小通流内径；

L_1——管材的插入长度或插口管件插入段的长度；

L_2——承口内部的熔区长度，即熔融区的标称长度；

L_3——管件承口口部非加热长度，即管件口部与熔接区域开始处之间的距离。

图 2 管件承口端示意图

4.2.2 电熔鞍形旁通的符号

鞍形旁通使用的主要符号见图 3：

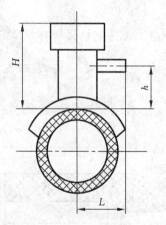

图中：

h——出口管材的高度，即主体管材顶部到出口管材轴线的距离；

L——鞍形旁通的宽度，即主体管材轴线到出口管材端口的距离；

H——鞍形旁通的高度，即主体管材顶部到鞍形旁通顶部的距离。

图 3 鞍形旁通示意图

5 材料

5.1 总则

管件制造商使用的材料涉及的技术数据应符合 GB 15558.1—2003 中 4.5 的规定。

所选材料的任何改变，影响到管件性能时，应按照第 8 章的要求进行验证。

5.2 混配料

制造管件应使用聚乙烯混配料。混配料中仅添加有对于符合本部分管件的生产和最终使用及熔接连接所必要的添加剂。所有添加剂应分散均匀。添加剂不应对熔接性能有负面影响。

5.3 回用料

按本部分要求生产管件时,产生的本厂洁净回用料,可以少量掺入同种新料中使用,所生产的管件应符合本部分的要求。

5.4 混配料性能

混配料应符合 GB 15558.1—2003 中 4.5 的要求。

5.5 分级

聚乙烯混配料应按照 GB/T 18252—2000(或 ISO 9080:2003)确定材料与 20℃、50 年、预测概率 97.5% 相应的静液压强度 σ_{LCL}。并应按照 GB/T 18475—2001 进行分级,见表 1。混配料制造商应提供相应的级别证明。

表 1　聚乙烯混配料的分级

命名	σ_{LCL}(20℃,50 年,97.5%)/MPa	MRS/MPa
PE 80	$8.00 \leqslant \sigma_{LCL} \leqslant 9.99$	8.0
PE 100	$10.00 \leqslant \sigma_{LCL} \leqslant 11.19$	10.0

5.6 熔接性

管件制造商应保证管件与符合 GB 15558.1—2003 的管材的熔接性符合第 8 章要求。

5.7 非聚乙烯部分的材料

5.7.1 总则

所有的材料应符合相应的国家标准或行业标准,系统的各种组件都应考虑系统适用性。

制造管件的所有材料(包括橡胶圈、油脂和可能用到的任何金属部分)应像管道系统中其他部件一样耐内、外部环境,在同等的条件下的使用寿命至少与符合 GB 15558 的管道系统相同,并与它们一起适用于以下状况:

　　a)　贮存期内;

　　b)　与输送的燃气接触;

　　c)　处于运行条件下的工作环境。

与 PE 管材接触的非 PE 管件材料不应引发裂纹或对管材性能有负面影响。

5.7.2 金属材料

管件所使用易腐蚀金属部分应充分防护。当使用不同的金属材料并可能与水分接触时,应采取措施防止电化学腐蚀。所有金属部分的质量和等级应符合相关的现行国家标准、行业标准或规范。

5.7.3 弹性密封件

弹性密封件材料应符合 HG/T 3092—1997 的规定。

也可使用其他符合要求的密封材料用于燃气输送。

5.7.4 其他材料

油脂或润滑剂不应渗出到熔接区,不应影响管件材料的长期性能。

使用符合 5.7.1 的其他材料时,包含这些材料的管件应符合本部分的要求。

6　一般要求

6.1　颜色

聚乙烯管件的颜色为黑色或黄色。

6.2　外观

管件内外表面应清洁、光滑,不应有缩孔(坑)、明显的划痕和可能影响符合 GB 15558 本部分要求的其他表面缺陷。

6.3 多方式连接的管件

如果电熔管件中同时具有一个或多个插口端,或者插口管件同时具有电熔承口端,它们应分别符合本部分的相关要求。

6.4 工厂预制接头的外观

肉眼观察,预制接头的内外表面应没有熔融物溢出管件,管件制造商声明可接受的除外。

当按照制造商的说明连接电熔管件时,任何溢出不应引起电阻线移动从而造成管件短路。连接管材的内表面不应有明显的变形。

6.5 电熔管件设计

电熔管件的设计应确保当管件与管材或其他管件装配时,电阻线和/或密封件不移位。

6.6 电熔管件的电性能

电熔管件应根据工作时的电压和电流及电源特性设置相应的电气保护措施。

对于电压高于 25 V 的情况,当按照管件制造商和熔接设备制造商的规程进行操作时,在熔接过程中应确保人无法直接接触到带电部分。

在 23℃下,电熔管件的电阻应在以下范围内:

最大值:标称值×(1+10%)+0.1 Ω

最小值:标称值×(1−10%)

最大值内+0.1 Ω 是考虑到测量时可能存在接触电阻。

应保证接线柱的表面接触电阻最小。

注:电熔管件的典型的接线端示例见附录 C。

7 几何尺寸

7.1 总则

应在制造完成至少 24 h 后,并状态调节至少 4 h 后按照 GB/T 8806 对管件进行测量。并且不得采用任何支撑方式对熔接端进行复圆。

本部分仅涉及管件和组件,不涉及焊接设备。

管件按照承口、插口或鞍形的公称直径标明尺寸,其公称直径与配套使用管材的公称外径 d_n 相对应。

7.2 管件尺寸

7.2.1 插口管件插口端尺寸

管状部分的平均外径 D_1,不圆度(椭圆度)以及相关公差应符合表 2 的规定。

最小通径 D_3,管状部分 L_2 的最小值和回切长度 L_1 的最小值应符合表 2 的规定。

管状部分的长度 L_2 应满足以下连接要求:

—— 对接熔接时使用夹具的要求;

—— 与电熔管件装配长度的要求;

回切长度 L_1 允许通过熔接一段壁厚等于 E_S 的管段来实现。

表 2 插口管件尺寸和公差   单位为毫米

公称直径 d_n	管件的平均外径			不圆度 max	最小通径 D_{3min}	最小回切长度 L_{1min}	管状部分的最小长度[a] L_{2min}
	D_{1min}	D_{1max}					
		等级 A[b]	等级 B[b]				
16	16	—	16.3	0.3	9	25	41
20	20	—	20.3	0.3	13	25	41
25	25	—	25.3	0.4	18	25	41

表 2（续）

单位为毫米

公称直径	管件的平均外径			不圆度 max	最小通径 D_{3min}	最小回切长度 L_{1min}	管状部分的最小长度[a] L_{2min}
d_n	D_{1min}	D_{1max}					
		等级 A[b]	等级 B[b]				
32	32	—	32.3	0.5	25	25	44
40	40	—	40.4	0.6	31	25	49
50	50	—	50.4	0.8	39	25	55
63	63	—	63.4	0.9	49	25	63
75	75	—	75.5	1.2	59	25	70
90	90	—	90.6	1.4	71	28	79
110	110	—	110.7	1.7	87	32	82
125	125	—	125.8	1.9	99	35	87
140	140	—	140.9	2.1	111	38	92
160	160	—	161.0	2.4	127	42	98
180	180	—	181.1	2.7	143	46	105
200	200	—	201.2	3.0	159	50	112
225	225	—	226.4	3.4	179	55	120
250	250	—	251.5	3.8	199	60	129
280	280	282.6	281.7	4.2	223	75	139
315	315	317.9	316.9	4.8	251	75	150
355	355	358.2	357.2	5.4	283	75	164
400	400	403.6	402.4	6.0	319	75	179
450	450	454.1	452.7	6.8	359	100	195
500	500	504.5	503.0	7.5	399	100	212
560	560	565.0	563.4	8.4	447	100	235
630	630	635.7	633.8	9.5	503	100	255

[a] 插口管件交货时可以带有一段工厂组装的短的管段或合适的电熔管件。

[b] 公差等级符合 ISO 11922-1:1997。

7.2.2 电熔管件电熔承口端的尺寸

插入深度 L_1 和熔区的最小长度 L_2 见表 3。表 3 给出电流和电压两种调节方式的 L_1 的值。

除了表 3 中给出的值，应满足以下要求（见图 2）：

$L_3 \geqslant 5$ mm

$D_2 \geqslant d_n - 2e_{min}$

e_{min} 为符合 GB 15558.1—2003 相应管材的最小壁厚。

管件熔接区域中间的平均内径 D_1 应不小于 d_n。

制造商应声明 D_1 的最大和最小实际值，以便用户确定管件是否与夹具和接头组件匹配。

如果管件具有不同公称直径的承口，每个承口均应符合相应的公称直径的要求。

表 3　电熔管件承口尺寸

单位为毫米

管件的公称直径 d_n	插入深度 L_1			熔区最小长度 L_{2min}
	min.		max.	
	电流调节	电压调节		
16	20	25	41	10
20	20	25	41	10
25	20	25	41	10

表 3（续）
单位为毫米

管件的公称直径 d_n	插入深度 L_1			熔区最小长度 L_{2min}
	min.		max.	
	电流调节	电压调节		
32	20	25	44	10
40	20	25	49	10
50	20	28	55	10
63	23	31	63	11
75	25	35	70	12
90	28	40	79	13
110	32	53	82	15
125	35	58	87	16
140	38	62	92	18
160	42	68	98	20
180	46	74	105	21
200	50	80	112	23
225	55	88	120	26
250	73	95	129	33
280	81	104	139	35
315	89	115	150	39
355	99	127	164	42
400	110	140	179	47
450	122	155	195	51
500	135	170	212	56
560	147	188	235	61
630	161	209	255	67

7.3 管件壁厚

7.3.1 插口管件壁厚和配用管材之间的关系

7.3.1.1 配用管材的最小壁厚

配用管材的最小壁厚应符合 GB 15558.1—2003 中 6.3.1 相应 SDR 系列的要求。

7.3.1.2 熔接段的壁厚 E_s

熔接段的壁厚 E_s 应等于 GB 15558.1—2003 相应管材系列的公称壁厚并符合相应公差，允许在距入口端面不大于 $0.01d_n \pm 1$ mm 的轴向长度范围内有壁厚缩减（例如倒角）。

7.3.1.3 插口管件壁厚 E

插口管件及其连接件的壁厚 E 可根据材料强度 MRS（见 5.5）合理确定，应符合第 8 章的性能要求。

管件主体内壁厚的变化应是逐渐的，以避免应力集中。

7.3.2 电熔管件壁厚和配用管材之间的关系

7.3.2.1 总则

在生产符合 GB 15558 本部分要求的管件时，电熔管件壁厚 E 可根据材料强度 MRS（见 5.5 要求）合理确定。

管件及其熔接接头应满足第 8 章规定的力学性能要求。

为了避免应力集中，管件主体壁厚的变化应是渐变的。

7.3.2.2 管材和电熔管件壁厚之间的关系

管材与电熔管件壁厚 E 的搭配关系应按下面方式确定：

a) 当管件和配用的管材由相同 MRS 分级的聚乙烯制造时，从距离管件端口 $2L_1/3$ 处开始，管件主体任一处的壁厚应大于或等于相应管材的最小壁厚 e_{min}；

b) 当管件和配用的管材不是由相同 MRS 分级的聚乙烯制造时，应符合表4。

表 4　管材和管件的壁厚关系

管材和管件材料		管件壁厚(E)和管材壁厚(e_n)的关系
管材	管件	
PE 80	PE 100	$E \geqslant 0.8e_n$
PE 100	PE 80	$E \geqslant e_n/0.8$

7.3.2.3 电熔管件承口的最大不圆度

电熔管件的承口最大不圆度应不超过 $0.015\,d_n$。

7.3.2.4 电熔管件的插口端

包含插口端分支的电熔管件(例如带插口端分支的电熔等径三通)，插口端分支尺寸应符合7.2.1。

7.3.3 电熔鞍形管件

鞍形旁通和鞍形直通的出口如为插口端应符合7.2.1要求，如为承口应符合7.2.2的要求。

制造商应在其技术文件中规定一般尺寸要求。这些尺寸应包括鞍形管件的最大高度 H，如为鞍形旁通还应包括出口管材高度 h。

7.3.4 其他尺寸

其他尺寸及其性能，例如总体尺寸、安装尺寸或相关夹具要求，应符合制造商技术文件的规定。

电熔套筒内部没有限位止口(台阶)或限位件可去除时，管件的尺寸应允许管材能全部穿过管件。

8 力学性能

8.1 总则

使用组合试件测试管件性能时，所用管材应符合 GB 15558.1—2003 的规定。试验组件应按照 GB/T 19809 及制造商说明进行装配。所用设备符合相关标准的要求。

如果变更熔接参数，应保证熔接接头符合8.2的性能要求。

8.2 要求

按照表5规定的方法及标明的试验参数进行试验，管件-管材组件的力学性能应符合表5的要求。

表 5　力学性能

序号	项　目	要　求	试验条件		试验方法
1	20℃静液压强度	无破坏，无渗漏	密封接头	a 型	GB/T 6111—2003 本部分的10.5
			方向	任意	
			调节时间	1 h	
			试验时间	≥100 h	
			环应力：		
			PE 80 管材	10 MPa	
			PE 100 管材	12.4 MPa	
			试验温度	20℃	

表 5（续）

序号	项 目	要 求	试验条件		试验方法
2	80℃静液压强度[a]	无破坏，无渗漏	密封接头 方向 调节时间 试验时间 环应力： PE 80 管材 PE 100 管材 试验温度	a 型 任意 12 h ≥165 h 4.5 MPa 5.4 MPa 80℃	GB/T 6111—2003 本部分的 10.5
3	80℃静液压强度	无破坏，无渗漏	密封接头 方向 调节时间 试验时间 环应力： PE 80 管材 PE 100 管材 试验温度	a 型 任意 12 h ≥1 000 h 4 MPa 5 MPa 80℃	GB/T 6111—2003 本部分的 10.5
4	对接熔接拉伸强度[b]	试验到破坏为止： 韧性：通过 脆性：未通过	试验温度	23℃±2℃	GB/T 19810
5	电熔管件的熔接强度[c]	剥离脆性破坏百分比 ≤33.3%	试验温度	23℃	GB/T 19808[c] GB/T 19806[c]
6	冲击性能[d]	无破坏，无泄漏	试验温度 下落高度 落锤质量	0℃ 2 m 2.5 kg	GB/T 19712
7	压力降[d]	在制造商标称的流量下： $d_n ≤ 63：Δp ≤ 0.05 × 10^{-3}$ MPa $d_n > 63：Δp ≤ 0.01 × 10^{-3}$ MPa	空气流量 试验介质 试验压力	制造商标称 空气 $2.5 × 10^{-3}$ MPa	附录 D

[a] 对于（80℃，165 h）静液压试验，仅考虑脆性破坏。如果在规定破坏时间前发生韧性破坏，允许在较低应力下重新进行该试验。重新试验的应力及其最小破坏时间应从表 6 中选择，或从应力-时间关系的曲线上选择。

[b] 适用于插口管件。

[c] 仅适用于电熔承口管件。

[d] 仅适用于鞍形旁通。

表 6 静液压强度（80℃，165 h）—应力-最小破坏时间关系

PE 80		PE 100	
环应力/MPa	最小破坏时间/h	环应力/MPa	最小破坏时间/h
4.5	165	5.4	165
4.4	233	5.3	256
4.3	331	5.2	399
4.2	474	5.1	629
4.1	685	5.0	1 000
4.0	1 000	—	—

在准备试验组件时,应考虑到由于制造公差和装配公差而可能发生的尺寸波动以及在不同的环境温度下的影响因素。

注:建议制造商考虑采用 ISO/TS 10839 中给出的设计、搬运和安装操作规程。

9 物理性能

按照表7规定的方法及标明的试验参数进行试验,管件的物理性能应符合表7的要求。

表 7 管件的物理性能

序号	项 目	单 位	要 求	试验参数	试验方法
1	氧化诱导时间	min	＞20	200℃[a]	GB/T 17391—1998
2	熔体质量流动速率(MFR)	g/10 min	管件的 MFR 变化不应超过制造管件所用混配料的 MFR 的±20%	190℃/5 kg(条件 T)	GB/T 3682—2000

[a] 如果与200℃的试验结果有明确的修正关系,可以在210℃进行试验。仲裁时,试验温度应为200℃。

10 试验方法

10.1 试样状态调节和试验的标准环境

除非另有规定,应在管件生产至少 24 h 后取样,按照 GB/T 2918—1998 规定,在温度为(23±2)℃下状态调节至少 4 h 后进行试验。

10.2 颜色及外观

用肉眼观察。

10.3 尺寸测量

10.3.1 厚度按 GB/T 8806 的规定测量。

10.3.2 承口内径和管件通径用精度为 0.01 mm 的内径表测量,在图 1 和图 2 规定部位测量两个相互垂直的内径,计算它们的平均值,作为平均内径。

10.3.3 插口外径用 π 尺或精度为 0.02 mm 的游标卡尺进行测量。

10.3.4 不圆度用精度为 0.02 mm 的量具进行测量,试样同一截面的最大内(外)径和最小内(外)径之差即为不圆度。

10.3.5 各部位长度用精度为 0.02 mm 的游标卡尺进行测量。

10.4 电阻测量

管件电阻应使用符合表8要求的电阻仪进行测量,有争议的情况下,电阻应在(23±2)℃下测量。

表 8 电阻仪工作特性

范围/Ω	分辨率/mΩ	精度
0～1	1	读数的 2.5%
0～10	10	读数的 2.5%
0～100	100	读数的 2.5%

10.5 静液压强度

10.5.1 管件的静液压强度用管件和管材的组合件进行测试,组合件制备后,在室温下放置至少 24 h,组合件及管材的自由长度 L_0 按下述方式确定:

—— 组合件中只有一个管件时,密封接头到每个承(插)口的自由长度 L_0 为其公称直径(d_n)的 2 倍;

—— 组合件含有多个管件时,管件之间管段的自由长度 L_0 为其公称直径(d_n)的 3 倍;

—— 两密封接头之间的管段自由长度 L_0 最小值为 250 mm,最大值为 1 000 mm。

注:除非另有规定,应使用和试验管件相兼容的最大壁厚系列的管材,但鞍形组件所用管材应为与鞍形管件相兼容的最小壁厚的管材。

10.5.2 按 GB/T 6111—2003 试验,试验条件按表 5 规定,试验压力按表 5 中规定环应力和管材的公称壁厚计算。

10.5.3 试样内外的介质均为水,b 型接头可用于公称直径大于或等于 500 mm 管件的出厂检验。

10.6 对接熔接拉伸强度

按照 GB/T 19810 试验。

10.7 电熔管件的熔接强度

按照 GB/T 19808 或 GB/T 19806 试验。对于公称直径大于或等于 90 mm 的电熔管件,仲裁时按照 GB/T 19808 试验。

10.8 电熔鞍形旁通的冲击性能

按照 GB/T 19712 试验。

10.9 压力降

按照附录 D 试验。试样数量为一个。

10.10 氧化诱导时间(热稳定性)

按 GB/T 17391—1998 试验,刮去表层 0.2 mm 后取样。

10.11 熔体质量流动速率

按 GB/T 3682—2000 试验。

11 检验规则

11.1 检验分类

检验分为出厂检验和型式检验。

11.2 出厂检验

11.2.1 出厂检验项目为 6.1、6.2、6.6、第 7 章、第 8 章中的(80℃,165h)静液压试验以及第 9 章中的氧化诱导时间。

11.2.2 6.1、6.2、第 7 章检验按 GB/T 2828.1—2003 规定采用正常检验一次抽样方案,取一般检验水平 I,接收质量限(AQL)2.5,见表 9。

表 9 接收质量限(AQL)为 2.5 的抽样方案 基本单位为件

批量 N	样本量 n	接收数 Ac	拒收数 Re
≤150	8	0	1
151~280	13	1	2
281~500	20	1	2
501~1 200	32	2	3
1 201~3 200	50	3	4

11.2.3 对于"6.6 电熔管件的电性能"中的电阻要求,应逐个检验。

11.2.4 在外观尺寸抽样合格及电性能合格的产品中,随机抽取样品进行氧化诱导时间和静液压试验(80℃,165 h),试样数量为一个。

11.3 型式检验

11.3.1 型式检验的项目为第 6、7、8、9 章的全部技术要求。

11.3.2 已经定型生产的管件,按下述要求进行型式检验。

11.3.3 分组:使用相同混配料、具有相同结构、相同品种的管件,按表 10 规定对管件进行尺寸分组。

表 10　管件的尺寸分组和公称外径范围

尺寸组	1	2	3
公称外径 d_n 范围	$d_n < 75$	$75 \leqslant d_n < 250$	$250 \leqslant d_n \leqslant 630$

11.3.4　根据本部分的技术要求,每个尺寸组合理选取任一规格进行试验,在外观尺寸抽样合格的产品中,进行第 6、7、8、9 章的性能检验。每次检验的规格在每个尺寸组内轮换。

11.3.5　一般情况下,每隔两年进行一次型式检验。若有以下情况之一,应进行型式试验:

　　a)　新产品或老产品转厂生产的试制定型鉴定;

　　b)　结构、材料、工艺有较大变动可能影响产品性能时;

　　c)　产品长期停产后恢复生产时;

　　d)　出厂检验结果与上次型式检验结果有较大差异时;

　　e)　国家质量监督机构提出型式检验的要求时。

11.4　组批规则和抽样方案

11.4.1　组批

同一混配料、设备和工艺连续生产的同一规格管件作为一批,每批数量不超过 3 000 件,同时生产周期不超过七天。

11.4.2　抽样方案

接收质量限(AQL)为 2.5 的抽样方案见表 9。

11.5　判定规则和复验规则

产品需经生产厂质量检验部门检验合格并附有合格标志方可出厂。

按照本部分规定的试验方法进行检验,依据试验结果和技术要求对产品做出质量判定。外观、尺寸按 6.2 和第 7 章的要求,按表 9 进行判定。其他性能有一项达不到规定时,则随机抽取双倍样品对该项进行复验。如仍不合格,则判该批产品不合格。

电熔管件均应符合 6.6 电性能要求。

12　技术文件

管件制造商应保证技术文件的适用性(可以是机密的),此文件包含所有相关必要数据以证明与 GB 15558 本部分的一致性。文件应包括所有型式检验的结果并应符合已公开发布的技术手册。它还应在要求时包括必要数据以实现可追溯性。

制造商的技术文件应至少包含以下信息:

　　—— 使用条件(管材和管件温度限制,SDR 值和不圆度);

　　—— 尺寸;

　　—— 安装规程;

　　—— 对熔接设备的要求;

　　—— 熔接规程(熔接参数范围);

　　—— 对于鞍形管件:

　　　　a)　连接方法(是否使用夹具以及任何必要的附加装置);

　　　　b)　是否有必要控制使用夹具在某个位置以保证组件满意的性能。

适用时,技术文件还应包含制造商符合相关质量体系认证的相关证明。

13　标志和标签

13.1　总则

除表 11 中标注 a 的项目外,标志内容应打印或直接成型在管件表面上,并且在正常的贮存、操作、搬运和安装后,保持字迹清楚。

> 注:除非与制造商协商一致,否则由于在安装和使用过程中涂漆、划伤、组件相互遮盖或使用试剂等造成字迹模糊,
> 制造商不负责任。

标志不应引发开裂和影响管件性能。

如果使用打印标志,打印内容的颜色应与管件的本色不同。

标志和标签内容应目视清晰。

对于插口管件,标志不应位于管件的最小插口长度范围内。

13.2 标志的最少要求

最少要求的标志应符合表 11 的规定:

表 11 最少要求的标志

项　目	标　志
制造商的名字和/或商标[b]	名称或符号
与管件连接的管材的公称外径 d_n	例如:110
材料和级别	例如:PE 80
适用管材系列	SDR(例如:SDR11 和/或 SDR 17.6)或 SDR 熔接范围
制造商的信息[b]	——制造日期(用数字或代码表示的年和月)
	——若在多处生产时,生产地点的名称或代码
GB 15558 的本部分[a]	GB 15558.2
输送流体[a]	"燃气"或"GAS"
[a]　这个信息可以打印在管件所附标签上或独立包装管件的袋子上。	
[b]　提供可追溯性。	

13.3 附加标志

与熔接条件相关的附加信息,例如熔接和冷却时间,可以在管件所附标签、或单独的标签上给出。

13.4 熔接系统识别

电熔管件应具备熔接参数可识别性,如数字识别、机电识别或自调节系统识别,在熔接过程中用于识别熔接参数。

使用条形码识别时,条形码标签应粘贴在管件上并应被适当保护以免污损。

14 包装、运输、贮存

14.1 包装

管件应包装,在必要时单个保护以防损坏和污染,一般情况下,应装入袋子、薄纸板箱或硬纸箱中。

包装物应有标识,标明制造商的名称、管件的类型和尺寸、管件数量、任何特殊的贮存条件和贮存要求。

14.2 运输

管件运输时,不得受到剧烈的撞击、划伤、抛摔、曝晒、雨淋和污染。

14.3 贮存

管件应贮存在地面平整、通风良好、干燥、清洁并保持良好消防的库房内,合理放置。贮存时,应远离热源,并防止阳光直接照射。

附 录 A

（资料性附录）

本部分章条编号与 ISO 8085-2:2001 和 ISO 8085-3:2001 章条编号对照

表 A.1 给出了本部分章条编号与 ISO 8085-2:2001 和 ISO 8085-3:2001 章条编号对照一览表。

表 A.1 本部分章条编号与 ISO 8085-2:2001 和 ISO 8085-3:2001 章条编号对照

本部分章条编号	ISO 8085-2	ISO 8085-3
3.1.1	3.1.2	3.1.1
3.1.2	3.1.3	3.1.2
3.1.3～3.1.5	—	3.1.3～3.1.5
3.1.6	3.1.5	3.1.6
3.1.7	3.1.6	3.1.7
—	3.2	3.2
3.2.2	3.1.1	—
3.2.3	3.1.4	—
—	3.3～3.4	3.3～3.4
3.3	—	3.5
4.1	4	—
4.2	—	4
5.7	—	5.7
6.1	—	—
6.3	6.1	6.1
6.4	6.3	6.4
6.5,6.6	—	6.3,6.5
7.2.1	7.2	—
7.2.2	—	7.2.1
7.3.1	7.3	—
7.3.2	—	7.2.2
7.3.3	—	7.3
7.3.4	7.4	7.4
—	—	8.2
10、11	—	—
12	10	10
13.1～13.3	11	11
13.4	—	—
14.1	12	12
14.2～14.3	—	—

表 A.1(续)

本部分章条编号	ISO 8085-2	ISO 8085-3
附录 A、附录 B	—	—
附录 C	—	附录 A
—	附录 A	附录 B
—	—	附录 C
—	—	附录 D
附录 D	—	—
表中的章条以外的本部分其他章条编号与 ISO 8085-2 及 ISO 8085-3 其他章条编号相同。		

附 录 B
（资料性附录）
本部分与 ISO 8085-2:2001 和 ISO 8085-3:2001 技术性差异及其原因

表 B.1 给出了本部分与 ISO 8085-2:2001 和 ISO 8085-3:2001 的技术性差异及其原因的一览表。

表 B.1 本部分与 ISO 8085-2:2001 和 ISO 8085-3:2001 技术性差异及其原因

本部分的章条编号	技术性差异	原 因
1	增加了材料为 PE80 和 PE100 及本部分包含管件种类的要求；增加了系统标准的说明。 增加了输送人工煤气和液化石油气的规定。 对范围和产品分类进行了说明。	考虑到我国产品标准及系统标准的编排要求，使说明更明确。 以适合我国国情。 参考欧洲标准，并考虑我国国情。
2	引用了采用国际标准的我国标准。 增加了 GB/T 2828.1—2003 及 GB/T 2918等。	以适合我国国情。 强调与 GB/T 1.1 的一致性。
3.2.1	增加了插口管件的定义。	使标准明确。
—	删除了国际标准中的有关材料的定义及材料一章中有关原生料的叙述。	在 GB 15558.1 中无原生料定义，为避免引起与混配料混淆，故删去。
—	删去了有关与材料特性和使用条件有关的定义。	在 GB 15558.1 中已有说明，本标准为系统标准的一部分，故在此不在赘述。
5.4	不再列表叙述混配料的性能要求。	GB 15558.1 已有相同要求，本部分为 GB 15558系统标准的一部分，故在此不再赘述。
6.1	增加了有关管件颜色的要求。	参照欧洲标准，使标准要求明确、完整。
7.2.1 表 2	修改了表中的部分数据。	此为 ISO 8085-2:2001 中技术勘误的内容。
7.3.2.4	增加了插口端的要求。	使管件的尺寸要求更完整、明确。
7.3.2.2 8 附录	删去 ISO 8085-3 中 7.2.2.2"管件及其相关熔接接头应符合 8.2（表 7）中给出的性能要求，或"的内容规定。 删去了 ISO 8085-3 中 8.2 章及表 7 的内容。 删去了 ISO 8085-3 中的附录 C 和附录 D。	生产标准化、易于操作，符合我国国情，结合国内生产、使用现状，参照欧洲标准 EN 1555-3:2002 的规定，只采用一种方式确定管材与电熔管件壁厚的关系，由此删去了其中的性能要求及有关的试验方法的附录。
表 5 及表 6	修改了表 5 中（80℃，165 h）的环应力数值，同时修改了表 6 中的相应数据。	参照 EN 1555-3:2002 的规定，此为欧洲标准化组织研究改进后的数据，更符合外推曲线，更科学。
10	增加了"试验方法"一章。	符合我国产品标准的编写规定，使标准更明确、便于使用。
11	增加了"检验规则"一章。	符合我国产品标准的编写规定，具有操作性。

表 B.1(续)

本部分的章条编号	技术性差异	原　　因
13.4	增加了"熔接系统识别"的要求。	参照欧州标准,使要求规范、明确。
14	增加了运输、贮存的内容。	符合我国产品标准的编写规定、要求明确。
—	删除了 ISO 8085-2:2001 和 ISO 8085-3:2001 中的附录 B:非公制管件系列的等价尺寸的计算公式。	我国采用的是公制系列。
附录 D	按照欧洲标准 EN 12117:1997 编写。	符合标准编写的规定。 直接引用,更易于实施和操作。

附　录　C
（资料性附录）
电熔管件典型接线端示例

C.1 图 C.1 和图 C.2 举例说明了适用于电压不大于 48 V 的典型接线端（承口类型 A 和类型 B）。

单位为毫米

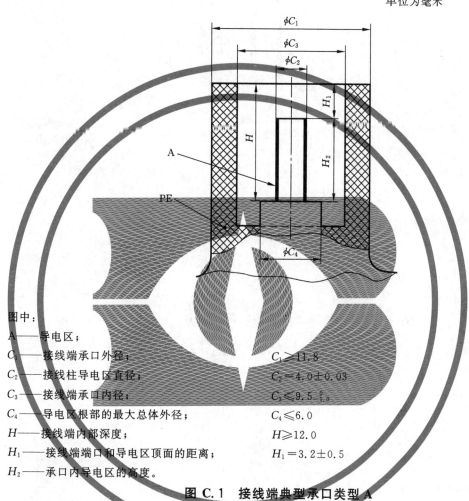

图中：

A———导电区；

C_1———接线端承口外径；　　　　　　　　$C_1 \geqslant 11.8$

C_2———接线柱导电区直径；　　　　　　　$C_2 = 4.0 \pm 0.03$

C_3———接线端承口内径；　　　　　　　　$C_3 \leqslant 9.5^{\ 0}_{-1.0}$

C_4———导电区根部的最大总体外径；　　　$C_4 \leqslant 6.0$

H———接线端内部深度；　　　　　　　　$H \geqslant 12.0$

H_1———接线端端口和导电区顶面的距离；　$H_1 = 3.2 \pm 0.5$

H_2———承口内导电区的高度。

图 C.1　接线端典型承口类型 A

单位为毫米

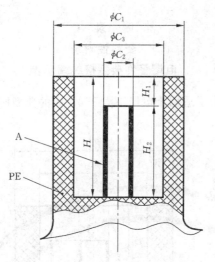

图中：

A——导电区；

C_1——接线端的外径； $C_1 = 13.0 \pm 0.5$

C_2——接线柱导电区直径； $C_2 = 4.7 \pm 0.03$

C_3——接线端的内径； $C_3 = 10.0 \pm 0.1$

H——接线端的内腔深度； $H \geqslant 15.5$

H_1——接线端顶口到导电区顶面的距离； $H_1 = 4.5 \pm 0.5$

H_2——承口内导电区的高度。

图 C.2　接线端典型承口类型 B

C.2　图 C.3 举例说明了适用于电压不大于 250 V 的典型接线端(类型 C)。

单位为毫米

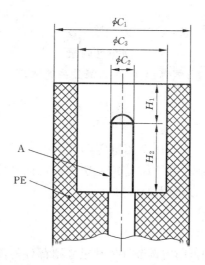

图中：

A——导电区；

C_1——接线端的外径；　　　　　　　　　　$C_1 \geqslant C_3 + 2.0$

C_2——接线端内导电区的直径；　　　　　　　$C_2 \geqslant 2.0$

C_3——接线端承口的内径；　　　　　　　　　$C_3 \geqslant C_2 + 4.0$

H_1——接线端端口到导电区顶面间的距离；　　H_1：防护等级符合(IEC 60529:2001)IP2×的要求

H_2——导电区的高度。　　　　　　　　　　　$H_2 \geqslant 7.0$

图 C.3　接线端典型承口类型 C

附　录　D

（规范性附录）

气体流量-压力降关系的测定

D.1　范围

本附录规定了在 2.5×10^{-3} MPa 气压下测定塑料管道系统部件的气体流量与压力降关系的试验方法。本方法适用于燃气输送用聚乙烯（PE）管道系统中的机械管件、阀门、鞍形旁通及其他附件。得到的数据可用于计算气体在特定压力降下的流量。

D.2　原理

主压力保持恒定时，在规定的范围内调节气体通过管道部件的流量以评估其压力降。根据上述测试结果，确定在适当压力降下（与部件尺寸相关）所对应的平均气体流量，其他气体的流量可根据其密度的不同计算得到。

注：下列参数由引用本附录的相关标准设定：

　　a)　试样数量（见 D.4.2）；

　　b)　压力降的相关值，Δp_n，（见 D.6.2）；

　　c)　ρ_{air} 的相关值和相关温度和压力，如果 D.6.3 没有给出；

　　d)　ρ_{gas} 的相关值和相关温度和压力，如果 D.6.3 没有给出。

D.3　仪器和装置（见图 D.1）

D.3.1　气源

D.3.2　压力控制器（A），能够维持输出压力 $(2.5 \pm 0.05) \times 10^{-3}$ MPa（表压）。

D.3.3　流量表（B），容积式或蜗轮式，精度为 $\pm 2\%$。

D.3.4　压力表（C），测量主管线的压力（等级 0.6 或更高）。

D.3.5　微压（差压）表（G），测量压差，Δp，等级 0.25。

D.3.6　出口阀（E）。

D.4　试样

D.4.1　制备

试样由待测部件和与其 SDR 相同的两段 PE 管材熔接或连接而成，并应具有适当的接头以与压力降测试设备相连。

管材自由长度和试验组件安装尺寸应符合图 D.1。

对于鞍形旁通，安装后应保证能够测量通过分支端的压力降。

测试部件需要在主管上冷挤切孔时，其内缘周边各点应与主管内孔平齐且无毛边。

D.4.2　数量

试样的数量应按相关标准规定。

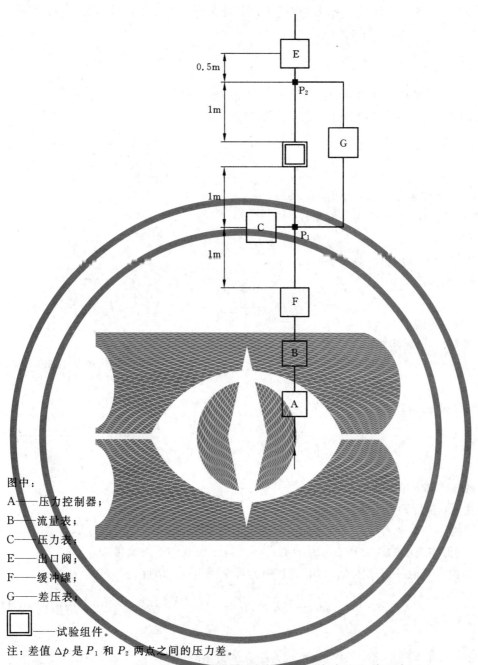

图中：

A——压力控制器；

B——流量表；

C——压力表；

E——出口阀；

F——缓冲罐；

G——差压表；

☐——试验组件。

注：差值 Δp 是 P_1 和 P_2 两点之间的压力差。

图 D.1 测定流量-压力降关系的试验安装示意图

D.5 步骤

D.5.1 在(23±2)℃环境温度下进行。

D.5.2 部分开启出口阀(E)。

D.5.3 打开进口阀的压力控制器(A)，以使空气开始流动并保证空气仅从出口散逸。

D.5.4 调整压力控制阀(A)使主管上 P_1 处压力为 $(2.5±0.05)×10^{-3}$ MPa，可由压力表(C)测得。

D.5.5 读取并记录流量表(B)(见 D.5.9)的流量(Q)，和差压表(G)(见图 D.1)的压力降 Δp。

D.5.6 开启出口阀(E)使主管线 P_1 点的压力降低大约 $0.5×10^{-3}$ MPa，由压力表(C)测得。

D.5.7 增加流量直到主管的压力恢复到 $(2.5±0.05)×10^{-3}$ MPa，由压力表(C)测得。

D.5.8 测量并记录流量 Q 和压力降 Δp。

D.5.9 重复步骤 D.5.6,D.5.7 和 D.5.8,直到出口阀(E)完全打开。对于鞍形旁通,应测量通过分支端的压力降。

D.6 结果计算

D.6.1 用 D.5.5,D.5.8 和 D.5.9 得到的各组压力降和相应流量进行计算。

    a) 按式(D.1)计算通过部件出口管(见 D.4.1)的流速 v(m/s):

$$v = 3\ 600\ \frac{Q}{A} \quad\cdots\cdots\cdots\cdots\cdots\cdots\cdots(D.1)$$

式中:

Q——空气流量,单位为立方米每小时(m³/h);

A——出口管内部截面积,单位为平方米(m²)。

如果满足下列条件:

1) 至少获得五组 Q 和 Δp,并计算出不同的 v 值;

2) 至少有一个 v 值≤2.5 m/s;

3) 至少有一个 v 值≥7.5 m/s;

则认为数据有效。否则:

4) 调整进口阀开口,重复步骤 D.5.4 和 D.5.5 以增补必要的数据;

5) 如果在$(2.5\pm0.05)\times10^{-3}$ MPa 压力下得不到大于等于 7.5 m/s 的 v 值,停止试验,并在报告中说明。

    b) 利用各组数据按式(D.2)计算因子 F:

$$F = \frac{\Delta p}{Q^2} \quad\cdots\cdots\cdots\cdots\cdots\cdots\cdots(D.2)$$

式中:

Δp——测得的压力降,单位为兆帕(MPa);

Q——空气流量,单位为立方米每小时(m³/h)。

计算 F 的平均值。

D.6.2 用 F 的平均值和规定的压力降 Δp_n 计算在此压力降下空气的平均流量 Q_a。

D.6.3 用式(D.3)换算其他任何气体 Q_{gas}(如天然气)的当量流量(m³/h):

$$Q_{gas} = Q_a \times \sqrt{\frac{\rho_{air}}{\rho_{gas}}} \quad\cdots\cdots\cdots\cdots\cdots\cdots\cdots(D.3)$$

式中:

Q_a——在相应压力降下的平均空气流量,单位为立方米每小时(m³/h);

ρ_{air}——除非在相关标准中另有规定,为 23℃和 0.1 MPa 条件下空气的密度;

ρ_{gas}——除非在相关标准中另有规定,为 23℃和 0.1 MPa 条件下其他气体的密度。

即 $Q_{gas} = (f)Q$

D.7 试验报告

试验报告应包含以下内容:

    a) GB 15558.2—2005 的附录 D;

    b) 试样的详细标识,包括制造商,生产日期和规格;

    c) 环境温度;

    d) 各组测试数据(见 D.6.1),包括压力降,流量及相应流速;

    e) F 的平均值,即压力降和流量(见 D.6.1)的关系;

f) 空气(见 D.6.2)和其他气体(见 D.6.3)在规定压力降下的计算流量;

g) 任何可能影响试验结果的因素,比如偶发事件或本附录没有规定的操作细节;

h) 试验日期。

参 考 文 献

[1] ISO 11922-1:1997 Thermoplastics pipes for the conveyance of fluids — Dimensions and tolerances — Part 1: Metric series

[2] ISO/TR 10839:2000 Polyethylene pipes and fittings for the supply of gaseous fuels — Code of practice for design, handling and installation

[3] IEC 60529:2001 Degrees of protection provided by enclosures (IP code)

[4] EN 12117:1997 Plastics piping systems — Fittings, valves and ancillaries — Determination of gaseous flow rate/pressure drop relationships

[5] ISO 12176-1:1998 Plastics pipes and fittings — Equipment for fusion jointing polyethylene systems — Part 1: Butt fusion

[6] ISO 12176-2:2000 Plastics pipes and fittings — Equipment for fusion jointing polyethylene systems — Part 2: Electrofusion

[7] EN 1555-3:2002 Plastics piping systems for the supply of gaseous fuels — Polyethylene (PE) — Part 3: Fittings

ICS 83.140.30
J 16

中华人民共和国国家标准

GB 15558.3—2008

燃气用埋地聚乙烯（PE）管道系统
第3部分：阀门

Buried polyethylene(PE) piping systems for the supply of gaseous fuels—
Part 3: Valves

(ISO 10933:1997 Polyethylene (PE) valves for gas distribution systems, MOD)

2008-12-15 发布　　　　　　　　　　　　　　　　2010-01-01 实施

中华人民共和国国家质量监督检验检疫总局
中国国家标准化管理委员会　发布

前　　言

GB 15558 的本部分的第 4.2、7.2 的表 2 中序号第 1、2、4 项、第 8 章内容为强制性,其余为推荐性。

GB 15558《燃气用埋地聚乙烯(PE)管道系统》分为三个部分:

——第 1 部分:管材;

——第 2 部分:管件;

——第 3 部分:阀门。

本部分为 GB 15558 的第 3 部分。

本部分修改采用 ISO 10933:1997《燃气输配用聚乙烯(PE)阀门》(英文版)。

本部分根据 ISO 10933:1997 重新起草。在附录 A 中列出了本部分章条编号与 ISO 10933:1997 章条编号的对照一览表。

考虑到我国国情,在采用 ISO 10933:1997 时,本部分做了一些编辑性修改,与系列标准一致,便于使用。有关技术性差异已编入正文中并在它们所涉及的条款的页边空白处用垂直单线标识。在附录 B 中给出了这些技术性差异及其原因的一览表以供参考。

GB 15558 的本部分与 ISO 10933:1997 相比,主要差异如下:

——范围(第 1 章)重新进行了编排,阀门口径扩大至 315 mm;

——引用标准(第 2 章)采用了与国际标准相应的国家标准;

——去掉了公称壁厚、任一点壁厚、混配料定义,可参见 GB 15558.1—2003;

——聚乙烯混配料要求直接引用 GB 15558.1—2003 中 4.5 要求(见 4.2);

——增加了颜色要求(见 5.1);

——增加了壁厚关系的内容,参考欧洲标准 EN 1555-4:2002(见 6.2);

——力学性能(7.2)按照表格的格式编排,性能要求增加了耐简支梁弯曲密封性能及耐温度循环性能要求;增加了 225 mm 以上阀门的扭矩要求;

——物理性能(第 8 章)参照欧洲标准 EN 1555-4,去掉了密度、挥发分含量、水分含量、炭黑含量、炭黑分散和颜料分散的要求;

——增加了检验规则(第 10 章);

——增加了运输、贮存的内容(第 12 章);

——增加了资料性附录 A"本部分章条编号与 ISO 10933:1997 章条编号对照";

——增加了资料性附录 B"本部分与 ISO 10933:1997 技术性差异及其原因";

——增加了规范性附录 C"扭矩试验方法";

——取消了规范性附录"气体流量/压力降关系的测定",直接引用 GB 15558.2—2005 的附录 D;

——增加了规范性附录 I"耐简支梁弯曲试验方法";

——增加了规范性附录 J"耐温度循环试验方法"。

本部分的附录 C、附录 D、附录 E、附录 F、附录 G、附录 H、附录 I、附录 J 为规范性附录,附录 A、附录 B 为资料性附录。

请注意本部分的某些内容有可能涉及专利,本部分的发布机构不应承担识别这些专利的责任。

本部分由中国轻工业联合会提出。

本部分由全国塑料制品标准化技术委员会塑料管材、管件及阀门分技术委员会(TC 48/SC 3)归口。

本部分起草单位:亚大塑料制品有限公司,北京京燃凌云燃气设备有限公司、宁波市宇华电器有限公司、浙江中财管道科技股份有限公司、沧州明珠塑料股份有限公司、北京保利泰克塑料制品有限公司。

本部分主要起草人:马洲、陈裕丰、王志伟、孙兆儿、李伟富、丁良玉、魏炳光、林松月。

本部分为首次发布。

燃气用埋地聚乙烯(PE)管道系统
第3部分：阀门

1 范围

GB 15558的本部分规定了以聚乙烯材料为阀体的燃气用埋地聚乙烯阀门(以下简称"阀门")的术语和定义、材料、一般要求、几何尺寸、力学性能、物理性能、试验方法、检验规则、标志以及包装、运输、贮存。

本部分适用于PE80和PE100混配料制造的燃气用埋地聚乙烯阀门。

本部分规定的阀门与GB 15558.1—2003规定的管材及GB 15558.2—2005规定的管件配套使用，用于燃气输送。

本部分适用于具有插口端或电熔承口端的双向阀门，阀门的插口端和电熔承口端尺寸符合GB 15558.2—2005，阀门用于与符合GB 15558.1—2003的管材以及符合GB 15558.2—2005的管件连接。

本部分适用于公称外径小于或等于315 mm的阀门，工作温度范围在−20 ℃～40 ℃之间。

在输送人工煤气和液化石油气时，应考虑燃气中存在的其他组分(如芳香烃、冷凝液等)在一定浓度下对阀门性能产生的不利影响。

2 规范性引用文件

下列文件中的条款通过GB 15558本部分的引用而成为本部分的条款。凡是注日期的引用文件，其随后所有的修改单(不包括勘误的内容)或修订版均不适用于本部分，然而，鼓励根据本部分达成协议的各方研究是否可使用这些文件的最新版本。凡是不注日期的引用文件，其最新版本适用于本部分。

GB/T 2828.1—2003 计数抽样检验程序 第1部分：按接收质量限(AQL)检索的逐批检验抽样计划(ISO 2859-1:1999，IDT)

GB/T 2918—1998 塑料试样状态调节和试验的标准环境(idt，ISO 291:1997)

GB/T 3682—2000 热塑性塑料熔体质量流动速率和熔体体积流动速率的测定(idt ISO 1133:1997)

GB/T 6111—2003 流体输送用热塑性塑料管材耐内压试验方法(ISO 1167:1996，IDT)

GB/T 8806 塑料管道系统 塑料部件尺寸的测定(GB/T 8806—2008，ISO 3126:2005，IDT)

GB/T 13927—1992 通用阀门 压力试验(ISO 5208:1982，NEQ)

GB/T 14152—2001 热塑性塑料管材耐外冲击性能试验方法 时针旋转法(eqv ISO 3127:1994)

GB 15558.1—2003 燃气用埋地聚乙烯(PE)管道系统 第1部分：管材(ISO 4437:1997，MOD)

GB 15558.2—2005 燃气用埋地聚乙烯(PE)管道系统 第2部分：管件(ISO 8085-2:2001，ISO 8085-3:2001，MOD)

GB/T 17391—1998 聚乙烯管材与管件热稳定性试验方法(eqv ISO/TR 10837:1991)

GB/T 18251—2000 聚烯烃管材、管件和混配料中颜料或炭黑分散的测定方法(ISO/DIS 18553:1999，NEQ)

GB/T 18252 塑料管道系统 用外推法对热塑性塑料管材长期静液压强度的测定(GB/T 18252—2000，ISO/DIS 9080:1997，NEQ)

GB/T 18475—2001 热塑性塑料压力管材和管件用材料分级和命名 总体使用(设计)系数(eqv ISO 12162:1995)

GB/T 19278—2003 热塑性塑料管材、管件及阀门通用术语及其定义

HG/T 3092—1997 燃气输送管及配件用密封圈橡胶材料(eqv ISO 6447:1983)

ISO 9080:2003 塑料管道系统 用外推法以管材形式对热塑性塑料材料长期静液压强度的测定 |

3 术语和定义

GB 15558.1—2003、GB 15558.2—2005、GB/T 19278—2003 和下列术语和定义、符号和缩略语适用于本部分。

3.1

公称外径 nominal diameter

d_n

标识尺寸的数字,适用于热塑性塑料管道系统中除法兰和由螺纹尺寸标明的部件以外的所有部件。为方便使用,采用整数。

注:对于符合 GB/T 4217—2001 的公制系列管材,以 mm 为单位的公称外径就是最小平均外径 $d_{em,min}$。本部分阀门的公称外径指与相连管材端口尺寸的公称外径。

3.2

阀门 valve

一种通过操纵开/关机械装置控制气流通断的部件。

3.3

压力 pressure

超过大气压的静态压力值(表压)。

3.4

外密封 external leaktightness

阀体包容的气体与大气间的密封性。

3.5

内密封 internal leaktightness

阀门关闭后,阀门的进口和出口之间的密封性。

3.6

最大工作压力 maximum operating pressure;MOP

管道系统中允许连续使用的流体的最大压力,单位为 MPa。其中考虑了管道系统中组件的物理和机械性能。

3.7

泄漏 leakage

气体从阀体、密封件或其他部件处散逸的现象。

3.8

静液压应力 hydrostatic stress

管材充满压力流体时在管壁内引起的应力值。

3.9

壳体试验 shell test

测定阀门耐内部静液压性能的试验。

静液压强度试验包括壳体试验(7.2 表 2)。

3.10

密封试验(阀座及上密封试验) leaktightness test(seat and packing test)

测定下述性能的一组试验:

——阀门关闭后,阀座的内密封性能(单向阀门从一个方向测试,其他类型阀门从每个方向测试)。

——阀门半开时,阀杆的外部密封性能。

3.11

启动扭矩 initiating torque

启动启闭装置(件)所需的最大扭矩。

3.12

运行扭矩 running torque

在最大允许工作压力下,完全打开或关闭阀门所需的最大扭矩。

4 材料

4.1 总则

阀门制造商应能够向买方提供材料的相关技术数据。

阀门如果使用金属材料应防止腐蚀;如果使用不同的金属材料并可能与水分接触时,应采取措施防止电化学腐蚀。

应考虑到实际应用等目的,应注意阀门与气体接触的部分应耐燃气、冷凝物及其他物质诸如粉尘等。

4.2 阀体

4.2.1 阀体应使用 PE80 或 PE100 混配料制造。

聚乙烯混配料应符合 GB 15558.1—2003 中 4.5 的要求。不得使用回用料。

4.2.2 材料要求

聚乙烯混配料应有按照 GB/T 18252(或 ISO 9080:2003)确定材料与 20 ℃、50 年、置信度为97.5%时相应的静液压强度 σ_{LCL}。混配料应有图线和单个试验点(破坏时间及环向应力)形式的回归数据。

混配料应按照 GB/T 18475—2001 确定 MRS 并进行分级,混配料应有相应的级别证明。

4.3 密封件

密封件应均匀一致且无内部裂纹、不纯物或杂质,不应含有对其接触材料的性能有负面影响致使其不能满足本部分要求的组分。添加剂应均匀分散。

橡胶圈应符合 HG/T 3092—1997。

其他密封材料应符合相关标准并适用于燃气输送。

4.4 润滑剂

润滑剂不应对阀门各部件有负面影响。

4.5 熔焊性

制造商应按本部分规定测试其阀门与管材的连接性能,以向用户证明阀门与规定管材材料焊接兼容性。制造商应向用户提供熔接条件和熔接机具的技术说明。

5 一般要求

5.1 外观

肉眼观察,阀门内、外表面应洁净,不应有缩孔(坑)、明显的划痕和可能影响符合 GB 15558 本部分要求的其他表面缺陷。

阀体颜色应为黄色或黑色。

5.2 设计

阀门设计应满足 GB 15558.1—2003 的 SDR11 系列管材的最大工作压力。

阀门不应采用轴向升降杆式结构。

全开和全闭位置应设置限位机构。

5.3 结构

5.3.1 主体

阀体可为单个部件或多个部件熔接在一起制成。

阀门应设计成不使用专用工具无法在施工现场拆卸的结构。

5.3.2 操作帽

操作帽应与阀杆制成一体或与其相连,除非借用专门设备,连成一体的操作帽应无法拆卸。关闭阀门应顺时针旋转操作帽。

对于 1/4 圆周旋转的阀门,开关的位置应在操作帽的顶侧清楚标识。

5.3.3 密封件

密封件安装后应能抵抗正常操作产生的机械载荷,应考虑材料的蠕变及低温流体所产生的影响。对密封件施加预紧载荷的各机构应永久性紧固。管道内压力不应作为唯一密封载荷。

6 几何尺寸

6.1 总则

每个阀门应采用其尺寸和相关公差来表征,阀门的公称外径指与相连管材的端口的公称外径。制造商应提供包括安装尺寸在内的技术资料,例如插口长度和阀门总长度。

注:作为技术资料的一部分制造商应提供现场安装指南及内径尺寸参数。

6.2 阀体任一点的壁厚

除表 1 规定外,阀体的任一点壁厚 E 应不小于对应同一材质 SDR 11 管材系列的壁厚。

阀体壁厚 E 和管材壁厚 e_n 的关系应符合表 1。

表 1 管材和阀门的壁厚关系

管材和阀门材料		阀门壁厚(E)和管材壁厚(e_n)的关系
管材	阀门	
PE 80	PE 100	$E \geqslant 0.8e_n$
PE 100	PE 80	$E \geqslant e_n/0.8$

为了避免应力集中,阀门主体壁厚的变化应是渐变的。

6.3 带插口端阀门

按照 9.3 测量,插口端的尺寸应符合 GB 15558.2—2005。

6.4 带电熔承口端的阀门

按照 9.3 测量,电熔承口端的尺寸应符合 GB 15558.2—2005。

6.5 操作帽

操作帽的尺寸应能与 50 mm×50 mm、深 40 mm 的方孔钥匙有效配合,d_n 250 mm 及以上的阀门可设计为与 75 mm×75 mm、深 60 mm 的方孔钥匙有效配合。

操作帽在阀门正常操作过程中不应破坏。

7 力学性能

7.1 总则

除非另有规定,应在阀门生产至少 24 h 后取样。

试验应在阀门与符合 GB 15558.1—2003 的相同管材系列的直管段组装成的试样上进行。试样组装遵循技术规程、由制造商推荐的极限安装条件以及用户要求的限制条件(几何尺寸、不圆度、管材和阀门的尺寸公差、温度、熔接性能)。

注:阀门试样的性能取决于管材和阀门的性能及安装条件(几何尺寸、温度、状态调节的类型和方法、组装和熔接步骤)。

制造商的技术说明应包括:

a) 应用范围(管材和阀门的使用温度限制,SDR 系列和不圆度);

b) 安装指南;

c) 带电熔端的阀门,包括熔接说明(电源要求或限制的熔接参数范围)。如果变更这些熔接参数,制造商应保证阀门组件符合本部分要求。

试验前,试样按照 GB/T 2918—1998 规定,在温度为(23±2)℃下状态调节至少 4 h。

7.2 要求

阀门组合试样的力学性能、试验方法及参数见表 2。

表 2 力学性能

序号	项目	要求	试验参数		试验方法
1	20 ℃静液压强度 (20 ℃,100 h) (壳体试验)	无破坏,无渗漏	环应力: PE 80 管材 PE 100 管材 试验时间	10.0 MPa 12.4 MPa ≥100 h	见 9.4
	80 ℃静液压强度[a] (80 ℃,165 h) (壳体试验)	无破坏,无渗漏	环应力: PE 80 管材 PE 100 管材 试验时间	4.5 MPa 5.4 MPa ≥165 h	
	80 ℃静液压强度 (80 ℃,1 000 h) (壳体试验)	无破坏,无渗漏	环应力: PE 80 管材 PE 100 管材 试验时间	4.0 MPa 5.0 MPa ≥1 000 h	
2	密封性能试验 (阀座及上密封试验)	无破坏,无泄漏	试验温度 试验压力 试验时间 试验温度 试验压力 试验持续时间	23 ℃ 2.5×10^{-3} MPa 24 h 23 ℃ 0.6 MPa 30 s	见 9.5
3	压力降	在制造商标称的流量下: $d_n\leqslant63$:$\Delta P\leqslant0.05\times10^{-3}$ MPa $d_n>63$:$\Delta P\leqslant0.01\times10^{-3}$ MPa	空气流量(m³/h) 试验介质 试验压力	制造商标称 空气 2.5×10^{-3} MPa	见 9.6
4	操作扭矩[b]	操作帽不应损坏,启动扭矩和 运行扭矩最大值符合表 3 规定[c]	试验温度 试验介质 试样数量 试验压力	—20 ℃、23 ℃和 40 ℃ 空气 1 最大工作压力	见 9.7
5	止动强度	试样应满足: a) 止动部分无破坏; b) 无内部或外部泄漏	最小止动扭矩 试验温度	$2T_{max}$(见表 3) —20 ℃和 40 ℃	见 9.8
6	对操作装置施加弯 矩期间及解除后的 密封性能	无破坏,无泄漏	试验温度	23 ℃	见 9.9
7	承受弯矩条件下,温 度循环后的密封性 能及易操作性 ($d_n\leqslant63$ mm)	无泄漏并满足密封性能试验和 操作扭矩要求 (见本表第 2 项和第 4 项)	循环次数 循环温度 试样数量	50 —20 ℃/+40 ℃ 1	见 9.10
8	拉伸载荷后的密封 性能及易操作性[d]	无泄漏并且符合操作扭矩要求 (见表 3)	试样数	1	见 9.11

表 2（续）

序号	项目	要求	试验参数		试验方法
9	冲击后的易操作性	无裂纹产生并且符合止动强度要求（见本表第 5 项）	冲击高度 h 锤重 重锤类型 试验温度	1 m 3.0 kg d90：符合 GB/T 14152 −20 ℃和 40 ℃	见 9.12
10	持续内部静液压后的密封性能及易操作性	试验后应满足静液压强度和拉伸载荷下的密封性能及易操作性要求（见本表第 8 项）	试验温度 试验压力 e PE80 PE100 试验时间	20 ℃±1 ℃ 1.6 MPa 2.0 MPa 1 000 h	见 9.13
11	耐简支梁弯曲密封性能（d_n>63 mm）	无泄漏并且符合最大操作扭矩的要求（见表 3）	施加载荷 63<d_n≤125 125<d_n≤315	 3.0 kN 6.0 kN	见 9.14
12	耐温度循环（d_n>63 mm）	无泄漏并且符合最大操作扭矩的要求（见表 3）	试样数	1	见 9.15

^a 对于(80 ℃ 165 h)静液压试验，仅考虑脆性破坏。如果在规定破坏时间前发生韧性破坏，允许在较低应力下重新进行该试验。重新试验的应力及其最小破坏时间应从表 4 中选择，或从应力/时间关系的曲线上选择。

[a] 对于(80 ℃ 165 h)静液压试验，仅考虑脆性破坏。如果在规定破坏时间前发生韧性破坏，允许在较低应力下重新进行该试验。重新试验的应力及其最小破坏时间应从表 4 中选择，或从应力/时间关系的曲线上选择。

[b] 应综合考虑启闭件的设计与操作扭矩的大小，避免用手即可简单操作阀门，即无论有无辅助操作柄，如果要启闭阀门应采用某种形式的套筒手柄。在 23 ℃时的测量值应允许作出厂检验。久置阀门可在启闭并放置 24 h 后测量。

[c] 在 0.6 MPa 的压力下，操作杆和开关之间的抗扭强度应至少为按 9.7 测量的最大操作扭矩值的 1.5 倍。

[d] 管材应在阀门破坏前屈服。

[e] 通过 σ 值计算：考虑用于制造阀门本体的混配料的 MRS 分类的 σ 公称值。如 PE80 取 8.0 MPa；PE100 取 10.0 MPa。

表 3 扭矩和止动强度

公称外径 d_n/mm	最小止动扭矩/Nm	最大操作扭矩/Nm
d_n≤63		35 Nm
63<d_n≤125	$2T_{max}$（T_{max}：最大操作扭矩测量值）且最小为 150 Nm，持续 15 s 内	70 Nm
125<d_n≤225		150 Nm
225<d_n≤315		300 Nm

表 4 静液压强度（80 ℃ 165 h）−应力/最小破坏时间关系

PE 80		PE 100	
环应力/MPa	最小破坏时间/h	环应力/MPa	最小破坏时间/h
4.5	165	5.4	165
4.4	233	5.3	256
4.3	331	5.2	399
4.2	474	5.1	629
4.1	685	5.0	1 000
4.0	1 000	—	—

8 物理性能

按照规定的试验方法及试验参数进行试验，阀体应符合表 5 的物理性能要求。

表 5　阀门物理性能

性能	要求	试验参数		试验方法
氧化诱导时间 （热稳定性）	＞20 min	试验温度	200 ℃[a]	9.1
熔体质量流动速率 （MFR）	(0.2≤MFR≤1.4)g/10 min,且加工后 最大偏差不超过制造阀门用混配料批 MFR 测量值的±20%	190 ℃,5 kg		GB/T 3682—2000
[a]　可以在 210 ℃进行试验;有争议时,仲裁温度应为 200 ℃。				

9　试验方法

9.1　氧化诱导时间（热稳定性）

氧化诱导时间按照 GB/T 17391—1998 测定。刮去表层 0.2 mm 后取样。

9.2　熔体质量流动速率

熔体质量流动速率按照 GB/T 3682—2000 测定。分别从原料及阀门上取样。

偏差按公式(1)计算:

$$\left|\frac{MFR_{原料} - MFR_{阀门}}{MFR_{原料}}\right| \times 100\% \quad\quad\quad\quad (1)$$

9.3　尺寸测量

在生产至少 24 h 后取样,在(23±2)℃温度下状态调节至少 4 h,按照 GB/T 8806 进行测量。

承口内径用精度不低于 0.02 mm 的量具测量,取同一平面内两个相互垂直的内径,取其算术平均值做为平均内径。

插口尺寸用 π 尺或精度不低于 0.02 mm 的量具进行测量。

各部位长度用精度不低于 0.02 mm 的量具进行测量。

9.4　静液压强度

静液压试验按照 GB/T 6111—2003 (图 1a)规定在阀门组件上进行。试验条件按表 2 规定,试验内外的介质均为水,状态调节时间符合 GB/T 6111—2003 的规定,试样密封接头之间的自由长度为 $2d_n$,试验压力按表 2 中规定的环应力和与阀门连接相同 SDR 管材的公称壁厚计算。

试验压力施加在正常操作下承受管道内压力的阀门的各部分,试验在半开状态下进行。

试样数量为 3 个。

9.5　密封性能试验（阀座及密封件试验）

9.5.1　24 h 试验

试验按照 GB/T 13927—1992 进行,用空气或氮气做介质,在 2.5×10^{-3} MPa 的压力下试验 24 h。

9.5.2　30 s 试验

试验按照 GB/T 13927—1992 进行,用空气或氮气做介质,在 0.6 MPa 的压力下试验 30 s。

9.5.3　试样数量

试样数量至少为 1 个。

9.6　压力降

按照 GB 15558.2—2005 的附录 D 进行,试验数量为 1 个。

制造商在其技术资料中应说明阀门两端压降为 0.05×10^{-3} MPa (d_n≤63 mm)或 0.01×10^{-3} MPa (d_n＞63 mm)时对应的气体流量(m³/h)及气体介质类型。

9.7　操作扭矩

操作扭矩按照附录 C 进行。

注:除非另有要求,试验在表 2 规定的温度下进行。

9.8　止动强度

按照附录 C 和 GB/T 13927—1992 进行试验,试验条件如下:

a) 试验压力 P,应为阀门应用的最大工作压力;

b) 首次试验温度 T_1,应为$+40$ ℃;

c) 试验时间 t,承压状况下应为 24 h;

d) 试验扭矩应为表 2 规定的最小启动扭矩;

e) 第 2 次试验温度 T_2,应为-20 ℃。

试样数量为 1 个。

9.9 对操作机械装置施加弯矩期间及解除后的密封性能

按照附录 D 进行试验,试验条件如下:

a) 弯曲力矩 M,应为 55 Nm;

b) 首次试验压力 P_1,应为 2.5×10^{-3} MPa;

c) 第 2 次试验压力 P_2,应为 0.6 MPa;

d) 除非另有规定,在弯矩前或解除后,维持压力的最小时间应为 1 h。

试验数量至少为 1 个。

9.10 承受弯矩条件下,温度循环后的密封性能及易操作性($d_n \leqslant 63$ mm)

按照附录 E 进行试验,相对于弯曲面,至少测试两个阀门试样,一个按照 E.3.1 阀门在弯曲平面内沿径向布置进行试验(辐射形轴),另一个按照 E.3.5 阀杆与弯曲平面垂直进行试验(正交轴),试验条件如下:

a) 组合试样管材的中心线的弯曲半径应为管材平均外径的 25 倍;

b) 高温 T_1,应为$+40$ ℃±5 ℃;

c) 低温 T_2,应为-20 ℃±5 ℃;

d) 在恒定温度下的试验时间:t_1 和 t_2,均为 10 h;

e) 按照 E.3.2 温度循环 50 次。

注:可以采用双温控制箱方式进行试验,试样转移时间大于 0.5 h,小于 1 h。

9.11 拉伸载荷后阀门的密封性能及易操作性

按照附录 F 进行试验,试验条件如下:

a) 连接管管壁的纵向拉伸应力 σ_x,应为 12 MPa;

b) 内部压力 P,应为 2.5×10^{-3} MPa;

c) 拉伸载荷期间稳定维持时间 t,应为 1 h;

d) 拉伸速度应为 25 mm/min±1 mm/min。

9.12 冲击试验后的易操作性

按照附录 G 进行试验,试验条件如下:

a) 在与冲击点等距的位置刚性支撑阀门,支撑点至冲击点的最大间距应为较短出口端的长度,这样冲击点即位于支撑的操作帽上(最不利位置);

b) 状态调节温度 T_c,应为-20 ℃±2 ℃;

c) 状态调节时间 t_c,应至少为 2 h;

d) 试验温度规定如下:

   1) 按照 G.4.2 进行试验;

   2) 按照 9.7 和 9.8 进行扭矩测试,每种情况下的试验温度为:-20 ℃和 40 ℃(见表 2)。

9.13 持续内部静液压和冲击后的密封性能及易操作性

按照附录 H 进行试验,测试的阀门数量为偶数个(至少两个),半数的阀门应在关闭的状态下试验,另一半的在开启状态下,试验条件如下:

a) 加压介质和周围环境液体均为水(水-水试验);

b) 静液压下试验温度 T 为 20 ℃±1 ℃;

c) 静液压下试验周期 t 至少为 1 000 h。

9.14 耐简支梁弯曲密封性能

按照附录 I 进行试验,试验条件见表 2。

9.15 耐温度循环($d_n>63$ mm)

按照附录 J 进行试验。

注：可以采用双温控制箱方式进行试验,试样转移时间大于 0.5 h,小于 1 h。

10 检验规则

10.1 检验分类

检验分为定型检验、型式检验和出厂检验。

10.2 定型检验

10.2.1 制造商生产的每个规格阀门均应进行定型检验。

10.2.2 定型检验项目为本部分规定的所有技术要求中的项目。材料、结构或工艺发生改变应重新进行定型检验。

注：在进行检验过程中,应注意试验的先后顺序,如可以先进行 9.13 的项目。

10.2.3 判定规则和复验规则

按照本部分规定的试验方法进行检验,依据试验结果和技术要求进行判定。如性能要求有一项达不到规定时,则随机抽取双倍样品对该项进行复验。如仍有不合格,则判该项不合格。

10.3 型式检验

10.3.1 型式检验的项目为第 5 章、第 6 章、第 7 章表 2 序号第 1、2、4、5、6 项和第 8 章的技术要求。

10.3.2 已经定型生产的阀门,按下述要求进行型式检验。

10.3.2.1 分组

使用相同材料、具有相同结构、相同品种的阀门,按表 6 规定进行尺寸分组。

表 6　阀门的尺寸分组和公称外径范围

单位为毫米

尺寸组	1	2	3
公称外径 d_n 范围	$d_n<75$	$75\leqslant d_n<250$	$250\leqslant d_n\leqslant315$

10.3.2.2 根据本部分的技术要求,每个尺寸组合理选取任一规格进行试验,在外观尺寸抽样合格的产品中,进行 10.3.1 规定的性能检验。每次检验的规格在每个尺寸组内轮换。

10.3.2.3 一般情况下,每隔三年进行一次型式检验。若有以下情况之一,应进行型式试验：

　　a) 新产品或老产品转厂生产的试制定型鉴定；

　　b) 结构、材料、工艺有较大变动可能影响产品性能时；

　　c) 产品长期停产后恢复生产时；

　　d) 出厂检验结果与上次型式检验结果有较大差异时；

　　e) 国家质量监督机构提出型式检验的要求时。

10.3.3 判定规则和复验规则

按照本部分规定的试验方法进行检验,依据试验结果和技术要求进行判定。如性能要求有一项达不到规定时,则随机抽取双倍样品对该项进行复验。如仍有不合格,则判该项不合格。

10.4 出厂检验

10.4.1 组批

同一原料、设备和工艺生产的同一规格阀门作为一批。公称外径 $d_n<75$ mm 时,每批数量不超过 1 200 件；公称外径 75 mm$\leqslant d_n<250$ mm 时,每批数量不超过 500 件；公称外径 250 mm$\leqslant d_n\leqslant315$ mm 时,每批数量不超过 100 件。

10.4.2 出厂检验项目

出厂检验项目为 5.1、第 6 章、第 7 章中的(80 ℃,165 h)静液压试验、操作扭矩和密封性能试验、第 8 章中的氧化诱导时间和熔体质量流动速率。

10.4.3 抽检项目及抽样方案

5.1、第 6 章的出厂检验采用 GB/T 2828.1—2003 的正常检验一次抽样,其检验水平为一般检验水平Ⅰ、接收质量限(AQL)为 2.5 的抽样方案见表 7。

表 7 出厂检验抽样方案 样本单位为件

批量/N	样本量/n	接收数/Ac	拒收数/Re
≤150	8	0	1
151~280	13	1	2
281~500	20	1	2
501~1 200	32	2	3

10.4.4 全检项目

应对每批出厂产品逐个进行操作扭矩试验(23 ℃)和密封性能(23 ℃,30 s)试验,剔除不合格品。

10.4.5 随机检验项目

在外观尺寸抽样合格的产品中,随机抽取样品进行氧化诱导时间、熔体质量流动速率和静液压试验(80 ℃,165 h),其中静液压强度(80 ℃,165 h)试样数量为 1 个。

10.4.6 判定规则和复验规则

产品须经制造商质量检验部门检验合格并附有合格标志方可出厂。

按照本部分规定的试验方法进行检验,依据试验结果和技术要求对产品做出质量判定。外观、尺寸按 5.1、第 6 章的要求,按表 6 进行判定。其他性能有一项达不到规定时,则在该批中随机抽取双倍样品对该项进行复验。如仍不合格,则判该批产品不合格。

11 标志

在阀门上应至少有下列永久标志:

a) 制造商的名称或商标;

b) PE(混配料)材料级别和/或牌号;

c) 公称外径 d_n;

d) SDR 系列及 MOP 值;

e) 对于阀门和其部件的可追溯性编码。

注:制造日期,如用数字或代码表示的年和月,生产地点的名称或代码。

GB 15558.3—2008 的信息可以直接成型在阀门上或所附的标签或包装上。

所有标志应在正常贮存、操作、搬运和安装后,保持字迹清晰。标志的方法不应妨碍阀门符合本部分的要求。标志不应位于阀门的最小插口长度范围内。

注:建议考虑采用 CJJ 63 中给出的设计、搬运和安装操作规程。

12 包装、运输、贮存及产品随行文件

12.1 包装

阀门应有包装,必要时单个保护以防止损坏和污染,一般情况下,应装入包装袋和包装箱中。

包装物应有标识,标明制造商的名称、阀门的类型和尺寸、阀门数量、任何特殊的贮存条件和贮存时间范围要求。

12.2 运输

阀门运输时,不得受到剧烈的撞击、划伤、抛摔、曝晒、雨淋和污染。

12.3 贮存

阀门应合理放置并贮存在地面平整、通风良好、干燥、清洁并保持良好消防的库房内。贮存时,应远离热源,并防止阳光直接照射。

12.4 产品随行文件

阀门的随行文件至少包括制造商信息、技术说明及现场安装指南等。

附　录　A
（资料性附录）
本部分章条编号与 ISO 10933:1997 章条编号对照

表 A.1 给出了本部分章条编号与 ISO 10933:1997 章条编号对照一览表。

表 A.1　本部分章条编号与 ISO 10933:1997 章条编号对照

本部分章条编号	ISO 10933:1997
第 1 章	第 1 章
3.2、3.3	3.4、3.5
3.4、3.5	3.7、3.8
3.7、3.8、3.9～3.12	3.9、3.11、3.12～3.15
第 4 章	第 4 章
7.2	7.2～7.11
—	9.1
9.1	9.2
9.3	—
9.4	9.6
9.5	9.7
9.6、9.7	9.8、9.9
9.8	9.10
9.9～9.13	9.11～9.15
10	—
11	10
12.1	11
12.2、12.3	—
附录 A	—
附录 B	—
附录 C	—
—	附录 A
附录 D	附录 B
附录 E	附录 C
附录 F	附录 D
附录 G	附录 E
附录 H	附录 F
附录 I	—
附录 J	—
注：表中的章条号以外的本部分其他章条编号与 ISO 10933:1997 其他章条编号均相同且内容基本对应。	

附 录 B

（资料性附录）

本部分与 ISO 10933:1997 技术性差异及其原因

表 B.1 本部分与 ISO 10933:1997 技术性差异及其原因

本部分的章条编号	技术性差异	原 因
1	增加了材料为 PE80 和 PE100 的要求；按照系列标准格式进行了编排。 增加了输送人工煤气和液化石油气的规定。 将阀门口径扩大到 315 mm	考虑到我国产品标准及系列标准的编排格式，明确说明。 以适合我国国情。 考虑到我国的生产和使用现状
2	引用了采用国际标准的我国标准； 增加了 GB/T 2828.1—2003 等	以适合我国国情。 强调与 GB/T 1.1—2000 的一致性
3	去掉了 3.2、3.3、3.10 的有关定义。	因为系列标准，在 GB 15558.1—2003 已有，在此不再赘述
4.2	去掉了 4.2.3 中表 1，改为直接应用 GB 15558.1—2003 中对原材料的要求	在 GB 15558.1—2003 中已有规定要求，本标准为系统标准的一部分，并考虑到标准及材料的进步
5.1	增加了颜色的要求	参照欧洲标准，外观和颜色是系统标准中的一贯要求
6.2	增加了壁厚关系部分的内容	参照欧洲标准 EN 1555.4—2002 中 6.3，因有 PE 80 和 PE 100 两种材料，宜合理规定
7	按照表格格式编排。	参照欧洲标准，符合系列标准的格式
	力学性能中增加了耐简支梁弯曲密封性能和耐温度循环性能要求	参照 EN 1555-4:2002，保证产品质量
	项目 2 修改了表 2 中（80 ℃ 165 h）的环应力数值，同时修改了表 4 中的相应数据	参照 EN 1555-4:2002 的规定，此为欧洲标准化组织研究改进后的数据，更符合外推曲线，更科学。与系列标准要求一致
	表 3 中增加了对 225 mm 以上阀门的最大操作扭矩要求	考虑本标准阀门尺寸范围，参照韩国和美国标准规定
8	去掉了密度、挥发份含量、水份含量、炭黑含量和炭黑分散、颜料分散的要求及相应试样方法（9 章）	参照标准 EN 1555-4:2002 中对物理性能的要求，由 PE 混配料保证这些性能的测试，满足可操作性
10	增加了"检验规则"一章	符合我国产品标准的编写规定，具有操作性
12	增加了运输、贮存的内容	符合我国产品标准的编写规定，要求明确
9.6	取消了 ISO 10933:1997 中附录 C"气体流量/压力降关系的测定"	直接引用 GB 15558.2—2005 的附录 D，符合系列标准
附录 C	增加了规范性附录 C"扭矩试验方法"	参照国际标准 ISO 8233:1988 编写
附录 I	增加了规范性附录 I"耐简支梁弯曲试验方法"	按照欧洲标准 EN 12100:1997 编写
附录 J	增加了规范性附录 J"耐温度循环试验方法"	按照欧洲标准 EN 12119::1997 编写

附　录　C

（规范性附录）

扭矩试验方法

C.1　范围

本附录规定了塑料阀门开启和关闭的扭矩试验方法。

C.2　设备

如果试验介质是空气，应确保安全地使用压缩空气。密封装置不应对阀门产生轴向外力。

注：注意操作帽产生轴向压力或扭向力对阀门的影响。

C.2.1　泵

在试验期间应能提供不小于规定的压力。

C.2.2　装置

能提供所需要的扭矩，精度±2%。

C.2.3　测量仪器

在扭矩试验期间，应能够连续读数，并能记录其最大值，精度±2%。

C.3　试验条件

阀门在23±2 ℃和公称压力下用气体试验，连接应符合相关要求，按照C.4进行试验。

C.4　步骤

C.4.1　状态调节

试验前开启和关闭阀门10次，以达到平滑操作，状态调节12 h后进行后续测试。

C.4.2　操作

C.4.2.1　在阀门关闭状态下，压力在60 s内逐渐升高到阀门的最大工作压力，保压5 min。

C.4.2.2　将阀门手柄或阀杆与扭矩测量装置连接，施加扭矩，并逐渐增加到阀门完全开启，试验过程应符合表C.1要求。

表 C.1　试验条件

型　式	公称尺寸[a]/DN	操作时间[b]/s	操作速度/(r/min)
90°旋转阀门	DN≤50	2	—
	DN>50	DN/30	—
多圈旋转阀门	DN≤50	—	20
	DN>50	—	10
[a]　阀门的公称外径，数值上等于 GB/T 4217—2001 中规定的管材的公称外径。
[b]　保留一位小数，小数点后第二位非零数字进位。

C.4.2.3　在整个开启过程中，记录开启扭矩。

C.4.2.4　在最大工作压力下关闭阀门到完全闭合，记录关闭扭矩，如有可能记录整个过程的关闭扭矩。

C.4.2.5　应在两个方向分别进行试验。

C.5 试验报告

试验报告应包含下面的内容：

a) GB 15558.3—2008 的本附录号和试验名称；

b) 阀门的信息：

——阀体和密封件的材料；

——公称尺寸(DN)或外径 d_n，承口直径或插口直径的尺寸；

——阀门的公称压力(PN)；

——制造商名称或商标；

——流动方向(如有需要)。

c) 试验日期；

d) 开启和关闭的扭矩记录。

附　录　D
（规范性附录）
对操作装置施加弯曲力矩及解除后的密封性能试验方法

D.1　设备

当按照9.5的规定将阀门与压力源连接进行密封性能试验时，同时操作杆处于半开状态下。当设备对阀门最需要位置(如图D.1所示的中心位置操作装置顶端)施加弯曲力矩 M 时，设备仍能对阀门进行支撑。

注：有必要能够依次对阀门的每个端部加压(见 D.3.4)。

D.2　试样制备

阀门在半开且无压情况下，对阀帽(和体腔)做好加压准备。如有必要，可在两端均能加压(可逆转)。

D.3　步骤

D.3.1　将试样安装在设备(D.1)上，在阀门最需要位置(如图 D.1)，将操作装置置于半开状态并施加规定的弯曲力矩 M，(55 Nm；见9.9)，然后对阀门施加规定的试验压力 P_1 (2.5×10⁻³ MPa，见9.5.1)，按照9.5.1检查密封性能，试验一般为1 h(除规定的试验周期 t_1 外)，记录任何观察到的泄漏，若无泄漏，保持压力进行 D.3.2。

注：$F=M/L$(F:应力，用 N 表示；M:弯距力矩，用 N·m 表示；L:阀门中心到支撑点A的水平距离，推荐值为 0.25 m)。

D.3.2　去掉弯曲力矩并维持内压1 h，检查阀门的密封性能，记录试验期间任何观察到的泄漏，若无泄漏，保持压力进行 D.3.3。

D.3.3　调整操作装置到全闭位置按照9.5.1检查密封性能，试验时间应为1 h。

D.3.4　保持阀门关闭，关闭气源，阀门两端泄压。经由阀门的另一端重新施加规定的试验压力。按照9.5.1检查密封性能，试验周期为1 h，记录任何观察到的泄漏，若无泄漏，保持压力进行 D.3.5。

D.3.5　按照9.5.2进行密封性能试验，使用试验压力(P_2)和试验周期(t_2)(如使用试验压力为0.6 MPa，试验周期为1 h)以外，重复步骤 D.3.1 到 D.3.4。

D.4　试验报告

试验报告应包含下面的内容：

a)　试验阀门的全部标志；

b)　GB 15558.3—2008 的本附录号；

c)　任何观察到的泄漏以及相应的操作装置状态(半开或关闭)和试验压力；

d)　任何可能影响结果的因素，诸如任何偶发事件或本附录没有规定的操作细节；

e)　试验日期。

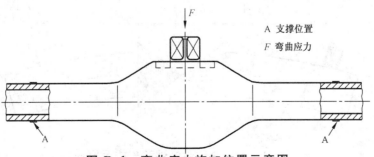

图 D.1　弯曲应力施加位置示意图

附　录　E

（规范性附录）

温度循环下承受弯曲时的密封性能及易操作性（$d_n \leqslant 63$ mm）试验方法

E.1　设备

E.1.1　应能够在试样组件上通过 3 点弯曲施加应力达到规定半径的结构，如图 E.1 所示。

E.1.2　能够控制温度在规定的温度范围 T_1 和 T_2 之间变化，并在规定恒温期间内保持温度误差不超过 ±5 ℃，温度变化速率应能设置为 1 ℃/min。温度传感器测温点在阀门内部。

E.1.3　设备的布置应便于对试样进行扭矩测试及压力源连接（见 9.7 和 9.5）。

E.2　试样的制备

试验阀门应按照 7.1 用两段管材组装，管段应足够长，以保证按照 E.1.1 将试样安装在设备上（图 E.1）。将阀门置于合适的操作状态（例如全闭，见 9.10）。

E.3　步骤

E.3.1　如图 E.1 所示，安装试样在设备上，使阀门阀杆沿着弯曲半径方向，如操作装置或阀杆位于弯曲平面内并沿弯曲半径指向外侧，使试样承受 3 点弯曲达到规定弯曲半径。

E.3.2　升高环境温度到上限温度 T_1，维持此温度至规定的时间 t_1，然后降低环境温度到下限温度 T_2，维持此温度至规定的时间 t_2。

E.3.3　按照 E.3.2 重复温度循环，总数为 50 次。

E.3.4　保持弯曲状态，按照 9.7 进行阀门的扭矩试验并按照 9.5.1 和 9.5.2 检查密封性能，记录结果。

注：分别做 −20 ℃ 和 40 ℃ 下的密封性能测试，试验前宜稳定 24 h 达到与试验环境状态一致。

E.3.5　重新取样，使阀杆与弯曲平面垂直，重复步骤 E.3.1～E.3.4。

E.4　试验报告

试验报告应包含下面的内容：

a)　试验阀门的全部标志；

b)　GB 15558.3—2008 的本附录号；

c)　弯曲半径；

d)　温度循环的 T_1 和 T_2；

e)　如果时间 t_1 不同于 t_2，分别记录各自温度的时间。

f)　试样在阀杆相对于弯曲平面的方向（沿半径或正交）的扭矩测量值和任何观察到的渗漏；

g)　任何状况或本附录没有规定的操作细节；

h)　试验日期。

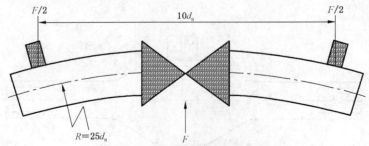

图 E.1　弯曲试验的试验安排示意图

附　录　F

（规范性附录）

拉伸载荷后阀门的密封性能和易操作性试验方法

F.1　设备

F.1.1　拉伸试验机,能够对试样施加拉伸载荷,使与阀门相连管段管材壁内产生规定的轴向应力 σ_x,并维持规定的时间 t_1,然后以规定的拉伸速率直到试样屈服或断裂。

F.1.2　夹具或连接器,能够确保试验机(F.1.1)直接或通过中间管件对试样施加合适的载荷。

F.1.3　压力装置,能以适当的连接使其在拉伸应力下提供规定的内部压力 P。

F.2　试样

由阀门和两段 PE 管材组装(见7.1),每段管材的公称外径 d_n 以及 SDR 系列与阀门相匹配。每段管材长度为 $2d_n$ 或 250 mm(取两者较小者)。

F.3　步骤

F.3.1　保持环境温度为 23 ℃±2 ℃,阀门处于开启状态。安装试样在拉伸试验机上并施加规定的内部压力 P,试验前检查组件的密封性。

F.3.2　施加平滑增加的拉力直到在试验组件的管材管壁轴向拉伸应力达到 σ_x。

F.3.3　保持拉力至规定的时间(t),然后施加规定的拉伸速率拉伸,直到试样发生屈服或断裂。如果出现断裂,记录试验报告。在出现屈服情况下,进行 F.3.4。

F.3.4　卸掉拉伸载荷,按照9.7对阀门进行扭矩试验,按照9.5.1和9.5.2进行密封性能试验,记录试验结果或试验状况。

F.4　试验报告

试验报告应包含下面的内容:

a)　试验阀门的全部标志;

b)　GB 15558.3—2008 的本附录号;

c)　试样使用的管材的尺寸;

d)　轴向拉伸应力 σ_x;

e)　施加在试样上的拉力;

f)　施加在试样上的内部压力 P;

g)　拉力维持的时间 t;

h)　任何观察到的泄漏迹象;

i)　按照9.7得到的扭矩试验结果;

j)　按照9.5.1和9.5.2的进行密封性能试验的结果;

k)　任何可能影响结果的因素,诸如任何偶发事件或本附录没有规定的操作细节;

l)　试验日期。

附　录　G

（规范性附录）

冲击后的止动强度和易操作性试验方法

G.1　设备

G.1.1　落锤冲击试验机，能将试样（见 G.2）紧密夹持在坚固底座上，能从距离阀门冲击点垂直高度 1 m 处释放冲锤。

G.1.2　落锤　在锤体和/或承载之下具有直径为 50 mm 的硬质半球形冲击面。

G.1.3　夹具　能够夹紧固定阀门两出口端使阀门紧密固定在试验机底座上（见 G.2）。如有必要，能够将阀门从状态调节环境中取出（见 G.1.4 和 G.3）并按照 G.4.2 冲击。

G.1.4　温度可控环境（温控室），能够容纳阀门及其夹具等，适应状态调整要求，方便移取（见 G.1.1 和 G.4）。

G.2　试样

试样应包括一个完整的阀门，阀门出口与夹具紧密连接（G.1.3），当装配在试验机底部，冲击点应符合 9.12 要求（最不利位置，如位于阀门支撑的操作帽上）。

G.3　状态调节

在规定的温度 T_c 和规定的时间 t_c 下状态调节试样（阀门带有夹具）后立即进行试验。

G.4　步骤

G.4.1　调整落锤释放机构相对于试验机底座或夹具的高度，使落锤下落至阀门规定冲击位置（见 G.2）的高度为 $1^{+0.005}_{0}$ m。

G.4.2　将试样（阀门和夹具）从状态调节环境中取出，释放冲锤使阀门受冲击。在试验机的底部装夹试样（G.1.1）。如有可能（见 G.1.4 的温控室），保持温控环境 T_c 并在此温度下完成冲击；如不具备温控环境，试样应在状态调节后取出立即进行冲击，本步骤在 30 s 内完成。

G.4.3　应按照 9.12 规定的试验温度进行冲击。如果符合，按照 9.7 测试阀门的操作扭矩并记录试验结果，如果不符合表 2 中操作扭矩要求，记录报告，按照 9.8 测试止动强度并记录结果。

G.5　试验报告

试验报告应包含下面的信息：

a)　试验阀门的全部标志；

b)　GB 15558.3—2008 的本附录号；

c)　落锤的质量和下落高度；

d)　阀门（帽）的冲击位置；

e)　状态调节温度；

f)　任何观察到的破裂迹象；

g)　按照 9.7 的扭矩试验结果；

h)　按照 9.8 的止动强度试验结果；

i)　任何可能影响结果的因素，诸如任何偶发事件或本附录没有规定的操作细节；

j)　试验日期。

附　录　H
（规范性附录）
持续内部静液压和冲击后的密封性能及易操作性试验方法

H.1　设备

H.1.1　加压装置

能够在 60 s 内逐渐均匀升压至规定压力,并在规定的试验周期内,压力误差为(+2%～−1%)。

注:宜对每个试样单独加压。不过,在一个试样失效时不影响其他试样压力的情况下,允许使用同时对几个试样加压的装置(如用隔离阀,或对一批试样进行首件失效试验时)。

H.1.2　压力表

能够在规定的范围内检测试样内部压力。

压力表应不污染试验液体。

H.1.3　计时器

在试验期间,能够连续记录施加压力的时间及直至试样失效或压力首次降低。

注:推荐使用对由渗漏或失效引起的压力变化敏感并且能使计时器停止的装置,如有必要,能关闭压力回路。

H.1.4　水箱

充水并保持规定的试验温度 T(见 9.13),在其全部工作容积中,温差在 ±1 ℃ 范围内。

H.1.5　支撑或支架

能够使试样浸没在水箱中(H.1.4),且使试样之间、试样与箱壁无接触。

H.2　试样

H.2.1　试样组合

试样由阀门和直管段组合而成(见 7.1),如果多个阀门同时测试,阀门之间管材的自由长度应不小于相连管材的公称外径的 3 倍(例如 $3d_n$)。

H.2.2　试样数量

在开启状态、关闭状态下受试阀门的数量应相等,且至少为 1 个。

启闭状态的试样数量应按本部分规定,且足够用于后续各项测试(见 H.3.2)。

H.3　步骤

H.3.1　施加内部静液压

H.3.1.1　组装试样并充满水,与压力设备(H.1.1)连接后,浸没到水箱(H.1.4)中,保持足够长时间以达到规定的温度 T。

H.3.1.2　在 60 s±5 s 内,平缓加压至规定压力 P,压力误差为(+2%～−1%),保压至规定的试验时间(t),或直到试样发生泄漏或破坏(见 H.3.1.3)。如出现失效,则记录试验报告,在不出现泄漏或破坏的情况下卸压并进行步骤 H.3.2 操作。

H.3.1.3　如果失效发生在距阀门 $1d_n$(管件与阀门连接处)之外的连接管段上,可忽略该结果,对阀门重新试验。

H.3.2　冲击后密封性能和易操作性的评价

卸压 1 h 内,按照 9.12 开始对每个阀门测试,记录结果。如果不符合表 2 中的冲击后的项目 9(易操作性),按照 H.4 出具报告。如果符合,按照 9.5 继续对每个阀门进行试验(表 2 中项目 2),记录试验结果。

H.4 试验报告

试验报告应包含下面的信息：

a) 试验阀门的全部标志；

b) GB 15558.3—2008 的本附录号；

c) 试验压力，试验温度和内部静液压的时间；

d) 静液压下任何损坏、泄漏情况，包括导致重新试验的失效（见 H.3.1.3）；

e) 按照 9.12 的冲击试验出现的任何破裂情况或其他损坏；

f) 按照 9.7 的试验条件和操作扭矩的试验结果，是否符合冲击后的易操作性和操作扭矩要求；

g) 按照 9.8 的试验条件和止动强度的试验结果，是否符合冲击后易操作性和止动强度要求；

h) 按照 9.5 的试验条件和泄漏性能的试验结果，是否符合密封性能试验要求；

i) 本附录没有详细规定的可能影响结果的任何状况或操作细节；

j) 试验日期。

附　录　I
（规范性附录）
耐简支梁弯曲试验方法

I.1　范围

本附录规定了流体输送用 PE 阀门在双支撑（简支梁）间的耐弯曲性能试验方法，与阀门本体相连管材的公称外径在 63 mm 到 225 mm 范围内。

注：本标准中尺寸范围在 250 mm≤d_n≤315 mm 范围内的阀门参照本附录执行。

I.2　原理

试验在(23±2)℃温度下进行。阀体与两段管材相连接，置于两点支撑上，对阀门施加恒定的外力使其承受弯曲载荷。阀门通气加压，在加载前、加载期间和加载后分别检测密封性能并记录操作扭矩。

I.3　设备

I.3.1　试验机

应能持续施加规定的力，偏差为 2%。试验机的固定支架应具有轴向平行且间距可调的两个支撑 S，且头部曲率半径为 5 mm（见图 I.1）。

试验机的移动加载部分根据阀门的类型应配备合适的压头，压头接触部位的曲率半径为 5 mm，也可采用半圆柱面或轭状接触表面，压头和支撑 S 均用硬化钢制造，且轴线彼此平行。

注：力不应直接施加在阀门本体上，以免对启闭件造成破坏，建议 L 的距离为 2d_n（见图 I.1）。压力及偏差测量指示器，应符合相关标准的精度等级要求。

I.3.2　压力表：(0 MPa~0.005 MPa)，精度等级 1.6；压力源：能提供(0 MPa~0.005 MPa)气压并可调；扭矩测量装置：精度为±5%；检漏装置：精确至 0.1 cm³/h。

I.3.3　气密封管路系统，包括：

　　a)　连接管线的管件；

　　b)　阀门与压缩空气源连接间的开关以及检漏装置（如压力表及刻度管等）。

I.4　试样

I.4.1　试样由阀门和两段 PE 管段组装而成，管段长度应满足整个试样的支撑间距要求（见 I.5.1.3）。试样两端应装有封堵或端帽等(I.3.3)。

I.4.2　除非另有规定，试样数量至少为 1 个。

I.5　试验步骤

I.5.1　安排

I.5.1.1　进行下面步骤（包括 I.5.1.2 到 I.5.3.5)前，放置试样使阀门操作部分处于以下状况：

　　——竖直，与施力点反向（见图 I.1）；

　　——水平，与施力方向垂直。

I.5.1.2　试验开始时，记录环境温度。

I.5.1.3　调整支撑间距至 10d_n（见图 I.1）；

I.5.1.4　将试样放在支撑(S)上，使受试阀门与两支撑点等距，且其轴线垂直于压头轴线，操作部分方向为 I.5.1.1 的规定方向之一。

I.5.1.5 将阀门组件一端与加压系统连接,另一端安置检漏装置。

I.5.2 初始性能检测

按照 GB/T 13927 检测并记录阀门在半开状态下(壳体试验)及关闭状态下的密封性能(启闭件密封性试验)。按照附录 C 测量并记录操作扭矩。

I.5.3 受力后的性能检测

I.5.3.1 按照本部分表 2 的规定(第 11 项),以 25(1±10%)mm/min 的速度在阀门上施加作用力。

I.5.3.2 保持上述作用力(F)10 h,在此期间:按照 GB/T 13927 检测并记录阀门全开(内部)或半开(外部)状态下的密封性能;按照附录 C 测量并记录操作扭矩;如果出现破坏或内、外部泄漏,记录详细情况,可能时,记录泄漏位置并出具试验报告(I.6)。否则,按照 I.5.3.3 到 I.5.3.5 继续进行试验。

I.5.3.3 测量并记录最大挠度,卸除作用力 F。

I.5.3.4 检查阀门及其相连管段的外观并记录任何变形。

I.5.3.5 调整操作部分至 I.5.1.1 规定的另一个位置,重复 I.5.1.2 到 I.5.3.4 的步骤,完成后,按照 I.5.3.6 继续进行试验。

I.5.3.6 按 I.5.2 测定卸除作用力后的最终性能。

I.6 试验报告

试验报告应包括下面内容:

a) GB 15558.3—2008 的本附录号;

b) 试样的完整标志及材料类型、阀门的公称尺寸;

c) 试样数量;

d) 是否观察到任何内部或/和外部泄漏及其位置;

e) 按照 I.5.2,I.5.3.2 和 I.5.3.6 测量的阀门扭矩;

f) 任何影响结果的因素,诸如任何偶然事件或本附录没有规定的操作细节;

g) 试验日期。

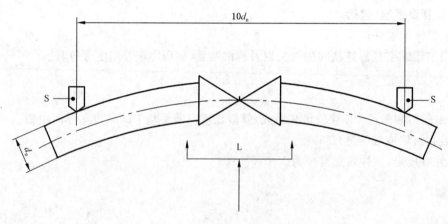

S——支撑。

图 I.1 弯曲试验的试验安排示意图

448

附　录　J
（规范性附录）
耐温度循环试验方法

J.1　范围

本附录规定了阀门耐温度循环的试验方法,适用于插口端公称外径大于 63 mm 的流体输送用聚乙烯(PE)阀门。

J.2　原理

阀门内初始压力为 0.6 MPa,测量在温度循环的应力下发生的压力变化。

检查测量在压力试验前后的密封性能及操作扭矩。

J.3　设备

J.3.1　调温试验箱　能够控制温度在 −20 ℃～+60 ℃之间某一恒定值或变化值并保持一定时间,偏差为 ±2 ℃。温度变化速率应能设置为大约 1 ℃/min。

J.3.2　压力记录仪　量程和刻度适宜试验阀门的压力要求,精度 1.5 级。

J.3.3　压缩空气源　能够提供要求的试验压力(见 J.5.4)。

J.3.4　管路　能使试样与压力记录仪及压缩空气源连接并且其上装有可使试样和记录仪组件全部和压力源隔离的阀门。通气阀门应能使压力平缓增加。

J.4　试样

J.4.1　试样应包含一个完整阀门,阀门的封堵应能保证试验按照 J.5 章进行。试验前应在 23 ℃± 2 ℃下状态调节至少 24 h。

J.4.2　除非另有规定,试验数量至少为 1 个。

J.5　步骤

J.5.1　关闭阀门并放置在 23 ℃±2 ℃的调温试验箱中。

J.5.2　按照附录 C 测量并记录操作扭矩。按照 GB/T 13927 进行试验,当阀门半开(壳体试验)以及当阀门关闭(启闭件密封性能试验)时检测并记录密封性能。

J.5.3　将试样的一端与压缩空气源相连,试样另一端不关闭。

J.5.4　将阀门关闭,在 30s 内将系统的压力逐渐升至 0.6 MPa,偏差为 ±2%。

J.5.5　等待 30 s 使压力稳定。

J.5.6　断开试样与压力源的连接,维持试样与相应的压力记录仪连接。

J.5.7　按照 J.5.8 和 J.5.9 进行试验,记录如下:
    a)　记录循环期间试样压力的变化情况;
    b)　如果发生泄漏,记录泄漏发生时的温度及相应的压力变化值;
    c)　查找并记录任何泄漏的位置。

J.5.8　调整调温试验箱,使其温度以约 1 ℃/min 的速率变化(J.3.1)。在极限温度(−20±2)℃及(60±2)℃ 分别保温 3 h。

J.5.9　保持试样在试验箱中做 10 个循环,第 1 个循环从 23 ℃升温开始。

J.5.10　循环完成后,在 23 ℃±2 ℃下状态调节至少 24 h,重复 J.5.2 的测试步骤。

J.6 试验报告

试验报告应包括下面内容：

a) GB 15558.3—2008 的本附录号；

b) 试样的完整标志；

c) PE 材料的类型及其他材料（如果有）；

d) 阀门的公称外径；

e) 试样数量；

f) 循环期间的压力记录；

g) 任何泄漏发生的位置及当时温度（如发生）；

h) 稳定循环前后的操作扭矩；

i) 任何影响结果的因素，诸如任何偶然事件或本附录没有规定的操作细节；

j) 试验日期。

参 考 文 献

GB/T 4217—2001　流体输送用热塑性塑料管材　公称外径和公称压力

GB/T 10798—2001　热塑性塑料管材通用壁厚表

ISO 161-1:1996　Thermoplastics pipes for the conveyance of fluids—Nominal outside diameters and nominal pressures—Part 1:Metric series

ISO 4065:1996　Thermoplastics pipes—Universal wall thickness table

ISO 5208:1993　Industrial valves—Pressure testing of valves

ISO/TR 10839:2000　Polyethylene pipes and fittings for the supply of gaseous fuels—Code of practice for design, handling and installation

ISO 8233:1998　Thermoplastics valves—Torque—Test method

EN 1555-4:2002　Plastics piping systems for the supply of gaseous fuels—Polyethylene(PE)—Part 3:valves

EN 12100:1997　Plastics piping systems—Polyethylene(PE) valves—Test method for resistance to bending between supports

EN 12119:1997　Plastics piping systems—Polyethylene(PE) valves—Test method for resistance to thermal cycling

CJJ 63　聚乙烯燃气管道工程技术规程

ICS 83.140.30
G 33

中华人民共和国国家标准

GB/T 18992.1—2003

冷热水用交联聚乙烯(PE-X)管道系统
第1部分：总则

Crosslinked polyethylene(PE-X)piping systems for hot and
cold water installations—Part 1:General

2003-03-05 发布

2003-08-01 实施

中华人民共和国
国家质量监督检验检疫总局 发布

前　言

GB/T 18992—2003《冷热水用交联聚乙烯（PE-X）管道系统》分为两部分：

——第 1 部分：总则；

——第 2 部分：管材。

本部分为 GB/T 18992—2003 的第 1 部分，是紧密跟踪 ISO/DIS 15875-1.2：1999《冷热水用交联聚乙烯（PE-X）管道系统　第 1 部分：总则》，并结合我国交联聚乙烯管材生产的情况而制定的，技术内容基本与 ISO/DIS 15875-1.2：1999 相同，主要差异为：

——取消"公称尺寸 DN/OD"的定义；

——交联聚乙烯管道系统卫生要求按 GB/T 17219—1998 规定；

——对回用料规定了限制条件；

——将预测 PE-X 静液压强度参照曲线由标准第 2 部分移至第 1 部分，作为附录 A。

本部分的附录 A 为规范性附录。

本标准由中国轻工业联合会提出。

本标准由全国塑料制品标准化委员会归口。

本标准起草单位：北京化工大学、上海天奋实业有限公司、青岛富鑫洁新型建材有限公司、广东省万家通交联管厂、中国标准化协会。

本标准主要起草人：吴大鸣、刘　颖、姚水良、张庆宝、刘海波等。

冷热水用交联聚乙烯(PE-X)管道系统
第1部分:总则

1 范围

GB/T 18992—2003 的本部分规定了冷热水用交联聚乙烯(PE-X)管道系统的定义、符号、缩略语、使用条件级别、材料和卫生性能要求。

本部分与其他部分一起适用于建筑物内冷热水管道系统,包括工业及民用冷热水、饮用水和采暖系统等。

GB/T 18992—2003 不适用于火火系统和非水介质的流体输送系统。

2 规范性引用文件

下列文件中的条款通过本部分的引用而成为本部分的条款。凡是注日期的引用文件,其随后所有的修改单(不包括勘误的内容)或修订版均不适用于本部分,然而,鼓励根据本部分达成协议的各方研究是否可使用这些文件的最新版本。凡是不注日期的引用文件,其最新版本适用于本部分。

GB/T 1844.1—1995 塑料及树脂缩写代号 第一部分:基础聚合物及其特征性能(NEQ ISO 1043.1:1987)

GB/T 2035—1996 塑料术语及其定义(NQV ISO 472:1988)

GB/T 6111—2003 流体输送用热塑性塑料管材耐内压试验方法(idt ISO 1167—1996)

GB/T 17219—1998 生活饮用水输配水设备及防护材料的安全性评价标准

GB/T 18252—2000 塑料管道系统用外推法对热塑性塑料管材长期静液压强度的测定

GB/T 18992.2—2003 冷热水用交联聚乙烯(PE-X)管道系统 第2部分:管材

GB/T 18991—2003 冷热水系统用热塑性塑料管材和管件(idt ISO 10508:1995)

3 术语、定义、符号和缩略语

3.1 术语和定义

GB/T 2035—1996、GB/T 1844.1—1995 中给出的定义及下列术语和定义适用于GB/T 18992—2003。

3.1.1 与几何尺寸有关的定义

3.1.1.1 公称外径(d_n)

规定的外径,单位为 mm。

3.1.1.2 任一点外径(d_e)

管材任一点通过横截面的外径测量值,精确到 0.1 mm,小数点后第二位非零数字进位,单位为 mm。

3.1.1.3 平均外径(d_{em})

管材任一横截面外圆周长的测量值除以 π(≈3.142)所得的值,精确到 0.1 mm,小数点后第二位非零数字进位,单位为 mm。

3.1.1.4 最小平均外径($d_{em,min}$)

平均外径的最小值,单位为 mm。

3.1.1.5 最大平均外径($d_{em,max}$)

平均外径的最大值,单位为 mm。

3.1.1.6 平均内径(d_{sm})

管材相互垂直的两个内径测量值的算术平均值,单位为 mm。

3.1.1.7 不圆度

管材或管件端部同一横截面最大和最小外径测量值之差,或内孔同一横截面最大和最小内径测量值之差,单位为 mm。

3.1.1.8 公称壁厚(e_n)

管材或管件壁厚的规定值,单位为 mm。

3.1.1.9 任一点壁厚(e)

管材或管件圆周上任一点壁厚的测量值,精确到 0.1 mm,小数点后第二位非零数字进位,单位为 mm。

3.1.1.10 最小壁厚(e_{min})

管材或管件圆周上任一点壁厚的最小值,单位为 mm。

3.1.1.11 最大壁厚(e_{max})

管材或管件圆周上任一点壁厚的最大值,单位为 mm。

3.1.1.12 管系列(S)

一个与公称外径和公称壁厚有关的无量纲数值,S 值由公式(1)计算:

$$S = \frac{d_n - e_n}{2e_n} \quad \cdots\cdots\cdots\cdots\cdots\cdots(1)$$

式中:

d_n——管材的公称外径,单位为毫米(mm);

e_n——管材的公称壁厚,单位为毫米(mm)。

3.1.2 与使用条件有关的定义

3.1.2.1 设计压力(p_D)

管道系统压力的最大设计值,单位为 MPa。

3.1.2.2 公称压力(PN)

管材在 20℃,50 年使用寿命下所允许的最大工作压力,单位为 MPa。

3.1.2.3 静液压应力(σ)

以水为介质,当管材承受内压时,管壁内的环应力,用公式(2)近似计算,单位为 MPa。

$$\sigma = p \cdot \frac{(d_{em} - e_{min})}{2e_{min}} \quad \cdots\cdots\cdots\cdots\cdots\cdots(2)$$

式中:

p——管道所受内压,单位为兆帕(MPa);

d_{em}——管材的平均外径,单位为毫米(mm);

e_{min}——管材的最小壁厚,单位为毫米(mm)。

3.1.2.4 设计温度(T_D)

水输送系统温度的设计值,单位为℃。

3.1.2.5 最高设计温度(T_{max})

仅在短期内出现的设计温度 T_D 的最高值,单位为℃。

3.1.2.6 故障温度(T_{mal})

当控制系统出现异常时,可能出现的超过控制极限的最高温度,单位为℃。

3.1.2.7 冷水温度(T_{cold})

输送冷水的温度,单位为℃,最高为 25℃,设计值为 20℃。

3.1.2.8 采暖系统用的处理水

对采暖系统无害的含添加剂的采暖用水。

3.1.3 与材料性能有关的定义

3.1.3.1 长期静液压强度的置信下限（σ_{LCL}）

给定温度 T 和时间 t 下，平均长期静液压强度 97.5% 的置信下限，单位为 MPa。

3.1.3.2 设计应力（σ_D）

在规定的使用条件下，管材材料的许用应力 σ_{DP} 或塑料管件材料的许用应力 σ_{DF}，单位为 MPa。

注1：可以参见 GB/T 18992.2—2003 中的附录 C（资料性附录）

3.1.3.3 总体使用系数（C）

一个大于1的系数，它反映了置信下限 LCL 所未考虑的管道系统的性能和使用条件。

3.1.4 带阻隔层的管材

带有很薄阻隔层的塑料管材，阻隔层用于防止或降低气体或光线透过管壁，而设计应力的要求靠主体树脂（PE-X）保证。

3.2 符号

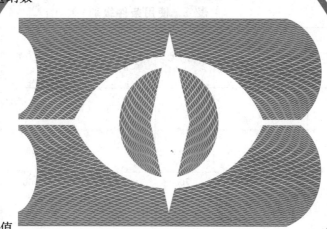

C：总体使用系数，无量纲数

d_e：外径（任一点）

d_{em}：平均外径

$d_{em,min}$：最小平均外径

$d_{em,max}$：最大平均外径

d_n：公称外径

d_{sm}：平均内径

e：任一点壁厚

e_{max}：任一点最大壁厚

e_{min}：任一点最小壁厚

e_n：公称壁厚

S_{calc}：管系列 S 的计算值

$S_{calc,max}$：管系统 S 的最大计算值

P：内部静液压压力

P_D：设计压力

PN：公称压力

PN_{calc}：公称压力计算值

T：温度

T_{cold}：冷水温度

T_D：设计温度

T_{mal}：故障温度

T_{max}：最高设计温度

t：时间

σ：静液压应力

σ_{cold}：20℃时的设计应力

σ_D：设计应力

σ_{DP}：管材材料的设计应力

σ_p：管材材料的静液压应力

σ_{LCL}：长期静液压强度的置信下限

3.3 缩略语

PE-X:交联聚乙烯

PE-X$_a$:过氧化物交联聚乙烯

PE-X$_b$:硅烷交联聚乙烯

PE-X$_c$:电子束交联聚乙烯

PE-X$_d$:偶氮交联聚乙烯

MDP:最大设计应力

S:管系列

LCL:置信下限

4 使用条件级别

交联聚乙烯管道系统按 GB/T 18991—2003(idt ISO 10508)的规定,按使用条件选用其中的 1、2、4、5 四个使用条件级别,见表1。每个级别均对应着特定的应用范围及 50 年的使用寿命,在具体应用时,还应考虑 0.4 MPa、0.6 MPa、0.8 MPa、1.0 MPa 不同的设计压力。

表 1 使用条件级别

使用条件级别	T_D/℃	T_D 下的使用时间/年	T_{max}/℃	T_{max} 下的使用时间/年	T_{mal}/℃	T_{mal} 下的使用时间/h	典型应用范围
1	60	49	80	1	95	100	供应热水（60℃）
2	70	49	80	1	95	100	供应热水（70℃）
4	20	2.5	70	2.5	100	100	地板采暖和低温散热器采暖
	40	20					
	60	25					
5	20	14	90	1	100	100	高温散热器采暖
	60	25					
	80	10					

注:T_D、T_{max} 和 T_{mal} 值超出本表范围时,不能用本表。

表中所列各种级别的管道系统均应同时满足在 20℃ 和 1.0 MPa 下输送冷水,达到 50 年寿命。所有加热系统的介质只能是水或者经处理的水。

注 1:塑料管材和管件生产厂家应该提供水处理的类型和有关使用要求,以及许用透氧率等性能的指导。

5 材料

5.1 管材材料

生产管材所用的主体原料为高密度聚乙烯,聚乙烯在管材成型过程中或成型后进行交联。管材的交联工艺不限,可以采用过氧化物交联、硅烷交联、电子束交联和偶氮交联,交联的目的是使聚乙烯的分子链之间形成化学键,获得三维网状结构。

将交联聚乙烯管用材料制成管材,按照 GB/T 6111—2003 试验方法和 GB/T 18252—2000 的要求在至少四个不同温度下作长期静液压试验。试验数据按照 GB/T 18252—2000 标准方法计算得到不同温度、不同时间的 σ_{LCL} 值,并作出该材料的蠕变破坏曲线。将材料的蠕变破坏曲线与本标准附录 A 中给出的 PE-X 预测静液压强度参照曲线相比较,试验结果的 σ_{LCL} 值在全部温度及时间范围内均应高于参照曲线上的对应值。

5.2 管用材料的回收利用

硅烷交联聚乙烯和过氧化物交联聚乙烯的回用料不允许再次生产管材。

6 卫生要求

用于输送生活饮用水的交联聚乙烯管道系统应符合 GB/T 17219—1998 的规定。

附　录　A

（规范性附录）

PE-X 预测静液压强度参照曲线

在 10℃ 至 95℃ 温度范围内的最小预期静液压强度参照曲线见图 A.1，可以由方程（A.1）求出：

$$\lg t = -105.861\ 8 - \frac{18\ 506.15}{T} \times \lg\sigma + \frac{57\ 895.49}{T} - 24.799\ 7 \times \lg\sigma \quad\cdots\cdots\cdots\cdots（A.1）$$

式中：

t——破坏时间，单位为小时（h）；

T——温度，单位为开尔文（K）；

σ——管材的静液压应力（环应力），单位为兆帕（MPa）。

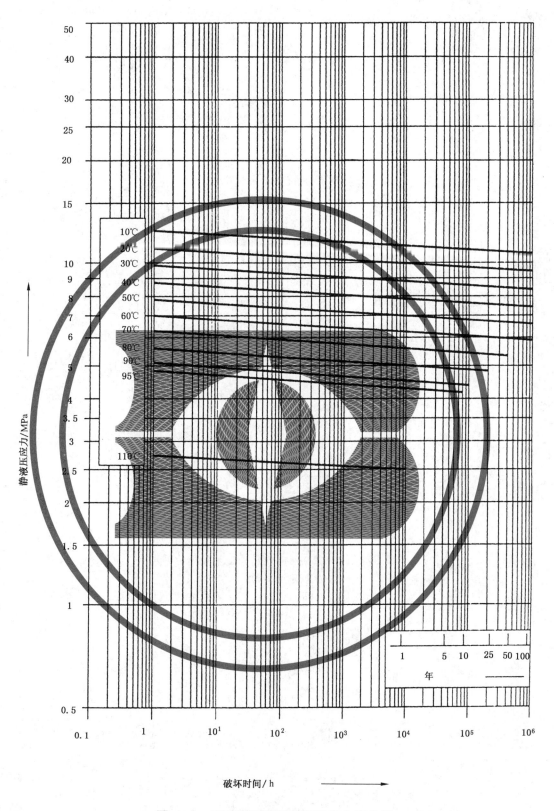

图 A.1 PE-X 预测静液压强度参照曲线

ICS 83.140.30

G 33

中华人民共和国国家标准

GB/T 18992.2—2003

冷热水用交联聚乙烯（PE-X）管道系统
第2部分：管材

Crosslinked polyethylene（PE-X）piping systems for hot and
cold water installations—Part 2:Pipes

2003-03-05 发布

2003-08-01 实施

中 华 人 民 共 和 国
国家质量监督检验检疫总局 发布

前　言

GB/T 18992—2003《冷热水用交联聚乙烯(PE-X)管道系统》分为两个部分：

——第 1 部分：总则；

——第 2 部分：管材。

本部分为 GB/T 18992—2003 的第二部分，是紧密跟踪 ISO/DIS 15875-2.2：1999《冷热水用交联聚乙烯(PE-X)管道系统　第 2 部分：管材》，并结合我国交联聚乙烯管材生产的情况而制定的，技术内容基本与 ISO/DIS 15875-2.2：1999 相同，主要差异为：

——增加了"产品分类"部分；

——不采用 ISO/DIS 15875-2.2：1999 中的 B1、B2 和 C 级几何尺寸系列；

——将预测强度参照曲线移至本标准的第 1 部分；

——增加了管道系统适用性试验的内容，静液压试验和循环压力冲击试验主要技术内容等效于 ISO 10508：1995，热循环试验、耐拉拔试验、弯曲试验和真空试验的主要技术内容等效于 ISO/DIS 15875-5.2：1999

——增加了管系列 S 与公称压力 PN 的关系。

本部分的附录 C、附录 D、附录 E 和附录 F 为规范性附录。

本部分的附录 A、附录 B 为资料性附录。

本标准由中国轻工业联合会提出。

本标准由全国塑料制品标准化委员会归口。

本标准起草单位：北京化工大学、上海天奋实业有限公司、青岛富鑫洁新型建材有限公司、广东省万家通交联管厂、中国标准化协会。

本标准主要起草人：吴大鸣、刘　颖、姚水良、张庆宝、刘海波等。

冷热水用交联聚乙烯(PE-X)管道系统
第 2 部分：管材

1 范围

GB/T 18992 本部分规定了以交联聚乙烯(PE-X)管材料为原料,经挤出成型的交联聚乙烯管材(以下简称管材)的定义、符号和缩略语、材料、产品分类、技术要求、试验方法、检验规则和标志、包装、运输、贮存。

本部分与其他部分一起适用于建筑物内冷热水管道系统,包括工业及民用冷热水、饮用水和采暖系统等。

GB/T 18992 不适用于灭火系统和非水介质的流体输送系统。

2 规范性引用文件

下列文件中的条款通过本部分的引用而成为本部分的条款。凡是注日期的引用文件,其随后所有的修改单(不包括勘误的内容)或修订版均不适用于本部分,然而,鼓励根据本标准达成协议的各方研究是否可使用这些文件的最新版本。凡是不注日期的引用文件,其最新版本适用于本部分。

GB/T 2410—1980 透明塑料透光率和雾度试验方法

GB/T 2828—1987 逐批检查计数抽样程序及抽样表(适用于连续批的检查)

GB/T 2918—1998 塑料试样状态调节和试验的标准环境(idt ISO 291:1997)

GB/T 6111—2003 流体输送用热塑性塑料管材耐内压试验方法

GB/T 6671—2001 热塑性塑料管材 纵向回缩率的测定(idt ISO 2506:1981)

GB/T 8806—1988 塑料管材尺寸测量方法(idt ISO 3126:1974)

GB/T 10798—2001 热塑性塑料管材通用壁厚表(idt ISO 4065:1996)

GB/T 15820—1995 聚乙烯压力管材与管件连接的耐拉拔试验(idt ISO 3501:1976)

GB/T 17219—1998 生活饮用水输配水设备及防护材料的安全性评价标准

GB/T 18252—2000 塑料管道系统用外推法对热塑性塑料管材长期静液压强度的测定

GB/T 18474—2001 交联聚乙烯(PE-X)管材与管件 交联度的试验方法(idt ISO 10147:1994)

GB/T 18992.1—2003 冷热水用交联聚乙烯(PE-X)管道系统 第 1 部分:总则

GB/T 18991—2003 冷热水系统用热塑性塑料管材和管件(idt ISO 10508:1995)

3 定义、符号和缩略语

本部分的有关的定义、符号和缩略语在第 1 部分中规定。

4 材料

用于生产管材的材料应符合 GB/T 18992.1—2003 的要求。

5 产品分类

5.1 按交联工艺分

管材按交联工艺的不同分为过氧化物交联聚乙烯(PE-X$_a$)管材、硅烷交联聚乙烯(PE-X$_b$)管材、电子束交联聚乙烯(PE-X$_c$)管材和偶氮交联聚乙烯(PE-X$_d$)管材。

5.2 按尺寸分

管材按尺寸分为 $S6.3,S5,S4,S3.2$ 四个管系列,管系列 S 与公称压力 PN 的关系见附录A。

5.3 按使用条件级别分

管材的使用条件级别分为级别1、级别2、级别4、级别5四个级别,见 GB/T 18992.1—2003

管材按使用条件级别和设计压力选择对应的管系列 S 值,见表1。

表 1 管系列 S 的选择

设计压力 p_D/MPa	级别 1 $\sigma_D=3.85$ MPa	级别 2 $\sigma_D=3.54$ MPa	级别 4 $\sigma_D=4.00$ MPa	级别 5 $\sigma_D=3.24$ MPa
	管系列 S			
0.4	6.3	6.3	6.3	6.3
0.6	6.3	5	6.3	5
0.8	4	4	5	4
1.0	3.2	3.2	4	3.2

6 技术要求

6.1 颜色

由供需双方协商确定。

6.2 外观

应达到下列要求:

a) 管材的内外表面应该光滑、平整、干净,不能有可能影响产品性能的明显划痕、凹陷、气泡等缺陷。

b) 管壁应无可见的杂质,管材表面颜色应均匀一致,不允许有明显色差。

c) 管材端面应切割平整,并与管材的轴线垂直。

6.3 不透光性

明装有遮光要求的管材应不透光。

6.4 管材规格尺寸

6.4.1 外径

管材的平均外径 d_{em} 应符合表2的要求。

表 2 管材规格　　　　　　　　　　　　　　　　单位为毫米

公称外径 d_n	平均外径		最小壁厚 e_{min}(数值等于 e_n)			
	$d_{em,min}$	$d_{em,max}$	管　系　列			
			S6.3	S5	S4	S3.2
16	16.0	16.3	1.8[a]	1.8[a]	1.8	2.2
20	20.0	20.3	1.9[a]	1.9	2.3	2.8
25	25.0	25.3	1.9	2.3	2.8	3.5
32	32.0	32.3	2.4	2.9	3.6	4.4
40	40.0	40.4	3.0	3.7	4.5	5.5
50	50.0	50.5	3.7	4.6	5.6	6.9
63	63.0	63.6	4.7	5.8	7.1	8.6

表 2（续）

单位为毫米

公称外径 d_n	平均外径		最小壁厚 e_{min}（数值等于 e_n）			
	$d_{em,min}$	$d_{em,max}$	管 系 列			
			S6.3	S5	S4	S3.2
75	75.0	75.7	5.6	6.8	8.4	10.3
90	90.0	90.9	6.7	8.2	10.1	12.3
110	110.0	111.0	8.1	10.0	12.3	15.1
125	125.0	126.2	9.2	11.4	14.0	17.1
140	140.0	141.3	10.3	12.7	15.7	19.2
160	160.0	161.5	11.8	14.6	17.9	21.9

a 考虑到刚性与连接的要求，该厚度不按管系列计算。

6.4.2 管材壁厚和公差

对一定使用条件级别、设计压力和公称尺寸的管材，选择最小壁厚 e_{min} 时，应使其所对应的管系列 S 或管系列的计算值 S_{calc} 等于或小于附录 B 表 B.3 所给的 $S_{calc,max}$。管材壁厚 e_{min}（数值等于 e_n）应满足表 2 中对应管系列 S 和 S_{calc} 的相关要求。厚度 e 的公差应符合表 3 的要求。

确定管材壁厚偏差时应考虑管件的类型。

注：交联聚乙烯管材的壁厚值不包括阻隔层的厚度。

表 3 壁厚偏差

单位为毫米

最小壁厚 e_{min} 的范围	偏差[a]	最小壁厚 e_{min} 的范围	偏差[a]
$1.0 < e_{min} \leqslant 2.0$	0.3	$12.0 < e_{min} \leqslant 13.0$	1.4
$2.0 < e_{min} \leqslant 3.0$	0.4	$13.0 < e_{min} \leqslant 14.0$	1.5
$3.0 < e_{min} \leqslant 4.0$	0.5	$14.0 < e_{min} \leqslant 15.0$	1.6
$4.0 < e_{min} \leqslant 5.0$	0.6	$15.0 < e_{min} \leqslant 16.0$	1.7
$5.0 < e_{min} \leqslant 6.0$	0.7	$16.0 < e_{min} \leqslant 17.0$	1.8
$6.0 < e_{min} \leqslant 7.0$	0.8	$17.0 < e_{min} \leqslant 18.0$	1.9
$7.0 < e_{min} \leqslant 8.0$	0.9	$18.0 < e_{min} \leqslant 19.0$	2.0
$8.0 < e_{min} \leqslant 9.0$	1.0	$19.0 < e_{min} \leqslant 20.0$	2.1
$9.0 < e_{min} \leqslant 10.0$	1.1	$20.0 < e_{min} \leqslant 21.0$	2.2
$10 < e_{min} \leqslant 11.0$	1.2	$21.0 < e_{min} \leqslant 22.0$	2.3
$11.0 < e_{min} \leqslant 12.0$	1.3		

a 偏差表示为 $^{+x}_{0}$ mm，其中 x 为表中所给值。

6.5 力学性能

按表 4 规定的参数对管材进行静液压试验，管材应无渗漏、无破裂。试样数量均为 3 个。

6.6 物理和化学性能

管材的物理和化学性能应符合表 5 的规定。

6.7 管材的卫生性能

输送生活饮用水的管材卫生性能应符合 GB/T 17219—1998 的规定。

表 4　管材的力学性能

项　目	要　求	试　验　参　数		
		静液压应力/MPa	试验温度/℃	试验时间/h
耐静液压	无渗漏、无破裂	12.0	20	1
		4.8	95	1
		4.7	95	22
		4.6	95	165
		4.4	95	1 000

表 5　管材的物理和化学性能

项　目	要　求	试　验　参　数	
		参　数	数　值
纵向回缩率	≤3%	温度	120℃
		试验时间：	
		e_n≤8 mm	1 h
		8 mm<e_n≤16 mm	2 h
		e_n>16 mm	4 h
		试样数量	3
静液压状态下的热稳定性	无破裂 无渗漏	静液压应力	2.5 MPa
		试验温度	110℃
		试验时间	8 760 h
		试样数量	1
交联度： ——过氧化物交联 ——硅烷交联 ——电子束交联 ——偶氮交联		≥70% ≥65% ≥60% ≥60%	

6.8　系统适用性

管材与管件连接后应通过静液压、热循环、循环压力冲击、耐拉拔、弯曲、真空六种系统适用性试验。

6.8.1　静液压试验

按表 6 规定的参数进行静液压试验，试验中管材、管件以及连接处应无破裂、无渗漏。

表 6　静液压试验条件

管系列	试验温度/℃	试验压力/MPa	试验时间/h	试样数量
S6.3	20	1.5P_D	1	
	95	0.70	1 000	
S5	20	1.5P_D	1	
	95	0.88	1 000	
S4	20	1.5P_D	1	3
	95	1.10	1 000	
S3.2	20	1.5P_D	1	
	95	1.38	1 000	

6.8.2　热循环试验

按表 7 规定的条件进行热循环试验，试验中管材、管件以及连接处应无破裂、无渗漏。

表 7　热循环试验条件

项　目	级别 1	级别 2	级别 4	级别 5
最高设计温度 T_{max}/℃	80	80	70	90
最高试验温度/℃	90	90	80	95
最低试验温度/℃	20	20	20	20
试验压力/MPa	P_D	P_D	P_D	P_D
循环次数	5 000	5 000	5 000	5 000
每次循环的时间/min	30^{+2}_{0}（冷热水各 15^{+1}_{0}）			
试样数量	1			

6.8.3　循环压力冲击试验

按表 8 规定的条件进行循环压力冲击试验,试验中管材、管件以及连接处应无破裂、无渗漏。

表 8　循环压力冲击试验条件

最高试验压力/MPa	最低试验压力/MPa	试验温度/℃	循环次数	循环频率/次/min	试样数量
1.5±0.05	0.1±0.05	23±2	10 000	≥30	1

6.8.4　耐拉拔试验

按表 9 规定的试验条件,将管材与等径或异径直通管件连接而成的组件施加恒定的轴向拉力,并保持一定的时间,试验过程中管材与管件连接处应不发生相对轴向移动。

表 9　耐拉拔试验条件

温度/℃	系统设计压力/MPa	轴向拉力/N	试验时间/h
23±2	所有压力等级	1.178 d_n^2	1
95	0.4	0.314 d_n^2	1
95	0.6	0.471 d_n^2	1
95	0.8	0.628 d_n^2	1
95	1.0	0.785 d_n^2	1

　a　d_n 为管材的公称外径,单位为 mm。

对各种设计压力的管道系统均应按表 9 规定进行(23±2)℃的拉拔试验,同时根据管道系统的设计压力选取对应的轴向拉力,进行拉拔试验,试件数量为 3 个。级别 1、2、4 也可以按 $T_{max}+10$℃进行试验。

仲裁试验时,级别 5 按表 9 进行,级别 1、2、4 按 $T_{max}+10$℃进行试验。

6.8.5　弯曲试验

按表 10 规定的条件进行弯曲试验,试验中管材、管件以及连接处应无破裂、无渗漏。

仅当管材公称直径大于等于 32 mm 时做此试验。

表 10　弯曲试验条件

项　目	级别 1	级别 2	级别 4	级别 5
最高设计温度 T_{max}/℃	80	80	70	90
管材材料的设计应力 σ_{DP}/MPa	3.85	3.54	4.00	3.24
试验温度/℃	20	20	20	20
试验时间/h	1	1	1	1

表 10（续）

项　目	级别 1	级别 2	级别 4	级别 5
管材材料的静液压应力 σ_P/MPa	12	12	12	12
试验压力/MPa 设计压力 P_D 为：0.4 MPa	1.58[a]	1.58[a]	1.58[a]	1.58[a]
0.6 MPa	1.87	2.04	1.80	2.23
0.8 MPa	2.50	2.72	2.40	2.97
1.0 MPa	3.12	3.39	3.00	3.71
试样数量	3			
[a]　该值按 20℃，1 MPa，50 年计算。				

6.8.6　真空试验

按表 11 给出的参数进行真空试验。

表 11　真空试验参数

项　目	试验参数		要　求
真空密封性	试验温度	23℃	真空压力变化≤0.005 MPa
	试验时间	1 h	
	试验压力	−0.08 MPa	
	试样数量	3	

7　试验方法

7.1　试样状态调节

试样应按 GB/T 2918—1998 规定在（23±2）℃下状态调节至少 24 h。

7.2　颜色及外观检查

用肉眼观察。

7.3　不透光性

取 400 mm 长管段，将一端用不透光材料封严，在管子侧面有自然光的条件下，用手握住有光源方向的管壁，从管子开口端用肉眼观察试样的内表面，看不见手遮挡光源的影子为合格。

7.4　尺寸测量

7.4.1　平均外径及最小外径

按 GB/T 8806—1988 的规定对所抽取的试样在距离管材端口 100 mm 以上的位置进行测量。

7.4.2　壁厚

按 GB/T 8806—1988 的规定对所抽取的试样沿圆周测量壁厚的最大和最小值，精确到 0.1 mm，小数点后第二位数非零进位。

7.5　纵向回缩率

按 GB/T 6671—2001 中方法 B 的要求进行试验。

7.6　静液压试验

7.6.1　试验条件中的温度、静液压应力、时间按表 4 的规定，管内外的介质均为水。

7.6.2　试验方法按 GB/T 6111—2003 的规定进行试验，采用 a 型封头。

7.7　静液压状态下的热稳定性试验

7.7.1　试验条件

按表 5 的规定，试验温度允差为 +4℃，−2℃。试验介质：管材内部为水，外部为空气。

7.7.2 试验方法

按 GB/T 6111—2003 的规定进行试验,采用 a 型封头。

7.8 交联度

交联度按 GB/T 18474—2001 的规定进行试验。

7.9 卫生性能

按 GB/T 17219—1998 的规定进行试验。

7.10 系统适用性试验

7.10.1 静液压试验

试验组件应包括管材和至少两种以上相配套使用的管件,管内外试验介质均为水。试验按 GB/T 6111—2003 规定进行,采用 a 型封头。

7.10.2 热循环试验

按附录 C 进行。

7.10.3 循坏压力冲击试验

按附录 D 进行。

7.10.4 耐拉拔试验

按 GB/T 15820—1995 的规定进行试验。

7.10.5 弯曲试验

按附录 E 进行试验。

7.10.6 真空试验

按附录 F 进行试验。

8 检验规则

8.1 组批

同一原料、配方和工艺连续生产的管材做为一批,每批数量为 15 t,不足 15 t 按一批计。一次交付可由一批或多批组成,交付时应注明批号,同一交付批号产品为一个交付检验批。

8.2 定型检验

8.2.1 按表 12 规定对管材进行尺寸分组。

表 12 管材的尺寸组和公称外径范围

尺寸组	公称外径范围
1	$16 \leqslant d_n \leqslant 63$
2	$75 \leqslant d_n \leqslant 160$

8.2.2 定型检验的项目为第 6 章规定的全部技术要求。同一设备制造厂的同类型设备首次投产或原料发生重大变化可能严重影响产品性能时,按表 12 规定选取每一尺寸组中任一规格的管材进行定型检验。

8.2.3 定型检验中的热稳定性试验应在投产 18 个月内完成。第 6.8 条中规定的管材与管件连接系统的适用性试验应在产品投产 12 个月内完成,当管件材料或结构型式发生变化时也须进行该项试验。

8.3 出厂检验

8.3.1 产品须经生产厂质量检验部门检验合格后并附有合格标志,方可出厂。出厂检验项目为外观、尺寸、纵向回缩率、静液压试验(20℃,1 h 及 95℃,22 h(或 95℃,165 h))和交联度。

8.3.2 管材外观、尺寸按 GB/T 2828—1987 采用正常检验一次抽样方案,取一般检验水平 1,合格质量水平 6.5,抽样方案见表 13。

表 13　抽样方案

批量范围 N	样本大小 n	合格判定数 A_c	不合格判定数 R_e
<25	2	0	1
26~50	8	1	2
51~90	8	1	2
91~150	8	1	2
151~280	13	2	3
281~500	20	3	4
501~1 200	32	5	6
1 201~3 200	50	7	8
3 201~10 000	80	9	10

8.3.3 在计数抽样合格的产品中,随机抽取足够的样品,进行纵向回缩率、交联度和20℃,1 h的静液压试验及95℃,22 h(或95℃,165 h)的静液压试验。

8.3.4 试验周期:纵向回缩率、交联度试验和20℃,1 h的静液压试验每24 h进行一次。选择95℃,22 h的静液压试验时,每24 h做一次;选择95℃,165 h的静液压试验时,每168 h做一次。

8.4　型式检验

8.4.1 按表12规定选取每一尺寸组中任一规格的管材进行型式检验。

8.4.2 管材型式检验项目为本部分第6章中除表5中的静液压状态下的热稳定性试验和第6.8以外的所有试验项目。

8.4.3 一般情况下,每隔两年进行一次型式检验。若有下列情况之一,也应进行型式检验:
　　a) 正式生产后,若材料、工艺有较大变化,可能影响产品性能时;
　　b) 因任何原因停产半年以上恢复生产时;
　　c) 出厂检验结果与上次型式检验结果有较大差异时;
　　d) 国家质量监督机构提出进行型式检验要求时。

8.5　判定规则

外观、尺寸按照表13进行判定。输送生活饮用水的管材的卫生指标有一项不合格判为不合格批。其他指标有一项达不到规定时,则随机抽取双倍样品进行该项复检,如仍不合格,则判该批为不合格批。

9　标志、包装、运输、贮存

9.1　标志

9.1.1 管材应有牢固的标记,间隔不超过2 m。标记不得造成管材出现裂痕或其他形式的损伤。

标记至少应包括下列内容:
　　a) 生产厂名和/或商标;
注:生产厂为一家标明生产厂名或商标,若数个生产厂家生产同一商标的管材,则应同时标明生产厂名和商标。
　　b) 产品名称,并注明交联工艺;
　　c) 规格及尺寸;
　　d) 用途:
符合输送生活饮用水的管材标志Y。

示例:
管系列为S5,d_n 为32 mm,e_n 为2.9 mm,硅烷交联,可输送生活饮用水的管材应标记为:S5　d_n 32×2.9　PE-X$_b$　Y

e) 本标准号；

f) 生产日期。

9.1.2 管材包装至少应有下列标记：

a) 商标；

b) 产品名称，并注明交联工艺；

c) 生产厂名、厂址。

9.1.3 为防止使用过程中出现混乱,不应标志 PN 值。

9.2 包装

管材应按相同规格装入包装袋捆扎、封口。每个包装袋重量一般不超过 25 kg,也可根据用户要求协商确定。

9.3 运输

管材在装卸和运输时,不得抛掷、曝晒、沾污、重压和损伤。

9.4 贮存

管材应合理堆放于室内库房,远离热源、防止阳光照射、不得露天存放。

附 录 A

（资料性附录）

管系列 S 与公称压力 PN 的关系

A.1 当管道系统的总使用系数 C 为 1.25 时管系列 S 与公称压力 PN 的关系见表 A.1。

表 A.1 管系列 S 与公称压力 PN 的关系（$C=1.25$）

管系列	S6.3	S5	S4	S3.2
公称压力 PN/MPa	1.0	1.25	1.6	2.0

A.2 当管道系统的总使用系数 C 为 1.5 时管系列 S 与公称压力 PN 的关系见表 A.2。

表 A.2 管系列 S 与公称压力 PN 的关系（$C=1.5$）

管系列	S6.3	S5	S4	S3.2
公称压力 PN/MPa	1.0	1.25	1.25	1.6

附　录　B
（资料性附录）
管材 $S_{calc,max}$ 值的推导

B.1　总则

本附录详细说明如何根据 GB/T 18992.1 中表 1 所给的管材使用条件级别和设计压力 P_D，确定管材的 $S_{calc,max}$ 值和最小壁厚 e_{min}。

B.2　设计应力

不同使用条件级别的管材的设计应力 σ_D 应用 Miner's 规则，并考虑到与 GB/T 18992.1 表 1 中相对应的使用条件级别，以及表 B.1 中所给出的使用系数来确定。

表 B.1　总体使用系数

温度/℃	总体使用系数 C
T_D	1.5
T_{max}	1.3
T_{mal}	1.0
T_{cold}	1.25

各种使用条件级别的设计应力 σ_D 的计算结果列在表 B.2 中。

表 B.2　设计应力

使用条件级别	设计应力 $\sigma_D{}^a$/MPa
1	3.85
2	3.54
4	4.00
5	3.24
20℃/50 年	7.60

^a 设计应力值 σ_D 精确到 0.01 MPa。

B.3　S_{calc}（$S_{calc,max}$）的计算

$S_{calc,max}$ 取 σ_{DP}/p_D 和 $\sigma_{cold}/p_{D,cold}$ 中的较小值。

其中：σ_{DP} 为表 B.2 给定的设计应力，单位为兆帕（MPa）；

　　　　p_D 为设计压力，单位为兆帕（MPa）。如 0.4 MPa、0.6 MPa 或 1.0 MPa；

　　　　σ_{cold} 为 20℃，50 年的设计应力，单位为兆帕（MPa）；

　　　　$p_{D,cold}$ 为输送冷水时的设计压力，规定取 1.0 MPa。

相对每种使用条件级别（见 GB/T 18992.1）的 $S_{calc,max}$ 值由表 B.3 给出。

表 B.3　$S_{calc,max}$ 值

设计压力 p_D/MPa	级别 1	级别 2	级别 4	级别 5
	$S_{calc,max}$ [a]			
0.4	7.6[b]	7.6[b]	7.6[b]	7.6[b]
0.6	6.4	5.9	6.6	5.4
0.8	4.8	4.4	5.0	4.0
1.0	3.8	3.5	4.0	3.2

[a]　表中的 $S_{calc,max}$ 值修约到小数点后第一位。

[b]　由 20℃、1.0 MPa 和 50 年条件确定的值。

B.4　用 $S_{calc,max}$ 确定壁厚

根据使用条件级别和设计压力由表 1 选择管系列 S，所选择的 S 值应不大于表 B.3 中的 $S_{calc,max}$，由表 2 可得到管材的最小壁厚。

附　录　C
（规范性附录）
热循环试验方法

C.1　原理

管材和管件按规定要求组装并承受一定的内压,在规定次数的温度交变后,检查管材和管件连接处的渗漏情况。

C.2　设备

试验设备包括冷热水交替循环装置,水流调节装置,水压调节装置,水温测量装置以及管道预应力和固定支撑等设施,必须符合下列要求:

　　a)　提供的冷水水温能达到本部分6.8.2所规定的最低试验温度的±2℃范围;

　　b)　提供的热水水温能达到本部分6.8.2所规定的最高试验温度的±2℃范围;

　　c)　冷热水交替能在1 min内完成;

　　d)　试验组合系统中的水温变化能控制在规定的范围内,水压能保持在本部分规定值的±0.05 MPa范围内(冷热水转换时可能出现的水锤除外)。

C.3　试验组合系统的安装

试验组合系统按图C.1所示并根据制造厂商推荐的方法进行装配,并对B和C部分进行固定。如所用管材不能弯曲成图C.1所示的形状,则C部分可按图C.2所示进行装配和固定。

C.4　试验组合系统的预处理

C.4.1　将安装好的试验组合系统(支路A先不固定)在23℃±2℃的条件下放置至少1 h。

C.4.2　将系统升温至43℃±2℃,1 h后对图D.1所示A部分进行固定。

C.4.3　将系统降温至23℃±2℃,放置至少1 h。

C.4.4　将试验组合系统充满冷水驱尽空气。

C.5　试验步骤

C.5.1　将组合系统与试验设备相连接。

C.5.2　起动试验设备并将水温和水压控制在本部分规定的范围内。

C.5.3　打开连接阀门开始循环试验,先冷水后热水依次进行。

C.5.4　在前5个循环

　　a)　调节平衡阀控制循环水的流速,使每个循环试验入口与出口的水温差不大于5℃;

　　b)　拧紧和调整连接处,防止任何渗漏。

C.5.5　按GB/T 18992—2003本部分完成规定次数的循环,检查所有连接处,看是否有渗漏。如发生渗漏,记录发生的时间、类型及位置。

C.6　试验报告

　　a)　注明采用GB/T 18992.2—2003;

　　b)　试样的名称、规格尺寸、等级和来源等;

　　c)　试验条件(包括试验水温、试验水压、一个完整循环及循环的每一部分的时间等);

d) 试验结果,如有渗漏,记录发生的时间、类型及位置;

e) 任何可能影响试验结果的因素。

单位为毫米

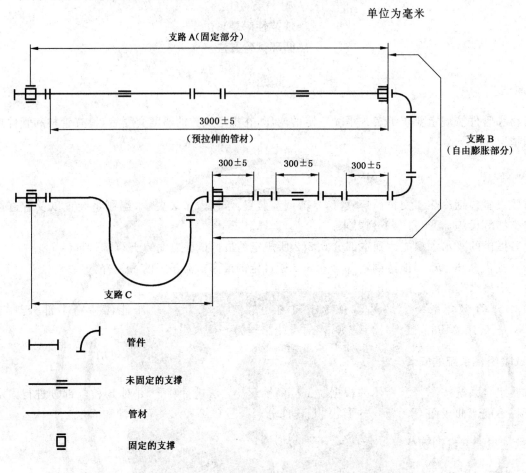

图 C.1 柔性管热循环试验组件安装示意图

单位为毫米

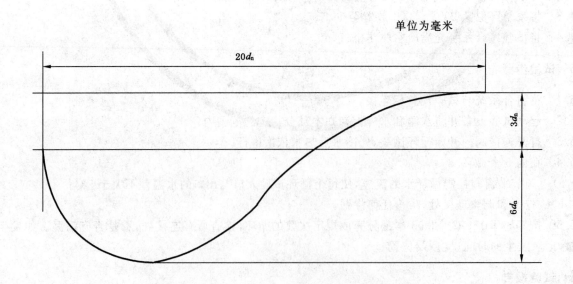

注:除非另有说明,管材的自由长度应为 27 d_n 至 28 d_n,根据生产厂商的说明,管材长度可更短,该长度对应管材最小弯曲半径。

图 C.2 C部分可替换试验安装图

附　录　D

（规范性附录）

循环压力冲击试验方法

D. 1　原理

管材和管件按规定要求组装并通入水,在一定温度下向其施加交变压力,检查渗漏情况。

D. 2　设备

试验设备包括试验组件、水温调节装置、交变压力发生装置。压力变化频率不小于 30 次/min,图 D.1 为典型试验装置。

D. 3　试验组件

试验组件应包括一个或多个长度为 $10\ d_n$ 的管段以及一个或多个管件,按生产厂家推荐的方法进行连接。

D. 4　试验步骤

准备试验组件、注入水、排出组件内的空气。

使试样承受一个与 20℃温差产生的收缩力相等的恒定预应力。

将试验组件调节至规定的温度,状态调节至少 1 h,然后按规定的压力和频率对试验组件施加交变压力。

完成规定的循环次数后,检查所有连接部位是否有渗漏。

D. 5　试验报告

试验报告应包括下列内容:

a)　注明采用 GB/T 18992.2—2003;

b)　试验用各组件的组成说明;

c)　渗漏情况的观察结果;

d)　试验日期。

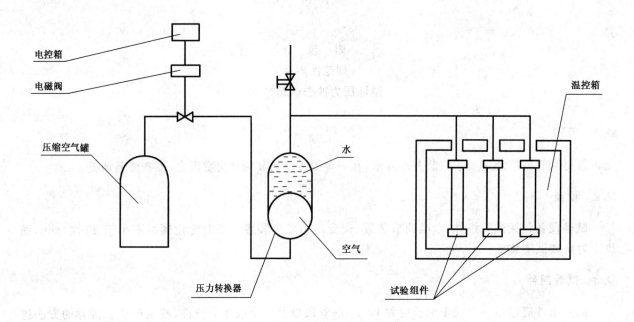

图 D.1 循环压力冲击试验装置示意图

电控箱

电磁阀

压缩空气罐

水

空气

压力转换器

温控箱

试验组件

附 录 E

（规范性附录）

弯曲试验方法

E.1 原理

检查管材与管件密封头连接处的抗渗漏性,将管材的自由段进行弯曲,试验组件由一段管材和两个管件组成。

E.2 设备

试验仪器见图 E.1。弯曲定位装置为一靠模板。靠模板长度(l)为管件间自由长度的 3/4,即等于管材公称外径的 7.5 倍。对于 S6.3 的管材,靠模板弯曲半径为公称外径的 15 倍;对 S3.2、S4 和 S5 的管材,靠模板弯曲半径为公称外径的 20 倍。

加压系统按 GB/T 6111 的规定。

E.3 试验样品

试验样品由管材与相匹配的管件组成。管材与管件连接后,应保证管件间管材自由长度为管材公称外径的 10 倍。

E.4 试验步骤

试验温度为 20℃±2℃。

对管材平均弯曲半径(R)的要求与对靠模板弯曲半径的要求相同。

按图 E.1 组装后,管件间管材的自由长度等于其公称直径的 10 倍。

将试样向弯曲定位装置上安装时,弯曲应力施加在管件上;管材应全部贴合在靠模板上(包括靠模板的两端),两自由管段应相等,各段约为管件间管材自由长度的 1/8;按照 GB/T 6111 的规定施加静液压力。

E.5 试验报告

试验报告应包括以下内容:

a) 注明采用 GB/T 18992.2—2003;

b) 试验的观察结果(是否渗漏),试验条件;

c) 若发生渗漏,应指明是连接处渗漏还是管材破裂,及当时的压力;

d) 详细说明试验过程与 GB/T 18992—2003 的本部分的差异,及可能影响试验结果的外界条件。

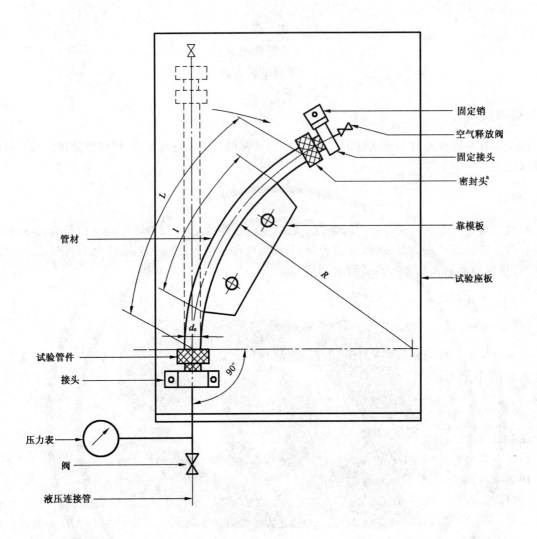

固定销
空气释放阀
固定接头
密封头[a]
靠模板
试验座板
管材
试验管件
接头
压力表
阀
液压连接管

[a] 密封头仅用作封堵试验样品。

图 E.1　管道系统弯曲试验示意图

附 录 F

（规范性附录）

真空试验方法

F.1 原理

管材与管件在指定的时间内承受部分真空,检查连接处的气密性。

F.2 设备

F.2.1 真空泵:能在试样中产生试验所要求的真空压力。

F.2.2 真空压力测量装置:能够测量试样的真空压力,精确到±0.001 MPa。

F.2.3 截流阀:能够切断试样与真空泵的连接。

F.2.4 温度计:检查是否符合试验温度。

F.2.5 端部密封件:该密封件用于密封试样的非连接端部,可用人工方法紧固,并对连接处不产生轴向力。安装方式见图 F.1。

F.3 试验样品

试验样品为管材和/或管件的连接件,根据生产厂家推荐的方法进行连接。

试样应与真空泵、截流阀连接在一条直线上。

真空压力测量装置应装在截流阀与试样之间。

试样数量按本部分的技术要求。

F.4 试验步骤

F.4.1 试样应在23℃±5℃状态调节2 h。

F.4.2 试验温度为23℃±2℃。

F.4.3 按本部分的技术要求抽真空,达到规定的真空压力后关闭截流阀,开始计时。达到试验规定时间后,记录真空压力的变化值。

F.4.4 无论试验成功或失败,都应记录压力增加值,即使该值很小。

F.5 试验报告

试验报告应包括以下内容:

a) 注明采用 GB/T 18992.2—2003;

b) 样品标记、编号和工作压力;

c) 试验温度;

d) 试验时间;

e) 试验压力和压力增加值;

f) 可能影响试验结果的任何因素,如任何失误或不符合本标准的操作细节;

g) 试验日期。

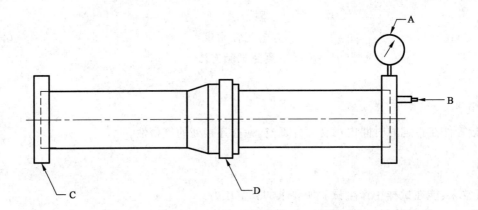

A——压力表；

B——与真空泵相连；

C——端部密封件；

D——试验连接处。

图 F.1 管道系统真空试验示意图

ICS 83.140.30
G 33

中华人民共和国国家标准

GB/T 19472.1—2004

埋地用聚乙烯(PE)结构壁管道系统
第 1 部分:聚乙烯双壁波纹管材

Polyethylene structure wall pipeline system for underground usage
Part 1:Polyethylene double wall corrugated pipes

2004-03-15 发布

2004-10-01 实施

中华人民共和国国家质量监督检验检疫总局
中国国家标准化管理委员会 发布

前　言

GB/T 19472—2004《埋地用聚乙烯(PE)结构壁管道系统》分为两个部分：

——第1部分：聚乙烯双壁波纹管材；

——第2部分：聚乙烯缠绕结构壁管材。

本标准为 GB/T 19472 的第1部分。

本部分参考了欧洲标准草案 prEN 13476-1:2001《无压埋地排水排污用热塑性塑料管系统　硬聚氯乙烯(PVC-U)，聚丙烯(PP)和聚乙烯(PE)的结构壁管系统　第一部分：管材，管件和管道系统的规范》中关于 B 型聚乙烯结构壁管部分的要求。

本标准的附录 A 为资料性附录，附录 B 为规范性附录。

本标准由中国轻工业联合会提出。

本标准由全国塑料制品标准化技术委员会塑料管材、管件及阀门分技术委员会(TC48/SC3)归口。

本标准起草单位：安徽国通高新管业股份有限公司、江苏星河集团公司、山西塑料总厂、兰州鼎泰塑料有限公司、中国石化股份有限公司武汉石油化工厂。

本标准主要起草人：张恩友、匡红卫、梁慧娟、张保民、蒋红建。

埋地用聚乙烯(PE)结构壁管道系统
第1部分:聚乙烯双壁波纹管材

1 范围

GB/T 19472的本部分规定了埋地用聚乙烯(PE)双壁波纹管材的定义、符号和缩略语、材料、产品分类与标记、管材结构与连接方式、技术要求、试验方法、检验规则和标志、运输、贮存。

本部分适用于长期温度不超过45℃的埋地排水和通讯套管用聚乙烯双壁波纹管。亦可用于工业排水、排污管。

2 规范性引用文件

下列文件中的条款通过GB/T 19472的本部分的引用而成为本部分的条款。凡是注日期的引用文件,其随后所有的修改单(不包括勘误的内容)或修订版均不适用于本部分,然而,鼓励根据本部分达成协议的各方研究是否可使用这些文件的最新版本。凡是不注日期的引用文件,其最新版本适用于本部分。

GB/T 1033—1986 塑料密度和相对密度试验方法(eqv ISO/DIS 1183:1984)

GB/T 1040—1992 塑料拉伸性能试验方法

GB/T 2828—1987 逐批检查计数抽样程序及抽样表(适用于连续批的检查)

GB/T 2918—1998 塑料试样状态调节和试验的标准环境(idt ISO 291:1997)

GB/T 3682—2000 热塑性塑料熔体质量流动速率和熔体体积流动速率的测定(idt ISO 1133:1997)

GB/T 6111—2003 流体输送用热塑性塑料管材 耐内压试验方法(idt ISO 1167:1996)

GB/T 8806—1988 塑料管材尺寸测量方法(eqv ISO 3126:1974)

GB/T 9341—2000 塑料弯曲性能试验方法(idt ISO 178:1993)

GB/T 14152—2001 热塑性塑料管材 耐外冲击性能试验方法 时针旋转法(eqv ISO 3127:1994)

GB/T 17391—1998 聚乙烯管材与管件热稳定性试验方法(eqv ISO/TR 10837:1991)

GB/T 18042—2000 热塑性塑料管材 蠕变比率的试验方法(eqv ISO 9967:1994)

GB/T 9647—2003 热塑性塑料管材 环刚度的测定(idt ISO 9969:1994)

ISO 13968:1997 塑料管道及输送系统 热塑性塑料管材环柔性的测定

HG/T 3091—2000 橡胶密封件 给排水和污水管道接口密封圈 材料规范

3 定义、符号和缩略语

本部分采用下面的定义、符号和缩略语。

3.1 定义

3.1.1 公称尺寸 DN

表示管材尺寸规格的数值,以毫米(mm)为单位的近似尺寸。

3.1.2 公称尺寸 DN/OD

与外径相关的公称尺寸,单位为毫米(mm)。

3.1.3 公称尺寸 DN/ID

与内径相关的公称尺寸,单位为毫米(mm)。

3.1.4 外径(d_e)

在管材上任一处横断面测量的外直径数值,读数精确到 0.1 mm。

3.1.5 平均外径(d_{em})

在管材上任一断面处测量的外圆周长除以 π(≈3.142)所得值,向上圆整到 0.1 mm。

3.1.6 平均内径(d_{im})

在管材的同一断面处测量的二个相互垂直的内径平均值,单位为毫米(mm)。

3.1.7 承口最小平均内径($D_{im,min}$)

在承口的同一断面处平均内径的最小许可值,单位为毫米(mm)。

3.1.8 层压壁厚(e)

在管材的波纹之间管壁任一处的厚度(参见图1和图2),单位为毫米(mm)。

3.1.9 内层壁厚(e_1)

管材内壁任一处的厚度(参见图1和图2),单位为毫米(mm)。

3.1.10 承口壁厚(e_2)

承口壁任一处的厚度(参见图1和图2),单位为毫米(mm)。

3.1.11 最小接合长度(A_{min})

连接密封处与承口内壁圆柱端接合长度的最小允许值(参见图2),单位为毫米(mm)。

3.1.12 公称环刚度(SN)

管材经过圆整的环刚度数值,表明管材环刚度要求的最小值。

3.2 符号

A	接合长度
DN	公称尺寸
DN/OD	以外径表示的公称尺寸
DN/ID	以内径表示的公称尺寸
d_e	外径
d_{em}	平均外径
d_{im}	平均内径
$D_{im,min}$	承口最小平均内径
e	层压壁厚
e_1	内层壁厚
e_2	承口壁厚
L	管材有效长度
SN	公称环刚度

注: 本标准中采用的符号,仅作为其对应定义的推荐符号。在不致引起误解时,也可采用其他符号。

3.3 缩略语

MFR	熔体质量流动速率
OIT	氧化诱导时间
PE	聚乙烯
TIR	真实冲击率

4 原料

4.1 生产管材所用的原料应以聚乙烯(PE)树脂为主,其中可加入为提高管材加工性能的其他材料,聚乙烯(PE)树脂含量(质量分数)应在80%以上。

4.2 原料应满足表1的要求,其他性能参见附录A。

表 1　PE 管材的材料性能

序号	项　　目	要　　求	检验方法
1	耐内压(80℃,环应力 3.9 MPa,165 h)[a] 耐内压(80℃,环应力 2.8 MPa,1 000 h)[a]	无破坏,无渗漏	GB/T 6111—2003 采用 a 型密封头
2	熔体质量流动速率(5 kg,190℃)	MFR≤1.6 g/10 min	GB/T 3682—2000
3	热稳定性(200℃)	OIT≥20 min	GB/T 17391—1998
4	密度	≥930 kg/m³(基础树脂)	GB/T 1033—1986
[a]　用相应的挤出料加工的实壁管进行试验。			

4.3　回用料

允许使用来自本厂生产的同种管材的、清洁的符合本部分要求的回用料。

4.4　弹性密封圈

弹性密封圈应符合 HG/T 3091—2000 的要求。

5　产品分类与标记

5.1　分类

管材按环刚度分类,见表2。

表 2　公称环刚度等级

等　　级	SN2	SN4	(SN6.3)	SN8	(SN12.5)	SN16
环刚度/(kN/m²)	2	4	(6.3)	8	(12.5)	16

注：仅在 d_e≥500 mm 的管材中允许有 SN2 级,括号内数值为非首选等级。

5.2　标记

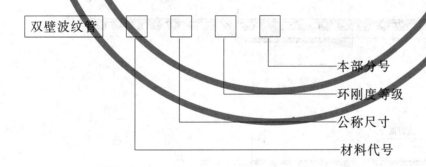

标记示例如下：

公称内径为 500 mm,环刚度等级为 SN8 的 PE 双壁波纹管材的标记为：

双壁波纹管 PE　DN/ID500　SN8　GB/T 19472.1—2004

6　管材结构与连接方法

6.1　管材结构

典型的结构如图 1 所示。

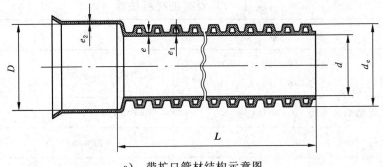

a) 带扩口管材结构示意图

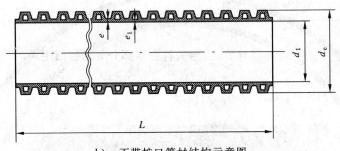

b) 不带扩口管材结构示意图

图 1 管材结构示意图

6.2 连接方式

管材可使用弹性密封圈连接方式,也可使用其他连接形式。典型的弹性密封圈连接方式如图2所示。

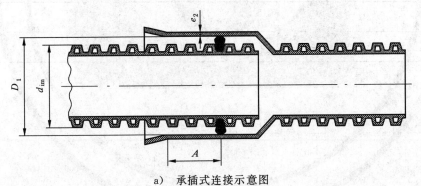

a) 承插式连接示意图

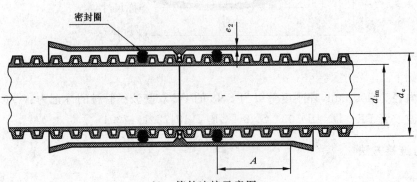

b) 管件连接示意图

图 2 管材连接示意图

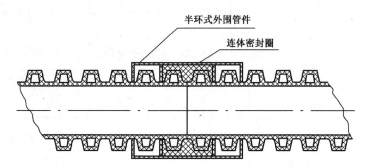

c) 哈夫外固连接示意图

图 2（续）

7 技术要求

7.1 颜色

管材内外层各自的颜色应均匀一致,外层一般为黑色,其他颜色可由供需双方商定。

7.2 外观

管材内外壁不允许有气泡、凹陷、明显的杂质和不规则波纹。管材的两端应平整、与轴线垂直并位于波谷区。管材波谷区内外壁应紧密熔接,不应出现脱开现象。

7.3 规格尺寸

管材用公称外径(DN/OD 外径系列)表示尺寸,也可用公称内径(DN/ID 内径系列)表示尺寸。

7.3.1 长度

管材有效长度 L 一般为 6 m,其他长度由供需双方协商确定。

7.3.2 尺寸

a) 外径系列管材的尺寸应符合表 3 的要求,且承口的最小平均内径应不小于管材的最大平均外径。

表 3 外径系列管材的尺寸   单位为毫米

公称外径 DN/OD	最小平均外径 $d_{em,min}$	最大平均外径 $d_{em,max}$	最小平均内径 $d_{im,min}$	最小层压壁厚 e_{min}	最小内层壁厚 $e_{1,min}$	接合长度 A_{min}
110	109.4	110.4	90	1.0	0.8	32
125	124.3	125.4	105	1.1	1.0	35
160	159.1	160.5	134	1.2	1.0	42
200	198.8	200.6	167	1.4	1.1	50
250	248.5	250.8	209	1.7	1.4	55
315	313.2	316.0	263	1.9	1.6	62
400	397.6	401.2	335	2.3	2.0	70
500	497.0	501.5	418	2.8	2.8	80
630	626.3	631.9	527	3.3	3.3	93
800	795.2	802.4	669	4.1	4.1	110
1 000	994.0	1 003.0	837	5.0	5.0	130
1 200	1 192.8	1 203.6	1 005	5.0	5.0	150

b) 内径系列管材的尺寸应符合表 4 的要求,且承口的最小平均内径应不小于管材的最大平均外径。

表 4　内径系列管材的尺寸　　　　　　　　　　　单位为毫米

公称内径 DN/ID	最小平均内径 $d_{im,min}$	最小层压壁厚 e_{min}	最小内层壁厚 $e_{1,min}$	接合长度 A_{min}
100	95	1.0	0.8	32
125	120	1.2	1.0	38
150	145	1.3	1.0	43
200	195	1.5	1.1	54
225	220	1.7	1.4	55
250	245	1.8	1.5	59
300	294	2.0	1.7	64
400	392	2.5	2.3	74
500	490	3.0	3.0	85
600	588	3.5	3.5	96
800	785	4.5	4.5	118
1 000	985	5.0	5.0	140
1 200	1 185	5.0	5.0	162

管材外径的公差应符合下列公式计算的数值:

$$d_{em,min} \geqslant 0.994 \times d_e$$

$$d_{em,max} \leqslant 1.003 \times d_e$$

其中 d_e 为管材生产商规定的外径,计算结果保留一位小数。

c) 管材和连接件的承口壁厚应符合表 5 的规定。

表 5　管材和连接件的承口最小壁厚　　　　　　　　　单位为毫米

管材外径	$e_{2,min}$
$d_e \leqslant 500$	$(d_e/33) \times 0.75$
$d_e > 500$	11.4

7.4　物理力学性能要求

管材的物理力学性能应符合表 6 的规定。

表 6　管材的物理力学性能

项　　目		要　　求
环刚度/(kN/m²)	SN2	≥2
	SN4	≥4
	(SN6.3)	≥6.3
	SN8	≥8
	(SN12.5)	≥12.5
	SN16	≥16
冲击性能(TIR)/%		≤10

表 6（续）

项 目	要 求
环柔性	试样圆滑，无反向弯曲，无破裂，两壁无脱开
烘箱试验	无气泡，无分层，无开裂
蠕变比率	≤4

注：括号内数值为非首选的环刚度等级。

7.5 系统的适用性

管材采用弹性密封圈连接时，应按表 7 的要求进行系统适用性的测试。

表 7 系统的性能要求

试验条件	项 目		要 求
条件 B：径向变形 连接密封处变形：5% 管材变形：10% 温度：(23±2)℃	较低的内部静液压(15 min)	0.005 MPa	不泄漏
	较高的内部静液压(15 min)	0.05 MPa	不泄漏
	内部气压(15 min)	−0.03 MPa	≤−0.027 MPa
条件 C：角度偏差 d_e≤315：2° 315<d_e≤630：1.5° 630<d_e：1° 温度：(23±2)℃	较低的内部静液压(15 min)	0.005 MPa	不泄漏
	较高的内部静液压(15 min)	0.05 MPa	不泄漏
	内部气压(15 min)	−0.03 MPa	≤−0.027 MPa

8 试验方法

8.1 状态调节和试验环境

除另有规定外，试样应按 GB/T 2918—1998 的规定，在(23±2)℃环境中进行状态调节和试验，状态调节时间不应少于 24 h；公称尺寸大于 630 mm 的管材，状态调节时间不应少于 48 h。

8.2 外观检查

用肉眼直接观察。

8.3 尺寸测量

8.3.1 有效长度

按图 1 所示位置，用最小刻度不大于 5 mm 的卷尺测量管材的有效长度。

8.3.2 平均外径

按 GB/T 8806—1988 第 4 章的规定，用最小刻度不大于被测值 0.1% 的量具，垂直于管材轴线绕外壁一周，紧密贴合后，读数。

8.3.3 平均内径

用最小刻度不大于被测值 0.1% 的量具分别测量管材同一断面相互垂直的两内径，以两内径的算术平均值作为管材的平均内径。

8.3.4 壁厚

将管材沿圆周进行不少于四等份的均分，测量层压壁厚及内层壁厚，读取最小值。

8.3.5 承口平均内径

按图 2 所示，用最小刻度不低于 0.02 mm 的量具测量承口相互垂直的两内径，以两内径的算术平均值作为测量结果。

8.3.6 接合长度

按图 2 所示，用最小刻度不低于 0.02 mm 的量具测量接合长度。

8.3.7 承口壁厚

按 GB/T 8806—1988 的规定,用最小刻度不低于 0.02 mm 的量具测量承口壁厚,读取最小值。

8.4 环刚度

按 GB/T 9647—2003 的规定进行试验,取样时切割点应在波谷的中间。

8.5 冲击性能

8.5.1 试样

管材内径≤500 mm 时,按 GB/T 14152—2001 规定取样;管材内径＞500 mm 时,可切块进行试验。试块尺寸为:长度 200 mm±10 mm,内弦长 300 mm±10 mm,试验时试块应外表面圆弧向上,两端水平放置在底板上,冲击点应保证为波纹的顶端。

8.5.2 试验步骤

试验按 GB/T 14152—2001 的规定进行。实验温度为(0±1)℃,用 V 型托板,落锤质量和冲击高度见表 8。(当计划使用地区通常要在−10℃以下进行安装铺设时,落锤质量和冲击高度见表 9,这种管材应标记一个冰晶(＊)的符号)。

表 8　落锤质量和冲击高度

外径/ mm	落锤质量 /kg	冲击高度 /mm
d_e≤110	0.5	1 600
110＜d_e≤125	0.8	2 000
125＜d_e≤160	1.0	2 000
160＜d_e≤200	1.6	2 000
200＜d_e≤250	2.0	2 000
250＜d_e≤315	2.5	2 000
d_e＞315	3.2	2 000

表 9　落锤质量和冲击高度

外径/ mm	落锤质量 /kg	冲击高度 /mm
d_e≤110	4.0	
110＜d_e≤125	5.0	
125＜d_e≤160	6.25	
160＜d_e≤200	8.0	500
200＜d_e≤225	10.0	
d_e＞225	12.5	

8.5.3

用肉眼观察,试样经冲击后产生裂纹、裂缝或试样破碎判为试样破坏。根据试样破坏数对照 GB/T 14152—2001 的图 2 或表 5 判定 TIR 值。

8.6 环柔性

8.6.1 试样

从一根管子上取(300±20)mm 长度试样三段,两端应与轴线垂直切平。

8.6.2 试验步骤

试验按 ISO 13968:1997 进行,试验力应连续增加。当试样在垂直方向外径变形量为原外径的 30％时立即卸荷,观察试样的内壁是否保持圆滑,有无反向弯曲,是否破裂,两壁是否脱开。

8.7 烘箱试验

8.7.1 试样

取(300±20)mm 长的管材三段,对公称外径≤400 mm 的管材,沿轴向切成两个大小相同的试样;对外径>400 mm 的管材,沿轴向切成四个大小相同的试样。

8.7.2 试验步骤

将烘箱温度设定为(110±2)℃,温度达到后,将试样放置在烘箱内,使其不相互接触且不与烘箱四壁相接触。当层压壁厚 e≤8 mm 时,在(110±2)℃下放置 30 min;当层压壁厚 e>8 mm 时,在同样温度下放置 60 min,取出时不可使其变形或损坏它们,冷却至室温后观察,试样出现分层、开裂或起泡为试样不合格。

8.8 蠕变比率

试验按 GB/T 18042—2000 的规定进行。试验温度为(23±2)℃,计算并外推至两年的蠕变比率。

8.9 系统的适用性

按附录 B 的规定进行。

9 检验规则

9.1 产品需经生产厂质量检验部门检验合格并附有合格证方可出厂。

9.2 组批

同一批原料,同一配方和工艺情况下生产的同一规格管材为一批,管材内径≤500 mm 时,每批数量不超过 60 t,如生产数量少,生产期 7 天尚不足 60 t,则以 7 天产量为一批;管材内径>500 mm 时,每批数量不超过 300 t,如生产数量少,生产期 30 天尚不足 300 t,则以 30 天产量为一批。

9.3 出厂检验

9.3.1 出厂检验项目为 7.1、7.2、7.3 和 7.4 表 6 中的环刚度、环柔性和烘箱试验。

9.3.2 7.1、7.2 和 7.3 中除层压壁厚和内层壁厚外检验按 GB/T 2828—1987 进行抽样,采用正常检验一次抽样方案,取一般检验水平Ⅰ,合格质量水平(AQL)6.5,其 N、m、A_c、R_e 值见表 10。

表 10 抽样方案

单位:根

批 量 N	样本大小 n	合格判定数 A_c	不合格判定数 R_e
≤150	8	1	2
151~280	13	2	3
281~500	20	3	4
501~1 200	32	5	6
1 201~3 200	50	7	8
3 201~10 000	80	10	11

9.3.3 在按 9.3.2 抽样检查合格的样品中,随机抽取样品,进行 7.4 中的环刚度、环柔性和烘箱试验;并按 8.3.4 要求随机抽取 3 个试样,对 7.3 中的层压壁厚、内层壁厚进行测量,取最小值。

9.4 型式检验

型式检验项目为第 7 章规定的全部技术要求项目。

一般情况下每两年进行一次型式检验。

若有以下情况之一,应进行型式检验。

a) 新产品或老产品转厂生产的试制定型鉴定;

b) 结构、材料、工艺有较大变动可能影响产品性能时;

    c) 产品长期停产后恢复生产时；

    d) 出厂检验结果与上次型式检验结果有较大差异时；

    e) 国家质量监督机构提出进行型式检验的要求时。

9.5 判定规则

    7.1、7.2 和 7.3 中除层压壁厚和内层壁厚外，任一条不符合表 10 规定时，判该批为不合格。7.3 中的层压壁厚、内层壁厚，7.4 中的环刚度、环柔性和烘箱试验有一项达不到指标时，按 9.3.2 抽取的合格样品中再抽取双倍样品进行该项的复验，如仍不合格，判该批为不合格批。

10 标志、运输、贮存

10.1 标志

10.1.1 产品上应有下列永久性标志：

    a) 按 5.2 规定的标记。

    b) 生产厂名和/或商标。

    c) 可在 -10℃ 以下安装铺设的管材应标记一个冰晶(＊)的符号。

10.1.2 产品上应注明生产日期。

10.2 运输

    产品在装卸运输时，不得受剧烈撞击，抛摔和重压。

10.3 贮存

    管材存放场地应平整，堆放应整齐，堆放高度不得超过 4 m，远离热源，不得曝晒。

附　录　A

（资料性附录）

原材料的弯曲模量和抗拉强度性能要求

符合本部分 PE 原材料的弯曲模量和拉伸强度性能要求见表 A.1。

表 A.1　PE 原材料的弯曲模量和拉伸强度

性　　能	测试方法	单　位	要　　求	备　　注
弯曲模量	GB/T 9341—2000	MPa	≥800	—
拉伸强度	GB/T 1040—1992	MPa	≥20.7	—

附　录　B

（规范性附录）

弹性密封圈接头的密封试验方法

B.1　概述

本试验方法参考了欧洲标准 EN 1277：1996《塑料管道系统　无压埋地用热塑性塑料管道系统　弹性密封圈型接头的密封试验方法》。规定了三种基本试验方法在所选择的试验条件下，评定埋地用热塑性塑料管道系统中弹性密封圈型接头的密封性能。

B.2　试验方法

方法 1：用较低的内部静液压评定密封性能；

方法 2：用较高的内部静液压评定密封性能；

方法 3：内部负气压（局部真空）。

B.2.1　内部静液压试验

B.2.1.1　原理

将管材和（或）管件组装起来的试样，加上规定的一个内部静液压 p_1（方法 1）来评定其密封性能。如果可以，接着再加上规定的一个较高的静液压 p_2（方法 2）来评定其密封性能（参看 B.2.1.4.4）。

试验加压要维持一个规定的时间，在此时间应检查接头是否泄漏（参看 B.2.1.4.5）。

B.2.1.2　设备

B.2.1.2.1　端密封装置

有适当的尺寸和使用适当的密封方法把组装试样的非连接端密封。该装置的固定方式不可以在接头上产生轴向力。

B.2.1.2.2　静液压源

连接到一头的密封装置上，并能够施加和维持规定的压力（见 B.2.1.4.5）。

B.2.1.2.3　排气阀

能够排放组装试样中的气体。

B.2.1.2.4　压力测量装置

能够检查试验压力是否符合规定的要求（见 B.2.1.4）。

注：为减少所用水的总量，可在试样内放置一根密封管或芯棒。

B.2.1.3　试样

试样由一节或几节管材和（或）一个或几个管件组装成，至少含一个弹性密封圈接头。

被试验的接头应按照制造厂家的要求进行装配。

B.2.1.4　步骤

B.2.1.4.1　下列步骤在室温下，用温度（23±2）℃的水进行。

B.2.1.4.2　将试样安装在试验设备上。

B.2.1.4.3　根据 B.2.1.4.4 和 B.2.1.4.5 进行试验时，观察试样是否泄漏。并在试验过程中和结束时记下任何泄漏或不泄漏的情况。

B.2.1.4.4　按以下方法选择适用的试验压力：

——方法 1：较低内部静液压试验压力 p_1 为 0.005 MPa（1±10%）；

——方法 2：较高内部静液压试验压力 p_2 为 0.05 MPa（1^{+10}_{0}%）。

B.2.1.4.5　在组装试样中装满水，并排放掉空气。为保证温度的一致性，直径 d_e 小于 400 mm 的管应

将其放置至少 5 min,更粗的管放置至少 15 min。在不小于 5 min 的期间逐渐将静液压力增加到规定的试验压力 p_1 或 p_2,并保持该压力至少 15 min,或者到因泄漏而提前中止。

B.2.1.4.6 在完成了所要求的受压时间后,减压并排放掉试样中的水。

B.2.2 内部负气压试验(局部真空)

B.2.2.1 原理

使几段管材和(或)几个管件组装成的试样承受规定的内部负气压(局部真空)经过一段规定的时间,在此时间内通过检测压力的变化来评定接头的密封性能。

B.2.2.2 设备

设备(见图 B.1)必须至少符合 B.2.1.2.1 和 B.2.1.2.4 中规定的设备要求,并包含一个负气压源和可以对规定的内部负气压测定的压力测量装置(参见 B.2.2.4.3 和 B.2.2.4.6)。

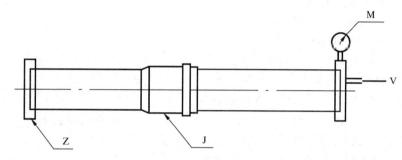

M——压力表;

V——负气压;

J——试验状态下的接头;

Z——端密封装置。

图 B.1 内部负气压试验的典型示例

B.2.2.3 试样

试样由一节或几节管材和(或)一个或几个管件组装成,至少含一个弹性密封圈接头。被试验的接头必须按照制造厂家的要求进行装配。

B.2.2.4 步骤

B.2.2.4.1 下列步骤在环境温度为 (23 ± 2)℃的范围内进行,在按照 B.2.2.4.5 试验时温度的变化不可超过 2℃。

B.2.2.4.2 将试样安装在试验设备上。

B.2.2.4.3 方法 3 选择适用的试验压力如下:

——方法 3:内部负气压(局部真空)试验压力 p_3 为 -0.03 MPa($1\pm5\%$)。

B.2.2.4.4 按照 B.2.2.4.3 的规定使试样承受一个初始的内部负气压 p_3。

B.2.2.4.5 将负气压源与试样隔离。测量内部负压,15 min 后确定并记下局部真空的损失。

B.2.2.4.6 记录局部真空的损失是否超出内部负气压 p_3 的规定要求。

B.3 试验条件

条件 A:没有任何附加的变形或角度偏差;

条件 B:存在径向变形;

条件 C:存在角度偏差。

B.3.1 条件 A:没有任何的附加变形或角度偏差

由一节或几节管道和(或)一个或几个管件组装成的试样在试验时,不存在由于变形或偏差分别作用到接头上的任何应力。

B.3.2 条件 B:径向变形

B.3.2.1 原理

在进行所要求的压力试验前,管材和(或)管件组装成的试样已受到规定的径向变形。

B.3.2.2 设备

设备应能够同时在管材上和另外在连接密封处产生一个恒定的径向变形,并增加内部静液压(参见图 B.2)。它应该符合 B.2.1.2 和 B.2.2.2。

a) 机械式或液压式装置,作用于沿垂直于管材轴线的垂直面自由移动的压块,能够使管材产生必需的径向变形(参见 B.3.2.3)。对于直径等于或大于 400 mm 的管材,每一对压块应该是椭圆型的,以适合管材变形到所要求的值时预期的形状,或者配备能够适合变形管材形状的柔性带或橡胶垫。

压块宽度 b_1,根据管材外径 d_e,规定如下:

$d_e \leqslant 710$ mm 时,$b_1 = 100$ mm,

710 mm $< d_e \leqslant 1\ 000$ mm 时,$b_1 = 150$ mm,

$d_e > 1\ 000$ mm 时,$b_1 = 200$ mm,

承口端与压块之间的距离 L 必须为 $0.5d_e$ 或者 100 mm,取其中的较大值。

对于双壁波纹管材,压块必须至少覆盖两条波纹。

b) 机械式或液压式装置,作用于沿垂直于管材轴线的垂直面自由移动的压块,能够使连接密封处产生必需的径向变形(参见 B.3.2.3)。

压块宽度 b_2,应该根据管材的外径 d_e,规定如下:

$d_e \leqslant 110$ mm 时,$b_2 = 30$ mm,

110 mm $< d_e \leqslant 315$ mm 时,$b_2 = 40$ mm,

$d_e > 315$ mm 时,$b_2 = 60$ mm,

c) 夹具,必要时,试验设备可用夹具固定端密封装置,抵抗内部试验压力产生的端部推力。在其他情况下,设备不可支撑接头抵抗内部的测试压力。

图 B.2 所示为允许有角度偏差(参见 B.3.3)的典型设置。

对于密封圈(一个或几个)放置在管材端部的接头,连接密封处径向变形装置的压块位置应使得压块轴线与密封圈(一个或几个)的中线对齐,除非密封圈位置使装置的压块边缘与承口的端部不足 25 mm,在这种情况下,压块的边缘应该放置到使 L_1 至少为 25 mm,如果可能(例如,承口长度大于 80 mm),L_2 至少也为 25 mm(见图 B.3)。

B.3.2.3 步骤

使用机械式或液压式装置,对管材和连接密封处施加必需的压缩力 F_1 和 F_2(见图 B.2),从而形成管材变形 $10 \pm 1\%$、连接密封处变形 $5 \pm 0.5\%$,造成最小相差是管材公称外径的 5%变形。

B.3.3 条件 C:角度偏差

B.3.3.1 原理

在进行所要求的压力测试前,由管材和(或)管件组装成的试样已受到规定的角度的偏差。

B.3.3.2 设备

设备应符合 B.2.1.2 和 B.2.2.2 的要求。另外它还必须能够使组装成的接头达到规定的角度偏差(参见 B.3.3.3)。图 B.2 所示为典型示例。

B.3.3.3 步骤

角度偏差 α 如下:

$d_e \leqslant 315$ mm 时,$\alpha = 2°$

315 mm $< d_e \leqslant 630$ mm 时,$\alpha = 1.5°$

$d_e > 630$ mm 时,$\alpha = 1°$

如果设计连接允许有角度偏差 β,则试验角度偏差是设计允许角度偏差 β 和角度偏差 α 的总和。

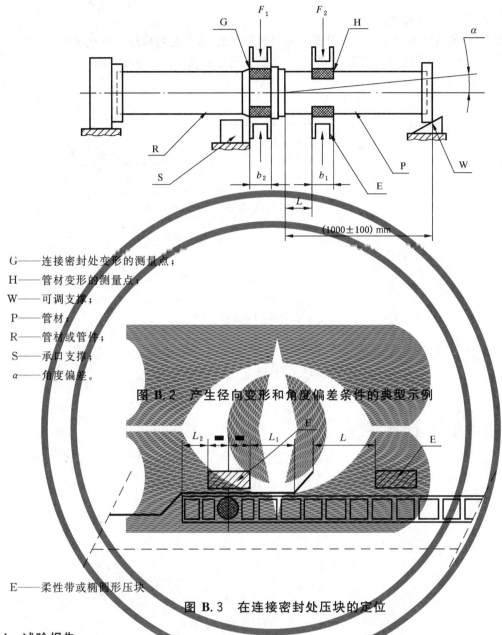

G——连接密封处变形的测量点；

H——管材变形的测量点；

W——可调支撑；

P——管材；

R——管材或管件；

S——承口支撑；

α——角度偏差。

图 B.2 产生径向变形和角度偏差条件的典型示例

E——柔性带或椭圆形压块

图 B.3 在连接密封处压块的定位

B.4 试验报告

试验报告应包含下列内容：

a) GB/T 19472.1 本附录及参考的标准；

b) 选择的试验方法及试验条件；

c) 管件、管材、密封圈包括接头的名称；

d) 以摄氏度标注的室温 T；

e) 在试验条件 B 下：

——管材和承口的径向变形；

——从承口端部到压块的端面之间的距离 L，以 mm 标注。

f) 在测试条件 C 下：

——受压的时间，以 min 标注；

——设计连接允许有角度偏差 β 和角度 α，以度标注；

g) 试验压力,以 MPa 标注;

h) 受压的时间,以 min 标注;

i) 如果有泄漏,报告泄漏的情况以及泄漏发生时的压力值;或者是接头没有出现泄漏的报告;

j) 可能会影响测试结果的任何因素,比如本附录中未规定的意外或任意操作细节;

k) 试验日期。

ICS 83.140.30
G 33

中华人民共和国国家标准

GB/T 19472.2—2004

埋地用聚乙烯(PE)结构壁管道系统
第2部分：聚乙烯缠绕结构壁管材

Polyethylene structure-wall piping system for underground usage

Part 2：Polyethylene spirally enwound structure-wall pipes

2004-03-15 发布   2004-10-01 实施

中华人民共和国国家质量监督检验检疫总局
中国国家标准化管理委员会   发布

前　言

GB/T 19472—2004《埋地用聚乙烯(PE)结构壁管道系统》分为两个部分：

第1部分：聚乙烯双壁波纹管材；

第2部分：聚乙烯缠绕结构壁管材。

本部分为 GB/T 19472 的第2部分。

本部分参考了欧洲标准(草案)prEN 13476-1:2001《无压埋地排水排污用热塑性塑料管道系统　硬聚氯乙烯(PVC-U)，聚丙烯(PP)和聚乙烯(PE)的结构壁管系统　第一部分：管材，管件和系统的规范》中关于聚乙烯结构壁管系统的要求。

本部分的附录 A、附录 B、附录 C 为资料性附录，附录 D 和附录 E 为规范性附录。

本部分由中国轻工业联合会提出。

本部分由全国塑料制品标准化技术委员会塑料管材、管件及阀门分技术委员会(TC48/SC3)归口。

本部分由石家庄宝石克拉大径塑管有限公司负责起草，江苏联兴塑胶管业有限公司、杭州韩益塑料管材有限公司、大连东高新型管材股份有限公司参加起草。

本部分主要起草人：牛建英、倪士民、鲍岳祥、裴廷春、刘志芬、谢丽然。

埋地用聚乙烯(PE)结构壁管道系统
第2部分:聚乙烯缠绕结构壁管材

1 范围

GB/T 19472 的本部分规定了埋地用聚乙烯缠绕结构壁管材及管件的定义、符号和缩略语、原料、管材分类和标记、结构型式和连接方式、技术要求、试验方法、检验规则、标志、运输和贮存。

本部分适用于以聚乙烯(PE)为主要原料,以相同或不同材料作为辅助支撑结构,采用缠绕成型工艺,经加工制成的结构壁管材、管件(或实壁管件)。

该管材、管件适用于长期温度在 45℃ 以下的埋地排水、埋地农田排水等工程。

2 规范性引用文件

下列文件中的条款通过 GB/T 19472 的本部分的引用而成为本部分的条款。凡是注日期的引用文件,其随后所有的修改单(不包括勘误的内容)或修订版均不适用于本部分,然而,鼓励根据本部分达成协议的各方研究是否可使用这些文件的最新版本。凡是不注日期的引用文件,其最新版本适用于本部分。

GB/T 1033—1986 塑料密度和相对密度试验方法(eqv ISO/DIS 1183:1984)

GB/T 2828—1992 逐批检查计数抽样程序及抽样表(适用于连续批的检查)

GB/T 2918—1998 塑料试样状态调节和试验的标准环境(idt ISO 291:1997)

GB/T 3682—2000 热塑性塑料熔体质量流动速率和熔体体积流动速率的测定(idt ISO 1133:1997)

GB/T 6111—2003 流体输送用热塑性塑料管材 耐内压试验方法(idt ISO 1167:1996)

GB/T 6671—2001 热塑性塑料管材纵向回缩率的测定(eqv ISO 2505:1994)

GB/T 8804.3—2003 热塑性塑料管材 拉伸性能测定 第3部分:聚烯烃类管材(idt ISO 6259-3:1997)

GB/T 14152—2001 热塑性塑料管材耐外冲击性能试验方法 时针旋转法(eqv ISO 3127:1994)

GB/T 17391—1998 聚乙烯管材与管件热稳定性试验方法(eqv ISO/TR 10837:1991)

GB/T 18042—2000 热塑性塑料管材蠕变比率的试验方法(eqv ISO 9967:1994)

GB/T 9647—2003 热塑性塑料管材 环刚度的试验方法(idt ISO 9969:1996)

ISO 13968:1997 塑料管道及输送系统 热塑性塑料管材环柔性的测定

HG/T 3091—2000 橡胶密封件 给排水和污水管道接口密封圈 材料规范

3 定义、符号和缩略语

本部分采用下列定义、符号和缩略语。

3.1 定义

3.1.1 缠绕结构壁管材

为达到本部分要求的物理、力学和其他性能要求,以相同或不同材料作为辅助支撑结构,采用缠绕成型工艺,经加工制成的管材。

3.1.2 管件

用热成型部件和(或)几个管材段(可用实壁管)经二次加工制成的管件。

3.1.3 几何尺寸的定义

3.1.3.1 公称尺寸 DN/ID

与内径相关的公称尺寸,单位为毫米(mm)。

3.1.3.2 外径(d_e)

在管材或插口上任一处横断面外径的测量值,单位为毫米(mm)。

3.1.3.3 平均外径(d_{em})

在管材、管件的插口上任一处横断面测量的外圆周长除以 π(≈3.142)所得的值,向上圆整到0.1 mm。

3.1.3.4 内径(d_i)

在管材、管件的任一处垂直轴向横断面的内径测量值,单位为毫米(mm)。

3.1.3.5 平均内径(d_{im})

在管材、管件的同一横断面处,每转动 45°测量一次内径,取四次测量结果的算术平均值,单位为毫米(mm)。

3.1.3.6 壁厚(e)

在管材、管件周长上任一处测量的壁厚,单位为毫米(mm)。

3.1.3.7 结构高度(e_c)

A 型管壁内外表面之间,或 B 型管壁内表面到肋顶端之间的径向距离,单位为毫米(mm)。参见图1、图2和图3。

3.1.3.8 内层壁厚(e_4)

B 型管材、管件的管壁环肋之间任意点的壁厚,单位为毫米(mm)。参见图3。

3.1.3.9 空腔部分下内层壁厚(e_5)

A 型管材、管件任一处的空腔内壁与内表面之间的壁厚,单位为毫米(mm)。参见图1、图2。

3.1.3.10 公称环刚度(SN)

经过圆整的管材、管件的环刚度数值,表明管材环刚度或管件环刚度要求的最小值。

3.2 符号

本部分采用的符号见表1。

表 1 符号

符号	名称	符号	名称
A	接合长度	e_2	承口壁厚
A_{min}	最小接合长度	$e_{2,min}$	最小承口壁厚
DN/ID	公称尺寸	e_3	承口密封件槽部任一处的壁厚
d_e	外径	e_4	内层壁厚
d_{em}	平均外径	$e_{4,min}$	最小内层壁厚
d_i	内径	e_5	空腔部分下内层壁厚
d_{im}	平均内径	$e_{5,min}$	空腔部分下最小内层壁厚
$d_{im,min}$	最小平均内径	L	管材有效长度
d_n	管件公称内径	$L_{1,min}$	电熔连接最小熔接件长度
$d_{n,1}$	管件主管直径	Z_1	管件的设计长度
$d_{n,2}$	管件支管直径	Z_2	管件的设计长度
e	壁厚	Z_3	管件的设计长度
e_c	结构高度	β	管件的公称角度
e_{min}	管材、管件插口的最小壁厚		

注:本部分中采用的符号,仅作为其对应定义的推荐符号。在不致引起误解时,也可采用其他符号。

3.3 缩略语

本部分采用的缩略语见表2。

表2 缩略语

缩略语	名称	缩略语	名称
MFR	熔体质量流动速率	SN	公称环刚度
OIT	氧化诱导时间	TIR	真实冲击率
PE	聚乙烯		

4 原料

4.1 概述

生产管材、管件所用原料以聚乙烯(PE)为主,其中仅可加入为提高其性能所必需的添加剂。原料性能应满足表3的要求,当对原料的弹性模量有要求时参见附录A。

4.2 管材、管件原料性能见表3。

表3 管材、管件原料性能

项 目	要 求	试 验 方 法
内压试验[a](80℃,3.9 MPa,165 h)	无破坏、无渗漏	GB/T 6111—2003 采用a型密封接头
内压试验[a](80℃,2.8 MPa,1 000 h)	无破坏、无渗漏	
熔体质量流动速率(190℃,5kg)	MFR≤1.6 g/10 min	GB/T 3682—2000
热稳定性(200℃)	OIT≥20 min	GB/T 17391—1998
密度	≥930 kg/m³(基础树脂)	GB/T 1033—1986
[a] 用该原料挤出的实壁管材进行试验。		

4.3 回用料

允许使用来自本厂的生产同种管材、管件产生的清洁的符合本部分要求的回用料。

4.4 弹性密封件性能

弹性密封件性能应符合 HG/T 3091—2000 规定的要求。

5 管材分类和标记

5.1 管材分类

5.1.1 管材按环刚度等级分类

管材的环刚度分为6个等级,见表4。

表 4　环刚度等级

等级	SN2	SN4	(SN6.3)	SN8	(SN12.5)	SN16
环刚度/(kN/m²)	2	4	(6.3)	8	(12.5)	16
注 1：括号内数值为非首选等级。 注 2：管材 DN/ID≥500 mm 时允许有 SN2 等级；管材 DN/ID≥1 200 mm 时，可按工程条件选用环刚度低于 　　　SN2 等级的产品。						

5.1.2　管材按结构型式分类

管材按结构型式分为 A 型和 B 型，见 6.1。

5.2　管材标记

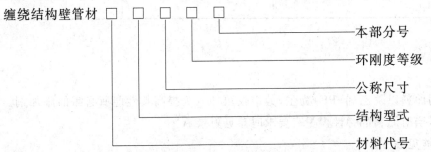

缠绕结构壁管材 □ □ □ □ □

── 本部分号

── 环刚度等级

── 公称尺寸

── 结构型式

── 材料代号

示例：公称尺寸为 800 mm，环刚度等级为 SN4 的 B 型聚乙烯缠绕结构壁管材的标记为：

　　缠绕结构壁管材 PE B DN/ID800 SN4 GB/T 19472.2—2004

6　结构型式和连接方式

6.1　管材的结构型式

6.1.1　A 型结构壁管

具有平整的内外表面，在内外壁之间由内部的螺旋形肋连接的管材(典型示例 1)；或内表面光滑，外表面平整，管壁中埋螺旋型中空管的管材(典型示例 2)。典型的 A 型结构壁管如图 1、图 2 所示。

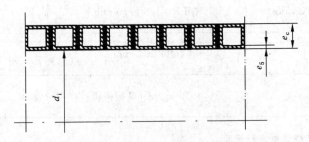

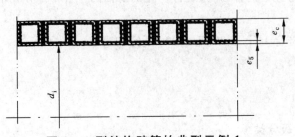

图 1　A 型结构壁管的典型示例 1

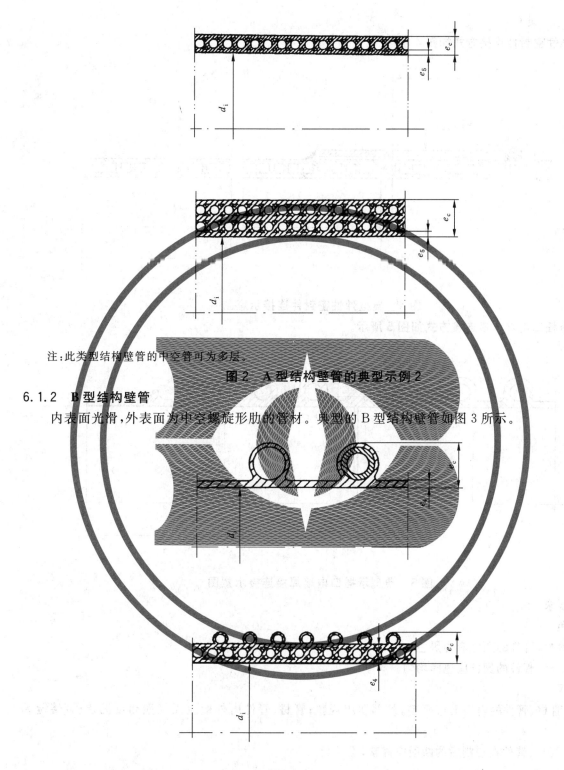

注:此类型结构壁管的中空管可为多层。

图2 A型结构壁管的典型示例2

6.1.2 B型结构壁管

内表面光滑,外表面为中空螺旋形肋的管材。典型的B型结构壁管如图3所示。

注:此类型结构壁管 e_4 部分的中空管可为多层。

图3 B型结构壁管的典型示意图

6.2 管件

管件采用符合本部分要求的相应类型的管材或实壁管二次加工成型,主要有各种连接方式的弯头、三通和管堵等。典型管件示意图参见附录B。

6.3 典型连接方式

管材、管件可采用弹性密封件连接方式、承插口电熔焊接连接方式,也可采用其他连接方式,其他连

GB/T 19472.2—2004

接方式参见附录 C。

6.3.1 弹性密封件连接方式如图 4 所示。

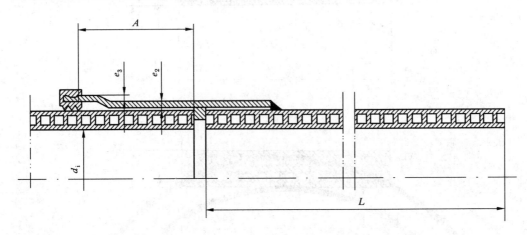

图 4 典型弹性密封件连接示意图

6.3.2 承插口电熔焊接连接方式如图 5 所示。

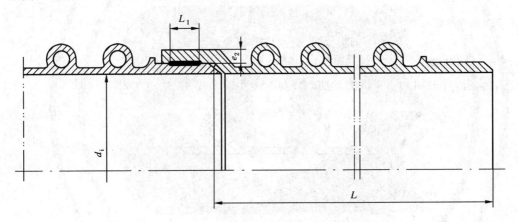

图 5 典型承插口电熔焊接连接示意图

7 技术要求

7.1 颜色

7.1.1 管材、管件的颜色应为黑色。

7.1.2 管材、管件的颜色应色泽均匀。

7.2 外观

a) 管材、管件的内表面应平整，外部肋应规整；管材、管件内外壁应无气泡和可见杂质，熔缝无脱开。

b) 管材、管件在切割后的断面应修整，无毛刺。

7.3 规格尺寸

7.3.1 长度

管材有效长度 L 一般为 6 m，其他长度由供需双方商定。管材的有效长度不允许有负偏差。

管件长度 Z_1、Z_2、Z_3（见图 B.1、图 B.2）由供需双方商定。

7.3.2 内径和壁厚

A 型和 B 型管材、管件的最小平均内径 $d_{im,min}$，A 型管材、管件空腔部分下最小内层壁厚 $e_{5,min}$（见图 1、图 2），B 型管材、管件最小内层壁厚 $e_{4,min}$（见图 3）均应符合表 5 规定。管材、管件的平均外径 d_{em} 和结

构高度 e_c 由生产商确定。

表5 内径和壁厚尺寸

单位为毫米

公称尺寸 DN/ID	最小平均内径 $d_{im,min}$	最小壁厚	
		A 型 $e_{5,min}$	B 型 $e_{4,min}$
150	145	1.0	1.3
200	195	1.1	1.5
(250)[a]	245	1.5	1.8
300	294	1.7	2.0
400	392	2.3	2.5
(450)[a]	441	2.8	2.8
500	490	3.0	3.0
600	588	3.5	3.5
700	673	4.1	4.0
800	785	4.5	4.5
900	885	5.0	5.0
1 000	985	5.0	5.0
1 100	1 085	5.0	5.0
1 200	1 185	5.0	5.0
1 300	1 285	6.0	5.0
1 400	1 385	6.0	5.0
1 500	1 485	6.0	5.0
1 600	1 585	6.0	5.0
1 700	1 685	6.0	5.0
1 800	1 785	6.0	5.0
1 900	1 885	6.0	5.0
2 000	1 985	6.0	6.0
2 100	2 085	6.0	6.0
2 200	2 185	7.0	7.0
2 300	2 285	8.0	8.0
2 400	2 385	9.0	9.0
2 500	2 485	10.0	10.0
2 600	2 585	10.0	10.0
2 700	2 685	12.0	12.0
2 800	2 785	12.0	12.0
2 900	2 885	14.0	14.0
3 000	2 985	14.0	14.0
[a]　加( )的为非首选尺寸。			

7.3.3 承口和插口尺寸

7.3.3.1 承口和插口连接尺寸

管材、管件弹性密封件连接的最小接合长度 A_{min}（见图 4）和承插口电熔焊接连接的最小熔接件长度 $L_{1,min}$（见图 5）应符合表 6 规定。

表 6 承口和插口尺寸   单位为毫米

公称尺寸 DN/ID	弹性密封件连接最小接合长度 A_{min}	电熔连接最小熔接件长度 $L_{1,min}$
150	51	59
200	66	59
(250)[a]	76	59
300	84	59
400	106	59
(450)[a]	118	59
500	128	59
600	146	59
700	157	59
800	168	59
900	174	59
1 000	180	59
1 100	196	59
1 200	212	59
≥1 300	238	59

[a] 加（ ）的为非首选尺寸。

7.3.3.2 承口和插口壁厚

管材、管件在实壁插口和（或）承口的情况下，壁厚 e_{min}、$e_{2,min}$ 和 $e_{3,min}$ 应符合表 7 规定。

表 7 实壁平承口和插口的最小壁厚   单位为毫米

公称尺寸 DN/ID	最小插口壁厚 e_{min}	最小承口壁厚 $e_{2,min}$	密封件部位最小壁厚 $e_{3,min}$
DN/ID≤500	$d_e/33$	$(d_e/33) \times 0.9$	$(d_e/33) \times 0.75$
DN/ID>500	15.2	13.7	11.4

注：数值计算到小数点后两位，再向上圆整到 0.1 mm。

7.4 物理力学性能

7.4.1 管材的物理力学性能

管材的物理性能应符合表 8 的要求。

表 8 管材的物理性能

项 目	要 求
纵向回缩率[a]	≤3%，管材应无分层、无开裂
烘箱试验[b]	管材熔缝处应无分层、无开裂

[a] 用于 A 型管材。
[b] 用于 B 型管材。

7.4.2 管材力学性能

管材的力学性能应符合表 9 的规定。

表 9 管材力学性能

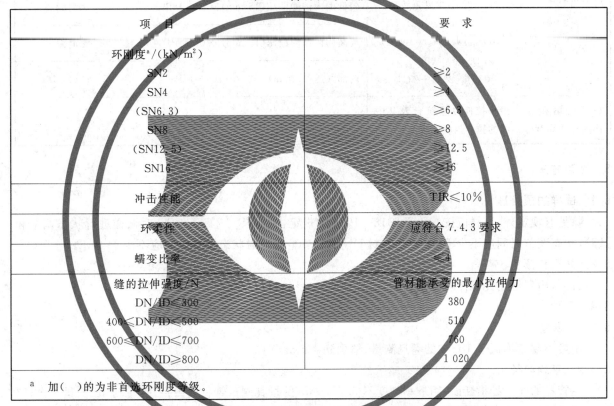

项 目	要 求
环刚度[a]/(kN/m²)	
SN2	≥2
SN4	≥4
(SN6.3)	≥6.3
SN8	≥8
(SN12.5)	≥12.5
SN16	≥16
冲击性能	TIR≤10%
环柔性	应符合 7.4.3 要求
蠕变比率	≤4
缝的拉伸强度/N	管材能承受的最小拉伸力
DN/ID≤300	380
400≤DN/ID≤500	510
600≤DN/ID≤700	760
DN/ID≥800	1 020

[a] 加（ ）的为非首选环刚度等级。

当按 8.8 规定的试验方法和指定参数进行试验时，试验后试样应符合下列要求：

a) 无分层；

b) 无破裂；

c) 管材壁结构的任何部分在任何方向不发生永久性的屈曲变形，包括凹陷和突起。

7.4.3 管件的物理力学性能

管件的物理力学性能应符合表 10 的规定。

表 10 管件物理力学性能

项 目	要 求
烘箱试验	加工管件所用管材应符合 7.4.1 中表 8 要求。
环刚度	管件应不低于与其配合使用的管材的环刚度级别。

注：用管材二次加工制成的管件视为与使用管材具有相同的环刚度等级。

7.5 系统的适用性

进行系统适用性试验时应符合表11规定。

表 11 系统适用性要求

项　目	试验参数	要　求	
弹性密封件连接的密封性	条件B:径向变形 管材变形10% 承口变形5% 温度:23℃±2℃	较低的内部静液压(15 min)0.005 MPa	无泄漏
		较高的内部静液压(15 min) 0.05 MPa	无泄漏
		内部气压(15 min)　　　－0.03 MPa	≤−0.027 MPa
	条件C:角度偏转 DN/ID≤300:2° 400≤DN/ID≤600:1.5° DN/ID>600:1° 温度:23℃±2℃	较低的内部静液压(15 min) 0.005 MPa	无泄漏
		较高的内部静液压(15 min) 0.05 MPa	无泄漏
		内部气压(15 min)　　　－0.03 MPa	≤−0.027 MPa
焊接或熔接连接的拉伸强度	最小拉伸力应符合表9中缝的拉伸强度要求。	连接不破坏	

8 试验方法

8.1 试样的预处理

除另有规定外,试样应按 GB/T 2918—1998 的规定,在 23℃±2℃ 条件下,对试样进行状态调节和试验,状态调节时间应不少于 24 h,当管材 DN/ID>600 mm 时状态调节时间应不少于 48 h。

8.2 外观和颜色

目测,内部可用光源照射。

8.3 尺寸

8.3.1 长度

用最小刻度不低于 1 mm 的卷尺测量,精确到 1 mm。

8.3.2 平均内径

在管材的同一处横断面,用最小刻度不低于 1 mm 的量具测量管材的内径,每转动 45°测量一次,取四次测量结果的算术平均值,结果保留 1 位小数。

8.3.3 壁厚

将管材、管件沿圆周进行四等份的均分,用最小刻度不低于 0.02 mm 的量具测量壁厚,读取最小值,精确到 0.05 mm。

8.3.4 接合长度和熔接件长度

按图 4、图 5 中标示测量点,用最小刻度不低于 1 mm 的量具测量,精确到 1 mm。

8.4 纵向回缩率

8.4.1 试样

从一根管材上不同部位切取三段试样,试样长度为 200 mm±20 mm。管材 DN/ID<400 mm 时,可沿轴向切成两块大小相同的试块;管材 DN/ID≥400 mm 时,可沿轴向切成四块(或多块)大小相同的试块。

8.4.2 试验步骤

按 GB/T 6671—2001 规定方法 B 进行试验,试验参数如下:

试验温度：　　　110℃±2℃

试验时间：　　　e≤8 mm　　30 min

　　　　　　　　e＞8 mm　　60 min

注：e 是管材测量的最大壁厚，不包括结构高度。

8.5 烘箱试验

8.5.1 试样

从一根管材上不同部位切取三段试样，试样长度为 300 mm±20 mm。管材 DN/ID＜400 mm 时，可沿轴向切成两块大小相同的试块；管材 DN/ID≥400 mm 时，可沿轴向切成四块（或多块）大小相同的试块。

8.5.2 试验步骤

将烘箱温度升到 110℃时放入试样，试样放置时不得相互接触且不与烘箱壁接触。待烘箱温度回升到 110℃时开始计时，维持烘箱温度 110℃±2℃，试样在烘箱内加热时间按 8.4.2 中试验参数规定。

加热到规定时间后，从烘箱内将试样取出，冷却至室温，检查试样有无开裂和分层及其他缺陷。

8.6 环刚度

按 GB/T 9647—2003 规定进行试验。管材 DN/ID＞500 mm 时，从管材上截取一个试样，旋转 120°试验一次，取三次试验的算术平均值。

8.7 冲击性能

8.7.1 试样

试样内径 DN/ID≤500 mm 时，按 GB/T 14152—2001 规定。管材 DN/ID＞500 mm 时，可切块进行试验。试块尺寸为：长度 200 mm±10 mm，内弦长 300 mm±10 mm。试验时试块应外表面圆弧向上，两端水平放置在底板上，B 型管材应保证冲击点为肋的顶端。

8.7.2 试验步骤

按 GB/T 14152—2001 的规定进行，试验温度 0℃±1℃，冲锤型号 d90，冲锤的质量和冲击高度见表 12。（当管材使用地区在－10℃以下进行安装铺设时，落锤质量和冲击高度见表 13，这种管材应标记一个冰晶[＊]符号）。

表 12　冲锤质量和冲击高度

公称尺寸 DN/ID	冲锤质量 /kg	冲击高度 /mm
DN/ID≤150	1.6	2 000
150＜DN/ID≤200	2.0	2 000
200＜DN/ID≤250	2.5	2 000
DN/ID＞250	3.2	2 000

表 13　寒冷条件下冲锤质量和冲击高度

公称尺寸 DN/ID	冲锤质量 /kg	冲击高度/mm
DN/ID≤150	8.0	500
150＜DN/ID≤200	10.0	500
DN/ID＞200	12.5	500

8.7.3 观察试样，经冲击后产生裂纹、裂缝或试样破碎判为试样破坏，根据试样破坏数按GB/T 14152—2001中图 2 或表 5 进行判定 TIR 值。

8.8 环柔性

试样按 GB/T 9647—2003 规定。按 ISO 13968：1997 规定进行试验。试验力应连续增加，当试样在垂直方向外径 d_e 变形量为原外径的 30％时立即卸载。试验时管材壁结构的任何部分无开裂，试样沿肋切割处开始的撕裂允许小于 0.075 d_{em} 或 75 mm(取较小值)。

8.9 蠕变比率

按 GB/T 18042—2000 规定进行，试验温度 23℃±2℃，根据试验结果，用计算法外推至两年的蠕变比率。

8.10 缝的拉伸强度

按附录 D 中图 D.1 制备试样，按 GB/T 8804.3—2003 规定进行试验，拉伸速率 15 mm/min。

8.11 系统的适用性

8.11.1 弹性密封件连接的密封性

按附录 E 规定进行。试验参数见表 11。

8.11.2 熔接或焊接连接的拉伸强度

按附录 D 中图 D.2 制备试样，试样应在熔接处纵向切出，试样应该包括连接处，在试样两端有足够的长度可以保证在拉伸试验时能夹持住。按 GB/T 8804.3—2003 规定进行试验，拉伸速率15 mm/min。

9 检验规则

9.1 产品需经生产厂家质量检验部门检验合格并附有合格证后方可出厂。

9.2 组批

同一原料、配方和工艺情况下生产的同一规格管材、管件为一批，管材、管件 DN/ID≤500 mm 时，每批数量不超过 60 t。如生产 7 天仍不足 60 t，则以 7 天产量为一批；管材、管件 DN/ID>500 mm 时，每批数量不超过 300 t。如生产 30 天仍不足 300 t，则以 30 天产量为一批。

9.3 尺寸分组

按公称尺寸分组，在表 14 中给出二个尺寸分组的规定。

表 14 尺寸分组

单位为毫米

尺寸组号	公称尺寸 DN/ID
1	DN/ID<1 200
2	DN/ID≥1 200

9.4 出厂检验

9.4.1 出厂检验项目为 7.1～7.3 条中规定的项目，和 7.4 条中纵向回缩率、烘箱试验、环刚度、环柔性和缝的拉伸强度试验。

9.4.2 7.1～7.3 条的项目检验按 GB/T 2828—1987 正常检验一次抽样方案，一般检验水平 I，合格质量水平为 6.5，其 N、n、A_c、R_e 值见表 15。

表 15 抽样方案   单位为根

批量范围 N	样本大小 n	合格判定数 A_c	不合格判定数 R_e
≤25	3	0	1
26～50	5	1	2
51～90	5	1	2
91～150	8	1	2
151～280	13	2	3
281～500	20	3	4
501～1 200	32	5	6
1 201～3 200	50	7	8
3 201～10 000	80	10	11

9.4.3 在按9.4.2规定检验合格的管材、管件中,随机抽取一根样品,进行7.4条中的纵向回缩率、烘箱试验、环刚度、环柔性和焊缝的拉伸强度试验。

9.5 型式检验

型式检验项目为第7章中技术要求的全部项目。

按9.3规定的尺寸分组中各选取任一规格管材、管件,按9.4.2规定对7.1～7.3条项目进行检验,在检验合格的管材、管件中,随机抽取一根样品,进行7.4～7.5条中各项试验。一般情况下每两年进行一次型式检验。若有以下情况之一,应进行型式检验。

a) 结构、材料、工艺有较大改变,可能影响产品性能时;

b) 因任何原因停产时间较长,恢复生产时;

c) 出厂检验结果与上次型式检验有较大差别时;

d) 国家质量监督机构提出进行型式检验的要求时。

9.6 判定规则

项目7.1～7.3条按表15进行判定。物理力学性能有一项达不到规定指标时,在按9.4.2检验合格的样品中再随机抽取双倍样品进行该项的复验,如仍不合格,则判该批为不合格批。

10 标志、运输和贮存

10.1 标志

10.1.1 产品上应有下列永久性标志:

a) 按5.2条规定的标记;

b) 生产厂名和(或)商标;

c) —10℃下安装铺设的管材应标记一个冰晶(*)的符号。

10.1.2 产品上应有生产日期。

10.2 运输

10.2.1 管材、管件在装卸运输过程中,不得受剧烈撞击、摔碰和重压。

10.2.2 管径较小,且重量轻的管材、管件,可由人工装卸。管径较大的管材、管件,需用机械装卸。当采用机械装卸管材时,管材上两吊点应在距离管两端约1/4管长处。

10.2.3 车、船底部与管材、管件接触处应尽量平坦,并应有防止滚动和互相碰撞的措施,不得接触尖锐锋利物体,以免划伤管材、管件。

10.3 贮存

管材、管件存放场地应平整,远离热源。直径小于2 m的管材、管件,堆放高度应在2 m以下;直径超过2 m的管材、管件,其堆放高度不得超过其外径。

附　录　A
（资料性附录）
PE 管材及管件的特性

A.1　原料特性

PE 原材料弹性模量、弯曲强度和拉伸强度的测试方法有以下几种。

弹性模量和弯曲强度的测试方法为：ISO 899-2（DIN 16961-2：2000），GB/T 9341—2000，ASTMD790：1984，ISO 178：1993（5.5min）。

拉伸强度的测试方法为：ISO 527-2：1993（secant 1%）GB/T 1040—1992，ASTMD 638：1997。

A.2　耐化学性能

符合本部分的 PE 管道系统可以耐宽范围 pH 值的水的腐蚀，适用于生活污水、雨水、地表水和地下水。

如果符合本部分的管道系统应用于含化学物质的废水，如工业排水，应考虑其耐化学性能和耐温性能。

ISO/TR 10358《塑料管材和管件　耐化学性能分类报告》给出 PE 材料的耐化学性能资料。

GB/T 19472.2—2004

附　录　B
（资料性附录）
典型管件示意图

管件采用符合本部分的结构壁管材或实壁管二次加工成型，主要有弯头、三通和管堵等。

B.1　典型的弯头如图 B.1 所示

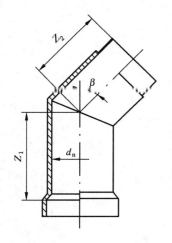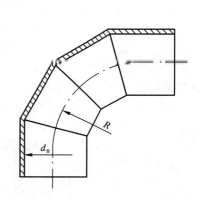

a）　45°弯头　　　　　　　　　　　　　　　b）　90°弯头

图 B.1　典型的弯头示意图

B.2　典型的三通如图 B.2 所示

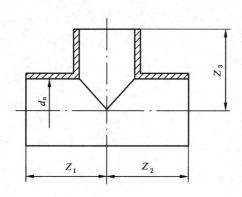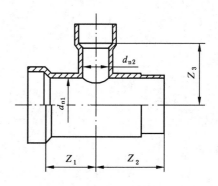

a）　三通　　　　　　　　　　　　　　　　b）　异径直三通

图 B.2　典型三通示意图

519

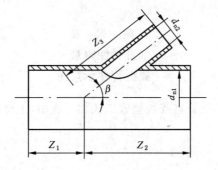

c) 异径斜三通

图 B.2（续）

B.3 典型管堵

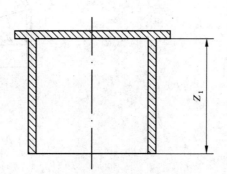

图 B.3 典型管堵示意图

附　录　C
（资料性附录）
管材、管件的连接方法示意图

管材、管件除 6.3.1 弹性密封件连接和 6.3.2 承插口电熔焊接连接方式外，还可用下列连接方式或其他方式。

C.1　双向承插弹性密封件连接方式

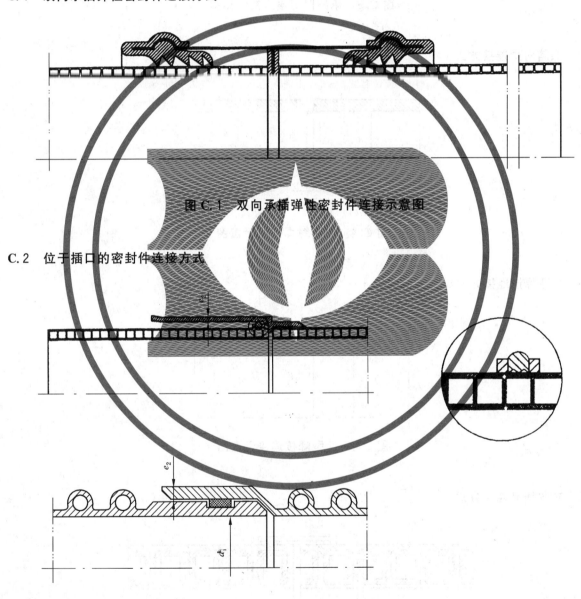

图 C.1　双向承插弹性密封件连接示意图

C.2　位于插口的密封件连接方式

图 C.2　位于插口的密封件连接示意图

C.3 承插口焊接连接方式

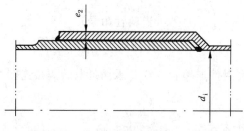

图 C.3 承插口焊接连接示意图

C.4 热熔对焊连接方式

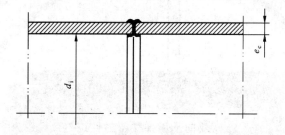

图 C.4 热熔对焊连接示意图

C.5 V 型焊接连接方式

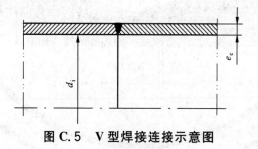

图 C.5 V 型焊接连接示意图

C.6 热收缩套连接方式

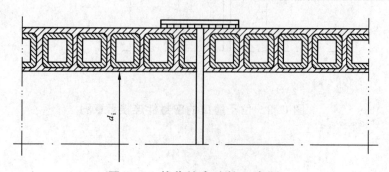

图 C.6 热收缩套连接示意图

C.7 电热熔带连接方式

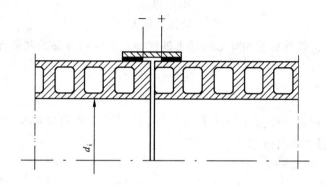

图 C.7 电热熔带连接示意图

C.8 法兰连接

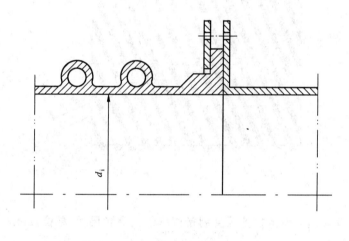

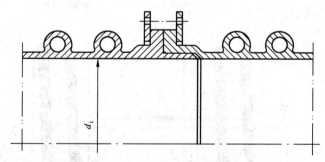

图 C.8 法兰连接示意图

附 录 D

（规范性附录）

缝的拉伸强度和焊缝或熔缝的拉伸强度试验样品的制备方法

D.1 试样的形状和尺寸

缝的拉伸强度试样的形状和尺寸如图 D.1 所示,焊缝或熔缝的拉伸强度试样的形状和尺寸如图 D.2 所示,试样应包括整个管材壁厚(结构壁高度)。

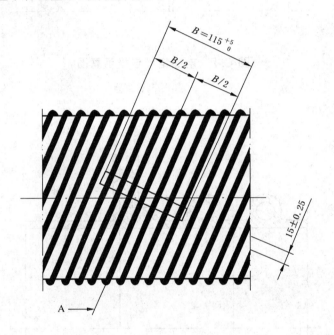

注:图中 A 为熔缝。

图 D.1 缝的拉伸强度制备试样的位置和尺寸(单位:mm)

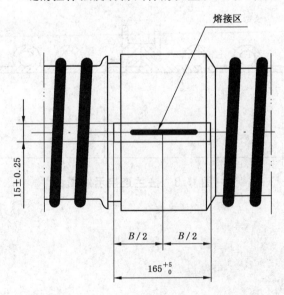

图 D.2 焊缝或熔缝的拉伸强度制备试样的位置和尺寸(单位:mm)

D.2 试样制备

D.2.1 取样

管材生产至少15 h后方可取样,将管材圆周五等分,在每等分上未受热、没有冲击损伤的部分,垂直于熔缝方向切下一个长方形样条,从每一个样条中制取一个试样。

D.2.2 试样尺寸的修整

如果切割下的试样的尺寸与图D.1不符,试样的尺寸可以被修整,修整中应注意:

a) 试样修整中避免发热。

b) 试样表面不可损伤,诸如刮伤,裂痕或其他使表面品质降低的可见缺陷。

注1:任何偏差都会影响拉伸结果。

注2:如果试样上有多个熔缝,那么必须有一个熔缝位于试样的中间。

注3:在拉伸范围内至少有一个熔缝,否则可以加长,如果必要,夹具夹持面上的熔缝可以去掉,或用专用夹具夹持。

附　录　E

（规范性附录）

弹性密封圈接头的密封试验方法

E.1　概述

　　本试验方法参考了欧洲标准 EN 1277:1996《塑料管道系统　无压埋地用热塑性塑料管道系统　弹性密封圈型接头的密封试验方法》。规定了三种基本试验方法在所选择的试验条件下，评定埋地用热塑性塑料管道系统中弹性密封圈型接头的密封性能。

E.2　试验方法

　　方法 1:用较低的内部静液压评定密封性能；
　　方法 2:用较高的内部静液压评定密封性能；
　　方法 3:内部负气压（局部真空）。

E.2.1　内部静液压试验

E.2.1.1　原理

　　将管材和（或）管件组装起来的试样，加上规定的一个内部静液压 p_1（方法 1）来评定其密封性能。如果可以，接着再加上规定的一个较高的内部静液压 p_2（方法 2）来评定其密封性能（参见 E.2.1.4.4）。
　　每次加压要维持一个规定的时间，在此时间应检查接头是否泄漏（参见 E.2.1.4.5）。

E.2.1.2　设备

E.2.1.2.1　端密封装置

　　有适当的尺寸和使用适当的密封方法把组装试样的非连接端密封。该装置的固定方式不可以在接头上产生轴向力。

E.2.1.2.2　静液压源

　　连接到一头的密封装置上，并能够施加和维持规定的压力（见 E.2.1.4.5）。

E.2.1.2.3　排气阀

　　能够排放组装试样中的气体。

E.2.1.2.4　压力测量装置

　　能够检查试验压力是否符合规定的要求（见 E.2.1.4）。
　　注：为减少所用水的总量，可在试样内放置一根密封管或芯棒。

E.2.1.3　试样

　　试样由一节或几节管材和（或）一个或几个管件组装成，至少含一个弹性密封圈接头。
　　被试验的接头必需按照制造厂家的要求进行装配。

E.2.1.4　步骤

E.2.1.4.1　下列步骤在室温下，用（23±2）℃的水进行。

E.2.1.4.2　将试样安装在试验设备上。

E.2.1.4.3　根据 E.2.1.4.4 和 E.2.1.4.5 进行试验时，观察试样是否泄漏。并在试验过程中和结束时记下任何泄漏或不泄漏的情况。

E.2.1.4.4　按以下方法选择适用的试验压力：

　　——方法 1:较低内部静液压试验压力 p_1 为（0.005±10%）MPa；
　　——方法 2:较高内部静液压试验压力 p_2 为（$0.05^{+10\%}_0$）MPa。

E.2.1.4.5　在组装试样中装满水，并排放掉空气。为保证温度的一致性，直径 d_e 小于 400 mm 的管应

将其放置至少 5 min，更粗的管放置至少 15 min。在不小于 5 min 的期间逐渐将静液压力增加到规定试验压力 p_1 或 p_2，并保持该压力至少 15 min，或者到因泄漏而提前中止。

E.2.1.4.6 在完成了所要求的受压时间后，减压并排放掉试样中的水。

E.2.2 内部负气压试验（局部真空）

E.2.2.1 原理

使几段管材和（或）几个管件组装成的试样承受规定的内部负气压（局部真空）经过一段规定的时间，在此时间内通过检测压力的变化来评定接头的密封性能。

E.2.2.2 设备

设备（见图 E.1）必需至少符合 E.2.1.2.1 和 E.2.1.2.4 中规定的设备要求，并包含一个负气压源和可以对规定的内部负气压测定的压力测量装置（参见 E.2.2.4.3 和 E.2.2.4.6）。

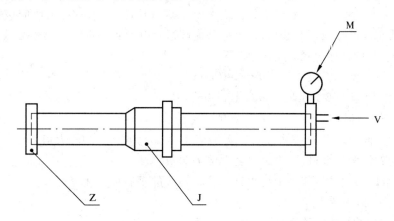

M——压力表；

V——负气压；

J——试验状态下的接头；

Z——端密封装置。

图 E.1 内部负气压试验的典型示例

E.2.2.3 试样

试样由一节或几节管材和（或）一个或几个管件组装成，至少含一个弹性密封圈接头。

被试验的接头必须按照制造厂家的要求进行装配。

E.2.2.4 步骤

E.2.2.4.1 下列步骤在环境温度为（23±5）℃的范围内进行，在按照 E.2.2.4.5 试验时温度的变化不可超过 2℃。

E.2.2.4.2 将试样安装在试验设备上。

E.2.2.4.3 方法 3 选择适用的试验压力如下：

——方法 3：内部负气压（局部真空）试验压力 p_3 为 −0.03MPa（1±5%）。

E.2.2.4.4 按照 D.2.2.4.3 的规定使试样承受一个初始的内部负气压 p_3。

E.2.2.4.5 将负气压源与试样隔离。测量内部负气压，15 min 后确定并记下局部真空的损失。

E.2.2.4.6 记录局部真空的损失是否超出 p_3 的规定要求。

E.3 试验条件

    a) 没有任何的附加变形或角度偏差；

    b) 存在径向变形；

    c) 存在角度偏差。

E.3.1 条件 A:没有任何附加的变形或角度偏差

由一节或几节管材和(或)一个或几个管件组装成的试样在试验时,不存在由于变形或偏差分别作用到接头上的任何应力。

E.3.2 条件 B:径向变形

E.3.2.1 原理

在进行所要求的压力试验前,管材和(或)管件组装成的试样已受到规定的径向变形。

E.3.2.2 设备

设备应该能够同时在管材上和另外在连接密封处产生一个恒定的径向变形,并增加内部静液压(参见图 E.2)。它应符合 E.2.1.2 和 E.2.2.2。

a) 机械式或液压式装置,作用于沿垂直于管材轴线的垂直面自由移动的压块,能够使管材产生必需的径向变形(参看 E.3.2.3),对于直径等于或大于 400 mm 管材,每一对压块应该是椭圆形的,以适合管材变形到所要求的值时预期的形状,或者配备能够适合变形管材形状的柔性带或橡胶垫。

宽度 b_1,根据管材的公称直径 d_e,规定如下:

$$d_e \leqslant 710 \text{ mm 时}, \qquad b_1 = 100 \text{ mm}$$
$$710 \text{ mm} < d_e \leqslant 1\,000 \text{ mm 时}, \quad b_1 = 150 \text{ mm}$$
$$d_e > 1\,000 \text{ mm 时}, \qquad b_1 = 200 \text{ mm}$$

承口端与压块之间的距离 L 必须为 $0.5\,d_e$ 或者 100 mm,取其中的较大值。

对于有外部肋的结构壁管材,压块必须至少覆盖两条肋。

b) 机械式或液压式装置,作用于沿垂直于管材轴线的垂直面自由移动的压块。能够使连接密封处产生必须的径向变形(参看 E.3.2.3)。

宽度 b_2,应该根据管材的公称直径 d_e,规定如下:

$$d_e \leqslant 110 \text{ mm 时}, \qquad b_2 = 30 \text{ mm}$$
$$110 \text{ mm} < d_e \leqslant 315 \text{ mm 时}, \quad b_2 = 40 \text{ mm}$$
$$d_e > 315 \text{ mm 时}, \qquad b_2 = 60 \text{ mm}$$

c) 试验设备不可支撑接头抵抗内部试验压力产生的端部推力。

图 E.2 所示为允许有角度偏差(E.3.3)的典型装置。

对于密封圈(一个或几个)放置在管材插口上的接头,使连接密封处径向变形的装置应该放置得使压块轴线与密封圈(一个或几个)的中线对齐,除非密封圈的定位使装置的边缘与承口的端部近到不足 25 mm,如图 E.3 所示。在这种情况下,压块的边缘应该放置到使 L_1 至少为 25 mm,如果可能(例如,承口长于 80 mm),L_2 至少也为 25 mm(见图 E.3)。

E.3.2.3 步骤

使用机械式或液压式装置,对管材和连接密封处施加必需的压缩力 F_1 和 F_2(见图 E.2),从而形成管材变形(10±1)%、承口变形(5±0.5)%,造成最小相差是管材公称外径的 5% 的变形。

E.3.3 条件 C:角度偏差

E.3.3.1 原理

在进行所要求的压力试验前,由管材和(或)管件组装成的试样已受到规定的角度的偏差。

E.3.3.2 设备

设备应符合 E.2.1.2 和 E.2.2.2 的要求。另外它还必须能够使组装成的管材接头达到规定的角度偏差(参见 E.3.3.3),图 E.2 所示为典型示例。

E.3.3.3 步骤

角度偏差 α 如下:

$$d_e \leqslant 315 \text{ mm 时}, \qquad \alpha = 2°$$
$$315 \text{ mm} < d_e \leqslant 630 \text{ mm 时}, \quad \alpha = 1.5°$$

$d_e > 630$ mm 时，　　　　　　　　　　$\alpha = 1°$

如果设计连接允许有角度偏差 β，则试验角度偏差是设计允许偏差 β 和角度偏差 α 的总和。

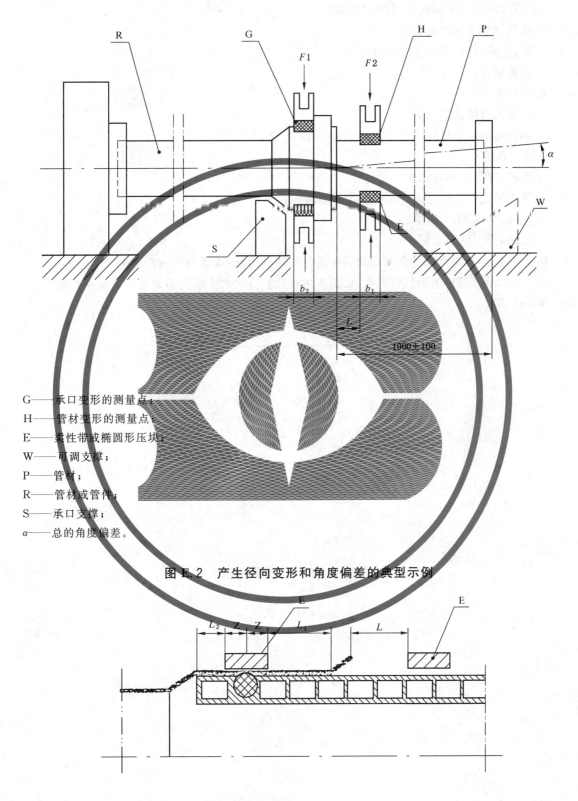

G——承口变形的测量点；

H——管材变形的测量点；

E——柔性带或椭圆形压块；

W——可调支撑；

P——管材；

R——管材或管件；

S——承口支撑；

α——总的角度偏差。

图 E.2　产生径向变形和角度偏差的典型示例

E——压块

图 E.3　在连接密封处压块的定位

E.4 试验报告

试验报告应包含下列内容。

a) GB/T 19472.2 本附录及参照的标准；

b) 选择的试验方法及试验条件；

c) 管件、管材、密封圈包括接头的名称；

d) 以摄氏度标注的室温 T；

e) 在试验条件 B 下：

——管材和承口的径向变形；

——从承口嘴部到压块的端面之间的距离 L，以 mm 标注；

f) 在测试条件 C 下：

——受压的时间，以 min 标注；

——设计连接允许有角度偏差 β 和角度 α，以度标注

g) 试验压力，以 MPa 标注；

h) 受压的时间，以 min 标注；

i) 如果有泄漏，报告泄漏的情况以及泄漏发生时的压力值；或者是接头没有出现泄漏的报告；

j) 可能会影响测试结果的任何因素，比如本附录试验方法中未规定的意外或任意操作细节；

k) 试验日期。

ICS 65.060.35
B 91

中华人民共和国国家标准

GB/T 19796—2005

农业灌溉设备 聚乙烯承压管用塑料鞍座

Agricultural irrigation equipment—
Plastics saddles for polyethylene pressure pipes

（ISO 13460:1998，MOD）

2005-06-08 发布

2005-12-01 实施

中华人民共和国国家质量监督检验检疫总局
中国国家标准化管理委员会 发布

前　言

本标准修改采用 ISO 13460:1998《农业灌溉设备　聚乙烯承压管用塑料鞍座》(英文版)。

本标准根据 ISO 13460:1998 重新起草。

考虑到我国国情,本标准采用 ISO 13460:1998 时,进行了如下修改:

——引用了采用国际标准的我国标准,而非国际标准,但所引用的部分我国标准并非等同采用国际
标准。

该技术性差异用垂直单线标识在它们所涉及的条款的页边空白处。

为便于使用,本标准还对 ISO 13460:1998 做了下列编辑性修改:

——"本国际标准"一词改为"本标准";

——用小数点"."代替作为小数点的逗号",";

——删除 ISO 13460:1998 的前言。

本标准由中国机械工业联合会提出。

本标准由全国农业机械标准化技术委员会归口。

本标准起草单位:中国农业机械化科学研究院。

本标准主要起草人:兰才有、张咸胜、仪修堂、薛桂宁。

农业灌溉设备 聚乙烯承压管用塑料鞍座

1 范围

本标准规定了聚乙烯(PE)承压管用塑料鞍座的技术要求和试验方法。

本标准适用于组装在用于地上和地下灌溉系统、输送温度不超过 45℃ 水的聚乙烯(PE)管上的塑料鞍座。

2 规范性引用文件

下列文件中的条款通过本标准的引用而成为本标准的条款。凡是注日期的引用文件,其随后所有的修改单(不包括勘误的内容)或修订版均不适用于本标准,然而,鼓励根据本标准达成协议的各方研究是否可使用这些文件的最新版本。凡是不注日期的引用文件,其最新版本适用于本标准。

GB/T 2828.1 计数抽样检验程序 第 1 部分:按接收质量限(AQL)检索的逐批检验抽样计划(GB/T 2828.1—2003,ISO 2859-1:1999,IDT)

GB/T 7306.1 55°密封管螺纹 第 1 部分:圆柱内螺纹与圆锥外螺纹(GB/T 7306.1—2000,eqv ISO 7-1:1994)

ISO 1167 输送流体用热塑性塑料管 耐压性能 试验方法

ISO 3459 聚乙烯(PE)承压管 机械式接头接口 耐压试验方法和技术要求

ISO 4059 聚乙烯(PE)承压管 机械式管接头系统中的压力损失 试验方法和技术要求

ISO 4427 聚乙烯(PE)给水管 规格

ISO 8779 灌溉支管用聚乙烯(PE)管 规格

ISO 9625 灌溉用聚乙烯承压管用机械式接头

ISO 12162 承压管和接头用热塑性塑料 分类和标记 综合利用(设计)系数

3 术语和定义

下列术语和定义适用于本标准。

3.1

鞍座 saddle

通过管壁上的孔在管道上组装的支管出水口的接头(见图1)。

3.2

支管出水口 branch outlet

鞍座与管道组装后,中心线与管道轴线垂直相交的鞍座出水口(见图1)。

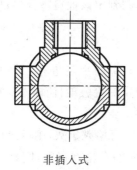

非插入式   插入式

图 1 典型的塑料鞍座

3.3

公称尺寸 nominal size

用于表示鞍座尺寸的数字标记。其数值等于与鞍座配合的管道的公称直径。

3.4

公称压力 nominal pressure

PN

用于将鞍座进行分类的压力。该压力等于与鞍座配合的管道的公称压力。

4 材料

鞍座中的金属件应采用耐腐蚀材料制造。

与水接触的鞍座零部件应能耐受农业灌溉常用化学物的腐蚀。这些化学物包括肥料溶液、植保材料以及用于消除滴头和滴灌管路系统中堵塞物的液体。

正常工作条件下暴露于紫外线中的鞍座塑料件,其材料中应加入改善抗紫外线性能的添加剂。

形成流道的塑料件应不透明或用不透明罩覆盖。

5 工艺和外观

鞍座应无毛刺以及安装时可能损坏管道或造成人身伤害的其他表面缺陷。鞍座的出水孔应无阻挡水流的不规整缺陷。

鞍座的结构应保证与管道组装后对管内水流的干扰最小。

鞍座的内外表面应光滑,并无沟槽、针眼、气孔及其他可能对灌溉系统的性能和维护产生负面影响的缺陷。

鞍座直径及其制造公差应保证能与符合 ISO 8779 和 ISO 4427 规定的聚乙烯管配套使用。

鞍座支管出水口应制成螺纹接口或能与符合 ISO 9625 规定的聚乙烯承压管接头连接的其他接口。

6 螺纹

鞍座支管出水口螺纹应符合 GB/T 7306.1 的规定。如果支管出水口采用其他螺纹,应提供一个螺纹符合 GB/T 7306.1 规定的中间接头。

7 抽样和验收检验

7.1 型式检验

样本应由检测部门从批量不少于 50 个的鞍座中随机抽取。各检验项目所需的样本大小应符合表 1 的规定。

如果样本中的不合格数等于或小于表 1 规定的合格判定数,则判定该批鞍座合格;如果样本中的不合格数大于合格判定数,则判定该批鞍座不合格。

7.2 验收检验

对生产批或装运批鞍座进行验收时,抽样应按 GB/T 2828.1 的规定进行,采用合格质量水平 AQL 2.5 和特殊检验水平 S-4。对本标准第 5 章、第 6 章和 9.2 规定的检验项目,样本应按 GB/T 2828.1 的规定随机抽取,并首先进行检验。

如果这些检验中发现的不合格数不大于 GB/T 2828.1 规定的合格判定数,则后续检验项目的样本按表 1 随机抽取。如果后续检验中的不合格数仍然不大于表 1 中的合格判定数,则判定该生产批或装运批符合本标准的规定。

表 1 样本大小和合格判定数

章条号	检验项目	样本大小	合格判定数
5	工艺和外观	3	0
6	螺纹	3	0
9.2	耐压性能	3	0
9.3	长期耐压性能	3	0
9.4	耐压强度	2	0
9.5	在支管出水口施加弯矩时的耐压性能	2	0
9.6.1	耐旋转滑动性能	3	1
9.6.2	耐轴向滑动性能	3	1
10	压力损失	3	0

8 材料试验

对尺寸如图 2 所示,材料与鞍座体相同的注塑管试件进行下述耐压试验。

单位为毫米

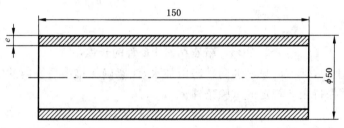

图 2 试件

按 ISO 1167 对试件进行试验,检验其是否符合表 2 规定的强度要求。

图 2 所示的试件壁厚 e 应不小于 2.9 mm,且不大于 4.6 mm。

试验中,试件应不出现破裂或其他损坏。

注:如果鞍座制造厂提供了符合要求的强度试验报告,并得到了第二方或第三方认证,则本试验可以省去。

表 2 试验材料和试验条件

材料[a]	温度/℃	引起的应力/MPa	最短持续时间/h
PVC-HU	60	10	1 000
PE63	80	3.5	165
PE80	80	4.6	165
PE100	80	5.5	165
PP,Ⅰ型(匀聚物)	95	3.5	1 000
PP,Ⅱ型(共聚物)	95	2.5	1 000
POM	60	10	1 000
ABS	70	4	1 000
[a] 材料是按 ISO 12162 进行分类的。			

9 机械性能和水力性能

9.1 一般要求

将每个鞍座与 PE63 和/或 PE40 和/或 PE32 标号的聚乙烯管连接,然后进行 9.2～9.6 规定的试验。试验用管道的公称压力应等于或大于鞍座的公称压力。

如果鞍座支管出水口与聚乙烯管之间采用符合 ISO 9625 的接头连接,则进行 9.2～9.6 规定的耐压试验时,管道应具有合适的截面,且从支管出水口接出的管道长度应不小于 3D(D 为管道公称直径)。

9.2 耐压性能

按制造厂说明,将鞍座与公称直径等于鞍座公称尺寸的聚乙烯管组装成一体。鞍座两端伸出的聚乙烯管长度应不小于管道公称直径的 3 倍(见图 3)。

采用和支管出水口连接件形状相适应的堵头将鞍座支管出水口堵上。

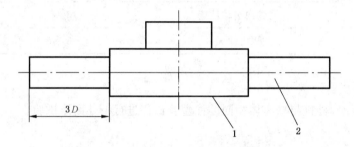

1——鞍座;
2——管道。

图 3 鞍座两端 PE 管的长度

将管道的一端堵上,从管道的另一端向鞍座内加水,注意确保排净系统内的空气。

逐渐加大压力,并保持表 3 规定的试验条件。

表 3 耐压性能试验条件

温度/℃	压力/kPa	试验持续时间/h
20±2	2×PN	1

鞍座以及鞍座与管道配合处应无泄漏、断裂、裂纹或其他损坏现象。

9.3 长期耐压性能

试验按 9.2 进行,但试验条件应符合表 4 的规定。

表 4 长期耐压性能试验条件

鞍座材料	温度/℃	压力/kPa	试验持续时间/h
PP	80±2	0.5×PN	170
PVC	80±2	0.4×PN	170

鞍座以及鞍座与管道配合处应无泄漏、断裂、裂纹或其他损坏现象。

9.4 耐压强度

试验按 ISO 3459 的规定进行,并且鞍座应符合 ISO 3459 的要求。

9.5 在支管出水口施加弯矩时的耐压性能

按制造厂说明,将鞍座与公称直径等于鞍座公称尺寸的聚乙烯管组装成一体。在支管出水口上连接一根适当长度的管道。

将组件牢固地固定在图 4 所示的刚性面上,鞍座每侧距固定位置的距离应不小于管道公称直径的 10 倍。

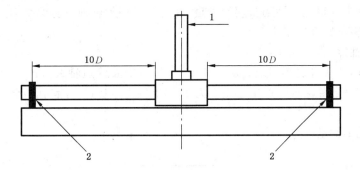

1——弯矩施加处;

2——管道固定位置。

图 4 弯矩试验装置示意图

按表5规定给系统施加静水压,同时在支管出水口施加一个按下式计算出的弯矩。

$$M = 0.4D$$

式中:

M——弯矩,单位为牛顿米(N·m);

D——鞍座的公称尺寸,单位为毫米(mm)。

表 5 在支管出水口施加弯矩时的耐压性能试验条件

温度/℃	压力/kPa	试验持续时间/h
20±3	1.5×PN	1

施加的弯矩应与管道轴线平行。

鞍座以及鞍座与管道配合处应无渗漏、断裂、裂纹或其他损坏现象。

9.6 鞍座在管道上的耐滑动性能

按制造厂说明,将鞍座与公称直径等于鞍座公称尺寸的聚乙烯管组装成一体。将管道牢固地固定在图4所示的刚性面上。

9.6.1 耐旋转滑动性能

按图4组装鞍座,并将管道牢固地固定。在鞍座上施加旋转力矩 T,持续1 min(见图5)。T的数值按下式计算:

$$T = 0.01D^2$$

式中:

T——旋转力矩,单位为牛顿米(N·m);

D——鞍座的公称尺寸,单位为毫米(mm)。

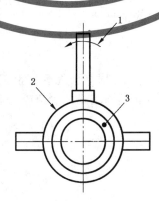

1——旋转力矩;

2——鞍座;

3——管道。

图 5 鞍座耐旋转滑动试验中施加力矩示意图

通过连接在支管出水口上的适当长度的管道,在与聚乙烯管轴线垂直的平面上施加力矩。

施加力矩后,鞍座不应在管道上转动。

9.6.2　耐轴向滑动性能

按图 4 组装鞍座,并将管道牢固地固定。如图 6 所示,沿着管道轴线方向在鞍座上施加力 F,持续 1 min。施加力的方式一定要保证不产生力矩。力 F 的单位为牛顿(N),数值等于以毫米(mm)计的鞍座公称尺寸。

鞍座不应在管道上滑动。

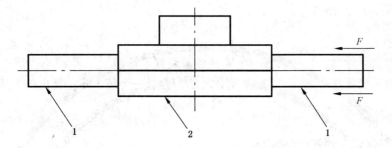

1——管道;

2——鞍座。

图 6　在鞍座上施加水平力

10　压力损失

按制造厂说明,将鞍座与公称直径等于鞍座公称尺寸的聚乙烯管组装成一体。

按 ISO 4059 规定的方法,分别测量鞍座组件在管道轴线方向的压力损失以及鞍座进口和出口之间的支管出水口方向的压力损失。

压力损失应不大于制造厂的声明值。

11　标志

鞍座应具有至少包括下列内容的标志:

a)　制造厂名称或其注册商标;

b)　鞍座体材料;

c)　公称尺寸;

d)　公称压力;

e)　支管出水口公称尺寸;

f)　当支管出水口接口为螺纹时,螺纹的尺寸。

12　制造厂应提供的资料

制造厂应与技术参数表一起提供安装鞍座时如何在管道上正确开孔的全部资料。如有必要,制造厂应推荐在管道上开孔所需的工具,以保证能将切下的管道碎片取出,并无残渣落入管道内。如用户提出要求,制造厂应能提供所需的工具。

参　考　文　献

[1] ISO 161-1:1996 *Thermoplastics pipes for the conveyance of fluids—Nominal outside diameters and nominal pressures—Part 1:Metric series*

[2] ISO 3458:1976 *Assembled joints between fittings and polyethlene (PE) pressure pipes—Test of leakproofness under internal pressure*

[3] ISO 3501:1976 *Assembled joints between fittings and polyethlene (PE) pressure pipes—Test of resistance to pull out*

[4] ISO 3503:1976 *Assembled joints between fittings and polyethlene (PE) pressure pipes—Test of leakproofness under internal pressure when subjected to bending*

ICS 83.140.30
G 33

中华人民共和国国家标准

GB/T 19807—2005

塑料管材和管件 聚乙烯管材和电熔管件 组合试件的制备

Plastics pipes and fittings—Preparation of test piece assemblies between a
polyethylene（PE）pipe and an electrofusion fitting

(ISO 11413:1996,MOD)

2005-03-23 发布 　　　　　　　　　　　　2005-10-01 实施

中华人民共和国国家质量监督检验检疫总局
中国国家标准化管理委员会　发布

前　言

本标准修改采用国际标准 ISO 11413:1996《塑料管材和管件——聚乙烯管材和电熔管件组合试件的制备》(英文版)。

根据我国国情和标准编写的要求,本标准采用 ISO 11413:1996 时,作了一些修改,有关技术性差异已编入正文中,并在它们所涉及的条款的页边空白处用垂直单线标识,在附录 E 中给出了这些技术性差异及其原因的一览表以供参考。技术性差异为:

——删除了第 2 章中引用的国际标准 ISO/CD 12093《塑料管材和管件——聚烯烃电熔管件生产商的技术数据报告内容》;

——本标准 3.4 中不再引用 ISO/CD 12093,规定由生产商在技术文件中说明;

——附录 D 中 D.1 和 D.2 中不再引用 ISO/CD 12093,改为由制造商提供 R_{min} 和 R_{max} 值;

——修改了附录 D 中表 D.1 的电阻测量仪的分辨率和精度;

——增加了附录 E"本标准与 ISO 11413:1996 技术性差异及其原因"。

为了便于使用,本标准还作了下列编辑性修改:

a)　"本国际标准"改为"本标准";

b)　用小数点"."代替作为小数点的逗号",";

c)　删除国际标准的前言。

请注意本标准的某些内容有可能涉及专利。本标准的发布机构不应承担识别这些专利的责任。

本标准的附录 A、附录 B、附录 C 为规范性附录,附录 D、附录 E 为资料性附录。

本标准由中国轻工业联合会提出。

本标准由全国塑料制品标准化技术委员会塑料管材、管件及阀门分技术委员会(TC48/SC3)归口。

本标准起草单位:港华辉信工程塑料(中山)有限公司、亚大塑料制品有限公司。

本标准主要起草人:何健文、李声红、王志伟、邹丽君、李鹏。

塑料管材和管件 聚乙烯管材和电熔管件 组合试件的制备

1 范围

本标准规定了聚乙烯(PE)管材或插口管件与电熔管件(例如:承口管件如套筒,或鞍形管件)组合试件的制备方法。

本标准规定了组合试件制备准则,包括环境温度、熔接条件、管材和管件的尺寸、管材形状等参数,并考虑了相关产品标准中对使用条件的限制。

2 规范性引用文件

下列文件中的条款通过本标准的引用而成为本标准的条款。凡是注日期的引用文件,其随后所有的修改单(不包括勘误的内容)或修订版均不适用于本标准,然而,鼓励根据本标准达成协议的各方研究是否可使用这些文件的最新版本。凡是不注日期的引用文件,其最新版本适用于本标准。

GB/T 13663 给水用聚乙烯(PE)管材(GB/T 13663—2000,neq ISO 4427:1996)

GB 15558.1 燃气用埋地聚乙烯(PE)管道系统 第1部分:管材(GB 15558.1—2003,ISO 4437:1997,MOD)

GB 15558.2 燃气用埋地聚乙烯(PE)管道系统 第2部分:管件(GB 15558.2—2005,ISO 8085-2:2001,ISO 8085-3:2001,MOD)

ISO 12176-2:2000 塑料管材管件 聚乙烯系统焊接设备 第2部分:电熔连接

3 符号

3.1 通用符号(见图 A.1)

D_{im}:在距管件承口端面 $L_3 + 0.5L_2$ 处的径向截面熔区平均内径。

$D_{im_{max}}$:管件制造商声明的 D_{im} 的最大理论值。

$D_{i_{max}}$:管件熔区最大内径。

$D_{i_{min}}$:管件熔区最小内径。

d_e:管材或管件插口端的外径。

d_{em}:管材或管件插口端平均外径。与产品标准中的定义一致,用测量的周长计算得出。

d_{emp}:管材或管件插口端经刮削处理或剥离表层后的平均外径。在对应于组合试件熔区中心测量周长,即距离管件承口端面 $L_3 + 0.5L_2$ 的径向截面内,测量周长后计算得出。

L_2:由管件制造商声明的熔区公称长度。

L_3:从管件承口端面到熔区外沿的公称距离。

e_s:管材表面刮削深度或剥离层的材料厚度。

3.2 间隙

3.2.1 承口管件

C_1:管件内孔与未刮削管材外壁之间的间隙,按式(1)进行计算。

$$C_1 = D_{im} - d_{em} \quad \cdots\cdots\cdots\cdots\cdots\cdots\cdots (1)$$

C_2:管件内孔与刮削后管材外壁之间的间隙,按式(2)进行计算。

$$C_2 = C_1 + 2e_s \quad \cdots\cdots\cdots\cdots\cdots\cdots\cdots (2)$$

注1：C_2 可以通过机械加工的办法，将未刮削管材平均外径从 d_{em} 加工到 d_{emp} 得到。d_{emp} 按公式(3)进行计算。

$$d_{emp} = D_{im} - C_2 \quad\quad\quad\quad\quad\quad\quad (3)$$

C_3：管件内孔与未刮削管材外壁之间的最大理论间隙，按式(4)进行计算。

$$C_3 = D_{im_{max}} - d_e \quad\quad\quad\quad\quad\quad (4)$$

C_4：管件内孔与刮削后管材外壁之间的最大理论间隙，按式(5)进行计算。

$$C_4 = C_3 + 2e_s \quad\quad\quad\quad\quad\quad\quad (5)$$

注2：C_4 也可以通过机械加工的办法，将未刮削管材平均外径从 d_{em} 加工到 d_{emp} 得到。d_{emp} 按公式(6)计算。

$$d_{emp} = D_{im} - C_4 \quad\quad\quad\quad\quad\quad\quad (6)$$

3.2.2 鞍形管件

鞍形管件与管材之间的间隙假设为零。

3.3 环境温度

T_a：组合试件熔接时的环境温度。

注3：环境温度可以是产品标准规定(或供需双方约定)的最低温度和最高温度之间的任意温度。

T_R：基准温度，23℃±2℃。

T_{max}：组合试件熔接时所允许的最高环境温度。

T_{min}：组合试件熔接时所允许的最低环境温度。

3.4 熔接参数

——基准时间，t_R：在基准环境温度下的理论熔接时间，由管件制造商给出。

——熔接能量：熔接过程中向管件提供的总电能。在给定环境温度 T_a 下，从管件接线端测得。管件的电工参数应在制造商声明的公差范围之内。通常要求管件制造商在其技术文件中说明环境温度在 $T_{min} \sim T_{max}$ 变化时管件所需熔接能量与环境温度的函数关系。

——常规能量：在基准温度 T_R 下，用公称熔接参数熔接时，向管件输入的熔接能量。公称熔接参数由管件制造商给定。

——基准能量：根据管件公称电阻熔接时需要的常规能量。公称电阻由管件制造商给定。

——最大能量：在给定环境温度 T_a 下熔接能量的最大值。

——最小能量：在给定环境温度 T_a 下熔接能量的最小值。

4 组合试件的制备

4.1 总则

制备组合试件使用的管材或插口管件，应符合 GB 15558.1、GB/T 13663 或 GB 15558.2 的规定，使用的电熔管件尺寸应符合 GB 15558.2 的规定。组合试件制备方法应符合电熔管件制造商提供的书面程序。

除非制造商推荐更大的数值，最小刮削深度 e_s 为 0.2 mm。

4.2 步骤

执行下列步骤，其中步骤 d)和 f)应在足够容纳管材、管件和装夹工具的控温箱内进行，控温精度 ±2℃。不应使用制造后不满 170 h 的管件。

a) 在基准温度 T_R 下，测量待组合的部件，以确定 3.1 所定义(图 A.1 所示)的尺寸；

b) 在基准温度 T_R 下，根据 3.2 的规定准备管材，以达到所需的间隙条件；

c) 按制造商的操作说明将管材与管件装配；

d) 在附录 C 所规定的环境温度 T_a 下，将上述组件及相关装置进行状态调节至少 4 h；

e) 状态调节后，测量加热线圈的电阻，并根据附录 C 和附录 D 确定熔接所需的电工参数。测量电阻时，管件仍处于上述状态调节温度，电阻仪放置的环境温度为基准温度 T_R；

f) 根据附录 C 规定的能量水平，按照管件制造商的操作说明进行熔接制备组合试件；

g) 将组合试件冷却到环境温度。

附　录　A

（规范性附录）

电熔承口的尺寸符号

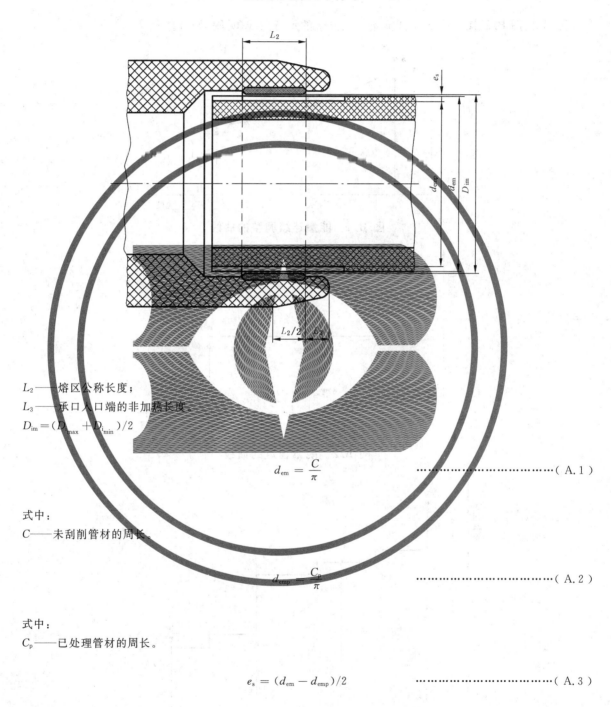

L_2——熔区公称长度；

L_3——承口入口端的非加热长度；

$D_{im} = (D_{imax} + D_{imin})/2$

$$d_{em} = \frac{C}{\pi} \quad \cdots\cdots\cdots\cdots\cdots\cdots\cdots (A.1)$$

式中：

C——未刮削管材的周长。

$$d_{emp} = \frac{C_p}{\pi} \quad \cdots\cdots\cdots\cdots\cdots\cdots\cdots (A.2)$$

式中：

C_p——已处理管材的周长。

$$e_s = (d_{em} - d_{emp})/2 \quad \cdots\cdots\cdots\cdots\cdots\cdots (A.3)$$

图 A.1　电熔承口的尺寸符号

附　录　B

（规范性附录）

环境温度不同时熔接能量的变化示意图

图 B.1、图 B.2、图 B.3 为不同能量变化方式的示意曲线（见附录 C）。

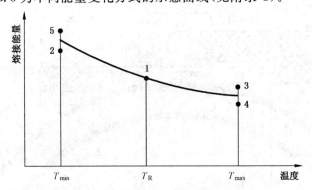

图 B.1　能量连续调整的曲线

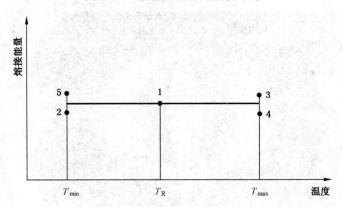

图 B.2　能量恒定的曲线

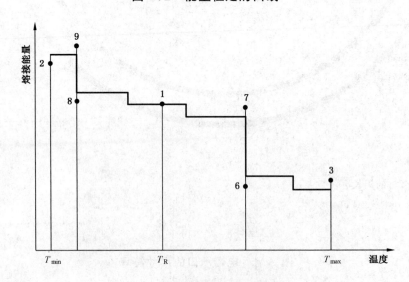

图 B.3　能量阶梯调整的曲线

附　录　C
（规范性附录）
组合试件制备条件

表 C.1　管材和管件准备的条件

条　件	环境温度 T_a(3.3)	管材外形	间隙[a](3.2)	能量(3.4)	装配载荷[b]
1	T_R	盘管或直管	C_2	常规	常规值
2	T_{min}	直管	C_4	最小	最小值
3	T_{max}	盘管或直管	C_2	最大	最大值
4	T_{max}	直管	C_4	最小	最小值
5	T_{min}	盘管或直管	C_2	最大	最大值
6	$>T_R$[c]	直管	C_4	最小	最小值
7	$>T_R$[c]	盘管或直管	C_2	最大	最大值
8	$<T_R$[c]	直管	C_4	最小	最小值
9	$<T_R$[a]	盘管或直管	C_2	最大	最大值

注：条件1～5适用于附录B中图B.1和图B.2所示的能量曲线，条件1～3和6～9适用于图B.3所示的能量曲线。

[a] 对于鞍形管件，间隙应视为0。

[b] 适用于可控制装配载荷的鞍形管件的连接。

[c] 在能量曲线上基准温度的左侧或右侧，对应于最大能量间断点，并且最接近极限温度的温度。

附　录　D

（资料性附录）

熔接电工参数的确定

（能量、电压或电流公差符合 ISO 12176-2）

D.1　在环境温度 T_a 下的最大输入能量

以能量控制模式工作的焊机：

$$能量＝公称能量＋公差 \quad\cdots\cdots\cdots\cdots\cdots\cdots\cdots（D.1）$$

以电压控制模式工作的焊机：

$$工作电压 = U_{max}\sqrt{R/R_{min}} \quad\cdots\cdots\cdots\cdots\cdots\cdots（D.2）$$

以电流控制模式工作的焊机：

$$工作电流 = I_{max}\sqrt{R_{max}/R} \quad\cdots\cdots\cdots\cdots\cdots\cdots（D.3）$$

式中：

U_{max}——焊机最大额定电压，伏特（公称值＋公差）；

I_{max}——焊机最大额定电流，安培（公称值＋公差）；

R_{min}——由制造商提供的管件在基准温度 T_R 下的最小电阻值，单位为欧姆（Ω）；

R_{max}——由制造商提供的管件在基准温度 T_R 下的最大电阻值，单位为欧姆（Ω）；

R——在环境温度 T_a 下进行状态调节，然后用双臂桥式电阻仪测出的管件电阻值。电阻仪工作特性满足表 D.1。

D.2　在环境温度 T_a 下最小输入能量

以能量控制模式工作的焊机：

$$能量＝公称能量－公差 \quad\cdots\cdots\cdots\cdots\cdots\cdots\cdots（D.4）$$

以电压控制模式工作的焊机：

$$工作电压 = U_{min}\sqrt{R/R_{max}} \quad\cdots\cdots\cdots\cdots\cdots\cdots（D.5）$$

以电流控制的焊机：

$$工作电流 = I_{min}\sqrt{R_{min}/R} \quad\cdots\cdots\cdots\cdots\cdots\cdots（D.6）$$

式中：

U_{min}——焊机最小额定电压，单位为伏特（V）（公称值－公差）；

I_{min}——焊机最小额定电流，单位为安培（A）（公称值－公差）；

R_{min}——由制造商提供的管件在基准温度 T_R 下的最小电阻值，单位为欧姆（Ω）；

R_{max}——由制造商提供的管件在基准温度 T_R 下的最大电阻值，单位为欧姆（Ω）；

R——在环境温度 T_a 下进行状态调节，然后用双臂桥式电阻仪测出的管件电阻值。电阻仪工作特性满足表 D.1。

测量电阻时，电阻仪所处的环境温度应为基准温度 23℃±2℃，管件按规定（例如，T_{max} 或 T_{min}）状态调节。如果将管件从状态调节环境中取出测量电阻，测量时间不得超过 30 s。

表 D.1　电阻仪工作特性

范围/Ω	分辨率/mΩ	精　度
0～1	1	读数的 2.5%
0～10	10	读数的 2.5%
0～100	100	读数的 2.5%

附　录　E

（资料性附录）

本标准与 ISO 11413：1996 技术性差异及其原因

表 E.1 给出了本标准与 ISO 11413：1996 的技术性差异及其原因的一览表。

表 E.1　本标准与 ISO 11413：1996 技术性差异及其原因

本标准的章条编号	技术性差异	原　因
2	删去了 ISO/CD 12093，增加了 ISO 12176-2：2000，其余采用了与国际标准相应的国家标准。	国际标准 ISO/CD 12093 目前仍无正式文本；增加 ISO 12176-2 为便于使用，并符合国家标准编写规定，强调与 GB/T 1.1 的一致性。
3.4	不再引用 ISO/CD 12093，规定由生产商在技术文件中说明。	国际标准 ISO/CD 12093 目前仍无正式文本，且不易统一，故本标准中规定由生产商在技术文件中说明，符合我国国情，方便使用。
附录 D	D.1 和 D.2 中不再引用 ISO/CD 12093，改为由制造商提供的 R_{min} 和 R_{max} 值。	理由同上。
附录 D	附录 D 中表 D.1 的电阻测量仪的分辨率和精度做了修改，分辨率由 0.1 mΩ 改为 1 mΩ、1 mΩ 改为 10 mΩ、10 mΩ 改为 100 mΩ，精度由读数的 0.25% 改为读数的 2.5%。	考虑到可操作性及我国实际生产的情况。

ICS 83.140.30
G 33

中华人民共和国国家标准

GB/T 19809—2005/ISO 11414:1996

塑料管材和管件 聚乙烯(PE)管材/管材
或管材/管件热熔对接组件的制备

Plastics pipes and fittings—Preparation of polyethylene（PE）pipe/pipe or
pipe/fitting test piece assemblies by butt fusion

（ISO 11414:1996,IDT）

2005-03-23 发布 2005-10-01 实施

中华人民共和国国家质量监督检验检疫总局
中国国家标准化管理委员会 发布

前　言

本标准等同采用国际标准 ISO 11414:1996《塑料管材和管件——聚乙烯(PE)管材/管材或管材/管件热熔对接组件的制备》(英文版)。

为了便于使用,本标准做了下列编辑性修改:

a)　"本国际标准"改为"本标准";

b)　用小数点". "代替作为小数点的逗号", ";

c)　删除国际标准的前言。

本标准的附录 A 和附录 B 为规范性附录。

本标准由中国轻工业联合会提出。

本标准由全国塑料制品标准化技术委员会塑料管材、管件及阀门分技术委员会(TC48/SC3)归口。

本标准起草单位:河北宝硕管材有限公司。

本标准主要起草人:高长全、李艳英、代启勇。

塑料管材和管件 聚乙烯(PE)管材/管材
或管材/管件热熔对接组件的制备

1 范围

本标准规定了聚乙烯管材与管材或管材与管件插口端热熔对接组件的制备方法。

考虑到相关产品标准中规定的使用限制条件和所用管材的类型,本标准规定了焊接参数,如环境温度、接头几何尺寸和熔接参数等。

焊接环境的不同会影响到待测组件的连接性能。根据生产商的说明书和/或相关标准,制备组件的熔接工艺和参数可以进行适当调整。

注:无论使用何种树脂,若组件及熔接连接技术符合 ISO/TR 11647:1996 的熔接匹配性,都适用于本标准。为验证连接性能,规定的熔融过程中的参数可进行适当调整。

2 规范性引用文件

下列文件中的条款通过本标准的引用而成为本标准的条款。凡是注日期的引用文件,其随后所有的修改单(不包括勘误的内容)或修订版均不适用于本标准,然而,鼓励根据本标准达成协议的各方研究是否可使用这些文件的最新版本。凡是不注日期的引用文件,其最新版本适用于本标准。

GB/T 13663—2000 给水用聚乙烯(PE)管材(neq ISO 4427:1996)

GB/T 13663.2—2005 给水用聚乙烯(PE)管道系统 第2部分:管件

GB 15558.1—2003 燃气用埋地聚乙烯(PE)管道系统 第1部分:管材(ISO 4437:1997,MOD)

GB 15558.2—2005 燃气用埋地聚乙烯(PE)管道系统 第2部分 管件(ISO 8085-2:2001,ISO 8085-3:2001,MOD)

ISO/TR 11647:1996 聚乙烯管材和管件的可熔焊性

3 符号

3.1 热熔对接过程中的通用符号

e_n:管材的公称壁厚,单位为毫米(mm)。

d_n:管材的公称外径,单位为毫米(mm)。

p:施于热熔对接接头端面的压力,单位为兆帕(MPa)。

t:熔接过程中每一阶段的时间。

T_{max}:最高允许环境温度,单位为摄氏度(℃)。

T_{min}:最低允许环境温度,单位为摄氏度(℃)。

3.2 接头几何尺寸

D_a:待熔接两连接件间外径的错边量,单位为毫米(mm)。

D_w:两待熔接面间隙,单位为毫米(mm)。

3.3 环境温度

T_a:熔接时的环境温度,单位为摄氏度(℃)。

注:环境温度可以在最低温度 T_{min} 和最高温度 T_{max} 之间变化,在相关标准中规定或生产商和用户之间达成协议。

3.4 熔接过程参数

3.4.1 总则

T:加热板温度,在与待熔管材或插口管件相接触的加热板表面区域内测量,单位为摄氏度(℃)。

3.4.2 第一阶段:加热

p_1:加热阶段的端面压力,即施加在接触区表面的压力,单位为兆帕(MPa);

B_1:初始卷边宽度,表示为加热段结束时的卷边宽度,单位为毫米(mm);

t_1:升温时间,在升温阶段连接区域获得宽度为 B_1 的卷边所用时间,单位为秒(s)。

3.4.3 第二阶段:吸热

p_2:吸热阶段施加在加热板和管材或管件间的压力,单位为兆帕(MPa);

t_2:吸热阶段的持续时间,单位为秒(s)。

3.4.4 第三阶段:抽出加热板

t_3:从加热板离开抽离到两熔接端相接触时的时间间隔,单位为秒(s)。

3.4.5 第四阶段:升压

t_4:产生对接压力所需时间,单位为秒(s)。

3.4.6 第五阶段:熔接

p_5:熔接阶段施加在接触面上的压力,单位为兆帕(MPa);

t_5:在焊机上的组件在熔接压力下保持的时间,单位为分钟(min)。

3.4.7 第六阶段:冷却

t_6:冷却时间,在此阶段熔接组件不能受到任何强外力作用,单位为分钟(min)。这一冷却过程也可以不在焊机上进行。

B_2:在冷却结束时获得的卷边宽度,单位为毫米(mm)。

4 组件用管材

组件所用管材应取自直管段。

5 设备

所用对熔焊机应配有自动熔压控制器以使第一、第二、第五熔接阶段的压力保持恒定。

6 连接步骤

将符合 GB/T 13663、GB/T 13663.2、GB 15558.1 或 GB 15558.2 的直管和管件按如下要求连接,若能够改善连接的性能(外观或机械性能),则焊接工艺可做适当调整。

a) 将管材或管件安装在焊机中,当 $d_n < 200$ mm 时所产生的外径错边量 D_a 最大为 0.5 mm,当 $d_n \geqslant 200$ mm 时 D_a 最大为 $0.1e_n$ 或 1 mm 中的较大值;

b) 用铣刀铣平熔接端表面,当 $d_n < 200$ mm 时,间隙 D_w 应控制在 0.3 mm 内,当 $d_n \geqslant 200$ mm 时,间隙 D_w 应控制在 0.5 mm 之内;

c) 用附录 A 中规定的参数进行熔接。当熔接参数在附录 B 给定的范围变化时,新试样重复熔接操作程序。

附 录 A

（规范性附录）

熔接过程和参数

图 A.1 为熔接过程的图解，表 A.1 给出了每一阶段参数的参考值。

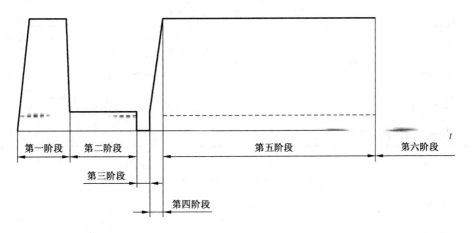

图 A.1 熔接过程图解

表 A.1 熔接参数参考值

参 数		单 位	数 值
加热板温度 T $63 \leqslant d_n \leqslant 250$ $d_n > 250$		℃	210 ± 10 225 ± 10
第一阶段	压力 p_1 [a]	MPa	0.18 ± 0.02
	时间 t_1	s	获得 B_1 所用时间
	卷边宽度 B_1	mm	$d_n \leqslant 180 : 1 < B_1 \leqslant 2$ $180 < d_n \leqslant 315 : 2 < B_1 \leqslant 3$ $d_n > 315 : 3 < B_1 \leqslant 4$
第二阶段	压力 p_2 [a]	MPa	0.03 ± 0.02
	时间 t_2	s	$(30 + 0.5 d_n) \pm 10$
第三阶段	时间 t_3	s	最大值：$3 + 0.01 d_n \leqslant 8$
第四阶段	时间 t_4	s	最大值：$3 + 0.01 d_n \leqslant 6$
第五阶段	压力 p_5 [a]	MPa	0.18 ± 0.02
	时间 t_5	min	最小值：10
第六阶段	时间 t_6	min	最小值为 $1.5 e_n$，且最大值不超过 20 min
[a] 这一压力是接头内表面压力，与 d_n、e_n 和所用熔接设备有关。			

附　录　B

（规范性附录）

熔接参数值范围

表 B.1 给出了连接过程中各参数值的范围。

表 B.1　熔接参数值范围

状况	环境温度[a]		加热板温度 T/℃	熔接压力 p/MPa
	符号	数值/℃		
最小值	T_{min}	-5_{-2}^{0}	205 ± 5	0.15 ± 0.02
最大值	T_{max}	40 ± 2	230 ± 5	0.21 ± 0.02
[a]　若在相关的标准中作了规定,也可用其他的数值。				

ICS 83.140.30
G 33

中华人民共和国国家标准

GB/T 20201—2006

灌溉用聚乙烯(PE)压力管
机械连接管件

Mechanical joint fittings for use with polyethylene pressure
pipes for irrigation purposes

(ISO 9625:1993,NEQ)

2006-02-21 发布　　　　　　　　　　　　　　　2006-08-01 实施

中华人民共和国国家质量监督检验检疫总局
中国国家标准化管理委员会　　发布

前　言

本标准参照了 ISO 9625:1993《灌溉用聚乙烯(PE)压力管机械连接管件》,并结合我国灌溉用 PE 管材机械式连接安装的生产和实际使用情况制定。

本标准对应于 ISO 9625:1993 的一致性为非等效。主要差异如下:

——按产品与管材连接方式和制造材料对产品进行了分类;

——根据生产控制要求增加了接口的基本尺寸系列;

——增加了法兰管件系列;

——产品的静液压性能,分为长期和短期两种;

——增加了维卡软化温度、热烘箱试验、不透光性等性能指标的要求及检测方法;

——根据实际生产和使用的需要对耐拉拔性能、系统适用性试验作了部分修改和删减;

——按照 ISO 9625:1993 的基本规定,对产品的外观、规格尺寸、检验规则、包装、贮存、运输作出了
　　具体规定。

本标准中的附录 D、附录 E 为规范性附录,附录 A、附录 B、附录 C 为资料性附录。

请注意本标准的某些内容有可能涉及专利,本标准的发布机构不应承担识别这些专利的责任。

本标准由中国轻工业联合会提出。

本标准由全国塑料制品标准化技术委员会塑料管材、管件及阀门分技术委员会(TC 48/SC 3)归口。

本标准起草单位:新疆天业股份有限公司 、新疆维吾尔自治区产品质量监督检验所。

本标准主要起草人:邹林、魏健、张胜军、姜淑梅。

灌溉用聚乙烯(PE)压力管
机械连接管件

1 范围

本标准规定了灌溉用聚乙烯(PE)压力管机械连接管件(以下简称"管件")的产品分类、材料、要求、试验方法、检验规则和标志、包装、运输和贮存。

本标准适用于公称外径小于110 mm、使用压力不大于0.6 MPa、水温不超过45℃的灌溉用聚乙烯压力管的机械连接管件。

本标准不适用于建筑冷热水系统及非水介质的流体输送系统用管件。

2 规范性引用文件

下列文件中的条款通过本标准的引用而成为本标准的条款。凡是注日期的引用文件,其随后所有的修改单(不包括勘误的内容)或修订版均不适用于本标准,然而,鼓励根据本标准达成协议的各方研究是否可使用这些文件的最新版本。凡是不注日期的引用文件,其最新版本适用于本标准。

GB/T 2828.1—2003 计数抽样检验程序 第1部分:按接收质量限(AQL)检索的逐批检验抽样计划(ISO 2859-1:1999,IDT)

GB/T 2918—1998 塑料试样状态调节和试验的标准环境(idt ISO 291:1997)

GB/T 6111—2003 流体输送用热塑性塑料管材耐内压试验方法(ISO 1167:1996,IDT)

GB/T 7306.1—2000 55°密封管螺纹 第1部分:圆柱内螺纹与圆锥外螺纹(eqv ISO 7-1:1994)

GB/T 7306.2—2000 55°密封管螺纹 第2部分:圆锥内螺纹与圆锥外螺纹(eqv ISO 7-1:1994)

GB/T 7307—2001 55°非密封管螺纹(eqv ISO 228-1:1994)

GB/T 8802—2001 热塑性塑料管材、管件 维卡软化温度的测定(eqv ISO 2507:1995)

GB/T 8803—2001 注射成型硬质聚氯乙烯(PVC-U)、氯化聚氯乙烯(PVC-C)、丙烯腈-丁二烯-苯乙烯三元共聚物(ABS)和丙烯腈-苯乙烯-丙烯酸盐三元共聚物(ASA)管件 热烘箱试验方法

GB/T 8806 塑料管材尺寸测量方法(GB/T 8806—1988,eqv ISO 3126:1974)

GB/T 15820—1995 聚乙烯压力管材与管件连接的耐拉拔试验(eqv ISO 3501:1976)

3 分类

3.1 按管材连接方式分为:

a) 径向夹紧型管件分为:径向外夹紧型(见图1)和径向外夹内撑型(见图2);

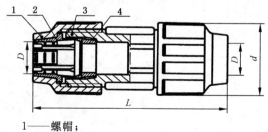

1——螺帽;
2——管卡;
3——直通壳体;
4——密封圈。

图 1 径向外夹紧管件示意图

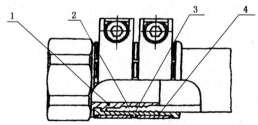

1——插口;
2——管材;
3——管卡;
4——锁紧圈。

图 2 径向外夹内撑管件示意图

b) 轴向夹紧型管件即法兰连接；

c) 旋合连接型管件即螺纹管件。

3.2 按管件所用材料分为：

a) 金属管件；

b) 塑料管件；

c) 金属、塑料复合管件。

4 材料

4.1 金属管件

金属管件的材料应耐腐蚀,能适应灌溉中常用的农药、化肥。

4.2 塑料管件

4.2.1 塑料管件所用材料应能抵抗紫外线,能适应灌溉中常用的农药、化肥。

4.2.2 生产管件所产生的洁净回用料,允许掺入新料中使用。

5 要求

5.1 外观

5.1.1 金属管件

表面应光滑、端面平整、无毛刺、无沙眼气孔、无分层,内外表面应洁净。

5.1.2 塑料管件

管件表面应光滑,不允许有裂纹、气泡、脱皮和明显的杂质、严重的冷斑及色泽不匀、分解变色等缺陷。

5.1.3 金属、塑料复合管件

除塑料管件和金属管件的要求外,还应保持金属与塑料的一体性。

5.2 颜色

塑料管件一般为黑色,也可由供需双方商定。

5.3 不透光性

管件应不透光。

5.4 规格尺寸

5.4.1 径向外夹紧型管件、径向外夹内撑型管件及组件尺寸偏差见表1。

表 1 径向外夹紧型管件、径向外夹内撑型管件及组件尺寸偏差　　　　　单位为毫米

公称外径 d_N	最大不圆度	接口及组件内径偏差	最小承插深度
10	0.2	0.4～0.7	11
12	0.3	0.4～0.7	12
14	0.3	0.4～0.8	13
16	0.3	0.4～0.9	14
18	0.3	0.4～1.0	15
20	0.3	0.4～1.1	16
25	0.5	0.4～1.2	19
32	0.5	0.4～1.3	22
40	0.8	0.5～1.5	26
50	0.8	0.6～1.7	31

表 1（续）   单位为毫米

公称外径 d_N	最大不圆度	接口及组件内径偏差	最小承插深度
63	1.2	0.7～1.9	38
75	1.2	0.8～2.1	44
90	1.5	1.0～2.4	51
110	1.5	1.1～2.6	61

注1：接口和插口的平均内径或外径应在接口和插口的中部测量，承口和插口的最大夹角不超过 $0°30'$。

注2：插口的尺寸范围与所配套使用的管材壁厚有关，插口的尺寸范围见附录 A、附录 B、附录 C，接口和插口的端面应倒角或圆角。

5.1.2 法兰头与活套法兰尺寸见表2，法兰头与活套法兰示意图见图3。

表 2　法兰头与活套法兰尺寸

公称尺寸 DN/mm	塑料法兰头规格 d_n/mm	活套法兰					螺纹/mm	法兰头	
		外径 D/mm	内径 D_2/mm	螺栓孔中心圆直径 D_3/mm	螺栓孔直径 D_1/mm	数目 n/个		外径 D_4/mm	内径 D_5/mm
15	20	95	28	65	14	4	M12	45	27
20	25	105	34	75	14	4	M12	58	33
25	32	115	42	85	14	4	M12	68	40
32	40	140	51	100	18	4	M16	78	50
40	50	150	62	110	18	4	M16	88	61
50	63	165	78	125	18	4	M16	102	75
65	75	185	92	145	18	4	M16	122	89
80	90	200	108	160	18	8	M16	138	105
100	110	220	128	180	18	8	M16	158	125

注1：法兰头与续接管材的公称外径、壁厚、尺寸偏差要求相同。

注2：法兰的厚度根据材质而定。

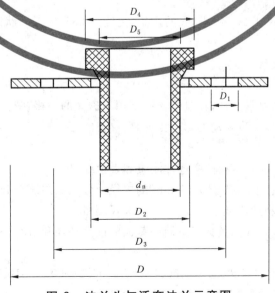

图 3　法兰头与活套法兰示意图

5.4.3 主体壁厚应不小于所配管材的壁厚,偏差不大于所配管材壁厚的偏差。

5.4.4 螺纹管件:管件连接密封螺纹和紧固螺纹的尺寸应符合 GB/T 7306.1、GB/T 7306.2 和 GB/T 7307的相关规定。

5.5 物理力学性能

物理力学性能应符合表3的规定。

表 3 物理力学性能

序号	试 验 项 目	指 标
1	静液压性能	无破裂、渗漏量不大于 1.4 L/h。
2	维卡软化温度[a] /℃	≥74
3	烘箱试验[a] (150℃±2℃)	无起泡、碎裂及合缝线开裂现象,注射点周围允许有不穿透该点壁厚50%的缺陷。
[a] 其中2、3项仅对 PVC-U 管件进行试验。		

5.6 系统适用性

5.6.1 内压密封性能

在规定的试验条件下,管件与管材的连接密封处,无破裂、渗漏量不大于 1.4 L/h。

5.6.2 弯曲密封性能

在弯曲状态下进行内压试验时,管件、管件与管材的连接密封处应无破裂、渗漏量不大于 1.4 L/h。

注:公称直径大于等于 32 mm 的管件连接件才做此项试验。

5.6.3 耐拉拔性能

管件连接件在承载规定的轴向拉力时连接处无松脱。

5.6.4 循环压力冲击性能

管件及管件连接件在规定的压力和循环时间内,连接密封处应无破裂,渗漏量不大于 1.4L/h。

6 试验方法

6.1 试样

试样至少由一个管件和与之配合使用的一段或多段管材连接,组成管件连接体。试验中用于连接管件的管材自由长度大于管径的 3 倍,且不小于 250 mm。

6.2 状态调节

除另有规定外,均按 GB/T 2918—1998 的规定,温度为 23℃±2℃,状态调节时间应大于 4 h。

6.3 外观和颜色

在自然光线下用肉眼观察。

6.4 不透光性

将试样一端用不透光的材料封住,在自然光线下用不透光的小棒在有光源面的管件外壁移动,从管件开口端观察试样的内表面,不见移动的影子为合格。

6.5 规格尺寸

6.5.1 按 GB/T 8806 的规定对所抽试样逐件测量和表示结果。

6.5.2 接口及组件内径用精度不低于 0.01 mm 的内径千分尺或内测千分尺测量。

6.5.3 接口外径用分度值精度不低于 0.05 mm 的 π 尺测量。

6.5.4 用精度不低于 0.02 mm 的量具测量同一截面的最大外径和最小外径。最大外径与最小外径之差为不圆度。

6.5.5 管件螺纹用符合 GB/T 7306.1—2000、GB/T 7306.2—2000、GB/T 7307—2001 标准规定的螺纹环规、塞规旋合,手旋合螺纹能到基准面(4.5±1)个螺距。

6.6 静液压性能

6.6.1 短期静液压试验一组取 3 个试样；长期静液压试验一组取 1 个试样。

6.6.2 按 GB/T 6111—2003 规定进行，试验介质为水。试验时，试验温度、压力、时间按表 4 的规定。

表 4 静液压试验条件

序号	试验温度/ ℃	试验时间/ h	试验压力/MPa						
			PVC-U	PE-HD	PP-B	PP-H	POM	ABS	金属
			短 期 静 液 压						
1	20	1	2.8×PN	1.6×PN	2.1×PN	1.8×PN	4.2×PN	2.1×PN	1.8×PN
			长 期 静 液 压						
2	60	1 000	0.67×PN	—	0.47×PN	0.4×PN	—	0.4×PN	—
		170	0.58×PN	—	—	—	—	—	—
		420	—	—	—	—	0.8×PN	—	—
注：当管件组合体中的管材发生破裂时，应重新试验。									

6.7 维卡软化温度

按 GB/T 8802—2001 的规定进行。

6.8 烘箱试验

按 GB/T 8803—2001 的规定进行。

6.9 系统适用性试验

6.9.1 内压密封性

抽取 3 个试样，按附录 D 进行试验。

6.9.2 弯曲密封性能

抽取 3 个试样，按附录 E 进行试验。

6.9.3 耐拉拔性能

抽取 3 个试样，按 GB/T 15820—1995 的规定进行。耐拉拔试验时的拉力值 k 按式(1)计算：

$$k = \frac{\pi}{4} d^2 n \text{PN} \qquad \cdots\cdots\cdots\cdots\cdots\cdots\cdots\cdots\cdots\cdots (1)$$

式中：

d——平均内径，单位为毫米(mm)；

n——系数(外加紧型管件取 1.5，其他管件取 2)；

PN——公称压力，单位为兆帕(MPa)。

6.9.4 循环压力冲击性能

6.9.4.1 抽取 3 个管件，与长度至少为 300 mm 管材连接组成试样。

6.9.4.2 将试样安装在试验设备上，向试样内充水，排尽空气后 2 min 内加压至 2.0 PN 并保持 1 h 后泄去压力，间隔 1 h；然后在 2 min 内加压至 2.0PN 并保持 1h，试验中观察连接密封处有无渗漏现象(外加紧型管件的试验压力为 1.0PN)。

7 检验规则

7.1 组批

用同一原料、工艺连续生产的同一规格的管件为一批。管径≤32 mm 的管件每批不超过 10 000 件，管径>32 mm 的管件每批不超过 5 000 件，如果生产 7 天仍不足上述数量，则以 7 天为一批。

7.2 出厂检验

7.2.1 出厂检验项目为 5.1、5.2、5.4、5.5 中的 20℃，1 h 的静液压、维卡软化温度及烘箱试验和

5.6.3。

7.2.2　5.1、5.2、5.4 按 GB/T 2828.1—2003 规定的正常检验一次抽样方案,取一般检验水平Ⅰ,接收质量限(AQL)6.5,见表5。

表 5　抽样方案

单位为件

批　量 N	样本量 n	接收数 Ac	拒收数 Re
≤25	2	0	1
26～90	5	1	2
91～150	8	1	2
151～280	13	2	3
281～500	20	3	4
501～1 200	32	5	6
1 201～3 200	50	7	8
3 201～1 0000	80	9	10

7.2.3　在 5.1、5.2、5.4 计数抽样合格的批产品中,随机抽取足够的样品进行其他项目的试验。

7.3　型式检验

7.3.1　管件型式检验项目为全部技术要求。

7.3.2　一般情况下,每隔两年进行一次型式检验,若有下列情况之一,应进行型式检验:

    a)　新产品或老产品转产生产的试制定型鉴定;

    b)　正式生产后,若材料、工艺有较大变化,可能影响产品性能时;

    c)　停产半年以上恢复生产时;

    d)　出厂检验结果与上次型式检验结果有较大差异时;

    e)　国家质量监督机构提出进行型式检验要求时。

7.4　判定规则

5.1、5.2、5.4 按表5规定进行判定。其他项目若有一项达不到规定时,则应在原计数抽检合格的批产品中随机抽取双倍样品对不合格项目进行复检,如仍不合格,则判该批为不合格。

8　标志、包装、运输、贮存

8.1　标志

8.1.1　产品上至少应有下列标志:规格型号、商标。

8.1.2　产品包装上应有下列标记:产品名称、规格型号、材质;生产厂名、厂址、商标;生产日期、产品批号和数量;本标准编号。

8.2　包装

一般情况下产品应用包装箱包装,也可按用户的要求进行包装。

8.3　运输

管件在运输和装卸过程中,应防止被污染、重压、抛摔和猛烈碰撞。

8.4　贮存

应贮存在库房内,堆放场地应平整,不得曝晒,远离热源。

附 录 A
（资料性附录）
喷灌用塑料管基本参数及技术条件
低密度聚乙烯管材公称直径、壁厚及公差与配套插头尺寸范围

喷灌用塑料管基本参数及技术条件——低密度聚乙烯(LDPE、LLDPE)管材公称直径、壁厚及公差与配套插头的尺寸应符合表 A.1 的规定。

表 A.1 管材的公称直径、壁厚及公差与配套插头的尺寸

公称外径/mm	平均外径极限偏差/mm	压力等级/MPa					
		0.25			0.40		
		公称壁厚/mm	极限偏差/mm	配套插头尺寸/mm	公称壁厚/mm	极限偏差/mm	配套插头尺寸/mm
6	+0.3 / 0	—	—	—	0.5	+0.3 / 0	—
8	+0.3 / 0	—	—	—	0.6	+0.3 / 0	—
10	+0.3 / 0	0.5	+0.3 / 0	8.00~8.40	0.8	+0.3 / 0	7.40~7.80
12	+0.3 / 0	0.6	+0.3 / 0	9.80~10.20	0.9	+0.3 / 0	9.40~9.80
16	+0.3 / 0	0.8	+0.3 / 0	13.40~18.80	1.2	+0.3 / 0	10.60~11.00
20	+0.3 / 0	1.0	+0.3 / 0	17.00~17.40	1.5	+0.4 / 0	15.80~16.20
25	+0.3 / 0	1.2	+0.4 / 0	21.40~21.80	1.9	+0.4 / 0	20.00~20.40
32	+0.3 / 0	1.6	+0.4 / 0	27.60~28.00	2.4	+0.5 / 0	25.80~26.20
40	+0.4 / 0	1.9	+0.4 / 0	35.00~35.40	3.0	+0.5 / 0	32.80~33.00
50	+0.5 / 0	2.4	+0.5 / 0	43.80~44.20	3.7	+0.6 / 0	47.00~47.40
63	+0.6 / 0	3.0	+0.5 / 0	55.60~56.00	4.7	+0.7 / 0	51.80~52.20
75	+0.7 / 0	3.6	+0.6 / 0	66.20~66.60	5.5	+0.8 / 0	61.00~61.40
90	+0.8 / 0	4.3	+0.7 / 0	79.60~80.00	6.6	+0.9 / 0	74.60~75.00

注：壁厚是以 20℃时，环向(诱导)应力为 2.5 MPa 时确定的。

附 录 B

（资料性附录）

喷灌用低密度聚乙烯管材公称直径、壁厚及公差与配套插头尺寸范围

喷灌用低密度聚乙烯(LDPE、LLDPE)管材公称直径、壁厚及公差与配套插头的尺寸应符合表 B.1 的规定。

表 B.1 管材的公称直径、壁厚及公差与配套插头的尺寸

外径/ mm	外径公差/ mm	压 力 等 级/MPa					
		0.4			0.6		
		壁厚/mm	壁厚公差/ mm	配套插头 尺寸/mm	壁厚/ mm	壁厚公差/ mm	配套插头 尺寸/mm
20	+0.3	2.0	+0.4	14.80～15.20	2.0	+0.4	14.80～15.20
25	+0.3	2.0	+0.4	19.80～20.20	2.3	+0.5	19.00～19.40
32	+0.3	2.0	+0.4	26.80～27.20	2.9	+0.5	24.80～25.20
40	+0.4	2.4	+0.5	33.80～34.20	3.7	+0.6	31.00～31.40
50	+0.5	3.0	+0.5	42.60～43.00	4.6	+0.7	39.00～39.40
63	+0.6	3.8	+0.6	53.80～54.20	5.8	+0.8	49.40～49.8
75	+0.7	4.5	+0.7	64.20～64.60	6.9	+0.9	58.00～58.40
90	+0.9	5.3	+0.8	77.40～77.80	8.2	+1.1	71.00～71.40
110	+1.0	6.5	+0.9	94.80～95.20	10.0	+1.2	87.20～87.60

附 录 C

（资料性附录）

给水用低密度聚乙烯（LDPE、LLDPE）管材公称直径、壁厚及公差与配套插头尺寸范围

给水用低密度聚乙烯（LDPE、LLDPE）管材公称直径、壁厚及公差与配套插头的尺寸应符合表 C.1 的规定。

表 C.1 管材的公称直径、壁厚及公差与配套插头的尺寸

公称外径/mm	平均外径极限偏差/mm	公称压力[a]/MPa					
		PN0.4			PN0.6[b]		
		公称壁厚/mm	极限偏差/mm	配套插头尺寸/mm	公称壁厚/mm	极限偏差/mm	配套插头尺寸/mm
16	+0.3 0	—	—	—	2.3	+0.5 0	10.00～10.40
20	+0.3 0	2.3	+0.5 0	14.0～14.40	2.3	+0.5 0	14.00～14.40
25	+0.3 0	2.3	+0.5 0	19.00～19.40	2.8	+0.5 0	18.00～18.40
32	+0.3 0	2.4	+0.5 0	25.80～26.20	3.6	+0.6 0	23.20～23.60
40	+0.4 0	3.0	+0.5 0	32.60～33.00	4.5	+0.7 0	29.20～29.60
50	+0.5 0	3.7	+0.6 0	41.00～41.40	5.6	+0.8 0	36.80～37.20
63	+0.6 0	4.7	+0.7 0	51.80～52.20	7.1	+1.0 0	46.40～46.80
75	+0.7 0	5.5	+0.8 0	62.00～62.40	8.4	+1.1 0	55.8～56.00
90	+0.9 0	6.6	+0.9 0	74.60～75.00	10.1	+1.3 0	66.80～67.20
110	+1.0 0	8.1	+1.1 0	91.20～91.60	12.3	+1.5 0	82.00～82.40

[a] 公称压力为管材在 20℃时的工作压力。

[b] 作为计算使用公称压力 0.63 MPa。

附　录　D

（规范性附录）

聚乙烯（PE）管材和管件的组装接头

内压密封试验

D.1　试验原理

检查管材与管件密封头连接处的抗渗漏性,试验组件由一段管材和两个管件组成。试验压力除外夹型管件为 1.5×PN 外,其他类型均为 2.0×PN 试验压力。

D.2　仪器

试验仪器见图 D.1 加压系统按 GB/T 6111—2003 的规定。

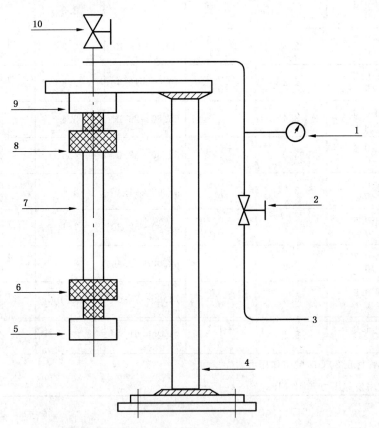

1——压力表;

2,10——调节阀;

　3——水泵接管;

　4——支架;

　5——螺纹套管;

　6——管件;

　7——PE 管;

　8——螺纹套管接头;

　9——空气泻压阀。

图 D.1　内压密封试验示意图

D.3 试样样品

由管材与相匹配的管件组成,管材与管件连接后,应保证管件中间管材的自由长度为 3 倍管材公称直径且最小长度不得小于 300 mm。

D.4 试验步骤

试验温度为(20±2)℃。

确保试样的外面完全干燥,按照 GB/T 6111—2003 的规定施加静液压力;全程观察样品是否有渗漏,如有渗漏应测量渗漏量。

D.5 试验报告

试验报告包括以下内容:

——注明采用本标准编号;

——试验的观察结果(是否渗漏),试验条件;

——若发生渗漏,应指明是连接处渗漏还是管材破裂,以及当时压力;

——详细说明试验过程与本标准的差异部分及可能影响试验结果的外界条件。

附 录 E

（规范性附录）

聚乙烯（PE）管材和管件的组装接头

弯曲密封试验

E.1 原理

检验管材与管件密封头连接处的抗渗漏性,将管材的自由段进行弯曲,试验组件由一段管材和两个管件组成。

E.2 设备

试验仪器见图 E.1。弯曲定位装置为一靠模板。靠模板长度(l)为管件间自由长度(L)的四分之三,即等于管材公称外径的 7.5 倍。

加压系统按 GB/T 6111—2003 的规定。

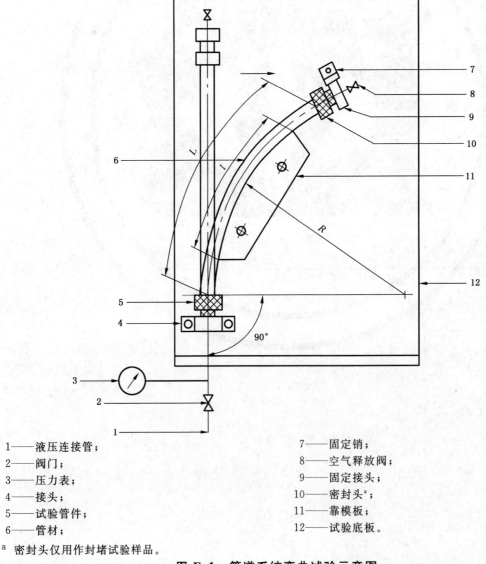

1——液压连接管;

2——阀门;

3——压力表;

4——接头;

5——试验管件;

6——管材;

7——固定销;

8——空气释放阀;

9——固定接头;

10——密封头[a];

11——靠模板;

12——试验底板。

[a] 密封头仅用作封堵试验样品。

图 E.1 管道系统弯曲试验示意图

E.3 试样样品

试样样品由管材与相匹配的管件组成。管材与管件连接后,应保证管件管材自由长度为管材公称外径的 10 倍。

E.4 试验步骤

试验温度为(20±2)℃。

对管材平均弯曲半径(R)要求与对靠模板弯曲半径的要求相同。

按图组装后,管件间管材的自由长度等于其公称外径的 10 倍。

将试样向弯曲定位装置上安装时,弯曲应力施加在管件上;管材应全部贴合在靠模板上(包括靠模板的两端),两自由管段应相等,各段约为管件间管材自由长度的八分之一;按照 GB/T 6111—2003 的规定施加静液压力。

E.5 试验报告

试验报告包括以下内容:
——注明采用本标准编号;
——试验的观察结果(渗漏情况),试验条件;
——若发生渗漏,应指明是连接处渗漏还是管材破裂,以及当时压力;
——详细说明试验过程与本标准的差异部分及可能影响试验结果的外界条件。

ICS 23.040.60
J 15

中华人民共和国国家标准

GB/T 22051—2008

交联聚乙烯(PE-X)管用滑紧卡套冷扩式管件

Cold-expansion fittings with sliding compression-sleeves for
cross-linked polyethylene (PE-X)pipe

2008-06-18 发布

2009-05-01 实施

中华人民共和国国家质量监督检验检疫总局
中国国家标准化管理委员会 发布

前　言

　　本标准与 ASTM F2080-05《交联聚乙烯(PE-X)管用金属压缩卡套冷扩式管件》的一致性程度为非等效。本标准与 ASTM F2080-05 的主要技术差异如下：

　　——将美制公称尺寸系列更改为公制公称尺寸系列，将美制管螺纹更改为英制管螺纹；

　　——管件的最高工作温度从 82 ℃改为 90 ℃、最大工作压力从 0.69 MPa 改为 1.0 MPa；

　　——增加管件本体的气密性能要求；

　　——更改管件系统适用性要求和试验方法；

　　——取消关于公制对照表和装配图的附录；

　　——增加滑紧卡套冷扩式管件与管材的连接作为附录 A。

　　本标准的附录 A 为规范性附录。

　　请注意本标准的某些内容有可能涉及专利。本标准的发布机构不应承担识别这些专利的责任。

　　本标准由中国轻工业联合会提出。

　　本标准由全国塑料制品标准化技术委员会(SAC/TC 48)归口。

　　本标准起草单位：浙江世进水控股份有限公司、上海速捷达管道工程技术有限公司、上海汉卫管道工程技术有限公司、轻工业塑料加工应用研究所、上海理工大学、佛山塑料集团股份有限公司经纬分公司。

　　本标准主要起草人：周礼、龚敏、艾金辉、李田华、蔡锦达、冯海英。

交联聚乙烯(PE-X)管用滑紧卡套
冷扩式管件

1 范围

本标准规定了交联聚乙烯(PE-X)管用滑紧卡套冷扩式连接管件(以下简称管件)的术语和定义、分类与标记、材料、要求、试验方法、检验规则及标志、包装、运输、贮存。

本标准适用于工作温度不超过 90 ℃,工作压力不大于 1.0 MPa 的建筑物内冷热水管道系统,包括工业及民用冷热水、饮用水和采暖系统等。

本标准不适用于灭火系统和非水介质的流体输送系统。

2 规范性引用文件

下列文件中的条款通过本标准的引用而成为本标准的条款。凡是注日期的引用文件,其随后所有的修改单(不包括勘误的内容)或修订版均不适用于本标准,然而,鼓励根据本标准达成协议的各方研究是否可使用这些文件的最新版本。凡是不注日期的引用文件,其最新版本适用于本标准。

GB/T 2828.1—2003 计数抽样检验程序 第 1 部分:按接收质量限(AQL)检索的逐批检验抽样计划(ISO 2859-1:1999,IDT)

GB/T 5231—2001 加工铜及铜合金化学成分和产品形状

GB/T 6111—2003 流体输送用热塑性塑料管材耐内压试验方法(ISO 1167:1996,IDT)

GB/T 7306.1—2000 55°密封管螺纹 第 1 部分:圆柱内螺纹与圆锥外螺纹(ISO 7-1:1994,EQV)

GB/T 7306.2—2000 55°密封管螺纹 第 2 部分:圆锥内螺纹与圆锥外螺纹(ISO 7-1:1994,EQV)

GB/T 7307—2001 55°非密封管螺纹(ISO 228-1:1994,EQV)

GB/T 10922—2006 55°非密封管螺纹量规(ISO 228-2:1987,MOD)

GB/T 15820—1995 聚乙烯压力管材与管件连接的耐拉拔试验(ISO 3501:1976,EQV)

GB/T 17219 生活饮用水输配水设备及防护材料的安全性评价标准

GB/T 18992.1—2003 冷热水用交联聚乙烯(PE-X)管道系统 第 1 部分:总则

GB/T 18992.2—2003 冷热水用交联聚乙烯(PE-X)管道系统 第 2 部分:管材

GB/T 19278—2003 热塑性塑料管材、管件及阀门通用术语及其定义

GB/T 19993—2005 冷热水用热塑性塑料管道系统 管材管件组合系统热循环试验方法

GB/T 20078—2006 铜和铜合金 锻件

ISO 7-2:2000 螺纹密封连接的管螺纹 第 2 部分:用极限量规验证

3 术语和定义

GB/T 18992.1—2003、GB/T 19278—2003 确立的以及下列术语和定义适用于本标准。

3.1

管件 fittings

在管道系统中起到连接、封堵、改变流体方向或分流作用的部件。

3.2

管件本体 fittings body

用于与管材以及其他管道部件连接的管件主体部件。

3.3

滑紧卡套　sliding compression sleeves

用滑动、压紧的方式使管件本体与管材紧密连接,以实现密封和紧固作用的部件。

3.4

滑紧卡套冷扩式管件　cold-expansion fittings with sliding compression sleeves

一种由管件本体、滑紧卡套构成,通过安装将滑紧卡套滑动、压紧在管材外部以实现密封和紧固作用的连接件。

管件与管材的连接示意图见图1,连接步骤见附录A。

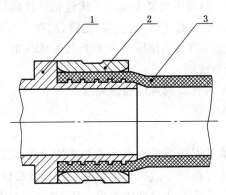

1——管件本体;
2——滑紧卡套;
3——管材。

图 1　管件与管材连接示意图

4　分类与标记

4.1　产品分类

4.1.1　按管材尺寸系列划分

管件按配套管材的尺寸系列,对应分为 S6.3、S5、S4、S3.2 四个系列。

4.1.2　按管材公称外径划分

滑紧卡套连接端按配套管材的公称外径,对应分为 12 mm、16 mm、20 mm、25 mm、32 mm、40 mm、50 mm、63 mm、75 mm 九种。

4.2　产品标记

4.2.1　标记

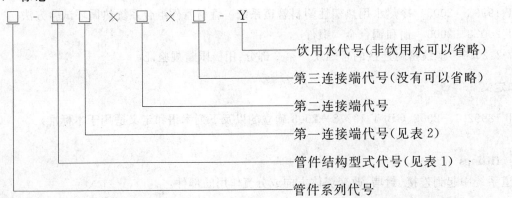

注1:标记顺序:以滑紧卡套连接的大端为起始端,按顺时针方向依次标记;对于有螺纹连接端的管件,滑紧卡套连接端在前,螺纹连接端在后;对于有焊接连接端的管件,滑紧卡套连接端在前,焊接连接端在后。

注2:当有更多连接端时按以上原则顺序标记。

表 1 管件结构型式代号

结构名称	型式代号	结构名称	型式代号
直通	S	四通	X
弯头	L	五通	W
三通	T	其他	Q

表 2 管件连接端代号

连接端类型	连接端代号及说明
滑紧卡套连接	管材的公称外径(用二位整数表示)
焊接连接	焊接管材的外径及大写字母 H
密封管螺纹连接	用"×"及 GB/T 7306.1—2000、GB/T 7306.2—2000 规定的螺纹标记表示
非密封管螺纹连接	用"×"、GB/T 7307—2001 规定的螺纹标记及大写字母 F 或 M 表示(F 表示内螺纹,M 表示外螺纹)

4.2.2 标记示例

示例1:S3.2 管系列的管件一端接公称外径为 20 mm 规格管材,焊接端接公称外径为 16 mm 管材的用于饮用水的弯头管件标记为:S3.2-L2016H-Y

示例2:S5 管系列的管件二端均接公称外径为 20 mm 规格管材,中间为 G3/4″内螺纹三通管件标记为:S5-T20×G3/4F

示例3:S6.3 管系列的管件起始端接公称外径为 25 mm 规格管材,第二端为公称外径为 20 mm 规格管材,其他三端均为公称外径为 16 mm 规格管材的五通管件标记为:S6.3-W2520161616

5 材料

5.1 管件本体、滑紧卡套的材料宜采用铜合金,其化学成分应符合 GB/T 5231—2001、GB/T 20078—2006 中相应牌号的规定,其物理性能的抗拉强度应不小于 280 N/mm²,延伸率应不小于 10%。

5.2 管件本体、滑紧卡套除采用铜合金加工外,在保证产品性能的条件下,允许用其他材料代替,订货时由供需双方协定。

6 要求

6.1 外观

6.1.1 管件本体和滑紧卡套应无裂痕、气孔、气泡、松缩、杂物及其他影响性能的缺陷;管件与管材的接触面应光洁顺滑,无毛刺。

6.1.2 螺纹应完好规整,无断扣、压伤、毛刺、划伤等缺陷。

6.1.3 表面处理可由供需双方协商确定。

6.2 螺纹

管件的螺纹尺寸及公差等级应符合 GB/T 7306.1—2000、GB/T 7306.2—2000 或 GB/T 7307—2001 的相应规定。

6.3 尺寸

管件基本尺寸(见图 2)和公差应符合表 3 的规定。

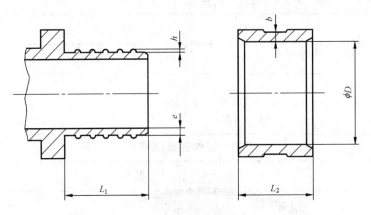

图 2　管件基本尺寸图

表 3　管件基本尺寸

单位为毫米

连接端配套管材公称外径	管件本体				滑紧卡套			
	最小壁厚 e_{min}	最小筋高 h_{min}	筋数量	最小长度 L_{1min}	卡套内径 D		最小壁厚 b_{min}	最小长度 L_{2min}
					基本尺寸	公差		
12	0.90	0.40	4	15.00	12.30	±0.05	1.33	15.00
16	1.45	0.40	4	15.00	16.35		1.33	15.00
20	1.50	0.50	4	15.00	20.35		1.83	15.00
25	1.65	0.60	5	21.00	25.40		2.30	21.00
32	1.70	0.65	5	24.00	32.40	+0.10 −0.05	2.30	24.00
40	1.85	0.70	5	24.00	40.50		3.25	24.00
50	3.05	0.70	6	27.00	50.60	±0.10	4.20	27.00
63	3.65	0.70	6	27.00	63.70		5.15	27.00
75	5.20	1.00	7	40.00	76.00	+0.20 0	5.50	40.00

6.4　气密性能

管件本体应进行气密性能试验,试验中应无气泡出现。

6.5　系统适用性

6.5.1　静液压性能

按表 4 规定的参数进行静液压试验,试验中管件以及连接处应无破裂、无渗漏。

表 4　静液压试验条件

管件系列	试验温度/℃	试验压力/MPa	试验时间/h	试样数量
S6.3	20	1.5	1	
	95	0.70	1 000	
S5	20	1.5	1	
	95	0.88	1 000	
S4	20	1.5	1	3
	95	1.10	1 000	
S3.2	20	1.5	1	
	95	1.38	1 000	

6.5.2 热循环性能

按表5规定的参数进行热循环试验,试验中管件以及连接处应无破裂、无渗漏。

表 5 热循环试验条件

最高试验温度/℃	最低试验温度/℃	试验压力/MPa	循环次数	每次循环时间[a]/min
95	20	1.0±0.05	5 000	30^{+2}_{0}
[a] 每次循环冷热水各(15^{+1}_{0})min。				

6.5.3 循环压力冲击性能

按表6规定的参数进行循环压力冲击试验,试验中管件以及连接处应无破裂、无渗漏。

表 6 循环压力冲击试验条件

最高试验压力/MPa	最低试验压力/MPa	试验温度/℃	循环次数	循环频率/(次/min)	试样数量
1.5±0.05	0.1±0.05	23±2	10 000	≥30	1

6.5.4 耐拉拔性能

按表7规定的试验条件,将管件与相配套的管材连接成组件,施加恒定的轴向拉力,保持一定的时间,管件与管材连接处应不发生相对轴向移动。试样数量为3个。

表 7 耐拉拔试验条件

温度/℃	轴向拉力/N	试验时间/h
23±2	$1.178d_{n}^{2}$ [a]	1
95±2	$0.785d_{n}^{2}$	1
[a] d_{n} 为管材的公称外径,单位为 mm。		

6.5.5 弯曲性能

按表8规定的参数进行弯曲试验,试验中管件以及连接处应无破裂、无渗漏。

仅当滑紧卡套连接端直径大于等于 32 mm 时做此试验。

表 8 弯曲试验条件

试验温度/℃	试验压力/MPa	试验时间/h	试样数量
20±2	3.71	1	3

6.5.6 真空性能

按表9给出的参数进行真空试验。

表 9 真空试验条件

项　目	试　验　参　数		要　求
真空密封性	试验温度	(23±2)℃	真空压力变化≤0.005 MPa
	试验时间	1 h	
	试验压力	—0.08 MPa	
	试样数量	3	

6.6 卫生性能

用于饮用水的管件卫生性能应符合 GB/T 17219、现行相应的卫生规范性能要求。

7 试验方法

7.1 外观

用肉眼直接观察。

7.2 螺纹

密封管螺纹用符合 ISO 7-2:2000 要求的量规检验,非密封管螺纹用符合 GB/T 10922—2006 要求的量规检验。

7.3 尺寸

尺寸用精度不低于 0.02 mm 的量具检测。

7.4 气密性能

将管件本体安装在试压机上。在常温下,将管件本体浸入水槽中,向管件本体内缓慢注入清洁压缩空气至 0.8 MPa±0.05 MPa,保压 15 s 以上,观察有无气泡出现。

7.5 系统适用性

7.5.1 静液压性能试验

试验组件内外试验介质均为水,试验按 GB/T 6111—2003 的规定进行。

7.5.2 热循环性能试验

按 GB/T 19993—2005 的规定进行。

7.5.3 循环压力冲击性能试验

按 GB/T 18992.2—2003 附录 D 进行。

7.5.4 耐拉拔性能试验

按 GB/T 15820—1995 的规定进行。

7.5.5 弯曲性能试验

按 GB/T 18992.2—2003 附录 E 进行。

7.5.6 真空性能试验

按 GB/T 18992.2—2003 附录 F 进行。

7.6 卫生性能

用于饮用水的管件卫生性能试验按 GB/T 17219、现行相应的卫生规范要求进行。

8 检验规则

8.1 检验分类

产品分为出厂检验和型式检验。

8.2 组批

同一原料、同一工艺、同一规格,连续生产的管件为一批,每批数量不超过 20 000 只,连续生产 7 d 产量不足 20 000 只时,按 7 d 产量为一批。

8.3 出厂检验

8.3.1 管件需经生产厂质量检验部门检验合格后,并附有产品合格证方可出厂。

8.3.2 出厂检验项目为本标准中的 6.1~6.4。

8.3.3 抽样方案与判定规则按 GB/T 2828.1—2003 规定,采用正常检查一次抽样方案,一般检验水平 I,接收质量限(AQL)为 4.0,见表 10。

表 10 抽样及判定

批量范围 N	样本量 n	接收数 Ac	不合格判定数 Re
≤280	13	1	2
281~500	20	2	3
501~1 200	32	3	4
1 201~3 200	50	5	6
3 201~10 000	80	7	8
10 001~20 000	125	10	11

8.3.4 正常生产过程中的连续批产品检验执行 GB/T 2828.1—2003 规定的转移规则,加严检验或放宽检验仍采用一次抽样方案,一般检验水平Ⅰ,接收质量限(AQL)为 4.0。

8.4 型式检验

8.4.1 有下列情况之一时,应进行型式检验:

a) 新产品或老产品转厂生产的试制定型鉴定;

b) 结构、材料、工艺有较大改变,可能影响产品性能时;

c) 产品停产一年,恢复生产时;

d) 正常生产时,每两年进行一次;

e) 出厂检验结果与上次型式检验有较大差异时;

f) 国家质量监督机构提出型式检验的要求时。

8.4.2 型式检验项目为本标准要求中的全部内容。

8.4.3 型式检验从出厂检验合格批中随机抽取足够的样品,对所有项目进行检验,卫生指标不合格则判定此次型式检验不合格,其他指标有一项达不到规定,加倍抽样,对不合格项进行复验,如仍不合格,则判定该次型式检验不合格。

9 标志、包装、运输、贮存

9.1 标志

9.1.1 产品应有本标准 4.2 规定的标记和商标标志。

9.1.2 标志应永久、清晰,易于识别。

9.2 包装

9.2.1 产品应用合适的形式进行包装,并附有产品合格证和使用说明书。

9.2.2 产品外包装箱上应有以下标识:

a) 产品名称;

b) 制造商名称、地址及商标;

c) 规格、数量、质量及箱体尺寸;

d) 生产日期或批号;

e) 本标准编号;

f) 用于饮用水的产品应特别注明。

9.2.3 包装应牢固,整洁无破损。

9.3 运输

产品在装运过程中应轻装轻放,不得受到剧烈的撞击、划伤、抛摔、曝晒、雨淋和污染。

9.4 贮存

产品应贮存在通风、干燥、清洁的仓库内,防止与腐蚀介质相接触,并离地 200 mm 以上。

附　录　A

（规范性附录）

滑紧卡套冷扩式管件与管材的连接

A.1　原理

将管材冷扩后套在管件连接部位,再将卡套滑动至连接部位实现密封和紧固。

A.2　步骤

A.2.1　将卡套滑入管材,卡套应离管端口足够远,防止给扩管造成影响。

A.2.2　用扩管器冷扩管材端口,冷扩端口大小应能刚好套入管件连接部位。

A.2.3　将冷扩后的管材端插入至管件连接部位最后一条筋处。

A.2.4　用专用安装工具将卡套压入冷扩的管材和管件本体一端,直至卡套与管件本体连接部位的根部完全接触。

A.3　要求

管件与管材应连接牢固可靠,卡套端面、管材端面与轴肩应靠齐,无间隙,无松动。

ICS 83.140.30;23.040.20
G 33

中华人民共和国国家标准

GB/T 24456—2009

高密度聚乙烯硅芯管

High-density polyethylene silicore plastic duct

2009-10-15 发布

2010-03-01 实施

中华人民共和国国家质量监督检验检疫总局
中国国家标准化管理委员会　发布

GB/T 24456—2009

前　言

本标准的附录 A、附录 B、附录 C、附录 D 和附录 E 为规范性附录。

本标准由中国轻工业联合会提出。

本标准由全国塑料制品标准化技术委员会塑料管材、管件及阀门分技术委员会(SAC/TC 48/SC 3)归口。

本标准起草单位:国家交通安全设施质量监督检验中心、湖北凯乐科技股份有限公司、福建亚通新材料科技股份有限公司、衡水宝力(集团)有限公司、信息产业部有线通信产品质量监督检验中心。

本标准主要起草人:韩文元、张拥军、魏作友、刘颖、宋志佗。

高密度聚乙烯硅芯管

1 范围

本标准规定了高密度聚乙烯硅芯管(以下简称"硅芯管")的结构与分类、材料、要求、试验方法、检验规则以及标识、包装、运输、贮存。

本标准适用于地下直埋、管道、道槽等环境下铺设的光缆、电缆保护用硅芯管及配套管件。

本标准不适用于室外直接暴露于太阳光下以及气吹压力大于 1.2 MPa 的光缆、电缆保护用硅芯管及配套管件。

2 规范性引用文件

下列文件中的条款通过本标准的引用而成为本标准的条款。凡是注日期的引用文件,其随后所有的修改单(不包括勘误的内容)或修订版均不适用于本标准。然而,鼓励根据本标准达成协议的各方研究是否可使用这些文件的最新版本。凡是不注日期的引用文件,其最新版本适用于本标准。

GB/T 191 包装储运图示标志(GB/T 191—2008,ISO 780:1997,MOD)

GB/T 1842—2008 塑料 聚乙烯环境应力开裂试验方法

GB/T 2411 塑料和硬橡胶 使用硬度计测定压痕硬度(邵氏硬度)

GB/T 2828.1—2003 计数抽样检验程序 第1部分:按接收质量限(AQL)检索的逐批检验抽样计划

GB/T 2918—1998 塑料试样状态调节和试验的标准环境

GB/T 3682—2000 热塑性塑料熔体质量流动速率和熔体体积流动速率的测定

GB/T 6111—2003 流体输送用热塑性塑料管材 耐内压试验方法

GB/T 6671—2001 热塑性塑料管材 纵向回缩率的测定

GB/T 6995.2 电线电缆识别标志方法 第2部分 标准颜色

GB/T 8804.1—2003 热塑性塑料管材 拉伸性能测定 第1部分:试验方法总则

GB/T 8804.3—2003 热塑性塑料管材 拉伸性能测定 第3部分:聚烯烃管材

GB/T 8806—2008 塑料管道系统 塑料部件尺寸的测定

GB/T 9647—2003 热塑性塑料管材环刚度的测定

GB/T 11116 高密度聚乙烯树脂

GB/T 14152—2001 热塑性塑料管材耐外冲击性能试验方法:时针旋转法

3 结构与分类

3.1 结构

硅芯管由高密度聚乙烯(PE-HD)外层和永久性固体硅质内润滑层(简称硅芯层)组成,一般带有色条,断面结构示意图如图1所示。

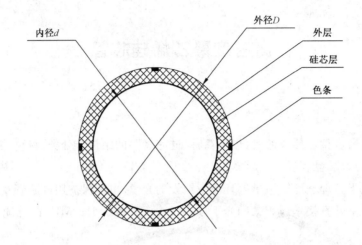

图 1 硅芯管断面结构示意图

3.2 产品分类

3.2.1 按结构划分为:

——内壁和外壁均是平滑的实壁硅芯管,用拉丁字母 S 表示;

——外壁光滑、内壁纵向带肋的带肋硅芯管,用拉丁字母 R1 表示;

——外壁带肋、内壁光滑的带肋硅芯管,用拉丁字母 R2 表示;

——外壁、内壁均带肋的带肋硅芯管,用拉丁字母 R3 表示。

3.2.2 按产品颜色划分:

——外层为一种颜色不带色条的单色硅芯管;

——外层镶嵌其他颜色色条的彩条硅芯管。

3.3 产品标记

硅芯管的产品标记由名称、标准编号、顺序号、材料、规格、管壁结构、外层颜色代号组成,其中:材料用 PE-HD 表示,规格见表2,如 40/33,管壁结构见 3.2.1 条,S—实壁管,通常可省略,R1,R2,R3—带肋管,外层颜色代号见表1。

标记示例:符合 GB/T 24456 的 40/33 内外壁光滑的黑色硅芯管,其标记为:

硅芯管 GB/T 24456 PE-HD 40/33 BK

4 材料

生产硅芯管的主料应使用符合 GB/T 11116 规定的高密度聚乙烯挤出级树脂,其熔体流动速率MFR(190/2.16)为 0.1 g/10 min～1.0 g/10 min。在保证符合本标准第 5 章要求的条件下,可使用不超过 10%的本企业清洁的回用料。

5 要求

5.1 一般要求

5.1.1 外观

硅芯管颜色应均匀一致;内外表面应规整、均匀、光滑,无塌陷、坑凹、孔洞、撕裂痕迹及杂质麻点等缺陷;截面应光亮,无气泡、裂痕、砂眼、杂质等缺陷;硅芯管内外层应紧密熔结、无脱开现象。

5.1.2 外层颜色及色条

5.1.2.1 硅芯管外层及色条颜色应符合 GB/T 6995.2 的要求。

5.1.2.2 外层颜色和色条颜色应从表1中选用,并用一至两个大写拉丁字母代号表示,如 BK 表示黑色,BL 表示蓝色,BR 表示棕色。

表 1 识别用硅芯管色条

序号	1	2	3	4	5	6	7	8	9	10	11	12
颜色	蓝	橙	绿	棕	灰	白	红	黑	黄	紫	粉红	青绿
代号	BL	OR	G	BR	GW	W	R	BK	Y	P	PK	AQ

5.1.2.3 彩条硅芯管的色条一般沿硅芯管外壁均布 4 组,每组一至两条,同组色条宽度 2 mm±0.5 mm、间距 2.0 mm±0.5 mm、厚度 0.1 mm~0.3 mm。

5.2 规格尺寸

5.2.1 硅芯管规格及尺寸允差应符合表2规定。

表 2 硅芯管规格及尺寸允差

规格(DN)	平均外径 d_{em}/mm		壁厚及允差/mm		不圆度/%	
	标称值	允差	标准值	允差	绕盘前	绕盘后
32/26	32	$+0.3 \atop 0$	2.5	$+0.30 \atop 0$	≤2	≤3
34/28	34	$+0.3 \atop 0$	3.0	$+0.30 \atop 0$	≤2	≤3
40/33	40	$+0.4 \atop 0$	3.5	$+0.35 \atop 0$	≤2.5	≤3.5
46/38	46	$+0.4 \atop 0$	4.0	$+0.35 \atop 0$	≤3	≤5
50/41	50	$+0.5 \atop 0$	4.5	$+0.40 \atop 0$	≤3	≤5
63/54	63	$+0.6 \atop 0$	5.0	$+0.40 \atop 0$	≤3	≤5
注:带肋管的规格尺寸及允差由供需双方商定。						

5.2.2 硅芯管应顺序缠绕在盘架上,盘架的结构应满足硅芯管最小弯曲半径的要求,每盘硅芯管出厂长度应符合表3的规定,也可由供需双方商定,但盘中不应有接头。

表 3 长度及偏差

规格(DN)	标称长度/m	长度偏差/%
32/26	3 000	≥+0.3
34/28	3 000	≥+0.3
40/33	2 000	≥+0.3
46/38	1 500	≥+0.3
50/41	1 500	≥+0.3
63/54	1 000	≥+0.3

5.3 硅芯管的物理化学性能

硅芯管的物理化学性能应符合表4的规定。

表 4 硅芯管物理化学性能指标

项 目	32/26	34/28	40/33	46/38	50/41	63/54
外壁硬度/HD	≥59					
内壁摩擦系数	静态:≤0.25(平板法,对 PE-HD 标准试棒)					
	动态:≤0.15(圆鼓法)					
拉伸屈服强度/MPa	≥20					
断裂伸长率/%	≥350					
最大牵引负荷/N	≥5 000	≥6 000	≥8 000	≥10 000	≥11 000	≥12 000
冷弯曲性能	按以下弯曲半径对相应规格的硅芯管进行冷弯曲试验,应无开裂和明显应力发白现象					
	300 mm	300 mm	400 mm	500 mm	625 mm	750 mm
环刚度/(kN/m²)	≥50			≥40		≥30
复原率/%	垂直方向加压至外径变形量为原外径的 50% 时,立即卸荷,试样不破裂、不分层,10 min 内外径能自然恢复到原来的 85% 以上					
耐落锤冲击性能	在温度 -20 ℃,高度 2 m 条件下,用 15.3 kg 重锤冲击 10 个试样,应 9 个(含)以上通过					
耐液压性能	在温度 20 ℃,水压 2.0 MPa 条件下,保持 15 min,试样无可见裂纹、无破裂					
纵向收缩率/%	≤3.0					
耐环境应力开裂	48 h,失效数≤20%					
耐碳氢化合物性能	用庚烷浸泡 720 h 后对硅芯管施加 528 N 的外力,试样不损坏,产生的永久变形不超过 5%					

5.4 硅芯管连接头

硅芯管连接头应符合附录 A 的规定。

5.5 硅芯管管塞

硅芯管管塞的密封性能应满足系统适用性的要求。

5.6 系统适用性

管材与连接头连接后应进行系统适用性试验,应符合表 5 的要求。

表 5 系统适用性

系统密封性	温度 20 ℃,压力 50 kPa 条件下,保持 24 h,无渗漏					
管接头连接力/N	32/26	34/28	40/33	46/38	50/41	63/54
	≥4 300	≥4 300	≥6 700	≥8 000		

6 试验方法

6.1 状态调节和试验标准环境

除特殊规定外,试样应按 GB/T 2918—1998 的规定在 23 ℃±2 ℃下进行状态调节 24 h,并且在此环境下进行试验。

6.2 检验仪器和试验准备

6.2.1 检验所用的万能材料试验机负荷准确度等级不低于 1 级;长度计量器具精度等级:钢卷尺不低于 2 级,其他不低于 1 级。

6.2.2 做拉伸试验所用试样的取样、制备和试验机的调整、操作等要求除特殊规定外,还应按

GB/T 8804.1—2003、GB/T 8804.3—2003 的规定执行。

6.3 外观检验

在正常光线下,用目测法直接检验。

6.4 尺寸测量

硅芯管尺寸的测量按 GB/T 8806—2008 的规定,长度用分度值为 1 mm 的卷尺测量,内外径用分度值不低于 0.02 mm 的量具测量,壁厚宜用分度值不低于 0.01 mm 的测厚仪或其他量规测量,不圆度测量见附录 B。

6.5 物理化学性能检验

6.5.1 外壁硬度

将长度 100 mm 的硅芯管试样紧密套在外径适当的金属棒上,放置在 D 型邵氏硬度计正下方,按 GB/T 2411 规定的方法,读取试验的瞬时硬度为测量结果,共进行五次,取其算术平均值为测量结果。

6.5.2 内壁摩擦系数

6.5.2.1 内壁静态摩擦系数试验方法见附录 C。

6.5.2.2 内壁动态摩擦系数试验方法见附录 D。

6.5.3 拉伸屈服强度及断裂伸长率

试样形状应符合 GB/T 8804.3—2003 中类型 2 的规定,用冲裁的方法从管材上截取三个试样。试验按 GB/T 8804.1—2003 的步骤进行,试验速度为(100±5)mm/min。取三个有效试验的算术平均值作为测试结果。

> 注:若无明显屈服点时,以最大拉伸强度为试验结果。

6.5.4 最大牵引负荷

取三段长度为(200±5)mm 的完整硅芯管试样,试样两端应垂直切平。用专用夹具将试样夹持在试验机上,拉伸速度为(450±10)mm/min,直至试样屈服时,读取试验的屈服负荷为试验结果。若试样在夹具边缘断裂,则试验无效,应重新更换试样。取三个有效试验的算术平均值为测试结果。

6.5.5 冷弯曲性能

冷弯曲性能见附录 E。

6.5.6 环刚度

取三段长度为(200±1)mm 的完整硅芯管试样,压缩速度(5±1)mm/min,压缩量为内径的 5%,按 GB/T 9647—2003 的规定进行。

6.5.7 复原率

取三段长度为(200±1)mm 的完整硅芯管试样,试样两端应垂直切平。在试样直径两端做好标记,并量取标记处的外径为初始外径。按 GB/T 9647—2003 的规定将试样放置在两平行压板之间,以(100±5)mm/min 的试验速度沿标记外径方向加压至外径变形量为初始外径的 50% 时,立即卸荷,在标准状态下恢复 10 min,再次量取标记处的外径为终了外径,按式(1)计算复原率:

$$A = \frac{D_1}{D_0} \times 100\% \quad\quad \cdots\cdots\cdots\cdots\cdots\cdots\cdots(1)$$

式中:

A——复原率,%;

D_1——试验后终了外径;

D_0——试验前初始外径。

取三个试样试验结果的算术平均值为测试结果。

6.5.8 耐落锤冲击性能

按 GB/T 14152—2001 的规定,截取 10 个硅芯管试样,将试样放在温度(−20±2)℃的低温试验箱中保持 2 h。在落锤高度 2 m,锤头尺寸型号为 D90,落锤总质量 15.3 kg 的条件下进行冲击,每个试样冲击一次,每次取出一个试样,在 30 s 内完成。试样不破裂或裂纹宽度不大于 0.8 mm 为合格,10 个试样中,9 个(含)以上试样合格为落锤冲击试验合格。

6.5.9 耐液压性能

取两段长度不小于 250 mm 的完整硅芯管试样,按照 GB/T 6111—2003 规定的 A 型密封方式对试样端头进行密封,将该试样夹持到试验机上缓慢注水,水温(20±2)℃,1 min 内达到规定的压力后保持 15 min,试样无明显鼓胀、无渗漏、不破裂为合格。

6.5.10 纵向收缩率

按 GB/T 6671—2001 试验方法 B 进行,取三段长度(200±5)mm 的硅芯管,标距 100 mm,烘箱温度(110±2)℃。

6.5.11 耐环境应力开裂

按 GB/T 1842—2008 规定,从硅芯管上沿轴线直接截取试样,刻痕长度方向与轴线一致,刻痕深度:壁厚小于等于 3.5 mm 时为 0.65 mm,壁厚大于 3.5 mm 时为 0.80 mm;其他规定见 GB/T 1842—2008,试剂为壬基酚聚氧乙烯醚(TX-10)10%(体积分数)水溶液,试验温度 50 ℃。

6.5.12 耐碳氢化合物性能

在标准试验环境下,取三段长度为(300±1)mm 硅芯管试样,用庚烷浸泡 720 h 后取出,排干试验液体,在室温下放置 30 min,之后对硅芯管径向施加 528 N 的压力并保持 1 min,卸荷后立即对试样进行观测,试样无损坏或产生的永久变形不超过 5% 为合格。

6.5.13 系统密封性试验

取两段长度适当的完整硅芯管试样,用硅芯管专用连接头按生产企业提供的工具和方法连接好,一端用管塞密封好,另一端连接专用卡具注水,在水温(20±2)℃,压力 50 kPa 条件下,保持 24 h,试样的连接头、管塞均不渗漏为合格。

6.5.14 管接头连接力

取两段长度为(200±5)mm 的完整硅芯管,用硅芯管专用连接头按生产企业提供的工具和方法连接好组成试样,用专用卡具将该试样夹持到拉伸试验机上,拉伸速度为(100±5)mm/min,直至管连接头被拉破裂或硅芯管被拉出时,读取试验的最大拉伸负荷为试验结果。如此共进行三组试验,取三次试验结果的算术平均值为测试结果。

6.5.15 熔体流动速率

按 GB/T 3682—2000 规定进行,试验温度 190 ℃,试验负荷 2.16 kg。

7 检验规则

7.1 一般规则

产品的检验分为型式检验和出厂检验,产品通过型式检验合格后,才应批量生产。

7.2 型式检验

7.2.1 检验项目

型式检验项目为本标准第 5 章的全部要求。

7.2.2 检验频次

型式检验为每年进行一次,如有下列情况之一时,也应进行型式检验:

a) 正式生产过程中,如原材料、工艺有较大改变,可能影响产品性能时;

b) 产品停产半年以上,恢复生产时;

c) 出厂检验结果与上次型式检验有较大差异时。

7.2.3 判定规则

型式检验时,如有任一项指标不符合本标准要求时,则需重新抽取双倍试样,对该项指标进行复验,复验结果仍然不合格时,则判该型式检验为不合格。

7.3 出厂检验

7.3.1 一般要求

产品需经生产单位质量部门检验合格并附产品质量合格证明方可出厂。

7.3.2 组批

同一批号树脂、同一配方和同一工艺生产的同一规格的硅芯管可组为一批,一般不大于 500 km。

7.3.3 出厂检验项目

出厂检验项目为:5.1、5.2 及 5.3 中规定的拉伸屈服强度、断裂伸长率、耐落锤冲击性能、内壁静态摩擦系数。

7.3.4 抽样方案

7.3.4.1 出厂检验中的 5.1、5.2 要求的项目按照 GB/T 2828.1—2003 的规定,AQL 取 4.0、正常检验一次抽样、一般检验水平 Ⅱ、以盘为单位抽取样本,常用样本数量见表 6。

表 6 抽样方案表

单位为盘

批量 N	样本量 n	接收数 Ac	拒收数 Re
2～25	3	0	1
26～90	13	1	2
91～150	20	2	3
151～280	32	3	4
281～500	50	4	5

7.3.4.2 在计数抽样合格的样品中,随机抽取足够的样品进行 5.3 中规定的拉伸屈服强度、断裂伸长率、耐落锤冲击性能、内壁静态摩擦系数试验。

7.3.5 判定规则

7.3.5.1 对于 5.1、5.2 规定的项目按照表 6 进行判定。

7.3.5.2 对于 5.3 中规定的拉伸屈服强度、断裂伸长率、耐落锤冲击性能、内壁静态摩擦系数,如有任一项指标不符合本标准要求时,则需重新抽取双倍试样,对该项指标进行复验;如复验样品仍有不合格,则判该批为不合格批。

8 标识、包装、运输、贮存

8.1 产品标识

在硅芯管表面每间隔 1 m,印制 3.3 规定的标记,并在标记前加上生产企业名称或商标,在标记后加上本标准编号、计米长度和生产日期。

8.2 包装

硅芯管两端密封后,固定在盘架上,并用适当的包装物加以保护,以保证在正常运输和存放过程中不进水或其他杂物,并具有短期抗紫外光辐射的能力;每个盘架上应附有盘架编号和包装标识,标识上应有"怕晒"、"远离热源"等字样或标志,标志应符合 GB/T 191 的有关规定。

8.3 运输

硅芯管在运输时,不应受剧烈的撞击、摩擦和重压。卸货时,应用叉车或吊车,不应将硅芯管直接从运输工具上推下。

8.4 贮存

8.4.1 硅芯管存放场地应平整,堆放应整齐,存放场地应有明显的"禁止烟火"标志。贮存和使用过程中,应防止利器刮碰,应远离高温热源或明火,不应长期露天曝晒。

8.4.2 产品贮存期一般不大于 18 个月。

8.5 产品随行文件

8.5.1 每盘硅芯管应附有制造标签和合格证标签,每批还应提供产品使用说明书。

8.5.2 制造标签主要内容包括:产品标记、长度、生产日期、批号、盘号、产品标准编号、生产企业名称、联系地址等。

8.5.3 合格证标签主要内容包括:合格证、检验人员代号、检验日期等。

8.5.4 产品使用说明书中应给出硅芯管的极限使用条件、施工方法和注意事项。

附　录　A

（规范性附录）

硅芯管专用连接头要求

A.1　结构组成

连接头一般由连接壳体、密封圈和卡簧组成，壳体由连接螺管、螺帽组成。

A.2　材料要求

A.2.1　壳体和卡簧宜选用聚碳酸酯(PC)或工程塑料(ABS)注塑制成，主要性能指标见表 A.1。

表 A.1　连接头壳体材料主要性能

项　目	单　位	技术指标
硬度	邵氏，HD	≥75
拉伸强度	MPa	≥45
冲击强度(缺口)	kJ/m²	≥50
燃烧性		慢

A.2.2　密封圈宜采用高弹性能的橡胶材料，并且具有耐压、耐磨、耐环境应力开裂、耐老化性能以及耐酸、碱、盐等溶剂腐蚀性能。

A.3　外观

连接螺管与配合螺帽的内外壁应光滑，无缺陷；两者螺旋配合良好，外壁有规格型号标志。

A.4　配合及尺寸

连接螺管内径(D_1)应在满足被接塑料管外径(D_0)及其公差的情况下顺利插入，即 $D_1 > D_0$。

连接螺管长度(L_1)：不小于硅芯管外径(D_0)的 2.5 倍。

组装后连接件总长度(L_2)：不小于硅芯管外径(D_0)的 3.5 倍。

A.5　组装后的机械性能

连接件组装后可反复拆卸使用，机械性能应符合表 A.2 的要求。

表 A.2　连接件组装后的机械性能

项　目	主要性能
抗压荷载	连接件组装后，在 2 000 N 侧压力作用下保持 1 min，应无明显变形，撤去作用力后，不影响继续使用
耐冲击性能	连接件组装后，在其上方 0.54 m 处自由跌落 3 kg 钢球，冲击连接件，在不同位置冲击 3 次，连接件无损伤并且不影响使用
跌落试验	分别在 −40 ℃ 和 ＋60 ℃ 条件下存放 5 h，取出后立即在 2 m 高度进行自由跌落试验，连接件无损伤并且不影响使用

A.6　气闭性能及连接强度

连接件的气闭性能及连接强度应符合 5.6 的要求。

附 录 B
（规范性附录）
不圆度测试方法

B.1 适用范围

本方法适用于测定以盘/卷形式包装的硅芯管产品和生产线上截取的硅芯管的不圆度。

B.2 检测设备

游标卡尺，精确至±0.02 mm。

B.3 样品

取一段长度为 500 mm 的硅芯管试样，并在标准状态下恢复 24 h。当用于测量生产线上的硅芯管的不圆度时，应在硅芯管导出装置之前截取样品。

B.4 结果判定

不圆度不应超过标准规定值。

B.5 测试步骤

B.5.1 连续缓慢地转动试样，在试样中部一固定圆周上，用游标卡尺进行一系列的外径测量，测出该断面最大外径和最小外径。以此方法，对五个断面进行测量，每次测量间距约 50 mm。对五次测量结果的最大外径进行算术平均，即可得到最大平均外径；同样，对五次测量结果的最小外径进行平均，即可得到最小平均外径。

B.5.2 按式(B.1)计算平均外径：

$$平均外径 = （最大平均外径 + 最小平均外径)/2 \quad\cdots\cdots\cdots\cdots\cdots（B.1）$$

B.5.3 按式(B.2)计算不圆度：

$$不圆度 = 100 × （最大平均外径 - 最小平均外径)/ 平均外径 \quad\cdots\cdots\cdots（B.2）$$

附　录　C
（规范性附录）
平板法测定静态摩擦系数试验方法

C.1　测试原理

测试原理如图 C.1 所示,质量为 m 的物体有一个垂直向下的重力 mg,当倾角 α 逐渐增加并使物体克服摩擦力开始向下滑动时,即可按此时的倾角 α 形成的斜面进行摩擦系数的计算。

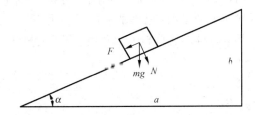

图 C.1　平板法测定静态摩擦系数原理图

摩擦系数可按式(C.1)和式(C.2)进行定义:

$$\mu = \frac{F}{N} \quad\cdots\cdots\cdots\cdots\cdots\cdots\cdots\cdots\cdots\cdots (C.1)$$

式中:

F——斜面对物体的摩擦力,$F = mg \cdot \sin\alpha$;

N——斜面对物体的正压力,$N = mg \cdot \cos\alpha$;

μ——摩擦系数。

$$\mu = \frac{F}{N} = \frac{mg \cdot \sin\alpha}{mg \cdot \cos\alpha} = \mathrm{tg}\alpha = \frac{b}{a} \quad\cdots\cdots\cdots\cdots\cdots\cdots (C.2)$$

C.2　测试装置

测试装置由斜面、斜面升降装置、水平标尺、竖直标尺组成,测试斜面长度 L 为 1 000 mm,水平标尺和竖直标尺可用分辨力 0.5 mm,精度 A 级的钢板尺组成。

C.3　标准试棒

标准试棒由金属材料棒芯和高密度聚乙烯外套组成的长度为 150 m、直径为 20 mm 的圆棒,圆棒表面的光洁度等级为 ▽4,表面邵氏硬度 HD 为 59±2,质量为(270±10)g,结构如图 C.2 所示。

单位为毫米

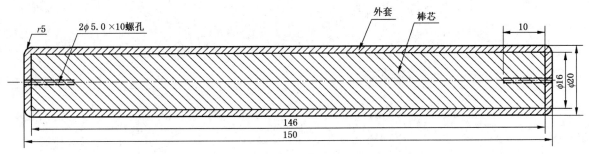

a）标准试棒结构图

图 C.2　标准试棒示意图

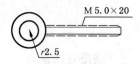

b) 牵引挂钩示意图

图 C.2（续）

C.4 测试方法

取长度为 500 mm 的硅芯管，放置在测试斜面上，硅芯管的母线与斜面中心线平行并与斜面紧固。然后，将标准试棒放置在硅芯管内，长度方向与硅芯管轴线平行，试棒露出硅芯管的距离大于 20 mm。用升降装置将斜面缓慢升起，试棒向下滑动时，记录水平标尺和垂直标尺的数值，并按式（C.2）计算摩擦系数。如此共试验 9 次，每次都应将硅芯管旋转一个角度，取 9 次测试结果的算术平均值作为试样的静态摩擦系数。

附　录　D

（规范性附录）

圆鼓法测定动态摩擦系数试验方法

D.1　适用范围

本方法适用于圆鼓法测定光（电）缆在硅芯管内壁滑动时与管内表面之间的动态摩擦系数。

D.2　检测设备

D.2.1 圆鼓：外径为 760 mm 的钢制圆鼓。

D.2.2 拉伸试验机：带有记录装置的电子万能材料试验机。

D.2.3 专用砝码：砝码质量 20 kg。

D.2.4 计算机控制及数据记录软件。

D.3　试样

D.3.1 被测试样：长度约 4 m 的硅芯管。

D.3.2 测试电缆：直径(15±2)mm、长度约 6 m 的 PE-MD 护套光（电）缆。

D.3.3 硅芯管内表面和光（电）缆外表面应无限制光（电）缆滑动的任何缺陷。

D.4　试验条件

试验前，试验设备和样品应放置在(23±2)℃条件下保持 2 h，并在此条件下试验。

D.5　试验步骤

D.5.1 把硅芯管按图 D.1 所示方法使用 U 型卡箍固定在圆鼓上，固定应稳定，防止测试时硅芯管与圆鼓产生相对移动，硅芯管沿圆鼓的缠绕角度为 450°。

D.5.2 把测试电缆放入硅芯管内，切割的缆长应满足测试的最大行程。

D.5.3 与测试电缆相连的夹头应能承受测试的最大拉伸负荷。

D.5.4 把专用砝码固定在测试电缆的一端，水平端与夹头连接，夹头通过线绳与拉伸试验机相连。

D.5.5 打开拉伸试验机，设定拉伸速度为 100 mm/min，当砝码刚好离开地面时停止拉伸。调整圆鼓上的硅芯管，使测试电缆在硅芯管中间。

D.5.6 开启试验机的拉伸程序，速度为 100 mm/min，当横梁位移到 100 mm～120 mm 时停止牵引，降下试验机横梁，使砝码落到地面。

D.5.7 当砝码落下，保证拉伸试验机无载荷后，将拉伸试验机的力值和位移回零。

D.5.8 开启试验机的拉伸程序，进行正式试验，拉伸速度为 100 mm/min，当横梁位移到 200 mm 时停止牵引，在 100 mm～160 mm 的位移区间上读取并计算出拉伸试验的平均拉伸负荷 F，按式(D.1)计算硅芯管的动态摩擦系数。

$$\mu = \frac{\ln(F/N)}{\theta} \qquad\qquad\cdots\cdots\cdots\cdots\cdots\cdots\cdots\cdots(D.1)$$

式中：

μ——动摩擦系数；

F——平均拉伸负荷,单位为牛顿(N);

N——专用砝码产生的重力,数值为 $20×9.8=196$ N;

$θ$——硅芯管在圆鼓上缠绕角度,数值为 7.854 弧度。

D.5.9 此试验共进行三次,取三次试验结果的算术平均值为动摩擦系数。

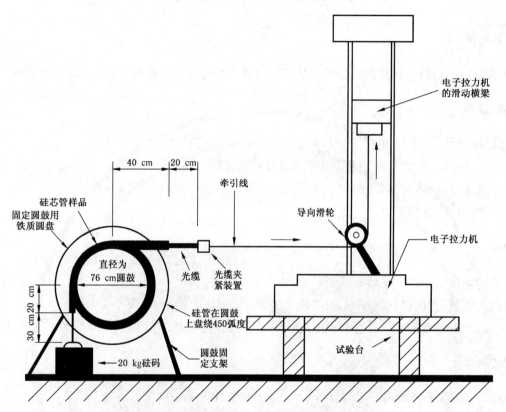

图 D.1 圆鼓法测定摩擦系数试验示意图

附　录　E

（规范性附录）

冷弯曲性能试验方法

E.1　适用范围

本方法适用于测定低温下硅芯管的抗弯曲性能。

E.2　检测设备

低温装置:温度能控制在(−20±2)℃。

弯曲试验装置:半径误差不大于 5 mm 的钢制圆滚筒,滚筒外表面无毛刺。

E.3　样品

取三根 1.5 m 长的硅芯管作为试样(当硅芯管外径大于 40 mm 时,为 2.0 m),试验前试样应放置在(−20±2)℃温度条件下保持 2 h。

E.4　测试步骤

E.4.1　从低温装置中取出一根试样,迅速在四个不同方向上进行弯曲试验,每个方向沿滚筒弯曲 180°,弯曲状态呈 U 型。

E.4.2　第一次弯曲后,转动 180°进行第二次弯曲,然后转动 90°,进行第三次弯曲,再转动 180°进行第四次弯曲。从低温装置取出试样开始,每次弯曲试验的时间间隔不能超过 20 s,四次弯曲试验的总时间不能超过 40 s。

E.4.3　从低温装置中取出另外两根试样,依此按照 E.4.1、E.4.2 的步骤进行弯曲试验。

E.5　结果判定

试样经过弯曲试验后,无开裂和明显应力发白现象为合格,三个试样都合格时为冷弯曲性能合格。

参 考 文 献

[1]　JT/T 496—2004　《公路地下通信管道　高密度聚乙烯硅芯塑料管》

[2]　美国 ASTM D3485—97　《预穿放电缆用可缠绕实壁聚乙烯塑料管》

[3]　美国电力制造商协会标准 NEMA TC7—1990　《可缠绕实壁聚乙烯电力塑料管道》

[4]　美国 Bellcores 企业标准 TR-NWT-000356　《光缆内保护管通用技术要求》

[5]　欧洲 PrEN 14281　《埋地线缆套管用塑料管道系统　聚乙烯管材、管件和系统》

ICS 23.040.01;91.140.60
G 33

中华人民共和国国家标准

GB/T 28799.1—2012

冷热水用耐热聚乙烯（PE-RT）管道系统
第 1 部分：总则

Plastics piping systems for hot and cold water installations—
Polyethylene of raised temperature resistance (PE-RT)—Part 1:General

2012-11-05 发布

2013-03-01 实施

中华人民共和国国家质量监督检验检疫总局
中国国家标准化管理委员会　发布

前　言

GB/T 28799《冷热水用耐热聚乙烯(PE-RT)管道系统》分为三部分：

——第1部分:总则；

——第2部分:管材；

——第3部分:管件。

本部分为 GB/T 28799 的第1部分。

本部分按照 GB/T 1.1—2009 给出的规则起草。

本部分的制定参考了国际标准 ISO 22391-1:2007《冷热水用耐热聚乙烯(PE-RT)管道系统　第1部分:总则》和奥地利国家标准 ONORM B 5159:2004《冷热水用耐热聚乙烯(PE-RT)管道系统》,紧密跟踪标准的制定工作进展和管道原材料的最新发展,并结合了我国耐热聚乙烯管道生产使用实际。

请注意本文件的某些内容有可能涉及专利。本文件的发布机构不承担识别这些专利的责任。

本部分由中国轻工业联合会提出。

本部分由全国塑料制品标准化技术委员会(SAC/TC 48)归口。

本部分起草单位:上海乔治费歇尔管路系统有限公司、上海白蝶管业科技股份有限公司、成都川路塑胶集团有限公司、顾地科技股份有限公司。

本部分主要起草人:柯锦玲、邱强、陶杰、付志敏、赵启辉。

冷热水用耐热聚乙烯(PE-RT)管道系统
第1部分:总则

1 范围

GB/T 28799的本部分规定了冷热水用耐热聚乙烯(PE-RT)管道系统的术语和定义、符号和缩略语、使用条件级别、材料和卫生要求。

本部分适用于用PE-RT Ⅰ型和PE-RT Ⅱ型材料生产的管道系统。

本部分与GB/T 28799.2、GB/T 28799.3配合使用,适用于建筑冷热水管道系统,包括民用与工业建筑冷热水、饮用水和采暖系统等。

本部分不适用于灭火系统。

2 规范性引用文件

下列文件对于本文件的应用是必不可少的。凡是注日期的引用文件,仅注日期的版本适用于本文件。凡是不注日期的引用文件,其最新版本(包括所有的修改单)适用于本文件。

GB/T 6111　流体输送用热塑性塑料管材耐内压试验方法(ISO 1167)

GB/T 17219　生活饮用水输配水设备及防护材料的安全性评价标准

GB/T 18252　塑料管道系统　用外推法确定热塑性塑料材料以管材形式的长期静液压强度(ISO 9080)

GB/T 18991　冷热水系统用热塑性塑料管材和管件(ISO 10508)

GB/T 19278　热塑性塑料管材、管件及阀门通用术语及其定义

GB/T 28799.2—2012　冷热水用耐热聚乙烯(PE-RT)管路系统　第2部分:管材

GB/T 28799.3—2012　冷热水用耐热聚乙烯(PE-RT)管路系统　第3部分:管件

3 术语和定义、符号和缩略语

3.1 术语和定义

GB/T 19278—2003界定的以及下列术语和定义适用于本文件。

3.1.1 几何尺寸相关术语和定义

3.1.1.1
公称外径　nominal outside diameter
d_n
管材或管件插口外径的规定数值,单位为mm。

3.1.1.2
任一点外径　outside diameter at any point
d_e
通过管材任一点横断面测量的外径,单位为mm。

注:采用分度值不大于0.05 mm的量具测量,读数精确到0.1 mm,小数点后第二位非零数字进位。

3.1.1.3

平均外径 mean outside diameter

d_{em}

管材或管件插口端任一横断面外圆周长除以3.142(圆周率),并向大圆整到0.1 mm得到的值。

3.1.1.4

最小平均外径 minimum mean outside diameter

$d_{em,min}$

平均外径的最小允许值。

3.1.1.5

最大平均外径 maximum mean outside diameter

$d_{em,max}$

平均外径的最大允许值。

3.1.1.6

承口的平均内径 mean inside diameter of socket

d_{sm}

承口规定部位(中部)的平均内径,单位mm。

3.1.1.7

不圆度 out-of roundness;ovality

在管材或管件的管状部位的同一横截面上,最大和最小外径测量值之差,或最大和最小内孔测量值之差。

3.1.1.8

公称壁厚 nominal wall thickness

e_n

管材壁厚的规定值,等于最小允许壁厚$e_{y,min}$,单位为mm。

3.1.1.9

任一点壁厚 wall thickness at any point

e

管材或管件圆周上任一点的壁厚,单位为mm。

3.1.1.10

最小壁厚 minimum wall thickness

e_{min}

管材或管件圆周上任一点壁厚的最小允许值,单位为mm。

3.1.1.11

最大壁厚 maximum wall thickness

e_{max}

管材或管件圆周上任一点壁厚的最大允许值,单位为mm。

3.1.1.12

管件的主体壁厚 wall thickness of the fitting main body

管件独立承受管道系统中静液压应力的任一点的壁厚。

3.1.1.13

管系列 pipe series

S

与公称外径和公称壁厚有关的无量纲数值,可用于指导管材规格的选用。S值可由式(1)计算,并

按一定规则圆整:

$$S = \sigma / p \qquad \cdots\cdots\cdots\cdots\cdots\cdots\cdots\cdots (1)$$

式中:

σ——诱导应力,管材圆周方向的应力或管材/管件材料的设计应力;

p——管材内压。

3.1.2 使用条件相关的术语和定义

3.1.2.1

设计压力 design pressure

p_D

管道系统压力的设计值,单位为兆帕(MPa)。

3.1.2.2

最大允许工作压力 maximum allowable operating pressure

p_{PMS}

管道系统中允许连续使用的流体最大工作压力。

3.1.2.3

静液压应力 Hydrostatic stress

σ

以水为介质,当管材承受内压时,管壁内的环应力,用式(2)近似计算,单位为 MPa。

$$\sigma = p \cdot \frac{(d_{em} - e_{min})}{2e_{min}} \qquad \cdots\cdots\cdots\cdots\cdots\cdots (2)$$

式中:

p——管道所受内压,单位为兆帕(MPa);

d_{em}——管材的平均外径,单位为毫米(mm);

e_{min}——管材的最小壁厚,单位为毫米(mm)。

3.1.2.4

设计温度 design temperature

T_D

水输送系统温度的设计值,单位为℃。

3.1.2.5

最高设计温度 maximum design temperature

T_{max}

仅在短期内出现的,可以接受的最高温度。

3.1.2.6

故障温度 malfunction temperature

T_{mal}

管道系统超出控制极限时出现的最高温度,单位为℃。

3.1.2.7

冷水温度 cold water temperature

T_{cold}

输送冷水的温度,单位为℃,最高为 25 ℃,设计值为 20 ℃。

3.1.2.8

采暖系统用的处理水 treated water for heating

对采暖系统无害的含添加剂的采暖用水。

3.1.3 材料性能相关的术语和定义

3.1.3.1

预测静液压强度置信下限 lower confidence limit of the predicted hydrostatic strength

σ_{LPL}

置信度为 97.5% 时，对应于温度 T 和时间 t 的静液压强度预测值的下限，$\sigma_{LPL} = \sigma(T, t, 0.975)$，与应力有相同的量纲。

3.1.3.2

设计应力 design stress

σ_D

在规定的条件下，管材材料的许用应力或塑料管件材料的许用应力，单位为 MPa。

注：可以参见 GB/T 28799.2—2012 中的附录 A。

3.1.3.3

总体使用（设计）系数 overall service（design）coefficient

C

一个大于 1 的数值，它的大小考虑了使用条件和管路其他附件的特性对管系的影响，是在置信下限所包含因素之外考虑的管系的安全裕度。

3.1.3.4

带阻隔层的管材 pipe with barrier layer

带有很薄阻隔层的塑料管材，用于阻止或减少气体或光透过管壁，而设计应力的要求全部靠主体树脂（PE-RT）保证。

3.2 符号

下列符号适用于本文件。

C：总体使用（设计）系数（C），无量纲数

d_e：任一点外径

d_{em}：平均外径

$d_{em,min}$：最小平均外径

$d_{em,max}$：最大平均外径

d_n：公称外径

d_{sm}：承口的平均内径

e：任一点壁厚

e_{max}：最大壁厚

e_{min}：最小壁厚

e_n：公称壁厚

p：内部静液压压力

p_D：设计压力

p_{PMS}：最大允许工作压力

T：温度

T_{cold}：冷水温度

T_D：设计温度

T_{mal}：故障温度

T_{max}：最高设计温度

t:时间

σ:静液压应力

σ_{cold}:20 ℃时的设计应力

σ_D:设计应力

σ_{DP}:管材材料的设计应力

σ_P:管材材料的静液压应力

σ_{LPL}:预测静液压强度置信下限

3.3 缩略语

下列缩略语适用于本文件。

PE-RT Ⅰ型:Ⅰ型耐热聚乙烯

PE-RT Ⅱ型:Ⅱ型耐热聚乙烯

S:管系列

4 使用条件级别

4.1 耐热聚乙烯(PE-RT)管道系统采用 GB/T 18991 的规定,按使用条件选用其中的 1、2、4、5 四个使用条件级别,见表 1。每个级别均对应着特定的应用范围及 50 年的设计使用寿命,在实际应用时,还应考虑 0.4 MPa、0.6 MPa、0.8 MPa 和 1.0 MPa 不同的设计压力。

表 1 使用条件级别

使用条件级别	T_D/℃	T_D 下的使用时间[a]/年	T_{max}/℃	T_{max} 下的使用时间/年	T_{mal}/℃	T_{mal} 下的使用时间/h	典型应用范围
1[a]	60	49	80	1	95	100	供热水 (60 ℃)
2[b]	70	49	80	1	95	100	供热水 (70 ℃)
4[b]	20 40 60	2.5 20 25	70	2.5	100	100	地板下供热和低温暖气
5[b]	20 60 80	14 25 10	90	1	100	100	较高温暖气
[a] 当时间和相关温度不止一个时,应当叠加处理。由于系统在设计时间内不总是连续运行,所以对于 50 年使用寿命来讲,实际操作时间并未累计达到 50 年,其他时间按 20 ℃考虑。							
[b] T_D、T_{max} 和 T_{mal} 值超出本表范围时,不能用本表。							

4.2 表 1 中所列各种级别的管道系统均应同时满足在 20 ℃和 1.0 MPa 下输送冷水,达到 50 年设计使用寿命。所有管道系统所输送的介质只能是水或者经处理的水。

注:塑料管材和管件生产厂家应该提供水处理的类型和有关使用要求,如许用透氧率等性能的指导。

5 材料

5.1 原料

5.1.1 生产管材、管件所用的材料应为耐热聚乙烯(PE-RT),根据材料的预测静液压强度曲线分为 PE-RT Ⅰ型和 PE-RT Ⅱ型。

5.1.2 材料的置信下限应力 σ_{LPL} 值,计算应符合 GB/T 18252 要求,并按照 GB/T 6111 的规定进行试验。在规定的实验时间范围内,计算得到的值至少应该等于图 A.1 和图 A.2 中的参考曲线上相应的值。

注:也可以单独计算每个温度下的 σ_{LPL} 值(例如:20 ℃,60 ℃和 95 ℃)。

5.1.3 参照线的符合性,应将试样放在如下温度和不同的环应力条件下试验,使每个规定的温度下至少应有 3 个破坏时间处于下列各时间段:

——温度:20 ℃;60 ℃~70 ℃;95 ℃;

——时间段:10 h~100 h,100 h~1 000 h,1 000 h~8 760 h,8 760 h 以上。

超过 8 760 h 无破坏的试验,此后的任一试验时间都可以看作是破坏时间。

将单个的试验结果标注在图上,至少 97.5% 的数据应在参照曲线中或在参照曲线之上。

对于 PE-RT Ⅱ型,任何温度下(直到 110 ℃),8 760 h 之前的试验值均不应出现脆性破坏,即曲线上不应存在拐点。

混配料生产商应提供材料的预测静液压强度曲线。

5.2 原料的回收利用

允许使用来自本厂的同一牌号的生产同种产品的清洁回用料。不允许使用其他来源的回用料。

6 卫生要求

用于输送生活饮用水的耐热聚乙烯管道系统应符合 GB/T 17219 的规定。

附　录　A

（规范性附录）

PE-RT 预测静液压强度参照曲线

A.1 PE-RT Ⅰ型预测静液压强度参照曲线见图 A.1。

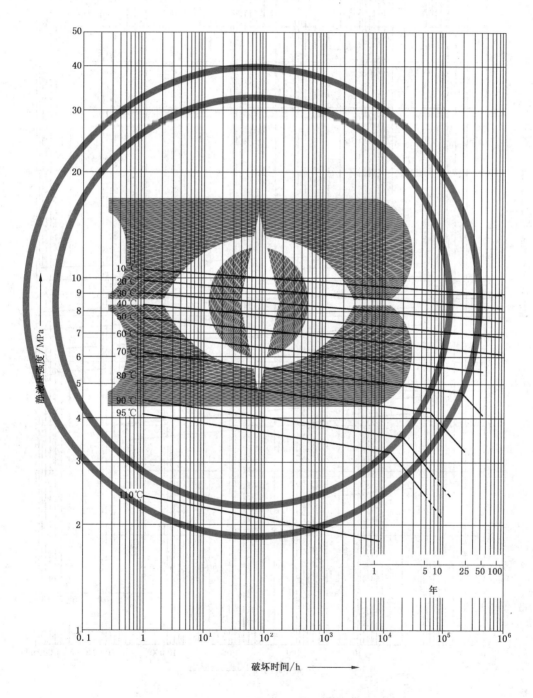

图 A.1　PE-RT Ⅰ型预测静液压强度参照曲线

A.2 PE-RT Ⅱ型预测静液压强度参照曲线见图 A.2。

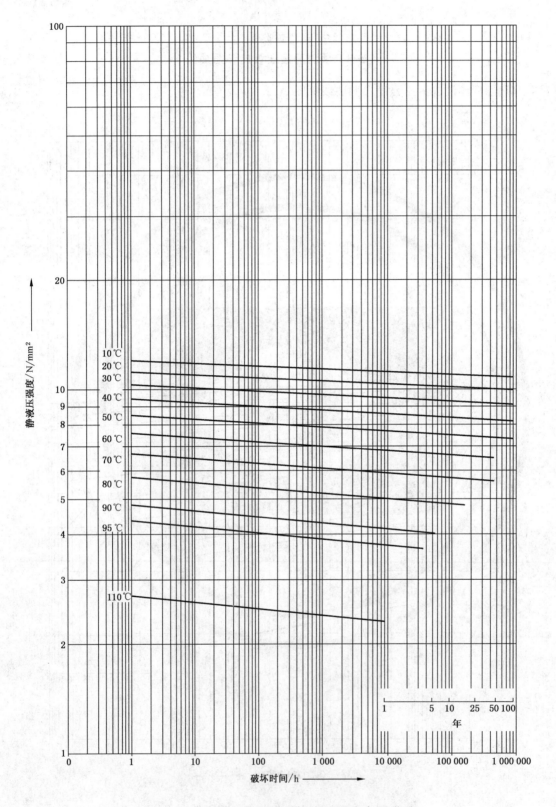

图 A.2 PE-RT Ⅱ型预测静液压强度参照曲线

A.3 PE-RT Ⅰ型材料在10 ℃～95 ℃的最小预测静液压强度分别参照曲线见图 A.1,可以由式(A.1)和式(A.2)推导出。

第一条支线(即图 A.1 中拐点左边的直线段):

$$\lg t = -190.481 + \frac{78\,763.07}{T} + 119.877\lg\sigma - \frac{58\,219.035}{T}\lg\sigma \quad\cdots\cdots\cdots\cdots(\text{A}.1)$$

第二条支线(即图 A.1 中拐点右边的直线段):

$$\lg t = -23.7954 + \frac{11\,150.56}{T} - \frac{1\,723.318}{T}\lg\sigma \quad\cdots\cdots\cdots\cdots(\text{A}.2)$$

110 ℃的曲线是单独测定的,试样内部为水,外部为空气,它不是从式(A.1)和式(A.2)推导出的。

A.4 PE-RT Ⅱ型材料在10 ℃～110 ℃的最小预测静液压强度分别参照曲线见图 A.2,可以由式(A.3)推导出:

$$\lg t = -301.621 + \frac{124\,594.128}{T} + 177.868\lg\sigma - \frac{86\,662.02}{T}\lg\sigma \quad\cdots\cdots\cdots\cdots(\text{A}.3)$$

式中:

t ——时间,h;

T ——温度,K;

σ ——静液压强度(环应力),MPa。

参 考 文 献

[1]　　ISO 22391-1:2007 (Plastics piping systems for hot and cold water installations—Polyethylene of raised temperature resistance (PE-RT)— Part 1:General)

[2]　　ISO 22391-2:2007 (Plastics piping systems for hot and cold water installations—Polyethylene of raised temperature resistance (PE-RT)—Part 2:Pipes)

[3]　　ONORM B 5159:2004 (Kunststoff-Rohrsysteme aus Polyethylen mit erhöhter Temperaturbeständigkeit (PE-RT) für Heißund Kaltwasserinstallationen)

ICS 23.040.20；91.140.60
G 33

GB/T 28799.2—2012

中华人民共和国国家标准

冷热水用耐热聚乙烯（PE-RT）管道系统
第 2 部分：管材

Plastics piping systems for hot and cold water installations—
Polyethylene of raised temperature resistance (PE-RT)—Part 2:Pipes

2012-11-05 发布

2013-03-01 实施

中华人民共和国国家质量监督检验检疫总局
中国国家标准化管理委员会 发布

前　言

GB/T 28799《冷热水用耐热聚乙烯(PE-RT)管道系统》分为三部分：
——第 1 部分：总则；
——第 2 部分：管材；
——第 3 部分：管件。

本部分为 GB/T 28799 的第 2 部分。

本部分按照 GB/T 1.1—2009 给出的规则起草。

本部分的制定参考了国际标准 ISO 22391:2007《冷热水用耐热聚乙烯(PE-RT)管道系统》系列标准和奥地利国家标准 ONORM B 5159:2004《冷热水用耐热聚乙烯(PE-RT)管道系统》，紧密跟踪了该标准的制定工作进展和管材的最新发展，并结合了我国耐热聚乙烯管材生产使用实际。

请注意本文件的某些内容可能涉及专利。本文件的发布机构不承担识别这些专利的责任。

本部分由中国轻工业联合会提出。

本部分由全国塑料制品标准化技术委员会(SAC/TC 48)归口。

本部分起草单位：上海乔治费歇尔管路系统有限公司、佛山市日丰企业有限公司、爱康企业集团(上海)有限公司、成都川路塑胶集团有限公司、上海白蝶管业科技股份有限公司、武汉金牛经济发展有限公司、公元塑业集团有限公司、浙江中财管道科技股份有限公司、顾地科技股份有限公司、浙江伟星新型建材股份有限公司、金德管业集团有限公司。

本部分主要起草人：赵启辉、彭晓翊、姚水良、贾立蓉、柴冈、涂向群、黄剑、丁良玉、付志敏、柯锦玲、冯金茂、王士良。

冷热水用耐热聚乙烯(PE-RT)管道系统
第2部分:管材

1 范围

GB/T 28799 的本部分规定了耐热聚乙烯(PE-RT)管材(以下简称管材)的材料、产品分类、技术要求、试验方法、检验规则和标志、包装、运输、贮存。

本部分适用于 PE-RT Ⅰ型和 PE-RT Ⅱ型管材。

本部分与 GB/T 28799.1、GB/T 28799.3 配合使用。适用于建筑冷热水管道系统,包括民用与工业建筑冷热水、饮用水和采暖系统等。

本部分不适用于灭火系统。

2 规范性引用文件

下列文件对于本文件的应用是必不可少的。凡是注日期的引用文件,仅注日期的版本适用于本文件。凡是不注日期的引用文件,其最新版本(包括所有的修改单)适用于本文件。

GB/T 2828.1—2003 计数抽样检验程序 第1部分:按接收质量限(AQL)检索的逐批检验抽样计划

GB/T 2918 塑料试样状态调节和试验的标准环境(ISO 291)

GB/T 3682—2000 热塑性塑料熔体质量流动速率和熔体体积流动速率的测定(ISO 1133:1997)

GB/T 6111 流体输送用热塑性塑料管材耐内压试验方法(ISO 1167)

GB/T 6671—2001 热塑性塑料管材纵向回缩率的测定(ISO 2505:1994)

GB/T 8806 塑料管道系统 塑料部件 尺寸的测定

GB/T 15820 聚乙烯压力管材与管件连接的耐拉拔试验(ISO:3501)

GB/T 17219 生活饮用水输配水设备及防护材料的安全性评价标准

GB/T 19473.2—2004 冷热水用聚丁烯(PB)管道系统 第2部分:管材

GB/T 19993 冷热水用热塑性塑料管道系统 管材管件组合系统热循环试验方法

GB/T 21300 塑料管材和管件 不透光性的测定（ISO 7686)

GB/T 28799.1—2012 冷热水用耐热聚乙烯(PE-RT)管路系统 第1部分:总则

GB/T 28799.3—2012 冷热水用耐热聚乙烯(PE-RT)管路系统 第3部分:管件

ISO 17455 热塑性塑料管材的氧渗透性测试

3 材料

用于生产管材的 PE-RT 材料应是符合 GB/T 28799.1—2012 要求的混配料。

4 产品分类

4.1 管材按管系列分为 S2.5、S3.2、S4 和 S5 四个管系列。

4.2 管材按原材料分为 PE-RT Ⅰ型管材和 PE-RT Ⅱ型管材。

4.3 管材的使用条件级别分为级别1、级别2、级别4、级别5四个级别,见GB/T 28799.1—2012。

管材按使用条件级别和设计压力选择对应的管系列S值,见表1及表2。

管材的最大允许工作压力(p_{PMS})的计算方法及示例参见附录A.3。

表1 管系列S的选择(PE-RT Ⅰ型)

设计压力 p_D MPa	级别1 (σ_D=3.29 MPa)	级别2 (σ_D=2.68 MPa)	级别4 (σ_D=3.25 MPa)	级别5 (σ_D=2.38 MPa)
	管系列(S)			
0.4	5	5	5	5
0.6	5	4	5	3.2
0.8	4	3.2	4	2.5
1.0	3.2	2.5	3.2	—

表2 管系列S的选择(PE-RT Ⅱ型)

设计压力 p_D MPa	级别1 (σ_D=3.84 MPa)	级别2 (σ_D=3.72 MPa)	级别4 (σ_D=3.60 MPa)	级别5 (σ_D=3.16 MPa)
	管系列(S)			
0.4	5	5	5	5
0.6	5	5	5	5
0.8	4	4	4	3.2
1.0	3.2	3.2	3.2	2.5

4.4 管材按功能分为带阻隔层的管材和普通管材。

5 要求

5.1 颜色

地暖管材宜为本色,生活饮用水管材宜为灰色,其他颜色由供需双方协商确定。

5.2 外观

管材内外表面应光滑、平整、清洁,不应影响产品性能的明显划痕、凹陷、气泡、杂质等缺陷。

管材表面颜色应均匀一致,不允许有明显色差。管材端面应切割平整并与轴线垂直。

5.3 规格尺寸

管材的平均外径和最小壁厚应符合表3的要求。

管材任一点的壁厚偏差应符合表4的规定。带阻隔层管材的壁厚值不包括阻隔层和粘接层的厚度。

表3　管材规格　　　　　　　　　　　　　　　　　　　　　　　　　　　　　单位为毫米

公称外径 d_n	平均外径		公称壁厚 e_n [a]			
	$d_{em,min}$	$d_{em,max}$	管系列			
			S5	S4	S3.2	S2.5
12	12.0	12.3	—	—	—	2.0
16	16.0	16.3	1.8	2.0	2.2	2.7
20	20.0	20.3	2.0	2.3	2.8	3.4
25	25.0	25.3	2.3	2.8	3.5	4.2
32	32.0	32.3	2.9	3.6	4.4	5.4
40	40.0	40.4	3.7	4.5	5.5	6.7
50	50.0	50.5	4.6	5.6	6.9	8.3
63	63.0	63.6	5.8	7.1	8.6	10.5
75	75.0	75.7	6.8	8.4	10.3	12.5
90	90.0	90.9	8.2	10.1	12.3	15.0
110	110.0	111.0	10.0	12.3	15.1	18.3
125	125.0	126.2	11.4	14.0	17.1	20.8
140	140.0	141.3	12.7	15.7	19.2	23.3
160	160.0	161.5	14.6	17.9	21.9	26.6

[a] 对于熔接连接的管材,最小壁厚不低于 2.0 mm。

表4　任一点壁厚的偏差　　　　　　　　　　　　　　　　　　　　　　　　　单位为毫米

公称壁厚 e_n		允许偏差	公称壁厚 e_n		允许偏差
大于	不大于		大于	不大于	
1.0	2.0	+0.3 / 0	14.0	15.0	+1.6 / 0
2.0	3.0	+0.4 / 0	15.0	16.0	+1.7 / 0
3.0	4.0	+0.5 / 0	16.0	17.0	+1.8 / 0
4.0	5.0	+0.6 / 0	17.0	18.0	+1.9 / 0
5.0	6.0	+0.7 / 0	18.0	19.0	+2.0 / 0
6.0	7.0	+0.8 / 0	19.0	20.0	+2.1 / 0
7.0	8.0	+0.9 / 0	20.0	21.0	+2.2 / 0
8.0	9.0	+1.0 / 0	21.0	22.0	+2.3 / 0
9.0	10.0	+1.1 / 0	23.0	24.0	+2.5 / 0
10.0	11.0	+1.2 / 0	24.0	25.0	+2.6 / 0
11.0	12.0	+1.3 / 0	25.0	26.0	+2.7 / 0
12.0	13.0	+1.4 / 0	26.0	27.0	+2.8 / 0
13.0	14.0	+1.5 / 0	—	—	—

5.4 静液压强度

管材的静液压强度应符合表5的规定。

表5 管材的静液压强度

材料	要求	试 验 参 数		
		静液压应力 MPa	试验温度 ℃	试验时间 h
PE-RT Ⅰ型	无渗漏 无破裂	9.9	20	1
		3.8	95	22
		3.6	95	165
		3.4	95	1 000
PE-RT Ⅱ型	无渗漏 无破裂	11.2	20	1
		4.1	95	22
		4.0	95	165
		3.8	95	1 000

5.5 物理和化学性能

管材的物理和化学性能应符合表6的规定。

表6 管材的物理和化学性能

项目	要求	试验参数		标准
		参数	数值	
纵向回缩率	≤2%	温度 试验时间: e_n≤8 mm 8 mm<e_n≤16 mm e_n>16 mm	110 ℃ 1 h 2 h 4 h	GB/T 6671
静液压状态下 的热稳定性	无破裂 无渗漏	静液压应力 试验温度 试验时间 试样数量	PE-RT Ⅰ型　PE-RT Ⅱ型 1.9 MPa　2.4 MPa 110 ℃　110 ℃ 8 760 h　8 760 h 1　1	GB/T 6111
熔体质量流 动速率 MFR	与对原料测定值之差,不应超过 ±0.3 g/10 min且不超过±20%	砝码质量 试验温度	5 kg 190 ℃	GB/T 3682—2000
透光率[a]	≤0.2%	—	—	GB/T 21300
透氧率[b]	0.1 g/(d·m)^3	—	—	ISO 17455
[a] 仅适用于输送生活饮用水用管材。 [b] 仅适用于带阻氧层的管材。				

5.6 管材的卫生性能

用于输送生活饮用水的管材应符合 GB/T 17219 的规定。

5.7 系统适用性

管材与所配管件连接后,根据连接方式,按照表 7 的要求,应通过耐内压、弯曲、耐拉拔、热循环、循环压力、耐真空等系统适用性试验。

表 7　系统适用性试验

系统适用性试验	连接方式		
	热熔承插连接 SW	电熔焊连接 EF	机械连接 M
耐内压试验	●	●	●
弯曲试验	○	○	●
耐拉拔试验	○	○	●
热循环试验	●	●	●
循环压力试验	○	○	●
耐真空试验	○	○	●
注:●—需要试验;○—不需要试验。			

5.7.1 耐内压试验

按表 8 规定的参数进行静液压试验,试验中管材、管件以及连接处应无破裂、无渗漏。

表 8　耐内压试验条件

材料	管系列	试验压力/MPa	试验温度/℃	试验时间/h	试样数量/件
PE-RT Ⅰ型	S5	0.68	95	1 000	3
	S4	0.85			
	S3.2 S2.5	1.06			
PE-RT Ⅱ型	S5	0.76			
	S4	0.90			
	S3.2 S2.5	1.18			

5.7.2 弯曲试验

按表 9 规定的条件进行弯曲试验,试验中管材、管件以及连接处应无破裂、无渗漏。

仅当管材公称直径大于或等于 32 mm 时做此试验。

表 9　弯曲试验条件

材料	管系列	试验压力/MPa	试验温度/℃	试验时间/h	试样数量/件
PE-RT Ⅰ型	S5	1.98	20	1	3
	S4	2.47			
	S3.2 S2.5	3.09			
PE-RT Ⅱ型	S5	2.24			
	S4	2.80			
	S3.2 S2.5	3.50			

5.7.3　耐拉拔试验

按表 10 规定的试验条件,将管材与等径或异径直通管件连接而成的组件施加恒定的轴向拉力,并保持规定的时间,试验过程中管材与管件连接处应不发生松脱。

表 10　耐拉拔试验条件

温度/℃	系统设计压力/MPa	轴向拉力/N	试验时间/h
23±2	所有压力等级	$1.178\,d_n^2$ [a]	1
95	0.4	$0.314\,d_n^2$	1
95	0.6	$0.471\,d_n^2$	1
95	0.8	$0.628\,d_n^2$	1
95	1.0	$0.785\,d_n^2$	1
[a] d_n 为管材的公称外径,单位为 mm。			

对各种设计压力的管道系统均应按表 10 规定进行 23 ℃±2 ℃的拉拔试验,同时根据管道系统的设计压力选取对应的轴向拉力,进行拉拔试验,试件数量为 3 个。

较高压力下的试验结果也可适用于较低压力下的应用级别。

5.7.4　热循环试验

按表 11 规定的条件进行热循环试验,试验中管材、管件以及连接处应无破裂、无渗漏。

表 11 热循环试验条件

材料	管系列	试验压力 MPa	最高试验温度 ℃	最低试验温度 ℃	循环次数 次	试验时间 min	试样数量 件
PE-RT I型	S5	0.6					
	S4	0.8					
	S3.2	1.0					
	S2.5	1.0	95	20	5 000	30^{+2}_{0} 冷热水各 15^{+1}_{0}	1
PE-RT II型	S5	0.8					
	S4	1.0					
	S3.2	1.0					
	S2.5	1.0					

较高温度、较高压力下的试验结果也可适用于较低温度或较低压力下的应用级别。

5.7.5 循环压力冲击试验

按表12规定的条件进行循环压力冲击试验,试验中管材、管件以及连接处应无破裂、无渗漏。

表 12 循环压力冲击试验条件

设计压力 MPa	试验压力/MPa		试验温度 ℃	循环次数	循环频率 次/min	试样数量
	最高试验压力 MPa	最低试验压力 MPa				
0.4	0.6	0.05				
0.6	0.9	0.05	23±2	10 000	30±5	1
0.8	1.2	0.05				
1.0	1.5	0.05				

5.7.6 真空试验

按表13给出的参数进行真空试验。

表 13 真空试验参数

项目	试验参数		要求
真空密封性	试验温度 试验时间 试验压力 试样数量	23 ℃ 1 h −0.08 MPa 3	真空压力变化≤0.005 MPa

6 试验方法

6.1 试样状态调节

应在管材生产 24 h 后进行取样。

除非另有规定外,试样应按 GB/T 2918,在温度为 23 ℃±2 ℃下进行状态调节。

6.2 颜色及外观检查

采用目测方法,观察管材颜色是否符合 5.1、5.2 要求。

6.3 尺寸测量

6.3.1 平均外径及最小外径

按 GB/T 8806 进行测量。测量外径时应选取距离端头至少 50 mm 处进行。

6.3.2 壁厚

按 GB/T 8806 对所抽取的试样沿圆周测量壁厚的最大和最小值,精确到 0.1 mm,小数点后第二位非零数字四舍五入。

测量壁厚时应选取距离端头 10 mm～50 mm 处进行。

6.4 纵向回缩率

按 GB/T 6671—2001 方法 b 进行试验。

6.5 静液压试验

6.5.1 试验条件中的温度、静液压应力、时间按表 5 的规定。

6.5.2 试验方法按 GB/T 6111 进行,采用 a 型封头。

6.6 静液压状态下的热稳定性试验

6.6.1 试验条件

按表 6 的规定进行试验。试验介质:管材内部为水,外部为空气。

6.6.2 试验方法

按 GB/T 6111 进行试验,采用 a 型封头。

6.7 熔体质量流动速率

按 GB/T 3682 进行试验,带阻隔层的管材测试时应除去阻隔层和粘接层树脂。

6.8 透光率

按照 GB/T 21300 进行试验。

6.9 透氧率

按 ISO 17455 进行试验。

6.10 卫生性能

按 GB/T 17219 进行试验。

6.11 系统适用性试验

6.11.1 耐内压试验

试验组件应包括管材和至少两种以上相配套使用的管件,管内试验介质为水,管外介质为水或空气,按照 GB/T 6111 进行试验,采用 a 型封头。

6.11.2 弯曲试验

按 GB/T 19473.2—2004 附录 B 进行试验。

6.11.3 耐拉拔试验

按 GB/T 15820 进行试验。

6.11.4 热循环试验

按 GB/T 19993 进行试验。

6.11.5 循环压力冲击试验

按 GB/T 19473.2—2004 附录 D 进行试验。

6.11.6 真空试验

按 GB/T 19473.2—2004 附录 E 进行试验。

7 检验规则

7.1 检验分类

检验分为定型检验、出厂检验和型式检验。

7.2 组批和分组

7.2.1 同一原料、同一设备和工艺且连续生产的同一规格管材做为一批,每批数量不超过 30 t。如果生产 7 天仍不足 30 t,则以 7 天产量为一批。一次交付可由一批或多批组成,交付时应注明批号,同一交付批号产品为一个交付检验批。

7.2.2 按表 14 规定对管材进行尺寸分组。

表 14 管材的尺寸组和公称外径范围

尺寸组	公称外径范围/mm
1	$d_n \leqslant 63$
2	$75 \leqslant d_n \leqslant 160$

7.2.3 按表14规定选取每一尺寸组中任一规格的管材进行检验,即代表该尺寸组内所有规格产品。

7.3 定型检验

定型检验的项目为第5章规定的全部技术要求。同一设备制造厂的同类型设备首次投产或原料生产厂或原料牌号发生变化时,进行定型检验。

7.4 出厂检验

7.4.1 产品须经生产厂质量检验部门检验合格后并附有合格标志,方可出厂。

出厂检验项目为外观、尺寸、纵向回缩率、熔体质量流动速率(MFR)和静液压试验(20 ℃/1 h 及 95 ℃/22 h 或 165 h)。

7.4.2 管材外观、尺寸按GB/T 2828.1—2003采用正常检验一次抽样方案,取一般检验水平Ⅰ,接收质量限(AQL)4.0,抽样方案见表15。

表 15　抽样方案
根/盘

批量范围 N	样本大小 n	接收数 Ac	拒收数 Re
<15	2	0	1
16<25	3	0	1
26~90	5	0	1
91~150	8	1	2
151~280	13	1	2
281~500	20	2	3
501~1 200	32	3	4
1 201~3 200	50	5	6
3 201~10 000	80	7	8

7.4.3 在计数抽样合格的产品中,随机抽取足够的样品,进行纵向回缩率和(20 ℃/1 h)的静液压试验及(95 ℃/22 h)或(95 ℃/165 h)的静液压试验。

7.5 型式检验

7.5.1 管材型式检验项目为第5章中除5.5中的静液压状态下的热稳定性试验和5.7中的系统适用性试验以外的所有试验项目。

7.5.2 每两年进行一次型式检验。

一般情况下,若有下列情况之一,也应进行型式检验:

a) 正式生产后,若材料、工艺有较大变化,可能影响产品性能时;
b) 因任何原因停产半年以上恢复生产时;
c) 出厂检验结果与上次型式检验结果有较大差异时;
d) 国家质量监督机构提出进行型式检验要求时。

7.6 判定规则

外观、尺寸按照表15进行判定。其他指标有一项达不到规定时,则随机抽取双倍样品进行该项复检,如仍不合格,则判该批为不合格批。

8　标志、包装、运输、贮存

8.1　标志

　　管材标志应打印或者直接成型在管材上,间隔不超过 1 m。标志不得造成管材出现裂痕或其他形式的损伤。如果是打印标志,标志的颜色应不同于管材本体的颜色。

　　标志至少应包括下列内容:

　　a)　生产厂名和(或)商标;

　　b)　产品名称:应按材料类型标明 PE-RT Ⅰ 或 PE-RT Ⅱ;

　　c)　规格及尺寸:管系列 S、公称外径和公称壁厚;

　　d)　本部分编号;

　　e)　生产批号和(或)生产日期;

　　f)　若带阻隔层或为生活饮用水管,应分别注明。

8.2　包装

　　包装由供需双方协商确定。

8.3　运输

　　管材在装卸和运输时,不得抛掷、曝晒、沾污、重压和损伤。

8.4　贮存

　　管材应合理堆放于室内库房,远离热源,防止阳光照射。

附　录　A
（规范性附录）
管材允许工作压力的计算

A.1　总则

本附录详细说明如何根据本部分中表 2 所给的管材使用条件级别和管材规格，确定管材的最大允许工作压力。

A.2　设计应力

不同使用条件级别的管材的设计应力 σ_D 应用 Miner's 规则，并考虑到与表 2 中相对应的使用条件级别，以及表 A.1 中所给出的使用系数来确定。

表 A.1　总体使用系数

温度 ℃	总体使用系数 C
T_D	1.5
T_{max}	1.3
T_{mal}	1.0
T_{cold}	1.25

各种使用条件级别的设计应力 σ_D 的计算结果列在表 A.2 中。

表 A.2　设计应力

使用条件级别	设计应力 $\sigma_D{}^a$/MPa	
	PE-RT Ⅰ型	PE-RT Ⅱ型
1	3.29	3.84
2	2.68	3.72
4	3.25	3.60
5	2.38	3.16
20 ℃/50 年	6.68	7.99
^a 设计应力值 σ_D 精确到小数点后两位即 0.01 MPa。		

A.3　最大允许工作压力

管材的最大允许工作压力用式（A.1）计算：

$$p_{PMS} = \frac{\sigma_D \times 2e_n}{d_n - e_n} \qquad\qquad \cdots\cdots\cdots\cdots\cdots\cdots\cdots（A.1）$$

式中：

p_{PMS}——最大允许工作压力，MPa；

σ_D ——对应级别下的设计应力，MPa；

d_n ——公称外径，mm；

e_n ——公称壁厚，mm。

示例 1：

$d_n 16 \times e_n 2.0$ PE-RT Ⅰ型管材，应用于级别 4 的领域，最大允许工作压力计算如下：

$$p_{PMS} = \frac{3.25 \times 2 \times 2.0}{16 - 2.0} = 0.9 \, \text{MPa}$$

示例 2：

$d_n 20 \times e_n 2.0$ PE-RT Ⅰ型管材，应用于级别 4 的领域，允许工作压力计算如下：

$$p_{PMS} = \frac{3.25 \times 2 \times 2.0}{20 - 2.0} = 0.7 \, \text{MPa}$$

示例 3：

$d_n 16 \times e_n 2.0$ PE-RT Ⅱ型管材，应用于级别 4 的领域，允许工作压力计算如下：

$$p_{PMS} = \frac{3.6 \times 2 \times 2.0}{16 - 2.0} = 1.03 \, \text{MPa}$$

示例 4：

$d_n 20 \times e_n 2.0$ PE-RT Ⅱ型管材，应用于级别 4 领域，允许工作压力计算如下：

$$p_{PMS} = \frac{3.6 \times 2 \times 2.0}{20 - 2.0} = 0.8 \, \text{MPa}$$

参 考 文 献

[1] ISO 22391-2:2007(Plastics piping systems for hot and cold water installations — Polyethylene of raised temperature resistance (PE-RT)—Part 2: Pipes)

[2] ISO 22391-5:2007(Plastics piping systems for hot and cold water installations — Polyethylene of raised temperature resistance (PE-RT)—Part 5: Fitness for purpose of the system)

[3] ONORM B 5159: 2004 (Kunststoff-Rohrsysteme aus Polyethylen mit erhöhter Temperaturbeständigkeit (PE-RT) für Heißund Kaltwasserinstallationen)

ICS 23.040.01;91.140.60
G 33

中华人民共和国国家标准

GB/T 28799.3—2012

冷热水用耐热聚乙烯（PE-RT）管道系统
第3部分：管件

Plastics piping systems for hot and cold water installations—Polyethylene of
raised temperature resistance（PE-RT）—Part 3:Fittings

2012-11-05 发布

2013-03-01 实施

中华人民共和国国家质量监督检验检疫总局
中国国家标准化管理委员会 发布

前　言

GB/T 28799《冷热水用耐热聚乙烯(PE-RT)管道系统》分为三部分：
——第1部分:总则;
——第2部分:管材;
——第3部分:管件。

本部分为 GB/T 28799 的第3部分

本部分按照 GB/T 1.1—2009 给出的规则起草。

本部分的制定参考了 ISO 22391:2007《冷热水用耐热聚乙烯(PE-RT)管道系统》系列标准和奥地利国家标准 ONORM B 5159:2004《冷热水用耐热聚乙烯(PE-RT)管道系统》,紧密跟踪了标准的制定工作进展和管道原材料的最新发展,并结合了我国耐热聚乙烯管道生产使用实际。

请注意本文件的某些内容可能涉及专利。本文件的发布机构不承担识别这些专利的责任。

本部分由中国轻工业联合会提出。

本部分由全国塑料制品标准化技术委员会(SAC/TC 48)归口。

本部分起草单位:上海乔治费歇尔管路系统有限公司、佛山市日丰企业有限公司、浙江中财管道科技股份有限公司、公元塑业集团有限公司、武汉金牛经济发展有限公司。

本部分主要起草人:柯锦玲、李白千、丁良玉、黄剑、涂向群、赵启辉。

冷热水用耐热聚乙烯(PE-RT)管道系统

第3部分:管件

1 范围

GB/T 28799 的本部分规定了耐热聚乙烯(PE-RT)管件(以下简称管件)的材料、产品分类、技术要求、试验方法、检验规则和标志、包装、运输、贮存。

本部分适用于 PE-RT Ⅰ 型和 PE-RT Ⅱ 型管件。

本部分与 GB/T 28799.1、GB/T 28799.2 配合使用,适用于建筑冷热水管道系统,包括民用与工业建筑冷热水、饮用水和采暖系统等。

本部分不适用于灭火系统。

2 规范性引用文件

下列文件对于本文件的应用是必不可少的。凡是注日期的引用文件,仅注日期的版本适用于本文件。凡是不注日期的引用文件,其最新版本(包括所有的修改单)适用于本文件。

GB/T 2828.1—2003 计数抽样检验程序 第1部分:按接收质量限(AQL)检索的逐批检验抽样计划

GB/T 2918—1998 塑料试样状态调节和试验的标准环境(idt ISO 291:1993)

GB/T 3682—2000 热塑性塑料熔体质量流动速率和熔体体积流动速率的测定(idt ISO 1133:1997)

GB/T 6111 流体输送用热塑性塑料管材耐内压试验方法(ISO 1167)

GB/T 7306—2000 55°密封管螺纹(eqv ISO 7-1:1982)

GB/T 8806 塑料管道系统 塑料部件 尺寸的测定(ISO 3126)

GB/T 15820 聚乙烯压力管材与管件连接的耐拉拔试验(ISO:3501)

GB/T 17219 生活饮用水输配水设备及防护材料的安全性评价标准

GB/T 19473.2—2004 冷热水用聚丁烯(PB)管道系统 第2部分:管材

GB/T 19993 冷热水用热塑性塑料管道系统 管材管件组合系统热循环试验方法

GB/T 21300 塑料管材和管件 不透光性的测定(ISO 7686)

GB/T 28799.1—2012 冷热水用耐热聚乙烯(PE-RT)管路系统 第1部分:总则

GB/T 28799.2—2012 冷热水用耐热聚乙烯(PE-RT)管路系统 第2部分:管材

3 材料

3.1 生产管件所用的耐热聚乙烯(PE-RT)材料应是符合 GB/T 28799.1—2012 要求的混配料。

3.2 管件中金属部分不应对 PE-RT 材料产生不利影响。

4 产品分类

4.1 管件按所用原材料分为 PE-RT Ⅰ 型管件和 PE-RT Ⅱ 型管件。

4.2 管件按连接方式分为熔接管件和机械连接管件。熔接管件按熔接方式不同分为热熔承插连接管件和电熔连接管件。机械连接管件是指通过机械方式实现连接的管件,如螺纹连接和法兰连接。

4.3 管件按管系列 S 分类与管材相同,按 GB/T 28799.2—2012 的规定。管件的主体壁厚应不小于相同管系列 S 的管材的壁厚。

5 要求

5.1 颜色

地暖用管件宜为本色,生活饮用水管件宜为灰色,其他颜色由供需双方协商确定。

5.2 外观

管件表面应光滑、平整,不应有裂纹、气泡、脱皮,不应有明显的杂质、冷斑、色泽不匀、分解变色等缺陷。

5.3 规格尺寸

5.3.1 热熔承插连接管件的承口应符合图 1、表 1 的规定。

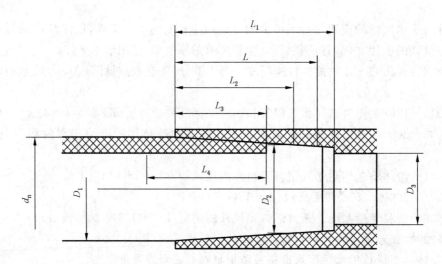

说明:

d_n——指与管件相连的管材的公称外径;

D_1——承口口部平均内径;

D_2——承口根部平均内径。即距端口距离为 L 的、平行于端口平面的圆环的平均直径,其中 L 为插口工作深度;

D_3——最小通径;

L ——承口参照深度;

L_1——承口实际深度,$L_1 \geqslant L$;

L_2——承口加热深度,即加热工具插入的深度;

L_3——承插深度;

L_4——插口管端加热长度,即插口管端进入加热工具的深度,$L_4 \geqslant L_3$。

图 1 热熔承插连接管件承口

表 1　热熔承插连接管件承口尺寸与相应公称外径　　　　　　　　　　　单位为毫米

公称外径	承口平均内径				最大不圆度	最小通径	承口参照深度	承口加热深度		承插深度	
	口部		根部					$L_{2,\min}$	$L_{2,\max}$	$L_{3,\min}$	$L_{3,\max}$
d_n^a	$D_{1,\min}$	$D_{1,\max}$	$D_{2,\min}$	$D_{2,\max}$		D_3	$L_{\min}$ ($=0.3d_n+8.5$)	($=L-2.5$)	($=L$)	($=L-3.5$)	($=L$)
16	15.0	15.5	14.8	15.3	0.6	9	13.3	10.8	13.3	9.8	13.3
20	19.0	19.5	18.8	19.3	0.6	13	14.5	12.0	14.5	11.0	14.5
25	23.8	24.4	23.5	24.1	0.7	18	16.0	13.5	16.0	12.5	16.0
32	30.7	31.3	30.4	31.0	0.7	25	18.1	15.6	18.1	14.6	18.1
40	38.7	39.3	38.3	38.9	0.7	31	20.5	18.0	20.5	17.0	20.5
50	48.7	49.3	48.3	48.9	0.8	39	23.5	21.0	23.5	20.0	23.5
63	61.6	62.2	61.1	61.7	0.8	49	27.4	24.9	27.4	23.9	27.4
不去皮											
75	73.2	74.0	71.9	72.7	1.0	58.2	31.0	28.5	31.0	27.5	31.0
90	87.8	88.8	86.4	87.4	1.2	69.8	35.5	33.0	35.5	32.0	35.5
110	107.3	108.5	105.8	106.8	1.4	85.4	41.5	39.0	41.5	38.0	41.5
去皮[b]											
75	72.6	73.2	72.3	72.9	1.0	58.2	31.0	28.5	31.0	27.5	31.0
90	87.1	87.8	86.7	87.4	1.2	69.8	35.5	33.0	35.5	32.0	35.5
110	106.3	107.1	105.7	106.5	1.4	85.4	41.5	39.0	41.5	38.0	41.5
[a] 管件的公称外径 d_n 指与其相连接的管材的公称外径。											
[b] 去皮是指去掉与管件连接的管材的表皮。											

5.3.2　电熔连接管件的承口应符合图2、表2的规定。

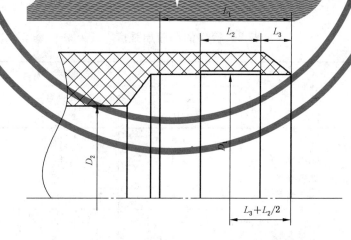

说明:
D_1——熔融区平均内径;
D_2——最小通径;
L_1——承插深度;
L_2——熔融区的长度;
L_3——管件承口口部非加热长度。

图 2　电熔连接管件承口

表 2　电熔连接管件承口尺寸与相应公称外径　　　　　　单位为毫米

公称外径 d_n^a	熔融区平均内径 $D_{1,min}$	熔融区的长度 $L_{2,min}$	承插深度 L_1	
			$L_{1,min}$	$L_{1,max}$
16	16.1	10	20	35
20	20.1	10	20	37
25	25.1	10	20	40
32	32.1	10	20	44
40	40.1	10	20	49
50	50.1	10	20	55
63	63.2	11	23	63
75	75.2	12	25	70
90	90.2	13	28	79
110	110.3	15	32	85
125	125.3	16	35	90
140	140.3	18	38	95
160	160.4	20	42	101

^{a} 公称外径 d_n 指与其相连接的管材的公称外径。

5.3.3　带金属螺纹接头的管件其螺纹部分应符合 GB/T 7306—2000 的规定。

5.4　静液压强度

管件的静液压强度应符合表 3 的规定。

表 3　管件的静液压强度

材　料	要　求	试 验 参 数		
		静液压应力 MPa	试验温度 ℃	试验时间 h
PE-RT Ⅰ型	无渗漏 无破裂	9.9	20	1
		3.8	95	22
		3.6	95	165
		3.4	95	1000
PE-RT Ⅱ型	无渗漏 无破裂	11.2	20	1
		4.1	95	22
		4.0	95	165
		3.8	95	1000

5.5　物理和化学性能

管件的物理和化学性能应符合表 4 的规定。

表 4 管件的物理和化学性能

项 目	要 求	试 验 参 数				试验方法
		PE-RT Ⅰ型		PE-RT Ⅱ型		
		参数	数值	参数	数值	
静液压状态下的热稳定性[a,b]	无破裂 无渗漏	静液压应力 试验温度 试验时间 试样数量	1.9 MPa 110℃ 8760 h 1	静液压应力 试验温度 试验时间 试样数量	2.4 MPa 110℃ 8760 h 1	GB/T 6111
熔体质量流动速率 MFR	与对原料测定值之差,不应超过 ±0.3 g/10 min 且不超±20%	砝码质量 试验温度	5 kg 190℃	砝码质量 试验温度	5kg 190℃	GB/T 3682—2000
透光率[c]	≤0.2%	—				GB/T 21300

[a] 用管件与管材相连进行试验,按照管件的管系列 S 计算试验压力,如试验中管材破裂则试验应重做。

[b] 相同原料同一生产厂家生产的管材已做过本试验则管件可不做。

[c] 仅适用于生活饮用水管件。相同原料同一生产厂家生产的管材已做过本试验则管件可不做。

5.6 管件的卫生性能

用于输送生活饮用水的管件,卫生性能应符合 GB/T 17219 的规定。

5.7 系统适用性

管件与所配管材连接后,根据连接方式,按照表 5 的要求,应通过耐内压、弯曲、耐拉拔、热循环、循环压力、耐真空六种系统适用性试验。

表 5 系统适用性试验

系统适用性试验	连 接 方 式		
	热熔承插连接 SW	电熔焊连接 EF	机械连接 M
耐内压试验	●	●	●
弯曲试验	○	○	●
耐拉拔试验	○	○	●
热循环试验	●	●	●
循环压力试验	○	○	●
耐真空试验	○	○	●

注 1：●—需要试验；○—不需要试验。

5.7.1 耐内压试验

按表 6 规定的参数进行静液压试验,试验中管材、管件以及连接处应无破裂,无渗漏。

表 6 耐内压试验条件

材料	管系列	试验压力/MPa	试验温度/℃	试验时间/h	试样数量/件
PE-RT Ⅰ型	S5	0.68	95	1 000	3
	S4	0.85			
	S3.2 S2.5	1.06			
PE-RT Ⅱ型	S5	0.76			
	S4	0.90			
	S3.2 S2.5	1.18			

5.7.2 弯曲试验

按表 7 规定的条件进行弯曲试验,试验中管材、管件以及连接处应无破裂、无渗漏。

仅对与公称外径大于等于 32 mm 管材连接的管件做此试验。

表 7 弯曲试验条件

材料	管系列	试验压力/MPa	试验温度/℃	试验时间/h	试样数量/件
PE-RT Ⅰ型	S5	1.98	20	1	3
	S4	2.47			
	S3.2 S2.5	3.09			
PE-RT Ⅱ型	S5	2.24			
	S4	2.80			
	S3.2 S2.5	3.50			

5.7.3 耐拉拔试验

5.7.3.1 按表 8 规定的试验条件,将管材与等径或异径直通管件连接而成的组件施加恒定的轴向拉力,并保持规定的时间,试验过程中管材与管件连接处应不发生松脱。

表 8 耐拉拔试验条件

温度 ℃	系统设计压力 MPa	轴向拉力 N	试验时间 h
23±2	所有压力等级	$1.178\,d_n^2$	1
95	0.4	$0.314\,d_n^2$	1
95	0.6	$0.471\,d_n^2$	1
95	0.8	$0.628\,d_n^2$	1
95	1.0	$0.785\,d_n^2$	1
注：较高压力下的试验结果也可适用于较低压力下的应用级别。			

5.7.3.2 对各种设计压力的管道系统均应按表 8 规定进行 23 ℃±2 ℃的拉拔试验,同时根据管道系统的设计压力选取对应的轴向拉力,进行拉拔试验,试件数量为 3 个。

5.7.4 热循环试验

按表 9 规定的条件进行热循环试验,试验中管材、管件以及连接处应无破裂、无渗漏。

表 9　热循环试验条件

材料	管系列	试验压力 MPa	最高试验温度 ℃	最低试验温度 ℃	循环次数 次	试验时间 min	试样数量 件
PE-RT Ⅰ型	S5	0.6					
	S4	0.8					
	S3.2	1.0				30^{+2}_{0} 冷热水各 15^{+1}_{0}	1
	S2.5	1.0	95	20	5 000		
PE-RT Ⅱ型	S5	0.8					
	S4	1.0					
	S3.2	1.0					

注:较高温度、较高压力下的试验结果也可适用于较低温度或较低压力下的应用级别。

5.7.5 循环压力冲击试验

按表 10 规定的条件进行循环压力冲击试验,试验中管材、管件以及连接处应无破裂、无渗漏。

表 10　循环压力冲击试验条件

试验压力/MPa			试验温度 ℃	循环次数	循环频率 次/min	试样数量
设计压力	最高试验压力	最低试验压力				
0.4	0.6	0.05				
0.6	0.9	0.05	23±2	10 000	30±5	1
0.8	1.2	0.05				
1.0	1.5	0.05				

注:较高压力下的试验结果也可适用于较低压力下的应用级别。

5.7.6 真空试验

按表 11 给出的参数进行真空试验。

表 11　真空试验参数

项目	试验参数		要求
真空密封性	试验温度	23 ℃	真空压力变化≤0.005 MPa
	试验时间	1 h	
	试验压力	−0.08 MPa	
	试样数量	3	

6 试验方法

6.1 试样状态调节

应在管件生产 24 h 后进行试验。

除非另有规定外,试样应按 GB/T 2918 规定,在温度为 23 ℃±2 ℃下进行状态调节至少 24 h。

6.2 颜色及外观检查

采用目测方法,观察管材颜色是否符合 5.1、5.2 要求。

6.3 尺寸测量

按照 GB/T 8806 进行测量。管件的承口深度用精度不低于 0.02 mm 的量具测量;用精度不低于 0.01 mm 的内径量表测量图 1、图 2 规定部位承口的两个相互垂直的内径,计算出算术平均值为平均内径。用精度不低于 0.01 mm 的内径量表测量同一断面的最大内径和最小内径,用最大内径减最小内径为不圆度。

6.4 静液压试验

6.4.1 试验条件中的温度、静液压应力、时间按表 3 的规定,管内试验介质为水,管外介质为水或空气。

管件的静液压试验用管件和管材的组合件进行测试,组合件制备后,在室温下放置至少 24 h,组合件及管材的自由长度 L_0 至少为其公称直径(d_n)的 3 倍,但不小于 250 mm。

注: 除非另有规定,连接所用的管材的 S 值应不大于管件的 S 值。试验过程中,如果管材破裂,则重新试验。

6.4.2 试验方法按 GB/T 6111—2003 的规定进行试验,采用 a 型封头。用管件 S 级别计算试验压力,见式(1)。

$$p = \frac{\sigma}{S} \quad\quad\quad\quad\quad\quad\quad\quad\quad\quad (1)$$

式中:

p —— 试验压力,单位为兆帕(MPa);

σ —— 静液压应力,单位为兆帕(MPa);

S —— 管件系列值。

6.5 静液压状态下的热稳定性试验

6.5.1 试验条件

按表 4 的规定。试验介质:管材内部为水,外部为空气。

6.5.2 试验方法

按 GB/T 6111 进行试验,采用 a 型封头。

6.6 熔体质量流动速率

按 GB/T 3682—2000 进行试验。

6.7 透光率

按照 GB/T 21300 进行试验。

6.8 卫生性能

按 GB/T 17219 进行试验。

6.9 系统适用性试验

6.9.1 耐内压试验

应将管件和相配套使用的管材连接后试验,管内试验介质为水,管外介质为水或空气,试验按
GB/T 6111—2003 进行,采用 a 型封头。

6.9.2 弯曲试验

按 GB/T 19473.2 附录 B 进行试验。

6.9.3 耐拉拔试验

按 GB/T 15820 进行试验。

6.9.4 热循环试验

按 GB/T 19993 进行试验。

6.9.5 循环压力冲击试验

按 GB/T 19473.2—2004 附录 D 进行试验。

6.9.6 真空试验

按 GB/T 19473.2—2004 附录 E 进行试验。

7 检验规则

7.1 检验分类

检验分为定型检验、出厂检验和型式检验。

7.2 组批和分组

7.2.1 组批

用同一原料和工艺连续生产的同一规格的管件作为一批。$d_n \leqslant 32$ mm 规格的管件每批不超过
20 000 件,$d_n > 32$ mm 规格的管件每批不超过 5 000 件。如果生产 7 天仍不足上述数量,则以 7 天为一
批。一次交付可由一批或多批组成。交付时注明批号,同一交付批号产品为一个交付检验批。

7.2.2 分组

按表 12 规定对管件进行尺寸分组。

表 12 管件的尺寸组和公称外径范围

尺 寸 组	公称外径范围/mm
1	$d_n \leqslant 63$
2	$75 \leqslant d_n \leqslant 160$

按表 12 规定选取每一尺寸组中任一规格的管件进行检验,即可代表该组内其他规格产品。

7.3 定型检验

定型检验的项目为第 5 章规定的全部技术要求。同一设备制造厂的同类型设备首次投产或原料生产厂或牌号发生变化时,进行定型检验。

7.4 出厂检验

7.4.1 产品须经生产厂质量检验部门检验合格后并附有合格标志,方可出厂。

出厂检验项目为外观、尺寸、MFR 和静液压试验(20 ℃,1 h)。

7.4.2 管件外观、尺寸按 GB/T 2828—2003 采用正常检验一次抽样方案,取一般检验水平Ⅰ,接收质量限(AQL)4.0,抽样方案见表 13。

表 13 抽样方案　　　　　　　　　　　　　　　　件

批量范围 N	样本大小 n	接收数 Ac	拒收数 Re
<15	2	0	1
16<25	3	0	1
26~90	5	0	1
91~150	8	0	1
151~280	13	1	2
281~500	20	2	3
501~1 200	32	3	4
1 201~3 200	50	5	6
3 201~10 000	80	7	8
10 001~35 000	125	10	11
35 001~150 000	200	14	15
150 001~500 000	315	21	22
500 001 及其以上	500	21	22

7.4.3 在计数抽样合格的产品中,随机抽取足够的样品,进行熔体质量流动速率(MFR)和静液压试验(20 ℃/1 h)。

7.5 型式检验

7.5.1 管件型式检验项目为第 5 章中除 5.5 中的静液压状态下的热稳定性试验和 5.7 中的系统适用性试验以外的所有试验项目。

7.5.2 每两年进行一次型式检验。

一般情况下,若有下列情况之一,也应进行型式检验:

    a) 正式生产后,若材料、工艺有较大变化,可能影响产品性能时;
    b) 因任何原因停产半年以上恢复生产时;
    c) 出厂检验结果与上次型式检验结果有较大差异时;
    d) 国家质量监督机构提出进行型式检验要求时。

7.6 判定规则

外观、尺寸按照表13进行判定。其他指标有一项达不到规定时,则随机抽取双倍样品进行该项复检,如仍不合格,则判该批为不合格批。

8 标志、包装、运输、贮存

8.1 标志

8.1.1 产品应有下列永久性标志:

　　a) 产品名称:应注明原料类型,如 PE-RT Ⅰ 或 PE-RT Ⅱ;

　　b) 产品规格:应注明公称外径、管系列 S;

　　c) 商标;

　　d) 如为去皮管件,应标注"P"。

8.1.2 包装标志应有如下内容:

　　a) 生产厂名、厂址、商标;

　　b) 产品名称、规格;

　　c) 生产日期或生产批号;

　　d) 本部分编号。

8.2 包装

一般情况下,每个包装箱内应装相同品种和规格的管件,包装箱应有内衬袋,每个包装箱重量不超过 25 kg。

8.3 运输

管件在运输时,不得曝晒、沾污、重压、抛掷和损伤。

8.4 贮存

管件应贮存在室内,远离热源,合理放置。

参 考 文 献

[1]　ISO 22391-3:2007(Plastics piping systems for hot and cold water installations—Polyethylene of raised temperature resistance (PE-RT)—Part 3:Fittings)

[2]　ISO 22391-5:2007(Plastics piping systems for hot and cold water installations—Polyethylene of raised temperature resistance (PE-RT)—Part 5:Fitness for purpose of the system)

[3]　ONORM B 5159:2004(Kunststoff—Rohrsysteme aus Polyethylen mit erhöhter Temperaturbeständigkeit (PE-RT) für Heißund Kaltwasserinstallationen)

聚丙烯管道

前　言

本系列标准在紧密跟踪国际标准化组织 ISO/TC138 流体输送用塑料管材、管件和阀门技术委员会正在制定的《冷热水用塑料管道系统——聚丙烯》系列标准动态基础上，结合我国聚丙烯管材、管件生产使用实际制定的。本标准主要技术内容与 ISO/DIS 15874.1:1999《冷热水用塑料管道系统——聚丙烯——第 1 部分:总则》中的技术内容一致。

主要差异为:

—— 将 ISO/DIS 15874.2:1999 中对聚丙烯管材、管件原料的评价方法写入本标准中，使聚丙烯管道系列标准结构更合理，并方便生产厂的使用;

—— 将 ISO/DIS 15874.2:1999 中对聚丙烯管材、管件原料的熔体质量流动速率的要求也写入本标准中，以使对原料的要求更完整地体现在本标准中。

本系列标准由以下三个部分组成:

——GB/T 18742.1—2002　冷热水用聚丙烯管道系统　第 1 部分:总则;

——GB/T 18742.2—2002　冷热水用聚丙烯管道系统　第 2 部分:管材;

——GB/T 18742.3—2002　冷热水用聚丙烯管道系统　第 3 部分:管件。

本标准的附录 A 为标准的附录。

本标准由中国轻工业联合会提出。

本标准由全国塑料制品标准化技术委员会管材、管件和阀门分技术委员会(TC 48/SC 3)归口。

本标准起草单位:齐鲁石油化工股份有限公司树脂研究所、上海白蝶管业科技股份有限公司(上海建筑材料厂)、陕西华山胜利塑胶有限公司、燕山石油化工公司树脂应用研究所。

本标准主要起草人:谢建玲、徐红越、李齐利、王树华、王雪梅。

冷热水用聚丙烯管道系统
第1部分:总则

GB/T 18742.1—2002

Polypropylene piping systems for hot and cold water installation—
Part 1:General

1 范围

本标准规定了冷热水用聚丙烯管道系统所用的定义、符号和缩略语,以及使用条件级别、材料和卫生性能的要求。

本标准与 GB/T 18742.2《冷热水用聚丙烯管道系统 第 2 部分:管材》、GB/T 18742.3《冷热水用聚丙烯管道系统 第 3 部分:管件》一起适用于建筑物内冷热水管道系统,包括工业及民用冷热水、饮用水和采暖系统等。

本标准不适用于灭火系统和不使用水作为介质的系统。

2 引用标准

下列标准所包含的条文,通过在本标准中引用而构成为本标准的条文。本标准出版时,所示版本均为有效。所有标准都会被修订,使用本标准的各方应探讨使用下列标准最新版本的可能性。

GB/T 1844.1—1995 塑料及树脂缩写代号 第 1 部分:基础聚合物及其特征性能
(neq ISO 1043-1:1987)

GB/T 2035—1996 塑料术语及其定义(eqv ISO 472:1988)

GB/T 6111—1985 长期恒定内压下热塑性塑料管材耐破坏时间的测定方法
(eqv ISO/DP 1167:1978)

GB/T 10798—2001 热塑性塑料管材料通用壁厚表(idt ISO 4065:1996)

GB/T 17219—1998 生活饮用水输配水设备及防护材料的安全性评价标准

GB/T 18252—2000 塑料管道系统 用外推法对热塑性塑料管材长期静液压强度的测定

GB/T 18742.2—2002 冷热水用聚丙烯管道系统 第 2 部分:管材

GB/T 18742.3—2002 冷热水用聚丙烯管道系统 第 3 部分:管件

ISO 10508:1995 用于冷热水系统的热塑性塑料管材和管件

3 定义、符号和缩略语

本标准采用下列定义、符号和缩略语。

3.1 定义

本标准除采用 GB/T 2035 和 GB/T 1844.1 中给出的定义外,还使用下列定义。

3.1.1 几何定义

3.1.1.1 公称外径(d_n):规定的外径,单位为毫米。

3.1.1.2 任一点外径(d_e):在管材或管件插口端任一点通过横截面外径的测量值,精确到 0.1 mm,小数点后第二位非零数字进位。

3.1.1.3 平均外径(d_{em}):管材或管件插口端的任一横截面外圆周长的测量值除以 $\pi (\approx 3.142)$ 所得的值,精确到 0.1 mm,小数点后第二位非零数字进位。

3.1.1.4 最小平均外径($d_{em,min}$):平均外径的最小值,它等于公称外径。

3.1.1.5 最大平均外径($d_{em,max}$):平均外径的最大值。

3.1.1.6 承口的平均内径(d_{sm}):承口长度中点,互相垂直的两个内径测量值的算术平均值。

3.1.1.7 不圆度:管材或管件插口端同一横截面测量最大外径与最小外径的差值,或者承口端同一横截面测量最大内径与最小内径的差值,单位为毫米。

3.1.1.8 公称壁厚(e_n):管材或管件壁厚的规定值,单位为毫米。

3.1.1.9 任一点壁厚(e):管材或管件圆周上任一点壁厚的测量值,精确到 0.1 mm,小数点后第二位非零数字进位。

3.1.1.10 最小壁厚(e_{min}):管材或管件圆周上任一点壁厚的最小值,它等于公称壁厚。

3.1.1.11 最大壁厚(e_{max}):管材或管件圆周上任一点壁厚的最大值。

3.1.1.12 管系列(S):根据 GB/T 10798,用以表示管材规格的无量纲数值系列,可按式(1)计算。

$$S = \frac{d_n - e_n}{2\,e_n} \quad\cdots\cdots\cdots\cdots\cdots\cdots\cdots(1)$$

式中:d_n——公称外径,mm;

e_n——公称壁厚,mm。

3.1.2 与使用条件有关的定义

3.1.2.1 公称压力(PN):管材在 20℃ 使用时允许的最大工作压力,单位为兆帕。

3.1.2.2 设计压力(P_D):管道系统压力的最大设计值,单位为兆帕。

3.1.2.3 静液压应力(σ):以水为介质,管材受内压时管壁内的环应力,用式(2)近似计算,单位为兆帕。

$$\sigma = P \cdot \frac{(d_{em} - e_{min})}{2\,e_{min}} \quad\cdots\cdots\cdots\cdots\cdots\cdots(2)$$

式中:P——管道所受内压,MPa;

d_{em}——管的平均外径,mm;

e_{min}——管的最小壁厚,mm。

3.1.2.4 设计温度(T_D):系统设计的输送水的温度或温度组合。

3.1.2.5 最高设计温度(T_{max}):仅在短时间内出现的 T_D 最高值。

3.1.2.6 故障温度(T_{mal}):系统超出控制极限时出现的最高温度。

3.1.2.7 冷水温度(T_{cold}):输送冷水的温度,最高接近 25℃。设计时用 20℃。

3.1.2.8 采暖装置用的处理水:采暖装置用的含添加剂的水,对系统无有害影响。

3.1.3 与材料性能有关的定义

3.1.3.1 预测的长期静液压强度的置信下限(σ_{LPL}):一个与应力有相同的量纲的量,单位为兆帕。它表示在温度 T 和时间 t 预测的静液压强度的 97.5% 置信下限。

3.1.3.2 设计应力(σ_D):对于给定的使用条件所允许的应力,单位为兆帕。对管材材料为 σ_{DP},对塑料管件材料为 σ_{DF}。

3.1.3.3 总使用系数(C):一个大于1的系数,考虑了未在置信下限 LPL 体现出的管道系统的性能和使用条件。

3.1.4 有阻隔层的管材:具有一层薄的阻隔层的塑料管材,例如用于防止或大幅度降低通过管壁的气体渗漏和光线穿透,其设计应力要求与基础聚合物(PP)完全一致。

3.2 符号

C:总使用系数

d_e:外径(任一点)

d_{em}:平均外径

$d_{em,min}$:最小平均外径

$d_{em,max}$:最大平均外径

d_n:公称外径

d_{sm}:承口的平均内径

e:任一点的壁厚

e_{max}:任一点的最大壁厚

e_{min}:任一点的最小壁厚

e_n:公称壁厚

P:内部静液压压力

PN:公称压力

P_D:设计压力

T:温度

T_{cold}:冷水温度

T_D:设计温度

T_{mal}:故障温度

T_{max}:最高设计温度

t:时间

σ:静液压应力

σ_{COLD}:20℃时的设计应力

σ_D:设计应力

σ_{DF}:塑料管件材料的设计应力

σ_{DP}:塑料管材料的设计应力

σ_F:塑料管件材料的静液压应力

σ_P:塑料管材料的静液压应力

σ_{LPL}:预测的长期静液压强度的置信下限

3.3 缩略语

LPL:置信下限

MDP:最大设计应力

PP:聚丙烯

S:管系列

4 使用条件级别

聚丙烯管道系统采用 ISO 10508 的规定,按使用条件选用其中的四个应用等级,见表 1。每个级别均对应于一个特定的应用范围及 50 年的使用寿命。在具体应用时,还应考虑 0.4 MPa、0.6 MPa、0.8 MPa、1.0 MPa 不同的使用压力。

表 1　使用条件级别

应用等级	T_D ℃	在 T_D 下的时间 年	T_{max} ℃	在 T_{max} 下的时间 年	T_{mal} ℃	在 T_{mal} 下的时间 h	典型的应用范围
级别 1	60	49	80	1	95	100	供应热水(60℃)
级别 2	70	49	80	1	95	100	供应热水(70℃)

表 1(完)

应用等级	T_D ℃	在 T_D 下的时间 年	T_{max} ℃	在 T_{max} 下的时间 年	T_{mal} ℃	在 T_{mal} 下的时间 h	典型的应用范围
级别 4	20 40 60	2.5 20 25	70	2.5	100	100	地板采暖和低温散热器采暖
级别 5	20 60 80	14 25 10	90	1	100	100	高温散热器采暖
注:当 T_D、T_{max} 和 T_{mal} 超出本表所给出的值时,不能用本表。							

表 1 中所列各使用条件级别的管道系统应同时满足在 20℃、1 MPa 条件下输送冷水 50 年使用寿命的要求。

注:塑料管材和管件的制造商应提供水处理的要求,以及诸如氧气渗透性等方面特性的指导。

5 材料

聚丙烯管材、管件用管材料应选择使用下列三种类型聚丙烯中适用于管的树脂:

PP-H:均聚聚丙烯。

PP-B:耐冲击共聚聚丙烯(曾称为嵌段共聚聚丙烯),由 PP-H 和(或)PP-R 与橡胶相形成的两相或多相丙烯共聚物。橡胶相是由丙烯和另一种烯烃单体(或多种烯烃单体)的共聚物组成。该烯烃单体无烯烃外的其他官能团。

PP-R:无规共聚聚丙烯。丙烯与另一种烯烃单体(或多种烯烃单体)共聚而成的无规共聚物,烯烃单体中无烯烃外的其他官能团。

5.1 聚丙烯管材、管件用管材料应含有必需的添加剂,添加剂应均匀分散。

5.2 聚丙烯管材、管件用管材料应制成管,按 GB/T 6111 试验方法和 GB/T 18252 要求在至少四个不同温度下作长期静液压试验。试验数据按 GB/T 18252 方法计算得到不同温度、不同时间的 σ_{LPL} 值,并作出该材料蠕变破坏曲线。将材料的蠕变破坏曲线与本标准附录 A 中给出的预测强度参照曲线相比较,试验结果的 σ_{LPL} 值在全部时间及温度范围内均应高于参照曲线上的对应值。

5.3 聚丙烯管材、管件用管材料的熔体质量流动速率(MFR)≤0.5 g/10 min(230℃、2.16 kg)。

5.4 生产厂在自己生产过程中产生的符合本标准要求的回用材料可以再使用,使用时加到未用过的新材料中,不允许使用其他来源的回用材料。

6 卫生要求

用于输送饮用水的聚丙烯管道系统应符合 GB/T 17219 的要求。

附 录 A
（标准的附录）
预测强度参照曲线

PP-H 的预测强度参照曲线见图 A1，PP-B 的预测强度参照曲线见图 A2，PP-R 的预测强度参照曲线见图 A3。

图 A1、图 A2、图 A3 中 10℃～95℃范围内的参照曲线来自下列方程：

第一条支线（即图 A1、图 A2、图 A3 中拐点左边的直线段）：

$$PP\text{-}H: \log t = -46.364 - (9\,601.1 \times \log \sigma)/T + 20\,381.5/T + 15.24 \times \log \sigma \quad\cdots\cdots\quad (A1)$$

$$PP\text{-}B: \log t = -56.086 - (10\,157.8 \times \log \sigma)/T + 23\,971.7/T + 13.32 \times \log \sigma \quad\cdots\cdots\quad (A2)$$

$$PP\text{-}R: \log t = -55.725 - (9\,484.1 \times \log \sigma)/T + 25\,502.2/T + 6.39 \times \log \sigma \quad\cdots\cdots\quad (A3)$$

第二条支线（即图 A1、图 A2、图 A3 中拐点右边的直线段）：

$$PP\text{-}H: \log t = -18.387 + 8\,918.5/T - 4.1 \times \log \sigma \quad\cdots\cdots\quad (A4)$$

$$PP\text{-}B: \log t = -13.699 + 6\,970.3/T - 3.82 \times \log \sigma \quad\cdots\cdots\quad (A5)$$

$$PP\text{-}R: \log t = -19.98 + 9\,507/T - 4.11 \times \log \sigma \quad\cdots\cdots\quad (A6)$$

式（A1）～式（A6）中：

t——破坏时间，h；

T——温度，K；

σ——静液压应力，MPa。

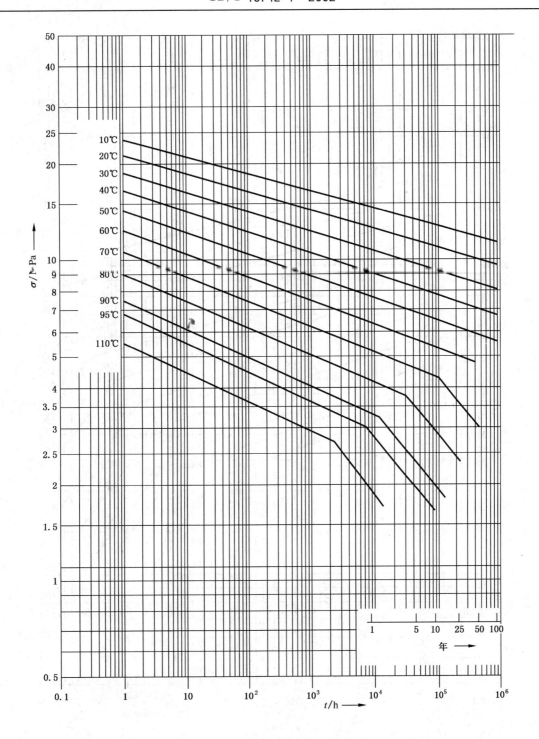

图 A1　PP-H 预测强度参照曲线

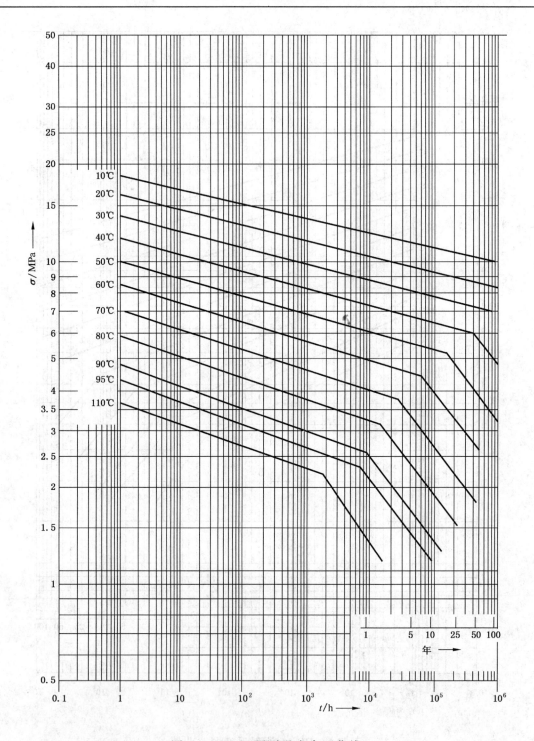

图 A2　PP-B 预测强度参照曲线

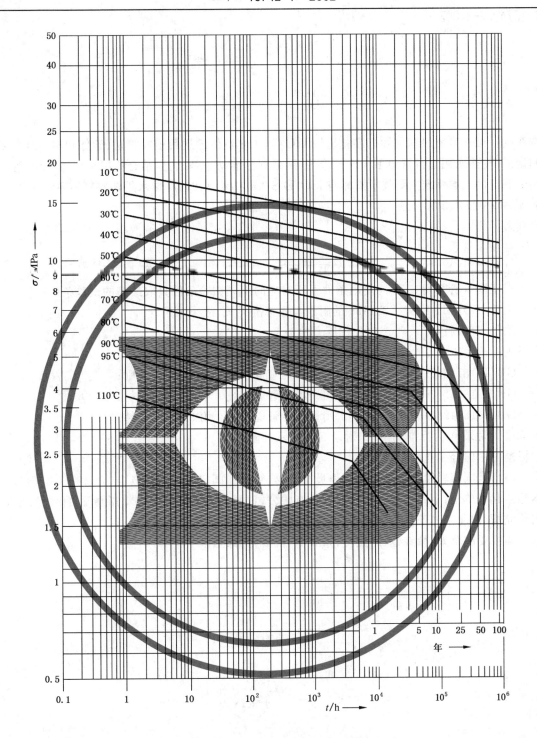

图 A3　PP-R 预测强度参照曲线

前　　言

本系列标准在紧密跟踪国际标准化组织 ISO/TC138 流体输送用塑料管材、管件和阀门技术委员会正在制定的《冷热水用塑料管道系统——聚丙烯》系列标准动态基础上,结合我国聚丙烯管材、管件生产使用实际制定的。本标准主要技术指标与 ISO/DIS 15874.2:1999《冷热水用塑料管道系统—PP——第 2 部分:管材》中技术指标一致。

主要差异为:

——增加了管系列 $S4$;

——增加了 ISO/DIS 15874:1999 的第 5 部分和第 7 部分的相关内容;

——对于同一管系列 S,不同使用条件下所对应的不同试验条件只取最高的试验条件;

——由于 ISO/DIS 15874.2:1999 的附录与本标准无关,故未采用;

——增加了管材的管系列 S 与公称压力的关系。

本系列标准由以下三个部分组成:

——GB/T 18742.2—2002　冷热水用聚丙烯管道系统　第 1 部分:总则;

——GB/T 18742.2—2002　冷热水用聚丙烯管道系统　第 2 部分:管材;

——GB/T 18742.2—2002　冷热水用聚丙烯管道系统　第 3 部分:管件。

本标准的附录 A 为标准的附录,附录 B 为提示的附录。

本标准由中国轻工业联合会提出。

本标准由全国塑料制品标准化技术委员会管材、管件和阀门分技术委员会(TC48/SC3)归口。

本标准起草单位:上海白蝶管业科技股份有限公司(原上海建筑材料厂)、齐鲁石油化工股份有限公司树脂研究所、河北宇光工贸有限公司、上海康斯佳建材有限公司。

本标准主要起草人:徐红越、谢建玲、朱利平、倪治龙、邱强。

中华人民共和国国家标准

冷热水用聚丙烯管道系统
第2部分:管材

GB/T 18742.2—2002

Polypropylene piping systems for hot and
cold water installation—
Part 2:Pipes

---

1 范围

本标准规定了以聚丙烯管材料为原料,经挤出成型的圆形横断面的聚丙烯管材(以下简称管材)的定义、符号和缩略语、材料、产品分类、技术要求、试验方法、检验规则和标志、包装、运输、贮存。

本标准与GB/T 18742.1《冷热水用聚丙烯管道系统 第1部分:总则》、GB/T 18742.3《冷热水用聚丙烯管道系统 第3部分:管件》一起适用于建筑物内冷热水管道系统所用的管材,包括工业及民用冷热水、饮用水和采暖系统等。

本标准不适用于灭火系统和不使用水作为介质的系统所用的管材。

2 引用标准

下列标准所包含的条文,通过在本标准中引用而构成为本标准的条文。本标准出版时,所示版本均为有效。所有标准都会被修订,使用本标准的各方应探讨使用下列标准最新版本的可能性。

GB/T 2828—1987 逐批检查计数抽样程序及抽样表(适用于连续批的检查)

GB/T 2918—1998 塑料试样状态调节和试验的标准环境(idt ISO 291:1997)

GB/T 3682—2000 热塑性塑料熔体质量流动速率(MFR)和熔体体积流动速率(MVR)试验方法(idt ISO 1133:1997)

GB/T 6111—1985 长期恒定内压下热塑性塑料管材耐破坏时间的测定方法(eqv ISO/DP 1167:1978)

GB/T 6671—2001 热塑性塑料管材-纵向回缩率的测定(eqv ISO 2505:1994)

GB/T 8806—1988 塑料管材尺寸测量方法(eqv ISO 3126:1974)

GB/T 10798—2001 热塑性塑料管材通用壁厚表(idt ISO 4065:1996)

GB/T 17219—1998 生活饮用水输配水设备及防护材料的安全性评价标准

GB/T 18742.1—2002 冷热水用聚丙烯管道系统 第1部分:总则

GB/T 18742.3—2002 冷热水用聚丙烯管道系统 第3部分:管件

GB/T 18743—2002 流体输送用热塑性塑料管材 简支梁冲击试验方法(eqv ISO 9854-1~9854-2:1994)

3 定义、符号和缩略语

本标准采用GB/T 18742.1给出的定义、符号和缩略语。

中华人民共和国国家质量监督检验检疫总局 2002-05-29 批准 　　　　　　2003-01-01 实施

4 材料

生产管材所用原材料应是符合 GB/T 18742.1 要求的聚丙烯管材料。

5 产品分类

5.1 管材按使用原料的不同分为 PP-H、PP-B、PP-R 管三类,见 GB/T 18742.1。

5.2 管材按尺寸分为 S5、S4、S3.2、S2.5、S2 五个管系列。管系列 S 与公称压力 PN 的关系见附录 B。

6 管系列 S 值的选择

· 管材按不同的材料、使用条件级别(见 GB/T 18742.1)和设计压力选择对应的 S 值,见表 1、表 2 和表 3。其他压力规格,按供需双方商定选择对应的 S 值,使用寿命设计应满足 50 年的要求。

表 1 PP-H 管管系列 S 的选择

设计压力 MPa	管系列 S			
	级别 1 $\sigma_d=2.90$ MPa	级别 2 $\sigma_d=1.99$ MPa	级别 4 $\sigma_d=3.24$ MPa	级别 5 $\sigma_d=1.83$ MPa
0.4	5	5	5	4
0.6	4	3.2	5	2.5
0.8	3.2	2.5	4	2
1.0	2.5	2	3.2	—

表 2 PP-B 管管系列 S 的选择

设计压力 MPa	管系列 S			
	级别 1 $\sigma_d=1.67$ MPa	级别 2 $\sigma_d=1.19$ MPa	级别 4 $\sigma_d=1.95$ MPa	级别 5 $\sigma_d=1.19$ MPa
0.4	4	2.5	4	2.5
0.6	2.5	2	3.2	2
0.8	2	—	2	—
1.0	—	—	2	—

表 3 PP-R 管管系列 S 的选择

设计压力 MPa	管系列 S			
	级别 1 $\sigma_d=3.09$ MPa	级别 2 $\sigma_d=2.13$ MPa	级别 4 $\sigma_d=3.30$ MPa	级别 5 $\sigma_d=1.90$ MPa
0.4	5	5	5	4
0.6	5	3.2	5	3.2
0.8	3.2	2.5	4	2
1.0	2.5	2	3.2	—

7 技术要求

7.1 颜色

一般为灰色,其他颜色可由供需双方协商确定。

7.2 外观

管材的色泽应基本一致。

管材的内外表面应光滑、平整,无凹陷、气泡和其他影响性能的表面缺陷。管材不应含有可见杂质。管材端面应切割平整并与轴线垂直。

7.3 不透光性

管材应不透光。

7.4 规格及尺寸

7.4.1 管材规格用管系列 S、公称外径 $d_n \times$ 公称壁厚 e_n 表示。

例:管系列 $S5$、公称外径为 32 mm、公称壁厚为 2.9 mm

表示为 $S5$、$d_n 32 \times e_n 2.9$ mm

7.4.2 管材的公称外径、平均外径以及与管系列 S 对应的壁厚(不包括阻隔层厚度),见表4。

表4 管材管系列和规格尺寸   mm

公称外径 d_n	平均外径		管系列				
			$S5$	$S4$	$S3.2$	$S2.5$	$S2$
	$d_{em,min}$	$d_{em,max}$	公称壁厚 e_n				
12	12.0	12.3	—	—	—	2.0	2.4
16	16.0	16.3	—	2.0	2.2	2.7	3.3
20	20.0	20.3	2.0	2.3	2.8	3.4	4.1
25	25.0	25.3	2.3	2.8	3.5	4.2	5.1
32	32.0	32.3	2.9	3.6	4.4	5.4	6.5
40	40.0	40.4	3.7	4.5	5.5	6.7	8.1
50	50.0	50.5	4.6	5.6	6.9	8.3	10.1
63	63.0	63.6	5.8	7.1	8.6	10.5	12.7
75	75.0	75.7	6.8	8.4	10.3	12.5	15.1
90	90.0	90.9	8.2	10.1	12.3	15.0	18.1
110	110.0	111.0	10.0	12.3	15.1	18.3	22.1
125	125.0	126.2	11.4	14.0	17.1	20.8	25.1
140	140.0	141.3	12.7	15.7	19.2	23.3	28.1
160	160.0	161.5	14.6	17.9	21.9	26.6	32.1

7.4.3 管材的长度一般为 4 m 或 6 m,也可以根据用户的要求由供需双方协商确定。管材长度不允许有负偏差。

7.4.4 管材同一截面壁厚偏差应符合表5规定。

表 5　壁厚的偏差　　　　　　　　　　　　　　　　　　　mm

公称壁厚 e_n	允许偏差	公称壁厚 e_n	允许偏差	公称壁厚 e_n	允许偏差	公称壁厚 e_n	允许偏差
$1.0 < e_n \leqslant 2.0$	$+0.3$ 0	$9.0 < e_n \leqslant 10.0$	$+1.1$ 0	$17.0 < e_n \leqslant 18.0$	$+1.9$ 0	$25.0 < e_n \leqslant 26.0$	$+2.7$ 0
$2.0 < e_n \leqslant 3.0$	$+0.4$ 0	$10.0 < e_n \leqslant 11.0$	$+1.2$ 0	$18.0 < e_n \leqslant 19.0$	$+2.0$ 0	$26.0 < e_n \leqslant 27.0$	$+2.8$ 0
$3.0 < e_n \leqslant 4.0$	$+0.5$ 0	$11.0 < e_n \leqslant 12.0$	$+1.3$ 0	$19.0 < e_n \leqslant 20.0$	$+2.1$ 0	$27.0 < e_n \leqslant 28.0$	$+2.9$ 0
$4.0 < e_n \leqslant 5.0$	$+0.6$ 0	$12.0 < e_n \leqslant 13.0$	$+1.4$ 0	$20.0 < e_n \leqslant 21.0$	$+2.2$ 0	$28.0 < e_n \leqslant 29.0$	$+3.0$ 0
$5.0 < e_n \leqslant 6.0$	$+0.7$ 0	$13.0 < e_n \leqslant 14.0$	$+1.5$ 0	$21.0 < e_n \leqslant 22.0$	$+2.3$ 0	$29.0 < e_n \leqslant 30.0$	$+3.1$ 0
$6.0 < e_n \leqslant 7.0$	$+0.8$ 0	$14.0 < e_n \leqslant 15.0$	$+1.6$ 0	$22.0 < e_n \leqslant 23.0$	$+2.4$ 0	$30.0 < e_n \leqslant 31.0$	$+3.2$ 0
$7.0 < e_n \leqslant 8.0$	$+0.9$ 0	$15.0 < e_n \leqslant 16.0$	$+1.7$ 0	$23.0 < e_n \leqslant 24.0$	$+2.5$ 0	$31.0 < e_n \leqslant 32.0$	$+3.3$ 0
$8.0 < e_n \leqslant 9.0$	$+1.0$ 0	$16.0 < e_n \leqslant 17.0$	$+1.8$ 0	$24.0 < e_n \leqslant 25.0$	$+2.6$ 0	$32.0 < e_n \leqslant 33.0$	$+3.4$ 0

7.5 管材的物理力学和化学性能应符合表 6 的规定。

表 6　管材的物理力学和化学性能

项目	材料	试验参数			试样数量	指标
		试验温度 ℃	试验时间 h	静液压应力 MPa		
纵向回缩率	PP-H	150 ± 2	$e_n \leqslant 8$ mm:1	—	3	$\leqslant 2\%$
	PP-B	150 ± 2	8 mm $< e_n \leqslant 16$ mm:2	—		
	PP-R	135 ± 2	$e_n > 16$ mm:4			
简支梁冲击试验	PP-H	23 ± 2	—		10	破损率 <试样 的 10%
	PP-B	0 ± 2				
	PP-R	0 ± 2				
静液压试验	PP-H	20	1	21.0	3	无破裂 无渗漏
		95	22	5.0		
		95	165	4.2		
		95	1 000	3.5		
	PP-B	20	1	16.0	3	
		95	22	3.4		
		95	165	3.0		
		95	1 000	2.6		
	PP-R	20	1	16.0	3	
		95	22	4.2		
		95	165	3.8		
		95	1 000	3.5		

表 6（完）

项目	材料	试 验 参 数			试样数量	指　标
		试验温度 ℃	试验时间 h	静液压应力 MPa		
熔体质量流动速率,MFR(230℃/2.16 kg)			g/10 min		3	变化率 ≤原料 的 30%
静液压状 态下热稳 定性试验	PP-H	110	8 760	1.9	1	无破裂 无渗漏
	PP-B			1.4		
	PP-R			1.9		

7 6　管材的卫生性能应符合 GB/T 17219 的规定。

7.7　系统适用性

　　管材与符合 GB/T 18742.3 规定的管件连接后应通过内压和热循环二项组合试验。

7.7.1　内压试验应符合表 7 的规定。

表 7　内压试验

项目 / 管系列	材料	试验温度 ℃	试验压力 MPa	试验时间 h	试样数量	指标
S5	PP-H	95	0.70	1 000	3	无破裂 无渗漏
	PP-B		0.50			
	PP-R		0.68			
S4	PP-H	95	0.88	1 000	3	无破裂 无渗漏
	PP-B		0.62			
	PP-R		0.80			
S3.2	PP-H	95	1.10	1 000	3	无破裂 无渗漏
	PP-B		0.76			
	PP-R		1.11			
S2.5	PP-H	95	1.41	1 000	3	无破裂 无渗漏
	PP-B		0.93			
	PP-R		1.31			
S2	PP-H	95	1.76	1 000	3	无破裂 无渗漏
	PP-B		1.31			
	PP-R		1.64			

7.7.2　热循环试验应符合表 8 的规定。

　　在附录 A 中要求的预应力为 PP-H:3.6 MPa、PP-B:3.0 MPa、PP-R:2.4 MPa。

　　预应力的推算方法见式(1):

$$\sigma_t = \alpha \times \Delta T \times E \quad\quad\quad\quad\quad\quad (1)$$

式中：σ_t——预应力,MPa;

　　　α——热膨胀系数,1/K;

　　　ΔT——温差,K;

E——弹性模量，MPa。

本标准中：$\alpha = 1.5 \times 10^{-4} K^{-1}$

$\Delta T = 20\ K$

$E = 1\,200\ MPa(PP-H)，1\,000\ MPa(PP-B)，800\ MPa(PP-R)$

注：预应力值等于温度下降20℃时管道所产生的收缩应力。

表 8　热循环试验

材料	最高试验温度 ℃	最低试验温度 ℃	试验压力 MPa	循环次数	试样数量	指标
PP-H						
PP-B	95	20	1.0	5 000	1	无破裂 无渗漏
PP-R						

注：一个循环的时间为(30^{+2}_{0})min,包括(15^{+1}_{0})min 最高试验温度和(15^{+1}_{0})min 最低试验温度。

8　试验方法

8.1　试样状态调节和试验的标准环境

应在管材下线48 h后取样。按GB/T 2918规定,在温度为(23 ± 2)℃,湿度为(50 ± 10)%条件下进行状态调节,时间不少于24 h,并在此条件下进行试验。

8.2　颜色及外观检查

用肉眼观察。

8.3　不透光性

取400 mm长管段,将一端用不透光材料封严,在管子侧面有自然光的条件下,用手握住有光源方向的管壁,从管子开口端用肉眼观察试样的内表面,看不见手遮挡光源的影子为合格。

8.4　尺寸测量

8.4.1　长度

用精度为1 mm的钢卷尺对所抽的试样逐根进行测量。

8.4.2　平均外径

按GB/T 8806规定对所抽的试样测量距管材端口100 mm～150 mm处的平均外径。

8.4.3　壁厚

按GB/T 8806规定,对所抽的试样沿圆周测量壁厚的最大值和最小值,精确到0.1 mm,小数点后第二位非零数进位。

8.5　纵向回缩率

按GB/T 6671—2001中方法B测试。

8.6　简支梁冲击试验

按GB/T 18743的规定试验。

8.7　静液压试验

8.7.1　试验条件中的温度、时间及静液压应力按表6的规定,试验用介质为水。

8.7.2　试验方法按GB/T 6111的规定(a型封头)。

8.8　熔体质量流动速率

从管材上切取足够的$2\ mm^3 \sim 5\ mm^3$大小的颗粒作为试样,按表6和GB/T 3682的规定进行试验。

熔体流动速率仪应用标样进行校正。试验时,先用氮气吹扫料筒5 s～10 s(氮气压力为0.05 MPa),然后在20 s内迅速将试样加入料筒进行试验。

8.9 静液压状态下的热稳定性试验

8.9.1 试验设备

循环控温烘箱。

8.9.2 试验条件

按表6规定,循环控温烘箱温度允许偏差为(110^{+4}_{-2})℃。试验介质:内部为水,外部为空气。

8.9.3 试验方法

试样经状态调节后,安装在循环控温烘箱内,按GB/T 6111的规定进行试验(a型封头)。

8.10 卫生性能的测定按GB/T 17219规定进行。

8.11 系统适用性试验

8.11.1 内压试验

内压试验试样由管材和管件组合而成,其中至少应包括两种以上管件,试验方法按GB/T 6111规定(a型封头)。试验介质:管内外均为水。

8.11.2 热循环试验

按附录A进行试验。试验介质:管内为水,管外为空气。

9 检验规则

9.1 产品应经生产厂质量检验部门检验合格后并附有合格标志方可出厂。

9.2 组批

同一原料、配方和工艺连续生产的同一规格管材作为一批,每批数量不超过50 t。如果生产7天仍不足50 t,则以7天产量为一批,一次交付可由一批或多批组成,交付时应注明批号,同一交付批号产品为一个交付检验批。

9.3 定型检验

9.3.1 分组

按表9规定对管材进行尺寸分组。

表 9 管材的尺寸组及公称外径范围

尺寸组	公称外径范围
1	$12 \leqslant d_n \leqslant 63$
2	$75 \leqslant d_n \leqslant 160$

9.3.2 定型检验

定型检验的项目为第7章规定的全部技术要求。同一设备制造厂的同类型设备首次投产或原材料发生变动时,按表9规定选取每一尺寸组中任一规格的管材进行定型检验。

9.4 出厂检验

9.4.1 出厂检验的项目为外观、尺寸、7.5中的纵向回缩率、简支梁冲击试验及静液压试验中20℃/1 h和95℃/22 h(或95℃/165 h)试验。

9.4.2 外观、尺寸按GB/T 2828采用正常检验一次抽样方案,取一般检验水平Ⅰ,合格质量水平6.5,抽样方案见表10。

表 10 抽样方案   根

批量范围 N	样本大小 n	合格判定数 A_c	不合格判定数 R_e
<25	2	0	1
26~50	8	1	2

表 10(完)　　　　　　　　　　　　　　　　　　　　　根

批量范围 N	样本大小 n	合格判定数 A_c	不合格判定数 R_e
51～90	8	1	2
91～150	8	1	2
151～280	13	2	3
281～500	20	3	4
501～1 200	32	5	6
1 201～3 200	50	7	8
3 201～10 000	80	10	11

9.4.3 在外观尺寸抽样合格的产品中,随机抽取足够的样品,进行纵向回缩率、简支梁冲击试验和 20℃/1 h 的静液压试验。

9.4.4 选择 95℃/22 h 的静液压试验时,每 24 h 做一次;选择 95℃/165 h 静液压试验时,每 168 h 做一次。

9.5　型式检验

9.5.1 型式检验的项目为除 7.5 中的静液压状态下热稳定性试验和 7.7.2 以外的全部技术要求。

9.5.2 按本标准技术要求并按 9.4.2 规定对外观、尺寸进行检验,在检验合格的样品中随机抽取足够的样品,进行不透光性、纵向回缩率、熔体质量流动速率、静液压试验、简支梁冲击试验和系统适用性试验中的内压试验。

一般情况下,每隔两年进行一次型式检验。

若有以下情况之一,应进行型式检验:

a) 正式生产后,若结构、材料、工艺有较大改变,可能影响产品性能时;

b) 产品因任何原因停产半年以上恢复生产时;

c) 出厂检验结果与上次型式检验结果有较大差异时;

d) 国家质量监督机构提出进行型式检验要求时。

9.6　判定规则

外观、尺寸按表 10 进行判定。卫生指标有一项不合格判为不合格批。其他指标有一项达不到规定时,则随机抽取双倍样品进行该项复验,如仍不合格,则判该批为不合格批。

10　标志、包装、运输、贮存

10.1　标志

10.1.1 管材应有永久性标记,间隔不超过 1 m。

标记至少应包括下列内容:

a) 生产厂名;

b) 产品名称:应注明(PP-H 或 PP-B 或 PP-R)给水管材;

c) 商标;

d) 规格及尺寸:管系列 S、公称外径 d_n 和公称壁厚 e_n;

e) 本标准号;

f) 生产日期。

10.1.2 管材包装至少应有下列标记:

a) 商标;

　　b）产品名称：应注明(PP-H 或 PP-B 或 PP-R)给水管材；

　　c）生产厂名、厂址。

10.1.3 为防止使用过程中出现混乱，不应标志 PN 值。

10.2　包装

　　管材应按相同规格装入包装袋捆扎、封口。每个包装袋质量一般不大于 25 kg，也可根据用户要求协商确定。

10.3　运输

　　管材在装卸和运输时，不得抛掷、曝晒、沾污、重压和损伤。

10.4　贮存

　　管材应合理堆放于室内库房，远离热源，不得露天存放。堆放高度不得超过 1.5 m。

附　录　A

（标准的附录）

热循环试验方法

A1　原理

管材和管件按规定要求组装并承受一定的内压，在温度交替变化规定次数后，检查管材和管件连接处的渗漏情况。

A2　设备

试验设备包括冷热水交替循环装置、水流调节装置、水压调节装置、水温测量装置以及管道预应力和固定支撑等设施，应符合下列要求。

　　a）提供的冷水水温能达到本标准所规定的最低温度的±5℃范围；

　　b）提供的热水水温能达到本标准所规定的最高温度的±2℃范围；

　　c）冷热水的交替能在 1 min 内完成；

　　d）试验组合系统中的水温变化能控制在规定的范围内，水压能保持在本标准规定值的±0.05 MPa范围内（冷热水转换时可能出现的水锤除外）。

A3　试验组合系统安装

试验组合系统按图 A1 所示，并根据制造厂商推荐的方法进行装配和固定。如所用管材不能弯曲成图 A1 中 C 部分所示的形状，则 C 部分按图 A2 所示进行装配和固定。

A4　试验组合系统预处理

A4.1　将安装好的试验组合系统在(23±2)℃的室温条件下放置至少 1 h。

A4.2　按本标准的规定对图 A1 所示 A 部分施加张力后锁紧二端的固定支架，使其产生一个恒定的收缩应力（即预应力）。

A4.3　将试验组合系统充满冷水驱尽空气。

A5　试验步骤

A5.1　将组合系统与试验设备相连接。

A5.2　启动试验设备并将水温和水压控制在本标准规定的范围内。

A5.3　打开连接阀门开始试验循环，先冷水后热水依次进行。

A5.4　在前五个循环中按以下步骤进行：

　　a）调节平衡阀控制循环水的流速，使每个试验循环入口与出口的水温差不大于 5℃；

　　b）拧紧和调整连接处，防止任何渗漏。

A5.5　按本标准要求完成规定次数的循环，检查所有连接处，看是否有渗漏。如发生渗漏，记录发生的时间、类型及位置。

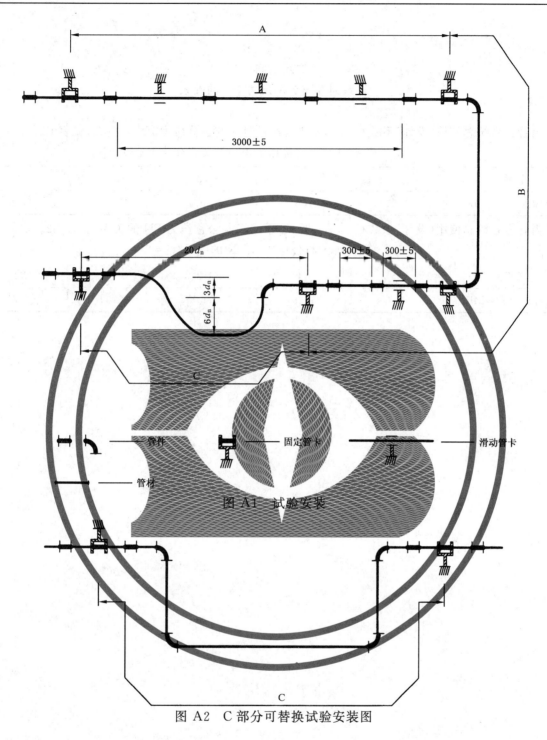

图 A1 试验安装

图 A2 C部分可替换试验安装图

A6 试验报告

试验报告包括以下内容：

a）注明采用本标准的附录；

b）试验样品的名称、规格尺寸、管系列和来源等；

c）试验条件（包括预应力、试验水温、试验水压、一个完整循环及循环的每一部分的时间等）；

d）试验结果，如有渗漏，记录发生的时间、类型及位置；

e）任何可能影响结果的因素。

附 录 B
（提示的附录）
管系列 S 与公称压力 PN 的关系

B1 当管道系统总使用（设计）系数 C 为 1.25 时，管系列 S 与公称压力 PN 的关系，见表 B1。

表 B1　管系列 S 与公称压力 PN 的关系（$C=1.25$）

管系列	$S5$	$S4$	$S3.2$	$S2.5$	$S2$
公称压力 PN/MPa	1.25	1.6	2.0	2.5	3.2

B2 当管道系统总使用（设计）系数 C 为 1.5 时，管系列 S 与公称压力 PN 的关系，见表 B2。

表 B2　管系列 S 与公称压力 PN 的关系（$C=1.5$）

管系列	$S5$	$S4$	$S3.2$	$S2.5$	$S2$
公称压力 PN/MPa	1.0	1.25	1.6	2.0	2.5

前　　言

本系列标准在紧密跟踪国际标准化组织 ISO/TC138 流体输送用塑料管材、管件和阀门技术委员会正在制定的《冷热水用塑料管道系统——聚丙烯》系列标准动态基础上,结合我国聚丙烯管材、管件生产使用实际制定的。

本系列标准由以下三个部分组成:

——GB/T 18742.1—2002　冷热水用聚丙烯管道系统　第1部分:总则;

——GB/T 18742.2—2002　冷热水用聚丙烯管道系统　第2部分:管材;

——GB/T 18742.3—2002　冷热水用聚丙烯管道系统　第3部分:管件。

本标准由中国轻工业联合会提出。

本标准由全国塑料制品标准化技术委员会管材、管件和阀门分技术委员会(TC 48/SC 3)归口。

本标准起草单位:上海白蝶管业科技股份有限公司(原上海建筑材料厂)、河北宇光工贸有限公司、浙江伟星集团新型材料有限公司、杭州永亨新型建材有限公司。

本标准主要起草人:徐红越、邱强、朱利平、冯金茂、倪士民。

中华人民共和国国家标准

冷热水用聚丙烯管道系统
第3部分：管件

GB/T 18742.3—2002

Polypropylene piping systems for hot and cold water installation—
Part 3：Fittings

1 范围

本标准规定了以聚丙烯管材料为原料，经注射成型的聚丙烯管件(以下简称管件)的定义、符号和缩略语、材料、产品分类、技术要求、试验方法、检验规则和标志、包装、运输、贮存。

本标准与 GB/T 18742.1《冷热水用聚丙烯管道系统　第 1 部分：总则》、GB/T 18742.2《冷热水用聚丙烯管道系统　第 2 部分：管材》一起适用于建筑物内冷热水管道系统所用的管件，包括工业及民用冷热水、饮用水和采暖等系统。

本标准不适用于灭火系统和不使用水作为介质的系统所用的管件。

2 引用标准

下列标准所包含的条文，通过在本标准中引用而构成为本标准的条文。本标准出版时，所示版本均为有效。所有标准都会被修订，使用本标准的各方应探讨使用下列标准最新版本的可能性。

GB/T 2828—1987　逐批检查计数抽样程序及抽样表(适用于连续批的检查)

GB/T 2918—1998　塑料试样状态调节和试验的标准环境(idt ISO 291:1997)

GB/T 3682—2000　热塑性塑料熔体质量流动速率(MFR)和熔体体积流动速率(MVR)试验方法
　　　　　　　　(idt ISO 1133:1997)

GB/T 6111—1985　长期恒定内压下热塑性塑料管材耐破坏时间的测定方法(eqv ISO/DP 1167:
　　　　　　　　1978)

GB/T 7306—1987　用螺纹密封的管螺纹(eqv ISO 7-1:1982)

GB/T 8806—1988　塑料管材尺寸测量方法(eqv ISO 3126:1974)

GB/T 17219—1998　生活饮用水输配水设备及防护材料的安全性评价标准

GB/T 18742.1—2002　冷热水用聚丙烯管道系统　第 1 部分：总则

GB/T 18742.2—2002　冷热水用聚丙烯管道系统　第 2 部分：管材

3 定义、符号和缩略语

本标准采用 GB/T 18742.1 给出的定义、符号和缩略语。

4 材料

4.1　生产管件所用原材料应符合 GB/T 18742.1 的要求。

4.2　管件金属部分的材料在管道使用过程中对塑料管道材料不应造成降解或老化。

推荐采用：

中华人民共和国国家质量监督检验检疫总局 2002-05-29 批准　　　　　　2003-01-01 实施

——铬含量不小于 10.5%,碳含量不大于 1.2% 的不锈钢;

——经表面处理的铜或铜合金。

5 产品分类

5.1 管件按使用原料的不同分为 PP-H、PP-B、PP-R 管件三类,见 GB/T 18742.1。

5.2 管件按熔接方式的不同分为热熔承插连接管件和电熔连接管件。

5.3 管件按管系列 S 分类与管材相同,按 GB/T 18742.2 的规定。管件的壁厚应不小于相同管系列 S 的管材的壁厚。

6 技术要求

6.1 颜色

根据供需双方协商确定。

6.2 外观

管件表面应光滑、平整,不允许有裂纹、气泡、脱皮和明显的杂质、严重的缩形以及色泽不均、分解变色等缺陷。

6.3 不透光性

管件应不透光。

同一生产厂家生产的相同原料的管材,且已做过不透光性试验的,则可不做。

6.4 规格及尺寸

6.4.1 热熔承插连接管件的承口应符合图 1、表 1 的规定。

6.4.2 电熔连接管件的承口应符合图 2、表 2 的规定。

6.4.3 带金属螺纹接头的管件其螺纹部分应符合 GB/T 7306 的规定。

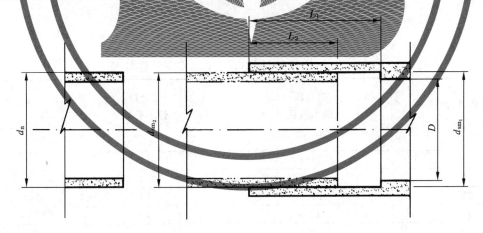

图 1 热熔承插连接管件承口

表 1 热熔承插连接管件承口尺寸与相应公称外径 mm

公称外径 d_n	最小承口深度 L_1	最小承插深度 L_2	承口的平均内径				最大不圆度	最小通径 D
			d_{sm1}		d_{sm2}			
			最小	最大	最小	最大		
16	13.3	9.8	14.8	15.3	15.0	15.5	0.6	9
20	14.5	11.0	18.8	19.3	19.0	19.5	0.6	13
25	16.0	12.5	23.5	24.1	23.8	24.4	0.7	18

表 1（完）

mm

公称外径 d_n	最小承口深度 L_1	最小承插深度 L_2	承口的平均内径				最大不圆度	最小通径 D
			d_{sm1}		d_{sm2}			
			最小	最大	最小	最大		
32	18.1	14.6	30.4	31.0	30.7	31.3	0.7	25
40	20.5	17.0	38.3	38.9	38.7	39.3	0.7	31
50	23.5	20.0	48.3	48.9	48.7	49.3	0.8	39
63	27.4	23.9	61.1	61.7	61.6	62.2	0.8	49
75	31.0	27.5	71.9	72.7	73.2	74.0	1.0	58.2
90	35.5	32.0	86.4	87.4	87.8	88.8	1.2	69.8
110	41.5	38.0	105.8	106.8	107.3	108.5	1.4	85.4

注：此处的公称外径 d_n 指与管件相连的管材的公称外径。

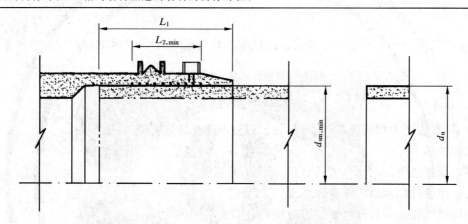

图 2　电熔连接管件承口

表 2　电熔连接管件承口尺寸与相应公称外径

mm

公称外径 d_n	熔合段最小内径 $d_{sm,min}$	熔合段最小长度 $L_{2,min}$	插入长度 L_1	
			min	max
16	16.1	10	20	35
20	20.1	10	20	37
25	25.1	10	20	40
32	32.1	10	20	44
40	40.1	10	20	49
50	50.1	10	20	55
63	63.2	11	23	63
75	75.2	12	25	70
90	90.2	13	28	79
110	110.3	15	32	85
125	125.3	16	35	90
140	140.3	18	38	95
160	160.4	20	42	101

注：此处的公称外径 d_n 指与管件相连的管材的公称外径。

6.5 管件的物理力学性能应符合表3的规定。

表3 管件的物理力学性能

项目	管系列	试验压力 MPa 材料			试验温度 ℃	试验时间 h	试样数量	指标
		PP-H	PP-B	PP-R				
静液压试验	$S5$	4.22	3.28	3.11	20	1	3	无破裂无渗漏
	$S4$	5.19	3.83	3.88				
	$S3.2$	6.48	4.92	5.05				
	$S2.5$	8.44	5.75	6.01				
	$S2$	10.55	8.21	7.51				
	$S5$	0.70	0.50	0.68	95	1 000	3	无破裂无渗漏
	$S4$	0.88	0.62	0.80				
	$S32$	1.10	0.76	1.11				
	$S2.5$	1.41	0.93	1.31				
	$S2$	1.76	1.31	1.64				
熔体质量流动速率，MFR（230℃/2.16 kg）					g/10 min		3	变化率≤原料的30%

6.6 静液压状态下热稳定性要求应符合表4的规定。

表4 静液压状态下热稳定性能

项目	材料	试验参数			试样数量	指标
		试验温度 ℃	试验时间 h	静液压应力 MPa		
静液压状态下热稳定性试验	PP-H	110	8 760	1.9	1	无破裂无渗漏
	PP-B			1.4	1	
	PP-R			1.9	1	

注

1 用管状试样或管件与管材相连进行试验。管状试样按实际壁厚计算试验压力；管件与管材相连作为试样时，按相同管系列 S 的管材的公称壁厚计算试验压力，如试验中管材破裂则试验应重做。

2 相同原料同一生产厂家生产的管材已做过本试验则管件可不做。

6.7 管件的卫生性能应符合 GB/T 17219 的规定。

6.8 系统适用性

管件与符合 GB/T 18742.2 规定的管材连接后应通过内压和热循环二项组合试验。

6.8.1 内压试验应符合表5规定。

表5 内压试验

项目 管系列	材料	试验温度 ℃	试验压力 MPa	试验时间 h	试样数量	指标
$S5$	PP-H	95	0.70	1 000	3	无破裂无渗漏
	PP-B		0.50			
	PP-R		0.68			
$S4$	PP-H	95	0.88	1 000	3	无破裂无渗漏
	PP-B		0.62			
	PP-R		0.80			

表 5(完)

项目 管系列	材料	试验温度 ℃	试验压力 MPa	试验时间 h	试样数量	指标
S3.2	PP-H	95	1.10	1 000	3	无破裂无渗漏
S3.2	PP-B	95	0.76	1 000	3	无破裂无渗漏
S3.2	PP-R	95	1.11	1 000	3	无破裂无渗漏
S2.5	PP-H	95	1.41	1 000	3	无破裂无渗漏
S2.5	PP-B	95	0.93	1 000	3	无破裂无渗漏
S2.5	PP-R	95	1.31	1 000	3	无破裂无渗漏
S2	PP-H	95	1.76	1 000	3	无破裂无渗漏
S2	PP-B	95	1.31	1 000	3	无破裂无渗漏
S2	PP-R	95	1.64	1 000	3	无破裂无渗漏

6.8.2 热循环试验应符合表6的规定。

表 6 热循环试验

材料	最高试验温度 ℃	最低试验温度 ℃	试验压力 MPa	循环次数	试样数量	指标
PP-H	95	20	1.0	5 000	1	无破裂无渗漏
PP-B	95	20	1.0	5 000	1	无破裂无渗漏
PP-R	95	20	1.0	5 000	1	无破裂无渗漏

注:一个循环的时间为 (30^{+2}_{0}) min,包括 (15^{+1}_{0}) min 最高试验温度和 (15^{+1}_{0}) min 最低试验温度。

在 GB/T 18742.2—2002 附录 A 中要求的预应力为 PP-H:3.6 MPa;PP-B:3.0 MPa;PP-R:2.4 MPa。

预应力的推算方法见式(1):

$$\sigma_t = \alpha \times \Delta T \times E \quad \cdots\cdots\cdots\cdots\cdots\cdots\cdots\cdots\cdots\cdots\cdots\cdots(1)$$

式中:σ_t——预应力,MPa;

　　α——热膨胀系数,1/K;

　　ΔT——温差,K;

　　E——弹性模量,MPa。

本标准中:$\alpha = 1.5 \times 10^{-4} K^{-1}$

　　　　$\Delta T = 20$ K

　　　　$E = 1\ 200$ MPa(PP-H),$1\ 000$ MPa(PP-B),800 MPa(PP-R)

注:预应力值等于温度下降20℃时管道所产生的收缩应力。

7 试验方法

7.1 试样状态调节和试验的标准环境

应在管件下线 48 h 后取样。按 GB/T 2918 规定,在温度为(23±2)℃,湿度为(50±10)% 条件下进行状态调节,时间不少于 24 h,并在此条件下进行试验。

7.2 颜色及外观检查

用肉眼观察。

7.3 不透光性

管材与管件相连,按 GB/T 18742.2—2002 中8.3进行。

7.4 尺寸测量

按 GB/T 8806 的规定对所抽试样逐件沿圆周测量壁厚的最大值和最小值,精确到 0.1 mm,小数点后第二位非零数进位。

管件的承口深度用精度为 0.02 mm 的游标卡尺对所抽试样逐件测量;用精度为 0.001 mm 的内径量表对所抽试样逐件测量图 1、图 2 规定部位承口的两个相互垂直的内径,计算它们的算术平均值,为平均内径。

用精度为 0.001 mm 的内径量表对所抽试样逐件测量同一断面的最大内径和最小内径,最大内径减最小内径为不圆度。

7.5 熔体质量流动速率

从管件上切取足够的 2 mm³～5 mm³ 大小的颗粒作为试样,按表 3 和 GB/T 3682 的规定进行试验。

熔体流动速率仪应用标样进行校正。试验时,先用氮气吹扫料筒 5 s～10 s(氮气压力为 0.05 MPa),然后在 20 s 内迅速将试样加入料筒进行试验。

7.6 静液压试验

7.6.1 试样

试样为单个管件或由管件与管材组合而成。管件与管材相连作为试样时,应取相同或更小管系列 S 的管材与管件相连,如试验中管材破裂则试验应重做。所取管材的长度应符合表 7 的规定。

表 7 所取管材的长度

mm

管材公称外径 d_n	管材长度 L
≤75	200
>75	300

试样的组装采用热熔承插连接或电熔连接的方式,在管件的非进水口用管帽或机械方式封堵。

7.6.2 试验方法

按 GB/T 6111 的规定(a 型封头)。

7.7 静液压状态下热稳定性试验

7.7.1 试验设备

循环控温烘箱。

7.7.2 试验条件

按表 4 规定,循环控温烘箱温度允许偏差为 (110^{+4}_{-2})℃。试验介质:内部为水,外部为空气。

7.7.3 试验步骤

试样经状态调节后,安装在循环控温烘箱内,接入试验介质,按 GB/T 6111 的规定进行试验(a 型封头)。

7.8 卫生性能试验

管件的卫生性能按 GB/T 17219 的规定执行。

7.9 系统适用性试验

7.9.1 内压试验

内压试验试样由管材和管件组合而成,其中应包括至少两种以上管件,试验方法按 GB/T 6111 的规定(a 型封头)。试验介质:管内外均为水。

7.9.2 热循环试验

按 GB/T 18742.2—2002 中附录 A 进行试验。试验介质:管内为水,管外为空气。

8 检验规则

8.1 产品应经生产厂质量检验部门检验合格并附有合格标志方可出厂。

8.2 组批

用同一原料和工艺连续生产的同一规格的管件作为一批。$d_n \leqslant 32$ mm 规格的管件每批不超过 10 000件,$d_n > 32$ mm 规格的管件每批不超过 5 000件。如果生产 7 天仍不足上述数量,则以 7 天为一批。一次交付可由一批或多批组成。交付时注明批号,同一交付批号产品为一个交付检验批。

8.3 定型检验

8.3.1 分组

按表 8 规定对管件进行尺寸分组。

表 8 管件的尺寸组及公称外径范围

尺寸组	公称外径范围
1	$16 \leqslant d_n \leqslant 63$
2	$75 \leqslant d_n \leqslant 160$

8.3.2 定型检验

定型检验的项目为第 6 章规定的全部技术要求。同一设备制造厂的同类型设备首次投产或原材料发生变动时,按表 8 规定选取每一尺寸组中任一规格的管件产品进行该项检验。

8.4 出厂检验

8.4.1 出厂检验项目为外观、尺寸和 20℃/1 h 液压试验。

8.4.2 外观、尺寸按 GB/T 2828 采用正常检验一次抽样方案,取一般检验水平 I,合格质量水平 6.5,抽样方案见表 9。

表 9 抽样方案　　　　　　　　　　　　　　　　　　件

批量范围 N	样本大小 n	合格判定数 A_c	不合格判定数 R_e
≤150	8	1	2
151～280	13	2	3
281～500	20	3	4
501～1 200	32	5	6
1 201～3 200	50	7	8
3 201～10 000	80	10	11

8.4.3 在外观尺寸抽样合格的产品中,随机抽取足够的样品进行液压试验(20℃/1 h)。

8.5 型式检验

8.5.1 型式检验的项目为除 6.6 和 6.8.2 以外的全部技术要求。

8.5.2 按本标准技术要求并按 8.4.2 规定对外观、尺寸进行检验,在检验合格的样品中随机抽取足够的样品,进行不透光、熔体质量流动速率、静液压试验(20℃/1 h)、系统适用性试验中的内压试验。

一般情况下,每隔两年进行一次型式检验。

若有以下情况之一,应进行型式检验:

a) 正式生产后,若结构、材料、工艺有较大改变,可能影响产品性能时;

b) 产品因任何原因停产半年以上恢复生产时;

c) 出厂检验结果与上次型式检验结果有较大差异时;

d) 国家质量监督机构提出进行型式检验的要求时。

8.6 判定规则

外观、尺寸按表 9 进行判定。卫生指标有一项不合格判为不合格批。其他指标有一项达不到规定时,则随机抽取双倍样品进行该项复验;如仍不合格,则判该批为不合格批。

9 标志、包装、运输、贮存

9.1 标志

9.1.1 产品应有下列永久性标记：

    a）产品名称：应注明原料名称，例：PP-R；

    b）产品规格：应注明公称外径、管系列 S；

    例：等径管件标记为 $d_n20\ S3.2$，

         异径管件标记为 $d_n40\times20\ S3.2$，

         带螺纹管件的标记为 $d_n20\times1/2''\ S3.2$；

    c）商标。

9.1.2 产品包装应有下列标记：

    a）生产厂名、厂址、商标；

    b）产品名称、规格；

    c）生产日期或生产批号；

    d）本标准号。

9.1.3 为防止使用过程中出现混乱，不应标志 PN 值。

9.2 包装

一般情况下，每个包装箱内应装相同品种和规格的管件，包装箱应有内衬袋，每个包装箱质量不超过 25 kg。

9.3 运输

管件在运输时，不得曝晒、沾污、重压、抛摔和损伤。

9.4 贮存

管件应贮存在室内，远离热源，合理放置。

第

四

部

分

聚丁烯管道

ICS 83. 140. 30
G 33

中华人民共和国国家标准

GB/T 19473. 1—2004

冷热水用聚丁烯(PB)管道系统
第 1 部分:总则

Polybutylene(PB) piping systems for hot and cold water installations—
Part 1:General

2004-03-15 发布

2004-10-01 实施

中华人民共和国国家质量监督检验检疫总局
中国国家标准化管理委员会 发布

前　言

GB/T 19473《冷热水用聚丁烯(PB)管道系统》分为三部分:

——第 1 部分:总则;

——第 2 部分:管材;

——第 3 部分:管件。

本部分为第 1 部分。

本部分的制定紧密跟踪了冷热水用聚丁烯管道系统国际标准的制定工作进展,并结合了我国聚丁烯管材生产使用实际,主要技术内容与 ISO/FDIS 15876-1:2002《冷热水用聚丁烯(PB)管道系统 第 1 部分:总则》基本相同,主要差异为:

——取消"公称尺寸 DN/OD"的定义;

——聚丁烯管道系统卫生要求按 GB/T 17219 规定;

——增加了预测 PB 静液压强度参照曲线。

本部分的附录 A 为规范性附录。

本部分由中国轻工业联合会提出。

本部分由全国塑料制品标准化技术委员会塑料管材、管件及阀门分技术委员会归口。

本部分起草单位:上海乔治·费歇尔管路系统有限公司、轻工业塑料加工应用研究所、佛山协和安固管件有限公司。

本部分主要起草人:孙　逊、赵启辉、岑荣章。

本部分为第一次制定。

冷热水用聚丁烯(PB)管道系统
第1部分:总则

1 范围

GB/T 19473 的本部分规定了冷热水用聚丁烯(PB)管道系统的定义、符号、缩略语、使用条件级别、材料和卫生要求。

本部分与2、3部分一起适用于建筑冷热水管道系统,包括工业及民用冷热水、饮用水和采暖系统等。

GB/T 19473 不适用于灭火系统和非水介质的流体输送系统。

2 规范性引用文件

下列文件中的条款通过本部分的引用而成为本部分的条款。凡是注日期的引用文件,其随后所有的修改单(不包括勘误的内容)或修订版均不适用于本部分,然而,鼓励根据本部分达成协议的各方研究是否可使用这些文件的最新版本。凡是不注日期的引用文件,其最新版本适用于本部分。

GB/T 1844.1—1995 塑料及树脂缩写代号 第一部分:基础聚合物及其特征性能(neq ISO 1043-1:1987)

GB/T 2035—1996 塑料术语及其定义(eqv ISO 472:1988)

GB/T 6111—2003 流体输送用热塑性塑料管材 耐内压试验方法(idt ISO 1167:1996)

GB/T 17219 生活饮用水输配水设备及防护材料的安全性评价标准

GB/T 18252—2000 塑料管道系统 用外推法对热塑性塑料管材长期静液压强度的测定(neq ISO/DIS 9080:1997)

GB/T 18991—2003 冷热水系统用热塑性塑料管材和管件(idt ISO 10508:1995)

GB/T 19473.2—2004 冷热水用聚丁烯(PB)管道系统 第2部分:管材

GB/T 19473.3—2004 冷热水用聚丁烯(PB)管道系统 第3部分:管件

GB/T 19278—2003 热塑性塑料管材、管件及阀门通用术语及其定义

3 术语、定义、符号和缩略语

3.1 术语和定义

本部分除采用下列定义外,还使用 GB/T 19278—2003 、GB/T 2035—1996 和 GB/T 1844.1—1995 中给出的定义。

3.1.1 与几何尺寸有关的定义

3.1.1.1 公称外径(d_n)

规定的外径,单位为 mm。

3.1.1.2 任一点外径(d_e)

管材任一点通过横截面的外径测量值,精确到 0.1mm,小数点后第二位非零数字进位,单位为 mm。

3.1.1.3 平均外径(d_{em})

管材任一横截面外圆周长的测量值除以 π(≈3.142)所得的值,精确到 0.1mm,小数点后第二位非

零数字进位,单位为 mm。

3.1.1.4 最小平均外径($d_{em,min}$)

平均外径的最小值,单位为 mm。

3.1.1.5 最大平均外径($d_{em,max}$)

平均外径的最大值,单位为 mm。

3.1.1.6 承口的平均内径(d_{sm})

承口长度中点,互相垂直的两个内径测量值的算术平均值,单位为 mm。

3.1.1.7 不圆度

管材或管件端部同一横截面最大和最小外径测量值之差,或内孔同一横截面最大和最小内径测量值之差,单位为 mm。

3.1.1.8 公称壁厚(e_n)

管材或管件壁厚的规定值,单位为 mm。

3.1.1.9 任一点壁厚(e)

管材或管件圆周上任一点壁厚的测量值,精确到 0.1 mm,小数点后第二位非零数字进位,单位为 mm。

3.1.1.10 最小壁厚(e_{min})

管材或管件圆周上任一点壁厚的规定最小值,单位为 mm。

3.1.1.11 最大壁厚(e_{max})

管材或管件圆周上任一点壁厚的规定最大值,单位为 mm。

3.1.1.12 管件的主体壁厚

管件本体上独自承受管道系统中内压力引起的全部应力的任一点的壁厚。

3.1.1.13 管系列(S)

一个与公称外径和公称壁厚有关的无量纲数值,S 值由公式(1)计算:

$$S = \frac{d_n - e_n}{2e_n} \qquad \cdots\cdots\cdots\cdots\cdots(1)$$

式中:

d_n——管材的公称外径,单位为毫米(mm);

e_n——管材的公称壁厚,单位为毫米(mm)。

3.1.2 与使用条件有关的定义

3.1.2.1 设计压力(P_D)

管道系统压力的设计值,单位为 MPa。

3.1.2.2 静液压应力(σ)

以水为介质,当管材承受内压时,管壁内的环应力,用式(2)近似计算,单位为 MPa。

$$\sigma = P \cdot \frac{(d_{em} - e_{min})}{2e_{min}} \qquad \cdots\cdots\cdots\cdots\cdots(2)$$

式中:

P——管道所受内压,单位为兆帕(MPa);

d_{em}——管材的平均外径,单位为毫米(mm);

e_{min}——管材的最小壁厚,单位为毫米(mm)。

3.1.2.3 设计温度(T_D)

水输送系统温度的设计值,单位为℃。

3.1.2.4 最高设计温度(T_{max})

仅在短期内出现的设计温度 T_D 的最高值,单位为℃。

3.1.2.5 故障温度(T_{mal})

当控制系统出现异常时,可能出现的超过控制极限的最高温度,单位为℃。

3.1.2.6 冷水温度(T_{cold})

输送冷水的温度,单位为℃,最高为25℃,设计值为20℃。

3.1.2.7 采暖系统用的处理水

对采暖系统无害的含添加剂的采暖用水。

3.1.3 与材料性能有关的定义

3.1.3.1 预测静液压强度置信下限(σ_{LPL})

置信度为97.5%时,对应于温度T和时间t的静液压强度预测值的下限,$\sigma_{LPL}=\sigma(T, t, 0.975)$,与应力有相同的量纲。

3.1.3.2 设计应力(σ_D)

在规定的使用条件下,管材材料的许用应力σ_{DP}或塑料管件材料的许用应力σ_{DF},单位为MPa。

注:可以参见GB/T 19473.2—2004中的附录A(资料性附录)。

3.1.3.3 总使用(设计)系数(C)

一个大于1的数值,它的大小考虑了使用条件和管路其他附件的特性对管系的影响,是在置信下限σ_{LCL}所包含因素之外考虑的管系的安全裕度。

3.1.4 带阻隔层的管材

带有很薄阻隔层的塑料管材,阻隔层用于防止或降低气体或光线透过管壁,而设计应力的要求全部靠主体树脂(PB)保证。

3.2 符号

C:总使用(设计)系数(C),无量纲数

d_e:外径(任一点)

d_{em}:平均外径

$d_{em,min}$:最小平均外径

$d_{em,max}$:最大平均外径

d_n:公称外径

d_{sm}:承口的平均内径

e:任一点壁厚

e_{max}:任一点最大壁厚

e_{min}:任一点最小壁厚

e_n:公称壁厚

S_{calc}:管系列S的计算值

$S_{calc,max}$:管系列S的最大计算值

P:内部静液压压力

P_D:设计压力

T:温度

T_{cold}:冷水温度

T_D:设计温度

T_{mal}:故障温度

T_{max}:最高设计温度

t:时间

σ:静液压应力

σ_{cold}:20℃时的设计应力

σ_D:设计应力

σ_{DP}:管材材料的设计应力

σ_P:管材材料的的静液压应力

σ_{LPL}:预测静液压强度置信下限

3.3 缩略语

PB:聚丁烯

S:管系列

LCL:置信下限

4 使用条件级别

聚丁烯管道系统按 GB/T 18991—2003 的规定,按使用条件选用其中的 1、2、4、5 四个使用条件级别,见表1。每个级别均对应着特定的应用范围及 50 年的使用寿命,在实际应用时,还应考虑0.4 MPa、0.6 MPa、0.8 MPa、1.0 MPa 不同的设计压力。

表 1 使用条件级别

使用条件级别	T_D/℃	T_D 下的使用时间/ 年	T_{max}/℃	T_{max} 下的使用时间/年	T_{mal}/℃	T_{mal} 下的使用时间/h	典型应用范围
1	60	49	80	1	95	100	供应热水(60℃)
2	70	49	80	1	95	100	供应热水(70℃)
4	20 40 60	2.5 20 25	70	2.5	100	100	地板采暖和低温散热器采暖
5	20 60 80	14 25 10	90	1	100	100	较高温散热器采暖

注:T_D、T_{max} 和 T_{mal} 值超出本表范围时,不能用本表。

表1中所列各种级别的管道系统均应同时满足在 20℃ 和 1.0 MPa 下输送冷水,达到 50 年寿命。所有加热系统的介质只能是水或者经处理的水。

注:塑料管材和管件生产厂家应该提供水处理的类型和有关使用要求,以及许用透氧率等性能的指导。

5 材料

5.1 管用材料

生产管材、管件所用的材料为聚丁烯管用材料。

将聚丁烯管用材料制成管,按照 GB/T 6111—2003 试验方法和 GB/T 18252—2000 的要求在至少三个不同温度下作长期静液压试验。试验数据按照 GB/T 18252—2000 标准方法计算得到不同温度、不同时间的 σ_{LPL} 值,并作出该材料的蠕变破坏曲线。将材料的蠕变破坏曲线与本部分附录 A 中给出的 PB 预测静液压强度参照曲线相比较,试验结果的 σ_{LPL} 值在全部温度及时间范围内均不应小于参照曲线上的对应值。

5.2 管用材料的回收利用

生产厂在自己生产过程中产生的符合本部分要求的回用材料可以再使用,使用时加到未用过的新材料中,不允许使用其他来源的回用材料。

6 卫生要求

用于输送生活饮用水的聚丁烯管道系统应符合 GB/T 17219 的规定。

附　录　A
（规范性附录）
PB 预测静液压强度参照曲线

在 10℃至 95℃温度范围内的最小预测静液压强度参照曲线见图 A.1,可以由下列方程推导出:
第一条支线(即图 A.1 中拐点左边的直线段):

$$\lg t = -430.866 - \frac{125\ 010}{T} \times \lg\sigma + \frac{173\ 892.7}{T} + 290.056\ 9 \times \lg\sigma \qquad \cdots\cdots（A.1）$$

第二条支线(即图 A1 中拐点右边的直线段):

$$\lg t = -129.895 - \frac{37\ 262.7}{T} \times \lg\sigma + \frac{52\ 556.48}{T} + 88.56735 \times \lg\sigma \qquad \cdots\cdots（A.2）$$

式中:

t——破坏时间,单位为小时(h);

T——温度,单位为开尔文(K);

σ——管材的静液压应力(环应力),单位为兆帕(MPa)。

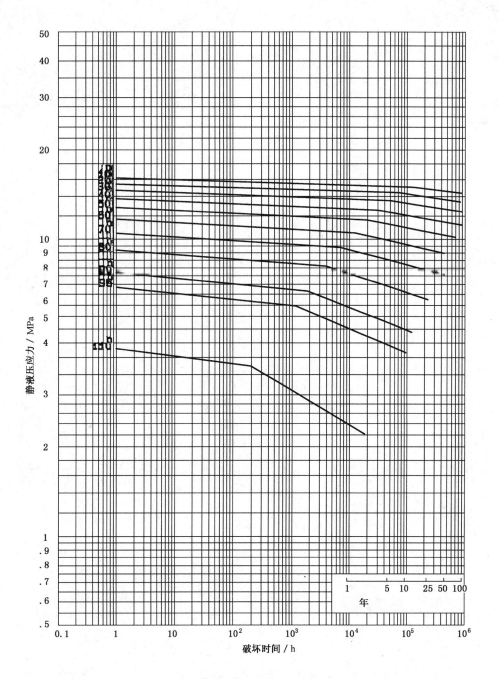

图 A.1　PB 预测静液压强度参照曲线

ICS 83.140.30
G 33

中华人民共和国国家标准

GB/T 19473.2—2004

冷热水用聚丁烯（PB）管道系统
第2部分：管材

Polybutylene（PB）piping systems for hot and
cold water installations—Part 2:Pipes

2004-03-15 发布

2004-10-01 实施

中华人民共和国国家质量监督检验检疫总局
中国国家标准化管理委员会 发布

前　言

GB/T 19473《冷热水用聚丁烯(PB)管道系统》分为三部分:

——第1部分:总则;

——第2部分:管材;

——第3部分:管件。

本部分为第2部分。

本部分的制定紧密跟踪了冷热水用聚丁烯管道系统国际标准的制定工作进展,并结合了我国聚丁烯管材生产使用实际,主要技术内容与ISO/FDIS15876-2:2002《冷热水用聚丁烯(PB)管道系统　第2部分:管材》基本相同,主要差异为:

——不采用ISO/FDIS 15876-2:2002中的B1、B2和C级几何尺寸系列;

——增加了ISO/FDIS 15876-5:2002和ISO/DTS 15876-7:2002的相关内容;

——将预测强度参照曲线移至本标准的第1部分;

——增加了定型检验。

本部分的附录A为资料性附录。

本部分的附录B、附录C、附录D和附录E为规范性附录。

本部分由中国轻工业联合会提出。

本部分由全国塑料制品标准化技术委员会塑料管材、管件及阀门分技术委员会归口。

本部分起草单位:上海乔治·费歇尔管路系统有限公司、佛山协和安固管件有限公司、轻工业塑料加工应用研究所、上海市建筑科学研究院。

本部分主要起草人:孙　逊、谭秋稚、岑荣章、赵启辉、傅　徽。

本部分为第一次制定。

冷热水用聚丁烯(PB)管道系统
第2部分:管材

1 范围

GB/T 19473 的本部分规定了以聚丁烯(PB)管用材料为原料,经挤出成型的聚丁烯管材(以下简称管材)的定义、符号和缩略语、材料、产品分类、技术要求、试验方法、检验规则和标志、包装、运输、贮存。

本部分与 1、3 部分一起适用于建筑冷热水管道系统,包括工业及民用冷热水、饮用水和采暖系统等。

GB/T 19473 不适用于灭火系统和非水介质的流体输送系统。

2 规范性引用文件

下列文件中的条款通过 GB/T 19473 的本部分的引用而成为本部分的条款。凡是注日期的引用文件,其随后所有的修改单(不包括勘误的内容)或修订版均不适用于本部分,然而,鼓励根据本部分达成协议的各方研究是否可使用这些文件的最新版本。凡是不注日期的引用文件,其最新版本适用于本部分。

GB/T 2828—1987　逐批检查计数抽样程序及抽样表(适用于连续批的检查)

GB/T 2918—1998　塑料试样状态调节和试验的标准环境(idt ISO 291:1997)

GB/T 3682—2000　热塑性塑料熔体质量流动速率和熔体体积流动速率的测定(idt ISO 1133:1997)

GB/T 6111—2003　流体输送用热塑性塑料管材耐内压试验方法(idt ISO 1167:1996)

GB/T 6671—2001　热塑性塑料管材 纵向回缩率的测定(eqv ISO 2505:1994)

GB/T 8806—1988　塑料管材尺寸测量方法(idt ISO 3126:1974)

GB/T 15820—1995　聚乙烯压力管材与管件连接的耐拉拔试验(eqv ISO:3501:1976)

GB/T 17219　生活饮用水输配水设备及防护材料的安全性评价标准

GB/T 18991—2003　冷热水系统用热塑性塑料管材和管件(idt ISO 10508:1995)

GB/T 19473.1—2004　冷热水用聚丁烯(PB)管道系统　第1部分:总则

GB/T 19473.3—2004　冷热水用聚丁烯(PB)管道系统　第3部分:管件

3 定义、符号和缩略语

本部分有关的定义、符号和缩略语在第1部分中规定。

4 材料

用于生产管材的材料应符合 GB/T 19473.1—2004 的要求。

5 产品分类

5.1 按尺寸分

管材按尺寸分为 S3.2、S4、S5、S6.3、S8 和 S10 六个管系列。

5.2 按使用条件分

管材的使用条件级别分为级别1、级别2、级别4、级别5四个级别,见 GB/T 19473.1—2004。

管材按使用条件级别和设计压力选择对应的管系列 S 值,见表1。

表 1　管系列 S 的选择

设计压力 p_D/MPa	级别 1	级别 2	级别 4	级别 5
0.4	10	10	10	10
0.6	8	8	8	6.3
0.8	6.3	6.3	6.3	5
1.0	5	5	5	4

6　技术要求

6.1　颜色

由供需双方协商确定。

6.2　外观

管材的内外表面应光滑、平整、清洁,不应有可能影响产品性能的明显划痕、凹陷、气泡等缺陷。

管材表面颜色应均匀一致,不允许有明显色差。管材端面应切割平整。

6.3　不透光性

给水用管材应不透光。

6.4　规格尺寸

管材的平均外径和最小壁厚应符合表2的要求;但对于熔接连接的管材,最小壁厚为 1.9 mm。聚丁烯管材的壁厚值不包括阻隔层的厚度。

管材任一点的壁厚偏差应符合表3的规定。

表 2　管材规格(类别 A)　　　　　　　　　　单位为 mm

公称外径 d_n	平均外径		公称壁厚 e_n					
	$d_{em,min}$	$d_{em,max}$	S10	S8	S6.3	S5	S4	S3.2
12	12.0	12.3	1.3	1.3	1.3	1.3	1.4	1.7
16	16.0	16.3	1.3	1.3	1.3	1.5	1.8	2.2
20	20.0	20.3	1.3	1.3	1.5	1.9	2.3	2.8
25	25.0	25.3	1.3	1.5	1.9	2.3	2.8	3.5
32	32.0	32.3	1.6	1.9	2.4	2.9	3.6	4.4
40	40.0	40.4	2.0	2.4	3.0	3.7	4.5	5.5
50	50.0	50.5	2.4	3.0	3.7	4.6	5.6	6.9
63	63.0	63.6	3.0	3.8	4.7	5.8	7.1	8.6
75	75.0	75.7	3.6	4.5	5.6	6.8	8.4	10.3
90	90.0	90.9	4.3	5.4	6.7	8.2	10.1	12.3
110	110.0	111.0	5.3	6.6	8.1	10.0	12.3	15.1
125	125.0	126.2	6.0	7.4	9.2	11.4	14.0	17.1
140	140.0	141.3	6.7	8.3	10.3	12.7	15.7	19.2
160	160.0	161.5	7.7	9.5	11.8	14.6	17.9	21.9

表 3　任一点壁厚的偏差

单位为 mm

公称壁厚 e_n			允许偏差	公称壁厚 e_n			允许偏差
>	e_{min}	≤		>	e_{min}	≤	
1.0		2.0	0.30	12.0		13.0	1.40
2.0		3.0	0.40	13.0		14.0	1.50
3.0		4.0	0.50	14.0		15.0	1.60
4.0		5.0	0.60	15.0		16.0	1.70
5.0		6.0	0.70	16.0		17.0	1.80
6.0		7.0	0.80	17.0		18.0	1.90
7.0		8.0	0.90	18.0		19.0	2.00
8.0		9.0	1.00	19.0		20.0	2.10
9.0		10.0	1.10	20.0		21.0	2.20
10.0		11.0	1.20	21.0		22.0	2.30
11.0		12.0	1.30				

6.5　力学性能

管材的力学性能应符合表 4 的规定。

表 4　管材的力学性能

项　目	要　求	静液压应力/MPa	试验温度/℃	试验时间/h
静液压试验	无渗漏，无破裂	15.5	20	1
		6.5	95	22
		6.2	95	165
		6.0	95	1 000

6.6　物理和化学性能

管材的物理和化学性能应符合表 5 的规定。

6.7　管材的卫生性能

给水用管材卫生性能应符合 GB/T 17219 的规定。

6.8 系统适用性

管材与所配管件连接后,根据连接方式,按照表 6 的要求,应通过耐内压、弯曲、耐拉拔、热循环、压力循环、耐真空等系统适用性试验。

表 5 管材的物理和化学性能

项 目	要 求	试 验 参 数	
纵向回缩率	≤2%	温度 试验时间: e_n≤8 mm 8 mm<e_n≤16 mm e_n>16 mm	110℃ 1 h 2 h 4 h
静液压状态下的 热稳定性	无破裂 无渗漏	静液压应力 试验温度 试验时间 试样数量	2.4 MPa 110℃ 8 760 h 1
熔体质量流动速率 MFR	与对原料测定值之差, 不应超过 0.3 g/10 min	质量 试验温度	5 kg 190℃

表 6 系统适用性试验

系统适用性试验项目	热熔承插连接 SW	电熔焊连接 EF	机械连接 M
耐内压试验	Y	Y	Y
弯曲试验	N	N	Y
耐拉拔试验	N	N	Y
热循环试验	Y	Y	Y
循环压力冲击试验	N	N	Y
真空试验	N	N	Y

注:Y——需要试验;N——不需要试验。

6.8.1 耐内压试验

按表 7 规定的参数进行静液压试验,试验中管材、管件以及连接处应无破裂,无渗漏。

表 7 耐内压试验条件

管系列	试验温度/℃	试验压力/MPa	试验时间/h	试样数量
S10	95	0.55	1 000	
S8	95	0.71	1 000	
S6.3	95	0.95	1 000	
S5	95	1.19	1 000	3
S4 S3.2	95	1.39	1 000	

6.8.2 弯曲试验

按表 8 规定的条件进行弯曲试验,试验中管材、管件以及连接处应无破裂,无渗漏。

仅当管材公称直径大于等于 32 mm 时做此试验。

表 8　弯曲试验条件

管系列	试验温度/℃	试验压力/MPa	试验时间/h	试样数量
S10	20	1.42	1	3
S8	20	1.85	1	
S6.3	20	2.46	1	
S5	20	3.08	1	
S4 S3.2	20	3.60	1	

6.8.3　耐拉拔试验

按表 9 规定的试验条件,将管材与等径或异径直通管件连接而成的组件施加恒定的轴向拉力,并保持规定的时间,试验过程中管材与管件连接处应不发生松脱。

表 9　耐拉拔试验条件

温度/℃	系统设计压力/MPa	轴向拉力/N	试验时间/h
23±2	所有压力等级	$1.178\,d_n^2$ [a]	1
95	0.4	$0.314\,d_n^2$	1
95	0.6	$0.471\,d_n^2$	1
95	0.8	$0.628\,d_n^2$	1
95	1.0	$0.785\,d_n^2$	1

　　a　d_n 为管材的公称外径,单位为 mm。

对各种设计压力的管道系统均应按表 9 规定进行(23±2)℃的拉拔试验,同时根据管道系统的设计压力选取对应的轴向拉力,进行拉拔试验,试件数量为 3 个。级别 1、2、4 也可以按 $T_{max}+10$℃进行试验。

仲裁试验时,级别 5 按表 9 进行,级别 1、2、4 按 $T_{max}+10$℃进行试验。

较高压力下的试验结果也可适用于较低压力下的应用级别。

6.8.4　热循环试验

按表 10 规定的条件进行热循环试验,试验中管材、管件以及连接处应无破裂、无渗漏。

表 10　热循环试验条件

项　　目	级别 1	级别 2	级别 4	级别 5
最高试验温度/℃	90	90	80	95
最低试验温度/℃	20	20	20	20
试验压力/MPa	p_D	p_D	p_D	p_D
循环次数	5 000	5 000	5 000	5 000
每次循环的时间/min	$30_{\,0}^{+2}$(冷热水各 $15_{\,0}^{+1}$)			
试样数量	1			

较高温度、较高压力下的试验结果也可适用于较低温度或较低压力的应用级别。

6.8.5　循环压力冲击试验

按表 11 规定的条件进行循环压力冲击试验,试验中管材、管件以及连接处应无破裂、无渗漏。

表 11 循环压力冲击试验条件

试验压力/MPa			试验温度/℃	循环次数	循环频率次/min	试样数量
设计压力	最高试验压力	最低试验压力				
0.4	0.6	0.05	23±2	10 000	30±5	1
0.6	0.9	0.05				
0.8	1.2	0.05				
1.0	1.5	0.05				

较高压力下的试验结果也可适用于较低压力下的应用级别。

6.8.6 真空试验

按表12给出的参数进行真空试验。

表 12 真空试验参数

项　目	试验参数		要　求
真空密封性	试验温度 试验时间 试验压力 试样数量	23℃ 1 h −0.08 MPa 3	真空压力变化≤0.005 MPa

7 试验方法

7.1 试样状态调节

管材生产10天后方可进行试验。

除非另有规定外,试样应按GB/T 2918,在温度为(23±2)℃下进行状态调节至少24 h。

7.2 颜色及外观检查

用肉眼观察。

7.3 不透光性

取400 mm长管段,将一端用不透光材料封严,在管子侧面有自然光的条件下,用手握住有光源方向的管壁,从管子开口端用肉眼观察试样的内表面,看不见手遮挡光源的影子为合格。

7.4 尺寸测量

7.4.1 平均外径及最小外径

按GB/T 8806—1988进行测量。

7.4.2 壁厚

按GB/T 8806—1988对所抽取的试样沿圆周测量壁厚的最大和最小值,精确到0.1 mm,小数点后第二位非零数字进位。

7.5 纵向回缩率

按GB/T 6671—2001进行试验。

7.6 静液压试验

7.6.1 试验条件中的温度、静液压应力、时间按表4的规定,管内外的介质均为水。

7.6.2 试验方法按GB/T 6111—2003进行,采用a型封头。

7.7 静液压状态下的热稳定性试验

7.7.1 试验条件

按表 5 的规定,试验温度允许偏差为 $^{+4}_{-2}$℃。试验介质:管材内部为水,外部为空气。

7.7.2 试验方法

按 GB/T 6111—2003 进行试验,采用 a 型封头。

7.8 熔体质量流动速率

按 GB/T 3682—2000 进行。

7.9 卫生性能

按 GB/T 17219 进行试验。

7.10 系统适用性试验

7.10.1 耐内压试验

试验组件应包括管材和至少两种以上相配套使用的管件,管内试验介质为水,管外介质为水或空气,试验按 GB/T 6111—2003 进行,采用 a 型封头。

7.10.2 弯曲试验

按附录 B 进行。

7.10.3 耐拉拔试验

按 GB/T 15820—1995 进行试验。

7.10.4 热循环试验

按附录 C 进行。

7.10.5 循环压力冲击试验

按附录 D 进行试验。

7.10.6 真空试验

按附录 E 进行试验。

8 检验规则

8.1 检验分类

检验分为定型检验、出厂检验和型式检验。

8.2 组批

同一原料、配方和工艺且连续生产的同一规格管材做为一批,每批数量为 50 t。如果生产 7 天仍不足 50 t,则以 7 天产量为一批。一次交付可由一批或多批组成,交付时应注明批号,同一交付批号产品为一个交付检验批。

8.3 定型检验

定型检验的项目为第 6 章规定的全部技术要求。同一设备制造厂的同类型设备首次投产或原料发生重大变化可能严重影响产品性能时,进行定型检验。

8.4 出厂检验

8.4.1 产品须经生产厂质量检验部门检验合格后并附有合格标志,方可出厂。

出厂检验项目为外观、尺寸、纵向回缩率、静液压试验(20℃,1 h 及 95℃,22 h 或 165 h)。

8.4.2 管材外观、尺寸按 GB/T 2828—1987 采用正常检验一次抽样方案,取一般检验水平 Ⅰ,合格质量水平 6.5,抽样方案见表 13。

8.4.3 在计数抽样合格的产品中,随机抽取足够的样品,进行纵向回缩率和 20℃,1 h 的静液压试验及 95℃,22 h(或 95℃,165 h)的静液压试验。

8.4.4 选择 95℃,22 h 的静液压试验时,每 24 h 做一次;选择 95℃,165 h 的静液压试验时,每 168 h 做一次。

697

表 13 抽样方案 根

批量范围 N	样本大小 n	合格判定数 A_c	不合格判定数 R_e
<25	2	0	1
26~50	8	1	2
51~90	8	1	2
91~150	8	1	2
151~280	13	2	3
281~500	20	3	4
501~1200	32	5	6
1201~3200	50	7	8
3201~10000	80	10	11

8.5 型式检验

8.5.1 分组

按表 14 规定对管材进行尺寸分组。

表 14 管材的尺寸组和公称外径范围

尺寸组	公称外径范围/mm
1	$16 \leqslant d_n \leqslant 63$
2	$75 \leqslant d_n \leqslant 160$

8.5.2 按表 14 规定选取每一尺寸组中任一规格的管材进行型式检验。

8.5.3 管材型式检验项目为本部分第 6 章中除 6.6 中的静液压状态下的热稳定性试验和 6.8 中的系统适用性试验以外的所有试验项目。

8.5.4 一般情况下,每隔两年进行一次型式检验。

若有下列情况之一,也应进行型式检验:

a) 正式生产后,若材料、工艺有较大变化,可能影响产品性能时;

b) 因任何原因停产半年以上恢复生产时;

c) 出厂检验结果与上次型式检验结果有较大差异时;

d) 国家质量监督机构提出进行型式检验要求时。

8.6 判定规则

外观、尺寸按照表 13 进行判定。给水用管材的卫生指标有一项不合格则判该批为不合格批。其他指标有一项达不到规定时,则随机抽取双倍样品进行该项复检,如仍不合格,则判该批为不合格批。

9 标志、包装、运输、贮存

9.1 标志

9.1.1 管材应有牢固的标记,间隔不超过 1 m。标记不得造成管材出现裂痕或其他形式的损伤。

标记至少应包括下列内容:

a) 生产厂名和/或商标;

b) 产品名称:应表明 PB;

c) 规格及尺寸:管系列 S、公称外径和公称壁厚;

d) 用途:给水或采暖;

e) 本标准号;

f) 生产日期。

9.1.2 管材包装至少应有下列标记:

a) 商标;

b) 产品名称;

c) 生产厂名、厂址。

9.2 包装

管材应按相同规格装入包装袋捆扎、封口。

9.3 运输

管材在装卸和运输时,不得抛掷、曝晒、沾污、重压和损伤。

9.4 贮存

管材应合理堆放于室内库房,远离热源、防止阳光照射、不得露天存放。

附 录 A
（资料性附录）
管材 $S_{calc,max}$ 值的推导

A.1 总则

本附录详细说明如何根据 GB/T 19473.1—2004 表 1 所给的管材使用条件级别和设计压力 p_D，确定管材的 $S_{calc,max}$ 值和最小壁厚 e_{min}。

A.2 设计应力

不同使用条件级别的管材的设计应力 σ_D 应用 Miner's 规则，并考虑到与 GB/T 19473.1—2004 表 1 中相对应的使用条件级别，以及表 A.1 中所给出的使用系数来确定。

表 A.1 总体使用系数

温度/℃	总体使用系数 C
T_D	1.5
T_{max}	1.3
T_{mal}	1.0
T_{cold}	1.25

各种使用条件级别的设计应力 σ_D 的计算结果列在表 A.2 中。

表 A.2 设计应力

使用条件级别	设计应力 σ_D[a]/MPa
1	5.73
2	5.04
4	5.46
5	4.31
20℃/50 年	10.92

[a] 设计应力值 σ_D 精确到 0.01 MPa。

A.3 S_{calc}（$S_{calc,max}$）的计算

$S_{calc,max}$ 取 σ_{DP}/p_D 和 $\sigma_{cold}/p_{D,cold}$ 中的较小值。

其中：σ_{DP} 为表 B.2 给定的设计应力，单位为 MPa；

p_D 为设计压力，单位为 MPa。如 0.4 MPa、0.6 MPa 或 1.0 MPa；

σ_{cold} 为 20℃，50 年的设计应力，单位为 MPa；

$p_{D,cold}$ 为输送冷水时的设计压力，规定取 1.0 MPa。

相对每种使用条件级别（见 GB/T 19473.1—2004）的 $S_{calc,max}$ 值由表 A.3 给出。

表 A.3 $S_{calc,max}$ 值[a]

设计压力 p_D/MPa	级别 1	级别 2	级别 4	级别 5
0.4	10.9[b]	10.9[b]	10.9[b]	10.9[b]
0.6	9.5	8.4	9.1	7.2
0.8	7.1	6.3	6.8	5.4
1.0	5.7	5.0	5.4	4.3

[a] 表中的 $S_{calc,max}$ 值修约到小数点后第一位。

[b] 由 20℃、1.0 MPa 和 50 年条件确定的值。

A.4 用 $S_{calc,max}$ 确定壁厚

根据使用条件级别和设计压力由表 1 选择管系列 S，所选择的 S 值应不大于表 A.3 中的 $S_{calc,max}$，由表 2 可得到管材的最小壁厚。

附 录 B

（规范性附录）

弯曲试验方法

B.1 原理

检查管材与管件密封头连接处的抗渗漏性，将管材的自由段进行弯曲，试验组件由一段管材和两个管件组成。

B.2 设备

试验仪器见图 B.1。弯曲定位装置为一靠模板。靠模板长度（l）为管件间自由长度的 3/4，即等于管材公称外径的 7.5 倍。对于 S10、S8 的管材，靠模板弯曲半径为公称外径的 15 倍；对 S6.3、S5 的管材，靠模板弯曲半径为公称外径的 20 倍。

加压系统按 GB/T 6111—2003 的规定。

B.3 试验样品

试验样品由管材与相匹配的管件组成。管材与管件连接后，应保证管件间管材自由长度为管材公称外径的 10 倍。

B.4 试验步骤

试验温度为（20±2）℃。

对管材平均弯曲半径（R）的要求与对靠模板弯曲半径的要求相同。

按图 B.1 组装后，管件间管材的自由长度等于其公称直径的 10 倍。

将试样向弯曲定位装置上安装时，弯曲应力施加在管件上；管材应全部贴合在靠模板上（包括靠模板的两端），两自由管段应相等，各段约为管件间管材自由长度的 1/8；按照 GB/T 6111—2003 的规定施加静液压力。

B.5 试验报告

试验报告应包括以下内容：

a) 注明采用 GB/T 19473.2—2004；

b) 试验的观察结果（是否渗漏），试验条件；

c) 若发生渗漏，应指明是连接处渗漏还是管材破裂，及当时的压力；

d) 详细说明试验过程与 GB/T 19473.2—2004 的差异，及可能影响试验结果的外界条件。

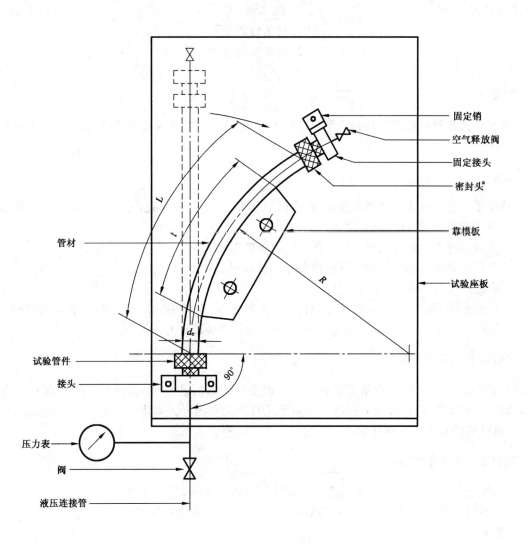

固定销
空气释放阀
固定接头
密封头[a]
靠模板
试验座板
管材
试验管件
接头
压力表
阀
液压连接管

[a] 密封头仅用作封堵试验样品。

图 B.1 管道系统弯曲试验示意图

附 录 C

（规范性附录）

热循环试验方法

C.1 原理

管材和管件按规定要求组装并承受一定的内压,在规定次数的温度交变后,检查管材和管件连接处的渗漏情况。

C.2 设备

试验设备包括冷热水交替循环装置,水流调节装置,水压调节装置,水温测量装置以及管道预应力和固定支撑等设施,必须符合下列要求:

    a) 提供的冷水水温能达到本部分所规定的最低温度的±2℃范围;

    b) 提供的热水水温能达到本部分所规定的最高温度的±2℃范围;

    c) 冷热水交替能在 1 min 内完成;

    d) 试验组合系统中的水温变化能控制在规定的范围内,水压能保持在本部分规定值的±0.05 MPa范围内(冷热水转换时可能出现的水锤除外)。

C.3 试验组合系统的安装

试验组合系统按图 C.1 所示并根据制造厂商推荐的方法进行装配,并对支路 B 和 C 部分进行固定。如制造厂商无推荐,C 部分可按图 C.2 所示进行装配和固定。如所用管材不能弯曲成图 C.1 所示的形状,则可按图 C.3 所示进行装配和固定。

C.4 试验组合系统的预处理

C.4.1 将安装好的试验组合系统(支路 A 先不固定)在 23℃±2℃的条件下放置至少 1 h。

C.4.2 将系统升温至 43℃±2℃,1 h 后对图 C.1 所示 A 部分进行固定。

C.4.3 将系统降温至 23℃±2℃,放置至少 1 h。

C.4.4 将试验组合系统充满冷水驱尽空气。

C.5 试验步骤

C.5.1 将组合系统与试验设备相连接。

C.5.2 起动试验设备并将水温和水压控制在本部分规定的范围内。

C.5.3 打开连接阀门开始循环试验,先冷水后热水依次进行。

C.5.4 在前 5 个循环

    a) 调节平衡阀控制循环水的流速,使每个循环试验入口与出口的水温差不大于 5℃;

    b) 拧紧和调整连接处,防止任何渗漏。

C.5.5 按 GB/T 19473 本部分完成规定次数的循环,检查所有连接处,看是否有渗漏。如发生渗漏,记录发生的时间、类型及位置。

C.6 试验报告

    a) 注明采用GB/T 19473.2—2004;

    b) 试样的名称、规格尺寸、等级和来源等;

    c) 试验条件(包括试验水温、试验水压、一个完整循环及循环的每一部分的时间等);

d) 试验结果,如有渗漏,记录发生的时间、类型及位置;

e) 任何可能影响试验结果的因素。

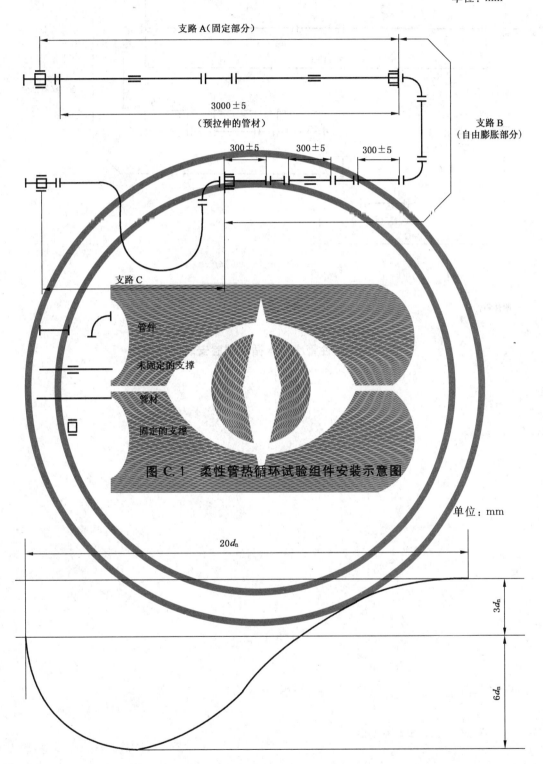

图 C.1　柔性管热循环试验组件安装示意图

注:除非另有说明,管材的自由长度应为 $27\,d_n$ 至 $28\,d_n$,根据生产厂商的说明,管材长度可更短,该长度对应管材最小弯曲半径。

图 C.2　C 部分可替换试验安装图

单位：mm

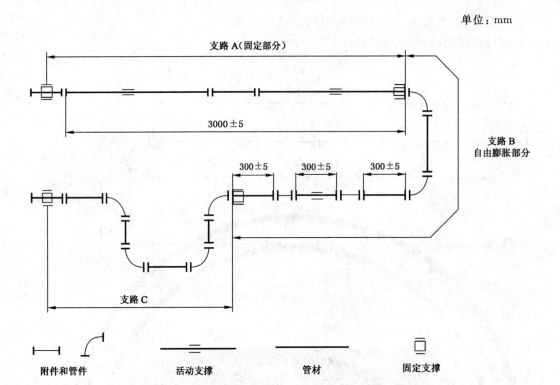

图 C.3 刚性管冷热水循环试验安装示意图

附 录 D
（规范性附录）
循环压力冲击试验方法

D.1 原理

管材和管件按规定要求组装并通入水,在一定温度下向其施加交变压力,检查渗漏情况。

D.2 设备

试验设备包括试验组件、水温调节装置、交变压力发生装置。压力变化频率不小于 30 次/min,图 D.1 为典型试验装置。

压力精度为 ±0.05 MPa。

D.3 试验组件

试验组件应包括一个或多个长度至少为 $10 d_n$ 的管段以及一个或多个管件,按生产厂家推荐的方法进行连接。

D.4 试验步骤

准备试验组件、注入水、排出组件内的空气。

将试验组件调节至规定的温度,状态调节至少 1 h,然后按规定的压力和频率对试验组件施加交变压力。

试验后,检查所有连接部位是否有渗漏。

D.5 试验报告

试验报告应包括下列内容:

a) 注明采用 GB/T 19473.2—2004;

b) 试验用各组件的组成说明;

c) 渗漏情况的观察结果;

d) 试验日期。

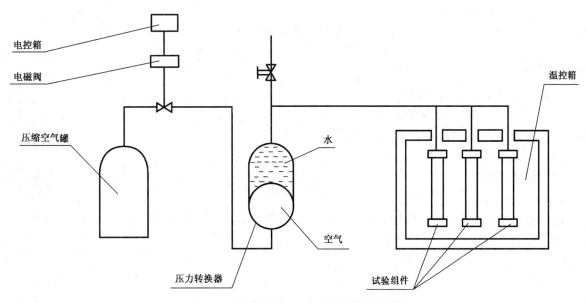

图 D.1 循环压力冲击试验装置示意图

附　录　E
（规范性附录）
真空试验方法

E.1　原理

管材与管件在指定的时间内承受部分真空,检查连接处的气密性。

E.2　设备

E.2.1　真空泵:能在试样中产生试验所要求的真空压力。

E.2.2　真空压力测量装置:能够测量试样的真空压力,精确到±0.001 MPa。

E.2.3　截流阀:能够切断试样与真空泵的连接。

E.2.4　温度计:检查是否符合试验温度。

E.2.5　端部密封件:该密封件用于密封试样的非连接端部,可用人工方法紧固,并对连接处不产生轴向力。安装方式见图 E.1。

E.3　试验样品

试验样品为管材和/或管件的连接件,根据生产厂家推荐的方法进行连接。

试样应与真空泵、截流阀连接在一条直线上。

真空压力测量装置应装在截流阀与试样之间。

试样数量按本部分的技术要求。

E.4　试验步骤

E.4.1　试样应在(23±5)℃状态调节 2 h。

E.4.2　试验温度为(23±2)℃。

E.4.3　按本部分的技术要求抽真空,达到规定的真空压力后关闭截流阀,开始计时。达到试验规定时间后,记录真空压力的变化值。

E.4.4　无论试验成功或失败,都应记录压力增加值,即使该值很小。

E.5　试验报告

试验报告应包括以下内容:

a)　注明采用 GB/T 19473.2—2004;

b)　样品标记、编号和工作压力;

c)　试验温度;

d)　试验时间;

e)　试验压力和压力增加值;

f)　可能影响试验结果的任何因素,如任何失误或不符合本标准的操作细节;

g)　试验日期。

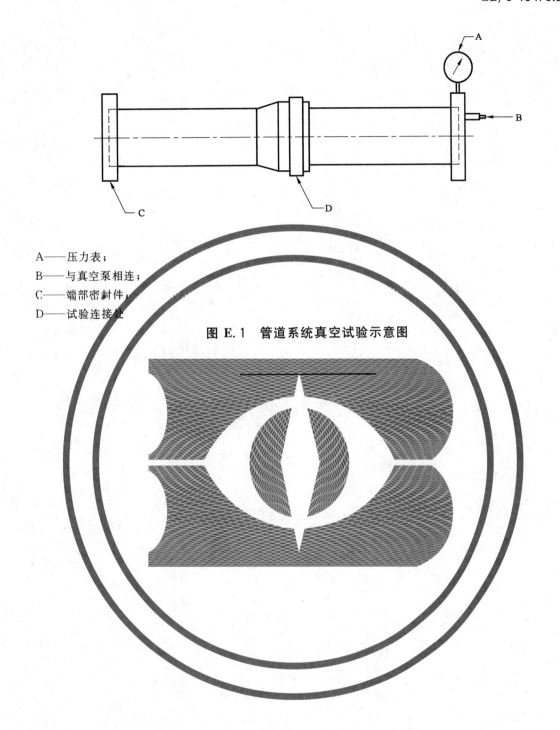

A——压力表；
B——与真空泵相连；
C——端部密封件；
D——试验连接处。

图 E.1　管道系统真空试验示意图

ICS 83.140.30

G 33

中华人民共和国国家标准

GB/T 19473.3—2004

冷热水用聚丁烯(PB)管道系统
第3部分:管件

Polybutylene(PB)piping systems for hot and cold water
installations—Part 3:Fittings

2004-03-15 发布

2004-10-01 实施

中华人民共和国国家质量监督检验检疫总局
中国国家标准化管理委员会 发布

前　言

GB/T 19473《冷热水用聚丁烯(PB)管道系统》分为三部分：
——第 1 部分：总则；
——第 2 部分：管材；
——第 3 部分：管件。

本部分为第 3 部分。

本部分的制定紧密跟踪了冷热水用聚丁烯管道系统国际标准的制定工作进展，并结合了我国聚丁烯管件生产使用实际，主要技术内容与 ISO/FDIS 15876-3:2002《冷热水用聚丁烯(PB)管道系统　第 3 部分：管件》相同，主要差异为：
——增加了 ISO/FDIS 15876:2002 的第 5 部分和 ISO/DTS 15876-7:2002 的相关内容；
——增加了定型检验。

本部分由中国轻工业联合会提出。

本部分由全国塑料制品标准化技术委员会塑料管材、管件及阀门分技术委员会归口。

本部分起草单位：上海乔治·费歇尔管路系统有限公司、佛山协和安固管件有限公司、轻工业塑料加工应用研究所、上海现代建筑集团。

本部分主要起草人：孙　逊、岑荣章、赵启辉、应明康、谭秋稚。

本部分为第一次制定。

冷热水用聚丁烯（PB）管道系统
第3部分：管件

1 范围

GB/T 19473 的本部分规定了聚丁烯（PB）管件（以下简称管件）的定义、符号和缩略语、材料、产品分类、技术要求、试验方法、检验规则和标志、包装、运输、贮存。

本部分与 1、2 部分一起适用于建筑冷热水管道系统，包括工业及民用冷热水、饮用水和采暖系统等。

GB/T 19473 不适用于灭火系统和非水介质的流体输送系统。

2 规范性引用文件

下列文件中的条款通过 GB/T 19473 的本部分的引用而成为本部分的条款。凡是注日期的引用文件，其随后所有的修改单（不包括勘误的内容）或修订版均不适用于本部分，然而，鼓励根据本部分达成协议的各方研究是否可使用这些文件的最新版本。凡是不注日期的引用文件，其最新版本适用于本部分。

GB/T 2828—1987 逐批检查计数抽样程序及抽样表（适用于连续批的检查）

GB/T 2918—1998 塑料试样状态调节和试验的标准环境（idt ISO 291:1997）

GB/T 3682—2000 热塑性塑料熔体质量流动速率和熔体体积流动速率试验方法（idt ISO 1133:1997）

GB/T 6111—2003 流体输送用热塑性塑料管材 耐内压试验方法（idt ISO 1167:1996）

GB/T 7306—2000 55°密封管螺纹（eqv ISO 7-1:1994）

GB/T 8806—1988 塑料管材尺寸测量方法（idt ISO 3126:1974）

GB/T 15820—1995 聚乙烯压力管材与管件连接的耐拉拔试验（eqv ISO:3501:1976）

GB/T 17219 生活饮用水输配水设备及防护材料的安全性评价标准

GB/T 18991—2003 冷热水系统用热塑性塑料管材和管件（idt ISO 10508:1995）

GB/T 19473.1—2004 冷热水用聚丁烯（PB）管道系统 第1部分：总则

GB/T 19473.2—2004 冷热水用聚丁烯（PB）管道系统 第2部分：管材

3 定义、符号和缩略语

本部分有关的定义、符号和缩略语在第1部分中规定。

4 材料

用于生产管件的聚丁烯（PB）材料应符合 GB/T 19473.1—2004 的要求。

5 产品分类

5.1 管件分为熔接管件和机械连接管件。熔接管件按熔接方式的不同分为热熔承插连接管件和电熔连接管件。

5.2 管件按管系列 S 分类与管材相同，按 GB/T 19473.2—2004 的规定。管件的主体壁厚应不小于相同管系列 S 的管材的壁厚。

6 技术要求

6.1 颜色

由供需双方协商确定。

6.2 外观

管件表面应光滑、平整,不应有裂纹、气泡、脱皮和明显的杂质、严重的冷斑以及色泽不匀、分解变色等缺陷。

6.3 不透光性

给水用管件应不透光。

6.4 规格尺寸

6.4.1 热熔承插连接管件的承口应符合图1、表1的规定。

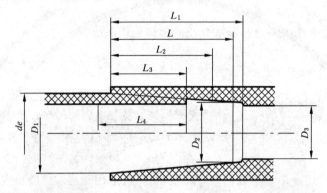

d_n ——指与管件相连的管材的公称外径;

D_1 ——承口口部平均内径;

D_2 ——承口根部平均内径。即距端口距离为 L 的、平行于端口平面的圆环的平均直径,其中 L 为插口工作深度;

D_3 ——最小通径;

L ——承口参照深度;

L_1 ——承口实际深度,$L_1 \geqslant L$;

L_2 ——承口加热深度,即加热工具插入的深度;

L_3 ——承插深度;

L_4 ——插口管端加热长度,即插口管端进入加热工具的深度,$L_4 \geqslant L_3$。

图 1 热熔承插连接管件承口

表 1 热熔承插连接管件承口尺寸与相应公称外径 单位为 mm

公称外径 d_n	承口平均内径				最大不圆度	最小通径	承口参照深度	承口加热深度		承插深度	
	口部		根部								
	$D_{1,min}$	$D_{1,max}$	$D_{2,min}$	$D_{2,max}$		D_3	L_{min} $0.3d_n+8.5$	$L_{2,min}$ $(L-2.5)$	$L_{2,max}$ (L)	$L_{3,min}$ $(L-3.5)$	$L_{3,max}$ (L)
16	15.0	15.5	14.8	15.3	0.6	9	13.3	10.8	13.3	9.8	13.3
20	19.0	19.5	18.8	19.3	0.6	13	14.5	12.0	14.5	11.0	14.5
25	23.8	24.4	23.5	24.1	0.7	18	16.0	13.5	16.0	12.5	16.0
32	30.7	31.3	30.4	31.0	0.7	25	18.1	15.6	18.1	14.6	18.1
40	38.7	39.3	38.3	38.9	0.7	31	20.5	18.0	20.5	17.0	20.5
50	48.7	49.3	48.3	48.9	0.8	39	23.5	21.0	23.5	20.0	23.5
63	61.6	62.2	61.1	61.7	0.8	49	27.4	24.9	27.4	23.9	27.4

表 1（续）　　　　　　　　　　　　　　　　单位为 mm

公称外径 d_n	承口平均内径				最大不圆度	最小通径	承口参照深度	承口加热深度		承插深度	
	口部		根部								
	$D_{1,min}$	$D_{1,max}$	$D_{2,min}$	$D_{2,max}$		D_3	L_{min} $0.3d_n+8.5$	$L_{2,min}$ $(L-2.5)$	$L_{2,max}$ (L)	$L_{3,min}$ $(L-3.5)$	$L_{3,max}$ (L)
不去皮											
75	73.2	74.0	71.9	72.7	1.0	58.2	31.0	28.5	31.0	27.5	31.0
90	87.8	88.8	86.4	87.4	1.2	69.8	35.5	33.0	35.5	32.0	35.5
110	107.3	108.5	105.8	106.8	1.4	85.4	41.5	39.0	41.5	38.0	41.5
去皮											
75	72.6	73.2	72.3	72.9	1.0	58.2	31.0	28.5	31.0	27.5	31.0
90	87.1	87.8	86.7	87.4	1.2	69.8	35.5	33.0	35.5	32.0	35.5
110	106.3	107.1	105.7	106.5	1.4	85.4	41.5	39.0	41.5	38.0	41.5

注：管件的公称外径 d_n 指与管件相连的管材的公称外径。

6.4.2　电熔连接管件的承口应符合图 2、表 2 的规定。

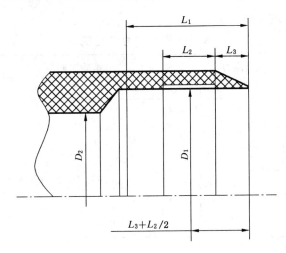

D_1——熔融区平均内径；

D_2——最小通径；

L_1——承插深度；

L_2——加热长度；

L_3——管件承口口部非加热长度。

图 2　电熔连接管件承口

表 2　电熔连接管件承口尺寸与相应公称外径　　　　　　单位为 mm

公称外径 d_n	熔融区平均内径 $D_{1,min}$	加热长度 $L_{2,min}$	承插深度 L_1	
			$L_{1,min}$	$L_{1,max}$
16	16.1	10	20	35
20	20.1	10	20	37
25	25.1	10	20	40
32	32.1	10	20	44
40	40.1	10	20	49
50	50.1	10	20	55

表 2（续）

单位为 mm

公称外径 d_n	熔融区平均内径 $D_{1,min}$	加热长度 $L_{2,min}$	承插深度 L_1	
			$L_{1,min}$	$L_{1,max}$
63	63.2	11	23	63
75	75.2	12	25	70
90	90.2	13	28	79
110	110.3	15	32	85
125	125.3	16	35	90
140	140.3	18	38	95
160	160.4	20	42	101
注：此处的公称外径 d_n 指与管件相连的管材的公称外径。				

6.4.3 带金属螺纹接头的管件其螺纹部分应符合 GB/T 7306—1987 的规定。

6.5 力学性能

管件的力学性能应符合表 3 的规定。

表 3 管件的力学性能

项 目	管系列	试验压力/ MPa	试验温度/ ℃	试验时间/ h	试样数量	要 求
静液压 试验	S10	1.42	20	1	3	无破裂 无渗漏
	S8	1.85				
	S6.3	2.46				
	S5	3.08				
	S4 S3.2	3.60				
	S10	0.55	95	1 000	3	无破裂 无渗漏
	S8	0.71				
	S6.3	0.95				
	S5	1.19				
	S4 S3.2	1.39				

6.6 物理和化学性能

管件的物理和化学性能应符合表 4 的规定。

表 4 管件的物理和化学性能

项 目	要 求	参 数	数 值
静液压状态下的热稳定性[a、b]	无破裂 无渗漏	静液压应力	2.4 MPa
		试验温度	110℃
		试验时间	8 760 h
		试样数量	1

表 4（续）

项　目	要　求	参　数	数　值
熔体质量流动速率 MFR	与原料测定值之差， 不应超过 0.3 g/10 min	质量 试验温度 试验时间 试样数量	5 kg 190℃ 10 min 3

　　a　用管状试样或管件与管材相连进行试验。管状试样按实际壁厚计算试验压力；管件与管材相连作为试样时，
按相同管管系列 S 的管材的公称壁厚计算试验压力，如试验中管材破裂则试验应重做。

　　b　相同原料同一生产厂家生产的管材已做过本试验则管件可不做。

6.7 管件的卫生性能

给水用管件卫生性能应符合 GB/T 17219 的规定。

6.8 系统适用性

管件与所配管材连接后，根据连接方式，按照 GB/T 19473.2—2004 中表 6 的要求，应通过耐内压、弯曲、耐拉拔、热循环、压力循环、耐真空六种系统适用性试验。

6.8.1 耐内压试验

按表 5 规定的参数进行静液压试验，试验中管材、管件以及连接处应无破裂，无渗漏。

表 5　耐内压试验条件

管系列	试验温度/ ℃	试验压力/ MPa	试验时间/ h	试样数量
S10	95	0.55	1 000	3
S8	95	0.71	1 000	
S6.3	95	0.95	1 000	
S5	95	1.19	1 000	
S4 S3.2	95	1.39	1 000	

6.8.2 弯曲试验

按表 6 规定的条件进行弯曲试验，试验中管材、管件以及连接处应无破裂、无渗漏。

仅对与公称外径大于等于 32 mm 管材连接的管件做此试验。

表 6　弯曲试验条件

管系列	试验温度/ ℃	试验压力/ MPa	试验时间/ h	试样数量
S10	20	1.42	1	3
S8	20	1.85	1	
S6.3	20	2.46	1	
S5	20	3.08	1	
S4 S3.2	20	3.60	1	

6.8.3 耐拉拔试验

按表 7 规定的试验条件，将管材与等径或异径直通管件连接而成的组件施加恒定的轴向拉力，并保持规定的时间，试验过程中管材与管件连接处应不发生松脱。

表 7 耐拉拔试验条件

温度/℃	系统设计压力/MPa	轴向拉力/N	试验时间/h
23±2	所有压力等级	$1.178\,d_n^{2\,a}$	1
95	0.4	$0.314\,d_n^2$	1
95	0.6	$0.471\,d_n^2$	1
95	0.8	$0.628\,d_n^2$	1
95	1.0	$0.785\,d_n^2$	1
a d_n 为管材的公称外径,单位为 mm。			

对各种设计压力的管道系统均应按表 7 规定进行(23±2)℃的拉拔试验,同时根据管道系统的设计压力选取对应的轴向拉力,进行拉拔试验,试件数量为 3 个。级别 1、2、4 也可以按 $T_{max}+10$℃进行试验。

仲裁试验时,级别 5 按表 7 进行,级别 1、2、4 按 $T_{max}+10$℃进行试验。

较高压力下的试验结果也可适用于较低压力下的应用级别。

6.8.4 热循环试验

按表 8 规定的条件进行热循环试验,试验中管材、管件以及连接处应无破裂,无渗漏。

表 8 热循环试验条件

试验条件	级别 1	级别 2	级别 4	级别 5
最高试验温度/℃	90	90	80	95
最低试验温度/℃	20	20	20	20
试验压力/MPa	P_D	P_D	P_D	P_D
循环次数	5 000	5 000	5 000	5 000
每次循环的时间/min	30^{+2}_{0}(冷热水各 15^{+1}_{0})			
试样数量	1			

较高温度、较高压力下的试验结果也可适用于较低温度或较低压力下的应用级别。

6.8.5 循环压力冲击试验

按表 9 规定的条件进行循环压力冲击试验,试验中管材、管件以及连接处应无破裂,无渗漏。

表 9 循环压力冲击试验条件

试验压力/MPa			试验温度/℃	循环次数	循环频率/(次/min)	试样数量
设计压力	最高试验压力	最低试验压力				
0.4	0.6	0.05				
0.6	0.9	0.05	23±2	10 000	30±5	1
0.8	1.2	0.05				
1.0	1.5	0.05				

较高压力下的试验结果也可适用于较低压力下的应用级别。

6.8.6 真空试验

按表 10 给出的参数进行真空试验。

表 10 真空试验参数

项　目	试验参数		要　求
真空密封性	试验温度 试验时间 试验压力 试样数量	23℃ 1 h −0.08 MPa 3	真空压力变化≤0.005 MPa

7　试验方法

7.1　试样状态调节

管件生产 10 天后方可进行试验。

除非另有规定外,试样应按 GB/T 2918 规定,在温度为(23±2)℃下进行状态调节至少 24 h。

7.2　颜色及外观检查

用肉眼观察。

7.3　不透光性

管材与管件相连,按 GB/T 19473.2—2004 的 7.3 进行。

7.4　尺寸测量

管件的承口深度用精度为 0.02 mm 的游标卡尺测量;用精度为 0.001 mm 的内径量表测量图 1、图 2 规定部位承口的两个相互垂直的内径,计算它们的算术平均值,为平均内径。

用精度为 0.001 mm 的内径量表测量同一断面的最大内径和最小内径,用最大内径减最小内径为不圆度。

7.5　静液压试验

7.5.1　试验条件中的温度、静液压应力、时间按表 3 的规定,管内试验介质为水,管外介质为水或空气。

7.5.2　试验方法按 GB/T 6111—2003 的规定进行试验,采用 a 型封头。

7.6　静液压状态下的热稳定性试验

7.6.1　试验条件

按表 5 的规定,试验温度允许偏差为 $^{+4}_{-2}$℃。试验介质:管材内部为水,外部为空气。

7.6.2　试验方法

按 GB/T 6111—2003 进行试验,采用 a 型封头。

7.7　熔体质量流动速率

按 GB/T 3682—2000 进行试验。

7.8　卫生性能

按 GB/T 17219 进行试验。

7.9　系统适用性试验

7.9.1　耐内压试验

应将管件和相配套使用的管材连接后试验,管内试验介质为水,管外介质为水或空气,试验按 GB/T 6111—2003 进行,采用 a 型封头。

7.9.2　弯曲试验

按 GB/T 19473.2—2004 附录 B 进行试验。

7.9.3　耐拉拔试验

按 GB/T 15820—1995 进行试验。

7.9.4　热循环试验

按 GB/T 19473.2—2004 附录 C 进行。

7.9.5 循环压力冲击试验

按 GB/T 19473.2—2004 附录 D 进行。

7.9.6 真空试验

按 GB/T 19473.2—2004 附录 E 进行试验。

8 检验规则

8.1 检验分类

检验分为定型检验、出厂检验和型式检验。

8.2 组批

用同一原料和工艺连续生产的同一规格的管件作为一批。$d_n \leqslant 32$ mm 规格的管件每批不超过 10 000 件，$d_n > 32$ mm 规格的管件每批不超过 5 000 件。如果生产 7 天仍不足上述数量，则以 7 天为一批。一次交付可由一批或多批组成。交付时注明批号，同一交付批号产品为一个交付检验批。

8.3 定型检验

定型检验的项目为第 6 章规定的全部技术要求。同一设备制造厂的同类型设备首次投产或原料发生重大变化可能严重影响产品性能时，进行定型检验。

8.4 出厂检验

8.4.1 产品须经生产厂质量检验部门检验合格后并附有合格标志，方可出厂。

出厂检验项目为外观、尺寸、静液压试验（20℃，1 h）。

8.4.2 管件外观、尺寸按 GB/T 2828—1987 采用正常检验一次抽样方案，取一般检验水平 Ⅰ，合格质量水平 6.5，抽样方案见表 11。

件

表 11　抽样方案

批量范围 N	样本大小 n	合格判定数　A_c	不合格判定数　R_e
<25	2	0	1
26～50	8	1	2
51～90	8	1	2
91～150	8	1	2
151～280	13	2	3
281～500	20	3	4
501～1 200	32	5	6
1 201～3 200	50	7	8
3 201～10 000	80	10	11

8.4.3 在计数抽样合格的产品中，随机抽取足够的样品，进行 20℃，1 h 的静液压试验。

8.5 型式检验

8.5.1 分组

按表 12 规定对管件进行尺寸分组。

表 12　管件的尺寸组和公称外径范围

尺寸组	公称外径范围
1	$16 \leqslant d_n \leqslant 63$
2	$75 \leqslant d_n \leqslant 160$

8.5.2　按表12规定选取每一尺寸组中任一规格的管件进行型式检验。

8.5.3　管件型式检验项目为本部分第6章中除6.6中的静液压状态下的热稳定性试验和6.8中的系统适用性试验以外的所有试验项目。

8.5.4　一般情况下,每隔两年进行一次型式检验。

若有下列情况之一,也应进行型式检验:

　　a)　正式生产后,若材料、工艺有较大变化,可能影响产品性能时;

　　b)　因任何原因停产半年以上恢复生产时;

　　c)　出厂检验结果与上次型式检验结果有较大差异时;

　　d)　国家质量监督机构提出进行型式检验要求时。

8.6　判定规则

外观、尺寸按照表11进行判定。给水用管件的卫生指标有一项不合格则判该批为不合格批。其他指标有一项达不到规定时,则随机抽取双倍样品进行该项复检,如仍不合格,则判该批为不合格批。

9　标志、包装、运输、贮存

9.1　标志

9.1.1　产品应有下列永久性标记

　　a)　产品名称:应注明原料名称,如PB;

　　b)　产品规格:应注明公称外径、管系列S;

　　c)　商标;

　　d)　用途:给水或采暖(可以用颜色标识)。

9.1.2　产品包装应有下列标记

　　a)　生产厂名、厂址、商标;

　　b)　产品名称、规格,去皮型热熔承插连接管件应注明;

　　c)　生产日期或生产批号;

　　d)　本标准号;

9.2　包装

一般情况下,每个包装箱内应装相同品种和规格的管件,包装箱应有内衬袋,每个包装箱重量不超过25kg。

9.3　运输

管件在运输时,不得曝晒、沾污、重压、抛摔和损伤。

9.4　贮存

管件应贮存在室内,远离热源,合理放置。

第
五
部
分

热塑性塑料

ICS 83.040.20
G 33

中华人民共和国国家标准

GB/T 4217—2008/ISO 161-1:1996
代替 GB/T 4217—2001

流体输送用热塑性塑料管材
公称外径和公称压力

Thermoplastics pipes for the conveyance of fluids—
Nominal outside diameters and nominal pressures

(ISO 161-1:1996,IDT)

2008-08-19 发布   2009-05-01 实施

中华人民共和国国家质量监督检验检疫总局
中国国家标准化管理委员会 发布

前　言

本标准等同采用 ISO 161-1:1996《流体输送用热塑性塑料管材　公称外径和公称压力　第1部分：公制系列》，在技术内容和标准结构上完全相同，仅作少量编辑性修改。

本标准代替 GB/T 4217—2001《流体输送用热塑性塑料管材　公称外径和公称压力》。

本标准与 GB/T 4217—2001 相比主要变化如下：

——规范性引用文件引用了 GB/T 321—2005《优先数和优先数系》；

——修正了 GB/T 4217—2001 的式(4)、式(5)；

——将表1中的"350"改为"450"；

——将表2注中的"R20"改为"R10"；

——增加了参考文献。

本标准由全国塑料制品标准化技术委员会(SAC/TC 48)归口。

本标准起草单位：轻工业塑料加工应用研究所、亚大塑料制品有限公司、河北宝硕管材有限公司。

本标准主要起草人：李田华、王志伟、李艳英。

本标准所代替标准的历次版本发布情况为：

——GB/T 4217—1984，GB/T 4217—2001。

流体输送用热塑性塑料管材
公称外径和公称压力

1 范围

本标准规定了有压和无压流体输送用热塑性塑料管材的公称外径,并规定了有压热塑性塑料管材的公称压力、最小要求强度和总体使用(设计)系数。

本标准适用于用各种加工方法和材料制造的、横截面为圆形、内外壁光滑的热塑性塑料管材。

2 规范性引用文件

下列文件中的条款通过本标准的引用而成为本标准的条款。凡是注日期的引用文件,其随后所有的修改单(不包括勘误的内容)或修订版均不适用于本标准,然而,鼓励根据本标准达成协议的各方研究是否可使用这些文件的最新版本。凡是不注日期的引用文件,其最新版本适用于本标准。

GB/T 321—2005　优先数和优先数系(ISO 3:1973,IDT)

GB/T 18475—2001　热塑性塑料压力管材和管件用材料　分级和命名　总体使用(设计)系数(eqv ISO 12162:1995)

3 术语和定义

下列术语和定义适用于本标准。

3.1

公称外径　nominal outside diameter

d_n

管材或管件插口外径的规定数值,单位为毫米(mm)。在热塑性塑料管材系统中,它适用于除法兰和用螺纹尺寸表示的部件外的所有热塑性塑料管道系统部件。为便于参考采用整数。

注:公称外径是管材产品标准中规定的最小平均外径 $d_{em,min}$,单位为毫米(mm)。

3.2

外径　outside diameter

d_e

3.2.1

平均外径　mean outside diameter

d_{em}

管材或管件插口端任一横断面的外圆周长除以 π(圆周率)并向大圆整到 0.1 mm 得到的值。

3.2.2

最小平均外径　minimum mean outside diameter

$d_{em,min}$

平均外径(3.2.1)的最小允许值。

注:在符合 GB/T 4217 的管材产品标准中,最小平均外径等于其公称外径(3.2.1)。

3.3

压力　pressure

3.3.1

公称压力　nominal pressure

PN

与管道系统部件的力学性能相关用于参考的标识。它选自 GB/T 321 中的 R10 系列的便于使用的数字。

注：缩略语 *PN* 来源于法语 pression nominale。

3.3.2

最大允许工作压力　maximum allowable operating pressure

p_{PMS}

考虑总体使用（设计）系数 *C* 后确定的管材的允许压力，单位为 MPa。

注：有时用 MOP 表示；缩略语 PMS 来源于法语 pression maximale de service。

3.4

置信下限　lower confidence limit

σ_{LCL}

一个用于评价材料性能的应力值，指该材料制造的管材在 20 ℃、50 年的内水压下，置信度为 97.5% 时，预测的长期强度的置信下限，单位为 MPa。

3.5

最小要求强度　minimum required strength

MRS

将 20 ℃、50 年置信下限（3.4）σ_{LCL} 的值按 GB/T 321 的 R10 或 R20 系列向下圆整到最接近的一个优先数得到的应力值，单位为 MPa。当 σ_{LCL} 小于 10 MPa 时，按 R10 系列圆整，当 σ_{LCL} 大于等于 10MPa 时按 R20 系列圆整。*MRS* 是单位为 MPa 的环应力值。

3.6

总体使用（设计）系数　overall service（design）coefficient

C

一个大于 1 的数值，它的大小考虑了使用条件和管路其他附件的特性对管系的影响，是在置信下限所包含因素之外考虑的管系的安全裕度。

GB/T 18475 规定了特定材料的总体使用系数的最小值。

3.7

设计应力　design stress

σ_s

规定条件下的允许应力，等于最小要求强度（单位 MPa）除以总体使用（设计）系数（3.6）：

$$\sigma_s = \frac{MRS}{C} \qquad \cdots\cdots\cdots\cdots\cdots\cdots\cdots (1)$$

3.8

标准尺寸比　standard dimension ratio

SDR

管材的公称外径（d_n）与公称壁厚（e_n）的比值，由公式 $SDR = d_n/e_n$ 计算并按一定规则圆整。*SDR* 可以由式（2）、式（3）之一计算：

$$SDR = \frac{2 \times MRS}{C \times p_{PMS}} + 1 \qquad \cdots\cdots\cdots\cdots\cdots (2)$$

或

$$SDR = \frac{2 \times \sigma_s}{p_{PMS}} + 1 \qquad \cdots\cdots\cdots\cdots\cdots\cdots (3)$$

式中：

d_n——管材公称外径，单位为毫米(mm)；

e_n——公称壁厚，单位为毫米(mm)；

MRS——最小要求强度，单位为兆帕(MPa)；

p_{PMS}——最大允许工作压力，单位为兆帕(MPa)；

C——总体使用(设计)系数；

σ_s——设计应力，单位为兆帕(MPa)。

给定 SDR 的值，用产品标准中规定的 MRS 和 C，可以按式(4)、式(5)算出最大允许工作压力 p_{PMS}：

$$p_{PMS} = \frac{2 \times MRS}{C \times (SDR - 1)} \qquad \cdots\cdots\cdots\cdots\cdots\cdots (4)$$

或

$$p_{PMS} = \frac{2 \times \sigma_s}{(SDR - 1)} \qquad \cdots\cdots\cdots\cdots\cdots\cdots (5)$$

3.9

静液压应力 hydrostatic stress

σ

管材充满有压液体时，管壁所受到的应力，单位为MPa。它与压力、壁厚和外径的关系：

$$\sigma = \frac{p(d_e - e)}{2e} \qquad \cdots\cdots\cdots\cdots\cdots\cdots (6)$$

式中：

p——静液压压力，单位为兆帕(MPa)；

d_e——管材的外径，单位为毫米(mm)；

e——管材的壁厚，单位为毫米(mm)。

4 公称外径 (d_n)

公称外径应从表 1 中选定。

表 1 公称外径 (d_n) 允许值

单位为毫米

2.5	10	40	125	250	500	1 000
3	12	50	140	280	560	1 200
4	16	63	160	315	630	1 400
5	20	75	180	355	710	1 600
6	25	90	200	400	800	1 800
8	32	110	225	450	900	2 000

5 公称压力 (p_N) 级别

公称压力级别应从表 2 中选定。

表 2　公称压力(p_N)级别(对应最大允许工作压力 p_{PMS})

PN	p_{PMS}	
	MPa	bar
1	0.1	1
2.5	0.25	2.5
3.2	0.32	3.2
4	0.4	4
5	0.5	5
6	0.6	6
6.3	0.63	6.3
8	0.8	8
10	1	10
12.5	1.25	12.5
16	1.6	16
20	2	20
注:如要求更高的公称压力,应从 GB/T 321 中的 R5 系列或 R10 系列选取。		

6　最小要求强度(MRS)

最小要求强度应从表 3 中选定。

表 3　最小要求强度(MRS)允许值　　　　　　　　　　　单位为兆帕

1	6.3	20
1.25	8	22.4
1.5	10	25
2	11.2	28
2.5	12.5	31.5
3.15	14	35.5
4	16	40
5	18	—
注:从 1 到 10 的各个值选自 GB/T 321 中的 R10 系列(增量 25%),大于 10 的值选自 GB/T 321 中的 R20 系列(增量 12%)。		

参 考 文 献

[1] ISO 161-2:1996 流体输送用热塑性塑料管材 公称外径和公称压力 第 2 部分:英制系列.

[2] GB/T 19764—2005 优先数和优先数化整值系列的选用指南(ISO 497:1973,IDT).

[3] GB/T 10798—2001 热塑性塑料管材通用壁厚表(idt ISO 4065:1996).

[4] GB/T 19278—2003 热塑性塑料管材、管件及阀门通用术语及其定义.

前　　言

本标准是对 GB/T 10798—1989《热塑性塑料管材通用壁厚表》的修订。在修订中,等同采用了国际标准 ISO 4065:1996《热塑性塑料管材——通用壁厚表》。

与原国家标准相比,本标准的主要修订内容有:

1. 增加了定义一章,对本标准中涉及到的定义进行了解释和说明;

2. 修订后标准中管系列 S 增加了 2、11.2、14,公称外径扩至 2 000。

本标准自实施之日起,同时代替 GB/T 10798—1989。

本标准由中国轻工业联合会提出。

本标准由全国塑料制品标准化技术委员会归口。

本标准起草单位:轻工业塑料加工应用研究所。

本标准主要起草人:钱汉英、刘秋凝、孙志伟。

ISO 前言

国际标准化组织(ISO)是由各国标准化团体(ISO 成员团体)组成的世界性的联合会。制定国际标准的工作通常由 ISO 的技术委员会完成。各成员团体若对某技术委员会确立的项目感兴趣,均有权参加该委员会的工作。与 ISO 保持联系的各国际组织(官方的或非官方的)也可参加有关工作。在电工技术标准化方面,ISO 与国际电工委员会(IEC)保持密切合作关系。

由技术委员会通过的国际标准草案(DIS)提交各成员团体表决,须取得至少 75% 参加表决的成员团体的同意,才能作为国际标准正式发布。

国际标准 ISO 4065 由技术委员会 ISO/TC 138(流体输送用塑料管材、管件和阀门)起草。

此第二版取消并代替第一版(ISO 4065:1978),并对第一版进行了技术修订。

第一版的目的是为了识别热塑性塑料管材的标准壁厚,作为生产中壁厚变化范围的控制方法。这次修订有许多基本的变化。本标准提供了用于建立系列壁厚的基础,以用于产品标准的制定。但是,不能把它看作全部壁厚的列表,当考虑诸如刚度和温度条件等附加因素,其他壁厚有使用要求时,可以不同于此壁厚表。

附录 A 是提示的附录。

中华人民共和国国家标准

GB/T 10798—2001
idt ISO 4065:1996

代替 GB/T 10798—1989

热塑性塑料管材通用壁厚表

Table of universal wall thickness of thermoplastics pipe

---

1 范围

本标准规定了热塑性塑料管材公称外径 d_n 对应的公称壁厚 e_n，并给出了用公称壁厚表示的通用壁厚表。

本标准适用于沿管材长度方向具有恒定圆形断面的光滑热塑性塑料管材，不论该管材的加工方法、组成及用途。

2 引用标准

下列标准所包含的条文，通过在本标准中引用而构成为本标准的条文。本标准出版时，所示版本均为有效。所有标准都会被修订，使用本标准的各方应探讨使用下列标准最新版本的可能性。

GB/T 321—1980　优先数和优先数系

GB/T 4217—2001　流体输送用热塑性塑料管材　公称外径和公称压力

3 定义

本标准采用下列定义。

3.1　公称外径 d_n

用于表示管材外径的一个数值，单位为毫米。对于尺寸符合 GB/T 4217 的管材，公称外径是所用管材产品标准中规定的最小平均外径 $d_{em,min}$。为使用方便，对该数字进行了圆整。

3.2　平均外径 d_{em}

管材外圆周长的测量值除以 $\pi(3.142)$，并向大圆整到 0.1 mm。

3.3　任意点的壁厚 e_y

沿管材圆周的任意点测得的壁厚，并向大圆整到 0.1 mm。

3.4　公称壁厚 e_n

用于表示管材壁厚的一个数值，单位为毫米。它等于任意点最小允许壁厚 $e_{y,min}$ 经圆整后的值。本标准中表 4 和表 5 给出了管材公称外径对应的公称壁厚。

3.5　标准尺寸比 SDR

管材的公称外径与公称壁厚之比。

注1：此值也可由 3.6 的公式得到。

3.6　管材系列数 S

与公称外径 d_n 和公称壁厚 e_n 有关的无量纲数，其值在标准的表 1、表 2 和表 3 中给出。

$$S = (SDR - 1)/2 \quad \cdots\cdots\cdots\cdots(1)$$

对于压力管可表达为：

$$S = \sigma/p \quad \cdots\cdots\cdots\cdots(2)$$

式中：p——内压；

中华人民共和国国家质量监督检验检疫总局 2001-10-24 批准　　　　2002-05-01 实施

σ——诱导应力,σ 及 p 单位相同。

表 1 由所选设计应力 σ_S 和最大许用工作压力 p_{PMS} 所得 S 值

设计应力 σ_S MPa	p_{PMS},MPa											
	2.5	2.0	1.6	1.25	1.0	0.8	0.63	0.6	0.5	0.4	0.315	0.25
	S 值											
16	6.400 0	8.000 0	10.000	12.800	16.000	20.000	25.397	26.667	32.000	40.000	50.794	64.000
14	5.600 0	7.000 0	8.750 0	11.200	14.000	17.000	22.222	23.333	28.000	35.000	44.444	56.000
12.5	5.000 0	6.250 0	7.812 5	10.000	12.500	15.625	19.841	20.833	25.000	31.250	39.683	50.000
11.2	4.480 0	5.600 0	7.000 0	8.960 0	11.200	14.000	17.778	18.667	22.400	28.000	35.556	44.800
10	4.000 0	5.000 0	6.250 0	8.000 0	10.000	12.500	15.873	16.667	20.000	25.000	31.746	40.000
8	3.200 0	4.000 0	5.000 0	6.400 0	8.000 0	10.000	12.698	13.333	16.000	20.000	25.397	32.000
6.3	2.520 0	3.150 0	3.937 5	5.040 0	6.300 0	7.875 0	10.000	10.500	12.600	15.750	20.000	25.200
5	2.000 0	2.500 0	3.125 0	4.000 0	5.000 0	6.250 0	7.936 5	8.333 3	10.000	12.500	15.873	20.000
4		2.000 0	2.500 0	3.200 0	4.000 0	5.000 0	6.439 2	6.666 7	8.000 0	10.000	12.698	16.000
3.15			1.968 8	2.150 0	3.150 0	3.937 5	5.000 0	5.250 0	6.300 0	7.875 0	10.000	12.600
2.5					2.500 0	3.125 0	3.968 3	4.166 7	5.000 0	6.250 0	7.936 5	10.000

注:S 值分级低于 2.000 的不包含在本表中,因为实际应用中这种管子的几何形状是不合格的。

表 2 由 GB/T 321 所得公称 S 值及计算值[1]

公称 S 值	计算值
2	1.995 3
2.5	2.511 9
3.2	3.162 3
4	3.981 1
5	5.011 9
6.3	6.309 6
8	7.943 3
10	10.000
11.2	11.220
12.25	12.598
14	14.125
16	15.849
20	19.953
25	25.119
32	31.623
40	39.811
50	50.119
63	63.096

[1] 更高的值从 GB/T 321—1980 中 R10 系列选取。

表 3 由表 1 所得 S 值和设计应力用于计算壁厚（6 MPa 的 p_{PMS}）

设计应力 MPa	计算 S 值	公称 S 值
2.5	4.166 7	4.2
3.15	5.250 0	5.3
4	6.666 7	6.7
5	8.333 3	8.3
6.3	10.500 0	10.5
8	13.333	13.3
10	16.667	16.7
11.2	18.667	18.7
12.5	20.833	20.8
14	23.333	23.3
16	26.667	26.7

用户可参照 GB/T 4217 选择 σ、p。S 值小于或等于 10 时，由 ISO 3 中 R10 系列选取；S 值大于 10 时，由 R20 系列选取。

4 壁厚值计算

按照 GB/T 4217，压力管的壁厚由下面二个公式之一计算。

$$e_n = \frac{1}{2(\sigma/p) + 1} \times d_n \qquad \cdots\cdots\cdots\cdots\cdots\cdots (3)$$

$$e_n = \frac{1}{2S + 1} \times d_n \qquad \cdots\cdots\cdots\cdots\cdots\cdots (4)$$

式中：e_n——公称壁厚；

d_n——公称外径，e_n 和 d_n 单位相同；

σ——诱导应力；

p——内压，σ 及 p 单位相同；

S——管材系列数。

上述公式也适用于表达最大允许工作压力 p_{PMS} 以及设计应力 σ_S 间的关系。

$$e_n = \frac{1}{2(\sigma_S/p_{PMS}) + 1} \times d_n \qquad \cdots\cdots\cdots\cdots\cdots\cdots (5)$$

p_{PMS} 值由 GB/T 321 优先数 R10 系列中选取。σ_S 值等于或小于 10 MPa 时，由 GB/T 321 优先数 R10 系列中选取；而 σ_S 值大于 10 MPa 时，由 GB/T 321 优先数 R20 系列中选取。

S 定义为设计应力与最大允许操作压力的商，见式（6）：

$$S = \sigma_S/p_{PMS} \qquad \cdots\cdots\cdots\cdots\cdots\cdots (6)$$

表 1 给出了最大允许工作压力在 0.25 MPa～2.5 MPa，设计应力在 2.5 MPa～16 MPa 时的 S 值，还包括了公称压力为 0.6 MPa 的管系列（0.6 MPa 不属于 R10 优先数系列）。表 2 给出了由 GB/T 321 得出的 S 的计算值，表 3 给出了 p_{PMS} 为 0.6 MPa 的 S 的计算值。

注 2：除 0.6 MPa 系列外，设计应力小于等于 1.0 MPa 时，S 是两个 R10 系列数的商，因此它也是 R10 系列数。设计应力大于 10 MPa 时，S 是一个 R10 系列数和一个 R20 系列数的商，因此它是 R20 系列数。

注 3：表 4 和表 5 给出的全部壁厚计算值是按下述程序圆整到一位小数：

步骤 1：计算值保留三位小数，如 0.×××；

步骤 2：

a）如果第 2 位小数是 1 或大于 1 的数，则向大圆整到第 1 位小数；

b）如果第 2 位小数是 0，第 3 位小数是 5 或大于 5 的数，则向大圆整到第 1 位小数。如小数点后第 2 位小数是 0，第

3位小数是4或小于4的数,则向小圆整到第1位小数。

表4 p_{PMS}值为0.25;0.315;0.4;0.5;0.63;
0.8;1.0;1.25;1.6;2.0和2.5 MPa的公称壁厚 e_n　　　　单位:mm

公称外径 d_n	管系列S（标准尺寸比SDR）																	
	2 (5)	2.5 (6)	3.2 (7.4)	4 (9)	5 (11)	6.3 (13.6)	8 (17)	10 (21)	11.2 (23.4)	12.5 (26)	14 (29)	16 (33)	20 (41)	25 (51)	32 (65)	40 (81)	50 (101)	63 (127)
	公称壁厚 e_n																	
2.5	0.5																	
3	0.6	0.5	0.5															
4	0.8	0.7	0.6	0.5														
5	1.0	0.9	0.7	0.6	0.5													
6	1.2	1.0	0.9	0.7	0.6	0.5												
8	1.6	1.4	1.1	0.9	0.8	0.6	0.5											
10	2.0	1.7	1.4	1.2	1.0	0.8	0.6	0.5	0.5									
12	2.4	2.0	1.7	1.4	1.1	0.9	0.8	0.6	0.5	0.5								
16	3.3	2.7	2.2	1.8	1.5	1.2	1.0	0.8	0.7	0.7	0.5							
20	4.1	3.4	2.8	2.3	1.9	1.5	1.2	1.0	0.9	0.8	0.7	0.7	0.5					
25	5.1	4.2	3.5	2.8	2.3	1.9	1.5	1.2	1.1	1.0	0.9	0.8	0.7	0.5				
32	6.5	5.4	4.4	3.6	2.9	2.4	1.9	1.6	1.4	1.3	1.1	1.0	0.9	0.7	0.5			
40	8.1	6.7	5.5	4.5	3.7	3.0	2.4	1.9	1.8	1.6	1.4	1.3	1.0	0.8	0.7	0.5		
50	10.1	8.3	6.9	5.6	4.6	3.7	3.0	2.4	2.3	1.9	1.8	1.6	1.3	1.0	0.8	0.7	0.5	
63	12.7	10.5	8.6	7.1	5.8	4.7	3.8	3.0	2.7	2.5	2.2	2.0	1.6	1.3	1.0	0.8	0.7	0.5
75	15.1	12.5	10.3	8.4	6.8	5.6	4.5	3.6	3.2	2.9	2.6	2.3	1.9	1.5	1.2	1.0	0.8	0.6
90	18.1	15.0	12.3	10.1	8.2	6.7	5.4	4.3	3.9	3.5	3.1	2.8	2.2	1.8	1.4	1.2	0.9	0.8
110	22.1	18.3	15.1	12.3	10.0	8.1	6.6	5.3	4.7	4.2	3.8	3.4	2.7	2.2	1.8	1.4	1.1	0.9
125	25.1	20.8	17.1	14.0	11.4	9.2	7.4	6.0	5.4	4.8	4.3	3.9	3.1	2.5	2.0	1.6	1.3	1.0
140	28.1	23.3	19.2	15.7	12.7	10.3	8.3	6.7	6.0	5.4	4.8	4.3	3.5	2.8	2.2	1.8	1.4	1.1
160	32.1	26.6	21.9	17.9	14.6	11.8	9.5	7.7	6.9	6.2	5.5	4.9	4.0	3.2	2.5	2.0	1.6	1.3
180	36.1	29.9	24.6	20.1	16.4	13.3	10.7	8.6	7.7	6.9	6.2	5.5	4.4	3.6	2.8	2.3	1.8	
200	40.1	33.2	27.4	22.4	18.2	14.7	11.9	9.6	8.6	7.7	6.9	6.2	4.9	3.9	3.2	2.5	2.0	1.6
225	45.1	37.4	30.8	25.2	20.5	16.6	13.4	10.8	9.6	8.6	7.7	6.9	5.5	4.4	3.5	2.8	2.3	1.8
250	50.1	41.5	34.2	27.9	22.7	18.4	14.8	11.9	10.7	9.6	8.6	7.7	6.2	4.9	3.9	3.1	2.5	2.0
280	56.2	46.5	38.3	31.3	25.4	20.6	16.6	13.4	12.0	10.7	9.6	8.6	6.9	5.5	4.4	3.5	2.8	2.2
315		52.3	43.1	35.2	28.6	23.2	18.7	15.0	13.5	12.1	10.8	9.7	7.7	6.2	4.9	4.0	3.2	2.5
355		59.0	48.5	39.7	32.2	26.1	21.1	16.9	15.2	13.6	12.2	10.9	8.7	7.0	5.6	4.4	3.6	2.8
400			54.7	44.7	36.3	29.4	23.7	19.1	17.1	15.3	13.7	12.3	9.8	7.9	6.3	5.0	4.0	3.2

表4（完） 单位:mm

公称外径 d_n	管系列 S（标准尺寸比 SDR）																	
	2 (5)	2.5 (6)	3.2 (7.4)	4 (9)	5 (11)	6.3 (13.6)	8 (17)	10 (21)	11.2 (23.4)	12.5 (26)	14 (29)	16 (33)	20 (41)	25 (51)	32 (65)	40 (81)	50 (101)	63 (127)
	公称壁厚 e_n																	
450			61.5	50.3	40.9	33.1	26.7	21.5	19.2	17.2	15.4	13.8	11.0	8.8	7.0	5.6	4.5	3.6
500				55.8	45.4	36.8	29.7	23.9	21.4	19.1	17.1	15.3	12.3	9.8	7.8	6.2	5.0	4.0
560					50.8	41.2	33.2	26.7	23.9	21.4	19.2	17.2	13.7	11.0	8.8	7.0	5.6	4.4
630					57.2	46.3	37.4	30.0	26.9	24.1	21.6	19.3	15.4	12.3	9.9	7.9	6.3	5.0
710						52.2	42.1	33.9	30.3	27.2	24.3	21.8	17.4	13.9	11.1	8.9	7.1	5.6
800						58.8	47.4	38.1	34.2	30.6	27.4	24.5	19.6	15.7	12.5	10.0	7.9	6.3
900							53.3	42.9	38.4	34.4	30.8	27.6	22.0	17.6	14.1	11.2	8.9	7.1
1000							59.3	47.7	42.7	38.2	34.2	30.6	24.5	19.6	15.6	12.4	9.9	7.9
1200								57.2	51.2	45.9	41.1	36.7	29.4	23.5	18.7	14.9	11.9	9.5
1400										53.5	47.9	42.9	34.3	27.4	21.8	17.4	13.9	11.1
1600										61.2	54.7	49.0	39.2	31.3	24.9	19.9	15.8	12.6
1800											61.6	55.1	44.0	35.2	28.1	22.4	17.8	14.2
2000											68.4	61.2	48.9	39.1	31.2	24.9	19.8	15.8

5 壁厚表

依据表2中的 S 值，表4给出了不同公称外径 d_n 对应的公称壁厚 e_n。

最大许用压力 0.6 MPa 的管材系列壁厚见表5，该值由表3中 S 值计算得到。

表5 公称壁厚（p_{PMS} 为 0.6 MPa） 单位:mm

公称外径 d_n	管系列 S（标准尺寸比 SDR）										
	4.2 (9.4)	5.3 (11.6)	6.7 (14.4)	8.3 (17.6)	10.5 (22)	13.3 (27.6)	16.7 (34.4)	18.7 (38.4)	20.8 (42.6)	23.3 (47.6)	26.7 (54.4)
	公称壁厚 e_n										
2.5											
3											
4	0.5										
5	0.6	0.5									
6	0.7	0.6	0.5								
8	0.9	0.7	0.6	0.5							
10	1.1	0.9	0.7	0.6	0.5						
12	1.3	1.1	0.9	0.7	0.6	0.5					
16	1.8	1.4	1.2	1.0	0.8	0.6	0.5	0.5			
20	2.2	1.8	1.4	1.2	1.0	0.8	0.6	0.6	0.5	0.5	

表 5（完）　　　　　　　　　　　　　　　　　　　　　　　　　　　　　　　　　　　　　　单位:mm

公称外径 d_n	管系列 S（标准尺寸比 SDR）										
	4.2 (9.4)	5.3 (11.6)	6.7 (14.4)	8.3 (17.6)	10.5 (22)	13.3 (27.6)	16.7 (34.4)	18.7 (38.4)	20.8 (42.6)	23.3 (47.6)	26.7 (54.4)
	公称壁厚 e_n										
25	2.7	2.2	1.8	1.5	1.2	0.9	0.8	0.7	0.6	0.6	0.5
32	3.5	2.8	2.3	1.9	1.5	1.2	1.0	0.9	0.8	0.7	0.6
40	4.3	3.5	2.8	2.3	1.9	1.5	1.2	1.1	1.0	0.9	0.8
50	5.4	4.4	3.5	2.9	2.3	1.9	1.5	1.3	1.2	1.1	1.0
63	6.8	5.5	4.4	3.6	2.9	2.3	1.9	1.7	1.5	1.4	1.2
75	8.1	6.6	5.3	4.3	3.5	2.8	2.2	2.0	1.8	1.6	1.4
90	9.7	7.9	6.3	5.1	4.1	3.3	2.7	2.4	2.2	1.9	1.7
110	11.8	9.6	7.7	6.3	5.0	4.0	3.2	2.9	2.6	2.4	2.1
125	13.4	10.9	8.8	7.1	5.7	4.6	3.7	3.3	3.0	2.7	2.3
140	15.0	12.2	9.8	8.0	6.4	5.1	4.1	3.7	3.3	3.0	2.6
160	17.2	14.0	11.2	9.1	7.3	5.8	4.7	4.2	3.8	3.4	3.0
180	19.3	15.7	12.6	10.2	8.2	6.6	5.3	4.7	4.3	3.8	3.4
200	21.5	17.4	14.0	11.4	9.1	7.3	5.9	5.3	4.7	4.2	3.7
225	24.2	19.6	15.7	12.8	10.3	8.2	6.6	5.9	5.3	4.8	4.2
250	26.8	21.8	17.5	14.2	11.4	9.1	7.3	6.6	5.9	5.3	4.6
280	30.0	24.4	19.6	15.9	12.8	10.2	8.2	7.3	6.6	5.9	5.2
315	33.8	27.4	22.0	17.9	14.4	11.4	9.2	8.3	7.4	6.7	5.8
355	38.1	30.9	24.8	20.1	16.2	12.9	10.4	9.3	8.4	7.5	6.6
400	42.9	34.8	28.0	22.7	18.2	14.5	11.7	10.5	9.4	8.4	7.4
450	48.3	39.2	31.4	25.5	20.5	16.3	13.2	11.8	10.6	9.5	8.3
500	53.6	43.5	34.9	28.3	22.8	18.1	14.6	13.1	11.8	10.5	9.2
560	60.0	48.7	39.1	31.7	25.5	20.3	16.4	14.7	13.2	11.8	10.4
630		54.8	44.0	35.7	28.7	22.8	18.4	16.5	14.8	13.3	11.6
710			49.6	40.2	32.3	25.7	20.7	18.6	16.7	14.9	13.1
800			55.9	45.3	36.4	29.0	23.3	20.9	18.8	16.8	14.8
900				51.0	41.0	32.6	26.3	23.5	21.1	18.9	16.6
1000				56.6	45.5	36.2	29.2	26.1	23.5	21.0	18.4
1200					54.6	43.4	35.0	31.3	28.2	25.2	22.1
1400						50.6	40.8	36.6	32.9	29.4	25.8
1600						57.9	46.6	41.8	37.5	33.6	29.5
1800							52.5	47.0	42.2	37.8	33.2
2000							58.3	52.2	46.9	42.0	36.9

6 无压管

用 S 值进行壁厚计算（S 值由设计应力 σ_S 及最大许用工作压力 p_{PMS} 确定）主要适用于压力管，但表 4 和表 5 也适用于无压管。

7 特殊情况

虽然在第 6 章描述了一般情况，但考虑到如刚性或温度及其他因素，允许在其他场合采用其他壁厚值，然而应尽量减少这种例外情况。

GB/T 10798—2001《热塑性塑料管材通用壁厚表》第 1 号修改单

本修改单业经国家标准化管理委员会于 2003 年 8 月 25 日以国标委农轻函[2003]72 号文批准，自 2003 年 10 月 1 日起实施。

表 3 表格中更改：

表 3 原为：

表 3　由表 1 所得 S 值和设计应力用于计算壁厚（6 MPa 的 p_{PMS}）

设计应力 MRS/MPa	计算 S 值	公称 S 值
1.5	1.166 7	4.2
1.15	1.250 0	5.3
4	1.666 7	6.7
5	8.333 3	8.3
6.3	10.500 0	10.5
8	13.333	13.3
10	16.667	16.7
11.2	18.667	18.7
12.5	20.833	20.8
14	23.333	23.3
16	26.667	26.7

更改为：

表 3　由表 1 所得 S 值和设计应力用于计算壁厚（6 MPa 的 p_{PMS}）

设计应力 MRS/MPa	计算 S 值	公称 S 值
2.5	4.166 7	4.2
3.15	5.250 0	5.3
4	6.666 7	6.7
5	8.333 3	8.3
6.3	10.500 0	10.5
8	13.333	13.3
10	16.667	16.7
11.2	18.667	18.7
12.5	20.833	20.8
14	23.333	23.3
16	26.667	26.7

ICS 83.140.30
G 33

中华人民共和国国家标准

GB/T 18252—2008/ISO 9080:2003
代替 GB/T 18252—2000

塑料管道系统 用外推法确定热塑性塑料材料以管材形式的长期静液压强度

Plastics piping and ducting systems—Determination of the long-term
hydrostatic strength of thermoplastics materials in pipe form by extrapolation

(ISO 9080:2003,IDT)

2008-08-19 发布　　　　　　　　　　　　2009-05-01 实施

中华人民共和国国家质量监督检验检疫总局
中国国家标准化管理委员会　　发布

前　　言

本标准等同采用 ISO 9080:2003《塑料管道系统　用外推法确定热塑性塑料材料以管材形式的长期静液压强度》。

本标准代替 GB/T 18252—2000《塑料管道系统　用外推法对热塑性塑料管材长期静液压强度的测定》。

本标准与 GB/T 18252—2000 相比主要变化如下：

——标准名称由《塑料管道系统　用外推法对热塑性塑料管材长期静液压强度的测定》改为《塑料管道系统　用外推法确定热塑性塑料材料以管材形式的长期静液压强度》；

——本标准对破坏模式分为 A 型和 B 型，用拐点自动检验法确定破坏模式。GB/T 18252—2000 对破坏模式分为韧性破坏和脆性破坏，首先用肉眼观察法来确定破坏模式，肉眼观察难于确定破坏模式时用拐点自动检验法来确定；

——本标准中 $\mathbf{x}$ 定义为行向量，在式（A.12）的矩阵乘积项中出现为 $[\mathbf{x}(\mathbf{X}^T\mathbf{X})^{-1}\mathbf{x}^T]$，该量在 GB/T 18252—2000 中定义为列向量；

——计算 σ_{LTHS} 的两个公式：本标准取消了 GB/T 18252—2000 中计算 σ_{LTHS} 的式（A.13）和式（A.14）；

——求 σ_{LPL} 时筛选有效解的方法：本标准式（A.13）中根式前只取减号。GB/T 18252—2000 相应公式（A.15）中根式前为（±）号。$\alpha > 0$ 时，根号前取负号，$\alpha < 0$ 时，根号前取正号；

——本标准第 A.4 章给出了拟合检验方法，GB/T 18252—2000 没有给出拟合检验方法。

本标准的附录 A、附录 B 为规范性附录，附录 C、附录 D 为资料性附录。

本标准由中国轻工业联合会提出。

本标准由全国塑料制品标准化技术委员会塑料管材、管件及阀门分技术委员会（TC 48/SC 3）归口。

本标准起草单位：四川大学、北京工商大学轻工业塑料加工应用研究所、中国石油化工股份有限公司齐鲁分公司研究院、上海乔治费歇尔管路系统有限公司。

本标准主要起草人：董孝理、赵启辉、谢建玲、李鹏。

本标准所代替标准的历次版本发布情况为：

——GB/T 18252—2000。

引　言

塑料材料的力学破坏与温度、载荷大小和受载时间有关。塑料压力管的正确使用考虑到了温度 (T) 和管内内压介质在管壁内产生的静液压应力 (σ) 与管材破坏时间 (t) 的关系。一般说来，T 升高或 σ 升高，都导致 t 减少。

塑料压力管通常需要有几十年甚至100年的长期使用寿命。本标准用高温下管材在较短时间（仍需1年）的静液压应力破坏试验结果来外推几十年甚至100年使用时间下管材材料耐受静液压应力的能力。

管材的静液压应力破坏试验结果表现出明显的数据离散性。这使 T、σ、t 间的关系带有统计性质。可以选择合适的统计分布和概率来表述这一特点。本标准选用的统计分布是在同一 T、σ 下，$\log_{10}t$ 呈正态分布。在此基础上，按以下顺序计算：

a)　多元线性回归；

b)　对 $\log_{10}t$ 作新观察值预测，同时引入学生氏 (t_{st}) 分布及预测概率 (ε)；

c)　用 $\log_{10}t$ 新观察值预测公式作反方向运算求得与一定 T、t 和 ε 相应的应力，即静液压强度。

这一套计算方法称为标准外推法（standard extrapolation method，SEM）。SEM 建立了 T、σ、t、ε 四个变量之间的关系。最常见的应用是解决以下两个问题：

——在一定 T、σ、ε 下预测 $\log_{10}t$ 的预测下限（lower prediction limit，LPL）；

——与一定 T、t 和 ε 相应的应力，即静液压强度。这实际上是在 T、t 下，保证 $\log_{10}t$ 是预测概率不低于 ε 的预测下限时所应控制的应力上限。通常取 $\varepsilon=0.975$，相应的应力为 σ_{LPL}。σ_{LPL} 是管材制品许用应力、许用压力、压力等级和壁厚的设计基础。先前的某些 ISO 标准中，曾使用符号 σ_{LCL} 来表示同一物理量。

由于国际贸易的需要，本标准中静液压强度 σ_{LTHS} 和 σ_{LPL} 的定义按其在 ISO 9080:2003 中的定义直译给出。

塑料管道系统 用外推法确定热塑性
塑料材料以管材形式的长期静液压强度

1 范围

本标准描述了一种用统计外推法估计热塑性塑料材料的长期静液压强度的方法。

本标准适用于在其适用温度下的各种热塑性塑料管材材料。本方法建立在管材的试验数据基础上。试验所用管材的尺寸可在有关制品或系统标准中规定并记入试验报告中。

2 规范性引用文件

下列文件中的条款通过本标准的引用而成为本标准的条款。凡是注日期的引用文件,其随后所有的修改单(不包括勘误的内容)或修订版均不适用于本标准,然而,鼓励根据本标准达成协议的各方研究是否可使用这些文件的最新版本。凡是不注日期的引用文件,其最新版本适用于本标准。

GB/T 6111 流体输送用热塑性塑料管材 耐内压试验方法(GB/T 6111—2003,ISO 1167:1996,IDT)

GB/T 8802—2001 热塑性塑料管材、管件 维卡软化温度的测定(eqv ISO 2507:1995)

GB/T 8806 塑料管材尺寸测量方法(GB/T 8806—2008,ISO 3126:2005,IDT)

GB/T 19466.3—2004 塑料 差示扫描量热法(DSC) 第3部分:熔融和结晶温度及热焓的测定(ISO 11357-3:1999,IDT)

3 术语和定义

下列术语和定义适用于本标准。

3.1

内压 internal pressure

p

管内介质施加在单位面积上的力,单位为兆帕(MPa)。

3.2

应力 stress

σ

内压在管壁内产生的指向环向(周向)的单位面积上的力,单位为兆帕(MPa)。

用下列简化公式由内压计算应力 σ:

$$\sigma = \frac{p(d_{em} - e_{y,min})}{2e_{y,min}} \quad\quad\quad\quad\quad\quad\quad (1)$$

式中:

p——内压,单位为兆帕(MPa);

d_{em}——管材的平均外径,单位为毫米(mm);

$e_{y,min}$——测定的管材的最小壁厚,单位为毫米(mm)。

3.3

试验温度 test temperature

T_t

测定应力破坏数据时所采用的温度,单位为摄氏度(℃)。

3.4

最高试验温度 maximum test temperature

$T_{t,max}$

测定应力破坏数据时所采用的最高温度，单位为摄氏度（℃）。

3.5

使用温度 service temperature

T_S

预计的管材使用温度，单位为摄氏度（℃）。

3.6

破坏时间 failure time

t

管材发生泄漏的时间，单位为时（h）。

3.7

长期静液压强度 long-term hydrostatic strength

σ_{LTHS}

一个与应力有相同量纲的量，它表示在温度 T 和时间 t 预测的平均强度，单位为兆帕（MPa）。

3.8

静液压强度预测值的置信下限 lower confidence limit of the predicted hydrostatic strength

σ_{LPL}

一个与应力有相同量纲的量，它表示在温度 T 和时间 t 预测的静液压强度的 97.5% 置信下限，单位为兆帕（MPa）。

注：σ_{LPL} 按下式给出：

$$\sigma_{LPL} = \sigma(T, t, 0.975) \qquad\qquad\qquad\qquad (2)$$

3.9

拐点 knee

两种破坏模式的转折点。在静液压应力破坏数据的 $\log_{10}\sigma$ 对 $\log_{10}t$ 图上于拐点处斜率变化。

3.10

分支 branch

$\log_{10}\sigma$ 对 $\log_{10}t$ 图上斜率不变的线段。同一分支代表破坏模式相同。

3.11

外推时间因子 extrapolation time factor

k_e

计算外推时间极限时用的因子。

4 试验数据的获得

4.1 试验条件

管材的应力破坏数据应按 GB/T 6111—2003 测定。耐压性能的测定应使用直管。

每只管材试样都应按 GB/T 8806 测定其平均外径和最小壁厚。

如有争议，应选用 25 mm～63 mm 范围内某一直径的管材进行试验。

所测试样应来自同一批材料的同一批挤出管材。

4.2 内压水平和时间范围的分布

4.2.1 对每个选定的温度，都应得到至少 30 个观察值。它们应当规则地分布在至少 5 个内压水平上。出于统计分析的需要，要求在每个内压水平上都有重复观察值。选择内压水平时，应做到至少有 4 个观察值在 7 000 h 以上,至少有 1 个观察值在 9 000 h 以上(见 5.1.4)。当拐点存在时,对两个分支都应收集到可供统计分析的足够数量的观察值,以保证结果的精度。

4.2.2 任何温度下,破坏时间在 10 h 以内的观察值都应舍弃。

4.2.3 温度不大于 40 ℃时,若破坏时间在 1 000 h 以上的观察值的数量已能符合 4.2.1 的要求,可以舍弃破坏时间小于 1 000 h 的观察值。这时,应舍弃所有符合舍弃条件(温度和破坏时间)的观察值。

4.2.4 在最低内压水平未破坏的试样的应力与试验时间可以在多元线性回归计算和拐点判断时取为观察值,或者也可以予以舍弃。

5 步骤

5.1 数据的收集和分析

注:本方法基于线性回归分析,计算细节见附录 A。本方法要求在一个温度或多个温度试验,试验时间 1 年或 1 年以上。不论有无拐点,本方法都适用。

5.1.1 试验数据要求

在至少两个温度 T_1、T_2、…、T_n 下测试,所得数据应符合第 4 章和下列条件要求:

a) 每两个相临的温度应至少相差 10 ℃;

b) 对无定形聚合物或主要是无定形状态的聚合物,最高试验温度 $T_{t,max}$ 不能高于维卡软化温度 $VST_{B,50}$ 以下 15 ℃。维卡软化温度按 GB/T 8802—2001 测定。对结晶或部分结晶聚合物,$T_{t,max}$ 不能超过熔点以下 15 ℃。熔点按 GB/T 19466.3—2004 测定;

c) 每个温度下的观察值数量和内压水平分布应符合 4.2;

d) 为了得到 σ_{LPL} 的最佳估计值,试验温度范围应包括使用温度或使用温度范围;

e) 如果材料状态在最低试验温度及其以下 20 ℃没有变化,最低试验温度下所得数据可用至该温度以下 20 ℃。

任何由污染所致的破坏结果应予舍弃。

5.1.2 拐点检验以及数据和模型的适用性

按附录 B 的步骤检验拐点是否存在。

对每个特定的温度,拐点检验完成后把数据分成 2 组,一组属于第一分支,另一组属于第二分支。

将各温度下属于第一或第二分支的所有观察值,分别按附录 A 作多元线性回归。

只有一个温度时,问题简化为简单线性回归分析。但这时外推因子 k_e(见 5.1.4)不再适用。

注:检验拐点时,应注意所考察数据中是否有降解破坏点。降解破坏的特征是降解破坏时间几乎与应力无关,通常可以肉眼识别。在作蠕变破坏计算时,应舍弃降解破坏数据。

5.1.3 直观检验

在 $\log_{10}\sigma / \log_{10}t$ 坐标内绘出所得破坏数据的散点图,作出 σ_{LTHS} 线性回归线和 σ_{LPL} 曲线。

5.1.4 外推时间极限和外推时间因子 k_e

根据以下步骤确定外推时间极限。

外推计算允许的时间极限 t_e 与温度有关。外推时间因子 k_e 是 ΔT 的函数。ΔT 按式(3)计算:

$$\Delta T = T_t - T \qquad\qquad \cdots\cdots\cdots\cdots\cdots\cdots\cdots(3)$$

式中:

T_t——准备对其使用外推时间因子 k_e 的试验温度,$T_t \leqslant T_{t,max}$,单位为摄氏度(℃);

$T_{t,max}$——最高试验温度,单位为摄氏度(℃);

T——对其算出外推时间极限的温度,$T_S \leqslant T$,单位为摄氏度(℃);

T_S——使用温度,单位为摄氏度(℃)。

用式(4)计算外推时间 t_e,单位为时(h):

$$t_e = k_e t_{max} \quad \cdots\cdots\cdots\cdots\cdots\cdots\cdots\cdots\cdots (4)$$

当 t_{max} 等于 8 760 h(1 a)时，k_e 值等于以年(a)为单位的最大外推时间 t_e 值。外推只能是高温向低温外推。最大试验时间 t_{max}(h)，是由同一温度的 5 个最长破坏时间的对数值取平均后得到；这 5 个时间不一定是同一应力水平下的破坏时间，但应是同一温度下的数据。在计算 t_{max} 时，还没有破坏的试样可以视为"已破坏"，被视为"已破坏"的试验散点都应当包括在所有计算程序所采用的样本中。

外推时间极限的应用实例见图1至图3。图2中只在最高试验温度检验出拐点。图3中在较高的多个温度检验出了拐点。外推因子 k_e 的取值见5.2和5.3。

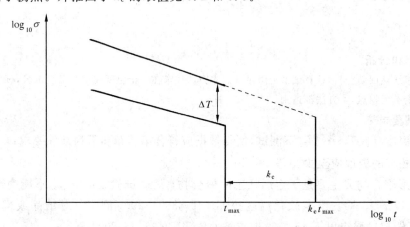

图 1　最高试验温度无拐点时作外推的外推时间极限

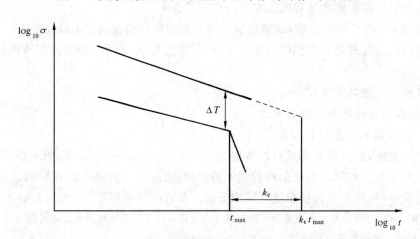

图 2　仅在最高试验温度有拐点时作外推的外推时间极限

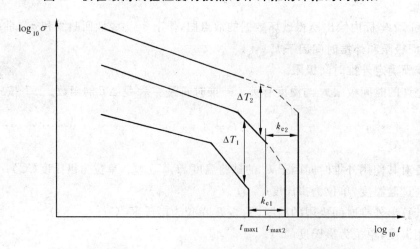

图 3　在不同试验温度有拐点时作外推的外推时间极限

5.2 聚烯烃(结晶或部分结晶聚合物)的外推因子

在聚烯烃蠕变破坏数据的外推计算中,外推时间极限是基于其最高试验温度下所测寿命和描述温度依赖关系的 Arrhenius 方程来确定的,计算时活化能取 110 kJ/mol。该活化能是不发生降解破坏时聚烯烃在第二分支的活化能的保守估计值。所得外推因子 k_e 如表1。

表 1 聚烯烃的 $\Delta T(=T_t-T)$ 和 k_e 的关系

$\Delta T/℃$	k_e
$10 \leqslant \Delta T < 15$	2.5
$15 \leqslant \Delta T < 20$	4
$20 \leqslant \Delta T < 25$	6
$25 \leqslant \Delta T < 30$	12
$30 \leqslant \Delta T < 35$	18
$35 \leqslant \Delta T < 40$	30
$40 \leqslant \Delta T < 50$	50
$50 \leqslant \Delta T$	100

5.3 以氯乙烯为基础的玻璃态无定形聚合物的外推因子

对氯乙烯基聚合物蠕变破坏数据进行外推计算时,外推时间极限是基于其最高试验温度下所测寿命和描述温度依赖关系的 Arrhenius 方程来确定的。最高试验温度取维卡软化点以下15 ℃。活化能取 178 kJ/mol。该活化能是氯乙烯基聚合物在第二分支的活化能估计值。所得外推因子 k_e 如表2。

表 2 以氯乙烯为基础的聚合物的 $\Delta T(=T_t-T)$ 和 k_e 的关系

$\Delta T/℃$	k_e
$5 \leqslant \Delta T < 10$	2.5
$10 \leqslant \Delta T < 15$	5
$15 \leqslant \Delta T < 20$	10
$20 \leqslant \Delta T < 25$	25
$25 \leqslant \Delta T < 30$	50
$30 \leqslant \Delta T$	100

对改性 PVC 材料,若其连续相为氯乙烯基聚合物,应使用表2的外推因子。

5.4 未包括在 5.2 和 5.3 中的聚合物的外推因子

可以认为,对 5.2 中提及的聚合物和本标准未提及的聚合物,表1的外推因子是最小值。如果有试验证据表明,对某一特定聚合物可以使用较大的外推因子,这些因子将纳入本标准。允许使用这些外推因子代替表1中给出的因子。

6 一种部分结晶聚合物的计算示例和软件的验证

附录 C 中给出了一个按第 5 章所述步骤计算回归曲线(20 ℃、40 ℃和 60 ℃)和检验拐点的计算示例。

第 C.1 章中给出的数据组可用于验证软件的适用性。如果使用不同于附录 D 提到的程序,则用上述数据进行验证计算应给出与附录 C 相同的结果,准确至小数点后第 3 位。

7 试验报告

试验报告应包括以下资料：

a) 本标准号；

b) 样品的全部信息，包括制造商、材料种类、代号、来源及其他相关内容；

c) 用作试验的管材尺寸；

d) 试验用的管外环境和管内压力介质；

e) 观察值表，对每个观察值包括：试验温度（℃）、试验压力（MPa）、环应力（MPa）、破坏时间（h）、对破坏类型的肉眼判断（韧性、脆性或未知）、试验日期以及其他相关内容；

f) 因破坏时间小于 1 000 h 而舍弃的数据散点数目，相应温度，破坏时间和破坏类型；

g) 用于估计 σ_{LTHS} 和 σ_{LPL} 的模型；

h) 对每一分支分别列出参数 c_i 的估计值及其标准差 s_i；

i) 观察到的破坏数据的散点图，σ_{LTHS} 线性回归线图和 σ_{LPL} 曲线图；

j) 用于计算的软件包的信息；

k) 可能影响结果的任何细节，如意外情况或本标准中未规定的操作细节。

附　录　A

（规范性附录）

数据的收集和分析方法

A.1　一般模型

本标准使用的一般模型为下列四参数模型：

$$\log_{10} t = c_1 + c_2\,\frac{1}{T} + c_3 \log_{10}\sigma + c_4\,\frac{\log_{10}\sigma}{T} + e \quad\cdots\cdots\cdots\cdots\cdots\cdots（A.1）$$

式中：

t——破坏时间，单位为时(h)；

T——温度，单位为开(K)(℃+273.15)；

σ——环应力，单位为兆帕(MPa)；

$c_1 \sim c_4$——模型中所用的参数；

e——误差变量，服从正态分布，平均值为0，方差恒定。假设误差独立。

如果 c_3 的概率水平大于0.05，四参数模型应简化为三参数模型。这时有 $c_3=0$，即：

$$\log_{10} t = c_1 + c_2\,\frac{1}{T} + c_4\,\frac{\log_{10}\sigma}{T} + e \quad\cdots\cdots\cdots\cdots\cdots\cdots（A.2）$$

如果所有数据都在同一温度下获得，则简化为2参数模型：

$$\log_{10} t = c_1 + c_3 \log_{10}\sigma + e \quad\cdots\cdots\cdots\cdots\cdots\cdots\cdots\cdots（A.3）$$

四参数模型的计算过程如下所述。从模型中除去相应的项可以得到三参数模型或二参数模型的计算过程。由于求逆矩阵时可能发生矩阵病态问题，需要使用计算机双精度运算(14位有效数字)。求逆矩阵的运算按经典的 Gauss-Jordan 法进行(见参考文献[1])。

使用下列矩阵记号：

$$\boldsymbol{X} = \begin{bmatrix} 1 & \dfrac{1}{T_1} & \log_{10}\sigma_1 & \dfrac{\log_{10}\sigma_1}{T_1} \\ \vdots & \vdots & \vdots & \vdots \\ 1 & \dfrac{1}{T_N} & \log_{10}\sigma_N & \dfrac{\log_{10}\sigma_N}{T_N} \end{bmatrix} \quad\cdots\cdots\cdots\cdots\cdots（A.4）$$

$$\boldsymbol{y} = \begin{bmatrix} \log_{10} t_1 \\ \vdots \\ \log_{10} t_N \end{bmatrix} \quad\cdots\cdots\cdots\cdots\cdots\cdots（A.5）$$

$$\boldsymbol{e} = \begin{bmatrix} e_1 \\ \vdots \\ e_N \end{bmatrix} \quad\cdots\cdots\cdots\cdots\cdots\cdots\cdots（A.6）$$

式中：

N——观察值总数。

$$c = (c_1, c_2, c_3, c_4)^T \quad \cdots\cdots\cdots\cdots\cdots\cdots\cdots\cdots\cdots\cdots\cdots\quad (\text{A.7})$$

式中：

T——转置运算符，模型(A.1)成为：

$$y = Xc + e \quad \cdots\cdots\cdots\cdots\cdots\cdots\cdots\cdots\cdots\cdots\cdots\quad (\text{A.8})$$

参数的最小二乘法估计值为：

$$\hat{c} = (X^T X)^{-1} X^T y \quad \cdots\cdots\cdots\cdots\cdots\cdots\cdots\cdots\quad (\text{A.9})$$

残余方差估计值为：

$$s^2 = (y - X\hat{c})^T (y - X\hat{c}) / (N - q) \quad \cdots\cdots\cdots\cdots\cdots\cdots\quad (\text{A.10})$$

式中：

q——模型中参数的个数。

在温度 T，与破坏时间 t 相应的预测的应力值为：

$$\log_{10}\sigma = \left(\log_{10}t - \hat{c}_1 - \frac{\hat{c}_2}{T} \right) \Big/ \left(\hat{c}_3 + \frac{\hat{c}_4}{T} \right) \quad \cdots\cdots\cdots\cdots\quad (\text{A.11})$$

注：上式计算所得应力，即为 σ_{LTHS}。

为了计算在温度 T，与破坏时间 t 相应的 σ_{LPL}，由下式作反方向运算：

$$\log_{10}t = \hat{c}_1 + \hat{c}_2 \frac{1}{T} + \hat{c}_3 \log_{10}\sigma + \hat{c}_4 \frac{\log_{10}\sigma}{T} - t_{\text{st}}s\left[1 + x(X^T X)^{-1}x^T\right]^{\frac{1}{2}} \quad \cdots\cdots\quad (\text{A.12})$$

式中：

t_{st}——自由度为 $N-4$ 的学生氏 t 分布与 0.975 概率水平相应的分位数；

记号 x 表示向量 $\left(1, \frac{1}{T}, \log_{10}\sigma, \frac{\log_{10}\sigma}{T}\right)$。

结果是：

$$\log_{10}\sigma_{\text{LPL}} = \frac{-\beta - \sqrt{\beta^2 - 4\alpha\gamma}}{2\alpha} \quad \cdots\cdots\cdots\cdots\cdots\cdots\quad (\text{A.13})$$

式中：

$$\alpha = \left(\hat{c}_3 + \hat{c}_4 \frac{1}{T} \right)^2 - t_{\text{st}}^2 s^2 \left(K_{33} + 2K_{43}\frac{1}{T} + K_{44}\frac{1}{T^2} \right) \quad \cdots\cdots\cdots\cdots\quad (\text{A.14})$$

$$\beta = 2\left(\hat{c}_1 + \hat{c}_2 \frac{1}{T} - \log_{10}t \right)\left(\hat{c}_3 + \hat{c}_4 \frac{1}{T} \right) - 2t_{\text{st}}^2 s^2 \left[K_{31} + (K_{41} + K_{32})\frac{1}{T} + K_{42}\frac{1}{T^2} \right]$$
$$\cdots (\text{A.15})$$

$$\gamma = \left(\hat{c}_1 + \hat{c}_2 \frac{1}{T} - \log_{10}t \right)^2 - t_{\text{st}}^2 s^2 \left(K_{11} + 2K_{21}\frac{1}{T} + K_{22}\frac{1}{T^2} + 1 \right) \quad \cdots\cdots\quad (\text{A.16})$$

K_{ij}——矩阵 $(X^T X)^{-1}$ 中角标为 i,j 的元素。

σ_{LPL} 的值由下式计算：

$$\sigma_{\text{LPL}} = 10^{\log_{10}\sigma_{\text{LPL}}} \quad \cdots\cdots\cdots\cdots\cdots\cdots\cdots\cdots\cdots\quad (\text{A.17})$$

A.2 简化的模型

对三参数模型($c_3 = 0$)，有：

$$\log_{10}\sigma = \left(\log_{10}t - \hat{c}_1 - \hat{c}_2\,\frac{1}{T}\right)T/\hat{c}_4 \qquad\cdots\cdots\cdots\cdots\cdots(\text{A.18})$$

以及

$$\alpha = \left(\hat{c}_4\,\frac{1}{T}\right)^2 - t_{st}^2 s^2 K_{44}\,\frac{1}{T^2} \qquad\cdots\cdots\cdots\cdots\cdots(\text{A.19})$$

$$\beta = 2\left(\hat{c}_1 + \hat{c}_2\,\frac{1}{T} - \log_{10}t\right)\hat{c}_4\,\frac{1}{T} - 2t_{st}^2 s^2\left(K_{41}\,\frac{1}{T} + K_{42}\,\frac{1}{T^2}\right) \qquad\cdots\cdots\cdots(\text{A.20})$$

$$\gamma = \left(\hat{c}_1 + \hat{c}_2\,\frac{1}{T} - \log_{10}t\right)^2 - t_{st}^2 s^2\left(K_{11} + 2K_{21}\,\frac{1}{T} + K_{22}\,\frac{1}{T^2} + 1\right) \qquad\cdots\cdots(\text{A.21})$$

t_{st} 的自由度为 $N-3$。

对二参数模型($c_2=0, c_4=0$),有:

$$\log_{10}\sigma = (\log_{10}t - \hat{c}_1)/\hat{c}_3 \qquad\cdots\cdots\cdots\cdots\cdots\cdots(\text{A.22})$$

以及

$$\alpha = \hat{c}_3^2 - t_{st}^2 s^2 K_{33} \qquad\cdots\cdots\cdots\cdots\cdots\cdots(\text{A.23})$$

$$\beta = 2(\hat{c}_1 - \log_{10}t)\hat{c}_3 - 2t_{st}^2 s^2 K_{31} \qquad\cdots\cdots\cdots\cdots\cdots(\text{A.24})$$

$$\gamma = (\hat{c}_1 - \log_{10}t)^2 - t_{st}^2 s^2(K_{11} + 1) \qquad\cdots\cdots\cdots\cdots\cdots(\text{A.25})$$

t_{st} 的自由度为 $N-2$。

A.3 拐点存在时计算 σ_{LTHS} 和 σ_{LPL}

如附录 B 所述,假设两种破坏机理都存在,每种破坏机理发生在各自的温度范围和破坏时间范围。应对这两组与不同破坏模式相应的数据分别进行拟合。为此,应将可用的试验数据分为两组,每组数据与一种破坏模式对应。

对每组数据,如果数据的数量足够,且其在温度范围内的分布是合适的(见4.2和5.1.1),就能够用上述一般步骤分别计算出 σ_{LTHS} 和 σ_{LPL}。

按附录 B 所述,对每一个温度分别进行拐点的自动检验。按拐点的自动检验结果将数据分成两组。按本附录所述一般步骤对这两组数据分别进行拟合。

A.4 拟合检验

为检验数据对模型的拟合效果,使用下述统计量:

$$F = \frac{(SS_H - SS_e)/(\nu_H - \nu_e)}{SS_e/\nu_e} \qquad\cdots\cdots\cdots\cdots\cdots(\text{A.26})$$

式中:

SS_e——每一观察值与其平均值的差的平方和。该平均值是在同一试验条件下重复试验所得各观察值的平均值。其计算与使用何种模型无关;

SS_H——每一观察值与其预测值的差的平方和。该预测值是在相应观察值的试验条件下用拟合模型得出的预测值。

ν_e——SS_e 的自由度。ν_e 等于观察值的数目减去不同的试验条件的数目。

ν_H——SS_H 的自由度。ν_H 等于观察值的数目减去所用模型中参数的数目。

假若用该模型对数据的拟合是正确的,则上述统计量服从分子自由度为 $\nu_H - \nu_e$,分母自由度为 ν_e 的 F 分布。

由 F 分布的数据表或计算机程序,可得到数值超过按上式计算所得 F 值的区间的概率。将该概率与 0.05 显著性水平比较。如果该概率大于该水平,则接受"模型是正确的"这一假设。否则,否定"模型是正确的"这一假设。

> 注:本检验只能被视为模型对观察值拟合效果的一种指示。

下例给出用表 C.1 中 20 ℃的观察值,用二参数模型作的拟合检验。

$$SS_e = 2.377\ 78 \quad\quad\quad\quad\quad\quad\quad\quad\quad (A.27)$$

$$\nu_e = 31 - 15 = 16 \quad\quad\quad\quad\quad\quad\quad (A.28)$$

$$SS_H = 5.984\ 24 \quad\quad\quad\quad\quad\quad\quad\quad (A.29)$$

$$\nu_H = 31 - 2 = 29 \quad\quad\quad\quad\quad\quad\quad\quad (A.30)$$

$F(13;16)$ 值为 1.866 75。

在给定的自由度,F 分布超过该值的概率为:

$$Pr[F(13;16) > 1.866\ 75] = 0.118\ 3 \quad\quad\quad\quad (A.31)$$

显著性水平置于 0.05。由于上述概率已超过该限,该模型被接受。

附 录 B

（规范性附录）

拐点的自动检验

B.1 原理

本步骤用计算的方法分别在每个温度检验拐点是否存在。

本计算方法假设，对给定的温度和破坏类型，在管材试样的 $\log_{10}\sigma$ 和 $\log_{10}t$ 之间存在线性关系。σ 是管材试样受到的静液压应力，t 是管材试样的破坏时间。还假设破坏时间的测定误差服从随机误差分布。

按本方法，破坏类型与静液压应力有关。在拐点值以下的应力时，为 B 型破坏，在拐点值以上的应力时，为 A 型破坏。

B.2 步骤

表达上述假设，并考虑到破坏类型的模型如下：

$$\log_{10}t = c_1 + c_3\log_{10}\sigma + c_{1i} + c_{3i}\log_{10}\sigma + e \quad\cdots\cdots\cdots\cdots\cdots\cdots\cdots(B.1)$$

为避免奇异点，其中

$$c_{11} + c_{12} = c_{31} + c_{32} = 0 \quad\cdots\cdots\cdots\cdots\cdots\cdots\cdots(B.2)$$

式中：

E——误差变量。

注：假设误差独立，呈正态分布，平均值为 0，方差恒定。

上式中，参数 c_{1i} 和 c_{3i} 表示定性参数——"破坏类型"的影响。$i=1$ 是 A 型破坏，$i=2$ 是 B 型破坏。

拐点把两种破坏类型相应的应力范围分开，但拐点处破坏时间不应与破坏类型有关，为此补充下列限制条件。

$$c_{1i} + c_{3i}\log_{10}\sigma_k = 0 \quad\cdots\cdots\cdots\cdots\cdots\cdots\cdots(B.3)$$

式中：

σ_k——与拐点相应的应力。

这样，可消去参数 c_{1i}，模型成为：

$$\log_{10}t = c_1 + c_3\log_{10}\sigma + c_{3i}(\log_{10}\sigma - \log_{10}\sigma_k) + e \quad\cdots\cdots\cdots\cdots\cdots(B.4)$$

并且有

$$c_{31} + c_{32} = 0 \quad\cdots\cdots\cdots\cdots\cdots\cdots\cdots(B.5)$$

计算步骤是：在应力值的试验范围内扫描 σ_k，按模型拟合试验数据，对每次拟合计算残余方差。其中残余方差最小者记为 s_k^2，表示扫描 σ_k 时所得最佳拟合，相应于最佳 σ_k 值。

用 F 检验对有拐点模型的残余方差 s_k^2 和无拐点模型的残余方差 s^2 作比较。Fisher 统计量 F 计算如下：

$$F_{N-2,N-4} = s^2/s_k^2 \quad\cdots\cdots\cdots\cdots\cdots\cdots\cdots(B.6)$$

该统计量在无拐点假设成立时，近似服从 Fisher 分布，分子自由度为 $N-2$，分母自由度为 $N-4$，N 是试验数据个数。

如果与 F 计算值相关的概率大于 0.05，则在概率水平 5% 接受无拐点假设。否则排除无拐点假设，承认拐点存在。

附　录　C

（资料性附录）

应用 SEM 分析应力破坏数据的示例

C.1　观察值表

一种部分结晶聚合物在 20 ℃、40 ℃和 60 ℃的应力破坏数据列于表 C.1、表 C.2 和表 C.3。

表 C.1　20 ℃时的应力破坏数据

温度/℃	应力/MPa	时间/h	温度/℃	应力/MPa	时间/h
20	16.0	11	20	13.7	536
20	15.0	58	20	13.6	680
20	15.0	44	20	13.5	411
20	14.9	21	20	13.5	412
20	14.5	25	20	13.5	3 368
20	14.5	24	20	13.5	865
20	14.3	46	20	13.5	946
20	14.1	11	20	13.5	4 524
20	14.0	201	20	13.4	122
20	14.0	260	20	13.4	5 137
20	14.0	201	20	13.3	1 112
20	13.9	13	20	13.3	2 108
20	13.7	392	20	13.2	1 651
20	13.7	440	20	13.2	1 760
20	13.7	512	20	12.8	837
20	13.7	464			

表 C.2　40 ℃时的应力破坏数据

温度/℃	应力/MPa	时间/h	温度/℃	应力/MPa	时间/h
40	11.1	10	40	10.0	2 076
40	11.2	11	40	10.0	1 698
40	11.5	20	40	9.5	1 238
40	11.5	32	40	9.5	1 790
40	11.5	35	40	9.5	2 165
40	11.5	83	40	9.5	7 823
40	11.2	240	40	9.0	4 128
40	11.2	282	40	9.0	4 448
40	11.0	1 912	40	8.5	7 357
40	11.0	1 856	40	8.5	5 448
40	11.0	1 688	40	8.0	7 233
40	11.0	1 114	40	8.0	5 959

表 C.2（续）

温度/℃	应力/MPa	时间/h	温度/℃	应力/MPa	时间/h
40	10.8	54	40	8.0	12 081
40	10.5	5 686	40	7.5	16 920
40	10.5	921	40	7.5	12 888
40	10.5	1 145	40	7.5	10 578
40	10.5	2 445	40	6.5	12 912
40	10.0	5 448	40	6.0	11 606
40	10.0	3 488			
40	10.0	1 488			

表 C.3　60 ℃时的应力破坏数据

温度/℃	应力/MPa	时间/h	温度/℃	应力/MPa	时间/h
60	9.6	10	60	7.5	351
60	9.5	13	60	7.0	734
60	9.5	32	60	7.0	901
60	9.5	34	60	7.0	1 071
60	9.5	114	60	7.0	1 513
60	9.5	195	60	9.5	1 042
60	9.0	151	60	6.5	538
60	9.0	242	60	6.0	4 090
60	9.0	476	60	6.0	839
60	9.0	205	60	6.0	800
60	9.0	153	60	5.5	339
60	9.0	288	60	5.5	2 146
60	8.9	191	60	5.5	2 048
60	8.5	331	60	5.5	2 856
60	8.5	296	60	5.0	1 997
60	8.5	249	60	5.0	1 647
60	8.5	321	60	5.0	1 527
60	8.5	344	60	5.0	2 305
60	8.5	423	60	5.0	2 866
60	8.5	686	60	4.0	6 345
60	8.5	513	60	3.5	15 911
60	8.5	585	60	3.4	6 841
60	8.5	719	60	3.4	8 232
60	7.5	423	60	2.9	15 090
60	7.5	590			
60	7.5	439			
60	7.5	519			

C.2 自动检验拐点的示例

本例使用表 C.2 中 40 ℃的观察值。

首先假设拐点不存在，用一条直线拟合全部数据散点。所得残余方差为 0.409 1，自由度 36。

然后假设存在拐点，用扫描 σ_k 的方法确定拐点位置。扫描方法是：在 $\log_{10}\sigma$ 的试验范围内，规则地分隔出 50 个应力值，依次将它们作为 σ_k，按二分支直线模型作拟合。拟合所得结果中残余方差最小者为 0.227，自由度为 34。与之相应的应力为 10.6 MPa，时间为 1 927 h。

用于检验拐点是否存在的 Fisher 统计量等于 0.409 1/0.227＝1.802。在分子自由度 36、分母自由度 34 的 Fisher 统计分布上，与大于 1.802 的区间相应的概率为 0.0438。由于 0.0438＜0.05，故可确定拐点存在。

破坏类型分类结果如表 C.4：

表 C.4 破坏类型的分类

温度/℃	应力/MPa	时间/h	破坏类型	温度/℃	应力/MPa	时间/h	破坏类型
40	11.1	10	A	40	10.5	2 445	B
40	11.2	11	A	40	10.0	5 448	B
40	11.5	20	A	40	10.0	3 488	B
40	11.5	32	A	40	10.0	2 076	B
40	11.5	35	A	40	9.5	1 790	B
40	10.8	54	A	40	9.5	2 165	B
40	11.5	83	A	40	9.5	7 823	B
40	11.2	240	A	40	9.0	4 128	B
40	11.2	282	A	40	9.0	4 448	B
40	11.0	1 688	A	40	8.5	7 357	B
40	11.0	1 114	A	40	8.5	5 448	B
40	11.0	1 912	A	40	8.0	7 233	B
40	11.0	1 856	A	40	8.0	5 959	B
40	10.5	921	B	40	8.0	12 081	B
40	10.0	1 488	B	40	7.5	16 920	B
40	10.0	1 698	B	40	7.5	12 888	B
40	9.5	1 238	B	40	7.5	10 578	B
40	10.5	1 145	B	40	6.5	12 912	B
40	10.5	5 686	B	40	6.0	11 606	B

注：该示例说明了拐点自动检验的具体算法。计算机程序中用其他方式表示上述结果。

C.3 应力破坏数据的回归计算示例

C.3.1 参数估计（见图 C.1）

C.3.1.1 所用模型

$$\log_{10}t = c_1 + c_2\frac{1}{T} + c_4\frac{\log_{10}\sigma}{T} + e \qquad\cdots\cdots\cdots\cdots\cdots\cdots(C.1)$$

C.3.1.2 破坏类型 A

残余方差：0.306 061

试验散点个数：50

参数个数：3

自由度：47

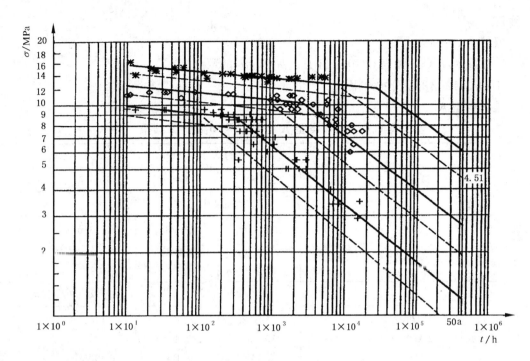

注1：实线表示σ_{LTHS}的线性回归线。

注2：虚线表示σ_{LPL}的曲线。

注3："＊"表示试验温度为20 ℃。

注4："◇"表示试验温度为40 ℃。

注5："＋"表示试验温度为60 ℃。

图 C.1　部分结晶聚合物的 SEM 分析结果的图形表示

A 型破坏的参数与统计量的详细结果见表 C.5(有关统计学的更多细节见文献[2])。

表 C.5　破坏类型 A 的参数估计

参数	估计值	标准差	t 值	$Pr(>|t|)$
c_1	−42.014	6.048	−6.947	0.000
c_2	23 184.326	3 290.992	7.045	0.000
c_4	−8 892.575	1 361.190	−6.533	0.000

模型适度检验：$Pr[F(19;28)>2.981]=0.004$。

C.3.1.3　破坏类型 B

残余方差：0.048 413

试验散点个数：70

参数个数：3

自由度：67

B 型破坏的参数与统计量的详细结果见表 C.6。

表 C.6　破坏类型 B 的参数估计

参数	估计值	标准差	t 值	$Pr(>|t|)$
c_1	−15.775	1.010	−15.619	0.000
c_2	7 228.155	366.250	19.736	0.000
c_4	−1 213.615	76.868	−15.788	0.000

模型适度检验：$Pr[F(20;47)>0.751]=0.753$。

C.3.2 预测

C.3.2.1 概述

表 C.7，表 C.8，表 C.9 和表 C.10 给出了 σ_{LTHS} 和 σ_{LPL} 的预测值。

表 C.11 和 C.12 给出了外推极限。

C.3.2.2 破坏类型 A

表 C.7　破坏类型 A 的 σ_{LTHS} 和 σ_{LPL} 计算结果

温度/℃	时间/h					
	1	10	100	1 000	10 000	100 000
	σ_{LTHS}/MPa					
20	16.678	15.458	14.328	13.281	12.310	B
40	13.416	12.372	11.408	10.519	B	B
60	10.793	9.901	9.083	B	B	B
温度/℃	σ_{LPL}/MPa					
20	15.229	14.183	13.132	12.074	11.024	B
40	12.209	11.288	10.365	9.444	B	B
60	9.748	8.942	8.140	B	B	B

表 C.8　破坏类型 A 的 σ_{LTHS} 和 σ_{LPL} 计算结果

温度/℃	时间/a			
	0.5	1	10	50
	σ_{LTHS}/MPa			
20	12.650	12.364	B	B
40	B	B	B	B
60	B	B	B	B
温度/℃	σ_{LPL}/MPa			
20	11.398	11.084	B	B
40	B	B	B	B
60	B	B	B	B

C.3.2.3 破坏类型 B

表 C.9　破坏类型 B 的 σ_{LTHS} 和 σ_{LPL} 计算结果

温度/℃	时间/h					
	1	10	100	1 000	10 000	100 000
	σ_{LTHS}/MPa					
20	A	A	A	A	A	8.661
40	A	A	A	A	7.132	3.937
60	A	A	A	6.336	3.368	1.790
温度/℃	σ_{LPL}/MPa					
20	A	A	A	A	A	6.550
40	A	A	A	A	5.427	2.914
60	A	A	A	4.772	2.478	1.261

表 C.10 破坏类型 B 的 σ_{LTHS} 和 σ_{LPL} 计算结果

温度/℃	时间/a			
	0.5	1	10	50
	σ_{LTHS}/MPa			
20	A	A	8.942	6.062
40	8.825	7.380	4.074	2.689
60	4.224	3.492	1.856	1.193
温度/℃	σ_{LPL}/MPa			
20	A	A	6.770	4.510
40	6.748	5.621	3.022	1.937
60	3.142	2.575	1.312	0.811

C.3.2.4 外推极限

表 C.11 $T_t = 40$ ℃，$t_{max} = 13\ 160.5$ h 时的外推极限

T/℃	ΔT/℃	k_e	t_e/h	t_e/a
20	20	6	78 963	9.01

表 C.12 $T_t = 60$ ℃，$t_{max} = 9\ 698.1$ h 时的外推极限

T/℃	ΔT/℃	k_e	t_e/h	t_e/a
20	40	50	484 907	55.35
40	20	6	58 189	6.64

C.3.3 拐点位置

表 C.13 给出了拐点位置。

表 C.13 拐点位置

温度/℃	应力/MPa	时间/h
20	11.92	26 664
40	10.18	2 515
60	8.70	315

附　录　D
（资料性附录）
SEM 软件信息

从下列供应者可得到用于 SEM 计算的软件包。该软件包与本标准的规定是一致的，并已通过 ISO/TC 138/SC5 Ad Hoc SEM 工作组的测试和批准。

BECETEL vzw

Gontrode Heirweg 130

B-9090 Melle

Belgium

Tel：+32(0)9 272 50 70

Fax：+32(0)9 272 50 72

e-mail：info@becetel. be

参 考 文 献

[1] RALSTON，A.．and WILF，H. S.：Mathematical Methods for Digital Computers. Volume 1，John Wiley & Sons. 1967.

[2] HENRY SCHEFFE：The Analysis of Variance. John Wiley & Sons，New York，1959.

[3] 董孝理.塑料压力管的力学破坏和对策.北京:化学工业出版社,2006.

前　　言

本标准是等效采用国际标准 ISO 12162:1995《热塑性塑料压力管材和管件用材料——分级和命名——总体使用(设计)系数》制定的。

由于本标准为基础标准,不涉及标志的内容,故本标准未采用 ISO 12162:1995 的第 8 章:标志。

本标准是重要的基础标准,它规定了热塑性塑料压力管材和管件用材料的分级要求和总体使用(设计)系数,对于正确选用材料,保证产品质量具有重要意义。

本标准由中国轻工业联合会提出。

本标准由全国塑料制品标准化技术委员会归口。

本标准起草单位:轻工业塑料加工应用研究所。

本标准主要起草人:刘秋凝、钱汉英、焦翠云、何其志。

ISO 前言

国际标准化组织(ISO)是各国标准化团体(ISO 成员团体)组成的世界性联合会。制定国际标准的工作通常由 ISO 的技术委员会完成,各成员团体若对某技术委员会已确立的标准项目感兴趣,均有权参加该委员会的工作。与 ISO 保持联系的各国际组织(官方或非官方的)也可参加有关工作。ISO 与国际电工委员会(IEC)在电工技术标准化的所有方面保持密切合作。

由技术委员会通过的国际标准草案提交各成员团体表决,须取得至少 75% 参加表决的成员团体的同意,才能作为国际标准正式发布。

国际标准 ISO 12162 由 ISO/TC138/SC5(流体输送用塑料管材、管件和阀门技术委员会塑料管材、管件和阀门及其附件的一般特性—试验方法和基本要求分技术委员会)制定。

中华人民共和国国家标准

热塑性塑料压力管材和管件用材料
分级和命名 总体使用(设计)系数

Thermoplastics materials for pipes and
fittings for pressure applications—
Classification and designation—Overall
service(design)coefficient

GB/T 18475—2001
eqv ISO 12162:1995

1 范围

本标准规定了压力管材或管件用热塑性塑料的分级和命名,以及管材和管件设计应力的计算方法。本标准适用于压力管材或管件用材料。

材料的分级、命名和设计应力的计算方法是以 GB/T 18252《塑料管道系统 用外推法对热塑性塑料管材长期静液压强度的测定》所得的管状试样的耐液压能力(20℃,50 年)为基础的。

2 引用标准

下列标准所包含的条文,通过在本标准中引用而构成为本标准的条文。本标准出版时,所示版本均为有效。所有标准都会被修订,使用本标准的各方应探讨使用下列标准最新版本的可能性。

GB/T 321—1980 优先数和优先数系

GB/T 1844.1—1995 塑料及树脂缩写代号 第一部分:基础聚合物及其特征性能
 (neq ISO 1043-1:1987)

GB/T 18252—2000 塑料管道系统 用外推法对热塑性塑料管材长期静液压强度的测定

3 定义

本标准采用下列定义。

3.1 20℃、50 年的长期静液压强度 σ_{LTHS}

一个用于评价材料性能的应力值,指该材料的管材在 20℃、50 年的内水压下,置信度为 50% 的长期静液压强度的置信下限。它等于在 20℃ 承受水压 50 年的平均强度或预测平均强度,单位为 MPa。

3.2 置信下限 σ_{LCL}

一个用于评价材料性能的应力值,指该材料的管材在 20℃、50 年的内水压下,置信度为 97.5% 的长期静液压强度的置信下限,单位为 MPa。

3.3 最小要求强度 MRS

按 GB/T 321—1980 的 R10 或 R20 系列向小圆整的置信下限 σ_{LCL} 的值。当 σ_{LCL} 小于 10 MPa 时,按 R10 圆整,当 σ_{LCL} 大于等于 10 MPa 时按 R20 圆整。MRS 是单位为 MPa 的环应力值。

3.4 总体使用(设计)系数 C

一个大于 1 的数值,它的取值考虑了使用条件和管道系统组件的性能,而不考虑置信下限已包含的因素。

中华人民共和国国家质量监督检验检疫总局 2001-10-24 批准　　　　　　　　2002-05-01 实施

3.5 设计应力 σ_s

规定条件下的允许应力,它是按式(1)计算,并按 GB/T 321—1980 的 R20 向小圆整后得到的,单位为 MPa。

$$\sigma_s = \frac{MRS}{C} \qquad \cdots\cdots\cdots\cdots\cdots\cdots\cdots\cdots (1)$$

式中:MRS——最小要求强度,MPa;

C——总体使用(设计)系数。

4 材料的分级

热塑性塑料材料应根据 σ_{LCL} 值进行分级,当 σ_{LCL} 小于 10 MPa 时,按 R10 系列向小圆整;当 σ_{LCL} 大于或等于 10 MPa 时,按 R20 系列向小圆整,圆整后的值即为 MRS。

热塑性塑料材料的分级数为 MRS 的 10 倍,见表 1。

表 1 分级

置信下限范围 σ_{LCL} MPa	最小要求强度 MRS MPa	分级数
$1 \leqslant \sigma_{LCL} \leqslant 1.24$	1	10
$1.25 \leqslant \sigma_{LCL} \leqslant 1.59$	1.25	12.5
$1.6 \leqslant \sigma_{LCL} \leqslant 1.99$	1.6	16
$2 \leqslant \sigma_{LCL} \leqslant 2.49$	2	20
$2.5 \leqslant \sigma_{LCL} \leqslant 3.14$	2.5	25
$3.15 \leqslant \sigma_{LCL} \leqslant 3.99$	3.15	31.5
$4 \leqslant \sigma_{LCL} \leqslant 4.99$	4	40
$5 \leqslant \sigma_{LCL} \leqslant 6.29$	5	50
$6.3 \leqslant \sigma_{LCL} \leqslant 7.99$	6.3	63
$8 \leqslant \sigma_{LCL} \leqslant 9.99$	8	80
$10 \leqslant \sigma_{LCL} \leqslant 11.19$	10	100
$11.2 \leqslant \sigma_{LCL} \leqslant 12.49$	11.2	112
$12.5 \leqslant \sigma_{LCL} \leqslant 13.99$	12.5	125
$14 \leqslant \sigma_{LCL} \leqslant 15.99$	14	140
$16 \leqslant \sigma_{LCL} \leqslant 17.99$	16	160
$18 \leqslant \sigma_{LCL} \leqslant 19.99$	18	180
$20 \leqslant \sigma_{LCL} \leqslant 22.39$	20	200
$22.4 \leqslant \sigma_{LCL} \leqslant 24.99$	22.4	224
$25 \leqslant \sigma_{LCL} \leqslant 27.99$	25	250
$28 \leqslant \sigma_{LCL} \leqslant 31.49$	28	280
$31.5 \leqslant \sigma_{LCL} \leqslant 35.49$	31.5	315
$35.5 \leqslant \sigma_{LCL} \leqslant 39.99$	35.5	355
$40 \leqslant \sigma_{LCL} \leqslant 44.99$	40	400
$45 \leqslant \sigma_{LCL} \leqslant 49.99$	45	450
$50 \leqslant \sigma_{LCL} \leqslant 54.99$	50	500

5 C 值的确定

在管道产品标准中应规定 C 值。压力管材和管件用热塑性塑料总体使用(设计)系数 C 的最小值见

表 2。

20℃时的 C 值应等于或大于表 2 中规定的最小值,确定 C 值时还应考虑下列因素:

a) 对产品有特别要求时,如承受其他应力以及应用中可能会出现的不易量化的作用(如动负荷等);

b) 温度、时间、管内外环境与 20℃、50 年、水的条件不一致的情况;

c) 温度不是 20℃的 MRS 的相关标准。

表 2　C 的最小值

材料	C 的最小值
ABS	1.6
PB	1.25
PE(各种类型)	1.25
PE-X	1.25
PP(共聚)	1.25
PP(均聚)	1.6
PVC-C	1.6
PVC-HI	1.4
PVC-U	1.6
PVDF(共聚)	1.4
PVDF(均聚)	1.6

6　设计应力的计算

除在管道产品(系统)标准中另有规定外,设计应力应按式(1)计算,并按 R20 系列向小圆整。

7　材料的命名

材料的命名应由材料的缩写代号及分级数组成。缩写代号按 GB/T 1844.1 的规定。

例:某未增塑聚氯乙烯材料的 MRS 为 25 MPa,其命名为 PVC-U 250。

ICS 83.140.30
G 33

中华人民共和国国家标准

GB/T 18991—2003

冷热水系统用热塑性塑料管材和管件

Thermoplastics pipes and fittings for hot and cold water systems

(ISO 10508:1995,IDT)

2003-03-05 发布
2003-08-01 实施

中华人民共和国
国家质量监督检验检疫总局 发布

前　言

本标准等同采用 ISO 10508:1995《冷热水系统用热塑性塑料管材和管件》,技术内容上完全一致,仅在文字上进行了编辑性修改,编写方法完全对应。

本标准的附录 A、附录 B、附录 C 为规范性附录。

本标准的附录 D、附录 E 为资料性附录。

本标准由中国轻工业联合会提出。

本标准由全国塑料制品标准化技术委员会归口。

本标准起草单位:轻工业塑料加工应用研究所。

本标准主要起草人:钱汉英、刘秋凝、焦翠云。

本标准为第一次发布。

引　言

本标准是冷热水用管道系统产品标准的基础标准。

产品的力学性能要求在相关产品标准中给出。

本标准只适用于热塑性塑料管材及与之配套使用的管件,本标准将交联聚乙烯(PE-X)视作为一种热塑性材料。

注1:不是所有的塑料管材、管件都允许户外存放,在使用方准备长期户外存放时,应与生产商联系。

注2:只有在生产商推荐的情况下,塑料管材、管件才可以和热力发生装置直接相连接。

冷热水系统用热塑性塑料管材和管件

1 范围

本标准规定了用于压力下输送冷热水的塑料管材及管件（或金属管件）组成的管道系统的性能要求。

由规定级别的塑料原材料制作的各种管材和管件都应符合相应的产品标准和本标准的要求。

本标准为通常使用条件下压力输送冷热水管道系统建立一个分级体系，作为热塑性塑料管材和管件系统性能评价和设计的基础。

本标准适用于工作压力为 0.4 MPa、0.6 MPa 和 1.0 MPa 的建筑物内用于输送水的下列塑料管道系统：

    a) 冷热水，包括饮用水的管道系统。

    b) 热水采暖的管道系统。

本标准不适用于消防系统和不使用水作加热介质的供暖系统。

2 规范性引用文件

下列文件中的条款通过本标准的引用而成为本标准的条款。凡是注日期的引用文件，其随后所有的修改单（不包括勘误的内容）或修订版均不适用于本标准，然而，鼓励根据本标准达成协议的各方研究是否可使用这些文件的最新版本。凡是不注日期的引用文件，其最新版本适用于本标准。

GB/T 15820—1995 聚乙烯压力管材与管件连接的耐拉拔试验(eqv ISO 3501:1976)

GB/T 17219—1998 生活饮用水输配水设备及防护材料的安全性评价标准

GB/T 18252—2000 塑料管道系统 用外推法对热塑性塑料管材长期静液压强度的测定

ISO 3458:1976 PE 压力管材和管件的组装连接件-内压下的渗漏试验

ISO 3503:1976 PE 压力管材和管件的组装连接件-内压下承受弯曲的渗漏试验

ISO 7686:1992 塑料管材和管件-遮光性-试验方法

注：GB/T 18252—2000《塑料管道系统 用外推法对热塑性塑料管材长期静液压强度的测定》是参考 ISO/DIS 9080:1997《塑料管道系统 用外推法对热塑性塑料材料以管材形式的长期静液压强度的测定》制定的，该标准的技术内容与 ISO/DIS 9080:1997 一致。ISO/DIS 9080:1997 是对 ISO/TR 9080 的修改。

3 术语和定义

本标准采用下列术语和定义：

3.1

工作温度 T_o operating temperature

系统设计的输送水的温度或温度组合。

3.2

最高工作温度 T_{max} maximum operating temperature

仅在短时间内出现的、可以接受的最高温度。

3.3

故障温度 T_m malfunction temperature

系统超出控制极限时出现的最高温度。

注：在 50 年内发生这种情况的总的时间累积应不超过 100 h。

3.4

冷水温度 T_c　cold water temperature

输送冷水的温度,设计时取 20℃。

3.5

工作压力 p_o　operating pressure

系统设计输送水的压力。

3.6

经处理的水　treated water

塑料管材、管件制造商和管道系统供应商所允许使用的含有水处理剂的水。

4　使用条件级别

使用条件分为 5 个级别(见表1),每个级别均对应一个 50 年的设计寿命下的使用条件。各条件下的温度-时间分布的确定可参见附录 D。在一些地区因特殊的气候条件,也可以使用其他分级。当未选用表 1 中规定的级别时,应征得设计、生产、使用方的同意。

表 1　使用条件级别

级别	T_o/℃	时间[a]/年	T_{max}/℃	时间/年	T_m/℃	时间/h	应用举例
1	60	49	80	1	95	100	供热水(60℃)
2	70	49	80	1	95	100	供热水(70℃)
3[b]	30 40	20 25	50	4.5	65	100	地板下的低温供热
4	40 60	20 25	70	2.5	100	100	地板下供热和低温暖气
5[c]	60 80	25 10	90	1	100	100	较高温暖气

[a]　当时间和相关温度不止一个时,应当叠加处理。由于系统在设计时间内不总是连续运行,所以对于 50 年使用寿命来讲,实际操作时间并未累计达到 50 年,其他时间按 20℃考虑。

[b]　仅在故障温度不超过 65℃适用。

[c]　本标准仅适用于 T_o、T_{max} 和 T_m 的值都不超过表 1 中第 5 级的闭式系统。

当温度升至 80℃ 时,所有与饮用水接触的材料都不应对人体健康有影响,还必须符合 GB/T 17219—1998要求。

表 1 中所列的使用条件级别的管道系统同时应满足在 20℃、1.0 MPa 下输送冷水具有 50 年使用寿命的要求,并应用 GB/T 18252—2000 的方法证实。

当要求的使用寿命小于 50 年时,使用时间可依表 1 规定按比例减少,而故障温度时间仍按100 h 计。

管道系统的供热装置应只输送水或经处理的水。当需考虑如氧的渗透性等要求时,生产厂应提出有关注意事项。

用于管材或管件的材料的热稳定性应符合相应使用级别的产品标准。

当对管材有遮光性要求时,应符合 ISO 7686:1992 的规定。

5　尺寸

5.1　计算

对于每种应用,首先要确定一个对应的使用条件级别,并用 GB/T 18252—2000 等方法得到 50 年使用时的最大允许应力,再按 5.2 要求选用合适的系数,按 Miner's 规则(附录 E)进行计算。

计算下列式(1)和式(2),取其中最低值。

$$\sigma / p_0 \quad \cdots\cdots\cdots\cdots\cdots\cdots\cdots(1)$$

式中:

σ——某应用条件级别的设计应力,单位为兆帕(MPa);

p_0——工作压力,为 0.4、0.6 或 1.0 MPa。

$$\sigma_1 / p_1 \quad \cdots\cdots\cdots\cdots\cdots\cdots\cdots(2)$$

式中:

σ_1——20℃下 50 年考虑了使用系数后的设计应力,单位为兆帕(MPa);

p_1——1.0 MPa 的设计压力。

式(1)和式(2)中取较低值,按式(3)确定最小设计壁厚:

$$\frac{\sigma}{p} = \frac{d_n - e_n}{2e_n} \quad \cdots\cdots\cdots\cdots\cdots\cdots\cdots(3)$$

式中:

σ / p 选自式(1)或式(2);

d_n——公称外径,单位为毫米(mm);

e_n——公称壁厚,单位为毫米(mm)。

5.2 使用系数

当计算最大允许环应力时,所用温度分布中的 T_0、T_{max}、T_m 和 T_C 的使用系数均在相应产品标准中规定。

6 管件

6.1 生产管件的材料应当制成管状试样,按 GB/T 18252 进行试验。材料应达到产品标准规定的控制点。

6.2 制作管件的材料需经 6.1 所述的材料性能试验所验证。试验要求应考虑到最终的使用条件级别和管件的类型。

7 系统适用性试验

7.1 组装件的静液压试验

按 ISO 3458 规定,将管材和管件连接成组装件,在下列条件下进行试验,管材和管件及连接处不应发生渗漏。

(a)试验温度为 20℃±2℃,试验压力为 p_0 的 1.5 倍,保持 1 h;

(b)试验温度为 95℃±2℃,用管材材料 1 000 h 95℃ 的预测应力值除以 $(d-e)/2e$ 计算出 95℃±2℃ 的试验压力值,保持 1 000 h。

7.2 热循环试验

按附录 A(适用于柔性塑料管)或附录 B(适用于刚性塑料管)要求进行试验,试验条件为:

5 000 次循环,每次循环 30 min±2 min,恒定在操作压力 p_0(0.4、0.6 或 1.0 MPa)。每次循环应有一个 15 min 的冷水(温度为 20℃±2℃)流动时间及一个 15 min 的热水(T_{max}+10℃,但不超过 90℃)流动时间。

管材、管件及连接处不应发生渗漏。

7.3 压力循环试验

按附录 C,试验条件为:23℃±2℃、10 000 次交替变换压力(0.1 MPa±0.05 MPa 和 1.5 MPa±0.05 MPa)的循环试验、变换频率为每分钟至少 30 次。

管材、管件及连接处不应发生渗漏。

7.4 耐拉拔试验

按 GB/T 15820 规定,在下列条件下进行试验,试验完成后管件的承口应与管材完好连接:

a) 1 h,23℃±2℃,拉拔力由公称外径确定的管材整个断面面积及 1.5 MPa 内压计算。

b) 1 h,T_{max}+10℃,拉拔力由公称外径确定的管材整个断面面积及 0.4、0.6 或 1.0 MPa 的内压计算。

7.5 组装件的耐弯曲试验

仅在管材材料弯曲弹性模量小于或等于 2 000 MPa 时进行本项试验。

按 ISO 3503:1976 规定,将管材、管件连接成组装件进行试验,试验温度 23℃±2℃,试验压力 1.5 MPa,保持 1 h,组装件不应发生渗漏。

8 质量控制试验

该控制试验的要求按产品标准规定执行。

9 外观

管材和管件应符合相关产品标准的要求。

10 标志

10.1 管材

达到本标准的管材应具有持久标志,包括生产厂名、材料名称、规格尺寸,并应符合相关产品标准要求。

10.2 管件

达到本标准的管件应有下列持久标志,包括生产厂名或商标、规格尺寸,并应符合相关产品标准要求。

附　录　A
（规范性附录）
柔性塑料管材热循环试验方法

A.1　原理

管材和管件按规定要求组装并承受一定的内压,在规定次数的温度交替变化后,检查管材和管件连接处的渗漏情况。

A.2　设备

设备包含有冷热水交替循环装置、水流、水压调节装置以及在出水口和进水口处温度测量装置。该设备能够在冷热源之间按规定的时间间隔进行变换。

A.3　组装试件

本试验的组装试件是由管材和管件组成,并根据厂商推荐的方法进行装配和固定。

组装的试件包括:

a)　按图 A.1（见 A 段）所示,至少有一对由管轴连接的预先施加应力管段,其自由长度为 3 000 mm±5 mm。参照 A.4 方法对试样组件施加预应力。

b)　至少有二段直管,按图 A.1(见 B 段)连接后,每段可以自由活动的长度为 300 mm±5 mm;

c)　至少有一个按图 A.1 所示的弯管(见 C 段),每段管由其端部支撑。

试验时的具体尺寸应符合产品标准要求,如果产品标准中没有规定,按图 A.2 的尺寸。此时,管材的自由长度应为 $27\,d_n$ 到 $28\,d_n$(d_n 即管材的公称外径)。也可以取能够满足最小弯曲半径的较小的长度。

如果壁厚和/或管材外径不能弯到这个弯曲半径,按附录 B 进行试验。

A.4　试验步骤

准备好组合试件,注水以驱出全部空气。

对试件施加一预应力,使应力值等于温度下降 20℃时所产生的收缩应力。

在试验温度下进行状态调节至少 1 h,将管段 A 的自由臂顶点的位置在预应力下锁定。在与试验规定的并与管材和管件等级相适应的压力、温度和持续时间作用下,通入规定循环次数的冷热水。在头 5 次循环周期内可拧紧或调节接头以使系统处于不漏水的状态。控制循环水的流速,使热循环时保持从热水进口到出口的温度降不超过 5℃。

整个循环试验程序完成后,检查所有接头处的渗漏。

注:为使热水进出口温差降至最低,可能需要在循环的某部分加装平衡阀或系统的连接件。

A.5　试验报告

试验报告应包含下列信息:

a)　标准号及试验方法;

b)　试验组件的名称;

c)　试验条件;

d)　观察到的任何渗漏现象;

e)　试验时间。

单位为毫米

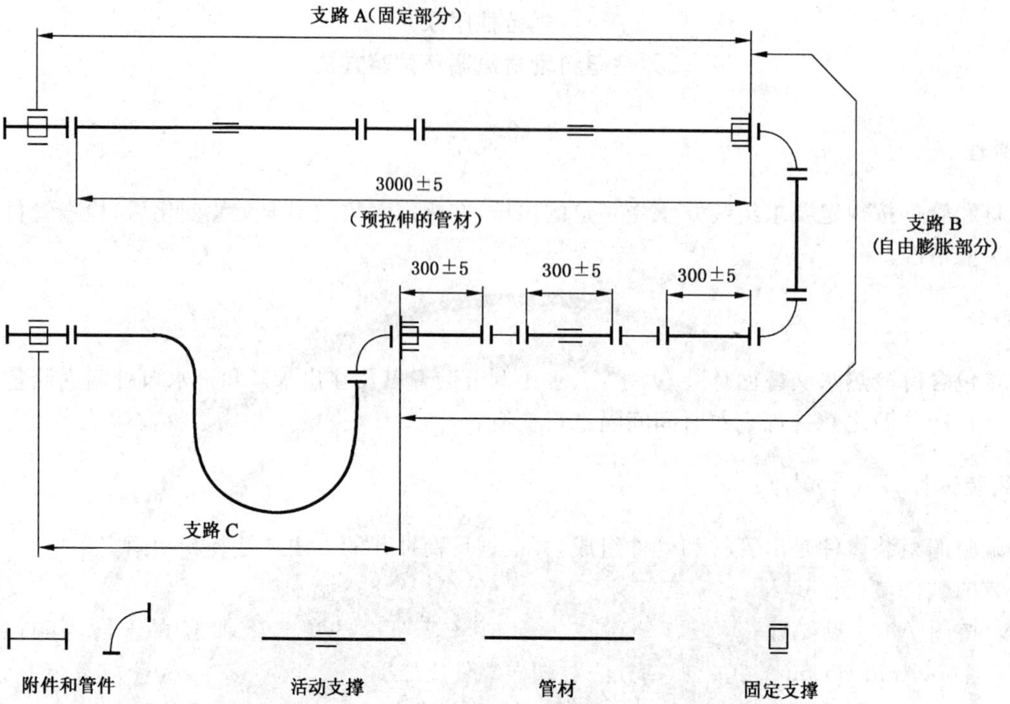

支路A(固定部分)

3000±5

(预拉伸的管材)

支路B
(自由膨胀部分)

300±5   300±5   300±5

支路C

附件和管件   活动支撑   管材   固定支撑

图 A.1 柔性管冷热水循环试验安装示意图

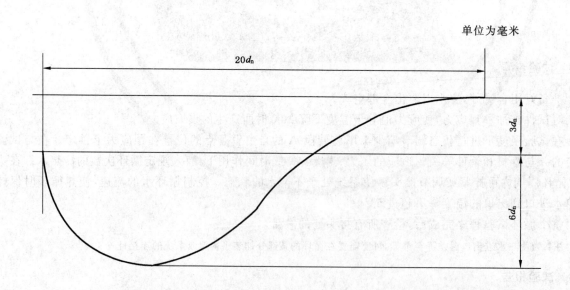

单位为毫米

$20d_n$

$3d_n$

$6d_n$

注：除非另有说明，管材的自由长度应为 $27\,d_n$ 至 $28\,d_n$（d_n 为管材的公称外径），根据生产厂家的说明，管材长度可更短，该长度对应管材最小弯曲半径。

图 A.2 C 部分可替换试验安装示意图

附 录 B

（规范性附录）

刚性塑料管耐热循环试验方法

B.1 原理

管材和管件按规定要求组装并承受一定的内压,在规定次数的温度交替变化后,检查管材和管件连接处的渗漏情况。

B.2 设备

设备包含有冷热水交替循环装置,水流、水压调节装置以及在出水口和进水口处温度测量装置。该设备能够在冷热源之间按规定的时间间隔进行变换。

B.3 组装试件

本实验的组装试件是由管材和管件组成,并根据厂商推荐的方法进行装配和固定。

组装的试件包括:

a) 按图 B.1(见 A 段)所示,至少一对由管箍连接的预先施加应力管段,其自由长度为 3 000 mm ±5 mm。参照 A.4 方法对试样组件施加预应力;

b) 至少有二段直管,按图 A.1 连接后,每段可以自由活动的长度为 300 mm±5 mm;

c) 至少有三段直管,在按图 B.1(见 C 段)法连接时,每段管在其管端固定。

B.4 试验步骤

准备好组合试件,注水以驱出全部空气。

对试件施加一预应力,使应力值等于温度下降 20℃时所产生的收缩应力。

在试验温度下进行状态调节至少 1 h,将管段 A 的自由臂顶点的位置在预应力下锁定。在与试验规定的并与管材和管件等级相适应的压力、温度和持续时间作用下,向试件通规定循环次数的冷热水。在头 5 次循环期间可拧紧或调节接头处于理想的状态。控制循环水的流速,使热循环时保持从热水进口到出口的温度降不超过 5℃。

整个循环试验程序完成后,检查所有接头处的渗漏。

注:为使热水进出口温差降至最低,可能需要在循环的某部分加装平衡阀或系统的连接件。

B.5 试验报告

试验报告应包含下列信息:

a) 标准号以及试验方法;

b) 试验组件的名称;

c) 试验条件;

d) 观察到的任何渗漏现象;

e) 试验时间。

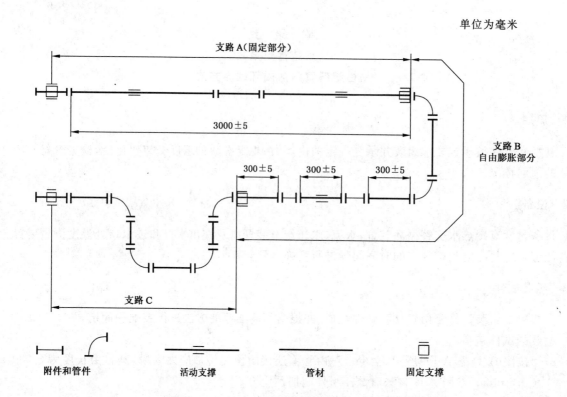

单位为毫米

图 B.1　刚性管冷热水循环试验安装示意图

附　录　C

（规范性附录）

压力循环试验方法

C.1　原理

管材和管件组装后，在一定温度下，交替循环快速通入高低压流体介质。检查系统渗漏情况。

C.2　设备

试验设备包括试验组装件和液体介质的温度调节装置，以及在一定范围内进行压力循环变化的装置，压力变化频率不小于 30 次/min。图 C.1 为典型的装置图。

C.3　试验组件

试验的组装件应包括：至少一个管件，其连接按生产厂推荐的方法进行；一个或多个 $10\,d$ 长的管段（d 为公称外径）。为包括所需数量的管材和/或管件，可以使用几个组合件一同进行试验。

C.4　试验步骤

准备好组装试件，注水以排出空气。

将组装试件置于要求温度的水中，状态调节至少 1 h，然后保持温度不变按规定的内压和频率进行试验。

完成规定的循环次数后，检查所有试验组件和连接处是否有渗漏。

注：如需要，也可将试验组装件或者是与压力转换装置连在一起的组装件一同进行状态调节。如果是状态调节以后进行连接，要确保将空气再次排净。

C.5　试验报告

试验报告应包含下列信息：

a)　标准号以及试验方法；

b)　试验组件的名称；

c)　试验条件；

d)　观察到的任何渗漏现象；

e)　试验时间。

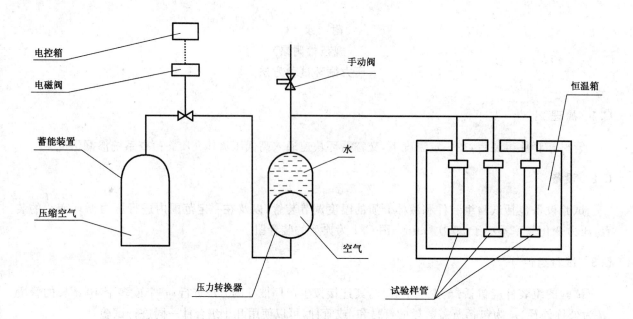

图 C.1 循环压力冲击试验示意图

附　录　D
（资料性附录）
时间-温度分布的确定

D.1　使用奥地利、法国、德国的数据确定设计所用的温度-时间分布

按 DIN 4702 标准，用散热器入口温度决定带多个温度区的温度分布，入口温度与外部温度具有半经验的函数关系，从而得到与各因素相关的温度时间分布。以德国 Bremerhaven 为例，按 DIN 4710 规定所得到的数据列于表 D.1。

表 D.1　Bremerhaven 的数据

温度 T/℃	每年的小时数（30 年的平均值）	总时间的百分份额/%
80～90	148	1.7
70～80	1 158	13.2
60～70	1 955	22.3
50～60	1 517	17.3
40～50	1 687	19.2
30～40	1 285	14.6
20～30	646	7.4
<20	373	4.3

还收集了其他一些城市，如德国的 Essen、Frankfurt、Main、Berlin、Munich，法国的 Besse、Cherborg 和 Abbeville，奥地利的 Vienna 等不太冷的地区的数据。

为将实际温度分布进行"换算"以得到便于设计、计算的温度分布，特作下列规定：

a) 温度分布在 10℃ 范围内的小时数均按该温度范围的最高温度对待。

b) 当较低温度的应用时间换算成高 10℃ 条件下（如从 60℃ 至 70℃ 的小时数，"换算"为 70℃ 至 80℃ 的小时数）的时间时，按 2.5 倍减少（即除以系数 2.5）；反之，当温度按上述规律降低时，应用时间要乘以 2.5 系数，这是按 ISO/TR 9080 和德国 DIN 16887 标准的规定。

c) "换算"系数可取 2.5，也可以取 2.5～3，在较严酷的条件下的温度时间-分布应取 2.5。

d) 数据应按规定圆整（见 D.2 的例子）。

e) 异常温度的时间不计算在温度-时间分布中，而在 Miner's 规则中（见附录 E）考虑。

D.2　举例

以 D.1 中 Bremerhaven 的数据为例加以说明：

a) 将 90℃ 时应用时间 1.7%，圆整为 2%。

b) 要得到 80℃ 下 20% 的数据（可考虑由二部分时间组成：已知的 80℃ 下 13.2% 及 70℃ 下贡献的 6%），70℃ 下的数据 22.3% 可分解为二部分：15% 加 7.3%。15% 除以 2.5 得到 6%，再加上 80℃ 时的 13.2%，得 19.2%，即可圆整到 20%。

c) 70℃ 下剩余的 7.3%，用 2.5 乘（得 18%）再加上 60℃ 时的 17.3%，得到 35%。

d) 50℃ 时的 19.2 除以 2.5 得 8%，加上 60℃ 的 35% 得 43%，圆整到 50%。

则温度-时间分布结果为：90℃，2%；80℃，20%；60℃，50%。

用类似的方法可以确定较低温度和/或不同温度组合的温度-时间分布。

附　录　E
（资料性附录）
使用 Miner's 规则计算管材尺寸举例

E.1 使用下面的步骤计算温度-时间分布

$T_o = T_1 = 60℃$ 为总时间的 70%，时间分数 $a_1 = 0.7$；

$T_{max} = T_2 = 80℃$ 为总时间的 29.9%，时间分数 $a_2 = 0.299$；

$T_m = T_3 = 95℃$ 为总时间的 0.1%，时间分数 $a_3 = 0.001$

在此例中 $a_1 + a_2 - a_3 = 1$，但如果不足 1 时，以 $T = 20℃$ 补偿时间分数 $(1 - \Sigma a)$ 的部分。

E.2 T_o、T_{max}、T_m 所取的系数由相关的产品标准中提供。此处，T_1 系数是 1.5，T_2 系数是 1.3，T_3 系数是 1.0。

E.3 作为举例，T_o 时管材材料许用环应力为 4 MPa，则所使用的环应力分别为：

对 T_1，$\sigma_1 = F_1 \times \sigma_0 = 6$ MPa；对 T_2，$\sigma_2 = F_2 \times \sigma_0 = 5.2$ MPa；对 T_3，$\sigma_3 = F_3 \times \sigma_0 = 4$ MPa。

E.4 图解计算预期寿命（年）：T_1，σ_1 时为 t_1，T_2，σ_2 时为 t_2，T_3，σ_3 时为 t_3。

E.5 Miner's 规则规定，如果材料在温度 T_1 连续的作用下经 t_1 年后破坏，则每一年耗用的寿命是 $1/t_1$。此分数称为"每年破坏量"。如果不是连续作用，仅仅是每年的一部分时间（时间分数）a_i，破坏量就小一些。因此，由 T_1 温度作用下引起的年破坏量是 a_1/t_1，由 T_2 温度作用的年破坏量是 a_2/t_2，由 T_3 作用的年破坏量是 a_3/t_3。每年的破坏量累积加和在一起得到"年破坏量总和"（TYD），$TYD = \Sigma(a/t)$。

E.6 材料在 $1/TYD = t_x$ 年后将发生破坏。如果计算值太高或太低，则遵循 E.3 按高的或低的 σ 重新计算。通过成功的近似计算，可得到允许的环应力值 σ_0。同时，可以得到 50 年的有效寿命值。

E.7 按如下顺序可便利地得到所需的值：

$$\sigma_0 = \cdots\cdots\cdots(估计值)$$

T_1	a_1	F_1	$\sigma_1 = F_1 \times \sigma_0$	t_1	a_1/t_1
T_2	a_2	F_2	$\sigma_2 = F_2 \times \sigma_0$	t_2	a_2/t_2
…	…	…	……	…	…
…	…	…	……	…	…
	$\Sigma a = 1$				$\Sigma(a/t) = TYD$

$$t_x = 1/TYD$$

E.8 实际应用中，如使用计算机可很方便的进行计算。Spreadsheet 是一个很有效的计算工具，特别是在不同温度和环应力下的破坏时间，可以方便地使用标准外推法的模式进行计算。例如：

$$\log t = A + B(\log \sigma)T + c/T + D(\log \sigma)$$

当使用 $\log t$ 与 σ 和 T 间函数关系的系数时，Spreadsheet 算法很容易的给出了 t_x 与 σ_0 的函数关系。

注：Miner's 规则是在一定温度-时间分布情况下预测管材寿命的适宜方法，但它仅适用于具有相同破坏机理的情况下。

参 考 文 献

（1）DIN 4702,中央锅炉。

（2）DIN 4710:1982,用于计算热能消耗和空调设备的气象数据。

（3）DIN 16887:1990,热塑性塑料管材耐长期静液压的测定。

ICS 23.040.20
G 33

中华人民共和国国家标准

GB/T 19278—2003

热塑性塑料管材、管件及阀门
通用术语及其定义

General terms and their definitions of
thermoplastic pipes, fittings and valves

2003-08-25 发布
2004-02-01 实施

中 华 人 民 共 和 国
国家质量监督检验检疫总局 发布

前　言

本标准的附录为资料性附录。

本标准由中国轻工业联合会提出。

本标准由全国塑料制品标准化技术委员会塑料管材、管件及阀门分技术委员会(TC48/SC3)归口。

本标准主要起草单位:轻工业塑料加工应用研究所、中国建筑标准设计研究所。

本标准主要起草人:李　鹏、刘秋凝、孙　逊、陈家琪、贾　苇。

热塑性塑料管材、管件及阀门 通用术语及其定义

1 范围

本标准规定了热塑性塑料管材、管件及阀门的通用术语及其定义。

本标准适用于热塑性塑料管材、管件及阀门。

2 规范性引用文件

下列文件中的条款通过本标准的引用而成为本标准的条款。凡是注日期的引用文件,其随后所有的修改单(不包括勘误的内容)或修订版均不适用于本标准,然而,鼓励根据本标准达成协议的各方研究是否可使用这些文件的最新版本。凡是不注日期的引用文件,其最新版本适用于本标准。

GB/T 4217—2001 流体输送用热塑性塑料管材 公称外径和公称压力(idt ISO 161-1:1996)

GB/T 18475—2001 热塑性塑料压力管材和管件用材料分级和命名 总体使用(设计)系数(eqv ISO-12162:1995)

3 与几何尺寸有关的术语

3.1

允许偏差 permissible deviation

极限偏差

允许极限数值与规定数值之间的差值。最大允许值与规定值之差称为上偏差,最小允许值与规定值之差称为下偏差。

3.2

公差 tolerance

规定量值允许的偏差,用最大允许值和最小允许值之差表示。等于上、下偏差之间的差值。

3.3

公差等级 tolerance grade

在公差与配合标准中,认为对所有基本尺寸都具有相同精度等级的一组公差(3.2)。不同的公差等级通常用代号或数字区分。

3.4

公称尺寸 nominal size(DN)

表示部件尺寸的名义数值。

3.5

公称外径 nominal outside diameter(d_n)

管材或管件插口外径的规定数值,单位为 mm。

注:与管材外径相配合的管件的公称直径也用管材公称外径表示。

3.6

任一点外径 outside diameter (at any point)(d_e)

通过管材任一点横断面测量的外径,单位为 mm。

注:采用分度值不大于 0.05 mm 的量具测量,读数精确到 0.1 mm,小数点后第二位非零数字进位。

3.7

平均直径 mean diameter(d_m)

对应于管壁截面中心圆的直径。平均直径等于**平均外径**(3.8)与**平均壁厚**(3.18)之差,或**平均内径**(3.11)与**平均壁厚**(3.18)之和,单位为 mm。

3.8

平均外径　mean outside diameter(d_{em})

管材或管件插口端任一横断面的外圆周长除以 3.142(圆周率)并向大圆整到 0.1 mm 得到的值。

3.9

最小平均外径　minimum mean outside diameter($d_{em,min}$)

平均外径(3.8)的最小允许值。

注:在符合 GB/T 4217—2001 的管材产品标准中,最小平均外径等于其**公称外径**(3.5)。

3.10

最大平均外径　maximum mean outside diameter($d_{em,max}$)

平均外径(3.8)的最大允许值。

3.11

平均内径　mean inside diameter

相互垂直的两个或多个内径测量值的算术平均值,单位为 mm。

3.12

承口平均内径　mean inside diameter of socket(d_{sm})

承口规定部位的**平均内径**(3.11),单位为 mm。

3.13

承口公称直径　nominal diameter of socket(d_s)

承口尺寸　dimension of socket

承口连接部位内径的公称值。等于与承口连接的插口的**公称外径**(3.5),单位为 mm。

3.14

不圆度　out-of roundness;ovality

在管材或管件的管状部位的同一横截面上,最大和最小外径测量值之差,或最大和最小内径测量值之差。

3.15

承口最大不圆度　maximum out-of roundness of a socket

承口端部到设计插入深度之间的最大允许**不圆度**(3.14)。

3.16

公称壁厚　nominal wall thickness(e_n)

管材壁厚的规定值,等于最小允许壁厚 $e_{y,min}$,单位为 mm。

3.17

任一点壁厚　wall thickness(at any point)(e_y)

管材或管件圆周上任一点的壁厚,单位为 mm。

3.18

平均壁厚　mean wall thickness(e_m)

管材同一截面各点壁厚的算术平均值,单位为 mm。

3.19

最小壁厚　minimum wall thickness (at any point)($e_{y,min}$)

管材或管件圆周上任一点壁厚(3.17)的最小允许值,单位为 mm。

3.20

最大壁厚　maximum wall thickness (at any point)($e_{y,max}$)

管材或管件圆周上任一点壁厚(3.17)的最大允许值,单位为 mm。

3.21

有效长度　effective length

管材总长度与其承口插入深度的差。

3.22

熔区长度　fusion length

电熔管件(4.11)承口熔合区域的长度。

3.23

承插深度　penetration length

承插连接时,从承口的入口端面到插口的插入端面的距离。

4　与产品类型、连接方式有关的术语

4.1

实壁管　solid-wall pipe

任意横截面为实心圆环结构的管材。也包括内壁带有略微凸出的导流螺旋线的管材。

4.2

结构壁管　structured-wall pipe

对管材的断面结构进行优化设计,以达到节省材料、满足管材使用要求的管材品种。例如芯层发泡管、单(双)壁波纹管、缠绕管等。

4.3

多层复合管　multiplelayer composite pipe

管壁由数层不同材料构成的管材。

4.4

阻隔性管材　pipe with barrier layer

为阻止或减少气体或光线透过管壁,在管壁中增加特殊阻隔材料层的管材。

4.5

机械式连接　mechanical joint

通过机械力将管材、管件或阀门与其他部件相互连接的方式。例如螺纹连接、卡压连接等。

4.6

圆柱形承口　cylindrical socket

平行式承口　parallel socket

具有圆柱形几何特征的承口形式,其入口和根部的尺寸接近。

注:实际产品允许有轻微的脱模斜度。

4.7

锥形承口　conical socket;tapered socket

根据连接需要而设计成具有锥形几何特征的承口形式,其入口尺寸明显大于根部尺寸。

4.8

机械连接管件　mechanical fitting

通过机械方式实现连接的管件。

4.9

弹性密封式管件　fittings with elastomeric sealing ring

用弹性密封圈实现密封连接的管件。通常不能传递轴向载荷。

4.10

溶剂粘接式管件　fitting for solvent cement joints

通过溶剂型粘接剂来实现连接的管件。

4.11

电熔管件　electrofusion fitting

在连接表面(下)预设电加热元件的管件。

4.12

热熔对接管件　butt fusion fitting

具有与待连接管材尺寸相同的端口,通过热熔对接焊实现连接的管件。

4.13

热熔承口管件　socket fusion fitting；socket weld fitting

用加热工具加热管件承口的内表面和管材或阀门插入端的外表面,然后将其插合并相互熔接,从而
实现相互连接的管件。

4.14

鞍形管件　saddle fitting

具有鞍形几何特征,能够以熔接、粘接等方式固定在主干管外表面上,用于引出旁路、支线等的一类
管件。

5　与原材料有关的术语

5.1

配混料　compound

混配料

基础树脂与各种必要助剂的均匀混合物。

5.2

新料　virgin plastic；virgin material

原生料

除必要的制造过程外,没有被使用或加工过,且其中没有添加**回用料**(5.3)或回收料的材料。

5.3

回用料　recyclable material

回头料

生产过程中的流道、浇口、飞边或拒收但未使用过的清洁产品,经处理后得到的可回用材料。

5.4

均聚聚丙烯　polypropylene-homopolymer(PP-H)

丙烯的均聚物。

5.5

无规共聚聚丙烯　polypropylene-random-copolymer(PP-R)

丙烯与另一种或多种烯烃单体共聚形成的无规共聚物,烯烃单体中无烯烃外的其他官能团。

5.6

嵌段共聚聚丙烯　polypropylene-block-copolymer(PP-B)

耐冲击共聚聚丙烯

由 PP-H 和(或)PP-R 与橡胶相形成的两相或多相丙烯共聚物。橡胶相是由丙烯单体(或多种烯烃
单体)的共聚物组成。该烯烃单体无烯烃外的其他官能团。

5.7

交联聚乙烯　crosslinked polyethylene(PE-X)

以某种方式使聚乙烯分子链之间形成化学键连接,具有网状结构的聚乙烯。

注：过氧化物交联聚乙烯缩写为 PE-X$_a$；硅烷交联聚乙烯缩写为 PE-X$_b$；电子束交联聚乙烯缩写为 PE-X$_c$；偶氮交联聚乙烯缩写为 PE-X$_d$。

5.8

非增塑聚氯乙烯 unplasticized polyvinyl chloride(PVC-U)

硬聚氯乙烯

不含增塑剂的聚氯乙烯。

5.9

预测静液压强度置信下限 lower confidence limit of the predicted hydrostatic strength(σ_{LPL})

置信度为 97.5% 时，对应于温度 T 和时间 t 的静液压强度预测值的下限，$\sigma_{LPL}=\sigma(T,t,0.975)$，与应力有相同的量纲。

5.10

20℃、50 年置信下限 lower confidence limit at 20℃ for 50 years(σ_{LCL})

一个用于评价材料性能的应力值，指该材料制造的管材在 20℃、50 年的内水压下，置信度为 97.5% 时，预测的长期强度的置信下限，单位为 MPa。

5.11

长期静液压强度 long-term hydrostatic strength(σ_{LTHS})

一个与应力有相同量纲的量。它表示在温度 T 和时间 t 预测的平均强度。

注：平均强度是指置信度为 50% 时材料强度的置信下限。

5.12

20℃、50 年长期强度 long-term strength at 20℃ for 50 years(σ_{LTHS})

管材在 20℃ 承受水压 50 年的平均强度或预测平均强度，单位为 MPa。显然，它是**长期静液压强度**(5.11)的一个特值。

5.13

最小要求强度 minimum required strength（MRS）

将 20℃、50 年置信下限(5.10)σ_{LCL} 的值按 R10 或 R20 系列向下圆整到最接近的一个优先数得到的应力值，单位为 MPa。当 σ_{LCL} 小于 10 MPa 时，按 R10 系列圆整，当 σ_{LCL} 大于等于 10 MPa 时按 R20 系列圆整。

5.14

外推时间因子 extrapolation time factor（k_e）

外推因子 extrapolation factor

由温度差决定的，与高温试验所得较短破坏时间(一年或一年以上)相乘得到低温下**外推时间极限**(5.15)的因子。

5.15

外推时间极限 extrapolation time limits(t_e)

高温较短时间试验数据(一年或一年以上)向低温长时间方向外推时允许达到的时间极限。

5.16

拐点 knee

管材由**韧性破坏**(6.2)向**脆性破坏**(6.3)转变的转折点。在双对数坐标内，对应于应力破坏数据回归曲线上斜率发生变化的点。

5.17

参照线 reference line

某种聚合物最小长期静液压强度期望值的数学描述。可用于在不同温度下的外推或内插计算。但不应将其视作特定品级或牌号的材料的特性。

5.18

环境应力开裂　environmental stress cracking

由于环境条件的影响而加速应力开裂的现象。

注：材料的耐环境应力开裂性能常用 ESCR(Environmental Stress Cracking Resistance)表示。

5.19

慢速裂纹增长　slow crack growth(*SCG*)

在低于破坏应力的条件下，塑料材料于应力集中部位产生裂纹并逐渐扩展的现象。例如，管材在较高的点载荷作用下会在内壁逐渐形成裂纹，并缓慢发生扩展。

注：一般认为，裂纹尖端的扩展是由于分子链的解缠运动造成的。慢速裂纹增长造成的破坏常表现为**脆性破坏**（6.3）特征。常用测试方法有锥体试验、切口试验等。

5.20

快速裂纹扩展　rapid crack propagation(*RCP*)

由于外力冲击或应力等原因造成裂纹，使承受内压的管材突然开裂、裂纹快速扩展的现象。

5.21

交联度　degree of crosslinking

表示交联程度的物理量。在聚合物链间发生交联时，以每一聚合物分子交联单位的平均数表示。亦称交联点密度、交联指数。通常用凝胶含量表示。

5.22

氧化诱导时间　oxidation induction time(*OIT*)

塑料在高温氧气条件下开始发生自动催化氧化反应的时间。

6　与产品性能有关的术语

6.1

真实冲击率　true impact rate(*TIR*)

以整批产品进行试验，其冲击破坏数除以冲击总数得到的比值，以百分数表示。

注：实际测试总是在一批产品中进行随机抽样，因此其结果只能代表对整批产品冲击性能的估计。

6.2

韧性破坏　ductile failure

伴随明显塑性变形的破坏。

6.3

脆性破坏　brittle failure

破裂区域没有明显塑性变形的破坏。

6.4

渗漏破坏　leak failure；weep failure

管内加压流体渗出管壁形成可见流失但未发生明显开裂的破坏形式。

6.5

环刚度　ring stiffness(*S*ᵣ)

具有环形截面的管材或管件在外部载荷下抗挠曲（径向变形）能力的物理参数。理论上定义为

$$S = EI/d_m^3 \quad\cdots\cdots\cdots\cdots\cdots\cdots\cdots\cdots\cdots\cdots(1)$$

式中：

E——弹性模量；

I——截面惯性矩；

d_m——平均直径(3.7)。

6.6

公称环刚度　nominal ring stiffness（*SN*）

管材或管件**环刚度**(6.5)的公称值,通常是一个便于使用的圆整数。

6.7

标准尺寸比　standard dimension ratio（*SDR*）

管材的**公称外径**(3.5)与**公称壁厚**(3.16)的比值,由下式计算并按一定规则圆整:

$$SDR = d_n/e_n \qquad\cdots\cdots\cdots\cdots\cdots\cdots\cdots\cdots\cdots\cdots(2)$$

式中:

d_n——管材**公称外径**(3.5);

e_n——**公称壁厚**(3.16)。

6.8

管系列　pipe series（*S*）

与**公称外径**(3.5)和**公称壁厚**(3.16)有关的无量纲数,可用于指导管材规格的选用。*S* 值可由下列任一公式计算,并按一定规则圆整:

$$S = (d_n - e_n)/2e_n \qquad\cdots\cdots\cdots\cdots\cdots\cdots\cdots\cdots(3)$$
$$S = (SDR - 1)/2 \qquad\cdots\cdots\cdots\cdots\cdots\cdots\cdots\cdots\cdots(4)$$
$$S = \sigma/p \qquad\cdots\cdots\cdots\cdots\cdots\cdots\cdots\cdots\cdots\cdots\cdots\cdots(5)$$

式中:

d_n——管材**公称外径**(3.5);

e_n——**公称壁厚**(3.16);

SDR——**标准尺寸比**(6.7);

p——管材内压;

σ——**诱导应力**(6.9)。

6.9

环向应力　hoop stress（*σ*）

诱导应力　induced stress

应力(替代)

内压在管壁中引起的沿管材圆周方向的应力。

6.10

总体使用(设计)系数　overall service(design) coefficient（*C*）

一个大于 1 的数值,它的大小考虑了使用条件和管路其他附件的特性对管系的影响,是在置信下限所包含因素之外考虑的管系的安全裕度。

注:GB/T 18475—2001 规定了特定材料的总体使用系数的最小值。

6.11

设计应力　design stress（*σ*$_s$）

规定条件下的允许应力,等于最小要求强度(单位 MPa)除以**总体使用(设计)系数**(6.10):

$$\sigma_s = MRS/C \qquad\cdots\cdots\cdots\cdots\cdots\cdots\cdots(6)$$

6.12

公称压力　nominal pressure（*PN*）

与管道系统部件耐压能力有关的参考数值,为便于使用,通常取 R10 系列的优先数。

6.13

最大工作压力　maximum operating pressure（*MOP*）

最大允许工作压力　maximum allowable operating pressure（P_{PMS}）

最大操作压力

管道系统中允许连续使用的流体最大工作压力。

6.14

爆破压力　burst pressure

在管材静液压爆破试验中管材破裂前的最大压力。

6.15

最高设计温度　maximum design temperature（T_{max}）

最高工作温度　maximum operating temperature

仅在短时间内出现的，可以接受的最高温度。

6.16

工作温度　operating temperature（T_o）

设计温度　design temperature（T_D）

管道系统设计的流体输送温度。

6.17

故障温度　malfunction temperature（T_{mal}）

管道系统超出控制极限时出现的最高温度。

附　录　A

（资料性附录）

常用术语与符号或缩写的对应表

C	overall service (design) coefficient	总体使用（设计）系数
DN	nominal size	公称尺寸
d_n	nominal outside diameter	公称外径
d_e	outside diameter (at any point)	任一点外径
d_m	mean diameter	平均直径
d_{em}	mean outside diameter	平均外径
$d_{em,min}$	minimum mean outside diameter	最小平均外径
$d_{em,max}$	maximum mean outside diameter	最大平均外径
d_s	nominal diameter of socket	承口公称直径
d_{sm}	mean inside diameter of socket	承口平均内径
e_m	mean wall thickness	平均壁厚
e_n	nominal wall thickness	公称壁厚
e_y	wall thickness (at any point)	任一点壁厚
$e_{y,max}$	maximum wall thickness (at any point)	最大壁厚
$e_{y,min}$	minimum wall thickness (at any point)	最小壁厚
k_e	extrapolation time factor	外推时间因子
MOP	maximum operating pressure	最大操作压力
MRS	minimum required strength	最小要求强度
OIT	oxidation induction time	氧化诱导时间
PN	nominal pressure	公称压力
RCP	rapid crack propagation	快速裂纹扩展
S	pipe series	管系列
SCG	slow crack growth	慢速裂纹增长
SDR	standard dimension ratio	标准尺寸比
SN	nominal ring stiffness	公称环刚度
S_R	ring stiffness	环刚度
T_D	design temperature	设计温度
t_D	extrapolation time limits	外推时间极限
T_{max}	maximum design temperature	最高设计温度
T_{mal}	malfunction temperature	故障温度
T_o	operating temperature	工作温度
TIR	true impact rate	真实冲击率
σ_{LPL}	lower confidence limit of the predicted hydrostatic strength	预测静液压强度置信下限
σ_{LCL}	lower confidence limit at 20℃ for 50 years	20℃、50 年置信下限度
σ_{LTHS}	long-term strength at 20℃ for 50 years	20℃、50 年长期强度
σ	hoop stress	环向应力
σ_s	design stress	设计应力

中 文 索 引

英　文　索　引

B

C

D

E

F

H

I

K

L

M

N

O

主要参考文献

[1] GB/T 20001.1—2001 《标准编写规则 第 1 部分:术语》

[2] GB/T 2035—1996 《塑料术语及其定义》

[3] GB/T 18742.1—2002 《冷热水用聚丙烯管道系统 第 1 部分:总则》

[4] GB/T 15560—1995 《流体输送用塑料管材液压瞬时爆破和耐压试验方法》

[5] GB/T 13663—2000 《给水用聚乙烯(PE)管材》

[6] GB/T 4217—2001(idt ISO 161-1:1997) 《流体输送用热塑性塑料管材公称外径和公称压力》

[7] GB/T 10798—2001(idt ISO 4065:1996) 《热塑性塑料管材通用壁厚表》

[8] GB/T 14152—2001(idt ISO 3127:1994) 《热塑性塑料管材耐外冲击性能试验方法 时针旋转法》

[9] GB/T 18475—2001(eqv ISO 12162:1995) 《热塑性塑料压力管材和管件用材料分级和命名 总体使用(设计)系数》

[10] GB/T 18252—2000 《塑料管道系统 用外推法对热塑性塑料管材长期静液压强度的测定》

[11] ISO 727:1985 《压力管用圆柱形承口硬聚氯乙烯(PVC-U)、氯化聚氯乙烯(PVC-C)或丙烯腈-丁二烯-苯乙烯共聚物(ABS)管件承口尺寸 公制系列》

[12] ISO 10838-1:2000 《燃气用聚乙烯管道系统的机械式管件》

[13] ISO 11922-1:1997 《流体输送用热塑性塑料管材:尺寸和偏差:第一部分:公制系列》

[14] ISO 14236:2000 《塑料管材和管件 聚乙烯给水压力管道系统用机械管件》

[15] ISO 10146:1997 《交联聚乙烯(PE-X)管材 时间和温度对预期强度的影响》

[16] ISO 12230:1996 《聚丁烯(PB)管材—时间和温度对预期强度的影响》

[17] ISO 11173:1994 《热塑性塑料管材:梯度法测定耐外冲击性》

[18] ISO 13966:1998 《热塑性塑料管材和管件 公称环刚度》

[19] ISO 13967:1998 《热塑性塑料管材和管件 环刚度的测定》

[20] ISO 10508:1995 《冷热水系统用热塑性塑料管材和管件》

[21] PrEN 12201:2001 《供水用塑料管道系统 聚乙烯(PE) 第 1 部分:总则》

[22] PrEN 13476-1:2000 《无压埋地排水排污用塑料管道系统—硬聚氯乙烯(PVC—U)、聚丙烯(PP)和聚乙烯(PE)结构壁管道系统 第 1 部分:管材、管件和系统的技术规范》

[23] 苏家齐主编. 塑料工业辞典. 第 1 版. 北京:化学工业出版社,1989

[24] 机械工程手册、电机工程手册编辑委员会. 机械工程手册,基础理论卷. 第 2 版. 北京:机械工业出版社,1996

我们努力创造高标准

"亚大"牌热力管道（PE-RT II型）系统产品适用于各种高、低温流体的输送，例如：城镇冬季供暖用热力管道、小区内集中供热管道、建筑内地板采暖管道、生活冷热水输送、温泉水输送，以及其他`高温、低温的化学流体输送等。与传统金属管道相比，亚大热力管道系统产品的特点有：

◆ 系统严密性好，管网系统严密不渗漏；

◆ 耐高温，耐高压，完全满足二次热力管网使用要求；

◆ 管道预制保温层，流体在输送过程中热能损失极小；

◆ 耐化学腐蚀性好，输送热水介质，终生免维护；

◆ 使用寿命可达50年；

◆ 重量轻，易般运。节省运输、吊装费用；

◆ 施工采用热熔对接和电熔焊接工艺，简单快速；

城镇集中供热二次管网

"亚大"牌排水管道（PP缠绕管）系统产品适用于城市雨水、污水的排放输送，和农田排水、公路路基排水工程。也适用于工业流体的输送。具有管网系统严密不漏、耐化学腐蚀、超大口径（最大直径3.5米）、施工安装快速的特点，配套PP材质的检查井，可形成同材质的严密的管网系统。

PE燃气

大口径输水

跨海输水

"亚大"牌PE燃气管道、给水管道系统产品适用于城市燃气、供水领域，也适用于工矿流体输送、消防管路、化学介质输送、海底输送、农田水利等工程。也适用于工业流体的输送。具有管网系统严密不漏、无毒、耐化学腐蚀、大口径（最大直径1.2米）、施工安装快速的特点。亚大不仅提供系列PE管材、管件和施工机具，也是集国家标准编制、产品检验检测、施工技术培训、工人上岗考试、管网抢修技术服务等于一体的系统供应商。

亚大集团公司	河北.涿州.松林店	Tel: 0312-3971595	Fax: 0312-3676831
亚大塑料制品有限公司	河北.涿州.松林店	Tel: 0312-3952000	Fax: 0312-3952222
上海亚大塑料制品有限公司	上海.青浦.华新镇	Tel: 021-59790555	Fax: 021-59790333
深圳亚大塑料制品有限公司	深圳.宝安.重庆路	Tel: 0755-33590000	Fax: 0755-33590666
四川亚大塑料制品有限公司	四川.都江堰.天府大道	Tel: 028-87749844	Fax: 028-87229918
上海乔治费歇尔亚大塑料管件制品有限公司	上海.青浦.华新镇	Tel: 021-51651655	Fax: 021-51651658

亚大官方网址：WWW.CHINAUST.COM

中瑞合资(凌云股份+乔治费歇尔)

股票代码：600480

官网二维码：

SolutionPartner

汇聚领先科技
LG 化学始终相伴
承载美好生活，化学呈现科技。

LG化学创立于1947年，是LG集团的母企业。总部位于韩国首尔。2013年，LG化学的销售额达到220亿美元，在全球拥有22000名员工。

LG化学的主要事业领域包括石油化学和信息电子材料。在石油化学领域的主要产品包括PE、PP、PVC、ABS，以及橡胶、特殊树脂等产品。2004年并购现代石油化学后，LG化学成为韩国主要PE生产商，在韩国丽水、大山拥有HDPE, LDPE, LLDPE等7套生产装置，年产量94万吨。主要产品包括管材级、薄膜级、电线电缆等聚乙烯产品。

LG化学自进入中国市场以来，一直致力于韩国采暖文化在中国的传播，并以其成熟的技术、可靠的质量和周到的服务，促进了国内地暖市场的迅速发展，并且赢得了国内广大用户的支持和信赖。在地暖界已成为名符其实的地暖管材原料专家。其拳头产品交联聚乙烯管材专用料XL1800，以其可靠的质量和完善的服务获得了广大用户的信赖和认可，成为该市场的领先者，被视为优质PE-Xa 管材的标志。而耐热聚乙烯一型管材原料SP980和二型管材原料SP988，凭借其优异的加工性能和超群的耐热压性能，迅速确立了其在中国地暖市场的优势地位。

以创新的材料和解决方案，携手顾客，共同成长，做全球领先企业

LG化学（中国）投资有限公司／LG化学中国技术中心

北京朝阳区建国门外大街乙12号双子座大厦西塔22层　电话：010-65632114　传真：010-65632121
上海市静安区南京西路1717号会德丰国际广场1201室　电话：021-60872900　传真：021-60872950
广州体育东路116号财富广场东塔2601室　电话：020-38781200　传真：020-38781143

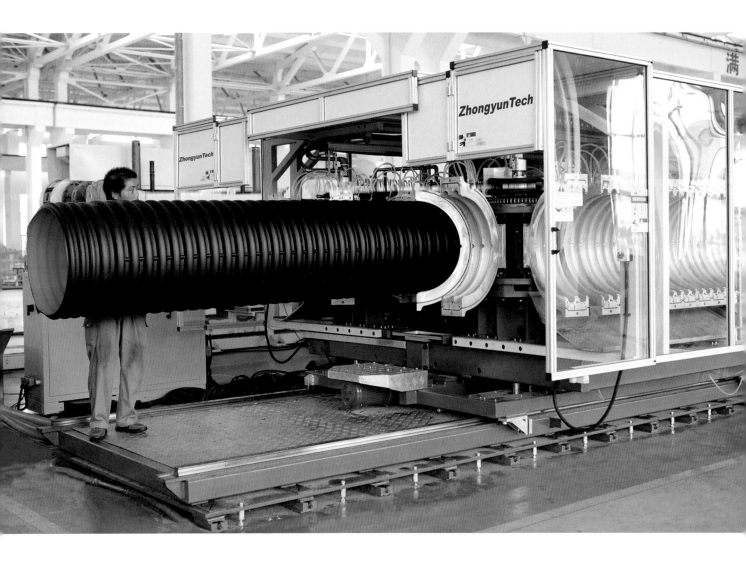

承德精密试验机有限公司
CHENGDE PRECISION TESTING MACHINE CO.,LTD.

精确定位(市场) 精美设计(研发) 精密制造(生产) 精心服务(用户)

承德精密试验机有限公司(原承德精密试验机厂)是集研究开发、生产制造、销售服务于一体的技术密集型企业，以精湛的技术为基础，立足于我国塑胶检测试验设备行业。主要生产用于塑料管材、异型材、工程塑料、树脂、薄膜、包装材料、防水材料、装饰材料、电线电缆、玻璃钢、纺织品、纸制品安全帽(带)和建材等非金属材料的性能检测设备。卓越的品质、优质的服务赢得了广大新老客户的好评，其产品畅销全国并远销海外。

- 电子万能/环刚度试验机（WDT-W系列）
- 摆锤冲击试验机（悬臂梁、简支梁、管材冲击）
- 落锤冲击试验机（LC-300B系列）
- 熔体流动速率仪（XRL-400系列）
- 热变形、维卡软化点温度测定仪（RV-300系列）
- 管道通用成套检测设备
- 管道系统适用性成套检测设备
- 滴灌管(带)水利性能综合试验台
- 管道阀门检测试验设备
- 工程塑料成套检测试验设备
- 型材/异型材成套检测试验设备
- 原料/树脂成套检测试验设备
- 其它非金属材料检测试验设备
- 各种制样设备 ▪▪▪▪▪

- 电工套管检测试验设备
- 耐环境应力开裂试验仪
- 粘数测定仪（NS-25系列）
- 氧指数仪（PDF-60系列）
- 界面张力仪（JZ-200系列）
- 摩擦系数测定仪（MX系列）

摆锤冲击试验机

- WDS系列电子拉力试验机

LC-300B系列落锤冲击试验机

 Android系统的检测设备
专业的检测设备制造商

无论是 ，还是 📱 ，一样的体验

01 稳定可靠的App   02 快速流畅的试验过程   03 无线操控试验的便捷

XRL-400系列熔体流动速率仪

- WDT-W系列电子万能试验机

- XGNB系列管材耐压/爆破试验机

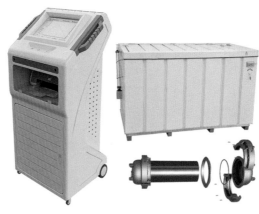

承德市精密试验机有限公司

地　　址：河北省承德市高庙三道沟
邮政编码：067000
销售热线：0314-2190098　2188076
传　　真：0314-2191098　2190088
国际业务：0314-2188077　2180166
售后服务：0314-2190088
http://www.cd-tester.com
E-mail:cdjm@cd-tester.com

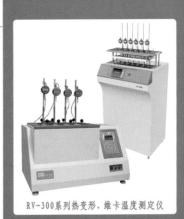

RV-300系列热变形、维卡温度测定仪

这些看不见的付出，
给一生最好的呵护。

我们坚持，当生命降临到这世上，
洁净、温暖和光明，就成为他一生的需要。
我们在为城市铺设环保、无二次传输污染的输水管道，
让饮水，成为一种安全的滋润；
我们在为千万个家庭安装冷、暖气输送管道，
让家，冬暖夏凉；
我们还在为许多大厦、社区、街道铺设电路管，
让光明，随时随地守候在人们身边。
生活的幸福，需要无时无刻的坚守，
即使有些付出，你看不见，
川路，为每个家庭守护，责任从未改变。

有 责 任 · 更 信 任

川路塑胶集团　来自管材·型材的行业专家

川路排水系列　　川路给水系列　　川路电气系列

这是一个消费者寻求品牌信任的时代，
这又是一个不断发生企业缺失责任感的时代。
每一个"品牌"背后，
是一家企业的社会道德与承担，
一家负责任的企业，
所创造的，
并不单纯是好的产品，
还肩负社会责任感、推动行业进步。

坚持一个品牌　坚持一个标准　坚持统一原料　坚持统一生产
（"川路"品牌）　（国家质量标准）　（国内外一流原料）　（同一生产基地）

川路塑胶　CHUANLU PLASTIC

邵阳天堂助剂化工有限公司

邵阳天堂助剂化工有限公司成立于2004年。现有土地面积8400平方米，厂房专用地3800平方米，员工近200人。公司专业致力于硬脂酸盐、水滑石及塑料热稳定剂的研发与生产，年产量五千吨以上，自成立以来取得了迅速发展。

2006年10月我公司于与中南大学、北京化工大学签订了合作协议书，共同合作开发新型的环保塑料助剂及新的功能材料，并从此建立紧密的技术合作关系。

2008年组建了塑料助剂研究所，常年聘请中南大学杨占红教授和邵阳学院科研处长姚志钢教授为技术指导，与数名科技人员进行了大量的研究开发工作，完成湖南省重点科研项目2项，获得国家专利1项，市科技进步二等奖1项。

2012年6月18日与邵阳学院生物与化学工程系签订合作协议，联合组建邵阳市塑料助剂工程技术研究中心，于2012年9月20日正式挂牌成立。

公司始终恪守"重合同、守信用"的行为准则，奉行"重诚守信、业主至上"的经营理念，坚定不移实行"质量兴企、品牌兴企"的战略方针，内强素质，外树形象，依靠过硬的质量在日趋激烈的市场竞争中赢得了广泛而良好的社会信誉。

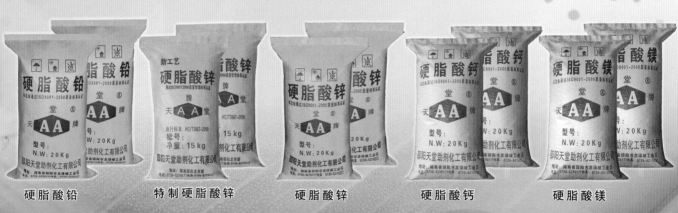

硬脂酸铅　　特制硬脂酸锌　　硬脂酸锌　　硬脂酸钙　　硬脂酸镁

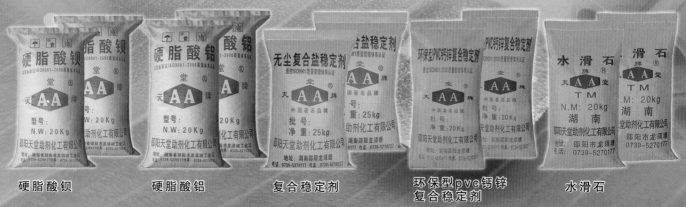

硬脂酸钡　　硬脂酸铝　　复合稳定剂　　环保型pvc钙锌复合稳定剂　　水滑石

地址：湖南省邵阳市双清区龙须塘工业区
电话：0739-5270177　5279988　　　　传真：0739-5270237
网址：www.ttpvc.com　　www.syttzj.cn

广东省著名商标　　广东省名牌产品

公司簡介

广东德塑科技有限公司
GUANGDONG DE SU TECHNOLOGY CO.,LTD

　　广东德塑科技有限公司始创于1989年，是一家具有二十多年塑料管道生产经历的大型民营科技企业，旗下拥有六家控股子公司。公司位于广东省鹤山市，占地面积305亩，现有员工700余人，配置有包括德国克劳斯玛菲和巴顿菲尔先进挤出机在内的81条挤出生产线和65台注塑生产设备，并建有配套齐全的综合实验室和模具加工中心。公司主要生产"德塑"牌PVC-U给/排水管、PVC-U线槽/线管、PVC-U通信管、PVC-C高压电力电缆管、PP-R冷热水管、PE给水管、PE燃气管、PE通信子管、PE-RT地暖管、HDPE中空壁缠绕管、HDPE双壁波纹管、电气开关、插座和配电箱等系列产品，年生产能力10万吨以上。

　　公司已通过ISO9001、ISO14001、OHSAS18001管理体系认证和"A1级压力管道元件制造许可认证"、"CCC强制性产品认证"、"GMC环球制造商认证"等多行认证。公司先后被评定为"广东省民营科技企业"、"广东优势传统产业转型升级示范企业"、AAA级标准化良好行为企业、重合同守信用企业等荣誉称号，并拥有28项技术专利。"德塑"牌产品质量和品牌美誉度得到了广大用户的肯定和赞誉。

　　德塑公司始终坚持以优质的产品和完善的服务，满足客户需求，善尽社会责任；并通过不断创新实现对产品、服务和管理的持续改善。

全国服务热线：400-112-9882　　　　邮编：529724

总厂址：广东省鹤山市雅瑶直水工业区1号　　网址：http://www.desu.com.cn

中国驰名商标
国家级高新技术企业

众木成「森·普」被天下

四川森普管材股份有限公司
SICHUAN SENPU PIPE CO.,LTD.
地址/Add:四川德阳高新技术产业园区
Deyang New&High-Tech.Industry Zone
电话/Tel:0838-2801958 2803197
传真/Fax:0838-2801862
邮编/Post:618000
E-Mail:senpu@senpu.com
Http:www.senpu.com

天津森普管材有限公司
TIANJIN SENPU PIPE CO.,LTD.
地址/Add:天津市大港区安达工业园通达街362号
No.362Tongda Street,West Area Dagang Economy Development Zone,Tianjin,China
电话/Tel:022-63212731 63312558
传真/Fax:022-63312558
邮编/Post:300270
Http:www.senpu.com

森普进出口贸易有限公司
SENPU IMPORT AND EXPORT TRADE CO.,LTD.
地址/Add:四川德阳高新技术产业园区
Deyang New&High-Tech.Industry Zone
电话/Tel:0838-2803048 2801581
传真/Fax:0838-2801536
邮编/Post:618000
Http:www.senpu.com

森普建筑工程有限公司
SENPU ENGINEERING CO.,LTD.
地址/Add:四川德阳高新技术产业园区
Deyang New&High-Tech.Industry Zone
电话/Tel:0838-2802926
传真/Fax:0838-2802926
邮编/Post:618000
Http:www.senpu.com

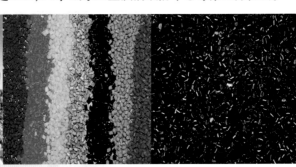

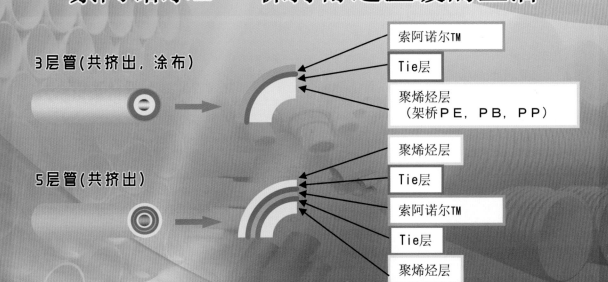

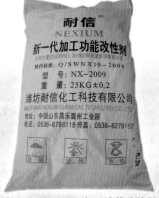

北京金盛鑫检测仪器有限公司
Beijing Jinshengxin Testing Machine Co., Ltd.

　　北京金盛鑫检测仪器有限公司位于北京市美丽的金海湖畔，占地二万多平米，厂房八千多平米。

　　公司创建于1985年，是研究、开发、制造金属、非金属试验机及化学建材检测仪器的生产企业。本公司以重合同守信誉、用户至上为宗旨。深受广大用户的好评，产品遍布全国并远销海外。

◇ 本公司专业生产、批发、零售各种管材静液压试验夹具！

◇ 本公司诚招国内外代理商！

◇ 本公司是中国唯一一条龙加工生产企业！

◇ 本公司是生产能力最强的企业！

◇ 本公司可为同行业提供各种配套产品！

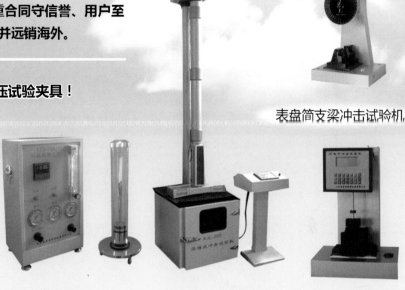

表盘简支梁冲击试验机

氧指数测定仪　　　落锤冲击试验机　　　电子简支梁冲击试验机

微机控制环刚度试验机　　　管材静液压爆破试验机　　　万能制样机

电子简悬组合冲击试验机　　热变形、维卡软化点温度测定仪　　熔体流动速率测定仪　　台式电子万能试验机

地址：北京市平谷区金海湖镇东土门北街1号　　邮编：　101201
No. 1 North Street, Dongtumen, Jinhaihu Town, Pinggu District, Beijing　101201

电话：010-69996821　69996881　　　传真：010-69991663

电邮：BJJSHX@163.com　　　网站：www.jinshengxin.com

玻纤增强聚乙烯高压柔性管成套设备
钢丝网增强聚乙烯耐磨管成套设备
新一代钢带增强螺旋波纹管成套设备
钢带增强螺旋波纹管承插接头设备

创新源于技术　更精于专……

金石东方——塑料复合管道设备专家

钢丝网骨架增强复合塑料管成套技术与设备
Reinforced Composite Polyethylene Pipe Production Line

- 可生产 Ø50mm~Ø1000mm 钢丝网增强复合塑料管材
- 专利产品，我公司是全球设备唯一供应商
- 产品已在国内 30 余省市及中亚大面积应用达九年之久
- 已有 200 多条生产线在国内外进行工业化生产

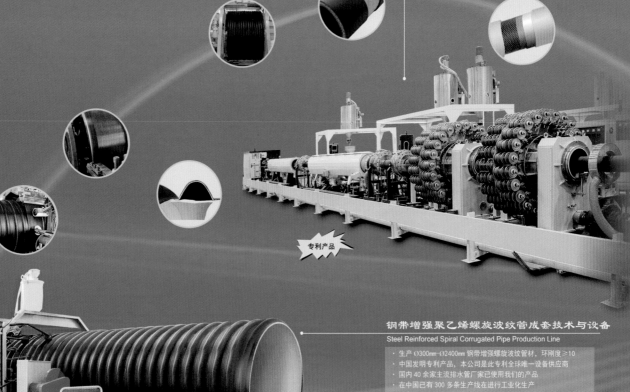

专利产品

钢带增强聚乙烯螺旋波纹管成套技术与设备
Steel Reinforced Spiral Corrugated Pipe Production Line

- 生产 Ø300mm~Ø2400mm 钢带增强螺旋波纹管材，环刚度≥10
- 中国发明专利产品，本公司是此专利全球唯一设备供应商
- 国内 40 余家主流排水管厂家已使用我们的产品
- 在中国已有 300 多条生产线在进行工业化生产
- 成套技术及设备已列为 2007 年全国建设行业科技成果推广项目

四川金石东方新材料设备股份有限公司
SICHUAN GOLDSTONE-ORIENT NEW MATERIAL EQUIPMENT INC.

地址：成都市家园路 8 号大地新光华广场 A1 区 8 楼　　　　邮编：610072
Add：8th Floor, A1 of Dadi New Guanghua Plaza, No.8 of Jia Yuan Road, Chengdu,China
电话：（028）87086855、87086856、87086857、87086758　　　传真：（028）87086861
http://www.goldstone-group.com　　　E-mail:goldstone@goldstone-group.com

青岛一点塑料焊接设备有限责任公司

公司简介

青岛一点塑料焊接设备有限责任公司（原青岛胶州一点塑料焊接器材厂）是从事塑料焊机、塑料焊枪、土工膜焊接机、塑料焊条、挤出式塑料焊机（手提式塑料焊枪）的设计和生产的专业厂家，产品广泛应用于塑料焊接、塑料化工防腐、塑料容器焊接、塑料管材及塑料管件焊机制作及电镀设备制作等各行各业。近年又开发生产了自动塑料板材折弯机、电热熔焊机、塑料碰焊机、塑料下料机等等。为电镀设备行业、PCB设备行业、环保设备行业、化工容器行业的塑胶产品加工，提供了之质美价廉的设备，弥补了塑料板在手工加工时的"质差、速慢、不安全、浪费材料、漏水"特点，产品深受国内外的客户好评和青睐。

高速尼龙（PA11）管生产线

一点真诚 到永远……

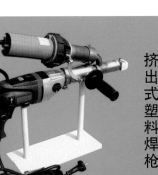

挤出式塑料焊枪

挤出式塑料焊机

HDPE钢带增强螺旋管焊接

电热熔焊机PE-3000

直埋式保温管管件焊接机

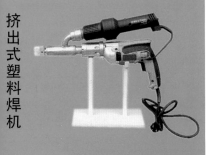

HDPE、PP储罐焊接

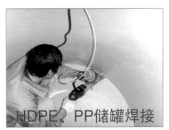

HDPE、PP储罐焊接

土工膜焊枪

PP、HDPE 焊条

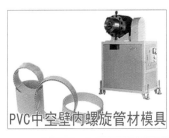

PVC中空壁内螺旋管材模具

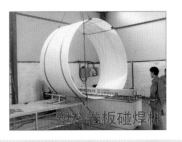

塑料卷板碰焊机

土工膜焊接机

地址： 山东省胶州市胶西工业园小行西　　**邮编：** 266300
电话： 0532-85285690　　**手机：** 13606309035
联系人： 赵先生　　**传真：** 0532-82210985
网址： www.qdyidian.com　　**邮箱：** info@qdyidian.com

西安塑龙熔接设备有限公司

西安塑龙熔接设备有限公司是中国兵器工业集团公司所属的大型控股子集团——西北工业集团有限公司下属民品公司西安华山精密机械有限公司与世界著名的熔接设备制造商法国J. SAURON S.A.公司于2003年7月1日在中国注册、共同投资组建的集科、工、贸于一体的高新技术中法合资企业。公司生产经营熔接设备、发电机、电焊机、工程机械、石化和天然气行业机械设备及相关产品的生产、研制、销售。并代理销售CTF FRANCE SAURON公司的其他焊机产品。公司代理销售气体泄漏检测设备和开孔封堵设备。

公司是业内生产电热熔焊机的先进技术企业，产品服务于世界各地，是中国标准化协会会员，是全国塑料制品标准化委员会SAC/TC46/SC3会员，是中国腐蚀与防护学会高分子管道和容器专业委员会副秘书长单位，是陕西省城市燃气热力协会会员，是同类产品国家标准的起草单位。公司的质量管理体系通过了ISO 9001认证，热熔焊机产品通过了CE认证。

西安塑龙熔接设备有限公司具有雄厚的技术开发能力，先进的制造工艺手段，严格的质量保证体系，优良的售后服务网络，可为广大用户提供一流的电熔焊机、热熔焊机、金属弧焊机、发电机和铁轨焊补设备等。

公司的产品行销全国20多个省市自治区，出口到印尼、法国、马来西亚、苏丹、香港（地区）、哈萨克斯坦、越南、阿联酋、蒙古、朝鲜等许多国家和地区，广泛应用于城市燃气工程、自来水工程、电厂、排污工程、矿井排水工程等热塑性管道（PE、PP等高分子材料材料）施工过程中。产品使用情况良好，技术性能深受用户欢迎。公司的产品系列正在日益完善发展，产品的销售领域正在燃气管道施工行业和自来水施工行业、金属构件及其他行业迅速扩展。

公司自成立以来非常注重对用户的技术培训，在全国确立以技术培训为先导、不断推动行业发展的思路。编写过多种行业内产品应用技术培训资料，在行业技术推广和行业标准化工作中作出一定的工作。

公司在施工质量管理方面有所突破，开发出数套《聚乙烯管道施工质量管理综合系统》，解决了对整个施工系统中企业、人员、设备、材料以及施工过程等的综合管理和质量控制,目前该套软件广泛应用于北京、上海、陕西、山东、浙江、江苏、广州等地区，成为聚乙烯管道施工质量管理的一大创新。

公司设有产品技术服务部，拥有门类齐全的零配件库和十余名在意大利好人法国培训的专职维修人员，可以为用户提供及时方便的技术咨询和现场技术服务。

西安塑龙将不断地在焊接技术领域内创新、发展，用高品质的设备保证您无忧地连接。

Pipefuse(PF/M) ®   *Pilotfuse* ®   *Ondine* ®   *D248* ®

公司地址：西安市高新路86号尚品国际C座北栋19层   邮编：710075
分公司地址：西安碑林科技产业园火炬路4号楼4层CD区   邮编：710043
销售电话：0086(0)29 88312255 88332687-800   传真：0086(0)29 82465662
技术服务电话：0086(0)29 883335187 88332687-810
400免费热线电话：400-029-2136   北京办事处电话：13911372220
上海办事处电话：13761108740   长春办事处电话：18686539503
沈阳办事处电话：13898194924   贵阳办事处电话：18212025182
Http://www.xasauron.com   E-mail：info@xasauron.com

FANGLi

FLSJ60-36DG
高效单螺杆挤出机

JQ-G 系列
双工位卷取机

FLSJ-G 系列
单螺杆标识线共挤机

QY-G系列管材牵引机

WYQG系列管材切割机

LXGM-G系列
聚烯烃管材挤出模头

方力科技 FANGLi

营销热线：+86-574-28883018 28883100
传真：+86-574-28883130

地址：宁波市鄞州区石碶S214省道横涨段方力科技工业园
网址：http://www.fangli.com

邮编：315155
邮箱：fl@fangli.com

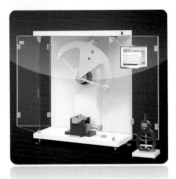